第3版

安全生产实务与案例分析

陈晓彤 主编

国家一级出版社 全国百佳图书出版单位

西南师范大学出版社

图书在版编目(CIP)数据

安全生产实务与案例分析/陈晓彤主编.—3版
.—重庆:西南师范大学出版社,2015.1(2019.1重印)
ISBN 978-7-5621-7323-6

Ⅰ.①安… Ⅱ.①陈… Ⅲ.①安全生产—生产管理—案例 Ⅳ.①X92

中国版本图书馆CIP数据核字(2015)第027354号

安全生产实务与案例分析(第3版)

陈晓彤　主编

出 版 人:米加德
责任编辑:段小佳　曾庆军
文字编辑:张丹丹
装帧设计:戴永曦
出版发行:西南师范大学出版社
　　　　地址:重庆市北碚区天生路2号
　　　　邮编:400715
　　　　http://www.xscbs.com
经　　销:新华书店
印　　刷:重庆紫石东南印务有限公司
开　　本:787mm×1092mm　1/16
印　　张:30
字　　数:760千字
版　　次:2015年2月第3版
印　　次:2019年1月第2次印刷
书　　号:ISBN 978-7-5621-7323-6

定　　价:85.00元

《安全生产实务与案例分析》(第3版)

编　写　组

主　　编：陈晓彤

副 主 编：鞠　江

编写人员：(按姓氏笔画排列)

马忠斌　马爱霞　王元康　王者鹏

朱丕凯　刘国勇　刘　春　牟声远

吴　勇　张华东　张安明　范小花

周　军　胡定均　贺　奎　秦文贵

徐　盼　唐晋文　黄　进　鞠　曾

前　言

《安全生产实务与案例分析》是按照2008年11月由国家安全生产监督管理总局组织编写并经人力资源和社会保障部审定的《注册助理安全工程师资格考试大纲》的要求编写的，内容包括安全生产管理、安全生产技术、案例分析三部分，主要是作为国家注册助理安全工程师资格考试复习用书。本书在编写中充分考虑了《生产经营单位安全培训规定》（国家安监总局令第3号）的要求，力求贴近生产经营单位的工作实际，强调针对性、实用性和时效性，同时也适用于生产经营单位主要负责人、安全生产管理人员安全生产教育和培训使用。

本书于2010年1月出版，2011年10月第2版。本书第2版出版至今，国家陆续出台许多安全生产相关法律、法规、规章和标准，特别是2014年12月1日新的《安全生产法》施行以来，对本书的影响较大，所以我们组织人员对本书进行再次修编。

本次修编，“防火防爆安全技术”和“危险化学品安全技术”由刘国勇负责修改，“建筑工程施工安全技术”由刘春负责修改，“矿山安全技术”由秦文贵负责修改，“职业卫生管理”由张华东负责修改，“特种设备安全监察”由胡定均负责修改，“特种设备安全技术”由周军负责修改，“安全生产监督管理”和“企业生产安全事故调查与分析”由贺奎负责修改，其余部分由陈晓彤负责修改并统稿。

对于本书第2版中出现的错误或不妥之处，本次修编也一并加以修改。

由于编者水平有限，书中难免还存在错误或疏漏之处，敬请广大读者批评指正，以便改进。

读者在阅读或使用本书过程中，若对本书内容有任何意见或建议，请通过电子邮件的形式反馈。

E—mail:cxt66@126.com

目 录 contents

第一篇　安全生产管理 ………… 1

第一章　安全生产管理概述 ………… 3
　第一节　安全生产管理基本概念 ………… 3
　第二节　现代安全生产管理理论 ………… 6
　第三节　我国安全生产管理现状 ………… 11
第二章　生产经营单位的安全生产管理 ………… 13
　第一节　生产经营单位安全生产规章制度建设 ………… 13
　第二节　安全生产责任制 ………… 15
　第三节　生产经营单位安全生产管理组织保障 ………… 16
　第四节　安全生产投入与安全生产风险抵押金 ………… 18
　第五节　安全技术措施计划 ………… 22
　第六节　安全生产教育培训 ………… 23
　第七节　建设项目安全设施“三同时” ………… 26
　第八节　安全生产检查 ………… 29
　第九节　安全生产事故隐患排查治理 ………… 30
　第十节　劳动防护用品管理 ………… 32
　第十一节　企业安全生产标准化 ………… 34
第三章　安全生产监督监察 ………… 37
　第一节　安全生产监督管理 ………… 37
　第二节　煤矿安全生产监察 ………… 39
　第三节　特种设备安全监察 ………… 40
第四章　危险、有害因素识别、风险管理与安全评价 ………… 44
　第一节　危险、有害因素识别 ………… 44
　第二节　风险管理 ………… 60
　第三节　安全评价 ………… 62
第五章　重大危险源管理 ………… 67
　第一节　重大危险源的基础知识及辨识标准 ………… 67
　第二节　重大危险源的评价与监控 ………… 69

目录 contents

第六章　职业卫生管理 …… 72
第一节　职业危害与职业病 …… 72
第二节　职业危害评价与管理 …… 83
第三节　职业健康监护 …… 101
第四节　职业病危害申报与报告 …… 106
第七章　安全生产应急管理 …… 109
第一节　安全生产应急准备与响应 …… 109
第二节　事故应急救援体系 …… 110
第三节　生产安全事故应急预案体系、编制和主要内容 …… 114
第四节　生产安全事故应急预案的管理 …… 120
第八章　职业健康安全管理体系 …… 124
第一节　职业健康安全管理体系的基本运行模式与要素 …… 124
第二节　建立职业健康安全管理体系的方法与步骤 …… 126
第三节　职业健康安全管理体系的审核与认证 …… 127
第九章　企业生产安全事故调查与分析 …… 129
第一节　生产安全事故等级和分类 …… 129
第二节　生产安全事故报告及调查处理 …… 131
第三节　企业生产安全事故统计分析 …… 140

第二篇　安全生产技术 …… 145

第一章　机械电气安全技术 …… 147
第一节　机械电气安全基础知识 …… 147
第二节　机械电气危险、有害因素分析 …… 155
第三节　机械电气安全技术措施 …… 162
第四节　安全技术规程、规范与标准 …… 196

第二章　防火防爆安全技术 …… 197
第一节　燃烧与火灾基本知识 …… 197
第二节　爆炸基本知识 …… 200
第三节　防火防爆技术措施 …… 205
第四节　电气防火防爆 …… 225
第五节　民用爆破器材、烟花爆竹防火防爆技术 …… 230
第六节　常用防火防爆安全技术标准 …… 235
第三章　特种设备安全技术 …… 237
第一节　特种设备安全基础知识 …… 237
第二节　特种设备危险、有害因素分析 …… 254
第三节　特种设备安全技术 …… 263
第四节　特种设备安全技术监察规程与标准 …… 295
第四章　建筑工程施工安全技术 …… 296
第一节　建筑施工安全基础知识 …… 296
第二节　建设工程施工危险、有害因素分析 …… 301
第三节　建设工程施工安全技术措施 …… 305
第四节　建筑施工安全法规与标准 …… 345
第五章　矿山安全技术 …… 347
第一节　矿山安全基础知识 …… 347
第二节　矿山开采危险、有害因素分析 …… 373
第三节　矿山开采安全技术措施 …… 391
第四节　矿山安全相关法律、法规、规章及主要技术标准 …… 409
第六章　危险化学品安全技术 …… 413
第一节　危险化学品安全基础知识 …… 413
第二节　预防危险化学品事故的安全措施 …… 419
第三节　重点监管的危险化学品 …… 428
第四节　危险化学品重大危险源安全管理 …… 431
第五节　典型危险化工工艺的工艺危险特点与安全控制基本要求 …… 432
第六节　检修作业的危险、有害因素及基本安全措施 …… 434
第七节　常用危险化学品安全技术标准 …… 443

目录 contents

第三篇　案例分析 …………………………………………………… 445

案例 1　某机械企业危险有害因素辨识 ………………………………… 447
案例 2　某煤炭开采企业安全生产条件分析 …………………………… 448
案例 3　建筑施工安全事故案例 ………………………………………… 449
案例 4　某啤酒厂机械伤害事故 ………………………………………… 450
案例 5　某家具厂火灾事故 ……………………………………………… 451
案例 6　触电事故 ………………………………………………………… 452
案例 7　石板镇“6·22”放炮事故 ……………………………………… 452
案例 8　“1·3”重大道路交通事故 ……………………………………… 454
案例 9　某煤矿瓦斯爆炸事故 …………………………………………… 455
案例 10　某采石场物体打击事故 ……………………………………… 456
案例 11　某化肥厂煤气中毒事故 ……………………………………… 457
案例 12　某化工助剂厂火灾爆炸事故 ………………………………… 459
案例 13　某化工厂的应急预案 ………………………………………… 460
案例 14　承包商安全管理 ……………………………………………… 461
案例 15　蓄意瞒报事故案例 …………………………………………… 461
案例 16　职业健康安全管理体系案例 ………………………………… 462
案例 17　安全评价案例 ………………………………………………… 463
案例 18　某单位安全教育培训案例 …………………………………… 464
案例 19　天然气长输管道泄漏事故 …………………………………… 465
案例 20　粉尘燃爆事故案例 …………………………………………… 467

参考文献 ………………………………………………………………… 469

第一篇 DIYIPIAN

第一章　安全生产管理概述

第一节　安全生产管理基本概念

一、安全生产、安全生产管理、安全目标

（一）安全生产

安全生产是指生产过程在符合物质条件和工作秩序下进行的，防止发生人身伤亡和财产损失等生产事故，消除或控制危险、有害因素，保障人身安全与健康、设备和设施免受损坏、环境免遭破坏的总称。

（二）安全生产管理

针对生产过程中的安全问题，运用有效的资源，进行有关决策、计划、组织和控制活动，实现生产过程中人与机器设备、物料、环境的和谐，达到安全生产的目标。

1.安全生产管理的目标是减少和控制危害，减少和控制事故发生。

2.安全生产管理的范围包括安全生产法制管理、行政管理、监督管理、工艺技术管理、设备设施管理、作业环境和条件管理等。

3.安全生产管理的基本对象是生产经营单位的从业人员。

4.安全生产管理的内容包括安全生产管理机构、安全生产管理人员、安全生产管理规章制度（责任制）、安全培训教育、安全生产档案等。

（三）安全目标

包括重大事故次数、死亡人数指标、伤害频率或伤害严重率、事故造成的经济损失、作业点尘毒达标率、劳动安全卫生措施完成率、隐患整改率、设施完好率、全员教育率、特种作业人员培训率等等。

二、术语与定义

（一）安全

顾名思义，“无危则安，无缺则全”，即安全意味着没有危险且尽善尽美，这与人们的传统安全观念相吻合。随着对安全问题研究的逐步深入，人们对安全的概念有了更深的认识，并从不同的角度给它下了各种定义：

1.安全是指客观事物的危险程度能够为人们普遍接受的状态。

2.安全是指没有引起死亡、伤害、职业病或财产、设备的损失或损坏或环境危害的条件。

3.安全是指不因人、机、媒介的相互作用而导致系统损失、人员伤害、任务受影响或造成时间的损失。

(二)本质安全

通过设计等手段使生产设备或生产系统本身具有安全性,即使在误操作或发生故障的情况下也不会造成事故。本质安全有两大功能:

1.失误一安全功能:即操作者即使操作失误,也不会发生事故或伤害。

2.故障一安全功能:设备、设施和工艺发生故障或损坏时,还能暂时维持正常工作或自动转变为安全状态。

(三)事故

《现代汉语词典》将“事故”解释为:“多指生产、工作上发生的意外损失或灾祸”。国务院令第493号《生产安全事故报告和调查处理条例》,将“生产安全事故”定义为:“生产经营活动中发生的造成人身伤亡或者直接经济损失的事件。”《企业职工伤亡事故分类标准》将其定义为:“造成人员伤亡、职业病、财产损失或其他损失的意外事件。”

(四)未遂事故

指有可能造成严重后果,但由于其偶然因素,实际上没有造成严重后果的事件。

(五)工伤事故

在生产区域中发生的和生产有关的伤亡事故称作工伤事故,工伤事故包括工作意外事故和职业病所致的伤残及死亡。

1.“伤”是指劳动者在工作中因发生意外事故导致身体器官或生理功能受到损害。它分为器官损伤、职业病损伤两种情况,通常表现为暂时性的、部分性的劳动能力丧失。

2.“残”是指劳动者因公负伤或患职业病后,虽治疗、修养,但仍难痊愈,致使身体功能或智力不全。

(六)伤亡事故

伤亡事故简称伤害,是个人或集体在行动过程中接触了与周围条件有关的外来能量,作用于人体,致使人体生理机能部分或全部丧失。

(七)事故隐患

根据安监总局颁布的《安全生产事故隐患排查治理暂行规定》,将“事故隐患”定义为:“生产经营单位违反安全生产法律、法规、规章、标准和安全生产管理制度的规定,或者因其他因素在生产经营活动中存在可能导致事故发生的物的危险状态、人的不安全行为和管理上的缺陷。”按危害和整改难度划分,事故隐患分为一般事故隐患和重大事故隐患。

(八)危险、有害因素

危险因素指能对人造成伤亡或对物造成突发性损害的因素。有害因素是指能影响人的身体健康,导致疾病,或对物造成慢性损害的因素。通常情况下,二者并不加以区分,统称为危险、有害因素。危险、有害因素主要指客观存在的危险、有害物质或能量超过一定限值的设备、设施和场所等。

(九)风险

系统中存在导致发生不期望后果的可能性超过了人们的承受程度。

$R=f(F,C)$

R——风险。

F——发生事故的可能性。

C——事故的严重性。

(十)重大危险源

《中华人民共和国安全生产法》(后文简称《安全生产法》)第一百一十二条的解释是:“重大危险源,是指长期地或者临时地生产、搬运、使用或者储存危险物品,且危险物品的数量等于或者超过临界量的单元(包括场所和设施)。”

(十一)起因物

导致事故发生的物体、物质,称为起因物。

(十二)致害物

指直接引起伤害及中毒的物体或物质。

(十三)伤害方式

指致害物与人体发生接触的方式。

(十四)不安全状态

指能导致事故发生的物质条件。

(十五)不安全行为

指能造成事故的人为错误。

三、其他相关概念

(一)三违

违章指挥、违章操作和违反劳动纪律。

(二)三不伤害

不伤害自己、不伤害他人、不被他人伤害。

(三)“四不放过”原则

事故原因不查清不放过、防范措施不落实不放过、职工群众未受到教育不放过、事故责任者未受到处理不放过。

(四)安全技术措施

包括以防止工伤事故为目的的一切措施,如各种设施、设备以及安全防护装置、保险装置、信号装置和安全防爆设施等。

(五)安全教育

内容主要包括:安全生产思想教育、安全生产方针政策教育、安全技术和职业卫生知识教育、典型经验和事故教训教育、现代安全管理知识教育。

(六)三级安全教育

工厂级教育、车间级教育和班组级教育。

(七)安全分级管理

就是把企业分为若干个安全管理层次,分别规定各层次的安全管理职能,使之既有明确分工,又能有机配合,从而实现全面的安全生产管理。一般分为三个层次,即厂(公司)级、车间级和班组级。

(八)"三同时"

新建、改建、扩建项目安全设施、职业病防护设施与主体工程同时设计、同时施工、同时投入生产和使用。

第二节　现代安全生产管理理论

一、安全生产管理的发展历史

人类安全生产管理的发展历史大致可分四个阶段:古代、18 世纪中期、20 世纪初至中期、20 世纪末。现代安全生产管理理论、方法、模式、标准规范等更加丰富和成熟,逐渐被企业接受。

现代安全生产管理理论、方法、模式是 20 世纪 50 年代进入我国的;六七十年代,我国开始吸收并研究事故致因理论、事故预防理论和现代安全生产管理思想;八九十年代,开始研究企业安全生产风险评价、危险源辨识与监控;20 世纪末研究推进职业健康安全管理体系;21 世纪初将风险管理融入安全生产管理。

二、安全生产管理的原理与原则

安全生产管理原理是从生产管理的共性出发,对安全生产管理工作的实质内容进行科学分析、综合、抽象与概括所得出的管理规律。

安全生产管理原则是在安全生产管理原理的基础上,指导生产管理活动的通用规则。

安全生产管理原理主要包括以下原理:

(一)系统原理

1.系统原理,即用系统论的观点、理论和方法来认识和处理管理中出现的问题。

2.运用系统原理的 4 个基本原则:

(1)动态相关性原则:管理系统的各要素是运动和发展变化的,相互联系又相互制约。

(2)整分合原则:现代安全生产管理必须在整体规划下明确分工,在分工基础上有效综合。

(3)反馈原则:生产条件和外部环境不断变化,必须及时反馈各种安全生产信息,以便及时采取行动。

(4)封闭原则:企业安全生产中,各管理机构之间、各种管理制度之间,必须具有紧密的联系,形成相互制约的回路。

(二)人本原理

人本原理,即把人的因素放在首位,体现以人为本的指导思想。

运用人本原理的 3 个原则:

1.动力原则：管理必须有能够激发人的工作能力的动力，包括物质、精神、信息三大动力。

2.能级原则：单位和个人都具有一定的能量，按照能量的大小顺序排列，形成管理的能级，发挥不同能级的能量。

3.激励原则：利用某种外部诱因的刺激调动人的积极性和创造性，激发人的内在潜力。人的工作动力来源于内在动力、外部压力和工作吸引力。

（三）预防原理

预防原理强调预防为主，通过有效的管理和技术手段，减少和防止人的不安全行为和物的不安全状态。

运用预防原理的4个原则：

1.偶然损失原则：事故后果及其严重程度是随机的、难以预测的；无论事故损失的大小，都必须做好预防工作。

2.因果关系原则：只要诱发事故因素存在，发生事故是必然的，只是时间或迟或早而已。

3."3E"原则：针对造成事故的各种原因，采取三种对策，即工程技术（Engineering）、教育（Education）、法制对策（Enforcement）。

4.本质安全化原则：从一开始和从本质上实现安全化，从根本上消除事故发生的可能性。

（四）强制原理

1.含义：采取强制管理的手段控制人的意愿和行为，使个人的活动、行为等受到安全生产管理要求的约束，从而实现有效的安全生产管理。

2.运用强制原理的两个原则：

（1）安全第一原则：安全工作放在一切工作的首位。当生产与安全发生矛盾时，要以安全为主，服从安全。

（2）监督原则：明确安全生产监督职责，对企业生产中的守法和执法情况进行监督。

三、几种具有代表性的事故致因理论

（一）事故频发倾向理论

1939年，法默（Farmer）等人提出了事故频发倾向理论。该理论认为，事故频发倾向者的存在是工业事故发生的主要原因，即少数具有事故频发倾向的工人是事故频发倾向者，他们的存在是工业事故发生的原因。如果企业中减少了事故频发倾向者，就可以减少工业事故。

许多研究结果表明，事故频发倾向者并不存在。

（二）海因里希因果连锁理论

海因里希因果连锁理论又称海因里希模型或多米诺骨牌理论。在该理论中海因里希借助于多米诺骨牌形象地描述了事故的因果连锁关系，即事故的发生是一连串事件按一定顺序互为因果依次发生的结果。如一块骨牌倒下，则将发生连锁反应，使后面的骨牌依次倒下，如图1-1-1。

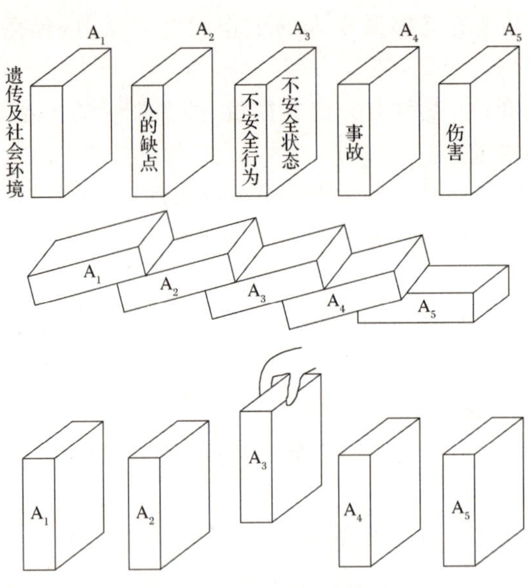

图 1-1-1 海因里希模型

海因里希模型这 5 块骨牌依次是：

1.遗传及社会环境：遗传及社会环境是造成人的缺点的原因。遗传因素可能使人具有鲁莽、固执、粗心等不良性格；社会环境可能妨碍教育，助长不良性格的发展。这是事故因果链上最基本的因素。

2.人的缺点：人的缺点是由遗传和社会环境因素所造成，是使人产生不安全行为或使物产生不安全状态的主要原因。这些缺点既包括各类不良性格，也包括缺乏安全生产知识和技能等后天的不足。

3.人的不安全行为和物的不安全状态：即造成事故的直接原因。

4.事故：即由物体、物质或放射线等对人体发生作用，使人员受到伤害或可能受到伤害的、出乎意料的、失去控制的事件。

5.伤害：直接由于事故而产生的人身伤害。

该理论的积极意义在于：如果移去因果连锁中的任一块骨牌，则连锁被破坏，事故过程即被终止，达到控制事故的目的。海因里希还强调指出，企业安全工作的中心就是防止人的不安全行为和物的不安全状态，从而中断事故的进程，避免伤害的发生。当然通过改善社会环境，使人具有更为良好的安全意识，加强培训，使人具有较好的安全技能，或者加强应急抢救措施，也都能在不同程度上移去事故连锁中的某一骨牌或增加该骨牌的稳定性，使事故得到预防和控制。

后人对多米诺骨牌事故模型进行了修正。修正后的伤亡事故的五因素为：社会环境和管理欠缺、人为过失、不安全动作、意外事件、人身伤亡等。安全管理工作的中心是防止人为的不安全动作，消除机械的或物质的危害。

（三）能量意外释放理论

能量是物体做功的本领，人类社会的发展就是不断地开发和利用能量的过程。但能量也是对人体造成伤害的根源，没有能量就没有事故，没有能量就没有伤害。所以，吉布森、哈登等人根据这一概念，提出了能量转移论。其基本观点是：不希望的或异常的能量转移是伤亡事故的致因。即人受伤害的原因只能是某种能量向人体的转移，而事故则是一种能量的不正常或不期望的释放。

能量按其形式分可分为动能、势能、热能、电能、化学能、原子能、辐射能(包括：离子辐射和非离子辐射)、声能和生物能等。人受到伤害都可归结为上述一种或若干种能量的不正常或不期望的转移。在能量转移论中，把能量引起的伤害分为两大类。

第一类伤害是由于施加了超过局部或全身性的损伤阈值的能量而产生的。人体各部分对每一种能量都有一个损伤阈值。当施加于人体的能量超过该阈值时，就会对人体造成损伤。大多数伤害均属于此类伤害。例如，在工业生产中，一般都以 36 V 为安全电压。这就是说，在正常情况下，当人与电源接触时，由于 36 V 在人体所承受的阈值之内，就不会造成任何伤害或伤害极其轻微；而由于 220 V 电压大大超过人体的阈值，与其接触，轻则灼伤或某些功能暂时性损伤，重则造成终身伤残甚至死亡。

第二类伤害则是由于影响局部或全身性能量交换引起的。譬如因机械因素或化学因素引起的窒息(如溺水、一氧化碳中毒等)。

能量转移论的另一个重要概念是：在一定条件下，某种形式的能量能否造成伤害及事故，主要取决于人所接触的能量的大小、接触时间的长短、接触的频率、力量的集中程度、受伤害部位及屏障设置的早晚等。

用能量转移的观点分析事故致因的基本方法是：首先确认某个系统(如图 1-1-2)内的所有能量源，然后确定可能遭受该能量的人员及伤害的可能严重程度，进而确定控制该类能量不正常或不期望转移的方法。

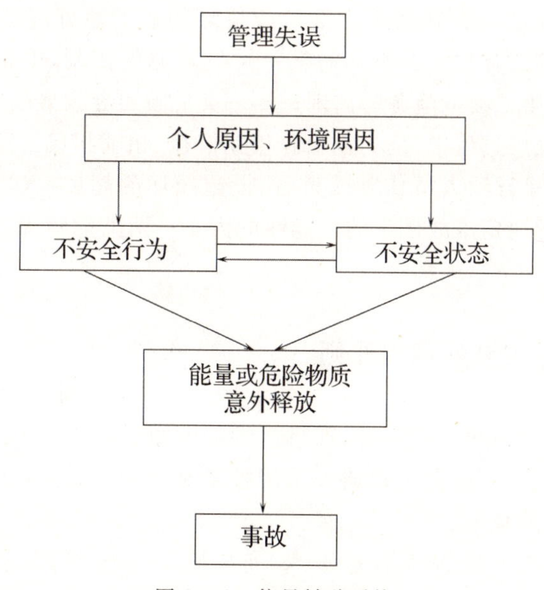

图 1-1-2　能量转移系统

(四)系统安全理论

20 世纪五六十年代提出，区别于传统安全理论的四个创新概念：

1.改变了只注重操作人员的不安全行为而忽略硬件的故障，考虑通过改善物的系统可靠性来提高复杂系统的安全性。

2.任何事物中都潜伏着危险因素即事故隐患。

3.不可能根除一切危险源，应考虑减少总的危险性而不是只彻底去消除几种选定的风险。

4.危险源不是一成不变的，有的可能暂时未认识到，有的则会因某种原因而产生。

在此基础上，我国学者于20世纪90年代中期提出了“两类危险源”理论。

根据危险源在事故发生、发展中的作用，把危险源划分为两大类，即第一类危险源和第二类危险源。

第一类危险源的危险性与能量的高低、数量的多少有密切关系。第一类危险源具有的能量越多，一旦发生事故其后果越严重；相反，第一类危险源处于低能量状态时比较安全。同样，第一类危险源包含的危险物质的量越多，干扰人的新陈代谢越严重，其危险性越大。

事故是能量的意外释放作用于人体造成伤害或作用于设备、设施造成损坏。所以，在生产现场中产生能量的能量源或拥有能量的能量载体属于第一类危险源。

常见的危险源有：带电的导体；奔驰的车辆；产生、供给能量的装置、设备等。

导致约束、限制能量的控制措施（屏蔽）失效、失控或破坏的各种不安全因素称作第二类危险源。

根据能量意外释放理论，能量或危险物质的意外释放是伤亡事故发生的物理本质。于是，把生产过程中存在的，可能发生意外释放的能量（能源或能量载体）或危险物质称作第一类危险源。第二类危险源主要包括物的故障、人的失误和环境影响因素。

一起事故的发生是两类危险源共同起作用的结果。第一类危险源的存在是事故发生的前提，没有第一类危险源就谈不上能量或危险物质的意外释放，也就无所谓事故。另一方面，如果没有第二类危险源破坏对第一类危险源的控制，也就不会发生能量或危险物质的意外释放。第二类危险源的出现是第一类危险源导致事故的必要条件。

在事故的发生、发展过程中，两类危险源相互依存、相辅相成。第一类危险源在事故发生时释放出的能量是导致人员伤害或设备、设施损坏的能量主体，决定事故后果的严重程度；第二类危险源决定事故发生的可能性的大小。两类危险源共同决定危险源的危险性。

四、事故预防与控制的基本原则

事故预防与控制包括两部分内容，即事故预防和事故控制，前者是通过采用技术和管理手段，使事故不发生。后者则是通过采用技术和管理手段，使事故发生后不造成严重后果或使损失尽可能减小。

对于事故的预防与控制，应从安全技术、安全教育、安全管理三个方面入手，采取相应的措施。因为技术（Engineering）、教育（Education）和法制（Enforcement）三个英文单词的第一个字母均为E，也称之为“3E”对策。

安全技术对策着重解决物的不安全状态的问题，安全教育对策和安全管理对策则着眼于人的不安全行为的问题。

第三节　我国安全生产管理现状

一、我国的安全生产方针

2014 年 12 月 1 日起施行的《安全生产法》在总结我国安全生产管理经验的基础上，将“安全第一、预防为主、综合治理”规定为我国安全生产工作的基本方针。

“安全第一”，即在生产经营活动中，始终把安全特别是从业人员和其他人员的人身安全放在首要的位置，实行“安全优先”的原则。

“预防为主”，即把预防生产安全事故的发生放在安全生产工作的首位。

“综合治理”，即综合运用法律、经济、行政等手段，从发展规划、行业管理、安全投入、科技进步、经济政策、教育培训、安全文化以及责任追究等方面着手，建立安全生产长效机制。

二、安全发展理念

(一)安全发展的提出

十六届五中全会通过的《关于制定国民经济和社会发展第十一个五年计划的建议》中，提出“坚持节约发展、清洁发展、安全发展，实现可持续发展。”十六届五中全会确立了“安全发展”的指导原则，把“安全发展”作为一个重要理念纳入我国社会主义现代化建设的总体战略。

(二)安全发展的含义

人本原理是安全管理基本原理之一。人本原理体现的是“以人为本”的思想，“以人为本”必须要以人的生命为本。发展不能以牺牲人的生命为代价，不能损害劳动者的安全和健康权益。

经济社会发展必须以安全为基础、前提和保障。经济发展要建立在安全保障能力不断增强、安全生产状况持续改善、劳动者安全健康得到切实保障的基础上。

构建社会主义和谐社会必须解决安全生产问题。只有搞好安全生产，国家才能富强安宁，百姓才能平安幸福，社会才能和谐安定。

三、安全生产政策措施

我国安全生产政策措施的内涵及重点建设内容主要有：

1.制定安全生产发展规划，建立和完善安全生产指标及控制体系。

2.加强行业管理，修订行业安全标准和规程。

3.增加安全投入，扶持重点行业、领域开展生产安全事故隐患排查、治理。

4.推动安全科技进步，落实项目、资金。

5.研究出台经济政策,建立、完善经济调控手段。

6.加强培训教育,规范劳动管理。

7.加快立法工作,建立安全生产激励约束机制。

8.强化企业主体责任,严格企业安全生产业绩考核。

9.严肃查处责任事故,防范惩治失职、渎职、官商勾结等腐败现象。

10.倡导安全文化,加强社会监督。

11.完善监管体制,加快应急救援体系建设。

四、安全生产工作机制

我国安全生产工作机制为:生产经营单位负责、职工参与、政府监管、行业自律、社会监督。其中,国家与行政管理部门之间,实行的是综合监管和行业监管;中央政府与地方政府之间,实行的是国家监管与地方监管;政府与企业之间,实行的是政府监管与企业管理。

五、安全生产目标指标体系

安全生产目标指标体系已被纳入国家统计指标体系。

国家统计指标体系主要包括亿元国内生产总值生产安全事故死亡率、工矿商贸企业十万从业人员生产安全事故死亡率、道路交通万车死亡率、百万吨煤炭死亡率等统计指标。

第二章　生产经营单位的安全生产管理

第一节　生产经营单位安全生产规章制度建设

一、安全生产规章制度建设的目的和意义

建立、健全安全生产规章制度是生产经营单位的法定责任。《安全生产法》《职业病防治法》有明确要求。

建立、健全安全生产规章制度是生产经营单位安全生产的重要保障。

建立、健全安全生产规章制度是生产经营单位保护从业人员安全与健康的重要标志。

二、生产经营单位安全生产规章制度的建设

(一)安全生产规章制度建设的主要依据

1.以安全生产法律法规、国家和行业标准、地方政府的法规和标准为依据。

2.以生产、经营过程的危险、有害因素辨识和事故教训为依据。

3.以国际、国内先进的安全管理方法为依据。

(二)安全生产规章制度建设的主要原则

1.主要负责人负责的原则。只有主要负责人亲自组织,才能有效调动单位的所有资源和各个方面的关系。

2.安全第一的原则。生产过程中,必须把安全工作放在各项工作的首位,正确处理安全生产和工程进度、经济效益等之间的关系。

3.系统性原则。按照安全系统工程的原理,建立涵盖全员、全过程、全方位的安全生产规章制度。

4.规范化和标准化原则。即建立安全生产规章制度起草、审核、发布、教育培训、修订的严密的组织管理;安全规章制度编制要做到标准明确,具有可操作性。

(三)安全生产规章制度的编制和管理

生产经营单位应每年制定安全生产规章制度的制定、修订工作计划。安全生产规章制度的制定一般包括以下5个流程:

1.起草。由负有安全生产管理职能的部门负责起草。

2.会签。规章制度草案在送交相关领导签发前征求有关部门的意见。

3.审核。一是由负责法律事务的部门,对规章制度与相关法律法规的符合性进行审查;二是提交职工代表大会或安全生产委员会进行讨论。

4.签发。技术规程规范、安全操作规程等由分管生产、技术或安全的负责人签发；涉及全局性的综合管理类安全规章制度应由主要负责人签发。

5.发布。采用固定的发布方式，如通过红头文件形式、内部办公网络发布等。

安全生产规章制度日常管理的重点是执行过程中的动态检查，确保得到贯彻落实。

(四)安全生产规章制度体系的建立

按照安全系统工程原理建立的安全生产规章制度体系，一般由综合安全管理、人员安全管理、设备设施安全管理、作业环境安全管理四类组成。每一类具体内容如下：

1.综合安全管理制度

(1)安全生产管理目标、指标和总体原则。

(2)安全生产责任制度。

(3)安全管理定期例行工作制度。

(4)承包与发包工程安全管理制度。

(5)安全措施和费用管理制度。

(6)重大危险源管理制度。

(7)危险物品使用管理制度。

(8)安全生产隐患排查和治理制度。

(9)事故调查报告处理制度。

(10)消防安全管理制度。

(11)应急管理制度。

(12)安全奖惩制度。

2.人员安全管理制度

(1)安全教育培训制度。

(2)个体防护用品发放使用和管理制度。

(3)安全工具的使用管理制度。

(4)特种作业及特殊作业管理制度。

(5)岗位安全规范。

(6)职业健康检查制度。

3.设备设施安全管理制度

(1)三同时制度。

(2)定期巡视检查制度。

(3)定期维护检修制度。

(4)定期检测、检验制度。

(5)安全操作规程。

4.作业环境安全管理制度

(1)安全标志管理制度。

(2)作业环境管理制度。

(3)职业卫生管理制度。

第二节　安全生产责任制

一、建立安全生产责任制的目的和意义

安全生产责任制是各项安全生产规章制度的核心。按照“安全第一、预防为主、综合治理”的安全生产方针和“管生产的同时必须管安全”原则，将各级负责人员、各职能部门及其工作人员和各岗位生产人员在安全生产方面应做的事情和应负的责任加以明确规定的一种制度。

（一）建立安全生产责任制的目的

1.增强生产经营单位各级负责人员、各职能部门及其工作人员和各岗位生产人员对安全生产的责任感。

2.明确生产经营单位中各级负责人员、各职能部门及其工作人员和各岗位生产人员在安全生产中应履行的职责和应承担的责任，以充分调动各级人员和各部门在安全生产方面的积极性和主观能动性，确保安全生产。

（二）建立安全生产责任制的重要意义

1.落实安全生产方针和有关安全生产法规和政策的具体要求。

2.通过明确职责使各级各类人员真正重视安全生产工作，对预防事故和减少损失、进行事故调查和处理、建立和谐社会等均具有重要作用。

二、建立安全生产责任制的要求

建立一个完善的安全生产责任制的总要求是：横向到边，纵向到底，并由生产经营单位的主要负责人组织建立。安全生产责任制建立应满足如下要求：

1.符合国家相关法律、法规和政策、方针的要求。

2.与生产经营单位管理体制协调一致。

3.结合实际情况，明确、具体、具有可操作性，防止形式主义。

4.有专门的人员与机构制定、落实，并应适时修订。

5.有配套的监督、检查等制度，以保证安全生产责任制的真正落实。

三、安全生产责任制的内容

安全生产责任制是根据“安全第一、预防为主、综合治理”的方针和“管生产的同时必须管安全”的原则建立的各职能部门、各级人员在工作过程中对安全生产层层负责、人人有责的制度。安全生产责任制的主要内容包括两个方面：

横向方面：各职能部门（包括党、政、工、团）的安全生产职责。在建立责任制时，可按照本单位职能部门的设置（如安全、设备、计划、技术、生产、基建、人事、财务、设计、档案、

培训、党办、宣传、工会、团委等部门)，分别对其在安全生产中应承担的职责作出规定。

纵向方面：即从上到下所有类型人员的安全生产职责。在建立责任制时，可首先将本单位从主要负责人到各岗位工人分成相应的层级；然后结合本单位的实际工作，对不同层级的人员在安全生产中应承担的职责作出规定。

纵向人员主要包括生产经营单位主要负责人、生产经营单位其他负责人、生产经营单位各职能部门负责人及其工作人员、班组长、岗位工人等。各类人员的主要职责简述如下：

1.生产经营单位主要负责人建立、健全本单位安全生产责任制；组织制定本单位安全生产规章制度和操作规程；组织制定并实施本单位安全生产教育和培训计划；保证本单位安全生产投入的有效实施；督促、检查本单位的安全生产工作，及时消除生产安全事故隐患；组织制定并实施本单位的生产安全事故应急救援预案；及时、如实报告生产安全事故等。

2.生产经营单位其他负责人协助主要负责人做好安全生产工作。

3.生产经营单位各职能部门负责人及其工作人员负责本部门职责范围内的安全生产工作。

4.班组长负责做好本班组安全生产工作。

5.岗位工人主要对本岗位的安全生产负直接责任。

第三节　生产经营单位安全生产管理组织保障

生产经营单位的安全生产管理必须有组织上的保障，否则安全生产管理工作就无从谈起。所谓组织保障主要包括两个方面：安全生产管理机构的保障和安全生产管理人员的保障。

安全生产管理机构是指生产经营单位中专门负责安全生产监督管理的内设机构。安全生产管理人员是指在生产经营单位从事安全生产管理工作的专职或兼职人员。在生产经营单位既承担其他工作职责同时又承担安全生产管理职责的人员则为兼职安全生产管理人员。安全生产管理机构和安全生产管理人员的作用是落实国家有关安全生产的法律法规，组织生产经营单位内部各种安全检查活动，负责日常安全检查，及时整改各种事故隐患，监督安全责任制的落实等等。

一、生产经营单位安全生产管理机构的设置要求

(一)机构保障

1.2014 年 12 月 1 日施行的《安全生产法》规定，矿山、金属冶炼、建筑施工、道路运输单位和危险物品的生产、经营、储存单位，以及从业人员超过 100 人的其他生产经营单位，应当设置安全生产管理机构。具体根据生产经营单位作业危险性的大小、从业人员的多少、生产经营规模的大小等因素确定。

2.除以上五类高危行业以外，且从业人员在 100 人以下的生产经营单位，安全生产管理机构的设置，由生产经营单位根据实际情况自行确定。

(二)人员保障

1.2014 年 12 月 1 日施行的《安全生产法》规定，矿山、金属冶炼、建筑施工、道路运输单位和危险物品的生产、经营、储存单位，以及从业人员超过 100 人的其他生产经营单位，必须配备专职的安全生产管理人员。

2.除以上五类高危行业以外，且从业人员在 100 人以下的生产经营单位，可以配备专职的安全生产管理人员，也可以只配备兼职的安全生产管理人员。

3.当生产经营单位依据法律规定和本单位实际情况，委托依法设立的为安全生产提供技术、管理服务的机构提供安全生产技术、管理服务时，保证安全生产的责任仍由本单位负责。

二、注册助理安全工程师在生产经营单位的工作职能

原人事部、国家安全生产监督管理总局《关于实施〈注册安全工程师执业资格制度暂行规定〉补充规定的通知》(国人部发〔2007〕121 号)规定，取得注册助理安全工程师资格证书并经注册人员，方可以注册助理安全工程师的名义，在中小企业中承担安全生产管理或安全生产技术工作；注册助理安全工程师也可在大企业中协助注册安全工程师开展相关工作。

(一)工作职责

接受生产经营单位的聘用，在生产经营单位中安全生产管理、安全监督检查、安全技术研究、安全检测检验、建设项目的安全评估等岗位从业，具体工作职责是：

1.协助聘用单位贯彻执行有关安全生产的法律、法规和方针、政策。

2.协助聘用单位建立、健全安全生产责任制度、安全生产管理制度、安全培训制度、安全生产工作档案、安全操作规程，拟定年度安全生产工作计划和安全技术措施计划，并检查和督促落实。

3.掌握聘用单位安全生产状况，协助聘用单位制定生产安全事故应急预案并指导落实。

4.履行现场安全生产检查职责，对检查发现的事故隐患，提出整改意见，并及时报告安全生产负责人，督促聘用单位落实整改。

5.协助聘用单位对职工开展安全生产宣传教育和培训工作，督促聘用单位执行特种作业人员持证上岗制度和员工上岗前及轮岗前培训教育制度。

6.指导和督促生产经营单位按国家规定为从业人员发放劳动防护用品，并监督教育从业人员按规定使用。

(二)权利

1.对生产经营单位的安全生产管理、安全监督检查、安全技术研究和安全检测检验、建设项目的安全评估、危害辨识风险评价和风险控制策划等工作存在的问题提出意见和建议。

2.拟定所在单位上报的有关安全生产报告。

3.发现有危及人身安全的紧急情况时，应及时向生产经营单位建议停止作业并组织作业人员撤离危险场所。

4.参加建设项目安全设施的审查和竣工验收工作。

5.参与重大危险源辨识、评估、监控、登记建档，制定事故应急预案。

6.参与制定安全生产规章制度和操作规程，提出安全生产所必需的资金投入的建议。

7.法律、法规规定的其他权利。

(三)义务

1.遵守国家有关安全生产的法律、法规和标准。

2.遵守职业道德，客观公正，不弄虚作假，并承担在相应报告上签署意见的法律责任。

3.维护国家、公众的利益和受聘单位的合法权益。

4.严格保守在工作中知悉的单位、个人技术和商业秘密。

第四节　安全生产投入与安全生产风险抵押金

一、安全生产投入的基本要求

生产经营单位必须安排适当的资金，保证达到法律、法规、标准规定的安全生产条件。

安全投入资金由谁保证，依据企业的性质而定。一般来说，股份制企业、合资企业等安全生产投入资金由董事会予以保证；一般国有企业由厂长或者经理予以保证；个体工商户等个体经济组织由投资人予以保证。投入资金保证人承担因投入不足导致事故的法律责任。

安全生产投入主要用于：

1.建设安全和职业卫生技术措施工程。

2.增设和更新安全设备、器材、装备、仪器、仪表等及其日常维护。

3.重大安全生产课题的研究。

4.按国家、行业标准为职工配备劳动保护用品和设施。

5.职工的安全生产教育和培训。

6.其他有关预防事故发生的安全技术措施费用，如制定及落实事故应急预案等。

二、企业安全生产费用

(一)企业安全生产费用提取和使用管理办法

2012 年，财政部、国家安监总局制定《企业安全生产费用提取和使用管理办法》(财企〔2012〕16 号)，对从事煤炭生产、非煤矿山开采、建设工程施工、危险品生产与储存、交通运输、烟花爆竹生产、冶金、机械制造、武器装备研制生产与试验(含民用航空及核燃料)的企业以及其他经济组织安全生产费用的提取、使用做出规定。

(二)安全生产费用的管理要求和提取标准

安全生产费用按照“企业提取、政府监管、确保需要、规范使用”的原则进行管理。

1. 煤炭生产企业安全生产费用

煤炭生产企业依据开采的原煤产量按月提取。各类煤矿原煤单位产量安全费用提取标准如下：

(1)煤(岩)与瓦斯(二氧化碳)突出矿井、高瓦斯矿井吨煤 30 元；

(2)其他井工矿吨煤 15 元；

(3)露天矿吨煤 5 元。

矿井瓦斯等级划分按现行《煤矿安全规程》和《矿井瓦斯等级鉴定规范》的规定执行。

2.非煤矿山开采企业安全生产费用

非煤矿山开采企业依据开采的原矿产量按月提取。各类矿山原矿单位产量安全费用提取标准如下：

(1)石油，每吨原油 17 元；

(2)天然气、煤层气(地面开采)每千立方米原气 5 元；

(3)金属矿山，其中露天矿山每吨 5 元，地下矿山每吨 10 元；

(4)核工业矿山，每吨 25 元；

(5)非金属矿山，其中露天矿山每吨 2 元，地下矿山每吨 4 元；

(6)小型露天采石场，即年采剥总量 50 万吨以下，且最大开采高度不超过 50 米，产品用于建筑、铺路的山坡型露天采石场，每吨 1 元；

(7)尾矿库按入库尾矿量计算，三等及三等以上尾矿库每吨 1 元，四等及五等尾矿库每吨 1.5 元。

3. 建设工程施工企业安全生产费用

建设工程施工企业以建筑安装工程造价为计提依据。各建设工程类别安全费用提取标准如下：

(1)矿山工程为 2.5%；

(2)房屋建筑工程、水利水电工程、电力工程、铁路工程、城市轨道交通工程为 2.0%；

(3)市政公用工程、冶炼工程、机电安装工程、化工石油工程、港口与航道工程、公路工程、通信工程为 1.5%。

4.危险品生产和储存企业安全生产费用

危险品生产与储存企业以上年度实际营业收入为计提依据，采取超额累退方式按照以下标准平均逐月提取：

(1)营业收入不超过 1 000 万元的，按照 4%提取；

(2)营业收入超过 1 000 万元至 1 亿元的部分，按照 2%提取；

(3)营业收入超过 1 亿元至 10 亿元的部分，按照 0.5%提取；

(4)营业收入超过 10 亿元的部分，按照 0.2%提取。

5.交通运输企业安全生产费用

交通运输企业以上年度实际营业收入为计提依据，按照以下标准平均逐月提取：

(1)普通货运业务按照 1%提取；

(2)客运业务、管道运输、危险品等特殊货运业务按照 1.5%提取。

6.冶金企业安全生产费用

冶金企业以上年度实际营业收入为计提依据，采取超额累退方式按照以下标准平均逐月提取：

(1)营业收入不超过1 000万元的，按照3%提取；

(2)营业收入超过1 000万元至1亿元的部分，按照1.5%提取；

(3)营业收入超过1亿元至10亿元的部分，按照0.5%提取；

(4)营业收入超过10亿元至50亿元的部分，按照0.2%提取；

(5)营业收入超过50亿元至100亿元的部分，按照0.1%提取；

(6)营业收入超过100亿元的部分，按照0.05%提取。

7.机械制造企业安全生产费用

机械制造企业以上年度实际营业收入为计提依据，采取超额累退方式按照以下标准平均逐月提取：

(1)营业收入不超过1 000万元的，按照2%提取；

(2)营业收入超过1 000万元至1亿元的部分，按照1%提取；

(3)营业收入超过1亿元至10亿元的部分，按照0.2%提取；

(4)营业收入超过10亿元至50亿元的部分，按照0.1%提取；

(5)营业收入超过50亿元的部分，按照0.05%提取。

8.烟花爆竹生产企业安全生产费用

烟花爆竹生产企业以上年度实际营业收入为计提依据，采取超额累退方式按照以下标准平均逐月提取：

(1)营业收入不超过200万元的，按照3.5%提取；

(2)营业收入超过200万元至500万元的部分，按照3%提取；

(3)营业收入超过500万元至1 000万元的部分，按照2.5%提取；

(4)营业收入超过1 000万元的部分，按照2%提取。

9.武器装备研制生产与试验企业以上年度军品实际营业收入为计提依据，采取超额累退方式平均逐月提取。

10.中小微型企业和大型企业上年末安全费用结余分别达到本企业上年度营业收入的5%和1.5%时，经当地县级以上安全生产监督管理部门、煤矿安全监察机构商财政部门同意，企业本年度可以缓提或少提安全费用。

企业在上述标准的基础上，根据安全生产实际需要，可适当提高安全费用提取标准。

(三)安全生产费用的使用和管理

1.安全生产费用的使用原则

企业提取的安全费用应当专户核算，按规定范围安排使用，不得挤占、挪用。年度结余资金结转下年度使用，当年计提安全费用不足的，超出部分按正常成本费用渠道列支。

主要承担安全管理责任的集团公司经过履行内部决策程序，可以对所属企业提取的安全费用按照一定比例集中管理，统筹使用。

2.安全生产费用的监督管理

企业应当建立、健全内部安全生产费用管理制度，明确安全生产费用提取和使用的程序、职责及权限，按规定提取和使用安全费用。

企业应当加强安全生产费用管理，编制年度安全生产费用提取和使用计划，纳入企业财务预算。企业年度安全生产费用使用计划和上一年安全生产费用的提取、使用情况按照管理权限报同级财政部门、安全生产监督管理部门、煤矿安全监察机构和行业主管部门备案。

各级财政部门、安全生产监督管理部门、煤矿安全监察机构和有关行业主管部门依法对企业安全生产费用提取、使用和管理进行监督检查。

企业未按本办法提取和使用安全费用的，安全生产监督管理部门、煤矿安全监察机构和行业主管部门会同财政部责令其限期改正，并依照相关法律法规进行处理、处罚。

3.安全生产费用的使用范围

企业（以机械制造行业企业为例）安全生产费用使用范围：

（1）完善、改造和维护安全防护设施设备支出（不含“三同时”要求初期投入的安全设施）；

（2）配备、维护、保养应急救援器材、设备支出和应急演练支出；

（3）开展重大危险源和事故隐患评估、监控和整改支出；

（4）安全生产检查、评价（不包括新建、改建、扩建项目安全评价）、咨询和标准化建设支出；

（5）安全生产宣传、教育、培训支出；

（6）配备和更新现场作业人员安全防护用品支出；

（7）安全生产适用的新技术、新标准、新工艺、新装备的推广应用；

（8）安全设施及特种设备检测检验支出；

（9）其他与安全生产直接相关的支出。

三、安全生产风险抵押金

（一）企业安全生产风险抵押金的要求

2006 年财政部、国家安监总局、中国人民银行联合制定《企业安全生产风险抵押金管理暂行办法》，对矿山（煤矿除外）、交通运输、建筑施工、危险化学品、烟花爆竹等行业或领域从事生产经营活动的企业，收取一定数额的安全生产风险抵押金，企业生产经营期间发生生产安全事故的，转做事故抢险救灾和善后处理所需资金。

（二）风险抵押金的存储和使用

1.风险抵押金的存储标准

省级安全生产监督管理部门及同级财政部门按照以下标准，结合企业正常生产经营期间的规模大小和行业特点，综合考虑产量、从业人数、销售收入等因素，确定具体存储金额：

（1）小型企业存储金额不低于人民币 30 万元（不含 30 万元）；

（2）中型企业存储金额不低于人民币 100 万元（不含 100 万元）；

（3）大型企业存储金额不低于人民币 150 万元（不含 150 万元）；

（4）特大型企业存储金额不低于人民币 200 万元（不含 200 万元）。

风险抵押金存储原则上不超过 500 万元。

2.风险抵押金的存储要求

风险抵押金由企业按时足额存储。企业不得因变更企业法定代表人或合伙人、停产整顿等情况迟(缓)存、少存或不存风险抵押金,也不得以任何形式向职工摊派风险抵押金。

风险抵押金存储数额由省、市、县级安全生产监督管理部门及同级财政部门核定下达。

风险抵押金实行专户管理。

3.风险抵押金的使用规定

企业风险抵押金的使用范围为:

(1)为处理本企业生产安全事故而直接发生的抢险、救灾费用支出;

(2)为处理本企业生产安全事故善后事宜而直接发生的费用支出。

(三)风险抵押金的监督管理

风险抵押金实行分级管理,由省、市、县级安全生产监督管理部门及同级财政部门按照属地原则共同负责。

风险抵押金应当专款专用,不得挪用。

企业持续生产经营期间,当年未发生生产安全事故、没有动用风险抵押金的,风险抵押金自然结转,下年不再增加存储。

企业生产经营规模如发生较大变化,省、市、县级安全生产监督管理部门及同级财政部门应当于下年度第一季度结束前调整其风险抵押金存储数额,并按照调整后的差额通知企业补存(退还)风险抵押金。

企业依法关闭、破产或者转入其他行业的,在企业提出申请,并经过省、市、县级安全生产监督管理部门及同级财政部门核准后,企业可以按照国家有关规定自主支配其风险抵押金专户结存资金。

第五节 安全技术措施计划

一、安全技术措施计划的基本原则

编制安全技术措施计划应以“安全第一、预防为主、综合治理”的安全生产方针为指导思想,以《安全生产法》等法律为依据。具体应遵循如下原则:

1.必要性和可行性原则。考虑安全生产的实际需要及技术可行性与经济承受能力。

2.经济性原则。充分利用现有设备和设施,挖掘潜力。

3.轻重缓急与统筹安排原则。对影响最大、危险性最大的项目应预先考虑。

二、安全技术措施计划的基本内容

(一)安全技术措施计划的项目范围

1.安全技术措施:防止工伤事故和减少事故损失的技术措施。

2.职业卫生技术措施:改善对职工健康有害的生产环境、防止职业中毒和职业病的技术措施。

3.辅助设施:保证工业卫生方面所必需的房屋及一切卫生性保障措施。

4.安全宣传教育设施:提高作业人员安全素质的有关宣传教育设备、教材和场所等。

(二)安全技术措施计划的编制内容

1.措施应用的单位或工作场所。

2.措施名称。

3.措施目的和内容。

4.经费预算及来源。

5.负责施工的单位或负责人。

6.开工日期和竣工日期。

7.措施预期效果及检查验收。

三、安全技术措施计划编制方法

安全技术措施计划编制一般分为 6 个步骤:

1.确定编制时间:年度安全计划与其他计划同步编制。

2.布置编制工作:企业领导提出要求,进行布置。

3.确定项目和内容:基层单位确定项目和内容后,报上级安全部门,安全部门联合技术、计划部门进行审查,报有关领导审批。

4.编制:基层单位编制具体计划和方案,送上级安全部门审查。

5.审批:安全部门、技术、计划部门联合会审后,上报相关人员审批。

6.下达:生产经营单位领导组织审查核定,与生产计划同时下达。

第六节　安全生产教育培训

《安全生产法》对生产经营单位主要负责人、安全生产管理人员、特种作业人员和其他从业人员的安全生产教育培训提出了要求,目前这项工作主要依据《生产经营单位安全培训规定》(安监总局令第 3 号)、《特种作业人员安全技术培训考核管理规定》(安监总局令第 30 号)、《安全生产培训管理办法》(安监总局令第 44 号)和《国家安全监管总局关于修改〈生产经营单位安全培训规定〉等 11 件规章的决定》(安监总局令第 63 号)等规章。

一、安全生产教育培训的基本要求

(一)主要负责人安全生产教育培训的基本要求

1.煤矿、非煤矿山、危险化学品、烟花爆竹等生产经营单位主要负责人和安全生产管理人员，必须接受专门的安全培训，经安全生产监管监察部门对其安全生产知识和管理能力考核合格，取得安全资格证书后，方可任职，初次培训时间不得少于 48 学时，每年再培训时间不得少于 16 学时。

2.其他生产经营单位主要负责人和安全生产管理人员应当接受安全培训，具备与所从事的生产经营活动相适应的安全生产知识和管理能力，初次安全培训时间不得少于 32 学时，每年再培训时间不得少于 12 学时。

(二)特种作业人员安全生产教育培训的基本要求

1.特种作业：指容易发生事故，对操作者本人、他人的安全健康及设备、设施的安全可能造成重大危害的作业。特种作业的范围由特种作业目录规定。

2.特种作业人员：指直接从事特种作业的从业人员。

3.培训及证书：特种作业人员应当接受与其所从事的特种作业相应的安全技术理论培训和实际操作培训。具备安全培训条件的生产经营单位应当以自主培训为主，也可以委托具备安全培训条件的机构进行培训。不具备安全培训条件的生产经营单位，应当委托具备安全培训条件的机构进行培训。特种作业操作证由安全监管总局统一式样、标准及编号，有效期为 6 年，在全国范围内有效。

4.考核规定：特种作业操作资格考试包括安全技术理论考试和实际操作考试两部分。考试不及格的，允许补考 1 次。经补考仍不及格的，重新参加相应的安全技术培训。

5.特种作业人员重新考核和证件的复审要求：

(1)离岗 6 个月以上的特种作业人员，应当重新进行实际操作考试，经确认合格后方可上岗作业。

(2)特种作业操作证每 3 年复审 1 次；连续从事本工种 10 年以上者，复审时间可以延长至每 6 年 1 次。

复审内容包括：健康证明、从事特种作业的情况、安全培训考试合格记录。安全培训时间不少于 8 个学时，主要培训法律、法规、标准、事故案例和有关新工艺、新技术、新装备等知识。未按期复审或复审不合格者，其操作证自行失效。

(三)新从业人员安全生产教育培训的基本要求

1.煤矿、非煤矿山、危险化学品、烟花爆竹等生产经营单位必须对新上岗的临时工、合同工、劳务工、轮换工、协议工等进行强制性安全培训，保证其具备本岗位安全操作、自救互救以及应急处置所需的知识和技能后，方能安排上岗作业。

加工、制造业等生产单位的其他从业人员，在上岗前必须经过厂(矿)、车间(工段、区、队)、班组三级安全培训教育。

生产经营单位可以根据工作性质对其他从业人员进行安全培训，保证其具备本岗位安全操作、应急处置等知识和技能。

2.煤矿、非煤矿山、危险化学品、烟花爆竹等生产经营单位新上岗的从业人员安全培训时间不得少于 72 学时，每年接受再培训的时间不得少于 20 学时。

其他生产经营单位新上岗的从业人员，岗前培训时间不得少于 24 学时。

(四)转岗、复岗、四新人员安全生产教育培训的基本要求

从业人员在本生产经营单位内调整工作岗位或离岗一年以上重新上岗时，应当重新接受车间(工段、区、队)和班组级的安全培训。

生产经营单位实施新工艺、新技术或者使用新设备、新材料时,应当对有关从业人员重新进行有针对性的安全培训。

二、安全生产教育培训的内容

(一)主要负责人安全生产教育培训的内容

1.国家安全生产方针、政策和有关安全生产的法律、法规、规章及标准。

2.安全生产管理基本知识、安全生产技术、安全生产专业知识。

3.重大危险源管理、重大事故防范、应急管理和救援组织以及事故调查处理的有关规定。

4.职业危害及其预防措施。

5.国内外先进的安全生产管理经验。

6.典型事故和应急救援案例分析。

(二)安全管理人员安全生产教育培训的内容

培训内容除与(一)中1、2、4、5、6相同内容外,还应掌握:

1.伤亡事故统计、报告及职业危害的调查处理方法。

2.应急管理、应急预案编制以及应急处置的内容和要求。

(三)特种作业人员安全生产教育培训的内容

2011年7月,国家安全生产监督管理总局颁布了《特种作业人员安全技术培训大纲和考核标准(试行)》。该培训大纲和考核标准内容涉及电工作业人员、熔化焊接与热切割作业人员、压力焊作业人员、化工工艺作业人员、制冷与空调作业人员、登高架设作业人员等41个工种,作为特种作业人员安全技术培训、考核的指导性文件。

(四)新从业员工(三级教育)安全生产教育培训的内容

1.厂级:安全生产基本知识、本单位规章制度、劳动纪律、主要危险因素及防范措施。

2.车间级:本车间安全状况、规章制度、危险源、防范及应急措施、事故案例等。

3.班组级:安全操作规程、岗位之间工作衔接。

三、安全生产教育培训的形式和方法

安全生产教育培训的形式多种多样,各有特点。在实际应用中,要根据教育培训的内容和对象灵活选择。

安全生产教育培训的方法主要有:课堂讲授、实际操作演练、案例研讨、读书指导、宣传教育等。

安全生产教育培训的形式主要有:班前班后会、安全活动日、安全生产会、事故现场会、知识竞赛、广播、专栏等。

第七节 建设项目安全设施“三同时”

一、建设项目安全设施“三同时”的概念

建设项目的安全设施，必须与主体工程同时设计、同时施工、同时投入生产和使用。安全设施投资应当纳入建设项目概算。

建设项目安全设施，是指生产经营单位在生产经营活动中用于预防生产安全事故的设备、设施、装置、构（建）筑物和其他技术措施的总称。

二、建设项目安全设施“三同时”的法律依据

《安全生产法》（主席令〔2014〕第 13 号）对建设项目安全设施“三同时”做出了原则性规定。《危险化学品安全管理条例》（国务院令第 591 号）、《建设项目安全设施“三同时”监督管理暂行办法》（安监总局令第 36 号）和《危险化学品建设项目安全监督管理办法》（安监总局令第 45 号）等行政法规和规章对建设项目安全设施“三同时”做出了具体规定。

三、建设项目安全设施“三同时”的具体要求

（一）法律和行政法规的原则性规定

1.《中华人民共和国安全生产法》（主席令〔2014〕第 13 号）的规定，生产经营单位新建、改建、扩建工程项目（以下统称建设项目）的安全设施，必须与主体工程同时设计、同时施工、同时投入生产和使用。安全设施投资应当纳入建设项目概算。

2.《危险化学品安全管理条例》（国务院令第 591 号）规定，新建、改建、扩建生产、储存危险化学品的建设项目（以下简称建设项目），应当由安全生产监督管理部门进行安全条件审查。

建设单位应当对建设项目进行安全条件论证，委托具备国家规定的资质条件的机构对建设项目进行安全评价，并将安全条件论证和安全评价的情况报告报建设项目所在地设区的市级以上人民政府安全生产监督管理部门。新建、改建、扩建储存、装卸危险化学品的港口建设项目，由港口行政管理部门按照国务院交通运输主管部门的规定进行安全条件审查。

（二）建设项目安全设施“三同时”的工作内容

《中华人民共和国安全生产法》（主席令〔2014〕第 13 号）、《建设项目安全设施“三同时”监督管理暂行办法》（安监总局令第 36 号）、《危险化学品建设项目安全监督管理办法》（安监总局令第 45 号）对建设项目全过程的安全设施“三同时”的工作内容进行了明确规定。

1.建设项目可行性研究阶段

(1)《中华人民共和国安全生产法》(主席令〔2014〕第13号)规定,矿山、金属冶炼建设项目和用于生产、储存、装卸危险物品的建设项目,应当按照国家有关规定进行安全评价。

(2)《建设项目安全设施"三同时"监督管理暂行办法》(安监总局令第36号)规定,下列建设项目在进行可行性研究时,生产经营单位应当分别对其安全生产条件进行论证和安全预评价,编制安全条件论证报告并委托具有相应资质的安全评价机构编制安全预评价报告。

1)非煤矿矿山建设项目;

2)生产、储存危险化学品(包括使用长输管道输送危险化学品,下同)的建设项目;

3)生产、储存烟花爆竹的建设项目;

4)化工、冶金、有色、建材、机械、轻工、纺织、烟草、商贸、军工、公路、水运、轨道交通、电力等行业的国家和省级重点建设项目;

5)法律、行政法规和国务院规定的其他建设项目。

以上所列项目以外的其他建设项目,生产经营单位应当对其安全生产条件和设施进行综合分析,形成书面报告,报安全生产监督管理部门备案。

(3)《危险化学品建设项目安全监督管理办法》(安监总局令第45号)规定,新建、改建、扩建危险化学品生产、储存的建设项目的建设单位应当在建设项目的可行性研究阶段,进行安全条件论证,编制安全条件论证报告。建设单位应当在建设项目的可行性研究阶段,委托具备相应资质的安全评价机构对建设项目进行安全评价。

2.建设项目初步设计阶段

(1)《中华人民共和国安全生产法》(主席令〔2014〕第13号)规定,矿山、金属冶炼建设项目和用于生产、储存、装卸危险物品的建设项目的安全设施设计应当按照国家有关规定报经有关部门审查。

(2)《建设项目安全设施"三同时"监督管理暂行办法》(安监总局令第36号)规定,生产经营单位在建设项目初步设计时,应当委托有相应资质的设计单位对建设项目安全设施进行设计,编制安全专篇。

以下建设项目的安全设施设计完成后,生产经营单位应当向安全生产监督管理部门提出审查申请。

1)非煤矿矿山建设项目;

2)生产、储存危险化学品(包括使用长输管道输送危险化学品,下同)的建设项目;

3)生产、储存烟花爆竹的建设项目。

化工、冶金、有色、建材、机械、轻工、纺织、烟草、商贸、军工、公路、水运、轨道交通、电力等行业的国家和省级重点建设项目的安全设施设计完成后,生产经营单位应当按照本办法第五条的规定向安全生产监督管理部门备案

以上规定以外的建设项目的安全设施设计,由生产经营单位组织审查,形成书面报告,报安全生产监督管理部门备案。

(3)《危险化学品建设项目安全监督管理办法》(安监总局令第45号)规定,建设项目的设计单位应当根据有关安全生产的法律、法规、规章和国家标准、行业标准以及建设项

目安全条件审查意见书，按照《化工建设项目安全设计管理导则》(AQ/T 3033)，对建设项目安全设施进行设计，并编制建设项目安全设施设计专篇。

建设单位应当在建设项目初步设计完成后、详细设计开始前，向出具建设项目安全条件审查意见书的安全生产监督管理部门申请建设项目安全设施设计审查。

3.建设项目施工过程

(1)《中华人民共和国安全生产法》(主席令〔2014〕第13号)规定，矿山、金属冶炼建设项目和用于生产、储存、装卸危险物品的建设项目的施工单位必须按照批准的安全设施设计施工，并对安全设施的工程质量负责。

(2)《建设项目安全设施"三同时"监督管理暂行办法》(安监总局令第36号)规定，建设项目安全设施的施工应当由取得相应资质的施工单位进行，并与建设项目主体工程同时施工。

4.建设项目试生产阶段

(1)《建设项目安全设施"三同时"监督管理暂行办法》(安监总局令第36号)规定，建设项目安全设施建成后，生产经营单位应当对安全设施进行检查，对发现的问题及时整改。建设项目竣工后，根据规定建设项目需要试运行(包括生产、使用，下同)的，应当在正式投入生产或者使用前进行试运行。

生产、储存危险化学品的建设项目，应当在建设项目试运行前将试运行方案报负责建设项目安全许可的安全生产监督管理部门备案。

(2)《危险化学品建设项目安全监督管理办法》(安监总局令第45号)规定，建设项目安全设施施工完成后，建设单位应当按照有关安全生产法律、法规、规章和国家标准、行业标准的规定，对建设项目安全设施进行检验、检测，保证建设项目安全设施满足危险化学品生产、储存的安全要求，并处于正常适用状态。

建设单位应当组织建设项目的设计、施工、监理等有关单位和专家，研究提出建设项目试生产(使用)(以下简称试生产〈使用〉)可能出现的安全问题及对策，并按照有关安全生产法律、法规、规章和国家标准、行业标准的规定，制定周密的试生产(使用)方案。

试生产(使用)前，建设单位应当组织专家对试生产(使用)方案进行审查。

试生产(使用)时，建设单位应当组织专家对试生产(使用)条件进行确认，对试生产(使用)过程进行技术指导。

建设单位应当在试生产(使用)前，将试生产(使用)方案，报送出具安全设施设计审查意见书的安全生产监督管理部门备案。

建设项目试生产期间，建设单位应当按照本办法的规定委托有相应资质的安全评价机构对建设项目及其安全设施试生产(使用)情况进行安全验收评价。

5.建设项目竣工验收

(1)《中华人民共和国安全生产法》(主席令〔2014〕第13号)规定，矿山、金属冶炼建设项目和用于生产、储存危险物品的建设项目竣工投入生产或者使用前，应当由建设单位负责组织对安全设施进行验收。验收合格后，方可投入生产和使用。

安全生产监督管理部门应当加强对建设单位验收活动和验收结果的监督核查。

(2)《建设项目安全设施"三同时"监督管理暂行办法》(安监总局令第36号)规定，建设项目安全设施竣工或者试运行完成后，生产经营单位应当委托具有相应资质的安全评价机构对安全设施进行验收评价，并编制建设项目安全验收评价报告。

以下建设项目竣工投入生产或者使用前，生产经营单位应当按照本办法第五条的规定向安全生产监督管理部门申请安全设施竣工验收。

1)非煤矿矿山建设项目；

2)生产、储存危险化学品(包括使用长输管道输送危险化学品，下同)的建设项目；

3)生产、储存烟花爆竹的建设项目。

化工、冶金、有色、建材、机械、轻工、纺织、烟草、商贸、军工、公路、水运、轨道交通、电力等行业的国家和省级重点建设项目竣工投入生产或者使用前，生产经营单位应当向安全生产监督管理部门备案。

以上规定以外的建设项目的安全设施竣工验收，由生产经营单位组织实施，形成书面报告，报安全生产监督管理部门备案。

生产经营单位应当按照档案管理的规定，建立建设项目安全设施“三同时”文件资料档案，并妥善保存。

(3)《危险化学品建设项目安全监督管理办法》(安监总局令第 45 号)规定，建设单位应当在建设项目试生产期限结束前向出具建设项目安全设施设计审查意见书的安全生产监督管理部门申请建设项目安全设施竣工验收。

第八节 安全生产检查

一、安全生产检查的形式和内容

安全生产检查的类型分为综合性检查、日常检查、专业性检查、季节性检查、和节假日检查。

综合性检查是由相应级别的负责人组织，各专业共同参与的全面安全检查。厂级综合性安全检查每季度不少于 1 次，车间级综合性安全检查每月不少于 1 次。

日常检查分岗位操作人员巡回检查和管理人员日常检查。岗位操作人员进行交接班检查和班中巡回检查，各级管理人员应在各自的业务范围内进行日常检查。

专业性检查分别由各专业部门的负责人组织本系统人员进行，主要是对锅炉、压力容器、危险物品、电气装置、机械设备、构建筑物、安全装置、防火防爆、防尘防毒、监测仪器等进行专业检查。专业性检查一般每半年不少于 1 次。

季节性检查由各业务部门的负责人组织本系统相关人员进行。根据当地各季节特点对防火防爆、防雨防汛、防雷电、防暑降温、防风及防冻保暖工作等进行检查。

节假日检查主要是对节假日前安全、保卫、消防、生产物资准备、备用设备、应急措施等方面进行的检查。

二、安全生产检查方法

(一)常规检查法

检查人员到作业现场,依靠经验和能力进行定性检查。

(二)安全检查表法

编制安全检查表,根据安全检查表的内容进行安全检查。

安全检查表应包括检查项目、检查内容、检查标准或依据、检查结果等内容。

编制安全检查表的依据有法律法规、标准规程、事故案例、工作经验以及安全生产新知识、新方法、新技术。

(三)仪器检查法

使用相关仪器等进行定量检查。

三、安全生产检查实施程序

(一)准备

编制检查计划和检查表、组织人员、了解被检查对象、查阅相关标准、准备检测工具等。

(二)实施检查

通过访谈、查阅记录、现场观察、仪器检测等方式获取信息。

(三)提出整改意见和要求

对安全检查所查出的问题进行原因分析,制定整改措施,落实整改方案、整改资金、整改时间和责任人。

(四)落实整改

对整改情况进行复查、验证或验收,保存相应记录。

第九节 安全生产事故隐患排查治理

一、安全生产事故隐患排查治理的目的

1.建立安全生产事故隐患排查治理的长效机制。

2.强化生产经营单位安全生产主体责任。

3.加强事故隐患监督管理,防止和减少事故,保障人民群众生命财产安全。

二、事故隐患的分类

事故隐患分为一般事故隐患和重大事故隐患。

1.一般事故隐患:是指危害和整改难度较小,发现后能够立即整改排除的隐患。

2.重大事故隐患:是指危害和整改难度较大,应当全部或者局部停产停业,并经过一定时间整改治理方能排除的隐患,或者因外部因素影响致使生产经营单位自身难以排除的隐患。

三、生产经营单位事故隐患排查治理的职责

生产经营单位主要负责人对本单位事故隐患排查治理工作全面负责。

1.生产经营单位应当依照法律、法规、规章、标准和规程的要求从事生产经营活动,严禁非法从事生产经营活动。

2.生产经营单位是事故隐患排查、治理和防控的责任主体,应当建立、健全事故隐患排查治理和建档监控等制度,逐级建立并落实从主要负责人到每个从业人员的隐患排查治理和监控责任制。

3.生产经营单位应当保证事故隐患排查治理所需的资金,建立资金使用专项制度。

4.生产经营单位应当定期组织安全生产管理人员、工程技术人员和其他相关人员排查本单位的事故隐患。对排查出的事故隐患,应当按照事故隐患的等级进行登记,建立事故隐患信息档案,并按照职责分工实施监控治理。

5.生产经营单位应当建立事故隐患报告和举报奖励制度,对发现、排除和举报事故隐患的有功人员,应当给予物质奖励和表彰。

6.生产经营单位将生产经营项目、场所、设备发包、出租的,应当与承包、承租单位签订安全生产管理协议,明确各方对事故隐患排查、治理和防控的管理职责,统一协调和监督管理承包、承租单位的事故隐患排查治理工作。

四、事故隐患的报告和治理

(一)事故隐患的报告

生产经营单位应当每季、每年对本单位事故隐患排查治理情况进行统计分析,并分别于下一季度15日前和下一年1月31日前向安全监管监察部门和有关部门报送书面统计分析表。统计分析表应当由生产经营单位主要负责人签字。

对于重大事故隐患,生产经营单位除依照前款规定报送外,应当及时向安全监管监察部门和有关部门报告。

重大事故隐患报告内容应当包括:

1.隐患的现状及其产生原因。

2.隐患的危害程度和整改难易程度分析。

3.隐患的治理方案。

(二)事故隐患的治理

对于一般事故隐患,由生产经营单位(车间、分厂、区队等)负责人或者有关人员立即组织整改。

对于重大事故隐患，由生产经营单位主要负责人组织制定并实施事故隐患治理方案。重大事故隐患治理方案应当包括以下内容：

1.治理的目标和任务。

2.采取的方法和措施。

3.经费和物资的落实。

4.负责治理的机构和人员。

5.治理的时限和要求。

6.安全措施和应急预案。

（三）恢复生产的要求

生产经营单位应当自行或委托具备相应资质的安全评价机构对地方人民政府或者安全监管监察部门及有关部门挂牌督办，并责令全部或者局部停产停业治理的重大事故隐患进行治理后的评估，经治理后符合安全生产条件的，生产经营单位应当向安全监管监察部门和有关部门提出恢复生产的书面申请，经安全监管监察部门和有关部门审查同意恢复生产的书面申请后，方可恢复生产经营。

第十节　劳动防护用品管理

一、劳动防护用品分类

（一）按劳动防护用品防护性能分类

劳动防护用品分为特种劳动防护用品和一般劳动防护用品两大类。

1.特种劳动防护用品

（1）头部护具类；（2）呼吸护具类；（3）眼（面）护具类；（4）防护服类；（5）防护鞋类；（6）防坠落护具类。

2.一般劳动防护用品

未列入特种劳动防护用品目录的劳动防护用品为一般劳动防护用品。如一般的工作服、手套等。

（二）按防护部位分类

1.头部防护用品。

2.呼吸器官防护用品。

3.眼（面）部防护用品。

4.听觉器官防护用品。

5.手部防护用品。

6.足部防护用品。

7.躯干防护用品。

8.护肤用品。

二、劳动防护用品的配备

(一)选用原则

1.根据《个体防护装备选用规范》(GB/T 11651－2008)选用。

2.根据作业现场实际需要和防护性能选用。

3.使用舒适方便,不影响工作。

(二)发放要求

生产经营单位应当安排用于配备劳动防护用品的专项经费,不得以货币或者其他物品替代应当按规定配备的劳动防护用品。

(三)配备原则

按照《个体防护装备配备基本要求》(GB/T 29510－2013),根据不同工种、不同劳动条件配备。生产经营单位具体责任有:

1.根据工作场所防护需要,免费提供防护用品。

2.特种劳动防护用品具有“三证”(生产许可证、产品合格证、安全鉴定证)和“一标志”(安全标志)。

3.职工做到“三会”(会检查、会使用、会维护)。

4.生产经营单位及时更换、报废过期和失效的防护用品。

5.生产经营单位应当建立、健全劳动防护用品的采购、验收、保管、发放、使用、报废等管理制度。

三、劳动防护用品的使用方法

一般要求:

1.使用前首先进行检查。

2.在其性能范围内使用,不使用不具有“三证”和“一标志”的防护用品。

3.严格按照使用说明书正确使用。

四、特种劳动防护用品安全标志管理

国家安全生产监督管理总局的《劳动防护用品监督管理规定》规定,对特种劳动防护用品实行安全标志管理。

1.生产特种劳动防护用品的企业,必须取得其安全标志。

2.经营劳动防护用品的单位不得经营假冒伪劣劳动防护用品和无安全标志的特种劳动防护用品。

3.生产经营单位不得采购和使用无安全标志的防护用品。

五、特种劳动防护用品安全标识

(一)特种劳动防护用品目录

共分为 6 大类,21 个小类。

(二)特种劳动防护用品安全标志标识

特种劳动防护用品安全标志由安全标志证书和安全标志标识组成。

1.安全标志证书:由国家安全生产监督管理总局监制。

2.安全标志标识:由盾牌图形和安全标志的编号组成。

3.特种劳动防护安全标志标识说明:

(1)采用古代盾牌之形状,取“防护”之意。

(2)盾牌中间采用字母“LA”表示“劳动安全”之意。

(3)“××－××－××××××”是标识的编号。

(4)标识边框、盾牌及“安全防护”为绿色,“LA”及背景为白色,标识编号为黑色。

第十一节 企业安全生产标准化

一、安全生产标准的化概念与意义

安全生产标准化在我国经历了近 30 年的发展历程。20 世纪 80 年代初期,煤炭、有色金属、建材、电力、黄金等多个行业率先开展了安全生产标准化创建活动,为加强企业安全生产管理打下了良好的基础,积累了一定的经验。2004 年,《国务院关于进一步加强安全生产工作的决定》(国发〔2004〕2 号)提出了在全国所有的工矿、商贸、交通、建筑施工等企业普遍开展安全生产标准化活动的要求。国家安全生产监督管理局印发了《关于开展安全质量标准化活动的指导意见》(安监管政法字〔2004〕62 号),煤矿、非煤矿山、危险化学品、烟花爆竹、冶金、机械等行业分别制定了具有行业特征的安全生产标准化评定标准及评定办法,全面推动安全生产标准化工作。《安全生产法》第四条规定生产经营单位应推进安全生产标准化建设,提高安全生产水平,确保安全生产。安全生产标准化体现了“安全第一、预防为主、综合治理”的方针和“以人为本”的科学发展观,强调了企业安全生产工作的规范化、科学化、系统化和法制化,强化风险管理和过程控制,注重绩效管理和持续改进,符合安全管理的基本规律,代表了现代安全管理的发展方向,是先进安全管理思想与我国传统安全管理方法以及企业具体实际的有机结合。

(一)安全生产标准化的概念

安全生产标准化是要求企业通过建立安全生产责任制,制定安全管理制度和操作规程,排查治理隐患和监控重大危险源,建立预防机制,规范生产行为,使各生产环节符合有关安全生产法律法规和标准规范的要求,人、机、物、环境处于良好的生产状态,并持续改进,不断加强企业安全生产规范化建设。

(二)开展安全生产标准化的意义

安全生产标准化工作的开展将全面促进企业安全生产水平的提高,从而推动我国安全生产状况的根本好转，其意义主要在于：

1.贯彻安全生产法律法规、落实企业主体责任

各行业安全生产标准化考评标准，无论从管理要素到设备设施要求、现场条件等，均体现了法律法规、标准规程的具体要求。安全生产标准化要求企业以管理标准化、操作标准化、现场标准化为核心，制定符合自身特点的各岗位、工种的安全生产规章制度和操作规程，规范和提高从业人员的安全操作技能。通过建立、健全企业主要负责人、管理人员、从业人员的安全生产责任制，将安全生产责任从企业法人落实到每个从业人员、操作岗位，强调全员参与。安全生产标准化要求企业全面细致地查找各种事故隐患和问题，制定切实可靠的整改计划，落实各项整改措施，从而将安全生产的主体责任落实到位，促使企业安全生产状况持续好转。

2.建立安全生产管理的长效机制，提升企业安全管理水平

安全生产标准化要求企业各个工作部门、生产岗位、作业环节的安全管理、制度规章和各种设备设施、作业环境、必须符合法律法规、标准规程等要求，是一项系统、全面、基础和长期的工作，实现企业安全生产工作规范化、科学化。安全生产标准化借鉴国外现代先进安全管理思想，强化风险管理，注重过程控制，做到持续改进，有利于形成和促进企业安全文化建设，促进安全管理水平的不断提升。

3.改善设备设施状况，提高企业本质安全水平

安全生产标准化各行业的考核标准在危害分析、风险评估的基础上，对现场设备设施提出了具体的条件，促使企业淘汰落后生产技术、设备，特别是危及安全的落后技术、工艺和装备，提高企业的安全技术水平和安全保障能力。

4.预防控制风险，减少事故发生

通过创建安全生产标准化工作，对危险、有害因素进行系统的识别、评估，制定相应的防范措施，使风险辨识、风险评价和风险控制工作制度化、规范化和常态化。通过作业标准化，大大减少了习惯性违章指挥和违章作业现象，控制了事故多发的关键因素，减少事故的发生。

二、企业安全生产标准化的主要内容

为了规范和推动各行业安全生产标准化工作，在总结归纳已颁布的各行业安全生产标准化标准中的共性内容基础上，2010 年 4 月 15 日，国家安全生产监督管理总局发布了《企业安全生产标准化基本规范》(AQ/T 9006－2010)。

该规范涵盖了安全管理的核心要求。煤矿、金属非金属矿山、危险化学品、烟花爆竹、冶金、机械等行业制定的安全生产标准化标准，与该规范相比，要素、项目有一些不同，但核心要求相同。

(一)原则

企业开展安全生产标准化工作，遵循“安全第一、预防为主、综合治理”的方针，以隐患排查治理为基础，提高安全生产水平，减少事故发生，保障人身安全健康，保证生产经营活动的顺利进行。

(二)管理模式

企业安全生产标准化工作采用“策划、实施、检查、改进”动态循环的模式，依据本标

准的要求，结合自身特点，建立并保持安全生产标准化系统；通过自我检查、自我纠正和自我完善，建立安全绩效持续改进的安全生产长效机制。

(三)结构内容

《企业安全生产标准化基本规范》分为范围、规范性引用文件、术语和定义、一般要求、核心要求五章。通过管理模式动态循环，促进建立安全绩效持续改进和安全生产长效机制的建立。

《企业安全生产标准化基本规范》从安全生产目标、组织机构和职责、安全生产投入、法律法规和安全管理制度、教育培训、生产设备设施、作业安全、隐患排查和治理、重大危险源控制、职业健康、应急救援、事故报告调查和处理、绩效评估和持续改进 13 个方面提出了具体、细化的内容要求，有较强的可操作性，便于企业实施。

三、创建安全生产标准化企业的步骤

为鼓励企业更好地创建和实施安全生产标准化，提高安全生产管理水平，国家安全生产监督管理部门对开展安全生产标准化活动的企业进行分级管理，其目的是在企业自主建立和外部评审定级中，根据对比衡量，得到量化的评价结果，能够较真实地反映自身的安全管理水平和改进方向，便于企业进行有针对性的改进、完善。

创建安全生产标准化企业分为以下几个主要步骤：

(一)学习与培训

创建安全生产标准化企业需要企业全体人员共同参与和支持。因此，首先需要创建领导小组，全面部署创建工作；依据《企业安全生产标准化基本规范》规定，结合企业实际，做好职能分解；组织全面、分层次的培训，理解和掌握《企业安全生产标准化基本规范》及配套考评细则的要求和内容，使全体人员能够接受安全生产标准化创建的核心思想，理解创建安全生产标准化企业对企业和个人的重要意义。

(二)企业自评

企业应当根据《企业安全生产标准化基本规范》和有关评分细则或行业标准化标准，创建本企业的安全生产标准化系统，全面梳理企业安全生产状况；对查找出的问题，及时进行整改，自行对本企业安全生产标准化达标情况进行评定；自主评定后，编写自评报告，并按照自评等级，选择适当的外部评审单位，申请评审定级。

(三)外部评审

外部评审单位根据申请单位的行业适用的标准，审核申请方提供的资料；资料符合要求的，组织有关专业人员前往申请单位进行现场考评。现场考评采取交谈、提问、查阅文件和记录、现场检查与抽查等方式，若有必要，可以进行现场检测与测量；根据现场评审情况，客观得出企业达标等级；将评审结果上报相应的安全生产主管部门。

(四)政府监管

各级安全生产主管部门负责监督、指导安全生产标准化工作；对外部评审单位的评审程序进行监督并对评审结果进行核准，向社会公示企业达标情况，公示期满，对没有异议的单位，由评审单位等有关单位颁发安全生产标准化等级证书和牌匾。对达标企业进行分级监督管理。

第三章　安全生产监督监察

第一节　安全生产监督管理

一、安全生产监督管理体制

(一)综合监管与行业监管相结合

1.综合监督管理:国家安全生产监督管理。

2.行业监管:公安、交通、铁道、民航、水利、建设、质监等国务院有关部门。

(二)国家监察与地方监管相结合

1.某些危险性较高的领域,专门设置了国家监察机制。

如煤矿,国家建立了垂直管理的安全监察机构,设立国家煤矿安全监察局,各省设立省级煤矿安全监察局。

2.特种设备的监察实行省以下垂直管理体制。

(三)政府监督与其他监督相结合

1.政府监督:安全生产监督管理部门和其他负有安全生产监督管理职责的部门、监察部门。

2.其他监督:安全中介机构的监督;社会公众的监督;工会的监督;新闻媒体的监督;居民委员会、村民委员会等组织的监督。

(四)安全生产监督管理的基本特征

1.权威性:法律授权。

2.强制性:以国家强制力作后盾。

3.普遍约束性:具有法律的普遍约束力。

(五)安全生产监督管理的基本原则

1.坚持"有法必依,执法必严,违法必究"的原则。

2.坚持以事实为依据,以法律为准绳的原则。

3.坚持预防为主的原则。

4.坚持行为监察与技术监察相结合的原则。

5.坚持监察与服务相结合的原则。

6.坚持教育与惩罚相结合的原则。

二、安全生产监察人员职责

1.宣传安全生产法律、法规和国家有关方针政策。

2.监督检查生产经营单位执行安全生产法律、法规的情况。

3.严格履行有关行政许可的审查工作。

4.依法处理安全生产违法行为,实施行政处罚。

5.正确处理事故隐患,防止事故发生。

6.依法处理不符合法律法规和标准的有关设施、设备、器材。

7.接受行政监察机关的监察。

8.及时报告事故。

9.参加安全事故应急救援与事故调查处理。

10.忠于职守,坚持原则,秉公执法。

三、监督管理的方式与内容

对作业场所的监督检查和颁发有关安全生产事项的许可是两种重要的监督管理形式。

(一)作业现场监督检查程序

1.监督检查前的准备。

2.监督检查用人单位执行安全生产法律、法规及标准情况。

3.作业现场检查。

4.提出意见或建议。

5.发出《整改指令书》《处罚决定书》。

(二)安全生产监督管理的方式

1.事前的监督管理

有关安全生产许可事项的审批。如安全生产许可证、经营许可证、安全管理人员安全资格证、特种作业人员操作资格证等。

2.事中的监督管理

(1)行为监察。监督检查用人单位安全生产的组织管理、规章制度建设、职工教育培训、安全生产责任制落实等。

(2)技术监察。对物质条件的监察,包括对“三同时”监察、对防护设施监察、对个人防护用品监察、对危害严重作业场所监察、对特殊工种作业监察等。

3.事后的监督管理

事故发生后,应急救援、调查处理、提出防范措施。

(三)安全生产监督管理的内容

1.安全管理和安全技术措施。

2.安全生产技术、管理服务机构和安全生产教育培训。

3.隐患治理。

4.伤亡事故管理。

5.职业危害及职业病管理。

6.对女职工和未成年职工特殊保护。

7.行政许可制度。

第二节 煤矿安全生产监察

一、煤矿安全生产监察体制

(一)煤矿安全生产监察体制的特点

1.实行垂直管理

从国家煤矿安全监察局、省级煤矿安全监察局到各煤矿安全监察分局实行垂直管理,人、财、物全部归中央负责。

2.监察和管理分开

监察机构——煤矿安全监察机构;管理机构——政府有关部门。

3.分区监察

煤矿安全监察分局在大中型矿区和煤矿集中的地方设置(不以行政区域设置)。

4.国家监察

煤矿安全生产监察机构代表国家行使对煤矿安全的监察。

(二)煤矿安全监察体制的机构设置

1.国家设立——煤矿安全监察局。

2.省级设立——煤矿安全监察局(分局),共26个。

3.大中型矿区省级设立——安全监察分局,作为其派出机构。

二、煤矿安全生产监察人员的职责

1.监督检查地方人民政府有关部门与煤矿企业贯彻实施煤矿安全生产的方针政策和法律法规、规章规程的情况。

2.参加有关安全会议,查阅有关资料,随时进入煤矿企业作业场所对煤矿企业安全管理工作进行监察。

3.参与煤矿建设工程安全设施的设计审查和工程竣工验收。

4.监督检查煤矿建设工程安全施工的情况。

5.检查煤矿企业管理人员、特种作业人员和矿山救护队员培训和资格认证情况。

6.监督检查煤矿企业落实安全生产责任制的情况。

7.监督检察煤矿设备的安全认证和运行情况。

8.对不具备安全生产条件、存在安全隐患的煤矿企业下达整改通知书,责令限期整改。

9.发现危及职工生命安全的紧急情况时，可决定采取临时处置措施，或根据具体情况下达停产通知书，责令停止作业，撤除人员，事后报告煤矿安全监察机关。

10.对事关煤矿安全的违法行为，依照有关规定作出行政处罚或提出处罚意见，对有关责任人员提出处理建议。

11.监督检查煤矿企业职工安全技术措施专项费用提取和使用的情况。

12.监督检查煤矿企业职工劳动保护、职业病防治情况。

13.依照有关规定参加煤矿企业伤亡事故的抢救和调查处理，提出事故处理建议。

14.受理对煤矿安全违法行为的举报。

15.依法实施行政处罚。

16.煤矿安全监察机关交办的其他事项。

三、煤矿安全生产监察的方式与内容

(一)监察方式

1.日常监察:亦称常规监察，具有随机性。

2.重点监察:对重点事项的监察，如安全生产许可证的监察。

3.专项监察:针对某一时期的工作重点进行监察，如瓦斯治理。

4.定期监察:根据安全工作的重点时期进行监察，如年初、春节后矿井恢复生产时，年底、突击生产时，进行监察。

(二)监察内容

1.安全管理方面:安全管理机构和人员设置，安全生产责任制建立，职工安全教育培训，办理工伤保险和意外伤害保险，职工“三违”，发放劳动防护用品，健康体检、女工和未成年工使用情况。

2.安全技术方面:防治煤矿主要灾害事故的技术手段和装备，有特殊安全要求的设备、器材、防护用品和安全检测仪器情况。

3.安全措施方面:保障安全生产的图纸、资料、安全标志、井下避灾路线，提取和使用安全保障基金和安全技术措施专项费用，生产建设项目“三同时”，停工、恢复采煤时的安全措施情况。

4.是否在依法批准的开采范围内进行采矿作业。

第三节　特种设备安全监察

一、特种设备安全监察体制

(一)特种设备安全监察体制

我国对特种设备实行专项安全监察制度：

1.国家质量监督检验检疫总局内设特种设备安全监察局。

2.省、自治区、直辖市质量技术监督局内设特种设备安全监察处。

3.各地市质量技术监督局内设安全监察科。

4.经济发达县的技术监督局内设安全监察股。

5.各地建立特种设备检验机构。

(二)安全监察制度

1.特种设备市场准入制度。

2.国家对特种设备的设计、制造、安装、改造、修理、经营、使用实施分类的、全过程安全的监督管理。

(1)设计。锅炉、压力容器中的气瓶、氧舱和客运索道、大型游乐设施的设计实行设计文件审批制度,经特种设备安全监督管理的部门核准的检验检测机构鉴定,才能用于制造;压力容器、压力管道设计实行设计单位资格认可制度,并实行分级管理原则,压力容器A级、C级和SAD级设计单位由国家质检总局负责受理和审批,D级设计单位由省级质量技术监督部门负责受理和审批;压力管道GA类、GC1、GD1级设计单位由国家质检总局负责受理和审批,GB类、GC2、GC3、GD2级设计单位由省级质量技术监督部门负责受理和审批。

(2)制造。锅炉、压力容器、压力管道元件、电梯、起重机械、客运索道、大型游乐设施、场(厂)内专用机动车辆及其安全附件、安全保护装置实行制造许可制度。锅炉、压力容器按其压力高低、容积大小和介质的危险程度等因素,分为A、B、C、D四个等级,实行分级管理。A、B、C级锅炉、压力容器由国家质检总局审批发证,D级锅炉、压力容器由省级质量技术监督部门审批发证;锅炉、压力容器、压力管道元件等实行制造过程监督检验制度。未经监督检验合格的设备不得出厂。特种设备出厂时,制造厂要提供设计文件、产品质量合格证明、安装及使用维修说明、监督检验证明等文件。

(3)安装。

①安装许可制度:锅炉、压力容器、压力管道、电梯、起重机械、客运索道、大型游乐设施实行安装许可制度,电梯的安装必须由电梯制造单位或通过合同委托、同意具有电梯安装资质的单位安装。

②安装告知制度:特种设备安装前,安装单位应书面告知当地特种设备安全监督管理部门,施工验收后30日内将有关技术资料移交使用单位。使用单位应该将其存入该特种设备的安全技术档案。

③安装监督检验制度:锅炉、压力容器、压力管道、电梯、起重机械、客运索道、大型游乐设施安装过程要接受特种设备检验检测机构的监督检验,未经监督检验合格的不得交付使用。

(4)使用。实行使用注册登记制度:特种设备在投入使用前或者投入使用后30日,使用单位应当向当地质量技术监督部门办理设备使用登记,登记标记应当置于或者附着于该特种设备的显著位置;特种设备存在严重事故隐患,无改造、维修价值,或者达到安全技术规范规定使用年限,特种设备使用单位应当及时予以报废,并向原登记的特种设备安全监督管理部门办理注销;锅炉、压力容器、压力管道、电梯、起重机械、客运索道、大型游乐设施、场(厂)内专用机动车辆的作业人员及其相关管理人员,应当按照国家有关规定经特种设备安全监督管理部门考核合格,取得国家统一的特种作业人员证书,方能从事相应的作业或管理工作。

(5)检验。在用特种设备实行定期检验制度。定期检验是为了及时发现设备潜伏的缺陷及使用中因腐蚀、磨损等原因产生的新的缺陷及使用管理中出现的问题。特种设备使用单位应当按照安全技术规范的定期检验要求,在检验合格有效期届满前一个月向特种设备检验检测机构提出定期检验要求。未经定期检验或检验不合格的特种设备,不得继续使用。

(6)移动式压力容器和气瓶充装实行充装许可制度。通过控制充装单位的条件、充装安全管理,消除气瓶错装、超装及超期未检瓶的充装,从而减少各种气瓶事故。充装单位申报充装许可手续是:气瓶充装单位首先向区县(自治县)质监局提出申请,经对其评审,对符合规定条件的由区县(自治县)质监局审批发证。只有取得质监部门颁发的《移动式压力容器充装许可证》或《气瓶充装许可证》后,方可从事充装作业。该证每四年换发一次。

气体充装站的种类有永久气体充装站(氧气、氮气)、溶解气体充装站(乙炔)、液化气体充装站(高压液化气体、低压液化气体、低温液化气体如液氮)。气瓶充装单位应当向气瓶使用者提供符合安全技术规范要求的气瓶,对气瓶使用者进行气瓶安全使用进行指导,并按照安全技术规范的要求办理气瓶使用登记,及时申报定期检验。

(7)修理、改造。锅炉、压力容器、电梯、起重机械、客运索道、大型游乐设施、场(厂)内专用机动车辆的修理、改造的单位必须经特种设备安全监督管理的部门许可。特种设备的修理、改造单位在施工前应书面告知当地特种设备安全监督管理部门。施工验收后30日内将有关技术资料移交使用单位。使用单位应该将其存入该特种设备的安全技术档案。

锅炉、压力容器、压力管道、电梯、起重机械、客运索道、大型游乐设施改造、重大修理过程,必须经特种设备检验机构进行监督检验;未经监督检验或监督检验不合格的不得交付使用。

二、特种设备安全监察人员的职责

1.积极宣传安全生产的方针、政策和有关特种设备安全的法律法规、规章以及安全技术规范,督促有关单位贯彻执行。

2.依法对特种设备生产(含设计、制造、安装、改造、修理,下同)单位、使用单位、检验检测机构、相关人员实施安全监察工作,按照文件(国质检法〔2004〕40号)规定对违法行为实施行政处罚工作。

3.参与制定或者审定有关特种设备安全技术规范、标准;参加特种设备新技术、新材料、新工艺科技鉴定、评审工作。

4.参加特种设备事故调查,提出建议和意见。

5.履行法律法规规章规定的其他职责。

三、特种设备安全监察方式与内容

(一)特种设备安全监察的方式

1.行政许可制度

(1)市场准入制度。

对从事特种设备的设计、制造、安装、修理、改造单位实施资格许可,并对部分产品实施安全性能监督检验。

(2)特种设备检验检测机构核准制度

从事特种设备监督检验、定期检验的特种设备检验机构,以及为特种设备生产、经营、使用提供检测服务的特种设备检测机构,应当经特种设备安全监督管理的部门核准,方可从事检验、检测工作。

(3)充装许可制度

对从事移动式压力容器和气瓶充装单位实施充装许可,未经许可不得从事充装活动。

(4)人员资格许可制度

特种设备安全管理人员、检测人员和作业人员应当按照国家有关规定取得相应资格,方可从事相关工作

(5)设备使用登记制度。

特种设备使用单位应当在特种设备投入使用前或者投入使用后三十日内,向负责特种设备安全监督管理的部门办理使用登记,取得使用登记证书。

2.特种设备现场安全监督检查

各级质量技术监督部门对特种设备生产(含设计、制造、安装、改造、修理)单位、特种设备使用单位、移动式压力容器、气瓶充装单位实施的现场安全监督检查。

特种设备现场安全监督检查分为全面检查和专项检查。全面检查,是指按照《特种设备现场监督检查规则》规定的检查期限、检查项目、检查内容,对被检查单位进行的全项目检查。专项检查,是指针对具体情况,对被检查单位实施的特定项目检查。

3.事故应对和调查处理

建立危机处理机制,包括应急预案、组织和物资保证、技术支撑、救援、后勤保障等。特种设备安全监督管理的部门会同相关部门组织事故调查组进行调查。

(二)特种设备安全监察的内容

1.特种设备设计、制造、安装、改造、修理、经营、检验检测、使用单位执行法律法规、标准的情况。

2.设计、制造、安装、改造、修理、检验、充装单位是否取得相应特种设备许可资格,并持续保持安全技术规范规定的许可条件。

3.特种设备管理人员、操作人员持证上岗情况。

4.建立质量管理体系并持续有效实施的情况。

5.使用的特种设备符合法律法规以及安全技术规范安全节能要求的情况。

6.参加或进行特种设备的事故调查处理的情况。

第四章　危险、有害因素识别、风险管理与安全评价

第一节　危险、有害因素识别

一、危险、有害因素的定义

（一）危险因素

危险因素指能对人造成伤亡或对物造成突发性损害的因素。

（二）有害因素

有害因素指能影响人的身体健康，导致疾病，或对物造成慢性损害的因素。

通常情况下，二者不加以区分而统称为危险、有害因素，主要指客观存在的危险、有害物质或能量超过临界值的设备、设施和场所等。

二、危险、有害因素产生的原因及分类

所有的危险、有害因素尽管其表现形式上不同，但从本质上讲，之所以能造成危险、有害的后果，都可归结为存在危险、有害物质和能量失去控制两方面因素的综合作用，并导致危险、有害物质的泄漏、散发和能量的意外释放。因此，存在危险、有害物质、能量失去控制是危险、有害因素转换为事故的根本原因。

危险、有害物质和能量失控主要体现在人的不安全行为、物的不安全状态和管理缺陷等 3 个方面。

对危险、有害因素进行分类的目的是在进行风险评价和风险管理时便于进行危险、有害因素的分析与识别。危险、有害因素分类的方法多种多样，在安全领域中常按导致事故的直接原因、事故类别进行分类。

（一）按导致事故和职业危害的直接原因进行分类

根据《生产过程危险和有害因素分类与代码》（GB/T 13861—2009）的规定，将生产过程中的危险、有害因素分为人的因素、物的因素、环境因素和管理因素。

1.人的因素

（1）心理和生理性危险、有害因素

1）负荷超限（体力负荷超限、听力负荷超限、视力负荷超限、其他负荷超限）

2）健康状况异常

3）从事禁忌作业

4)心理异常(情绪异常、冒险心理、过度紧张、其他心理异常)

5)识别功能缺陷(感知延迟、辨识错误、其他识别功能缺陷)

6)其他心理、生理性危险和有害因素

(2)行为性危险和有害因素

1)指挥错误(指挥失误、违章指挥、其他指挥错误)

2)操作错误(误操作、违章作业、其他操作错误)

3)监护失误

4)其他行为性危险和有害因素

2.物的因素

(1)物理性危险和有害因素

1)设备、设施、工具、附件缺陷

2)防护缺陷(无防护、防护装置和设施缺陷、防护不当、支撑不当、防护距离不够、其他防护缺陷等)

3)电伤害

4)噪声

5)振动危害

6)电离辐射

7)非电离辐射

8)运动物伤害

9)明火

10)高温物质

11)低温物质

12)信号缺陷

13)标志缺陷

14)有害光照

15)其他物理性危险和有害因素

(2)化学性危险和有害因素

1)爆炸品

2)压缩气体和液化气体

3)易爆液体

4)易燃固体、自燃物品和遇湿易燃物品

5)氧化剂和有机过氧化物

6)有毒品

7)放射性物品

8)腐蚀品

9)粉尘与气溶胶

10)其他化学性危险和有害因素

(3)生物性危险和有害因素

1)致病微生物(细菌、病毒、真菌、其他致病微生物)

2)传染病媒介物

3)致害动物

4)致害植物

5)其他生物危险和有害因素

3.环境因素

(1)室内作业环境不良

(2)室外作业环境不良

(3)地下(含水下)作业环境不良

(4)其他作业环境不良

4.管理因素

(1)职业安全卫生组织机构不健全

(2)职业安全卫生责任制未落实

(3)职业安全卫生管理规章制度不完善

(4)职业安全卫生投入不足

(5)职业健康管理不善

(6)其他管理因素缺陷

(二)参照事故类别和职业病类别进行分类

此种分类方法所列的危险、有害因素与企业职工伤亡事故处理(调查、分析、统计)和职工安全教育的口径基本一致,为安全生产监督管理部门、行业主管部门、职业安全卫生管理人员和企业广大职工、安全管理人员所熟悉,易于接受和理解,便于实际应用。

1.参照《企业职工伤亡事故分类标准》(GB 6441—1986)进行分类

参照《企业职工伤亡事故分类标准》(GB 6441—1986),综合考虑起因物、引起事故的诱导性原因、致害物、伤害方式等,将危险、有害因素分为20类。

(1)物体打击:指物体在重力或其他外力的作用下产生运动,打击人体造成人身伤亡事故,不包括因机械设备、车辆、起重机械、坍塌等引发的物体打击。

(2)车辆伤害:指企业机动车辆在行驶中引起的人体坠落和物体倒塌、下落、挤压伤亡事故,不包括起重设备提升、牵引车辆和车辆停驶时发生的事故。

(3)机械伤害:指机械设备运动(静止)部件、工具、加工件直接与人体接触引起的夹击、碰撞、剪切、卷入、绞、碾、割、刺等伤害,不包括车辆、起重机械引起的机械伤害。

(4)起重伤害:指各种起重作业(包括起重机安装、检修、试验)中发生的挤压、坠落、物体(吊具、吊重)打击和触电。

(5)触电:包括雷击伤亡事故。

(6)淹溺:包括高处坠落淹溺,不包括矿山、井下透水淹溺。

(7)灼烫:指火焰烧伤、高温物体烫伤、化学灼伤(酸、碱、盐、有机物引起的体内外灼伤)、物理灼伤(光、放射性物质引起的体内外灼伤),不包括电灼伤和火灾引起的烧伤。

(8)火灾:是指在时间或空间上失去控制的燃烧所造成的灾害。在各种灾害中,火灾是最经常、最普遍的威胁公众安全和社会发展的主要灾害之一。

(9)高处坠落:指在高处作业中发生坠落造成的伤亡事故,不包括触电坠落事故。

(10)坍塌:指物体在外力或重力作用下,超过自身的强度极限或因结构稳定性破坏而造成的事故，如挖沟时的土石塌方、脚手架坍塌、堆置物倒塌等，不适用于矿山冒顶片帮和车辆、起重机械、爆破引起的坍塌。

(11)冒顶片帮：指矿井、隧道、涵洞开挖、衬砌过程中因开挖或支护不当，顶部或侧壁大面积垮塌造成伤害的事故。工作面、侧壁坍塌称为片帮，顶部垮落称为冒顶，二者常同时发生。片帮是指矿井作业面、巷道侧壁在矿山压力作用下变形，破坏而脱落的现象。冒顶是顶板失控而自行冒落的现象。两者常同时发生人身伤亡事故，统称为冒顶片帮。适用于矿山地下开采、掘进及其他坑道作业发生的坍塌事故。

(12)透水：煤矿透水是指在坑道里采煤矿的时候，挖穿洞壁接通地下水或者积水的废弃坑道，引发的事故。

(13)放炮：指爆破作业中发生的伤亡事故。

(14)火药爆炸：指火药、炸药及其制品在生产、加工、运输、贮存中发生的爆炸事故。

(15)瓦斯爆炸：瓦斯爆炸是一种热－链式反应(也叫连锁反应)。当爆炸混合物吸收一定能量(通常是引火源给予的热能)后，反应分子的链即行断裂，离解成两个或两个以上的游离基(也叫自由基)。这类游离基具有很大的化学活性，成为反应连续进行的活化中心。在适合的条件下，每一个游离基又可以进一步分解，再产生两个或两个上以上的游离基。这样循环不已，游离基越来越多，化学反应速度也越来越快，最后就可以发展为燃烧或爆炸式的氧化反应。所以，瓦斯爆炸就其本质来说，是一定浓度的甲烷和空气中的氧气在一定温度作用下产生的激烈氧化反应。瓦斯爆炸的条件是：一定浓度的瓦斯、火源的存在和充足的氧气。

(16)锅炉爆炸：指锅炉运行过程中，内部压力不断增高，失去控制而发生的爆炸。

(17)容器爆炸：指压力容器超压而发生的爆炸。压力容器爆炸包括压力容器破裂引起的气体爆炸。压力容器内盛装的可燃性液化气，因为化学反应失控，或环境温度过高等原因，压力容器的工作压力超过了设计容许的压力，导致压力容器发生物理性破裂，这种破裂对作业环境和作业人员都会产生很大的危害，尤其压力容器溢散出大量高压液化气体立即蒸发，然后与周围的空气混合形成爆炸性气体混合物，其浓度达到一定范围时，遇到火源就会产生化学爆炸，通常也称为容器二次爆炸，两种情况都统计为容器爆炸事故。适用于盛装容器、换热容器、分离容器、气瓶、槽车等容器爆炸事故。

(18)其他爆炸：可燃性气体、煤气、乙炔等与空气混合形成的爆炸；可燃蒸气与空气混合形成的爆炸性气体混合物(如汽油挥发)引起的爆炸；可燃性粉尘以及可燃性纤维与空气混合形成的爆炸性气体混合物引起的爆炸；间接形成的可燃气体与空气相混合，或者可燃蒸气与空气相混合遇火源而爆炸的事故；炉膛爆炸、钢水包、亚麻粉尘的爆炸等亦属其他爆炸。

(19)中毒和窒息：人接触有毒物质或呼吸有毒气体引起的人体急性中毒事故，或在通风不良的作业场所，由于缺氧而发生突然晕倒甚至窒息死亡的事故。

(20)其他伤害：上述未包含的危险、有害因素。

2.源自国家“九五”科技攻关成果事故分类标准研究

(1)坠落、滚落：指人从树木、建筑物、脚手架、机器、乘坐物、梯子、阶梯、斜面等处落下。包括与车辆式机械(如铲车)等一起滚落的情况。包括因坐立的场所动摇而坠落，以及因坐立的场所倒塌而坠落、不被掩埋而是碰到了其他物体(包括地面)的情况。不包括交通事故。触电坠落归入“触电”分类。

(2)摔倒、翻倒:指人因摔倒、绊倒、滑倒而碰撞物体致伤。之所以会摔倒,是因为人失去平衡、失去保持竖直状态的能力造成的人体运动。如倒在通道或工作面上,倒在、撞到物体上。碰撞点与人大致在同一平面上。包括与车辆式机械等一起翻倒的情况。不包括交通事故。因触电摔倒则归入“触电”分类。

(3)碰撞:指除上述两类之外,以人为主动方面碰撞到静止物体或运动物体的情况,包括被推、被摔后与物体碰撞。例如人碰了起吊货物、机械部分。包括与车辆式机械的碰撞(不包括交通事故)。

(4)飞溅、落下:指飞溅的物体、落下的物体为主动方面碰撞到人,人被碰撞。包括砂轮的破裂,切断片、切屑等物飞溅,包括自己拿的物体掉到脚上。但容器破裂后的飞溅物伤人,则归入“破裂”类。

(5)坍塌、倒塌:指堆积物、物料、脚手架、建筑物等散落或倒塌碰到人,人被碰被压。包括直立的物体倒下、塌方、雪崩、滑坡等。

(6)被碰撞:指除上述两类以外,物为主动方面碰人的情况。包括起吊的货物、机械的活动部分等碰到人(不包括交通事故)。

(7)轧入:指被物体夹住、卷进而挤压、拧绞。例如:被卷入转动的或啮合的物体;被夹、被卷、被压在一运动物体与一静止物体之间或两个运动物体之间。因冲床的金属模、锻压机的锤而导致的创伤属于本分类,包括被压(不包括交通事故)。

(8)切伤、擦伤:指被摩擦,或在摩擦状态下被切伤。如由于靠在、跪在或坐在物体上,由于拿着或搬运的物体,由于振动的物体等致伤。包括被刀具切割,使用工具时被物体切割、摩擦等。

(9)踩伤:指踩着钉子、金属片等。包括踩穿地板、石棉瓦等致伤(踩穿而坠落归入“坠落”分类)。

(10)淹溺:人体淹没于水中,由于水、泥沙、杂草等物堵塞呼吸道或喉头、气管发生反射性痉挛而引起窒息或缺氧,称为淹溺。由此而造成呼吸、心跳停止而死亡者称为淹死。

(11)接触高温、低温物:指与热的物体或物质、冷的物体或物质接触致伤,包括由于暴露于高温或低温环境下受伤害。例如:与火焰、弧光、熔融状金属、烫水、水蒸气接触而致伤,由于炉前高温作业而中暑。低温,包括暴露在冷库内环境下等情况。

(12)接触有害物:指通过呼吸、吸收(皮肤接触)或摄入有害物、有毒物致伤的情况。包括被放射线辐射、被腐蚀剂致伤。缺氧症及因暴露于高气压、低气压环境下导致的伤害也属此类。

(13)触电:包括触及带电体和人受放电冲击(包括雷击)。

(14)爆炸:指压力急剧发生或释放,引起伴随爆声的膨胀等情况。包括水蒸气爆炸。不包括破裂、容器、装置的内部爆炸等。容器、装置发生破裂,也归于此类。

(15)破裂:指容器或装置因物理性压力而破裂。如:熔铁炉的水冷套破裂,人被碎片打中;开水炉破裂,人被开水烫伤(包括压碎)。不包括因机械力而破裂的情况,如砂轮破裂。

(16)火灾:见《企业职工伤亡事故分类标准》(GB 6441—1986)的定义。

(17)道路交通事故:指企业内道路交通及运输中的事故,受伤害人是乘客或驾驶员。

包括与其他车辆的碰撞、擦碰，与停放车辆或静止物体的碰撞、擦碰、翻车、冲出公路（失控）、急停或急启动等。不适用于发生在运输工具上个人性质的事故，例如：在车内走动时跌倒或在车内正常活动时碰到货物或车的某部分上；不是因车的事故或运动引起的从车上摔下；在车辆加油、修理、装卸货时发生的事故，但非由车的事故或运动引起。

（18）其他交通事故：指由船舶、飞机及用于公共运输的列车、电车等造成的事故。限于工作活动范围的情况，工作之外的交通事故不在此列。

（19）动作不当：指造成伤害的原因仅仅在于人本身的情况。包括因身体的一个随意动作如行走、奔跑、展身、搬重物时猛直腰等一类身体的动作以及因不自然的姿势、动作反常引起扭伤、挫伤、闪腰、肌肉损伤等情况。包括因拾、拉、推、挥动或投掷物体时用力过猛而受伤。失去平衡坠落、搬物过重摔倒等，即使也有动作不当的原因，也在“坠落”“摔倒”等中分类。能在“碰撞”“被碰撞”及上述其他分类中的分类者，不在此分类。

（20）其他：指在上述任何一类中都不能包括的情况。例如被动物或昆虫叮咬而致伤等。

以上分类可归为三种情况：（1）～（13）是人与物体或物质接触（包括人暴露于有害环境下这种接触）造成伤害的情况；（14）～（18）是因事故而造成伤害的情况；（19）是单纯因人的因素而造成伤害的情况。

上述与国际接轨的分类从物理力学的角度阐明了各类的含义，并在说明中明确了各类的范围。上述分类具有普遍性，适用于各种行业和作业活动，且各类之间具有互斥性，即属于此类便不属于彼类。

3.参照卫生部颁发的《职业病危害因素分类目录》进行分类

将危害因素分为粉尘类、放射性物质类（电离辐射）、化学物质类、物理因素（高温、高气压、低气压、局部振动）、生物因素、导致职业性皮肤病的危害因素、导致职业性眼病的危害因素、导致职业性耳鼻喉口腔疾病的危害因素、职业性肿瘤的职业病危害因素、其他职业病危害因素等十类。

三、危险、有害因素的识别

（一）危险、有害因素的识别原则

1.科学性

危险、有害因素的识别是分辨、识别、分析确定系统内存在的危险，而并非研究防止事故发生或控制事故发生的实际措施。它是预测安全状态和事故发生途径的一种手段，这就要求进行危险、有害因素识别必须要有科学的安全理论做指导，使之能真正揭示系统安全状况危险、有害因素存在的部位、存在的方式、事故发生的途径及其变化的规律，并予以准确描述，以定性、定量的概念清楚地显示出来，用严密的合乎逻辑的理论予以解释清楚。

2.系统性

危险、有害因素存在于生产活动的各个方面，因此要对系统进行全面、详细的剖析，研究系统和系统及子系统之间的相关和约束关系，分清主要危险、有害因素及其相关的危险、有害性。

3.全面性

识别危险、有害因素时不要发生遗漏，以免留下隐患。要从厂址、自然条件、总图运输、建(构)筑物、工艺过程、生产设备装置、特种设备、公用工程、安全管理系统等各方面进行分析、识别；不仅要分析正常生产运行中存在的危险、有害因素，还要分析、识别开车、停车、检修、装置受到破坏及操作失误情况下的危险、有害后果。

4.预测性

对于危险、有害因素，还要分析其触发事件，亦即危险、有害因素出现的条件或设想的事故模式。

(二)设备或装置的危险、有害因素识别

1.工艺设备、装置的危险、有害因素识别

(1)设备本身是否能满足工艺的要求：标准设备是否由具有生产资质的专业工厂所生产、制造；特种设备的设计、生产、安装、使用是否具有相应的资质或许可证。

(2)是否具备相应的安全附件或安全防护装置，如安全阀、压力表、温度计、液位计、阻火器、防爆阀等。

(3)是否具备指示性安全技术措施，如超限报警、故障报警、状态异常报警等。

(4)是否具备紧急停车装置。

(5)是否具备检修时不能自动运行，不能自动反向运转的安全装置。

2.专业设备的危险、有害因素识别

(1)化工设备的危险、有害因素识别：有足够的强度、密封安全可靠、安全保护装置必须配套、适用性强。

(2)机械加工设备的危险、有害因素识别，可以根据以下的标准、规程进行查对：机械加工设备一般安全要求、磨削机械安全规程、剪切机械安全规程、起重机械安全规程、电机外壳防护等级、特种设备质量监督与安全监察规定。

3.电气设备的危险、有害因素识别

电气设备的危险、有害因素识别应紧密结合工艺的要求和生产环境的状况来进行，一般可考虑从以下几方面进行识别：

(1)电气设备的工作环境是否属于爆炸和火灾危险环境，是否属于粉尘、潮湿或腐蚀环境。这些工作环境对电气设备的相应要求是否满足。

(2)电气设备是否具有国家指定机构的安全认证标志，特别是防爆电器的防爆等级。

(3)电气设备是否为国家颁布的淘汰产品。

(4)用电负荷等级对电力装置的要求。

(5)电气火花引燃源。

(6)触电保护、漏电保护、短路保护、过载保护、绝缘、电气隔离、屏护、电气安全距离等是否可靠。

(7)是否根据作业环境和条件选择安全电压，安全电压值和设施是否符合规定。

(8)防静电、防雷击等电气连接措施是否可靠。

(9)管理制度方面的完善程度。

(10)事故状态下的照明、消防、疏散用电及应急措施用电的可靠性。

(11)自动控制系统的可靠性，如不间断电源、冗余装置等。

4.特种机械的危险、有害因素识别

(1)起重机械:设备本身的制造质量应该良好,材料坚固,具有足够的强度而且没有明显的缺陷。所有的设备都必须经过测试,而且进行例行检查,以保证其完整性。其主要的危险、有害因素有:

①翻倒:由于基础不牢、超机械工作能力范围运行和运行时碰到障碍物等原因造成。

②超载:超过工作载荷、超过运行半径等。

③碰撞:与建筑物、电缆线或其他起重机相撞。

④基础损坏:设备置放在坑或下水道的上方,支撑架未能伸展,未能支撑于牢固的地面。

⑤操作失误:由于视界限制、技能培训不足等造成。

⑥负载失落:负载从吊轨或吊索上脱落。

(2)厂内机动车辆:厂内机动车辆应该制造良好、没有缺陷,载重量、容量及类型应与用途相适应。车辆所使用的动力的类型是否符合要求。在不通风的封闭空间内不宜使用内燃发动机的动力车辆,因为要排出有害气体。车辆应加强维护,以免重要部件(如刹车、方向盘及提升部件)发生故障。任何损坏均需报告并及时修复。操作员的头顶上方应有安全防护措施。应按制造者的要求来使用厂内机动车辆及其附属设备。其主要的危险、有害因素有:

①翻车:提升重物动作太快,超速驾驶,突然刹车,碰撞障碍物,在已有重物时使用前铲,在车辆前部有重载时下斜坡,横穿斜坡或在斜坡上转弯、卸载,都有可能发生翻车。

②超载:超过车辆的最大载荷。

③碰撞:与建筑物、管道、堆积物及其他车辆之间的碰撞。

④楼板缺陷:楼板不牢固或承载能力不够。在使用车辆时,应查明楼板的承重能力。

⑤载物失落:如果设备不合适,会造成载荷从叉车上滑落的现象。

⑥爆炸及燃烧:电缆线短路、油管破裂、粉尘堆积或电池充电时产生氢气等情况下,都有可能导致爆炸及燃烧。

⑦乘员:在没有乘椅及相应设施时,不应载有乘员。

(3)传送设备:最常用的传送设备有胶带输送机、滚轴和齿轮传送装置,其主要的危险、有害因素有:

①夹钳:肢体被夹入运动的装置中。

②擦伤:肢体与运动部件接触而被擦伤。

③卷人伤害:肢体绊卷到机器轮子、带子之中。

④撞击伤害:不正确的操作或者物料高空坠落造成的伤害。

5.锅炉及压力容器的危险、有害因素识别

锅炉及压力容器包括:锅炉、压力容器、有机载热体炉和压力管道。

锅炉与压力容器的主要的危险、有害因素有:锅炉压力容器内具有一定温度的带压工作介质、承压元件的失效、安全保护装置失效三类(种)。由于安全防护装置失效或(和)承压元件的失效,使锅炉与压力容器内的工作介质失控,从而导致事故的发生。

常见的锅炉与压力容器失效有泄漏和破裂爆炸。所谓泄漏是指工作介质从承压元件内向外漏出或其他物质由外部进入承压元件内部的现象。如果漏出的物质是易燃、易爆、有毒物质，不仅可以造成热(冷)伤害，还可能引发火灾、爆炸、中毒、腐蚀或环境污染。所谓破裂爆炸是承压元件出现裂缝、开裂或破碎现象。承压元件最常见的破裂形式有韧性破裂、脆性破裂、疲劳破裂、腐蚀破裂和蠕变破裂等。

6.登高装置的危险、有害因素识别

主要的登高装置有：梯子、活梯、活动架、脚手架、吊笼、吊椅、升降工作平台、动力工作平台。其主要的危险、有害因素有：

(1)登高装置自身结构方面的设计缺陷。

(2)支撑基础下沉或毁坏。

(3)不恰当地选择了不安全的作业方法。

(4)悬挂系统结构失效。

(5)因承载超重而使结构损坏。

(6)因安装、检查、维护不当而造成结构失效。

(7)因为不平衡造成的结构失效。

(8)所选设施的高度及臂长不能满足要求而超限使用。

(9)由于使用错误或者理解错误而造成的不稳。

(10)负载爬高。

(11)攀登方式不对或脚上穿着物不合适、不清洁造成跌落。

(12)未经批准使用或更改作业设备。

(13)与障碍物或建筑物碰撞。

(14)电动、液压系统失效。

(15)运动部件卡住。

(三)作业环境的危险、有害因素识别

作业环境中的危险、有害因素主要有危险物品、工业噪声与振动、温度与湿度和辐射等。

1.危险物品的危险、有害因素识别

生产中的原料、材料、半成品、中间产品、副产品以及贮运中的物质分别以气、液、固态存在，它们在不同的状态下分别具有相对应的物理、化学性质及危险危害特性，因此，了解并掌握这些物质固有的危险特性是进行危险识别、分析、评价的基础。

危险物品的识别应从其理化性质、稳定性、化学反应活性、燃烧及爆炸特性、毒性及健康危害等方面进行分析与识别。物质特性可从危险化学品安全技术说明书中获取，危险化学品安全技术说明书主要由成分、组成信息、危险性概述、理化特性、毒理学资料、稳定性和反应活性等16项内容构成。

进行危险物品的危险、有害性识别与分析时，危险物品分为以下9类：

(1)易燃、易爆物质：引燃、引爆后在短时间内释放出大量能量的物质由于具有迅速地释放能量的能力产生危害，或者是因其爆炸或燃烧而产生的物质造成危害(如有机溶剂)。

(2)有害物质：人体通过皮肤接触或吸入，对健康产生危害的物质。

(3)刺激性物质：对皮肤及呼吸道有不良影响(如丙烯酸酯)的物质。有些人对刺激性物质反应强烈，且可引起过敏反应。

(4)腐蚀性物质：用化学的方式伤害人身及材料的物质(如强酸、强碱)。

(5)有毒物质:以不同形式干扰、妨碍人体正常功能的物质,它们可能加重器官(如肝脏、肾)的负担,如重金属(铅等)。

(6)致癌、致突变及致畸物质:阻碍人体细胞的正常发育生长,造成或促使不良细胞(如癌细胞)的发育,造成胎儿非正常的生长,产生死婴或先天缺陷。

(7)造成缺氧的物质:造成空气中氧气成分的减少或者阻碍人体有效地吸收氧气(如二氧化碳、一氧化碳及氰化氢)。

(8)麻醉物质:如有机溶剂等,麻醉作用使脑功能下降。

(9)氧化剂:在与其他物质,尤其是易燃物接触时导致放热反应的物质。

2.生产性粉尘的危险、有害因素识别

生产过程中,如果在粉尘作业环境中长时间工作吸入粉尘,就会引起肺部组织纤维化、硬化,丧失呼吸功能,导致肺病。尘肺病是无法治愈的职业病;粉尘还会引起刺激性疾病、急性中毒或癌症;爆炸性粉尘在空气中达到一定的浓度(爆炸下限浓度)时,遇火源会发生爆炸。

(1)生产性粉尘主要产生在开采、破碎、粉碎、筛分、包装、配料、混合、搅拌、散粉装卸及输送除尘等生产过程。对其识别应该包括以下内容:

①根据工艺、设备、物料、操作条件,分析可能产生的粉尘种类和部位。

②用已经投产的同类生产厂、作业岗位的检测数据或模拟实验测试数据进行类比识别。

③分析粉尘产生的原因、粉尘扩散传播的途径、作业时间、粉尘特性来确定其危害方式和危害范围。

(2)爆炸性粉尘的危险性主要表现为:

①与气体爆炸相比,其燃烧速度和爆炸压力均较低,但因其燃烧时间长、产生能量大,所以破坏力和损害程度大。

②爆炸时粒子一边燃烧一边飞散,可使可燃物局部严重碳化,造成人员严重烧伤。

③最初的局部爆炸发生之后,会扬起周围的粉尘,继而引起二次爆炸、三次爆炸,扩大伤害。

④与气体爆炸相比,易于造成不完全燃烧,从而使人发生一氧化碳中毒。

3.工业噪声与振动的危险、有害因素识别

噪声能引起职业性噪声聋或引起神经衰弱、心血管疾病及消化系统等疾病的高发,会使操作人员的失误率上升,严重的会导致事故发生。

工业噪声可以分为机械噪声、空气动力性噪声和电磁噪声等三类。

噪声危害的识别主要根据已掌握的机械设备或作业场所的噪声确定噪声源、声级和频率。

振动危害有全身振动和局部振动,可导致中枢神经、植物神经功能紊乱、血压升高,也会导致设备、部件的损坏。

振动危害的识别则应先找出产生振动的设备,然后根据国家标准,参照类比资料确定振动的危害程度。

4.温度与湿度的危险、有害因素识别

(1)温度与湿度的危险、危害。

①高温除能造成灼伤外,高温、高湿环境影响劳动者的体温调节、水盐代谢及循环系统、消化系统、泌尿系统等正常运行;当热调节发生障碍时,轻者影响劳动能力,重者可引起中暑;低温可引起冻伤。

②温度急剧变化时,因热胀冷缩,造成材料变形或热应力过大,会导致材料破坏,在低温下金属会发生晶型转变,甚至引起破裂而引发事故。

③高温、高湿环境会加速材料的腐蚀。

④高温环境可使火灾危险性增大。

(2)生产性热源。

①工业炉窑,如冶炼炉、焦炉、加热炉、锅炉等。

②电热设备,如电阻炉、工频炉等。

③高温工件(如铸锻件)、高温液体(如导热油、热水)等。

④高温气体,如蒸汽、热风、热烟气等。

(3)温度与湿度危险、危害的识别。

①了解生产过程的热源、发热量、表面绝热层的有无、表面温度、与操作者的接触距离等情况。

②是否采取了防灼伤、防暑、防冻措施,以及是否采取了空调措施。

③是否采取了通风(包括全面通风和局部通风)换气措施,是否有作业环境温度、湿度的自动调节、控制。

(4)辐射的危险、有害因素识别。

随着科学技术的进步,在化学反应、金属加工、医疗设备、测量与控制等领域,接触和使用各种辐射能的场合越来越多,存在着一定的辐射危害。辐射主要分为电离辐射(如α粒子、β粒子、γ粒子和中子、X粒子)和非电离辐射(如紫外线、射频电磁波、微波等)两类。

电离辐射伤害由α、β、X、γ粒子和中子的放射性作用所造成。

射频辐射危害主要表现为射频致热效应和非致热效应两个方面。

(四)与手工操作有关的危险、有害因素识别

在从事手工操作,搬、举、推、拉及运送重物时,有可能导致的伤害有:椎间盘损伤、韧带或筋损伤、肌肉损伤、神经损伤、挫伤、擦伤、割伤等。其危险、有害因素识别分述如下:

1.远离身体躯干拿取或操纵重物。

2.超负荷的推、拉重物。

3.不良的身体运动或工作姿势,尤其是躯干扭转、弯曲、伸展取东西。

4.超负荷的负重运动,尤其是举起或搬下重物的距离过长,搬运重物的距离过长。

5.负荷有突然运动的风险。

6.手工操作的时间及频率不合理。

7.没有足够的休息及恢复体力的时间。

8.工作的节奏及速度安排不合理。

(五)运输过程的危险、有害因素识别

原料、半成品及成品的贮存和运输是企业生产不可缺少的环节,这些物质中,有不少是易燃、可燃等危险品，一旦发生事故，必然造成重大的经济损失。

危险化学品包括爆炸品、压缩气体和液化气体、易燃液体、易燃固体、自燃物品和遇湿易燃物品、氧化剂和有机过氧化物、毒害品和腐蚀品等，其危险、有害因素识别分述如下：

1.爆炸品贮运危险、有害因素识别

(1)爆炸品的危险特性

①敏感易爆性。通常能引起爆炸品爆炸的外界作用有热、机械撞击、摩擦、冲击波、爆轰波、光、电等。某一爆炸品的起爆能越小，则敏感度越高，其危险性也就越大。

②遇热危险性。爆炸品遇热达到一定的温度即自行着火爆炸。一般爆炸品的起爆温度较低，如雷汞为165 ℃、苦味酸为 200 ℃。

③机械作用危险性。爆炸品受到撞击、震动、摩擦等机械作用时就爆炸起火。

④静电火花危险。爆炸品是电的不良导体。在包装、运输过程中容易产生静电，一旦发生静电放电会引起爆炸。

⑤火灾危险。绝大多数爆炸都伴有燃烧。爆炸时可形成数千度的高温，会造成重大火灾。

⑥毒害性。绝大多数爆炸品爆炸时会产生 CO、CO_2、NO、NO_2、HCN、N_2 等有毒或窒息性气体，从而引起人体中毒、窒息。

(2)爆炸品贮运危险、有害因素识别

①从单个仓库中最大允许贮存量的要求进行识别。

②从分类存放的要求方面去识别。

③从装卸作业是否具备安全条件的要求去识别。

④从铁路运输的安全要求是否具备进行识别。

⑤从公路运输的安全条件是否具备进行识别。

⑥从水上运输的安全条件是否具备进行识别。

⑦从爆炸品贮运作业人员是否具备资质、知识进行识别。

2.易燃液体贮运危险、有害因素识别

(1)易燃液体的分类

①根据易燃液体的贮运特点和火灾危险性的大小，《建筑设计防火规范》(GB 50016－2006)将其分为甲、乙、丙、丁、戊五类：

甲类：闪点小于 28 ℃。

乙类：闪点大于等于 28 ℃小于 60 ℃。

丙类：闪点大于等于 60 ℃。

丁类：难燃烧。

戊类：不燃烧。

②根据易燃液体闪点高低，依据《危险货物分类和品名编号》(GB 6944－2005)将易燃液体按闪点分为下列三类：

第一类：低闪点液体，闪点小于－18 ℃。

第二类：中闪点液体，闪点大于等于－18 ℃小于 23 ℃。

第三类：高闪点液体，闪点大于等于 23 ℃。

(2)易燃液体的危险特性

①易燃性:闪点越低,越容易点燃,火灾危险性就越大。

②易产生静电:易燃液体中多数电阻率高,易产生静电积聚,火灾危险性较大。

③流动扩散性。

(3)易燃液体贮运危险、有害因素识别

①整装易燃液体的贮存危险识别:从易燃液体的贮存状况、技术条件方面去识别其危险性;从易燃液体贮罐区、堆垛的防火要求方面去识别其危险性。

②散装易燃液体贮存危险识别:散装易燃液体贮存危险的识别,宜从防泄漏、防流散、防静电、防雷击、防腐蚀、装卸操作、管理等方面识别其危险性。

③整装易燃液体运输危险识别

整装易燃液体运输危险的识别主要包括以下 4 类:装卸作业中的危险;公路运输中的危险;铁路运输中的危险;水路运输中的危险。

整装易燃液体水路运输危险的识别主要应从装载量、配装位置、桶与桶之间、桶与舱板和舱壁之间的安全要求方面进行识别。

④散装易燃液体运输危险识别。

公路运输应从防泄漏、防溅洒、防静电、防雷击、防交通事故及装卸操作等方面去识别。

铁路运输的编组隔离、溜放连挂、运行中的急刹车、安全附件、装卸操作方面的危险识别。

水路运输的危险识别。

管道输送的危险识别。

3.易燃物品贮运危险、有害因素识别

(1)易燃物品的分类

易燃物品包括易燃固体、自燃物品及遇湿易燃物品。

易燃固体种类繁多、数量极大,根据其燃点的高低分为易燃固体和可燃固体。

自燃物品根据氧化反应速度和危险性大小分成一级自燃物品和二级自燃物品。

遇湿易燃物品按其遇水受潮后发生化学反应的激烈程度及产生可燃气体和放出热量的多少分成一级遇湿易燃物品和二级遇湿易燃物品。

(2)易燃物品的危险特性

1)易燃固体的危险特性为:燃点低;与氧化剂作用易燃易爆;与强酸作用易燃易爆;受摩擦撞击易燃;本身或其燃烧产物有毒;阴燃性。

2)自燃物品不需外界火源,会在常温空气中由物质自发的物理和化学作用放出热量,如果散热受到阻碍,就会蓄积而导致温度升高,达到自燃点而引起燃烧。其自行的放热方式有氧化热、分解热、水解热、聚合热、发酵热等。

3)遇湿易燃物品的危险特性为:活泼金属及合金类、金属氢化物类、硼氢化物类、金属粉末类的物品遇湿反应剧烈放出 H_2 和大量热,致使 H_2 燃烧爆炸;金属碳化物类、有机金属化合物类,如 K_4C、Na_4C、Ca_2C、Al_4C_3 等遇湿会放出 CH_4,CH_4 是爆炸性气体;金属磷化物与水作用会生成易燃、易爆、有毒的 PH_3;金属硫化物遇湿会生成有毒的可燃的 H_2S 气体;生石灰、无水氯化铝、过氧化钠、苛性钠、发烟硫酸、氯磺酸、三氯化磷等遇水会放出大量热，会将邻近可燃物引燃。

4.毒害品贮运危险、有害因素识别

(1)毒害品的分类

①无机剧毒、有毒物品。

氰及其化合物，如 KCN、NaCN 等。

砷及其化合物，如 As、As_2O_3、$NaAsO_2$ 等。

硒及其化合物，如 Se、SeO_2、Na_2SeO_3 等。

汞、锑、铍、氟、铯、铅、钡、磷、碲及其化合物。

②有机剧毒、有毒物品。

卤代烃及其卤化物类，如氯乙醇、二氯甲烷等。

有机金属化合物类，如二乙基汞、四乙基铅等。

有机磷、硫、砷及腈、胺等化合物类，如对硫磷、丁腈等。

某些芳香环、稠环及杂环化合物类，如硝基苯、糠醛等。

天然有机毒品类，如鸦片、尼古丁等。

其他有毒品，如硫酸二甲酯、正硅酸甲酯等。

(2)毒害品的危险特性

1)氧化性：在无机有毒物品中，汞和铅的氧化物大都具有氧化性，与还原性强的物质接触，易引起燃烧爆炸，并产生毒性极强的气体。

2)遇水、遇酸分解性：大多数毒害品遇酸或酸雾分解并放出有毒的气体，有的气体还具有易燃和自燃危险性，有的甚至遇水会发生爆炸。

3)遇高热、明火、撞击会发生燃烧爆炸：芳香族的二硝基氯化物、萘酚、酚钠等化合物遇高热、撞击等都可能引起爆炸并分解出有毒气体，遇明火会发生燃烧爆炸。

4)闪点低、易燃：目前列入危险品的毒害品共 536 种，有火灾危险的为 476 种，占总数的 89%，而其中易燃烧液体为 236 种，有的闪点极低。

5)遇氧化剂发生燃烧爆炸：大多数有火灾危险的毒害品遇氧化剂都能发生反应，此时遇火就会发生燃烧爆炸。

(3)毒害品的贮存危险识别

1)贮存技术条件方面的危险、有害因素。

①是否针对毒害品具有的危险特性，如易燃性、腐蚀性、挥发性、遇湿反应性等采取相应的措施。

②是否采取分离储存、隔开储存和隔离储存的措施。

③毒害品包装及封口方面的泄漏危险。

④贮存温度、湿度方面的危险。

⑤操作人员作业中失误等危险因素。

⑥作业环境空气中有毒物品浓度方面的危险。

2)贮存毒害物品库房的危险、有害因素识别。

①防火间距方面的危险因素。

②耐火等级方面的危险因素。

③防爆措施方面的危险因素。

④潮湿的危险因素。

⑤腐蚀的危险因素。

⑥疏散的危险因素。

⑦占地面积与火灾危险等级要求方面的危险因素。

(4)毒害品运输危险、有害因素识别

①毒害品配装原则方面的危险因素。

②毒害品公路运输方面的危险因素。

③毒害品铁路运输方面的危险因素。

④毒害品水路运输方面的危险因素。

(六)建筑和拆除过程的危险、有害因素识别

1.建筑过程的危险、有害因素识别

在建筑过程中的危险、有害因素集中于高处坠落、物体打击、机械伤害和触电伤害。

2.拆除过程的危险、有害因素识别

在拆除过程中的危险、有害因素集中于建筑物、构筑物过早倒塌以及高处坠落。

(七)矿山作业的危险、有害因素识别

矿山作业的危险、有害因素识别具体见本书第二篇第五章“矿山安全技术”的第二节“矿山开采危险、有害因素分析”。

(八)生产过程的危险、有害因素识别

1.厂址

从厂址的工程地质、地形地貌、水文、气象条件、周围环境、交通运输条件、自然灾害、消防支持等方面进行分析、识别。

2.总平面布置

从功能分区、防火间距和安全间距、风向、建筑物朝向、危险、有害物质设施、动力设施(如压缩空气站、锅炉房等)、道路、贮运设施等方面进行分析、识别。

3.道路及运输

从运输、装卸、消防、疏散、人流、物流、平面交叉运输和竖向交叉运输等几方面进行分析、识别。

4.建筑物、构筑物

从厂房的生产火灾危险性分类,耐火等级、结构、层数、占地面积、防火间距、安全疏散等方面进行分析、识别。

从库房储存物品的火灾危险性分类,耐火等级、结构、层数、占地面积、安全疏散、防火间距等方面进行分析、识别。

5.工艺过程

(1)新建、改建、扩建项目设计阶段危险、有害因素的识别。

1)对设计阶段是否通过合理的设计,尽可能从根本上消除危险、有害因素的发生进行考查。例如是否采用无害化工艺技术,以无害物质代替有害物质并实现过程自动化等,否则就可能存在危险。

2)当消除危险、有害因素有困难时,对是否采取了预防性技术措施来预防或消除危险、危害的发生进行考查。例如是否设置安全阀、防爆阀(膜);是否有有效的泄压面积和可靠的防静电接地、防雷接地、保护接地、漏电保护装置等。

3)当无法消除危险或危险难以预防的情况下,对是否采取了减少危险、有害因素的措施进行考查。例如是否设置防火堤、涂防火涂料;是否是敞开或半敞开式的厂房;防火间距、通风是否符合国家标准的要求;是否以低毒物质代替高毒物质;是否采取了减震、消声和降温措施等。

4)当在无法消除、预防、减弱的情况下,对是否将人员与危险、有害因素隔离等进行考查。如是否实行遥控、设隔离操作室、安全防护罩、防护屏、配备劳动保护用品等。

5)当操作者失误或设备运行一旦达到危险状态时,对是否能通过联锁装置来终止危险、危害的发生进行考查。如锅炉水位极低时停炉联锁和冲剪压设备光电联锁保护等。

6)在易发生故障和危险性较大的地方,对是否设置了醒目的安全色、安全标志和声、光警示装置等进行考查。如厂内铁路或道路交叉路口、危险品库等。

(2)行业和专业领域内危险、有害因素的识别。

针对行业和专业的特点,可利用各行业和专业制定的安全标准、规程进行分析、识别。例如原劳动部曾会同有关部委制定了冶金、电子、化学、机械、石油化工、轻工、塑料、纺织、建筑、水泥、制浆造纸、平板玻璃、电力、石棉、核电站等一系列安全规程、规定,以及如涂装作业安全、焊接与切割安全、氯乙烯安全技术规程、氧气及相关气体安全技术等。

对于一般的工艺过程也可以按以下原则进行工艺过程的危险、有害性识别。

1)能使危险物的良好防护状态遭到破坏或者损害的工艺。

2)工艺过程参数(如反应的温度、压力、浓度、流量等)难以严格控制并可能引发事故的工艺。

3)工艺过程参数与环境参数具有很大差异,系统内部或者系统与环境之间在能量的控制方面处于严重不平衡状态的工艺。

4)一旦脱离防护状态会引起危险物质大量积聚的工艺和生产环境,例如危险性物质的排放,尘毒浓度高的车间内通风不良等。

5)有产生电气火花、静电危险或其他明火作业的工艺,或有炽热物、高温熔融物的危险工艺或生产环境。

6)能使设备可靠性降低的工艺过程,如低温、高温、振动和循环负荷疲劳影响等。

7)由于工艺布置不合理较易引发事故的工艺。

8)在危险物生产过程中有强烈机械作用影响(如摩擦、冲击、压缩等)的工艺。

(3)单元过程(单元操作)内危险、有害因素的识别。

典型的单元过程是各行业中具有典型特点的基本过程或基本单元,如化工生产过程的氧化还原、硝化、电解、聚合、催化、裂化、氯化、磺化、重氮化、烷基化等;石油化工生产过程的催化裂化、加氢裂化、加氢精制乙烯、氯乙烯、丙烯腈、聚氯乙烯等;电力生产过程的锅炉制粉系统、锅炉燃烧系统、锅炉热力系统、锅炉水处理系统、锅炉压力循环系统、汽轮机系统、发电机系统等。

这些单元过程的危险、有害因素已经归纳总结在许多手册、规范、规程和规定中,通过查阅均能得到。这类方法可以使危险、有害因素的识别比较系统,避免遗漏。

第二节 风险管理

一、风险与风险评价

(一)定义

1.风险的定义见本书第一篇第一章第一节“术语与定义”。

2.风险评价是在危险、有害因素识别的基础上,评价危险、有害因素可能造成的风险程度并确定其是否在可接受范围的全过程。

可接受风险是企业符合法律义务,符合本单位的安全生产方针的风险,以及本单位经过评审认为可接受的风险。

(二)风险评价方法

1.直接经验分析法

直接经验分析法包括询问法、交谈法、现场观察法、查阅文件记录法、对外交流法、工作任务分析法、对比法等。

2.系统安全分析法

系统安全分析法包括工作危害分析(JHA)、安全检查表分析(SCL)、预先危险性分析法(PHA)、危险与可操作性研究(HAZOP)、失效模式与影响分析(FMEA)、故障树分析(FTA)、事件树分析(ETA)、火灾爆炸危险指数法等。

3.综合性分析法

综合性分析法包括:美国杜邦公司三阶段法、日本劳动省六阶段法、瑞士苏黎世评价法、我国的光气行业的三阶段法等。

4.常用的风险评价方法

(1)常用的评价方法

①工作危害分析(JHA)。

②安全检查表分析(SCL)。

③预先危险性分析(PHA)。

④危险与可操作性研究(HAZOP)。

⑤失效模式与影响分析(FMEA)。

⑥故障树分析(FTA)。

⑦事件树分析(ETA)。

(2)工作危害分析(JHA)

1)定义。从作业活动清单中选定一项作业活动,将作业活动分解为若干个相连的工作步骤,识别每个工作步骤的潜在危害因素,然后通过风险评价,判定风险等级,制定风险控制措施。

2)评价步骤。

①选定一项作业活动。

②将作业活动分解为若干个相连的工作步骤。

③对每个工作步骤，识别潜在危害因素。

④通过风险评价，判定风险分级。

⑤制定控制措施。

3）方法要求。工作危害分析的主要目的是防止从事此项作业的人员受到伤害，当然也不能使他人受到伤害，不能使设备和其他系统受到影响或受到伤害。工作不规范产生的危害和工作本身面临的危害都应识别出来。

实际上是明确三个问题：存在什么危害（伤害源）？谁（什么）会受到伤害？伤害是怎么发生的？

（3）安全检查表分析（SCL）

1）定义。安全检查表分析是一种经验的分析方法，对拟分析的对象列出一些项目，识别与一般工艺设备和操作有关的已知类型的危害、设计缺陷以及事故隐患，查出各层次的不安全因素，然后确定检查项目。再以提问的方式把检查项目按系统的组成顺序编制成表，以便进行检查或评审。

安全检查表分析可用于对物质、设备、工艺、作业场所或操作规程的分析。

2）安全检查表的编制程序。

①确定人员。要编制一个符合客观实际，能全面识别系统危险性的安全检查表，首先要建立一个编制小组，其成员包括熟悉系统的各方面人员。

②熟悉系统。包括系统的结构、功能、工艺流程、操作条件、布置和已有的安全卫生设施。

③收集资料。收集有关安全法律、法规、规程、标准、制度及本系统过去发生的事故资料，作为编制安全检查表的依据。

④判别危险源。按功能或结构将系统划分为子系统或单元，逐个分析潜在的危险因素。

⑤列出安全检查表。针对危险因素和有关规章制度、以往的事故教训以及本单位的经验，确定安全检查表的要点和内容，然后按照一定的要求列出表格。

3）安全检查表编制的依据。

①有关标准、规程、规范及规定。

②国内外事故案例和企业以往的事故情况。

③系统分析确定的危险部位及防范措施。

④分析者个人的经验和可靠的参考资料。

⑤有关研究成果，同行业或类似行业检查表等。

二、风险管理

（一）定义

风险管理是进行危害识别、风险评价、提出和采取风险控制措施以及进行风险信息更新的工作过程。

（二）风险管理内容

1.确定范围和目标

从我们从事的活动、使用的设备设施中选取分析对象。

2.危害辨识

对作业活动、设备设施、工艺过程、作业场所等方面进行危害识别。

3.风险评价

按照风险评价的准则进行风险评价，划分风险等级，确定风险可接受程度。

4.风险控制措施

(1)风险等级如果是可接受风险，可以维持原有的管理。

(2)风险等级如果是不可接受风险，应提出改进计划，用硬件方面的措施、软件方面的措施，也就是工程措施、技术措施、管理措施等对风险实施控制，使之达到可接受的程度。

控制措施的提出，应首先考虑消除危害，再考虑抑制危害，进而修订或补充制定操作规程，最后采用减少暴露的措施控制风险。

①消除危害：是否可以选择其他或改变现有工艺技术，从根本上消除现有工艺过程的危险、有害因素。例如：可以考虑用危险性小的物质、原材料代替危险性大的物质、原材料；改进或更换装备或工具，提高装备、工具的安全性。

②抑制(遏制)危害：采用封闭、隔离等控制措施来抑制危险、有害因素。

③减少暴露，降低危害严重性：按规定对员工采取个体防护措施。这是控制措施的最后一道防线。

第三节　安全评价

一、安全评价的定义

安全评价是指以实现安全为目的，应用安全系统工程原理和方法，辨识与分析工程、系统、生产经营活动中的危险、有害因素，预测发生事故或造成职业危害的可能性及其严重程度，提出科学、合理、可行的安全对策措施建议，做出评价结论的活动。安全评价可针对一个特定的对象，也可针对一定区域范围。

安全评价按照实施阶段不同分为三类：安全预评价、安全验收评价、安全现状评价。

二、安全预评价

1.安全预评价

安全预评价是根据建设项目可行性研究报告的内容，分析和预测该建设项目可能存在的危险、有害因素的种类和程度，提出合理可行的安全对策措施及建议。

2.安全预评价的内容

以拟建建设项目作为研究对象，根据建设项目可行性研究报告提供的生产工艺过程、使用和产出的物质、主要设备和操作条件等，研究系统固有的危险、有害因素，应用系统安全工程的方法，对系统的危险性和危害性进行定性、定量分析，确定系统的危险、有害因素及其危险、危害程度；针对主要危险、有害因素及其可能产生的后果，提出消除、预防和降低的对策措施；评价采取措施后的系统是否能满足规定的安全要求，从而得出建设项目应如何设计、管理才能达到安全指标要求的结论。

三、安全验收评价

1.安全验收评价

安全验收评价是建设项目竣工、试生产运行正常之后，通过对建设项目的设施、设备、装置实际运行状况及管理状况的安全评价，查找该建设项目投产后存在的危险、危害因素，确定其程度，提出合理可行的安全对策措施和建议。

2.安全验收评价的内容

安全验收评价是运用系统安全工程原理和方法，在项目建成，试生产运行正常后，在正式投产前进行的一种检查性安全评价。它通过对系统存在的危险、有害因素进行定性和定量评价，判断系统在安全上的符合性和配套安全设施的有效性，从而做出评价结论并提出补救或补偿措施，以促进项目实现系统安全。

四、安全现状评价

1.安全现状评价

安全现状评价是针对系统、工程的（某一个生产经营单位总体或局部的生产经营活动的）安全现状进行的安全评价，通过评价查找其存在的危险、有害因素，确定其程度，提出合理可行的安全对策措施及建议。

2.安全现状评价的内容

根据政府有关法规的规定或根据生产经营单位职业安全健康的管理要求进行。采用合适的安全评价方法进行危险识别，给出量化的安全状态参数值；预测极端情况下的影响范围，分析事故的最大损失以及发生事故的概率；对发现的隐患，根据量化的安全状态参数值、整改的优先度进行排序；提出整改措施与建议。

五、安全评价程序

按照《安全评价通则》的规定，安全评价的一般程序为：

1.前期准备

收集各种信息、勘查现场。

2.辨识与分析危险、有害因素

辨识、分析危险、有害因素存在的部位、方式、事故发生途径及变化规律。

3.划分评价单元

在辨识和分析危险、有害因素的基础上，划分评价单元。

4.定性、定量评价

选择合理的评价方法，对评价对象发生事故的可能性及其严重程度进行定性、定量评价。

5.提出安全对策措施建议

根据评价结果，遵循针对性、技术可行性、经济合理性的原则，提出消除或减弱危险的技术和管理措施建议。

6.做出安全评价结论

根据客观、公正、真实的原则，严谨、明确地做出评价结论。

7.编制安全评价报告

安全评价报告是安全评价过程的具体体现和概况性总结，是由第三方出具的技术性咨询文件，是评价对象进行风险管理，实现安全运行的技术性指导文件。

六、常用的安全评价方法

1.安全检查表方法(SCL)

列出所有会导致事故的不安全因素编制成表逐项进行检查和评审。

2.危险指数评价方法(RR)

如道化学公司的火灾、爆炸危险指数法，蒙德法，化工厂危险等级指数法等。

3.预先危险性分析方法(PHA)

在设计、施工和生产前，对系统中存在的危险性类别、出现条件、导致事故的后果进行分析。

4.故障假设分析方法(WI)

提出所有的问题，将问题分门别类进行讨论，回答可能的后果，提出相应措施。

5.危险和可操作性研究(HAZOP)

以关键词为引导，找出过程中工艺状态的变化(偏差)，分析原因、后果及可采取的对策。

6.故障类型和影响分析(FMEA)

按实际需要将系统进行分割，分析各自可能发生的故障类型及其产生的影响，采取相应措施。

7.故障树分析(FTA)

又称为事故树分析。从特定事故入手，一级一级分析出事故的直接原因。

8.事件树分析(ETA)

分析从设备故障或过程波动(初始事件)可能引发的结果，确定事件后果与初始事件的关系。

9.作业条件危险性评价法(LEC)

将事故发生的可能性(L)、暴露于危险环境的频率(E)及事故后果的严重程度(C)三者分别打分后相乘，按分数值划分危险程度等级。

10.定量风险评价方法

对事故发生的频率和事故的后果进行评价，将风险的大小完全量化，用数字或图形的方式显示事故影响区域，以及个人和社会承担的风险，为业主、投资者和政府管理者提供决策依据。

七、安全评价报告的编制

安全评价报告的内容、编制要求、格式等详见《安全评价通则》《安全预评价导则》《安全验收评价导则》等规范性文件。

八、安全评价管理

(一)基本要求

1.对评价对象的要求

(1)按法律法规、行政规章的规定进行安全评价，亦可根据实际需要自愿进行安全评价。

(2)自主选择具备相应资质的安全评价机构。

(3)为安全评价机构如实提供所需的资料。

(4)按照安全评价报告提出的对策措施建议进行整改。

(5)同一对象的安全预评价和安全验收评价，应由不同的安全评价机构分别承担。

2.对评价机构和评价人员的要求

(1)安全评价机构与被评价单位存在工程设计、工程监理、物资供应等各种利益关系的，不得参与其关联项目的安全评价活动。

(2)安全评价机构、安全评价人员应保守被评价单位的技术和商业秘密。

(3)安全评价机构、安全评价人员应真实、准确地做出评价结论，并对评价报告的真实性负责。

(4)安全评价机构、安全评价人员应接受政府主管部门的监督检查。

(5)安全评价机构、安全评价人员应对在当时条件下做出的安全评价结论承担法律责任。

(二)安全评价机构

安全评价机构是指依法取得安全评价相应资质，按照资质证书规定的业务范围开展安全评价活动的社会中介服务组织。

九、安全评价业务范围划分

(一)第一类

1.煤炭开采和洗选业。

2.金属、非金属矿及其他矿采选业。

3.石油和天然气开采业。

4.石油加工业，化学原料、化学品及医药制造业，燃气生产及供应业，炼焦业。

5.烟花爆竹、民用爆破器材制造业。

(二)第二类

1.尾矿库。

2.房屋和土木工程建筑业。

3.管道运输业。

4.仓储业。

5.水利、水电工程业。

6.火力发电业,热力生产和供应业。

7.风力发电、太阳能发电、再生能源发电业。

8.核工业设施。

9.黑色、有色金属冶炼及压延加工业,金属制品业,非金属矿物制品业。

10.铁路运输、城市轨道交通及辅助设施。

11.公路。

12.港口码头。

13.机械设备电器制造业。

14.轻工、纺织、烟草加工制造业。

(三)其他类

可根据安全生产实际工作需要,双方协商确定,开展安全评价活动。

第五章　重大危险源管理

第一节　重大危险源的基础知识及辨识标准

一、重大危险源基础知识

1993 年 6 月第 80 届国际劳工大会通过的《预防重大工业事故公约》将“重大危害设施”定义为：“不论长期地或临时地加工、生产、处理、搬运、使用或储存数量超过临界量的一种或多种危险物质，或多类危险物质的设施。”

国家标准《危险化学品重大危险源辨识》(GB 18218－2009)将“危险化学品重大危险源”定义为：“长期地或临时地生产、加工、搬运使用或储存危险化学品，且危险化学品的数量等于或超过临界量的单元。单元指一个(套)生产装置、设施或场所，或同属一个生产经营单位的且边缘距离小于 500 m 的几个(套)生产装置、设施或场所。”

《安全生产法》第一百一十二条：“重大危险源是指长期地或者临时地生产、搬运、使用或者储存危险物品，且危险物品的数量等于或者超过临界量的单元(包括场所和设施)。”

(一)重大危险源控制系统的组成

1.重大危险源的辨识

根据危险物质及其临界量标准确定重大危险源。

2.重大危险源的评价

对已确认的重大危险源进行风险分析评价。

3.重大危险源的管理

对每一个重大危险源制定严格的安全管理制度，通过技术措施和组织措施，对重大危险源进行严格的控制和管理。

4.重大危险源的安全报告

生产经营单位在规定期限内，将已评价的重大危险源向政府主管部门报告。如新建的有重大危害性的设施，应在投入运转前提交安全报告。

5.事故应急救援预案

生产经营单位制定场内应急救援预案和政府制定场外应急救援预案。

6.工厂选址和土地的使用规划

政府有关部门应制定综合性的土地使用政策，确保重大危险源与居民区和其他场所以及公共设施安全距离。

7.重大危险源的监察

政府主管部门派出技术人员定期对重大危险源进行监督检查。

(二)我国重大危险源管理的法律法规要求

1.《安全生产法》第三十七条的有关规定:“生产经营单位对重大危险源应当登记建档,进行定期检测、评估、监控,并制订应急预案,告知从业人员和相关人员在紧急情况下应当采取的应急措施。生产经营单位应当按照国家有关规定将本单位重大危险源及有关安全措施、应急措施报有关地方人民政府安全生产监督管理部门和有关部门备案。”

2.《危险化学品安全管理条例》第十九条的有关规定:危险化学品生产装置或者储存数量构成重大危险源的危险化学品储存设施(运输工具、加油站、加气站除外),与下列场所、设施、区域的距离应当符合国家有关规定:

(1)居民区以及商业中心、公园等人员密集场所。

(2)学校、医院、影剧院、体育场(馆)等公共设施。

(3)饮用水源、水厂及水源保护区。

(4)车站、码头(依法经许可从事危险化学品装卸作业的除外)、机场以及通信干线、通信枢纽、铁路线路、道路交通干线、水路交通干线、地铁风亭以及地铁站出入口。

(5)基本农田保护区、基本草原、畜禽遗传资源保护区、畜禽规模化养殖场、渔业水域以及种子、种畜禽、水产苗种生产基地。

(6)河流、湖泊、风景名胜区、自然保护区。

(7)军事禁区、军事管理区。

(8)法律、行政法规规定的其他场所、设施。

3.《危险化学品安全管理条例》第二十四条的有关规定:“……储存数量构成重大危险源的其他危险化学品,应当在专用仓库内单独存放,并实行双人收发、双人保管制度。”

4.《危险化学品安全管理条例》第二十五条的有关规定:“……储存数量构成重大危险源的其他危险化学品,储存单位应当将其储存数量、储存地点以及管理人员的情况,报所在地县级人民政府安全生产监督管理部门(在港区内储存的,报港口行政管理部门)和公安机关备案。”

5.《国务院关于进一步加强企业安全生产工作的通知》(国发〔2010〕23 号)要求,企业对重大危险源要报当地安全生产监管监察部门、负有安全生产监管职责的有关部门和行业管理部门备案。

二、重大危险源的辨识标准及申报登记范围

(一)重大危险源的辨识标准

按照《危险化学品重大危险源辨识》(GB 18218—2009),将辨识依据归纳为:

1.具有易燃、易爆、有毒、有害等危害特性,会对人员、设施、环境造成伤害或者损害的化学品为危险化学品。

2.边缘距离小于 500 米的一个或几个装置、设施或场所内的危险化学品。

3.按照危险化学品的名称、危险特性以及所规定的临界量为标准。

4.不含核设施和加工放射性物质的工厂(处理非放射性物质除外)、军事设施、采矿业(涉及危险化学品的加工工艺及储存活动除外)、危险化学品的运输。

5.判断是否重大危险源用公式

(1) 只有一种危险化学品时：$q/Q \geqslant 1$；

(2) 当有多种危险化学品时：$q_1/Q_1 + q_2/Q_2 + q_3/Q_3 + \cdots + q_N/Q_N \geqslant 1$。

式中：q 为每种危险化学品实际存在量，单位为吨(t)；

Q 为单元内危险化学品的临界量，单位为吨(t)。

(二)重大危险源申报登记范围

根据原国家安全生产监督管理局《关于开展重大危险源监督管理工作的指导意见》(安监管协调字〔2004〕56号)的要求，重大危险源申报登记的范围包括：

1.贮罐区(贮罐)

2.库区(库)

3.生产场所

4.压力管道

5.锅炉

6.压力容器

7.煤矿(井下开采)

8.金属非金属地下矿山

9.尾矿库

第二节　重大危险源的评价与监控

一、重大危险源的评价

(一)划分评价单元

1.重大危险源评价以危险单元作为评价对象。

2.单元：装置的一个独立部分。

3.注意：

(1)在一个共同厂房内的装置可划分为一个单元。

(2)在一个共同堤坝内的全部储罐可划分为一个单元。

(3)散设地上的管道不作为独立的单元处理，但配管桥区例外。

(二)评价模型的层次结构

1.危险性评价取决于事故的易发性和事故后果的严重性。

2.现实危险性：不仅取决于生产单元的固有危险性，还同各种人为管理因素密切相关。

3.固有危险性：由生产物质的危险性和工艺的危险性决定。

4.危险性抵消因子：严格的安全管理制度、良好的人员素质以及工艺、设备、建筑、容器的防范设施能够抵消单元内的危险性。

(三)数学模型

$$A=\{\sum\sum(B_{111})_i W_{ij}(B_{112})_j\}\times B_{12}\times \Pi(1-B_{2k})$$

A—— 现实危险性;

$(B_{111})_i$—— 物质危险性评价值;

$(B_{112})_j$—— 工艺危险性评价值;

W_{ij}—— 工艺和物质危险性的相关系数;

B_{12}—— 事故严重度评价值;

B_{2k}—— 抵消因子,包括:

B_{21}—— 工艺、设备、容器、建筑结构抵消因子;

B_{22}—— 人员素质抵消因子;

B_{23}—— 安全管理抵消因子。

(四) 物质危险性 B_{111} 的评价

考虑物质燃烧爆炸危险性和毒物扩散危险性。物质危险性的最大分值定为100分。

(五) 工艺过程事故易发性 B_{112} 的评价

工艺过程事故易发性的影响因素为21项,同一种工艺条件对不同类别的危险物质所体现的危险程度是不相同的,须确定危险性相关系数。相关系数 W_{ij} 分为5级。

(六) 危险性抵消因子 B

1.工艺、设施抵消因子 B_{21}

2.人员素质抵消因素 B_{22}

3.安全管理抵消因子 B_{23}。

(七) 危险性分级与危险控制程度分级

1.危险性分级标准:$A^*=\log(B_1^*)$

B_1^*:以10万元为缩尺单位的单元固有危险性的评分值。

一级重大危险源:$A^*\geqslant 3.5$。

二级重大危险源:$2.5\leqslant A^*<3.5$。

三级重大危险源:$1.5\leqslant A^*<2.5$。

四级重大危险源:$A^*<1.5$。

2.危险控制程度分级

危险性抵消因子值 B 的大小说明该单元安全管理与控制的绩效,以此为标准,将单元危险性控制程度分为A、B、C、D共4个级别。

一般来说,单元的危险性级别越高,要求的受控级别也越高。各级重大危险源应达到的受控标准是:

一级危险源在A级以上。

二级危险源在B级以上。

三级和四级危险源在C级以上。

二、重大危险源的监控

(一)宏观监控

安全生产监督管理部门应建立重大危险源宏观监控信息网络,实施宏观监控与管理。

(二)实时监控

生产经营单位建立重大危险源实时监控预警系统,监视各种参数的变化趋势,及时给出预警信息和控制指令,消除事故隐患。

第六章　职业卫生管理

第一节　职业病危害因素与职业病

一、职业病危害因素的分类

职业病危害因素:指在生产过程、劳动过程、作业环境中存在的危害从业人员健康的因素。

(一)按职业病危害因素的来源分类

生产工艺过程、劳动过程、作业环境中存在的危害劳动者健康的因素。

1.生产工艺过程:如生产工艺过程中使用原辅材料、产品、副产物、催化剂等中存在的化学毒物,生产设备运行过程中产生的噪声或高温等。

2.劳动过程:如劳动组织情况、生产设备布局、作业人员体位和方式等。

3.作业环境:如不良气象条件、通风、照明等。

(二)按照职业病危害因素的性质分类

1.环境因素

(1)物理因素:不良气候条件(如高温、低温、高低气压)、噪声、振动、电离辐射、非电离辐射等。

(2)化学因素:生产过程中使用和接触到的原料、中间产品、成品以及这些物质在生产过程中产生的废气、废水、废渣等工业毒物,以粉尘、烟尘、雾气、蒸气或气体的形态存在。

(3)生物因素:致病微生物和寄生虫,如霉菌、真菌、布氏杆菌、森林脑炎病毒等。

2.与职业有关的生活方式

劳动组织与作息制度不合理、作业时间过长、作业强度过大、长时间单调或不良体位劳动、劳动负荷过重、工作过度紧张、缺乏体育锻炼、夜班作业等;吸烟或过量饮酒;精神(心理)紧张等。

3.社会经济与职业卫生服务等其他因素

国家经济发展程度、国民的文化教育程度、生态环境、健全的法制、职业卫生服务和管理等。

二、职业病的分类

职业病有广义职业病和狭义职业病之分。

1.职业病

是指企业、事业单位和个体经济组织(以下统称用人单位)的劳动者在职业活动中,因接触粉尘、放射性物质或其他有毒、有害物质等因素而引起的疾病的总称,也是广义上的职业病。

2.法定职业病

也称狭义的职业病,是指由职业性危害因素所引起的疾病,由国家主管部门公布的职业病目录所列的职业病称法定职业病。

3.分类

1957 年我国首次发布了《关于试行“职业病范围和职业病患者处理办法”的规定》,将职业病确定为 14 种,1987 年对其进行调整,增加到 9 类 99 种。2002 年,为配合《职业病防治法》的实施,原卫生部联合原劳动保障部发布了《职业病目录》,将职业病增加到 10 类 115 种。

近年来,随着我国经济快速发展,新技术、新材料、新工艺的广泛应用,以及新的职业、工种和劳动方式不断产生,劳动者在职业活动中接触的职业病危害因素更为多样、复杂。不少地方、部门和劳动者反映现行《职业病目录》历时 10 余年,已不能完全反映当前职业病现状,有必要进行适当调整。2011 年 12 月 31 日,第十一届全国人民代表大会常务委员会第二十四次会议审议通过了《关于修改〈中华人民共和国职业病防治法〉的决定》,其中规定“职业病的分类和目录由国务院卫生行政部门会同国务院安全生产监督管理部门、劳动保障行政部门制定、调整并发布。工会组织依法对职业病防治工作进行监督,维护劳动者的合法权益”。根据《职业病防治法》的有关规定,为切实保障劳动者健康及其相关权益,国家卫生计生委、国家安全监管总局、人力资源社会保障部和全国总工会联合对《职业病分类和目录》进行了调整。

根据《职业病分类和目录》调整的原则和职业病的遴选原则,修订后的《职业病分类和目录》由原来的 115 种职业病调整为 132 种(含 4 项开放性条款)。其中新增 18 种,对 2 项开放性条款进行了整合。另外,对 16 种职业病的名称进行了调整。

调整后仍然将职业病分为 10 类,其中 3 类的分类名称做了调整。一是将原“尘肺”与“其他职业病”中的呼吸系统疾病合并为“职业性尘肺病及其他呼吸系统疾病”;二是将原“职业中毒”修改为“职业性化学中毒”;三是将“生物因素所致职业病”修改为“职业性传染病”。

此外,还对职业性皮肤病、耳鼻喉口腔疾病、职业性传染病等做了相应调整。

本次《职业病分类和目录》调整倾向生产一线作业人员。例如煤炭、冶金、有色金属、化工、林业、建材、机械加工行业作业人员,另外,还涉及低温作业人员、医疗卫生人员和人民警察等。

2013 年 12 月 23 日，国家卫生计生委、人力资源社会保障部、安全监管总局、全国总工会 4 部门关于印发《职业病分类和目录》的通知(国卫疾控发〔2013〕48 号)，颁布了新的《职业病分类和目录》，共 10 大类 132 种职业病，名单如下：

(1)职业性尘肺病及其他呼吸系统疾病

1)尘肺病

①矽肺

②煤工尘肺

③石墨尘肺

④碳黑尘肺

⑤石棉肺

⑥滑石尘肺

⑦水泥尘肺

⑧云母尘肺

⑨陶工尘肺

⑩铝尘肺

⑪电焊工尘肺

⑫铸工尘肺

⑬根据《尘肺病诊断标准》和《尘肺病理诊断标准》可以诊断的其他尘肺病

2)其他呼吸系统疾病

①过敏性肺炎

②棉尘病

③哮喘

④金属及其化合物粉尘肺沉着病(锡、铁、锑、钡及其化合物等)

⑤刺激性化学物所致慢性阻塞性肺疾病

⑥硬金属肺病

(2)职业性皮肤病

①接触性皮炎

②光接触性皮炎

③电光性皮炎

④黑变病

⑤痤疮

⑥溃疡

⑦化学性皮肤灼伤

⑧白斑

⑨根据《职业性皮肤病的诊断总则》可以诊断的其他职业性皮肤病

(3)职业性眼病

①化学性眼部灼伤

②电光性眼炎
③白内障(含放射性白内障、三硝基甲苯白内障)
(4)职业性耳鼻喉口腔疾病
①噪声聋
②铬鼻病
③牙酸蚀病
④爆震聋
(5)职业性化学中毒
①铅及其化合物中毒(不包括四乙基铅)
②汞及其化合物中毒
③锰及其化合物中毒
④镉及其化合物中毒
⑤铍病
⑥铊及其化合物中毒
⑦钡及其化合物中毒
⑧钒及其化合物中毒
⑨磷及其化合物中毒
⑩砷及其化合物中毒
⑪铀及其化合物中毒
⑫砷化氢中毒
⑬氯气中毒
⑭二氧化硫中毒
⑮光气中毒
⑯氨中毒
⑰偏二甲基肼中毒
⑱氮氧化合物中毒
⑲一氧化碳中毒
⑳二硫化碳中毒
㉑硫化氢中毒
㉒磷化氢、磷化锌、磷化铝中毒
㉓氟及其无机化合物中毒
㉔氰及腈类化合物中毒
㉕四乙基铅中毒
㉖有机锡中毒
㉗羰基镍中毒
㉘苯中毒
㉙甲苯中毒

㉚二甲苯中毒
㉛正己烷中毒
㉜汽油中毒
㉝一甲胺中毒
㉞有机氟聚合物单体及其热裂解物中毒
㉟二氯乙烷中毒
㊱四氯化碳中毒
㊲氯乙烯中毒
㊳三氯乙烯中毒
㊴氯丙烯中毒
㊵氯丁二烯中毒
㊶苯的氨基及硝基化合物(不包括三硝基甲苯)中毒
㊷三硝基甲苯中毒
㊸甲醇中毒
㊹酚中毒
㊺五氯酚(钠)中毒
㊻甲醛中毒
㊼硫酸二甲酯中毒
㊽丙烯酰胺中毒
㊾二甲基甲酰胺中毒
㊿有机磷中毒
51氨基甲酸酯类中毒
52杀虫脒中毒
53溴甲烷中毒
54拟除虫菊酯类中毒
55铟及其化合物中毒
56溴丙烷中毒
57碘甲烷中毒
58氯乙酸中毒
59环氧乙烷中毒
60上述条目未提及的与职业有害因素接触之间存在直接因果联系的其他化学中毒
(6)物理因素所致职业病
①中暑
②减压病
③高原病
④航空病
⑤手臂振动病

⑥激光所致眼(角膜、晶状体、视网膜)损伤

⑦冻伤

(7)职业性放射性疾病

①外照射急性放射病

②外照射亚急性放射病

③外照射慢性放射病

④内照射放射病

⑤放射性皮肤疾病

⑥放射性肿瘤(含矿工高氡暴露所致肺癌)

⑦放射性骨损伤

⑧放射性甲状腺疾病

⑨放射性性腺疾病

⑩放射复合伤

⑪根据《职业性放射性疾病诊断标准(总则)》可以诊断的其他放射性损伤

(8)职业性传染病

①炭疽

②森林脑炎

③布鲁氏菌病

④艾滋病(限于医疗卫生人员及人民警察)

⑤莱姆病

(9)职业性肿瘤

①石棉所致肺癌、间皮瘤

②联苯胺所致膀胱癌

③苯所致白血病

④氯甲醚、双氯甲醚所致肺癌

⑤砷及其化合物所致肺癌、皮肤癌

⑥氯乙烯所致肝血管肉瘤

⑦焦炉逸散物所致肺癌

⑧六价铬化合物所致肺癌

⑨毛沸石所致肺癌、胸膜间皮瘤

⑩煤焦油、煤焦油沥青、石油沥青所致皮肤癌

⑪β-萘胺所致膀胱癌

(10)其他职业病

①金属烟热

②滑囊炎(限于井下工人)

③股静脉血栓综合征、股动脉闭塞症或淋巴管闭塞症(限于刮研作业人员)

4.界定法定职业病的基本条件

(1)在职业活动中产生

(2)接触职业病危害因素

(3)列入国家职业病目录

(4)与劳动用工行为相联系

三、职业性有害因素

(一)生产性毒物

1.生产性毒物的定义

在一定条件下,接触较小剂量即可破坏生物体正常生理机能,造成某些暂时性或永久性病变的化学物质称为毒物。在生产过程中产生或使用的各种有毒物质,通称为生产性毒物。常见的生产性毒物有:金属与类金属毒物,如铅、汞、锰、砷等;刺激性气体,如二氧化硫、氯化氢、光气、臭氧等;窒息性气体,如一氧化碳、氰化氢、硫化氢等;有机溶剂,如苯、甲苯、二甲苯、四氯化碳等;苯的氨基和硝基化合物,如苯胺、三硝基甲苯等;高分子化合物,如氯乙烯、含氟塑料等;农药,如有机磷农药、氨基甲酸酯农药等。

2.生产性毒物的存在形态

生产性毒物可以固体、液体、气体或气溶胶的形态存在于生产环境中。

(1)气体:在常温、常压条件下,散发于空气中的无定形气体,如氯、溴、氨、一氧化碳和甲烷等。

(2)蒸气:固体升华、液体蒸发时形成蒸气,如汞蒸气和苯蒸气等。

(3)雾:混悬于空气中的液体微粒,如喷洒农药和喷漆时所形成雾滴,镀铬时逸出的铬酸雾,蓄电池充电时逸出的硫酸雾等。

(4)烟:为直径小于 0.1 μm 的悬浮于空气中的固体微粒,如熔铜时产生的氧化铜烟尘,熔镉时产生的氧化镉烟尘,电焊时产生的电焊烟尘等。

(5)粉尘:能较长时间悬浮于空气中的固体微粒,直径大多数为 0.1 μm～10 μm。固体物质的机械加工、粉碎、筛分、包装等可引起粉尘飞扬。

悬浮于空气中的粉尘、烟和雾等微粒,统称为气溶胶。了解生产性毒物的存在形态,有助于研究毒物进入机体的途径,发病原因,采取相应防护措施,选择车间空气中有害物采样方法等。

3.生产性毒物进入人体的途径

生产性毒物除酸、碱等刺激性及腐蚀性物质可对皮肤或黏膜直接发生作用外,绝大多数毒物均需进入体内达到一定浓度后,才产生作用。在生产条件下,毒物进入人体的途径主要有呼吸道、皮肤和消化道。

(1)呼吸道:呈气体、蒸气、气溶胶状态的毒物可经呼吸道进入人体。

(2)皮肤:在生产劳动过程中,毒物经皮肤吸收而致中毒者也较常见。某些毒物可透过完整皮肤而进入人体。

(3)胃肠道:对于生产性毒物来说,胃肠道吸收一般只有在不遵守个人卫生制度或发生意外时(如误服)才有可能发生。

4.生产性毒物在体内的代谢与转化

毒物在体内的代谢是指生产性毒物被吸收后,毒物在体内的分布、转化、蓄积和排泄过程。生产性毒物进入体内后,与体液或细胞内部的物质发生化学或生物化学反应,使其本身结构发生改变,称为毒物的生物转化。(生物转化过程中可导致生产性毒物生物学效应下降,即对毒物有解毒作用。但是,也有毒物经生物转化后其毒性反而增强,或由无毒转变为有毒。)

毒物在体内经生物转化后可通过多种途径排出体外,其最主要的途径是肾脏,此外也可通过消化道、呼吸道和各内分泌腺等排出体外。

(1)肾脏:肾脏是从体内排出毒物极有效的器官,许多毒物经此途径排出。

(2)消化道:由胃肠道吸收入血的毒物,在肝脏代谢转化后,其产物可直接排入胆囊随胆汁排出。如铅、锰、镉、砷等均主要从肝脏排至胆囊后随粪便排泄。

(3)呼吸道:经呼吸道吸收的气体及挥发性毒物都可能由肺以原形排出,如苯等。

(4)其他途径:毒物可经乳汁排出;头发、指甲并不是排泄器官,但有些毒物,如砷、汞、锰等可富集于此,因此是排出途径。

接触生产性毒物时,如果出现吸收速度超过解毒及排泄速度,就会出现毒物在体内逐渐增多的现象,即蓄积作用。毒物相对集中的部位或器官称为贮存库,贮存库中蓄积的毒物可以缓慢释放出来,这是构成慢性中毒原因之一。

5.生产性毒物的毒作用方式

(1)局部的刺激、腐蚀作用,如强酸强碱对皮肤和黏膜的强烈刺激和腐蚀作用。

(2)阻止氧的吸收、运输和利用。

(3)抑制酶的活性,如氰化氢抑制细胞色素氧化酶的活性,有机磷农药抑制胆碱酯酶的活性。

(4)改变机体的免疫功能,毒物对免疫功能的干扰有两个方面,一是兴奋诱导作用,另一种是抑制消退作用。

(5)其他作用,有些毒物可能吸附、溶解或结合于细胞膜影响细胞的营养代谢。

(6)某些毒物还有致突变、致癌和致畸作用等。

6.影响生产性毒物毒理作用的因素

生产性毒物进入人体后,是否能引起中毒,受很多因素的影响,其中主要的影响因素如下。

(1)化学结构。毒物的化学结构决定其在体内可能参与和干扰的生化过程。

(2)理化特性。毒物的理化特性对其在外环境中的稳定性、进入人体的机会及在体内的代谢转化均有重要影响。

(3)侵入途径。有些毒物经消化道吸收毒性很小,但经呼吸道吸人毒性就强。

(4)接触剂量。侵入机体的毒物剂量越大,危害越大。

(5)毒物的联合作用。在生产环境中,往往同时存在多种毒物,绝大部分表现为相加作用或相乘作用，极少数可表现为拮抗作用。

(6)生产环境与劳动强度。生产环境中有高温存在时，可增加毒物的挥发、促使人体吸收等。劳动强度大则可促使呼吸和血液循环加快，毒物的吸收速度也加快。

(7)个体因素。有年龄、性别、健康状况(包括有无遗传性疾病)、营养状况、烟酒嗜好等。

(二)常见职业性有害因素对人体的危害

1.常见的生产性粉尘及尘肺病

在生产过程中形成的，并能较长时间悬浮在空气中的固体微粒即生产性粉尘。生产性粉尘对人体有多方面的不良影响，尤其是含有游离二氧化硅的粉尘，能引起严重的职业病——矽肺。生产性粉尘来源于固体物质的机械加工、粉碎，金属的研磨、切削，矿石或岩石的钻孔、爆破、破碎等；物质加热时产生的蒸气、有机物质的不完全燃烧所产生的烟。此外，粉末状物质在混合、过筛、包装、搬运等操作以及二次扬尘等均可产生。根据生产性粉尘性质可分为三类：无机粉尘，如硅石、石棉、铁、锡、铝、水泥、金刚砂等；有机粉尘，如棉、麻、面粉、木材、骨质、炸药、人造纤维等；混合性粉尘。常见粉尘导致的职业病有：

(1)矽肺——是由于游离 SiO_2 粉尘引起的严重的肺部疾病。如石英矿的开采。

(2)煤矽肺——是由于游离 SiO_2 粉尘和煤尘这种混合粉尘引起的肺部疾病，如煤矿采掘作业。

(3)石棉尘肺——石棉粉尘是公认的致癌物，接触石棉作业主要是纺织、建筑以及耐火材料等作业。

粉尘引起的职业危害——粉尘引起全身中毒、局部刺激性、病变反应性、致癌性、尘肺。其中以尘肺的危害性最为严重。

2.常见化学毒物及职业中毒

(1)金属及类金属中毒：按照理化特性可简单分为重金属、轻金属、类金属三类。如铅中毒、锰中毒、磷中毒。

(2)有机溶剂中毒：如苯、甲苯、汽油、四氯化碳中毒。苯中毒主要影响造血系统及中枢神经系统。汽油主要经呼吸道吸入，急性中毒时，轻者有头痛头晕、无力，呈"汽油醉态"，高浓度吸入还可引起化学性肺炎、肺水肿，严重者出现中毒性脑病等。

(3)刺激性气体中毒：主要有氯气、光气、氮氧化物及氨气等。中毒症状主要是眼及上呼吸道刺激症状等，严重时，可发生黏膜坏死、脱落，引起突发性呼吸道阻塞而窒息。

(4)窒息性气体中毒：一氧化碳、硫化氢、二氧化碳中毒等。

(5)苯的氨基或硝基化合物中毒：这类化合物被广泛用于制药、印染、油漆、印刷、橡胶、炸药、有机合成、染料制造以及化工、农药等工业。

(6)高分子化合物中毒：氯乙烯中毒等。

(7)农药中毒：在其生产、运输、保存、使用中均有大量的职业接触者。

3.常见的物理性职业危害因素及所致职业病

(1)噪声及噪声性耳聋、爆震聋。噪声可分为三类：空气动力噪声、机械性噪声、电磁性噪声。

(2)振动及振动病。振动病分为全身振动和局部振动两种。局部振动引起的手臂振动病为法定职业病。

(3)电磁辐射及所致的职业病

1)非电离辐射：波长大于 100 nm 不足以引起生物体电离的电磁辐射

①射频辐射：微波造成中枢神经系统和植物神经系统功能紊乱。

②红外线：引起职业性白内障。

③紫外线：引起弥漫性红斑，眼睛损伤，即电光性眼炎。

④激光：对人体的危害是其热效应和光化学效应造成眼(角膜、晶状体、视网膜)损伤。

2)电离辐射：凡能引起物质电离的各种辐射称为电离辐射，即波长小于 100 nm 的电磁辐射。其中 α、β 等带电粒子都能直接使物质电离，称为直接电离辐射；γ 光子、中子等非带电粒子，先作用于物质产生高速电子，继而由这些高速电子使物质电离，称为非直接电离辐射。

电离辐射引起的职业病称为放射病。放射性疾病是人体受各种电离辐射而发生的各种类型和不同程度损伤(或疾病)的总称。包括：

①全身性放射性疾病，如急慢性放射病。

②局部放射性疾病，如急、慢性放射性皮炎、放射性白内障。

③放射所致远期损伤，如放射所致白血病。

放射性疾病常见于核能和放射装置应用中的意外事故或由于防护条件不佳所致职业性损伤，列为国家法定职业病者，包括外照射放射病、内照射放射病、放射性皮肤疾病、放射性肿瘤(含矿工高氡暴露所致肺癌)、放射性骨损伤、放射性甲状腺疾病、放射性性腺疾病、放射性复合伤及根据《职业性放射性疾病诊断标准(总则)》可以诊断的其他放射性损伤。

(4)异常气象条件及疾病

异常气象条件包括高温作业、高温强热辐射、高温高湿、低温作业、低气压作业等。

异常气象条件引起的职业病列入国家职业病目录的有以下 5 种：中暑、减压病(主要发生在潜水作业后)、高原病(发生于高原低氧环境下)、航空病、冻伤。

4.职业性致癌因素及职业性癌

《工作场所有害因素职业接触限值第 1 部分：化学有害因素》(GBZ 2.1—2007)按国际癌症研究中心(IARC)对可能产生致癌性的化学物质进行了分类。具有致癌性或可能致癌性的共 68 种均有接触限值，其中：确认人类致癌物(G1 类)有 18 种，可能人类致癌物(G2A 类)有 10 种，可疑人类致癌物(G2B 类)有 40 种。我国已将石棉、联苯胺、苯、氯甲基甲醚及双氯甲醚、砷及其化合物、氯乙烯、焦炉逸散物、六价铬化合物、毛沸石、煤焦油、煤焦油沥青、石油沥青、β-萘胺等 11 种职业性致癌物所致的癌症列入职业病名单。

5.生物因素所致职业病

指在职业活动过程中接触的细菌、病毒或寄生虫等微生物。目前可能接触生物性职业病危害因素的主要有医务工作者、畜牧兽医,林场养护工等。我国将炭疽、森林脑炎、布氏杆菌病、艾滋病(限于医疗卫生人员及人民警察)、莱姆病列为法定职业病,也称为职业性传染病。

6.其他列入职业病目录的职业性疾病

职业性皮肤病、化学性眼部灼伤、铬鼻病、牙酸蚀症、金属烟热、职业性哮喘、过敏性肺炎、棉尘病、井下工人滑囊炎等均列入职业病目录。

7.与职业有关的疾病

主要是指在职业人群中,由多种因素引起的疾病,它的发生与职业因素有关,但又不是唯一的发病因素。

非职业因素也可引起疾病,是在职业病名单之外的一些与职业因素有关的疾病。如搬运工、铸造工、长途汽车司机、炉前工、电焊工等,由于长期弯腰、下蹲、站立、躯干前屈等不良工作姿势所致的腰脊痛;长期固定姿势、长期低头、伏案工作所致的颈肩痛;钢琴手、小提琴手过多指腕运动而发生的手肌痉挛;长期吸入刺激性气体、粉尘而引起的慢性支气管炎;长期高度精神紧张而多发的高血压和冠心病、消化性溃疡病等。

8.女工的职业卫生问题

在一般体力劳动过程中,突出的有强制体位(长立、长坐)和重体力劳动的负重作业两方面问题。我国目前规定,成年妇女禁忌参加连续负重,禁忌每次负重量超过 20 kg,禁忌间断负重每次重量超过 25 kg 的作业。许多毒物、物理因素及劳动生理因素可对女工健康造成危害,常见的有铅、汞、锰、镉、苯、甲苯、二甲苯、二硫化碳、氯丁二烯、苯乙烯、己内酰胺、汽油、氯仿、二甲基甲酰胺、三硝基甲苯、强噪声、全身振动、电离辐射、低温和重体力劳动等,这些可引起妇女月经变化或具有生殖毒性,可通过妊娠、哺乳而影响胎儿、婴儿的健康和发育成长,关系到未来的人口素质。

四、作业场所职业危害的管理

我国于 2001 年 10 月 27 日第九届全国人民代表大会常务委员会第二十四次会议通过《职业病防治法》,2011 年 12 月 31 日第十一届全国人民代表大会常务委员会第二十四次会议通过《关于修改〈中华人民共和国职业病防治法〉的决定》,颁布了《中华人民共和国职业病防治法(2011 年修订版)》。随着修改后《职业病防治法》的颁布实施,职业病防治的监督的主体由原卫生部划转到了安全生产监督管理部门,随后安监部门对《作业场所职业健康监督管理暂行规定》(国家安监总局令第 23 号)等进行了修改,发布了《工作场所职业卫生监督管理规定》(国家安监总局令第 47 号)等法规和规范性文件。这些职业卫生法律法规均对工作场所的职业病危害的控制与管理提出了具体要求。

(一)作业场所职业危害防治监督管理对象

作业场所的监督管理对象是工矿商贸生产经营单位作业场所。

(二)生产经营单位是职业病危害防治的责任主体

生产经营单位的主要负责人对本单位作业场所的职业危害防治工作全面负责。

(三)生产经营单位的主要职责

生产经营单位应当按照《职业病防治法》《使用有毒物品作业场所劳动保护条例》《工作场所职业卫生监督管理规定》(国家安监总局令第 47 号)等要求建立、健全职业卫生管理机构和制度,落实作业场所的职业病危害的防护措施;及时开展新建、改建、扩建建设项目的前期预防,定期开展作业场所职业病危害因素的检测与评价;针对可能产生急性中毒或急性损伤的职业健康危害因素制定应急救援预案,并落实应急救援的设施等职责。

第二节 职业危害评价与管理

一、工作场所有害因素职业接触限值

1.职业接触限值

职业性有害因素的接触限制量值。指劳动者在职业活动过程中长期反复接触,对绝大多数接触者的健康不引起有害作用的容许接触水平。化学有害因素的职业接触限值包括时间加权平均容许浓度、短时间接触容许浓度和最高容许浓度三类。

2.时间加权平均容许浓度(PC-TWA)

以时间为权数规定的 8 h 工作日、40 h 工作周的平均容许接触浓度。

3.最高容许浓度(MAC)

工作地点、在一个工作日内、任何时间有毒化学物质均不应超过的浓度。

4.短时间接触容许浓度(PC-STEL)

在遵守 PC-TWA 前提下容许短时间(15 min)接触的浓度。

5.超限倍数

对未制定 PC-STEL 的化学有害因素,在符合 8 h 时间加权平均容许浓度的情况下,任何一次短时间(15 min)接触的浓度均不应超过的 PC-TWA 的倍数值。

6.工作场所

指劳动者进行职业活动的所有地点。

7.工作地点

劳动者从事职业活动或进行生产管理而经常或定时停留的岗位作业地点。

二、工作场所职业病危害作业分级

工作场所职业病危害作业分级的目的在于评价工作场所生产性毒物、生产性粉尘、噪声、高温作业的卫生状况,评估作业对作业者健康危害程度的大小,通过工作场所职业病危害作业分级,为用人单位和卫生监督管理部门加强管理提供科学依据。我国相继颁布的有害作业分级相关标准主要有:《职业性接触毒物危害程度分级》(GBZ 230－2010)、《有毒作业分级》(GB 12331－90)、《粉尘作业场所危险程度分级》(GB/T 5817－2009)、

《高温作业分级》(GB/T 4200－2008)、《低温作业分级》(GB/T 14440－93)、《冷水作业分级》(GB/T 14439－93)、《噪声作业分级》(LD 80－1995)、《体力劳动强度分级》(GB 3869－97)。由于近年国家对职业卫生标准的调整,上述标准基本不再适用,2007 年卫生部修订的《工作场所有害因素职业接触限值第 2 部分:物理因素》(GBZ 2.2－2007),对体力强度进行了分级。2010 年卫生部先后制定了《职业性接触毒物危害程度分级》(GBZ 230－2010),《工作场所职业病危害作业分级第 1 部分:生产性粉尘》(GBZ/T 229.1－2010),《工作场所职业病危害作业分级第 2 部分:化学物》(GBZ/T 229.2－2010),《工作场所职业病危害作业分级第 3 部分:高温》(GBZ/T 229.3－2010),《工作场所职业病危害作业分级第 4 部分:噪声》(GBZ/T 229.4－2012),这些分级标准对作业场所存在的职业性接触毒物的危害程度和工作场所职业病危害作业进行分级。

(一)职业性接触毒物危害程度分级

1.相关的术语

(1)职业性接触毒物(Occupational Exposure to Toxicant):劳动者在职业活动中接触的以原料、成品、半成品、中间体、反应副产物和杂质等形式存在,并可经呼吸道、皮肤或口进入人体而对劳动者健康产生危害的物质。

(2)危害(Hazard):职业性接触毒物可能导致的劳动者的健康损害和不良健康影响。

(3)毒物危害指数(Toxicant Hazardous Index,THI):综合反映职业性接触毒物对劳动者健康危害程度的量值。职业性接触毒物危害程度分级,是以毒物的急性毒性、扩散性、蓄积性、致癌性、生殖毒性、致敏性、刺激与腐蚀性、实际危害后果与预后等 9 项指标为基础的定级标准。

2.分级原则

主要是依据急性毒性、影响毒性作用的因素、毒性效应、实际危害后果等 4 大类 9 项分级指标进行综合分析、计算毒物危害指数确定。每项指标均按照危害程度分 5 个等级赋予相应分值,轻微危害:0 分;轻度危害:1 分;中度危害:2 分;高度危害:3 分;极度危害:4 分;同时根据各项指标对职业危害影响作用的大小赋予相应的权重系数。依据各项指标加权分值的总和,即毒物危害指数确定职业性接触毒物危害程度的级别。我国的产业政策明令禁止的物质或限制使用(含贸易限制)的物质,依据产业政策,结合毒物危害指数划分危害程度。

3.分级依据

(1)毒性效应指标。

急性毒性包括急性吸入半数致死浓度 LC_{50}。急性经皮半数致死量 LD_{50}。

刺激与腐蚀性:根据毒物对眼睛、皮肤或黏膜刺激作用的强弱划分评分等级。

致敏性:根据对人致敏报告及动物实验数据划分评分等级。

生殖毒性:根据对人生殖毒性的报告及动物实验数据划分评分等级。

致癌性:根据 IARC 致癌性分类划分评分等级。属于明确人类致癌物的,直接列为极度危害。

(2)影响毒物作用的因素指标。

扩散性:以毒物常温下或工业中使用时状态及其挥发性(固体为扩散性)作为评分指标。

蓄积性：以毒物的蓄积性强度或在体内的代谢速度作为评分指标，根据蓄积系数或生物半减期划分评分等级。

(3)实际危害后果指标。根据中毒病死率和危害预后情况划分评分等级。

(4)产业政策指标。将我国政府已经列入禁止使用名单的物质，直接列为极度危害；列入限制使用(含贸易限制)名单的物质，毒物危害指数低于高度危害分级的，可直接列为高度危害；毒物危害指数是极度或高度危害范围内的，依据毒物危害指数进行分级。

4.危害程度等级划分和毒物危害指数计算

(1)危害程度分级

职业接触毒物危害程度分为轻度危害(Ⅳ级)、中度危害(Ⅲ级)、高度危害(Ⅱ级)和极度(Ⅰ级)4 个等级。职业性接触毒物分项指标危害程度分级和评分按表 1 的规定，毒物危害指数计算公式：

$$THI=\sum_{i=1}^{n}(k_i \cdot F_i)$$

上式中：

THI——毒物危害指数。

k——分项指标权重系数。

F——分项指标积分值。

(2)危害程度的分级范围

轻度危害(Ⅳ级)：THI＜35；

中度危害(Ⅲ级)：THI≥35～＜50；

高度危害(Ⅱ级)：THI≥50～＜65；

极度危害(Ⅰ级)：THI≥65。

表 1-6-1 职业性接触毒物危害程度分级和评分依据

分项指标		极度危害	高度危害	中度危害	轻度危害	轻微危害	权重系数
积分值		4	3	2	1	0	
急性吸入 LC_{50}	气体 a (cm^3/m^3)	＜100	≥100～＜500	≥500～＜2 500	≥2 500～＜20 000	≥20 000	5
	蒸气 (mg/m^3)	＜500	≥500～＜2 000	≥2 000～＜10 000	≥10 000～＜20 000	≥20 000	
	粉尘和烟雾(mg/m^3)	＜50	≥50～＜500	≥500～＜1 000	≥1 000～＜5 000	≥5 000	
急性经口 LD_{50}(mg/kg)		＜5	≥5～＜50	≥50～＜300	≥300～＜2 000	≥2 000	
急性经皮 LD_{50}(mg/kg)		＜50	≥50～＜200	≥200～＜1 000	≥1 000～＜2 000	≥2 000	1
刺激与腐蚀性		pH≤2 或 pH≥11.5：腐蚀作用或不可逆损伤作用	强刺激作用	中等刺激作用	轻刺激作用	无刺激作用	2

(续表)

分项指标	极度危害	高度危害	中度危害	轻度危害	轻微危害	权重系数
致敏性	有证据表明该物质能引起人类特定的呼吸系统致敏或重要脏器的变态反应性损伤	有证据表明该物质能导致人类皮肤过敏	动物试验证据充分，但无人类相关证据	现有动物试验证据不能对该物质的致敏性做出结论	无致敏性	2
生殖毒性	明确的人类生殖毒性：已确定对人类的生殖能力、生育或发育造成有害效应的毒物，人类母体接触后可引起子代先天性缺陷	推定的人类生殖毒性：动物试验生殖毒性明确，但对人类生殖毒性作用尚未确定因果关系，推定对人的生殖能力或发育产生有害影响	可疑的人类生殖毒性：动物试验生殖毒性明确，但无人类生殖毒性资料	人类生殖毒性未定论：现有证据或资料不足以对毒物的生殖毒性做出结论	无人类生殖毒性：动物试验阴性，人群调查结果未发现生殖毒性	3
致癌性	Ⅰ组，人类致癌物	ⅡA组，近似人类致癌物	ⅡB组，可能人类致癌物	Ⅲ组，未归入人类致癌物	Ⅳ组，非人类致癌物	4
实际危害后果与预后	职业中毒病死率≥10%	职业中毒病死率＜10%；或致残（不可逆损害）	器质性损害（可逆性重要脏器损害），脱离接触后可治愈	仅有接触反应	无危害后果	5
扩散性（常温或工业使用时状态）	气态	液态，挥发性高（沸点＜50 ℃）；固态，扩散性极高（使用时形成烟或烟尘）。	液态，挥发性中（沸点≥50 ℃～＜150 ℃）；剧态，扩散性高（细微而轻的粉末，使用时可见尘雾形成，并在空气中停留数分钟以上）	液态，挥发性低（沸点≥150 ℃）；固态，晶体、粒状同体、扩散性中，使用时能见到粉尘但很快落下，使用后粉尘留在表面	固态，扩散性低（不会破碎的固体小球[块]，使用时几乎不产生粉尘）	3
蓄积性（或生物半减期）	蓄积系数（动物实验）＜1；生物半减期≥4 000 h	蓄积系数≥1～＜3；生物半减期≥400 h～＜4 000 h	蓄积系数≥3～＜5；生物半减期≥40 h～＜400 h	蓄积系数＞5；生物半减期≥4 h～＜40 h	生物半减期＜4 h	1

注：

1.急性毒性分级指标以急性吸入毒性和急性经皮毒性为分级依据。无急性吸入毒性数据的物质，参照急性经口毒性分级。无急性经皮毒性数据且不经皮吸收的物质，按轻微危害分级；无急性经皮毒性数据但可经皮肤吸收的物质，参照急性吸入毒性分级。

2.强、中、轻和无刺激作用的分级依据 GB/T 21604 和 GB/T 21609。

3.缺乏蓄积性、致癌性、致敏性、生殖毒性分级有关数据的物质的分项指标暂按极度危害赋分。

4.工业使用在五年内的新化学品，无实际危害后果资料的，该分项指标暂按极度危害赋分；工业使用在五年以上的物质，无实际危害后果资料的，该分项指标按轻微危害赋分。

5.一般液态物质的吸入毒性按蒸气类划分。

1 cm^3/m^3 与 mg/m^3 在气温为 20 ℃，大气压为 101.3 kPa(1 atm)的条件下的换算公式为：$1\ cm^3/m^3=\frac{24.04}{Mr}mg/m^3$，其中 Mr 为该气体的分子量。

5.职业性接触毒物危害程度分级标准使用说明

(1)职业性接触毒物危害程度分级标准是职业性接触毒物危害程度分级的技术依据,也是工作场所职业病危害分级和建设项目职业病危害分类管理的重要技术依据。适用于常见职业性接触毒物的分级,也是职业卫生监督管理部门实施职业卫生分类管理、职业卫生技术服务机构开展职业病危害评价的重要技术法规依据。

(2)各项指标分级的依据是可获得的可靠的科学数据,数据应用的优先顺序依次为:国家技术标准、国际组织正式颁布的文件(数据)、区域组织或其他国家的官方数据、教科书、文献资料。

(3)急性毒性指标按 GHS 规定分级、赋分。经口或吸入毒性依据首选动物试验为大鼠,急性皮肤毒性依据首选动物试验为大鼠或兔子。如果缺乏首选试验物种的急性毒性数据,而有多个其他动物物种的急性毒性试验数据,则应科学判断,从有效、良好规范的试验中选出最适当的急性毒性数据。

(4)急性吸入毒性以 4 小时暴露试验为基础,根据 1 小时暴露试验获得的现有吸入毒性数据的转换,对于气体和蒸气,应除以因子 2;对于粉尘和烟雾,应除以因子 4。根据 2 小时暴露或 3 小时暴露试验获得的吸入毒性数据的转换,参照 1 小时暴露试验数据转换方法处理。

(5)本标准分级依据的部分指标是动物试验数据,如果所获得的数据不一致时,应以可赋予较高分值的数据为准。例如:某毒物的 LC_{50} 有两个数据,一个是 450 mg/m^3,另一个是 550 mg/m^3,按分级标准,前者应划分为极度危害,赋 4 分;后者应划分为高度危害,赋 3 分。因此,应以前者为准,采用 450 mg/m^3 这一数据。

(6)蓄积性包括物质蓄积和功能蓄积。蓄积性一般用蓄积系数表示,但生物半减期也反映物质的蓄积性。本标准把蓄积系数和生物半减期两个指标均作为分级依据。当有蓄积系数数据可用时,按蓄积系数分级;没有蓄积系数数据可用时,按生物半减期分级;如果毒物的毒性作用其代谢产物引起的,则按该代谢产物的生物半减期分级。

(7)毒物危害指数是影响毒物危害程度各项指标的综合加权积分值,综合反映职业性接触毒物对劳动者健康危害程度的可能性,不能理解为职业性接触毒物的实际危害程度。

(8)职业性接触毒物危害程度分级标准是基于科学性和可行性制定的,是综合分析各种影响毒物危害程度的指标得出的分级标准,它所规定的界值不能理解为职业危害程度分级的精确界限。

(9)本标准各项指标的分级标准是依据现有可获得数据、资料制定的,这些依据也将随着科学研究的深入而发生变化,因此,应用本标准时应注意最新的科学研究成果。

(10)本标准不适用于非职业性接触毒物的分级。

(11)本标准应由受过职业卫生专业训练的专业人员使用。

(二)工作场所化学物职业病危害作业分级

1.相关术语和定义

(1)有毒作业(Exposure to Industrial Toxicant):劳动者在劳动过程中可能接触到各种化学性有害因素的作业。

(2)职业接触比值(Occupational Exposure Ratio):工作场所劳动者接触某种职业性有害因素的实际测量值与相应职业接触限值的比值。

2.分级原则与基本要求

(1)应在全面掌握化学物的毒性资料及毒性分级、劳动者接触生产性毒物水平和工作场所职业防护效果等要素的基础上进行分级,同时应考虑技术的可行性和分级管理的差异性。劳动者接触生产性毒物的水平由工作场所空气中毒物浓度、劳动者接触生产性毒物的时间和劳动者的劳动强度决定。

(2)分级前应确定需要进行分级的作业。应通过系统调查识别作业场所生产性毒物的产生过程、分布范围和采取的控制防护措施,收集工人既往的健康监护资料和事故资料(如有),全面进行职业接触评估后确定。

(3)应定期对分级结果、预防控制措施的建议及其效果进行评估确认。如发现有关参数变动时应重新进行分级,并提出新的预防控制措施和建议。

(4)分级完成后应编制工作场所职业病危害作业分级报告书,报告书的内容应包括分级依据、方法、结果以及分级管理建议和应告知的对象。

(5)分级结果应告知用人单位负责人、管理者和相关劳动者。

(6)分级过程的全部资料应归档并妥善保存。

3.职业性接触毒物作业危害的分级依据

(1)有毒作业分级的依据包括化学物的危害程度、化学物的职业接触比值和劳动者的体力劳动强度三个要素的权数。

(2)应根据化学物的毒作用类型进行分级。以慢性毒性作用为主同时具有急性毒性作用的物质,应根据时间加权平均浓度,短时间接触容许浓度进行分级,只有急性毒性作用的物质可根据最高容许浓度进行分级。

(3)化学物的危害程度级别的权重数(W_D)取值列于表 1-6-2。

表 1-6-2 化学物的危害程度级别的权重数(W_D)的取值

化学物的危害程度级别	权重数(W_D)
轻度危害	1
中度危害	2
重度危害	4
极度危害	8

注 1:化学物的危害程度级别按 GBZ 230 职业性接触毒物危害程度分级执行。

注 2:《高毒物品目录》和《剧毒化学品目录》列入的化学物,其危害程度级别权重系数按 8 计算。

注 3:以上不同分组指标所得的毒物危害程度分级结果有差异时,以最严重的高等级计算。

注 4:工作场所同时接触多个毒物时,毒物危害程度级别取最严重的一种毒物计算。

(4)化学物的职业接触比值(B)的权重数(W_B)取值列于表 1-6-3。

表 1-6-3　化学物的职业接触比值(B)的权重数(W_B)取值

职业接触比值(B)	权重数(W_B)
B≤1	0
B>1	B

(5)工作场所空气中化学物职业接触比值(B)的计算

化学物职业接触比值(B),可按式①～③计算:

1)职业接触限值以 *PC-TWA* 表示的:

$$B=C_{TWA}/(PC\text{-}TWA) \qquad ①$$

①式中:B——化学物职业接触比值;

C_{TWA}——现场测量的工作场所空气中化学物时间加权平均浓度;*PC-TWA*——时间加权平均容许浓度,其取值按 GBZ 2.1 执行。

2)职业接触限值以 *PC-STEL* 表示的:

$$B=C_{STEL}/(PC\text{-}STEL) \qquad ②$$

②式中:B——化学物职业接触比值;C_{STEL} 指现场测量的工作场所空气中化学物短时间加权平均浓度;*PC-STEL* 指短时间接触容许浓度,其取值按 GBZ 2.1 执行。

3)职业接触限值以最高容许浓度表示的:

$$B=C_{MAC}/MAC \qquad ③$$

③式中:B——化学物职业接触比值;C_{MAC} 指现场测量的工作场所空气中化学物瞬(短)时浓度;*MAC* 指最高容许浓度,其取值按 GBZ 2.1 执行。

4)劳动者体力劳动强度的权重数(W_L)取值列于表 1-6-4。

表 1-6-4　劳动者体力劳动强度的权重数(W_L)的取值

劳动者体力强度级别	权重数(W_L)
Ⅰ(轻)	1.0
Ⅱ(中)	1.5
Ⅲ(重)	2.0
Ⅳ(极重)	2.5

注:体力劳动强度级别按 GBZ/T 189.10 执行。

4.分级及分级方法

(1)有毒作业按危害程度分为四级:相对无害作业(0 级)、轻度危害作业(Ⅰ级)、中度危害作业(Ⅱ级)和重度危害作业(Ⅲ级)。

(2)有毒作业的分级基础是计算分级指数 G(见表 1-6-5)。

分级指数 G 按下式计算:

$$G=W_D\times W_B\times W_L$$

上式中：

G——分级指数；

W_D——化学物的危害程度级别的权重数；

W_B——工作场所空气中化学物职业接触比值的权重数；

W_L——劳动者体力劳动强度的权重数。

表 1-6-5　有毒作业分级表

分级指数(G)	作业分级
0	0 级(相对无害作业)
0＜G≤6	Ⅰ级(轻度危害作业)
6＜G≤16	Ⅱ级(中度危害作业)
＞16	Ⅲ级(高度危害作业)

(3)测得生产性粉尘中游离二氧化硅含量、工作场所空气粉尘中的职业接触比值和体力劳动强度分级后，也可直接查阅表 1-6-6 进行生产性粉尘作业分级。

表 1-6-6　生产性粉尘作业分级表

危害程度	体力劳动强度	职业接触比值(B)						
		＜1	～2	～4	～6	～8	～24	＞24
轻度	Ⅰ	0	Ⅰ	Ⅰ	Ⅰ	Ⅱ	Ⅱ	Ⅲ
	Ⅱ	0	Ⅰ	Ⅰ	Ⅱ	Ⅱ	Ⅲ	Ⅲ
	Ⅲ	0	Ⅰ	Ⅱ	Ⅱ	Ⅱ	Ⅲ	Ⅲ
	Ⅳ	0	Ⅰ	Ⅱ	Ⅱ	Ⅱ	Ⅲ	Ⅲ
中度	Ⅰ	0	Ⅰ	Ⅱ	Ⅱ	Ⅱ	Ⅲ	Ⅲ
	Ⅱ	0	Ⅰ	Ⅱ	Ⅱ	Ⅱ	Ⅲ	Ⅲ
	Ⅲ	0	Ⅱ	Ⅱ	Ⅱ	Ⅲ	Ⅲ	Ⅲ
	Ⅳ	0	Ⅱ	Ⅱ	Ⅲ	Ⅲ	Ⅲ	Ⅲ
重度	Ⅰ	0	Ⅱ	Ⅱ	Ⅱ	Ⅲ	Ⅲ	Ⅲ
	Ⅱ	0	Ⅱ	Ⅱ	Ⅲ	Ⅲ	Ⅲ	Ⅲ
	Ⅲ	0	Ⅱ	Ⅲ	Ⅲ	Ⅲ	Ⅲ	Ⅲ
	Ⅳ	0	Ⅱ	Ⅲ	Ⅲ	Ⅲ	Ⅲ	Ⅲ
严重	Ⅰ	0	Ⅱ	Ⅲ	Ⅲ	Ⅲ	Ⅲ	Ⅲ
	Ⅱ	0	Ⅱ	Ⅲ	Ⅲ	Ⅲ	Ⅲ	Ⅲ
	Ⅲ	0	Ⅲ	Ⅲ	Ⅲ	Ⅲ	Ⅲ	Ⅲ
	Ⅳ	0	Ⅲ	Ⅲ	Ⅲ	Ⅲ	Ⅲ	Ⅲ

(3)根据分级指数 G,有毒作业分为四级(见表 1-6-7)。

表 1-6-7　有毒作业分级

分级指数(G)	作业级别
≤1	0 级(相对无害作业)
1<G≤6	Ⅰ级(轻度危害作业)
6<G≤24	Ⅱ级(中度危害作业)
>24	Ⅲ级(重度危害作业)

5.分级管理原则

对于有毒作业,应根据分级采取相应的控制措施。

(1)0 级(相对无害作业):在目前的作业条件下,对劳动者健康不会产生明显影响,应继续保持目前的作业方式和防护措施。一旦作业方式或防护效果发生变化,应重新分级。

(2)Ⅰ级(轻度危害作业):在目前的作业条件下,可能对劳动者的健康存在不良影响。应改善工作环境,降低劳动者实际接触水平,设置警告及防护标识,强化劳动者的安全操作及职业卫生培训,采取定期作业场所监测、职业健康监护等行动。

(3)Ⅱ级(中度危害作业):在目前的作业条件下,很可能引起劳动者的健康损害。应及时采取纠正和管理行动,限期完成整改措施。劳动者必须使用个人防护用品,使劳动者实际接触水平达到职业卫生标准的要求。

(4)Ⅲ级(重度危害作业):在目前的作业条件下,极有可能引起劳动者严重的健康损害的作业。应在作业点明确标识,立即采取整改措施,劳动者必须使用个人防护用品,保证劳动者实际接触水平达到职业卫生标准的要求。对劳动者进行健康体检。整改完成后,应重新对作业场所进行职业卫生评价。

(三)工作场所生产性粉尘职业病危害作业分级

1.相关术语和定义

(1)生产性粉尘(Industrial Dust):在生产过程中形成的粉尘。按粉尘的性质分为:无机粉尘(Inorganic Dust,含矿物性粉尘、金属性粉尘、人工合成的无机粉尘);有机粉尘(Organic Dust,含动物性粉尘、植物性粉尘、人工合成的有机粉尘);混合性粉尘(Mixed Dust,混合存在的各类粉尘)。

(2)生产性粉尘作业(Occupational Exposure to Industrial Dust at Workplace):劳动者在劳动过程中可能接触到生产性粉尘的作业。

(3)游离二氧化硅含量(Content of free SiO_2):生产性粉尘中结晶型游离二氧化硅的含量。

(4)职业接触比值(Occupational Exposure Ratio):工作场所劳动者接触某种职业性有害因素的实际测量值与相应职业接触限值的比值。

(5)呼吸性粉尘(Respirable Dust):可达到肺泡区(无纤毛呼吸性细支气管、肺泡管、肺泡囊)的粉尘。亦即用呼吸性粉尘采样器,按标准测定方法,从空气中采集的粉尘。

(6)石棉与石棉纤维(Asbestos and Asbestos Fibers):石棉是一种具有纤维状结构的硅酸盐矿物,分两大类:蛇纹石类(温石棉);闪石类(青石棉[蓝石棉]、铁石棉、直闪石、透闪石、阳起石、角闪石)。石棉纤维是指直径<3 μm,长度>5 μm 且长度与直径比>3∶1的纤维。

2.分级

(1)分级原则与基本要求

分级应在综合评估生产性粉尘的健康危害、劳动者接触程度等的基础上进行。劳动者接触粉尘的程度应根据工作场所空气中粉尘的浓度、劳动者接触粉尘的作业时间和劳动者的劳动强度综合判定。

生产工艺及原料无改变,连续 3 次监测(每次间隔 1 个月以上),测定粉尘浓度未超过职业接触限值且无尘肺病人报告的作业可以直接确定为相对无害作业。

(2)分级前的准备

应确定作业是否需要进行分级。可根据现场巡查,工作场所生产性粉尘的性质和产生过程、分布范围辨识,以及采取的控制和防护措施,结合对既往尘肺发病和事故资料的分析后确定。作业分级应与日常监测相结合。

(3)分级结果和效果评估

应定期对作业分级结果和预防控制措施的效果进行评估,连续三次定期监测发现劳动者接触浓度有变化,提示可能与原分级结果不一致的,或因生产工艺、原材料、设备等发生改变时应重新进行分级,并提出新的预防控制措施和建议。

(4)分级资料管理

分级完成后应编制工作场所职业病危害作业分级报告书,报告书的内容应包括分级依据、方法、结果以及分级管理建议和应告知的对象。分级结果应告知用人单位负责人、管理者和相关劳动者。分级过程的全部资料应归档保存。

4.分级依据

生产性粉尘作业分级的依据包括粉尘中游离二氧化硅含量、工作场所空气中粉尘的职业接触比值和劳动者的体力劳动强度等要素的权重数。

(1)生产性粉尘中游离二氧化硅含量(M)的分级和权重数 Wm 取值(见表 1-6-8)。

表 1-6-8 游离二氧化硅含量的分级和权重数取值

游离 SiO_2 含量(M),%	权重数 W_m
M<10	1
10≤M≤50	2
50<M≤80	4
M>80	6

(2)工作场所空气中粉尘的职业接触比值(B)分级和权重数(W_B)取值(见表1-6-9)。

表1-6-9 生产性粉尘职业接触比值的分级和取值

接触比值(B)	权重数 W_B
B<1	0
1≤B≤2	1
B>2	B

(3)劳动者的体力劳动强度分级和权重数(W_L)取值列于表1-6-10。

表1-6-10 体力劳动强度的分级和取值

体力劳动强度级别	权重数 W_L
Ⅰ(轻)	1.0
Ⅱ(中)	1.5
Ⅲ(重)	2.0
Ⅳ(极重)	2.5

5.分级级别

生产性粉尘作业按危害程度分为四级:相对无害作业(0级)、轻度危害作业(Ⅰ级)、中度危害作业(Ⅱ级)和高度危害作业(Ⅲ级)。

6.分级方法和计算

(1)分级指数 G 按下式计算:

$$G = W_M \times W_B \times W_L$$

上式中

G——分级指数;

W_M——粉尘中游离二氧化硅含量的权重数;

W_B——工作场所空气中粉尘职业接触比值的权重数;

W_L——劳动者体力劳动强度的权重数。

(2)根据分级指数 G,将生产性粉尘作业分为如下四级(见表1-6-11)。

表1-6-11 生产性粉尘作业分级

分级指数(G)	作业分级
0	0级(相对无害作业)
0<G≤6	Ⅰ级(轻度危害作业)
6<G≤16	Ⅱ级(中度危害作业)
>16	Ⅲ级(高度危害作业)

(3)测得生产性粉尘中游离二氧化硅含量、工作场所空气粉尘中的职业接触比值和体力劳动强度分级后,也可直接查阅表 1-6-12 进行生产性粉尘作业分级。

表 1-6-12 生产性粉尘作业分级表

游离 SiO_2 含量(M)	体力劳动强度	粉尘的职业接触比值权重数(M_B)						
		<1	~2	~4	~6	~8	~16	>16
M<10	Ⅰ	0	Ⅰ	Ⅰ	Ⅰ	Ⅱ	Ⅱ	Ⅲ
	Ⅱ	0	Ⅰ	Ⅰ	Ⅱ	Ⅱ	Ⅱ~Ⅲ	Ⅲ
	Ⅲ	0	Ⅰ	Ⅰ~Ⅱ	Ⅱ	Ⅱ	Ⅲ	Ⅲ
	Ⅳ	0	Ⅰ	Ⅰ~Ⅱ	Ⅱ	Ⅱ~Ⅲ	Ⅲ	Ⅲ
10≤M≤50	Ⅰ	0	Ⅰ	Ⅰ~Ⅱ	Ⅱ	Ⅱ	Ⅲ	Ⅲ
	Ⅱ	0	Ⅰ	Ⅱ	Ⅱ~Ⅲ	Ⅲ	Ⅲ	Ⅲ
	Ⅲ	0	Ⅰ	Ⅱ	Ⅲ	Ⅲ	Ⅲ	Ⅲ
	Ⅳ	0	Ⅰ	Ⅱ~Ⅲ	Ⅲ	Ⅲ	Ⅲ	Ⅲ
50<M≤80	Ⅰ	0	Ⅰ	Ⅱ	Ⅲ	Ⅲ	Ⅲ	Ⅲ
	Ⅱ	0	Ⅰ	Ⅱ~Ⅲ	Ⅲ	Ⅲ	Ⅲ	Ⅲ
	Ⅲ	0	Ⅱ	Ⅲ	Ⅲ	Ⅲ	Ⅲ	Ⅲ
	Ⅳ	0	Ⅱ	Ⅲ	Ⅲ	Ⅲ	Ⅲ	Ⅲ
M>80	Ⅰ	0	Ⅰ	Ⅱ~Ⅲ	Ⅲ	Ⅲ	Ⅲ	Ⅲ
	Ⅱ	0	Ⅱ	Ⅲ	Ⅲ	Ⅲ	Ⅲ	Ⅲ
	Ⅲ	0	Ⅱ	Ⅲ	Ⅲ	Ⅲ	Ⅲ	Ⅲ
	Ⅳ	0	Ⅱ	Ⅲ	Ⅲ	Ⅲ	Ⅲ	Ⅲ

7.分级管理原则

应根据分级结果对生产性粉尘作业采取适当的控制措施。一旦作业方式或防护效果发生变化,应重新分级。

(1)0 级(相对无害作业):在目前的作业条件下,对劳动者健康不会产生明显影响,应继续保持目前的作业方式和防护措施。

(2)Ⅰ级(轻度危害作业):在目前的作业条件下,可能对劳动者的健康存在不良影响。应改善工作环境,降低劳动者实际粉尘接触水平,并设置粉尘危害及防护标识,对劳动者进行职业卫生培训,采取职业健康监护、定期作业场所监测等行动。

(3)Ⅱ级(中度危害作业):在目前的作业条件下,很可能引起劳动者的健康危害。应在采取上述措施的同时,及时采取纠正和管理行动,降低劳动者实际粉尘接触水平。

(4)Ⅲ级(重度危害作业):在目前的作业条件下,极有可能造成劳动者严重健康损害的作业。应立即采取整改措施,作业点设置粉尘危害和防护的明确标识,劳动者应使用个人防护用品,使劳动者实际接触水平达到职业卫生标准的要求。对劳动者及时进行健康体检。整改完成后,应重新对作业场所进行职业卫生评价。

(四)工作场所高温职业病危害作业分级

1.术语和定义

(1)热应激反应(Heat Strain):由热应激引起的全身性生理反应。

(2)热平衡(Heat Balance):机体通过调节产热率和散热率,使机体的产热量等于散热量，而保持机体体温处于平衡的状态。

(3)热适应(Heat Adaptation)：机体对于长期热环境刺激产生的耐热性提高的生理性适应过程。

(4)热习服(Heat Acclimatization)：个体耐受热强度能力渐进性增强的生理性适应过程。

(5)湿球黑球温度指数(Wet-bulb Globe Temperature Index)：又称 WBGT 指数，指综合评价人体接触作业环境热负荷的一个基本参量。

室外 WBGT＝自然湿球温度(℃)×0.7＋黑球温度(℃)×0.2＋干球温度(℃)×0.1

室内 WBGT＝自然湿球温度(℃)×0.7＋黑球温度(℃)×0.3

(6)环境热强度(Environment Heat Intensity)：环境温度、湿度、风速、热辐射影响人体热散发的强度以 WBGT 指数表示。

(7)服装的阻热性(Clothing Thermal Insulation)：生产劳动过程中，劳动者所着的服装影响人体热散发的性能。

(8)高温作业劳动休息制度(Work Rest Regimen)：为防止热损伤而制定的高温作业单位时间内(小时)劳动休息制度。

2.分级原则与基本要求

(1)应对高温作业的健康危害、环境热强度、接触高温时间、劳动强度和工作服装阻热性能等全面评价基础上进行分级。

(2)分级前，通过现场巡查，识别工作场所高温的产生过程、分布范围和采取的控制和防护措施，收集既往热损伤发生和事故资料，确定需要进行分级的作业。作业分级应与日常监测相结合。

(3)对作业分级结果和预防控制措施的效果要定期进行评估，评估结果提示可能与原分级结果不一致的，或因生产工艺、原材料、设备等发生改变时应重新进行分级，并提出新的预防控制措施和建议。

(4)分级结果以分级报告书形式表示，报告书内容包括分级依据、分级结果、预防控制措施和建议、效果评价的方法和应告知的对象。

(5)分级报告书应告知用人单位负责人、管理者和相关劳动者。

(6)分级资料应归档保存。

3.分级依据及方法

高温作业分级的依据包括劳动强度、接触高温作业时间、WBGT 指数和服装的阻热性。

(1)高温作业分级时，需确定体力劳动强度分级，体力劳动强度分级按 GBZ/T 189.10 执行。

(2)高温作业分级时，需确定接触高温作业时间，接触高温作业时间以每个工作日累计接触高温作业时间计，单位为分钟(min)。

(3)高温作业分级时，需确定作业环境热强度，即 WBGT 指数。WBGT 指数的测定按 GBZ/T 189.7 执行。

(4)高温作业分级时，需确定劳动者穿着服装的阻热性。长袖衬衫和长裤工作服及纺织材料连裤工作服的绝热系数为 0.6 Clo。

4.分级

高温作业按危害程度分为4级，即轻度危害作业(Ⅰ级)、中度危害作业(Ⅱ级)、重度危害作业(Ⅲ级)和极重度危害作业(Ⅳ级)(见表1-6-13)。

表1-6-13 高温作业分级

劳动强度	接触高温作业时间(min)	WBGT指数(℃)						
		29～30 (28～29)	31～32 (30～31)	33～34 (32～33)	35～36 (34～35)	37～38 (36～37)	39～40 (38～39)	41～ (40～)
Ⅰ(轻劳动)	60～120	Ⅰ	Ⅰ	Ⅱ	Ⅱ	Ⅲ	Ⅲ	Ⅳ
	121～240	Ⅰ	Ⅱ	Ⅱ	Ⅲ	Ⅲ	Ⅳ	Ⅳ
	241～360	Ⅱ	Ⅱ	Ⅲ	Ⅲ	Ⅳ	Ⅳ	Ⅳ
	361～	Ⅱ	Ⅲ	Ⅲ	Ⅳ	Ⅳ	Ⅳ	Ⅳ
Ⅱ(中劳动)	60～120	Ⅰ	Ⅱ	Ⅱ	Ⅲ	Ⅲ	Ⅳ	Ⅳ
	121～240	Ⅱ	Ⅱ	Ⅲ	Ⅲ	Ⅳ	Ⅳ	Ⅳ
	241～360	Ⅱ	Ⅲ	Ⅲ	Ⅳ	Ⅳ	Ⅳ	Ⅳ
	361～	Ⅲ	Ⅲ	Ⅳ	Ⅳ	Ⅳ	Ⅳ	Ⅳ
Ⅲ(重劳动)	60～120	Ⅱ	Ⅱ	Ⅲ	Ⅲ	Ⅳ	Ⅳ	Ⅳ
	121～240	Ⅱ	Ⅲ	Ⅲ	Ⅳ	Ⅳ	Ⅳ	Ⅳ
	241～360	Ⅲ	Ⅲ	Ⅳ	Ⅳ	Ⅳ	Ⅳ	Ⅳ
	361～	Ⅲ	Ⅳ	Ⅳ	Ⅳ	Ⅳ	Ⅳ	Ⅳ
Ⅳ(极重劳动)	60～120	Ⅱ	Ⅲ	Ⅲ	Ⅳ	Ⅳ	Ⅳ	Ⅳ
	121～240	Ⅲ	Ⅲ	Ⅳ	Ⅳ	Ⅳ	Ⅳ	Ⅳ
	241～360	Ⅲ	Ⅳ	Ⅳ	Ⅳ	Ⅳ	Ⅳ	Ⅳ
	361～	Ⅳ	Ⅳ	Ⅳ	Ⅳ	Ⅳ	Ⅳ	Ⅳ

注：括号内WBGT指数值适用于未产生热适应和热习服的劳动者。

5.分级管理原则

(1)根据不同等级的高温作业进行不同的卫生学监督和管理。分级越高，发生热相关疾病的危险度越高。

(2)轻度危害作业(Ⅰ级)：在目前的劳动条件下，可能对劳动者的健康产生不良影响。应改善工作环境，对劳动者进行职业卫生培训，采取职业健康监护和防暑降温防护措施，保持劳动者的热平衡。

(3)中度危害作业(Ⅱ级)：在目前的劳动条件下，可能引起劳动者的健康危害。在采取上述措施的同时，强化职业健康监护和防暑降温等防护措施，调整高温作业劳动一休息制度，降低劳动者热应激反应及接触热环境的单位时间比率。

(4)重度危害作业(Ⅲ级)：在目前的劳动条件下，很可能引起劳动者的健康危害，产生热损伤。在采取上述措施的同时，强调进行热应激监测，通过调整高温作业劳动一休息制度，进一步降低劳动者接触热环境的单位时间比率。

(5)极重度危害作业(Ⅳ级)：在目前的劳动条件下，极有可能引起劳动者的健康危害，产生严重的热损伤。在采取上述措施的同时，严格进行热应激监测和热损伤防护措施，通过调整高温作业劳动一休息制度，严格限制劳动者接触热环境的时间比率。

(五)体力劳动强度分级

根据《工作场所有害因素职业接触限值第 2 部分:物理因素》GBZ 2.2—2007,对体力强度进行了分级。

1.基本术语和定义

(1)能量代谢率:指从事某工种的劳动者在工作日内各类活动(包括休息)的能量消耗的平均值,以单位时间(每分钟)内每平方米体表面积的能量消耗值表示,单位是kJ/min·m^2。

(2)劳动时间率:劳动者在一个工作日内实际工作时间与日工作时间(8 h)的比率,以百分率表示。

(3)体力劳动性别系数:相同体力强度引起的男女不同生理反应的系数。在计算体力劳动强度指数时,男性系数为 1,女性系数为 1.3。

(4)体力劳动方式系数:在相同体力强度下,不同劳动方式引起的生理反应的系数。在计算体力劳动强度指数时,"搬"的方式系数为 1,"扛"的方式系数为 0.40,"推/拉"的方式系数为 0.05。

(5)体力劳动强度指数:区分体力劳动强度等级的指数。指数大,反映体力劳动强度大;指数小,反映体力劳动强度小。

2.体力劳动强度分级

体力劳动强度分为四级,见表 1-6-14。

表 1-6-14 体力劳动强度分级

体力劳动强度级别	劳动强度指数(n)
Ⅰ	n≤15
Ⅱ	15<n≤20
Ⅲ	20<n≤25
Ⅳ	n>25

(六)工作场所噪声职业病危害作业分级

1.基本术语和定义

(1)生产性噪声(Industry Noise):在生产过程中产生的噪声。

(2)稳态噪声(Steady Noise):A 计权声级波动<3 dB 的噪声。

(3)非稳态噪声(Non-steady Noise):A 计权声级波动≥3 dB 的噪声。

(4)脉冲噪声(Impulsive Noise):持续时间≤0.5 s,间隔时间>1s,A 声级声压有效值变化≥40 dB 的噪声。

(5)噪声作业(Work/job Exposed to Noise):存在有损听力、有害健康或有其他危害的声音,且 8 时/天或 40 时/周噪声暴露 A 等效声级≥80 dB 的作业。

(6)等效连续 A 计权声压级(Equivalent Continuous A-weighted Sound Pressure Level,LAeq.T,LAeq)等效 A 声级:在规定的时间内,某一连续稳态噪声的 A 计权声压,具有与时变的噪声相同的均方 A 计权声压,则这一连续稳态噪声的声级就是此时变噪声的等效声级,单位用 dB 表示。

2.分级原则及基本要求

(1)分级基础

噪声分级以国家职业卫生标准接触限值及测量方法为基础进行分级。

(2)分级前的准备

应通过现场巡查,识别工作场所生产性噪声的来源、分布范围、工人接触噪声情况及采取的控制措施,收集既往的听力损伤资料,确定需要进行分级的作业。

(3)分级控制效果评估

按照职业病危害因素评价监测的要求对工作场所噪声定期监测,监测接触噪声强度有变化,提示可能与原分级结果不一致的,或因生产工艺、原材料、设备等发生变化时,应重新进行分级,并提出新的预防控制措施和建议。

(4)分级资料管理

分级完成后应编制工作场所噪声分级报告书,报告书的内容应包括分级依据、方法、结果以及分级管理建议和应告知的对象。

分级结果应告知用人单位相关管理者、劳动者和政府相关部门。

分级过程的全部资料应归档保存。

3.分级依据及方法

根据劳动者接触噪声水平和接触时间对噪声作业进行分级。

(1)稳态和非稳态连续噪声分级方法

按照 GBZ/T 189.8—2007 的要求进行噪声作业测量,依据噪声暴露情况计算 $L_{EX,8h}$ 或 $L_{EX,w}$ 后,根据表 1-6-15 确定噪声作业级别,共分四级。

表 1-6-15 稳态和非稳态连续噪声作业分级

分级	等效声级 $L_{EX,8h}$ dB	危害程度
Ⅰ	$85 \leqslant L_{EX,8h} < 90$	轻度危害
Ⅱ	$90 < L_{EX,8h} < 94$	中度危害
Ⅲ	$95 < L_{EX,8h} < 100$	重度危害
Ⅳ	$L_{EX,8h} \geqslant 100$	极重危害

注:表中等效声级 $L_{EX,8h}$ 与 $L_{EX,w}$ 等效使用。

(2)脉冲噪声分级方法

按照 GBZ/T 189.8—2007 的要求测量脉冲噪声声压级峰值(dB)和工作日内脉冲次数 n,根据表 1-6-16 确定脉冲噪声作业级别,共分四级。

表 1-6-16 脉冲噪声作业分级

分级	声压峰值 dB			危害程度
	$n \leqslant 100$	$100 < n \leqslant 1\ 000$	$1\ 000 < n \leqslant 10\ 000$	
Ⅰ	$140.0 \leqslant n < 142.5$	$130.0 \leqslant n < 132.5$	$120.0 \leqslant n < 122.5$	轻度危害
Ⅱ	$142.5 \leqslant n < 145$	$132.5 \leqslant n < 135.0$	$122.5 \leqslant n < 125.0$	中度危害
Ⅲ	$145 \leqslant n < 147.5$	$135.0 \leqslant n < 137.5$	$125.0 \leqslant n < 127.5$	重度危害
Ⅳ	$n \geqslant 147.5$	$n \geqslant 137.5$	$n \geqslant 127.5$	极重危害

注:n 为每日脉冲次数。

4.分级管理原则

(1)对于 8 时/天或 40 时/周噪声暴露等效声级≥80 dB 但<85 dB 的作业人员，在目前的作业方式和防护措施不变的情况下，应进行健康监护，一旦作业方式或控制效果发生变化，应重新分级。

(2)轻度危害(Ⅰ级)：在目前的作业条件下，可能对劳动者的听力产生不良影响。应改善工作环境，降低劳动者实际接触水平，设置噪声危害及防护标识，佩戴噪声防护用品，对劳动者进行职业卫生培训，采取职业健康监护、定期作业场所监测等措施。

(3)中度危害(Ⅱ级)：在目前的作业条件下，很可能对劳动者的听力产生不良影响。针对企业特点，在采取上述措施的同时，采取纠正和管理行动，降低劳动者实际接触水平。

(4)重度危害(Ⅲ级)：在目前的作业条件下，会对劳动者的健康产生不良影响。除了上述措施外，应尽可能采取工程技术措施，进行相应的整改，整改完成后，重新对作业场所进行职业卫生评价及噪声分级。

(5)极重危害(Ⅳ级)：目前作业条件下，会对劳动者的健康产生不良影响，除了上述措施外，及时采取相应的工程技术措施进行整改。整改完成后，对控制及防护效果进行卫生评价及噪声分级。

三、建设项目职业病危害评价

(一)建设项目职业病危害评价

建设项目职业病危害评价根据其建设阶段不同，分为建设项目职业病危害预评价和职业病危害控制效果评价。

1.建设项目职业病危害预评价

对可能产生职业病危害的建设项目，在可行性论证阶段，对建设项目可能产生的职业病危害因素、危害程度、对劳动者健康影响、防护措施等进行预测性卫生学分析与评价，确定建设项目在职业病防治方面的可行性，为职业病危害分类管理提供科学依据。

2.职业病危害控制效果评价

建设项目在竣工验收前，对工作场所职业病危害因素、职业病危害程度、职业病防护措施及效果、健康影响等做出综合评价。

(二)建设项目职业病危害评价的依据

1.《职业病防治法》规定："新建、改建、扩建建设项目和技术改造、技术引进项目，应进行职业危害预评价；职业病危害严重的建设项目的防护设施设计应当经安全生产监督管理部门进行审查，竣工验收前应进行职业病危害控制效果评价。"

2.建设项目职业病危害评价依据国家、地方、行业职业卫生技术规范、标准进行。

3.建设项目职业病危害评价还必须以职业卫生调查结果及有关建设项目的各类基础资料为科学、事实依据。

(三)建设项目职业病危害分类管理

《建设项目职业卫生"三同时"监督管理暂行办法》(国家安监总局令第 51 号)规定根

据建设项目可能产生职业病危害的风险程度，对建设项目实行分类管理。对可能产生职业病危害的建设项目分为职业病危害一般、职业病危害较重和职业病危害严重三类。

1.职业病危害一般的建设项目，其职业病危害预评价报告应当向安全生产监督管理部门备案，职业病防护设施由建设单位自行组织竣工验收，并将验收情况报安全生产监督管理部门备案。

2.职业病危害较重的建设项目，其职业病危害预评价报告应当报安全生产监督管理部门审核；职业病防护设施竣工后，由安全生产监督管理部门组织验收。

3.职业病危害严重的建设项目，其职业病危害预评价报告应当报安全生产监督管理部门审核，职业病防护设施设计应当报安全生产监督管理部门审查，职业病防护设施竣工后，由安全生产监督管理部门组织验收。

(四)可能产生职业病危害项目

指存在或产生《职业病危害因素分类目录》所列职业病危害因素的项目。

可能产生严重职业病危害的因素包括下列内容：

1.《高毒物品目录》所列化学因素。

2.石棉纤维粉尘、含游离二氧化硅10%以上粉尘。

3.放射性因素：核设施、辐照加工设备、加速器、放射治疗装置、工业探伤机、油田测井装置、甲级开放型放射性同位素工作场所和放射性物质贮存库等装置或场所。

4.其他应列入严重职业病危害因素范围的。

(五)建设项目职业病危害分类的判定

评价机构应当在根据建设项目是否存在严重职业病危害因素，工作场所可能存在职业病危害因素的毒理学特征、浓度(强度)、潜在危险性、接触人数、频度、时间、职业病危害防护措施和发生职业病的危(风)险程度等进行综合分析后，参照《建设项目职业病危害风险分类管理目录(2012年版)》(安监总安健〔2012〕73号)(以下简称《目录》)对建设项目的职业病危害进行分类。

(1)《目录》是指导安全生产监督管理部门实行建设项目职业卫生“三同时”分类监督管理的依据，各级安全生产监督管理部门应按照《建设项目职业卫生“三同时”监督管理暂行办法》和《目录》对建设项目职业卫生“三同时”工作实施监督管理，并指导建设单位和职业卫生技术服务机构开展建设项目职业病危害评价工作。

(2)《目录》是在综合考虑《职业病危害因素分类目录》所列各类职业病危害因素及其可能产生的职业病和建设项目可能产生职业病危害的风险程度的基础上，按照《国民经济行业分类》(GB/T 4754－2011)，对可能存在职业病危害的主要行业进行的分类。《目录》由国家安全监管总局定期修订公布。

(3)在实际运用中，如果建设项目拟采用的原材料、主要生产工艺和产品等可能产生的职业病危害的风险程度，与其在《目录》中所列行业职业病危害的风险程度有明显区别的，建设单位和职业卫生技术服务机构可以通过职业病危害预评价做出综合判断，根据评价结果确定该建设项目职业病危害的风险类别。

(4)各省级安全生产监督管理部门可以根据本地区建设项目职业卫生“三同时”工作的实际情况，对《目录》做出调整补充。

第三节 职业健康监护

职业健康监护工作是职业病预防与控制的一项重要内容，对保障劳动者身体健康起着重要作用。为更好地贯彻《中华人民共和国职业病防治法》，规范职业性健康监护工作，卫生部提出对原《职业健康监护管理办法》（卫生部令第 23 号）及附件进行修订，原附件修订为《职业健康监护技术规范》（GBZ 188－2007），2014 年 5 月 14 日，国家卫生和计划生育委员会发布了《职业健康监护技术规范》（GBZ 188－2014），开展职业健康监护是我国法律规定的保护劳动者健康的要求，是企业和用人单位的义务和责任。用人单位必须从守法意识上理解和执行职业健康监护工作。

职业健康监护是以预防为目的，根据劳动者的职业接触史，通过定期或不定期的医学健康检查和健康相关资料的收集，连续性地监测劳动者的健康状况，分析劳动者健康状况的变化与所接触的职业性有害因素的关系，并及时地将健康检查和资料分析结果报告给用人单位和劳动者本人，以便及时采取干预措施，保护劳动者健康。

职业健康监护的目的：

1.早期发现职业病，职业健康损害和职业禁忌；

2.跟踪观察职业病及职业健康损害的发生发展规律及分布情况；

3.评价职业健康损害与作业环境中职业性有害因素的关系及危害程度；

4.识别新的职业性有害因素和高危人群；

5.进行目标干预，包括改善作业环境条件，改革生产工艺，使用有效的防护设施和个人防护用品；评价预防和干预措施的效果；

6.为制订或修订卫生政策和职业病防治对策服务。

职业健康监护主要包括职业健康检查、离岗后健康检查、应急健康检查、职业健康监护档案及档案管理、健康状况分析等内容。

一、职业健康检查

职业健康检查包括上岗前、在岗期间、离岗时、离岗后和应急的健康检查。职业健康检查由省级卫生行政部门批准从事职业健康检查的医疗卫生机构承担。检查的结果应当客观、真实，体检机构对健康检查结果承担责任。

（一）上岗前健康检查

上岗前健康检查或就业前健康检查是指用人单位对准备从事某种作业人员在参加工作以前进行的健康检查。目的在于掌握其上岗前的健康状况及有关健康基础资料和发现职业禁忌证（Occupational Contraindication）。上岗前检查为强制性检查，应在开始从事有害作业前完成；下列人员应进行上岗前健康检查：1）拟从事接触职业病危害因素作业的新录用人员，包括转岗到该种作业岗位的人员；2）拟从事有特殊健康要求作业的人员，如高处作业、电工作业、职业机动车驾驶作业等。

依据《职业健康监护技术规范》(GBZ 188—2014)，几种主要作业的职业禁忌证(见表1-6-17)：

表 1-6-17 几种主要作业的职业禁忌证

有害因素名称	职业禁忌证
铅	中度贫血；卟啉病；多发性周围神经病
汞	中枢神经系统器质性疾病；已确诊并仍需要医学监护的精神障碍性疾病；慢性肾脏疾病
锰	中枢神经系统器质性疾病；已确诊并仍需要医学监护的精神障碍性疾病
砷	慢性肝病；多发性周围神经病；严重慢性皮肤疾病
苯	血常规异常者：(1)白细胞计数低于 $4\times10^9/L$ 或中性粒细胞低于 $2\times10^9/L$；(2)血小板计数低于 $8\times10^{10}/L$；造血系统疾病
一氧化碳	中枢神经系统器质性疾病
硫化氢	中枢神经系统器质性疾病
苯的氨基、硝基化合物(不包括三硝基甲苯)	慢性肝病
三硝基甲苯	慢性肝病、白内障
有机磷杀虫剂	全血胆碱酯酶活性明显低于正常者；严重的皮肤疾病
粉尘	活动性肺结核；慢性阻塞性肺病；慢性间质性肺病；伴肺功能损害的疾病。
高温	未控制的高血压；慢性肾炎；未控制的甲状腺功能亢进；未控制的糖尿病；全身瘢痕面积≥20%以上；癫痫
噪声	各种原因引起的永久性感音神经性听力损伤(500 Hz,1 000 Hz 和 2 000 Hz 中任一频率的纯音气导听阈＞25 dB)；高频(3 000 Hz,4 000 Hz,6 000 Hz)双耳平均听阈≥40 dB；任一耳传导性耳聋，平均语频听力损失≥41 dB
手传振动	多发性周围神经病；雷诺病
紫外线	活动性角膜疾病；白内障；面、手背和前背等暴露部位严重的皮肤病；白化病。
微波	神经系统器质性疾病；白内障。

(二)在岗期间定期健康检查

在岗期间定期健康检查是指用人单位按一定时间间隔对已从事某种作业的劳动者的健康状况进行检查，属于第二级预防，是健康监护的重要内容。定期健康检查的主要目的是早期发现职业病患者或疑似职业病患者或劳动者的其他健康异常改变；及时发现有职业禁忌的劳动者；通过动态观察劳动者群体健康变化，评价工作场所职业性有害因素的控制效果。

定期健康检查的时间间隔和检查内容可根据有害因素的性质和危害程度，工人的接触方式、接触水平以及生产环境是否存在其他有害因素而定，具体参考《职业健康监护技术规范》(GBZ 188—2014)。

（三）离岗时健康检查

离岗时健康检查是指劳动者调离或脱离当前工作岗位时所进行的检查，属于第二级预防，也是健康监护的一个重要内容。主要目的是确定其在停止接触职业性有害因素时的健康状况。如最后一次在岗期间的健康检查是在离岗前的90日之内，可视为离岗时检查。

（四）离岗后健康检查

(1)如接触的职业性危害因素具有慢性健康影响，所致职业病或职业性肿瘤常有较长的潜伏期，在脱离接触后仍有可能发生职业病。如粉尘作业者。

(2)离岗后健康检查时间的长短应根据有害因素所致病的流行病学及临床特点、劳动者从事该作业的时间长短、工作场所有害因素的浓度等综合考虑确定。

（五）应急检查

(1)当发生急性职业性危害事故时，对遭受或可能遭受急性职业性危害的劳动者，应及时组织健康检查。依据检查结果和现场劳动卫生学调查，确定危害因素，为急救和治疗提供依据，控制职业性危害的继续蔓延和发展。

(2)从事可能产生职业性传染病作业的劳动者，在疫情流行期或近期密切接触传染源者，应及时开展应急检查，随时监测疫情动态。

（六）职业病的健康筛检

职业病筛检是在接触职业性有害因素的人群中所进行的健康检查，可以是全面普查，也可以在一定范围内进行。为了节省人力、物力，提高工作效率，通常选用特异性和敏感性较高的指标，同时要求检查方法简单无副作用，受检人群可以接受。职业病筛检属于二级预防。

二、职业健康监护档案及档案管理

（一）健康监护档案

健康监护档案是健康监护全过程的客观记录资料，是系统地观察劳动者健康状况的变化，评价个体和群体健康损害的依据，其特征是资料的完整性和连续性。

应用现代信息技术，建立、健全健康监护档案是一项重要的基础工作。职业健康监护档案包括生产环境检测和健康检查两方面资料。职业健康监护档案的基本内容：

1.劳动者职业史、既往史和职业病危害接触史。

2.相应工作场所职业性有害因素监测结果。

3.职业健康检查结果及处理情况。

4.职业病诊疗等健康资料。

这些资料可为劳动者的健康追踪、职业病诊断、有关健康损害责任划分以及职业性危害评价提供依据。

职业健康监护工作是一项覆盖环境监测、医学检查和信息管理的系统工程，其科学性、技术性很强，具有综合性功能。要求对职业健康监护工作从组织实施、体检报告的形成以及筛检职业病患者等操作程序化、规范化和信息化，对所有资料均应进行信息化管理。

(二)档案管理

用人单位应当建立劳动者职业健康监护档案和用人单位职业健康监护管理档案,应有专人严格管理,并按规定妥善保存,档案保存期一般不应少于10年。劳动者或者其近亲属、劳动者委托代理人、相关的卫生监督检查人员有权查阅、复印劳动者的职业健康监护档案。用人单位不得拒绝或者提供虚假档案材料。劳动者离开用人单位时,有权索取本人健康监护档案复印件,用人单位应当如实、无偿提供,并在所提供的复印件上签章。同时卫生监督机构、用人单位和职业健康检查机构应当采取措施维护劳动者的职业健康隐私权、保密权。职业健康监护管理档案的基本内容包括:

1.职业健康监护委托书。

2.职业健康检查结果报告和评价报告。

3.职业病报告卡。

4.用人单位对职业病患者和职业禁忌证者处理和安置的记录。

5.用人单位在职业健康监护中提供的其他资料和职业健康检查机构记录整理的相关资料。

健康档案的管理和利用,不仅需要具备基础医学知识、临床医学知识、流行病学知识,同时需要计算机技术、数学统计学知识等,使健康档案的管理逐步走向信息化、标准化,摆脱手工作业,目前我国已研制了一些健康档案管理软件,应该进一步完善和推广,同时通过对该系统的应用延伸还将为社会提供健康信息增值服务。

三、健康状况分析

对职工健康监护资料应及时加以整理、分析、评价并反馈,使之成为开展和搞好职业卫生工作的科学依据。评价方法分为个体评价和群体评价。个体评价主要反映个体接触量及其对健康的影响,群体评价包括作业环境中有害因素的强度范围、接触水平与机体的效应等。在分析和评价时,常需计算一些用于反映职业性危害情况的指标,如发病率、患病率等。

(一)发病率(检出率、受检率)

发病率是指一定时期(年、季、月)内,特定人群中发生某种职业病新病例的频率。

$$发病率(\%)=\frac{某个时期内新发现的病例数}{该时期内平均工人数}\times 100\%$$

$$检出率(\%)=\frac{检查时新发现的病例数}{受检工人数}\times 100\%$$

$$受检率(\%)=\frac{实际受检工人数}{应受检工人数}\times 100\%$$

发病率可以反映该作业的发病情况,还可以说明已采取预防措施后的效果。发病率可以按厂矿计算,也可以按车间、工种或工龄分组计算。

在计算发病率时应注意以下问题:

1.发病率以新发病例来计算，要明确该病例的发病时间，而对于某些慢性病或发病时间难以确定的疾病如尘肺等若要确定哪些人是新发病例比较困难，这时就采用确定诊断的时间来计算。

2.计算发病率(检出率)时该作业工人数不包括该时期以前已确诊为该疾病的人数。

3.计算慢性病如尘肺的检出率时，被检工人数是指从事该作业一年以上的工人数。

4.受检率达到90%以上时，计算发病率或患病率才有意义。

(二)患病率

计算患病率可以一般的了解历年来累积的患者数、发病概况和防治措施的实际效果，但不能具体说明某个时期内疾病发生和疾病严重程度的情况。在应用患病率进行分析对比时，还应考虑到不同人群中性别、年龄和工龄等因素的差异。

$$患病率(\%)=\frac{检查时发现的新旧病例总数}{从事该作业受检的工人数}\times 100\%$$

(三)疾病构成比

这个指标可以说明各种不同疾病或某一种轻重程度不同(轻度、中度、重度)职业病的分布情况。例如要了解矽肺在所有尘肺中所占比例或Ⅰ期矽肺在各期矽肺中所占比例。

$$矽肺例数与尘肺总例数之比=\frac{矽肺病例数}{尘肺总例数}\times 100\%$$

(四)平均发病工龄

是指工人从开始从事某种作业(如矽尘作业)起到确诊为该作业有关的职业病(矽肺)时所经历的时间。

$$矽肺平均发病工龄=\frac{确诊为Ⅰ期矽肺时矽尘作业工龄总和}{Ⅰ期矽肺病例数}\times 100\%$$

(五)平均病程期限

为了反映某些职业病(如尘肺)进展的速度和防治措施的效果，就需要计算平均病程期限。

$$平均病程期限=\frac{某时期内某病患者由确诊至死亡的时间(年、月)总和}{该时期内死于该病的例数}$$

(六)其他指标

$$病死率(\%)=\frac{某个时期内死亡于某病的例数}{该时期内患该病的例数}\times 100\%$$

$$病伤缺勤率(\%)=\frac{某个时期内因病伤缺勤日数}{该时期内应出勤工作日数}\times 100\%$$

通过统计分析，可以发现对工人健康和出勤率影响较大的疾病及其所在部门与工种，从而深入探索其原因，采取相应的防护策略。

对于一些作用比较明确的职业性有害因素所致健康损害，可用较为敏感、特异的指标进行动态观察和分析。如苯作业工人健康监护可用白细胞计数作为指标，将逐年检查结果登记于记录表或以曲线图标明，一旦发现白细胞计数降低到正常值下限，即应查明原因，并作为重点监护对象，缩短定期检查间隔期，密切观察。若再继续下降，则应立即脱离接触，给予早期治疗。铅作业者，可用红细胞游离原卟啉或全血锌原卟啉作为动态观察指标。运用这种分析方法可以控制慢性职业病。但对于作用尚不清楚，不能采用个体分析方法的有害因素，则应改用流行病学方法进行分析，探索职业接触与症状或疾病的关系及致病条件，并为进一步监护提供新的检测项目。

第四节　职业病危害申报与报告

一、职业病危害申报

为了规范职业病危害项目的申报工作，加强对用人单位职业卫生工作的监督管理，2012 年 3 月 6 日国家安全生产监督管理总局局长办公会议审议通过《职业危害申报管理办法》（国家安监总局令第 48 号）自 2012 年 6 月 1 日起施行。

（一）职业病危害申报的有关要求

用人单位（煤矿除外）工作场所存在职业病目录所列职业病的危害因素的，应当及时、如实向所在地安全生产监督管理部门申报危害项目，并接受安全生产监督管理部门的监督管理。

职业病危害因素按照《职业病危害因素分类目录》确定。

用人单位有下列情形之一的，应当按照本条规定向原申报机关申报变更职业病危害项目内容：

（1）进行新建、改建、扩建、技术改造或者技术引进建设项目的，自建设项目竣工验收之日起 30 日内进行申报；

（2）因技术、工艺、设备或者材料等发生变化导致原申报的职业病危害因素及其相关内容发生重大变化的，自发生变化之日起 15 日内进行申报；

（3）用人单位工作场所、名称、法定代表人或者主要负责人发生变化的，自发生变化之日起 15 日内进行申报；

（4）经过职业病危害因素检测、评价，发现原申报内容发生变化的，自收到有关检测、评价结果之日起 15 日内进行申报。

职业病危害项目申报工作实行属地分级管理的原则。中央企业、省属企业及其所属用人单位的职业病危害项目，向其所在地设区的市级人民政府安全生产监督管理部门申报。其他用人单位的职业病危害项目，向其所在地县级人民政府安全生产监督管理部门申报。

（二）职业危害项目申报内容

生产经营单位申报职业危害时，应当提交《作业场所职业危害申报表》和下列有关资料：

（1）生产经营单位的基本情况。

（2）产生职业危害因素的生产技术、工艺和材料的情况。

(3)作业场所职业危害因素的种类、浓度和强度的情况。

(4)作业场所接触职业危害因素的人数及分布情况。

(5)职业危害防护设施及个人防护用品的配备情况。

(6)对接触职业危害因素从业人员的管理情况。

(7)法律、法规和规章规定的其他资料。

(三)职业病危害项目申报程序

职业病危害项目申报同时采取电子数据和纸质文本两种方式。用人单位应当首先通过“职业病危害项目申报系统”进行电子数据申报,同时将《职业病危害项目申报表》加盖公章并由本单位主要负责人签字后,连同有关文件、资料一并上报所在地设区的市级、县级安全生产监督管理部门。受理申报的安全生产监督管理部门应当自收到申报文件、资料之日起5个工作日内,出具《职业病危害项目申报回执》。

二、职业病报告

(一)《职业病防治法》规定的职业病报告职责及法律责任

1.职业病报告职责及法律责任

《职业病防治法》第五十一条、第五十二条的规定:

(1)用人单位和医疗卫生机构发现职业病人或疑似病人应及时向当地卫生行政部门及安全生产监督管理部门报告。确诊为职业病的,用人单位还应当向所在地劳动保障行政部门报告。

(2)卫生行政部门、安全生产监督管理部门、劳动保障行政部门接到报告依法处理。

(3)县级以上的地方政府卫生行政部门负责本行政区域内的职业病统计报告的管理工作,并按照规定上报。

2.违法处罚

《职业病防治法》第七十五条、第八十三条的规定:

(1)用人单位和医疗卫生机构未按规定报告职业病、疑似职业病的,由有关主管部门依据职责分工责令改正、给予警告,可以并处1万元以下罚款;弄虚作假的,并处2万元以上5万元以下的罚款;对直接负责的主管人员和其他直接责任人员,可以给予降级或者撤职处分。

(2)卫生行政部门、安全生产监督管理部门不按照规定报告职业病和职业病危害事故的,由上一级行政部门责令改正,通报批评,给予警告;虚报、瞒报的,对单位负责人、直接负责的主管人员和其他直接责任人员依法给予降级、撤职或者开除的处分。

(二)职业病报告程序与时限

1.以地方为主逐级上报,由所在地区的卫生机构上报。

2.急性职业病由医疗机构24小时报卫生监督机构。

3.尘肺病患者死亡后,15日内报卫生监督机构。

(三)职业病报告内容

1.尘肺病报告卡

首次被诊断为尘肺病的、在岗非编制职工患病、尘肺晋期、调出(入)本省的尘肺病患者和尘肺死亡者均应填卡报告。

内容包括:用人单位的信息、尘肺病患者的基本信息、开始接尘日期、实际接尘工龄、尘肺病种类、胸片编号、诊断结论、报告类别、死亡信息、诊断单位、报告单位、报告人及报告日期等。

2.农药中毒报告卡

适用在农林业生产活动中或生活中使(误)用农药而发生中毒者。

内容包括:用人单位的信息、农药中毒患者的基本信息、中毒农药名称、中毒农药类别、中毒类型、诊断日期、死亡日期、诊断单位、报告单位、报告人及报告日期等。

3.职业病报告卡

除尘肺病和农药中毒者外的一切职业病均应填写此卡。

内容包括:用人单位的信息、职业病患者的基本信息、专业工龄、职业病种类、具体病名、中毒事故编码、同时中毒人数、发生日期、诊断日期、死亡日期、诊断单位、报告单位、报告人及报告日期等。

第七章　安全生产应急管理

生产经营单位应建立并保持计划或程序，以识别潜在的事件或紧急情况，并做出响应，以便预防和减少可能随之引发的事故；同时应规范生产安全事故的应急管理和应急响应程序，及时有效地实施应急救援工作，最大限度地减少人员伤亡、财产损失，维护人民群众的生命安全和社会稳定。

第一节　安全生产应急准备与响应

一、潜在的意外事故或紧急情况

生产经营单位应确定识别和评价潜在的意外事故或紧急情况以及进行应急响应的需求，制定实现此需求的计划，开发进行处理的程序和过程并进行测试，以寻求对响应有效性的改进，从而尽可能减少或消除由于这类意外事故或紧急情况所造成的损失。

潜在的意外事故与紧急情况主要依据危险、有害因素辨识与风险评价的结果来确定(包括供方与承包方)，可考虑：

1.火灾和爆炸。

2.毒物泄漏或事故性溢出。

3.安全控制设备的失灵或损坏。

4.特殊气候的影响。

5.操作过程中人的失误。

二、应急计划的内容

应急计划应具体描述意外事故和紧急情况发生时所采取的措施：

1.识别潜在的意外事故和紧急情况。

2.确定应急期间的负责人及所有人员在应急期间的职责。

3.应急期间起特殊作用人员的职责、权限和义务。

4.疏散程序。

5.危险物料的识别和位置及其要求的应急措施。

6.与外部应急机构的接触。

7.重要记录和设备的保护。

8.装置布置图、联络电话号码等在应急期间的必要信息。

三、应急设备

应急设备主要包括：

1.报警系统。

2.应急照明和动力。

3.逃生工具和安全避难所。

4.安全隔离阀、开关和切断阀。

5.消防设备和通讯设备。

6.急救设备(包括应急喷淋、眼冲洗设备)等。

第二节　事故应急救援体系

一、事故应急救援的基本任务与特点

(一)基本任务

1.立即组织营救,撤离或保护其他人员。

2.迅速控制事态,确定事故的危害程度。

3.消除事故后果,做好现场恢复。

4.查清事故原因,评估危害程度。

(二)事故应急救援的特点

重大事故往往具有发生突然、扩散迅速、危害范围广的特点,因而决定了应急救援行动必须做到迅速、准确和有效。

1.不确定性和突发性——迅速准确地传递信息、召集力量、协调资源、统一指挥,开展救援活动。

2.应急活动的复杂性——正确预测事故的发展趋势,准确地对应急救援行动和战术进行决策。

3.后果、影响易猝变、激化和放大——应急救援行动必须有效。

二、事故应急救援相关的法律法规要求

(一)对事故应急救援提出要求的有关法律

对事故应急救援提出要求的有关法律包括《安全生产法》《职业病防治法》《消防法》《突发事件应对法》《特种设备法》等。

(二)对事故应急救援提出要求的有关法规、规章

对事故应急救援提出要求的有关法规、规章包括：

1.《关于特大安全事故行政责任追究的规定》(第七条)。

2.《危险化学品管理条例》(第四十九条、第五十条)。

3.《特种设备安全监察条例》(第三十一条)。

4.《使用有毒物品作业场所劳动保护条例》(第十六条)。

5.《国家突发公共事件总体应急预案》。

6.《生产安全事故应急预案管理办法》(安监总局令第 17 号)。

7.《关于进一步加强企业安全生产工作的通知》(第五节)。

8.《关于坚持科学发展安全发展促进安全生产形势持续稳定好转的意见》(第八节)。

(三)几个主要规定内容简述

《国家突发公共事件总体应急预案》规定，国务院是突发公共事件应急管理工作的最高行政领导机构；国务院有关部门负责相关类别突发公共事件的应急管理工作；地方各级人民政府是本行政区域突发公共事件应急管理工作的行政领导机构。该总体应急预案将突发公共事件分为自然灾害、事故灾难、公共卫生事件、社会安全事件 4 类，按照各类突发公共事件的性质、严重程度、可控性和影响范围等因素，将公共突发事件分为 4 级，即Ⅰ级(特别重大)、Ⅱ级(重大)、Ⅲ级(较大)和Ⅳ级(一般)。特别重大或者重大突发公共事件发生后，省级人民政府、国务院有关部门要在 4 小时内向国务院报告，同时通报有关地区和部门。

《生产安全事故应急预案管理办法》(安监总局令第 17 号)对生产安全事故应急预案的编制、评审、发布、备案、培训、演练和修订等工作做了原则性的要求。该管理办法规定，应急预案的管理遵循综合协调、分类管理、分级负责、属地为主的原则；国家安全生产监督管理总局负责应急预案的综合协调管理工作；国务院其他负有安全生产监督管理职责的部门按照各自的职责负责本行业、本领域内应急预案的管理工作；县级以上地方各级人民政府安全生产监督管理部门负责本行政区域内应急预案的综合协调管理工作；县级以上地方各级人民政府其他负有安全生产监督管理职责的部门按照各自的职责负责辖区内本行业、本领域应急预案的管理工作；生产经营单位应当根据有关法律、法规和《生产经营单位安全生产事故应急预案编制导则》(GB/T 29639－2013)，结合本单位的危险源状况、危险性分析情况和可能发生的事故特点，制定相应的应急预案并进行评审、发布、备案、培训、演练和修订。

《生产经营单位生产安全事故应急预案编制导则》(GB/T 29639－2013)已经于 2013 年 10 月 1 日实施，由行业标准上升为国家标准，《生产安全事故应急预案管理办法》(安监总局令第 17 号)中部分内容条款已不能完全适应当前生产安全事故应急预案的要求，因此需要对原《生产安全事故应急预案管理办法》进行修订。目前，修订后的《生产安全事故应急预案管理办法》还未发布实施。

三、事故应急管理过程

事故应急管理是一个动态的过程，包括预防、准备、响应、恢复 4 个阶段，形成一个循环(详见图 1-7-1)。

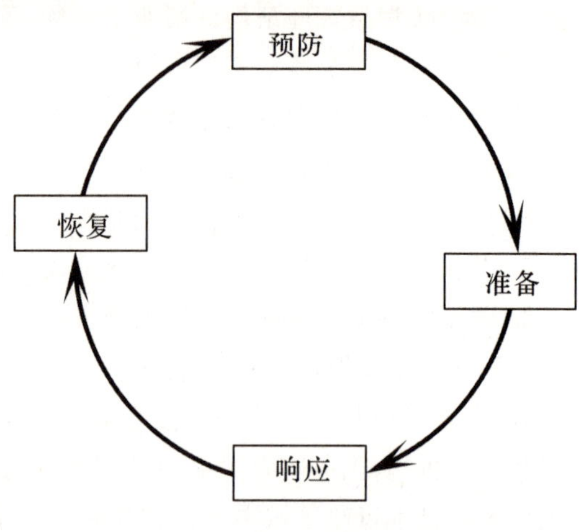

图 1-7-1 事故应急管理过程

(一)预防

预防是指无论事故是否发生，生产经营单位和社会都处于风险之中，应通过采取安全管理和安全技术手段，防止、降低或减缓事故的影响或后果严重程度。

预防阶段的工作内容一般包括安全规划、应急教育、监测预警、安全研究、制定法规、标准、灾害保险、税收和激励措施等。

(二)准备

准备是指针对可能发生的事故，为迅速、科学、有序地开展应急行动而预先进行的思想准备、组织准备和物资准备。

准备阶段的工作内容一般包括制定应急方针政策、应急预案(计划)，建立应急通告与警报系统、应急医疗系统、应急指挥中心，配置应急资源，制定互助协议，开展应急培训与演练等。

(三)响应

响应是指事故即将发生或发生后，采取的挽救生命和财产，稳定和控制事态的一系列应急行动。

响应阶段的工作内容一般包括启动应急报警系统、启动应急救援、报告有关政府机构、提供应急援助、对公众发布紧急公告、疏散与避难、搜寻与营救等。

(四)恢复

恢复是事故的影响得到初步控制后，为使生产、工作、生活和生态环境尽快恢复到正常状态而采取的措施或行动。一般包括短期恢复和长期恢复。

1.短期恢复

包括现场清理、人员清点和撤离、警戒解除、善后处理和事故调查等。

2.长期恢复

包括厂区重建、受影响区域的重新规划和发展、吸取经验教训所采取的预防工作和减灾行动。

四、生产经营单位应急救援体系的建立

(一)生产经营单位事故应急救援体系的基本构成

生产经营单位事故应急救援体系一般由支持保障系统和应急预案两部分组成(详见图 1-7-2)。

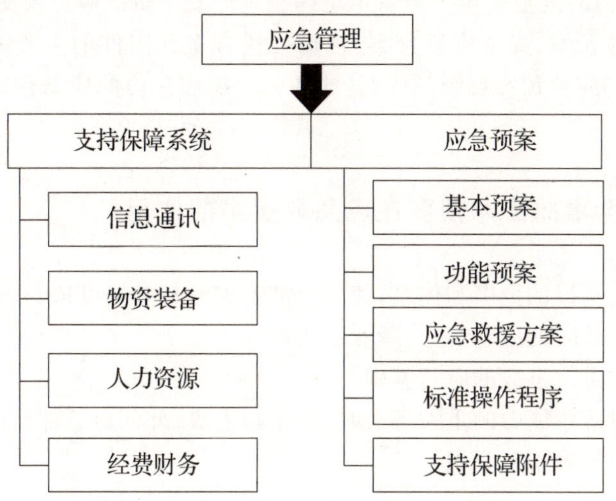

图 1-7-2 生产经营单位事故应急救援体系基本框架结构

1.支持保障系统是生产经营单位在应急管理方面的人、财、物力资源的投入。

(1)信息通讯系统:保证预警、报警、警报、报告、指挥等活动的信息交流快速、顺畅、准确。

(2)物资装备:保证有足够的资源,保证快速、及时地供应到位。

(3)人力资源:加强专业队伍建设、志愿者和其他人员的培训教育。

(4)经费财务:建立专项应急科目,如应急装备、应急资金等。

2.应急预案是生产经营单位在应急管理方面的文件化的支撑。

(二)应急救援体系响应机制

应急救援体系根据事故的性质、严重程度、事态发展趋势和控制能力分三级响应。

1.一级紧急情况:必须利用所有有关部门及一切资源的紧急情况。

2.二级紧急情况:需要两个或更多部门响应的紧急情况。

3.三级紧急情况:一个部门利用正常的资源能处理的紧急情况。

(三)应急救援体系响应程序

接警→响应级别确定→应急启动→救援行动→事态控制→应急恢复→应急结束。

(四)现场指挥系统组织结构

生产经营单位应急救援现场指挥系统组织结构一般由指挥(现场总指挥)、行动(应急救援)、通信(通信联络)、后勤(后勤保障)等几个核心应急响应部门(职能)组成。

第三节 生产安全事故应急预案体系、编制和主要内容

生产安全事故应急预案是为有效预防和控制可能发生的事故，最大程度减少事故及其造成损害而预先制定的工作方案。《生产经营单位生产安全事故应急预案编制导则》(GB/T 29639－2013)规定了生产经营单位编制生产安全事故应急预案的编制程序、体系构成以及综合应急预案、专项应急预案、现场处置方案和附件的主要内容。本标准适用于生产经营单位的应急预案编制工作，其他社会组织和单位的应急预案编制可参照本标准执行。

一、生产安全事故应急预案在应急救援中的作用

1.明确了应急救援的范围和体系，使应急准备和管理有据可依，有章可循。
2.有利于做出及时的应急响应，降低事故后果。
3.是各类突发重大事故的应急基础。
4.当发生超过应急能力的重大事故时，便于与上级、外部应急部门协调。
5.有利于提高风险防范意识。

二、生产安全事故应急预案体系的构成

生产安全事故应急预案体系主要由综合应急预案、专项应急预案和现场处置方案构成(详见图 1-7-3)。生产经营单位风险种类多、可能发生多种事故类型的，应当组织编制本单位的综合应急预案。对于某一种类的风险，生产经营单位应当根据存在的重大危险源和可能发生的事故类型，制定相应的专项应急预案。对于危险性较大的重点岗位，生产经营单位应当制定重点工作岗位的现场处置方案。

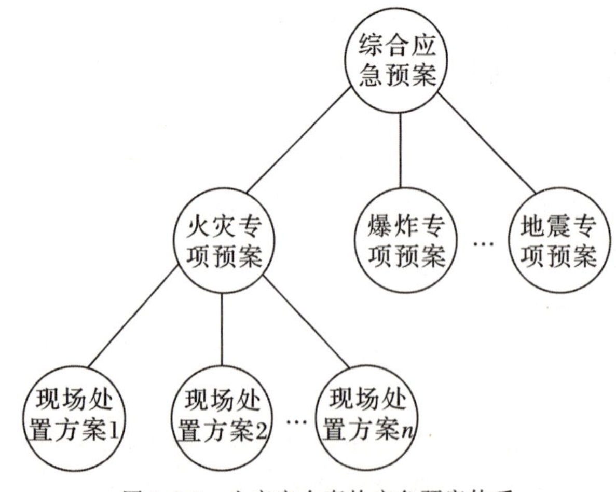

图 1-7-3 生产安全事故应急预案体系

生产经营单位可根据本单位的实际情况，确定是否编制专项应急预案。风险因素单

一的小微型生产经营单位可只编写现场处置方案。

(一)综合应急预案

综合应急预案是生产经营单位应急预案体系的总纲,主要从总体上阐述事故的应急工作原则,包括生产经营单位的应急组织机构及职责、应急预案体系、事故风险描述、预警及信息报告、应急响应、保障措施、应急预案管理等内容。

(二)专项应急预案

专项应急预案是生产经营单位为应对某一类型或某几种类型事故,或者针对重要生产设施、重大危险源、重大活动等内容而制定的应急预案。专项应急预案主要包括事故风险分析、应急指挥机构及职责、处置程序和措施等内容。

(三)现场处置方案

现场处置方案是生产经营单位根据不同事故类别,针对具体的场所、装置或设施所制定的应急处置措施,主要包括事故风险分析、应急工作职责、应急处置和注意事项等内容。生产经营单位应根据风险评估、岗位操作规程以及危险性控制措施,组织本单位现场作业人员及相关专业人员共同进行编制现场处置方案。

三、生产安全事故应急预案的策划与编制

(一)生产安全事故应急预案的策划

策划预案的原则:结构合理、重点突出、针对重大灾难、避免交叉矛盾、适用有效、易于运作。生产安全事故应急预案的策划应考虑以下内容:

1.重大隐患排查结果。

2.本地区地质、气象、水文的不利条件。

3.本地区以及上级机构制订应急预案情况。

4.本地区以往的灾情的发生情况。

5.功能区的布置情况。

6.周边危险、有害因素可能产生的影响。

7.法律法规的要求。

(二)生产安全事故应急预案编制准备

1.全面分析本单位危险因素、可能发生的事故类型及事故的危害程度。

2.排查事故隐患的种类、数量和分布情况,并在隐患治理的基础上,预测可能发生的事故类型及其危害程度。

3.确定事故危险源,进行风险评估。

4.针对事故危险源和存在的问题,确定相应的防范措施。

5.客观评价本单位应急能力。

6.充分借鉴国内外同行业事故教训及应急工作经验。

(三)生产安全事故应急预案编制程序

1.概述

生产经营单位编制应急预案包括成立应急预案编制工作组、资料收集、风险评估、应

急能力评估、编制应急预案和应急预案评审 6 个步骤。

2.成立应急预案编制工作组

生产经营单位应结合本单位部门职能和分工，成立以单位主要负责人(或分管负责人)为组长，单位相关部门人员参加的应急预案编制工作组，明确工作职责和任务分工，制定工作计划，组织开展应急预案编制工作。

3.资料收集

应急预案编制工作组应收集与预案编制工作相关的法律法规、技术标准、应急预案、国内外同行业企业事故资料，同时收集本单位安全生产相关技术资料、周边环境影响、应急资源等有关资料。

4.风险评估

主要内容包括：

a)分析生产经营单位存在的危险因素，确定事故危险源；

b)分析可能发生的事故类型及后果，并指出可能产生的次生、衍生事故；

c)评估事故的危害程度和影响范围，提出风险防控措施。

5.应急能力评估

在全面调查和客观分析生产经营单位应急队伍、装备、物资等应急资源状况基础上开展应急能力评估，并依据评估结果，完善应急保障措施。

6.编制应急预案

依据生产经营单位风险评估及应急能力评估结果，组织编制应急预案。应急预案编制应注重系统性和可操作性，做到与相关部门和单位应急预案相衔接。

7.应急预案评审

应急预案编制完成后，生产经营单位应组织评审。评审分为内部评审和外部评审，内部评审由生产经营单位主要负责人组织有关部门和人员进行。外部评审由生产经营单位组织外部有关专家和人员进行评审。应急预案评审合格后，由生产经营单位主要负责人(或分管负责人)签发实施，并进行备案管理。

四、生产安全事故应急预案的主要内容

(一)综合应急预案的主要内容

1. 总则	1.1 编制目的	简述应急预案编制的目的
	1.2 编制依据	简述应急预案编制所依据的法律、法规、规章、标准和规范性文件以及相关应急预案等
	1.3 适用范围	说明应急预案适用的工作范围和事故类型、级别
	1.4 应急预案体系	说明生产经营单位应急预案体系的构成情况，可用框图形式表述
	1.5 应急工作原则	说明生产经营单位应急工作的原则，内容应简明扼要、明确具体
2. 事故风险描述		简述生产经营单位存在或可能发生的事故风险种类、发生的可能性以及严重程度及影响范围等

（续表）

3. 应急组织机构及职责		明确生产经营单位的应急组织形式及组成单位或人员，可用结构图的形式表示，明确构成部门的职责。应急组织机构根据事故类型和应急工作需要，可设置相应的应急工作小组，并明确各小组的工作任务及职责
4. 预警及信息报告	4.1 预警	根据生产经营单位监测监控系统数据变化状况、事故险情紧急程度和发展势态或有关部门提供的预警信息进行预警，明确预警的条件、方式、方法和信息发布的程序
	4.2 信息报告	按照有关规定，明确事故及事故险情信息报告程序，主要包括： a)信息接收与通报 明确 24 小时应急值守电话、事故信息接收、通报程序和责任人 b)信息上报 明确事故发生后向上级主管部门或单位报告事故信息的流程、内容、时限和责任人 c)信息传递 明确事故发生后向本单位以外的有关部门或单位通报事故信息的方法、程序和责任人
5. 应急响应	5.1 响应分级	针对事故危害程度、影响范围和生产经营单位控制事态的能力，对事故应急响应进行分级，明确分级响应的基本原则
	5.2 响应程序	根据事故级别和发展态势，描述应急指挥机构启动、应急资源调配、应急救援、扩大应急等响应程序
	5.3 处置措施	针对可能发生的事故风险、事故危害程度和影响范围，制定相应的应急处置措施，明确处置原则和具体要求
	5.4 应急结束	明确现场应急响应结束的基本条件和要求
6. 信息公开		明确向有关新闻媒体、社会公众通报事故信息的部门、负责人和程序以及通报原则
7. 后期处置		主要明确污染物处理、生产秩序恢复、医疗救治、人员安置、善后赔偿、应急救援评估等内容
8. 保障措施	8.1 通信与信息保障	明确与可为本单位提供应急保障的相关单位或人员通信联系方式和方法，并提供备用方案。同时，建立信息通信系统及维护方案，确保应急期间信息通畅
	8.2 应急队伍保障	明确应急响应的人力资源，包括应急专家、专业应急队伍、兼职应急队伍等
	8.3 物资装备保障	明确生产经营单位的应急物资和装备的类型、数量、性能、存放位置、运输及使用条件、管理责任人及其联系方式等内容
	8.4 其他保障	根据应急工作需求而确定的其他相关保障措施（如：经费保障、交通运输保障、治安保障、技术保障、医疗保障、后勤保障等）

（续表）

9. 应急预案管理	9.1 应急预案培训	明确对本单位人员开展的应急预案培训计划、方式和要求，使有关人员了解相关应急预案内容，熟悉应急职责、应急程序和现场处置方案。如果应急预案涉及社区和居民，要做好宣传教育和告知等工作
	9.2 应急预案演练	明确生产经营单位不同类型应急预案演练的形式、范围、频次、内容以及演练评估、总结等要求
	9.3 应急预案修订	明确应急预案修订的基本要求，并定期进行评审，实现可持续改进
	9.4 应急预案备案	明确应急预案的报备部门，并进行备案
	9.5 应急预案实施	明确应急预案实施的具体时间、负责制定与解释的部门

（二）专项应急预案的主要内容

1. 事故风险分析	针对可能发生的事故风险，分析事故发生的可能性以及严重程度、影响范围等
2. 应急指挥机构及职责	根据事故类型，明确应急指挥机构总指挥、副总指挥以及各成员单位或人员的具体职责。应急指挥机构可以设置相应的应急救援工作小组，明确各小组的工作任务及主要负责人职责
3. 处置程序	明确事故及事故险情信息报告程序和内容，报告方式和责任人等内容。根据事故响应级别，具体描述事故接警报告和记录、应急指挥机构启动、应急指挥、资源调配、应急救援、扩大应急等应急响应程序
4. 处置措施	针对可能发生的事故风险、事故危害程度和影响范围，制定相应的应急处置措施，明确处置原则和具体要求

（三）现场处置方案的主要内容

1. 事故风险分析	主要包括： a)事故类型 b)事故发生的区域、地点或装置的名称 c)事故发生的可能时间、事故的危害严重程度及其影响范围 d)事故前可能出现的征兆 e)事故可能引发的次生、衍生事故
2. 应急工作职责	根据现场工作岗位、组织形式及人员构成，明确各岗位人员的应急工作分工和职责
3. 应急处置	主要包括以下内容： a)事故应急处置程序。根据可能发生的事故及现场情况，明确事故报警、各项应急措施启动、应急救护人员的引导、事故扩大及同生产经营单位应急预案的衔接的程序 b)现场应急处置措施。针对可能发生的火灾、爆炸、危险化学品泄漏、坍塌、水患、机动车辆伤害等，从人员救护、工艺操作、事故控制，消防、现场恢复等方面制定明确的应急处置措施 c)明确报警负责人以及报警电话及上级管理部门、相关应急救援单位联络方式和联系人员，事故报告基本要求和内容

（续表）

4. 注意事项	主要包括： a)佩戴个人防护器具方面的注意事项 b)使用抢险救援器材方面的注意事项 c)采取救援对策或措施方面的注意事项 d)现场自救和互救注意事项 e)现场应急处置能力确认和人员安全防护等事项 f)应急救援结束后的注意事项 g)其他需要特别警示的事项

（四）应急预案附件

1.有关应急部门、机构或人员的联系方式	列出应急工作中需要联系的部门、机构或人员的多种联系方式，当发生变化时及时进行更新
2. 应急物资装备的名录或清单	列出应急预案涉及的主要物资和装备名称、型号、性能、数量、存放地点、运输和使用条件、管理责任人和联系电话等
3. 规范化格式文本	应急信息接报、处理、上报等规范化格式文本
4. 关键的路线、标识和图纸	主要包括： a)警报系统分布及覆盖范围 b)重要防护目标、危险源一览表、分布图 c)应急指挥部位置及救援队伍行动路线 d)疏散路线、警戒范围、重要地点等的标识 e)相关平面布置图纸、救援力量的分布图纸等
5. 有关协议或备忘录	列出与相关应急救援部门签订的应急救援协议或备忘录

（五）应急预案编制格式和要求

1. 封面	应急预案封面主要包括应急预案编号、应急预案版本号、生产经营单位名称、应急预案名称、编制单位名称、颁布日期等内容
2. 批准页	应急预案应经生产经营单位主要负责人（或分管负责人）批准方可发布
3. 目次	应急预案应设置目次，目次中所列的内容及次序如下： ——批准页 ——章的编号、标题 ——带有标题的条的编号、标题（需要时列出） ——附件，用序号表明其顺序
4. 印刷与装订	应急预案推荐采用 A4 版面印刷，活页装订

第四节　生产安全事故应急预案的管理

一、生产安全事故应急预案的评审和论证

《生产安全事故应急预案管理办法》(安监总局令第17号)规定,矿山、建筑施工单位和易燃易爆物品、危险化学品、放射性物品等危险物品的生产、经营、储存、使用单位和中型规模以上的其他生产经营单位,应当组织专家对本单位编制的应急预案进行评审。评审应当形成书面纪要并附有专家名单。前款规定以外的其他生产经营单位应当对本单位编制的应急预案进行论证。参加应急预案评审的人员应当包括应急预案涉及的政府部门工作人员和有关安全生产及应急管理方面的专家。

应急预案的评审或者论证应当注重应急预案的实用性、基本要素的完整性、预防措施的针对性、组织体系的科学性、响应程序的操作性、应急保障措施的可行性、应急预案的衔接性等内容。

《生产经营单位生产安全事故应急预案评审指南(试行)》(安监总厅应急〔2009〕73号)对应急预案的评审和论证做出了详细的规定。

二、生产安全事故应急预案的发布和备案

生产经营单位的应急预案经评审或者论证后,由生产经营单位主要负责人(或分管负责人)签发实施。

生产经营单位主要负责人签署发布的应急预案中的综合应急预案和专项应急预案,应按照隶属关系报所在地县级以上地方人民政府安全生产监督管理部门和有关主管部门备案。生产经营单位申请应急预案备案,应当提交的材料包括应急预案备案申请表、应急预案评审或者论证意见、应急预案文本及电子文档等。

三、生产安全事故应急预案的培训、演练和修订

(一)生产安全事故应急预案的培训

生产经营单位应当组织开展本单位的应急预案培训活动,使有关人员了解应急预案内容,熟悉应急职责、应急程序和岗位应急处置方案。明确本单位开展应急管理培训的计划和方式方法。如果应急预案涉及周边社区和居民,应明确相应的应急宣传教育工作。应急预案的要点和程序应当张贴在应急地点和应急指挥场所,并设有明显的标志。

(二)生产安全事故应急预案的演练

应急演练是针对事故情景,依据应急预案而模拟开展的预警行动、事故报告、指挥协调、现场处置等活动。《生产安全事故应急演练指南》(AQ/T 9007－2011)规定了生产安全事故应急演练(以下简称应急演练)的目的、原则、类型、内容和综合应急演练的组织与实施,其他类型演练的组织与实施可参照进行。

1.应急演练目的

应急演练目的主要包括：

(1)检验预案。发现应急预案中存在的问题，提高应急预案的科学性、实用性和可操作性。

(2)锻炼队伍。熟悉应急预案，提高应急人员在紧急情况下妥善处置事故的能力。

(3)磨合机制。完善应急管理相关部门、单位和人员的工作职责，提高协调配合能力。

(4)宣传教育。普及应急管理知识，提高参演和观摩人员风险防范意识和自救互救能力。

(5)完善准备。完善应急管理和应急处置技术，补充应急装备和物资，提高其适用性和可靠性。

(6)其他需要解决的问题。

2.应急演练原则

应急演练应符合以下原则：

(1)符合相关规定。按照国家相关法律、法规、标准及有关规定组织开展演练；

(2)切合企业实际。结合企业生产安全事故特点和可能发生的事故类型组织开展演练；

(3)注重能力提高。以提高指挥协调能力、应急处置能力为主要出发点组织开展演练；

(4)确保安全有序。在保证参演人员及设备设施的安全的条件下组织开展演练。

3.应急演练类型

应急演练按照演练内容分为综合演练和单项演练，按照演练形式分为现场演练和桌面演练，不同类型的演练可相互组合。

(1)综合演练。针对应急预案中多项或全部应急响应功能开展的演练活动。

(2)单项演练。针对应急预案中某项应急响应功能开展的演练活动。

(3)现场演练。选择(或模拟)生产经营活动中的设备、设施、装置或场所，设定事故情景，依据应急预案而模拟开展的演练活动。

(4)桌面演练。针对事故情景，利用图纸、沙盘、流程图、计算机、视频等辅助手段，依据应急预案而进行交互式讨论或模拟应急状态下应急行动的演练活动。

4.应急演练内容

(1)预警与报告。根据事故情景，向相关部门或人员发出预警信息，并向有关部门和人员报告事故情况。

(2)指挥与协调。根据事故情景，成立应急指挥部，调集应急救援队伍和相关资源，开展应急救援行动。

(3)应急通讯。根据事故情景，在应急救援相关部门或人员之间进行音频、视频信号或数据信息互通。

(4)事故监测。根据事故情景，对事故现场进行观察、分析或测定，确定事故严重程度、影响范围和变化趋势等。

(5)警戒与管制。根据事故情景，建立应急处置现场警戒区域，实行交通管制，维护现场秩序。

(6)疏散与安置。根据事故情景,对事故可能波及范围内的相关人员进行疏散、转移和安置。

(7)医疗卫生。根据事故情景,调集医疗卫生专家和卫生应急队伍开展紧急医学救援,并开展卫生监测和防疫工作。

(8)现场处置。根据事故情景,按照相关应急预案和现场指挥部要求对事故现场进行控制和处理。

(9)社会沟通。根据事故情景,召开新闻发布会或事故情况通报会,通报事故有关情况。

(10)后期处置。根据事故情景,应急处置结束后,所开展的事故损失评估、事故原因调查、事故现场清理和相关善后工作。

(11)其他。根据相关行业(领域)安全生产特点所包含的其他应急功能。

5.综合演练组织与实施

(1)演练计划。

演练计划应包括演练目的、类型(形式)、时间、地点,演练主要内容、参加单位和经费预算等。

(2)演练准备。

1)成立演练组织机构。综合演练通常成立演练领导小组,下设策划组、执行组、保障组、评估组等专业工作组。根据演练规模大小,其组织机构可进行调整。

2)编制演练文件。综合演练文件包括演练工作方案、演练脚本、演练评估方案、演练保障方案和演练观摩手册。

3)演练工作保障。根据演练方案、工作需要和有关要求,在人员保障、经费保障、物资和器材保障、场地保障、安全保障、通信保障和其他保障等方面提供演练工作的保障措施。

(3)应急演练的实施。

1)熟悉演练任务和角色。组织各参演单位和参演人员熟悉各自参演任务和角色,并按照演练方案要求组织开展相应的演练准备工作。

2)组织预演。在综合应急演练前,演练组织单位或策划人员可按照演练方案或脚本组织桌面演练或合成预演,熟悉演练实施过程的各个环节。

3)安全检查。确认演练所需的工具、设备、设施、技术资料以及参演人员到位。对应急演练安全保障方案以及设备、设施进行检查确认,确保安全保障方案可行,所有设备、设施完好。

4)应急演练。应急演练总指挥下达演练开始指令后,参演单位和人员按照设定的事故情景,实施相应的应急响应行动,直至完成全部演练工作。演练实施过程中出现特殊或意外情况,演练总指挥可决定中止演练。

5)演练记录。演练实施过程中,安排专门人员采用文字、照片和音像等手段记录演练过程。

6)评估准备。演练评估人员根据演练事故情景设计以及具体分工,在演练现场实施过程中展开演练评估工作,记录演练中发现的问题或不足,收集演练评估需要的各种信息和资料。

7)演练结束。演练总指挥宣布演练结束,参演人员按预定方案集中进行现场讲评或者有序疏散。

6.应急演练评估与总结

(1)应急演练评估。包括现场点评和书面评估。应急演练结束后,在演练现场,评估人员或评估组负责人对演练中发现的问题、不足及取得的成效进行口头点评。

评估人员针对演练中观察、记录以及收集的各种信息资料,依据评估标准对应急演练活动全过程进行科学分析和客观评价,并撰写书面评估报告。评估报告重点对演练活动的组织和实施、演练目标的实现、参演人员的表现以及演练中暴露的问题进行评估。

(2)应急演练总结。演练结束后,由演练组织单位根据演练记录、演练评估报告、应急预案、现场总结等材料,对演练进行全面总结,并形成演练书面总结报告。报告可对应急演练准备、策划等工作进行简要总结分析。参与单位也可对本单位的演练情况进行总结。演练总结报告的内容主要包括:

1)演练基本概要;

2)演练发现的问题,取得的经验和教训;

3)应急管理工作建议。

(3)演练资料归档与备案。应急演练活动结束后,将应急演练工作方案以及应急演练评估、总结报告等文字资料,以及记录演练实施过程的相关图片、视频、音频等资料归档保存。对主管部门要求备案的应急演练资料,演练组织部门(单位)应将相关资料报主管部门备案。

(三)生产安全事故应急预案的修订

生产经营单位应明确负责制定、修订与解释应急预案的部门;明确应急预案修订的具体条件和时限。

生产经营单位制定的应急预案应当至少每三年修订一次,预案修订情况应有记录并归档。

有下列情形之一的,应急预案应当及时修订:

1.生产经营单位因兼并、重组、转制等导致隶属关系、经营方式、法定代表人发生变化的。

2.生产经营单位生产工艺和技术发生变化的。

3.周围环境发生变化,形成新的重大危险源的。

4.应急组织指挥体系或者职责已经调整的。

5.依据的法律、法规、规章和标准发生变化的。

6.应急预案演练评估报告要求修订的。

7.应急预案管理部门要求修订的。

生产经营单位应当及时向有关部门或者单位报告应急预案的修订情况,并按照有关程序重新备案。

第八章　职业健康安全管理体系

第一节　职业健康安全管理体系的基本运行模式与要素

一、职业健康安全管理体系的概念与运行模式

(一)定义

为建立职业健康安全方针和目标并实现这些目标所制定的一系列相互联系、相互作用的要素及其有机体。

(二)运行模式

基于PDCA(策划、实施、检查、改进)概念,职业健康安全管理体系的运行模式包括五个方面,即:方针、组织、计划与实施、评价、改进措施。按此模式运行,达到持续改进的目的(详见图1-8-1、图1-8-2)。

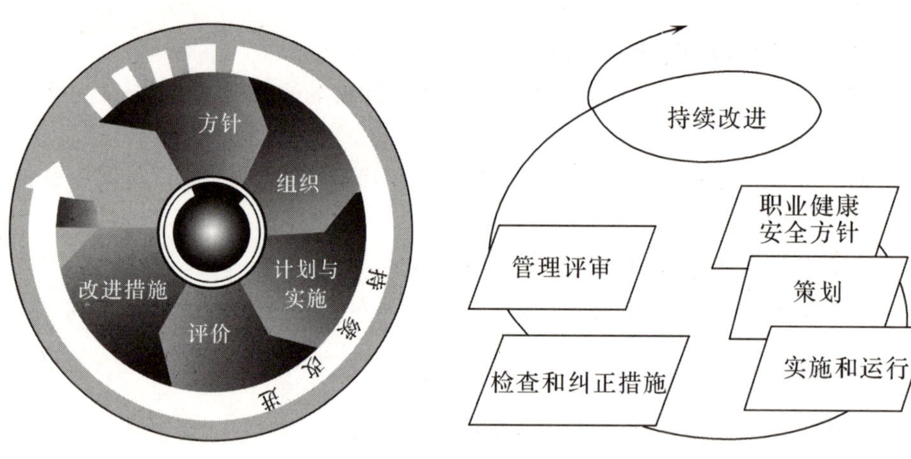

图1-8-1　ILO－OSH 2001的运行模式　　图1-8-2　GB/T 28001的运行模式

二、职业健康安全管理体系的基本要素

(一)方针

确定职业健康安全责任及总目标和绩效的承诺。

(二)组织

1.机构与职责

最高管理者对职业健康安全全面负责,规定从事管理、执行和监督的各级管理人员

的作用、职责和权限，并设管理者代表负责建立、实施、保持、改进职业健康安全管理体系。

2.培训、意识与能力

规范持续地开展培训工作，确保员工具备必需的职业健康安全意识与能力。

3.协商与交流

建立与员工和其他相关方协商交流的渠道，保证员工的知情权、建议权和充分参与。

4.文件化

以合适的形式建立并保持文件，以阐述方针和目标、关键岗位与职责、预防和控制措施以及管理方案、程序、作业指导书等。

5.文件与资料控制

规范文件与资料的管理，包括发放、书写、传达、失效处理、标识和存档等管理，保证其易于查询并定期评审。

6.记录与记录管理

规范记录的标识、保存、处置、填写办法，要求记录清晰，妥善保护，防止丢失或损坏。

(三)计划与实施

1.初始评审

(1)危害辨识、风险评价和风险控制策划。选取危险、有害因素辨识、风险评价方法，考虑所有的活动和进入工作场所的人员以及场所内所有设施，持续改进危险、有害因素辨识、风险评价和实施必要的风险控制措施。

(2)法律法规及其他要求。识别、获得法律法规和其他要求，及时更新并传达到相关人员，确定满足法律法规要求的具体措施。

2.目标

制定整个生产经营单位、相关职能部门和不同层次的职业健康安全目标。

3.管理方案

制定职业健康安全方案，规定相关职责、权限、完成的方法和时间安排。

4.运行控制

对于需要采取控制措施的运行与活动实施控制和防范措施，消除或降低风险，包括需要程序指导的活动、已标识的风险等。

5.应急准备与响应

识别潜在的事件和紧急情况，制定应急和响应计划，并适时评审和演练。

(四)检查与评价

1.绩效测量和监测

规定主动和被动的测量方法及相应的测量内容，监测职业健康安全目标的实现情况；规定监测设备的校准和维护方法，并予以记录。

2.事故、事件、不符合及其对职业健康安全绩效影响的调查

规范事故、事件、不符合的调查、分析和报告，识别和消除此类情况发生的根本原因，防止其再次发生。

3.职业健康安全管理体系审核

评价职业健康安全管理体系及其要素的实施能否有效地保护员工的安全与健康；明

确审核的范围、频次、方法和能力要求、报告格式。

4.管理评审

最高管理者对职业健康安全管理体系的方针、目标等进行评审，确保管理体系的适宜性、充分性和有效性。

(五)改进措施

1.纠正与预防措施

针对绩效测量与监测、事故事件调查、审核和管理评审所提问题，策划纠正和预防措施并予以实施。

2.持续改进

不断寻求方法持续改进自身职业健康安全绩效，不断消除、降低或控制各类职业健康安全危险、有害因素和风险。

第二节　建立职业健康安全管理体系的方法与步骤

一、学习与培训

生产经营单位职业健康安全管理体系的建立与实施需要通过不同形式的学习和培训，使所有员工能够接受职业健康安全管理体系的管理思想，理解实施职业健康安全管理体系对企业和个人的重要意义。

培训的对象主要分3个层次：管理层培训、内审员培训和全体员工的培训。

二、初始评审

初始评审主要内容为：

1.相关法律法规的适用性确认，遵守情况的评价。

2.对现有的或计划的作业活动进行危险、有害因素辨识，风险评价。

3.确定现有或计划措施能否控制风险。

4.检查现行职业健康安全管理规定、过程、程序，评价其有效性和适用性。

5.以往事故情况、员工健康监护资料的收集和分析。

6.现行组织机构、资源配备和职责分工等的评价。

三、体系策划

体系策划的主要内容：

1.确立职业健康安全方针。

2.制定职业健康安全管理体系目标及管理方案。

3.结合职业健康安全管理体系要求进行职能分配和机构职责分工。

4.确定职业健康安全管理体系文件结构和各层次文件清单。
5.为建立和实施职业健康安全管理体系准备必要的资源。

四、文件编写策划

文件编写的原则：写你要做的，做你所写的，记你所做的。具体要求：
1.符合标准要求。
2.结合组织特点。
3.尽量做到管理体系文件一体化。
4.与原有管理模式相结合。

五、体系试运行

各部门和人员都按照职业健康管理体系要求开展相应活动，试运行检验体系策划与文件规定的充分性、有效性、适应性。

（一）内容

1.按文件和程序的要求开展各项安全管理活动。
2.检验文件本身是否完整、适用。

（二）时间

职业健康管理体系试运行时间不少于3个月。

六、评审完善

通过职业健康管理体系的运行，特别是根据绩效监测测量、审核及管理评审的结果，对组织职业健康管理体系的有效性作出判断，并采取相应的改进措施，使所建立的职业健康安全管理体系得到进一步的完善。

第三节　职业健康安全管理体系的审核与认证

一、职业健康安全管理体系审核的类型

（一）职业健康安全管理体系审核的类型

1.第一方审核：生产经营单位内部自我审核，旨在提供自我检查、自我纠正、自我完善的运行机制。

2.第二方审核：与生产经营单位有某种利益关系的相关方（如采购方、生产经营单位的总部等）进行的审核，旨在为相关方提供信任的依据。

3.第三方审核：与生产经营单位无经济利益的第三方提供的公正、公平的审核。依据

认可制度的要求实施的以认证为目的的审核称为认证审核。

(二)认证的申请及受理

1.认证申请

生产经营单位以书面形式向认证机构提出认证申请,并按要求提交相关文件和资料。

2.认证受理

认证机构受理申请的一般条件是:

(1)法人或委托方法人资格及有关登记注册证明。

(2)按标准建立了文件化的职业健康安全管理体系。

(3)职业健康安全管理体系按文件的要求有效运行。

(4)体系要素全部运行一遍,并运行达3个月以上。

3.认证的合同评审

认证机构就申请方提出的条件和要求进行评审,并对本机构的审核能力进行自我评审,确认无误后才能签订合同。

(三)认证机构审核的策划及审核准备

1.确定审核范围:根据职业健康安全管理体系所覆盖的活动、产品和服务的范围确定审核范围。

2.成立审核组:指派审核组长和成员,组成审核组。

3.制定审核计划:包括一阶段审核和二阶段审核。

4.编制审核工作文件:要求系统化、文件化。

(四)认证机构审核的实施

1.文件审核:了解体系文件是否符合标准要求,能否进行现场审核。

2.一阶段现场审核:了解体系策划及运行信息,确定能否进行二阶段审核。

3.二阶段现场审核:证实受审核方管理体系运行的符合性、适用性与有效性,确定能否通过现场审核。

(五)纠正措施的跟踪与验证

1.对现场审核中发现的不符合项,要求改正。

2.要求制定纠正措施,并限期完成。

3.审核方对落实及措施的有效性跟踪验证。

(六)获准认证注册后监督与复评

1.获准注册认证后必须进行监督审核与管理。

2.发现问题应及时处理,或组织临时性监督审核。

3.获证单位认证证书有效期为三年。

4.期满后需复评,通过则再获证。

第九章　企业生产安全事故调查与分析

第一节　生产安全事故等级和分类

一、生产安全事故等级划分

《生产安全事故报告和调查处理条例》根据生产安全事故造成的人员伤亡或者直接经济损失严重程度，明确规定了生产安全事故分级标准。此外，有关法规和交通运输安全管理的部门规章也有一些特殊的事故等级划分办法。

(一)普通生产安全事故的等级划分

生产安全事故一般分为以下四个等级：

1.特别重大事故

(1)一次造成30人以上(含30人)死亡。

(2)一次造成100人以上(含100人)重伤(包括急性工业中毒)。

(3)一次造成1亿元以上(含1亿元)直接经济损失。

2.重大事故

(1)一次造成10～29人死亡。

(2)一次造成50～99人重伤(包括急性工业中毒)。

(3)一次造成5 000万元～1亿元直接经济损失。

3.较大事故

(1)一次造成3～9人死亡。

(2)一次造成10～49人重伤(包括急性工业中毒)。

(3)一次造成1 000万元～5 000万元直接经济损失。

4.一般事故

(1)一次造成1～2人死亡。

(2)一次造成1～9人重伤(包括急性工业中毒)。

(3)一次造成100万元～1 000万元直接经济损失。

5.2009年7月1日开始施行的《生产安全事故信息报告和处置办法》(安监总局令第21号)，明确了较大涉险事故：

(1)涉险10人以上的事故。

(2)造成3人以上被困或者下落不明的事故。

(3)紧急疏散人员500人以上的事故。

(4)因生产安全事故对环境造成严重污染(人员密集场所、生活水源、农田、河流、水库、湖泊等)的事故。

(5)危及重要场所和设施安全(电站、重要水利设施、危化品库、油气站和车站、码头、港口、机场及其他人员密集场所等)的事故。

(6)其他较大涉险事故。

(二)特殊行业或者领域的事故等级划分

公安、交通、民航等有关部门都制定有火灾事故、道路交通事故、水上交通事故、民航飞行事故分级标准,与《生产安全事故报告和调查处理条例》的规定不一致。但这些分级标准仍在行业或领域内使用。

1.道路交通事故

1991 年 12 月 2 日,公安部《关于修订道路交通事故等级划分标准的通知》将道路交通事故分为 4 类:

(1)轻微事故:一次造成轻伤 1～2 人,或者财产损失机动车事故不足 1 000 元,非机动车事故不足 200 元的事故。

(2)一般事故:一次造成重伤 1～2 人,或者轻伤 3 人以上,或者财产损失不足 3 万元的事故。

(3)重大事故:一次造成死亡 1～2 人,或者重伤 3 人以上 10 人以下,或者财产损失 3 万元以上不足 6 万元的事故。

(4)特大事故:一次造成死亡 3 人以上,或者重伤 11 人以上,或者死亡 1 人,同时重伤 8 人以上,或者死亡 2 人,同时重伤 5 人以上,或者财产损失 6 万元以上的事故。

2.火灾事故

1996 年 12 月 3 日,公安部、劳动部、国家统计局联合颁布的《火灾统计管理规定》,将火灾事故分为 3 类:

(1)特大火灾事故:死亡 10 人以上(含 10 人,下同)事故;重伤 20 人以上事故;死亡、重伤 20 人以上事故;受灾 50 户以上事故;直接财产损失 100 万元以上事故。

(2)重大火灾事故:死亡 3 人以上事故;重伤 10 人以上事故;死亡、重伤 10 人以上事故;受灾 30 户以上事故;直接财产损失 30 万元以上事故。

(3)一般火灾:不具有前列两项情形的燃烧事故。

3.铁路交通事故

2007 年 7 月 11 日,国务院发布的《铁路交通事故应急救援和调查处理条例》规定,根据事故造成的人员伤亡、直接经济损失、列车脱轨辆数、中断铁路行车时间等情形,铁路交通事故等级分为 4 类。

(1)有下列情形之一的,为特别重大事故:

①造成 30 人以上死亡,或者 100 人以上重伤(包括急性工业中毒),或者 1 亿元以上直接经济损失的。

②繁忙干线客运列车脱轨 18 辆以上并中断铁路行车 48 小时以上的。

③繁忙干线货运列车脱轨 60 辆以上并中断铁路行车 48 小时以上的。

(2)有下列情形之一的,为重大事故:

①造成 10 人以上 30 人以下死亡,或者 50 人以上 100 人以下重伤,或者 5 000 万元以上 1 亿元以下直接经济损失的。

②客运列车脱轨 18 辆以上的。

③货运列车脱轨 60 辆以上的。

④客运列车脱轨 2 辆以上 18 辆以下，并中断繁忙干线铁路行车 24 小时以上或者中断其他线路铁路行车 48 小时以上的。

⑤货运列车脱轨 6 辆以上 60 辆以下，并中断繁忙干线铁路行车 24 小时以上或者中断其他线路铁路行车 48 小时以上的。

(3)较大事故：

①造成 3 人以上 10 人以下死亡，或者 10 人以上 50 人以下重伤，或者 1 000 万元以上 5 000 万元以下直接经济损失的。

②客运列车脱轨 2 辆以上 18 辆以下的。

③货运列车脱轨 6 辆以上 60 辆以下的。

④中断繁忙干线铁路行车 6 小时以上的。

⑤中断其他线路铁路行车 10 小时以上的。

(4)造成 3 人以下死亡，或者 10 人以下重伤，或者 1 000 万元以下直接经济损失的，为一般事故。

4.此外，水上交通事故和民航飞行事故等级划分可参见《水上交通事故统计办法》和《民用航空器飞行事故等级》。

(三)事故的分类

1.依照造成事故的责任不同，分为责任事故和非责任事故两大类。责任事故，是指由于人们违法、违规行为造成的事故。非责任事故，是指遭遇不可抗拒的自然因素造成的事故，或者由于当前科学技术条件的限制而发生的难以预料的事故。

2.依照事故造成的后果不同，分为伤亡事故和非伤亡事故。造成人身伤害的事故称为伤亡事故。只造成生产中断、设备损坏或财产损失的事故称为非伤亡事故。

3.依事故监督管理的行业不同，分为工矿商贸企业伤亡事故、火灾事故、道路交通事故、水上交通事故、铁路交通事故、民航飞行事故、农业机械事故、渔业船舶事故等。

第二节 生产安全事故报告及调查处理

一、事故报告

(一)生产安全事故报告的原则要求

(1)《安全生产法》第八十条规定："生产经营单位发生生产安全事故后，事故现场有关人员应当立即报告本单位负责人。单位负责人接到事故报告后，应当迅速采取有效措施，组织抢救，防止事故扩大，减少人员伤亡和财产损失，并按照国家有关规定立即如实报告当地负有安全生产监督管理职责的部门，不得隐瞒不报、谎报或者迟报，不得故意破坏事故现场、毁灭有关证据。"

(2)《生产安全事故报告和调查处理条例》(国务院令第 493 号)规定："生产安全事故报告应当及时、准确、完整，任何单位和个人对事故不得迟报、漏报、谎报或者瞒报。"

(3)《生产安全事故信息报告和处置办法》(安监总局令第 21 号)规定:“生产经营单位发生生产安全事故或者较大涉险事故,其单位负责人接到事故信息报告后应当于 1 小时内报告事故发生地县级安全生产监督管理部门、煤矿安全监察分局;发生较大以上生产安全事故时,事故发生单位应在 1 小时内逐级报告至省级安全生产监督管理部门、省级煤矿安全监察机构;发生重大、特别重大生产安全事故时,事故发生单位应逐级报告至国家安全生产监督管理总局、国家煤矿安全监察局。”

(二)生产安全事故报告责任

《安全生产法》和《生产安全事故报告和调查处理条例》都明确规定了下列人员和单位负有报告事故的责任:

1.事故现场有关人员。

2.事故发生单位的主要负责人。

3.安全生产监督管理部门。

4.负有安全生产监督管理职责的有关部门。

5.有关地方人民政府。

事故单位负责人既有向县级以上人民政府安全生产监督管理部门报告的责任,又有向负有安全生产监督管理职责的有关部门报告的责任,即事故报告是两条线,实行双报告制。

安全生产监督管理部门和负有安全生产监督管理职责的有关部门,既有向上级部门报告事故的责任,又有报告本级人民政府的责任。

(三)生产安全事故报告程序及时限

1.事故发生后,事故现场有关人员应当立即向本单位负责人报告;情况紧急时,事故现场有关人员可以直接向事故发生地县级以上人民政府安全生产监督管理部门和负有安全生产监督管理职责的有关部门报告。

2.单位负责人接到事故报告后,应当于 1 小时内向事故发生地县级以上人民政府安全生产监督管理部门和负有安全生产监督管理职责的有关部门报告。

3.安全生产监督管理部门和负有安全生产监督管理职责的有关部门接到事故报告后,应当按照事故的级别逐级上报事故情况,每级上报的时间不得超过 2 小时。

(1)特别重大事故、重大事故逐级上报至国务院安全生产监督管理部门和负有安全生产监督管理职责的有关部门。

(2)较大事故逐级上报至省、自治区、直辖市人民政府安全生产监督管理部门和负有安全生产监督管理职责的有关部门。

(3)一般事故上报至设区的市级人民政府安全生产监督管理部门和负有安全生产监督管理职责的有关部门。

(四)生产安全事故报告的内容

1.报告事故应当包括的内容

(1)事故发生单位概况。包括单位的全称、所处地理位置、所有制形式、生产经营范围和规模、持有各类证照的情况、单位负责人的基本情况等。

(2)事故发生的时间、地点以及事故现场情况。报告事故发生的时间尽量精确到分钟。报告事故发生的地点,除中心地点外,还应当报告事故所波及的区域。报告事故现场情况应报告现场人员情况、设备设施的毁损情况。

(3)事故的简要经过。

(4)事故已经造成或者可能造成的伤亡人数(包括下落不明的人数)和初步估计的直接经济损失。对直接经济损失的初步估算,主要指事故所导致的建筑物的毁损、生产设备设施和仪器仪表的损坏等。

(5)已经采取的措施。主要是指事故现场有关人员、事故单位负责人、已经接到事故报告的安全生产管理部门为减少损失、防止事故扩大和便于事故调查所采取的应急救援和现场保护等具体措施。

(6)事故的补报。自事故发生之日起 30 日内,事故造成的伤亡人数发生变化的,应当及时补报。道路交通事故、火灾事故自发生之日起 7 日内,事故造成的伤亡人数发生变化的,应当及时补报。

2.有关生产安全事故调度统计报告的几个问题

(1)以高等级事故因素为先确定事故等级

事故造成的人员死亡、重伤和直接经济损失如同时符合 2 个以上事故等级的,以最高事故等级进行统计。

(2)事故报告项目的界定标准

①重伤:依据《企业职工伤亡事故分类标准》(GB 6441－1986)和《事故伤害损失工作日标准》(GB/T 15499－1995),“重伤”是指造成职工肢体残缺或视觉、听觉等器官受到严重损伤,一般能引起人体长期存在功能障碍,或劳动能力有重大损失的伤害。具体是指损失工作日等于和超过 105 日的失能伤害。

②急性工业中毒:人体因接触国家规定的工业性毒物、有害气体,一次或短期内吸入大量工业有毒物质使人体在短时间内发生病变,导致人员立即中断工作。入院治疗的列入急性工业中毒事故统计。

③死亡和失踪:道路交通、火灾和水上交通事故在 7 天内死亡或失踪超过 7 天的,均按死亡事故报告统计;其他事故在 30 天内死亡的或失踪超过 30 天的,均按死亡事故报告统计。如果来不及在当月统计的,应在下月补报。超过上述事故规定报告期限死亡的,不再进行补报和统计。

④直接经济损失:依据《企业职工伤亡事故经济损失统计标准》(GB 6721－1986),“直接经济损失”是指生产经营活动中因事故造成的人身伤亡、善后处理、事故救援、事故处理所支出的费用和财产损失价值等合计。

(五)事故的救援与现场处置

1.事故发生单位负责人接到事故报告后,应当立即启动事故应急响应,采取有效措施,组织抢救,防止事故扩大,减少人员伤亡和财产损失。有关单位和人员应妥善保护事故现场以及相关证据,因抢救人员、防止事故扩大以及疏通交通等原因,需要移动事故现场物件的,应当做出标志,绘制现场简图并做出书面记录,妥善保存事故现场重要痕迹、物证。

2.事故发生地有关地方人民政府、安全生产监督管理部门和负有安全生产监督管理职责的有关部门接到事故报告后,其负责人应当按照生产安全事故应急预案的要求立即赶赴事故现场,组织事故救援。参与事故抢救的部门和单位应当服从统一指挥,加强协同联动,采取有效的应急救援措施,并根据事故救援的需要采取警戒、疏散等措施,防止事故扩大和次生灾害的发生,减少人员伤亡和财产损失。

二、事故调查

(一)事故调查基本原则

1.实事求是的原则

一是必须全面、彻底查清生产安全事故的原因,不得弄虚作假;二是在认定事故性质、分析事故责任时一定要从实际出发,根据实际情况明确事故责任;三是在提出对事故责任者的处理意见时,要根据事故责任划分;四是总结事故教训、落实事故整改措施要实事求是。

2.尊重科学的原则

一是要有科学的态度,不主观臆想,防止个人意识主导,做到客观、公正;二是要特别注意充分发挥专家和技术人员的作用,对事故原因的查明、事故责任的分析、认定建立在科学的基础上。

(二)事故调查工作的职责划分

事故调查工作实行“政府统一领导、分级负责”的原则。

1.特别重大事故的调查

特别重大事故由国务院或者国务院授权的部门组织事故调查组进行调查。

2.重大事故以下等级事故的调查

(1)普通事故的调查。重大事故、较大事故、一般事故分别由事故发生地省级人民政府、设区的市级人民政府、县级人民政府负责调查,也可以授权或者委托有关部门组织调查组进行调查。未造成人员伤亡的事故,县级人民政府也可以委托事故发生单位组织事故调查组进行调查。

(2)煤矿事故的调查。煤矿发生重大事故,由省级煤矿安全监察机构组织事故调查组进行调查,省级人民政府及其有关部门参加调查;发生较大事故、一般事故,由负责监察事故发生地煤矿的煤矿安全监察分局组织事故调查组进行调查。

(3)铁路交通事故的调查。发生重大事故由国务院铁路主管部门组织事故调查组进行调查,较大事故和一般事故由事故发生地铁路管理机构组织事故调查组进行调查。

(4)跨行政区域发生的事故的调查。特别重大事故以下等级事故,事故发生地与事故发生单位不在同一个县级以上行政区域的,由事故发生地人民政府负责调查,事故发生单位所在地人民政府应当派人参加。

(三)事故调查组的组成

事故调查组的组成应当遵循精简、效能的原则。根据事故的具体情况,事故调查组由有关人民政府、安全生产监督管理部门、负有安全生产监督管理职责的有关部门、监察机关、公安机关以及工会派人组成,并应当邀请人民检察院派人参加。事故调查组可以聘请有关专家参与调查。

对未造成人员伤亡的事故,县级人民政府可委托事故发生单位自行调查,事故调查组可由事故发生单位各相关职能部门人员组成。

(四)事故调查组的职责

1.查明事故发生的经过:事故的具体时间、地点,事故现场状况及事故现场保护情况,事故发生后采取的应急处置措施情况，事故报告经过，事故抢救情况，事故善后处理情况。

2.查明事故发生的原因：事故发生的直接原因、间接原因。

3.查明人员伤亡情况：事故发生时人员涉险情况，事故当场人员伤亡情况及人员失踪情况，事故抢救过程中人员伤亡情况，最终伤亡情况。

4.查明事故的直接经济损失：人员伤亡后所支出的费用，事故善后处理费用，事故造成的财产损失费用。

5.认定事故的性质和事故责任：对认定为责任事故的，要按照责任大小和承担责任的不同分别认定下列事故责任：

(1)直接责任者，即其行为与事故发生有直接责任的人员，如违章作业人员。

(2)主要责任者，即对事故发生负有主要责任的人员，如违章指挥者。

(3)领导责任者，即对事故发生负有领导责任的人员。

6.提出对事故责任者的处理建议：对事故责任者的行政处分、纪律处分建议，对事故责任者的行政处罚建议，对事故责任者追究刑事责任的建议，对事故责任者追究民事责任的建议。

7.总结事故教训：针对安全生产管理、安全投入、安全条件等方面存在的不足和漏洞，查找事故根源。

8.提出事故防范措施和整改意见：提出事故防范措施和整改建议。

9.提交事故调查报告：该调查报告必须经事故调查组全体成员讨论通过并签名。

(五)事故调查的基本方法

1.事故调查的取证

(1)现场处理

①事故发生后，应救护受伤者，采取有效措施防止事故扩大。

②保护事故现场，与事故有关的物体、痕迹、状态，不得破坏。

③为抢救受伤者需要移动现场物体时，必须做好现场标志。

(2)物证搜集

①现场物证包括：破损部件、碎片、留物、致害物等。在现场搜集到的所有物件均贴上标签，注明地点、时间、管理者。

②所有物件应保持原样，不得冲洗。

③对有害物品，应采取不损坏原始证据的安全防护措施。

(3)事故事实材料的搜集(见表1-9-1)

表1-9-1

与事故鉴别、记录有关的材料	①发生事故的单位、地点、时间。 ②受害人和肇事者的姓名、性别年龄、文化程度、职业、技术等级、工龄、本工种工龄、支持工资的形式。 ③受害人和肇事者的技术状况，接受教育情况。 ④出事当天，受害人和肇事者什么时间开始工作、工作内容、工作量、作业程序、操作时的动作(或位置)。 ⑤受害人和肇事者过去的事故记录。

（续表）

事故发生的有关事实	①事故发生前设备、设施等的性能和质量状况。 ②使用的材料，必要时进行物理性能或化学性能实验与分析；有关设计和工艺方面的技术文件、工作指令和规章制度方面的资料及执行情况。 ③关于工作环境方面的状况。包括照明、湿度、温度、通风、声响、色彩度、道路、工作面状况及工作环境中的有毒、有害物质取样分析记录。 ④个人防护措施状况，应注意它的有效性、质量、使用范围。 ⑤出事前受害人或肇事者的健康状况。 ⑥其他可能与事故致因有关的细节或因素。

(4)证人材料搜集

事故发生后，需尽快搜集被调查者相关材料，认真询问当事人。对证人的口述材料，应当考证其真实程度。

(5)现场摄影及绘图

①显示残骸和受害者原始存息地的照片。

②可能被清除或被践踏的痕迹，如刹车痕迹、地面和建筑物的伤痕、火灾引起损害的照片、冒顶下落物的空间等。

③事故现场全貌。

④利用摄影或录像，提供较完善的信息内容。

⑤必要时，绘出事故现场示意图、流程图等。

2.技术鉴定

事故调查中需要进行技术鉴定的，事故调查组应当委托具有国家规定资质的单位进行技术鉴定。必要时，事故调查组可以直接组织专家进行技术鉴定。技术鉴定所需时间不计入事故调查期限。

3.事故分析

事故原因分直接原因和间接原因。直接原因通常是一种或多种不安全行为、不安全状态或者两者共同作用的结果。间接原因可追踪于管理措施及决策的缺陷，或环境的因素。分析事故时，应从直接原因入手，逐步深入到间接原因，从而掌握事故的全部原因。（见表 1-9-2）

表 1-9-2

在事故原因分析时通常要明确的内容	在事故发生之前存在什么样的征兆 不正常的状态是在哪儿发生的 在什么时候首先注意到不正常的状态 不正常状态是如何发生的 事故为什么会发生 事件发生的可能顺序及可能原因 分析可选择的事件发生顺序

(1)事故原因分析的基本步骤

①整理和阅读调查材料。

②分析受伤部位、受伤性质、起因物、致害物、伤害方式、不安全状态、不安全行为。

③确定事故的直接原因。

④确定事故的间接原因。

⑤确定事故责任者。

(2)直接原因分析

在《企业职工伤亡事故调查分析规则》中规定,属于下列情况者为直接原因:

1)机械、物质或环境的不安全状态(见表 1-9-3)

表 1-9-3

防护、保险、信号等装置缺乏或有缺陷	①无防护 ②防护不当
设备、设施、工具、附件有缺陷	①设计不当,结构不合安全要求 ②强度不够 ③设备在非正常状态下运行 ④维修、调整不良
个人防护用品用具－防护服、手套、护目镜及面罩、呼吸器官护具、听力护具、安全带、安全帽、安全鞋等缺少或有缺陷	①无个人防护用品、用具 ②所用的防护用品、用具不符合安全要求
生产(施工)场地环境不良	①照明光线不良 ②通风不良 ③作业场所狭窄 ④作业场地杂乱 ⑤交通线路的配置不安全 ⑥操作工序设计或配置不安全 ⑦地面滑 ⑧贮存方法不安全 ⑨环境温度、湿度不当

2)人的不安全行为

①操作错误,忽视安全,忽视警告。

②造成安全装置失效。

③使用不安全设备。

④手代替工具操作。

⑤物体(指成品、半成品、材料、工具、切屑和生产用品等)存放不当。

⑥冒险进入涵洞。

⑦攀、坐不安全位置(如平台护栏、汽车挡板、吊车吊钩)。

⑧在起吊物下作业、停留。

⑨机器运转时加油、修理、检查、调整、焊接、清扫等工作。

⑩有分散注意力行为。

⑪在必须使用个人防护用品用具的作业或场合中,忽视其使用。

⑫不安全装束。

⑬对易燃、易爆等危险物品处理错误。

(3)间接原因分析

①技术和设计上的缺陷。

②教育培训不够,未经培训、缺乏或不懂安全技术操作技术知识。

③劳动组织不合理。

④对现场工作缺乏检查或指导错误。

⑤安全操作规程没有或不健全。

⑥没有或不认真实施事故防范措施,对事故隐患整改不力。

(六)事故调查时限和事故报告的主要内容

1.事故调查时限

原则上,事故调查组应当自事故发生之日起 60 日内提交事故调查报告;特殊情况下,提交事故调查报告的期限经负责事故调查的人民政府批准可以适当延长,但延长的期限最长不超过 60 日。

2.事故调查报告的主要内容

事故调查报告正文应当包括下列内容:

(1)事故发生单位概况。

(2)事故发生经过和事故救援情况。

(3)事故造成的人员伤亡和直接经济损失。

(4)事故发生的原因和事故性质。

(5)事故责任的认定以及对事故责任者的处理建议。

(6)事故防范和整改措施。

三、事故处理

(一)有关事故处理的规定

1.事故调查报告的批复期限

事故调查报告由负责组织事故调查的人民政府批复。重大事故、较大事故、一般事故自收到事故调查报告之日起 15 日内做出批复;特别重大事故 30 日内做出批复,特殊情况下,批复时间可以适当延长,但延长的时间最长不超过 30 日。

2.事故责任追究的落实

有关部门应当按照人民政府的批复,依照法律、行政法规规定的权限和程序,对事故发生单位和有关人员进行行政处罚,对负有事故责任的国家工作人员进行处分;事故发生单位应当按照负责事故调查的人民政府的批复,对本单位负有事故责任的人员进行处理;负有事故责任的人员涉嫌犯罪的,依法追究刑事责任。

3.防范和整改措施的落实及其监督检查

事故发生单位应当认真吸取事故教训,落实防范和整改措施。防范和整改措施的落实情况应当接受工会和职工的监督。安全生产监督管理部门应当对事故发生单位负责落实防范和整改措施的情况进行监督检查。所谓监督检查,主要是指通过信息反馈、情况反映、实地检查等方式及时掌握事故发生单位落实防范和整改措施的情况,对未按照要求落实的,督促其落实;经督促仍不落实的,依法采取有关措施。

(二)有关事故责任追究的规定

1.行政责任

(1)安全生产责任的行政处分规定

主要是对职务性过错的制裁,包括不作为失职处分和作为失职处分。

(2)安全生产责任的行政处罚规定

在《安全生产法》《职业病防治法》《消防法》《矿山安全法》《建筑法》《道路交通安全法》和《生产安全事故报告和调查处理条例》等法律、法规中,对违反安全规定或因违法行为造成事故的责任人(公民、法人或其他组织)的行政处罚,都有具体规定。

2.刑事责任

行为人因犯罪行为而应承受的,是由司法机关代表国家所确定的否定性法律后果。认定和追究刑事责任的主体是国家审判机关即各级人民法院;承担刑事责任的主体只能是刑事违法者本人。

与安全生产有关的犯罪主要有:危害公共安全罪,渎职罪,生产、销售伪劣商品罪和重大环境污染事故罪。

《安全生产法》对刑事责任作了具体的规定。

3.民事责任

行为人违反民事法律、违约或者由于民法规定所应承担的一种法律责任。民事责任主要表现为财产责任,是一种救济责任,用于救济当事人的权利,赔偿或补偿当事人的损失。

安全生产的民事责任主要是侵权民事责任,包括财产损失赔偿责任和人身伤害民事责任。

《安全生产法》对民事责任作了具体的规定。

4.法律法规有关处罚规定

(1)《刑法修正案(六)》规定:“在安全事故发生后,负有报告职责的人员不报或谎报事故情况,贻误事故抢救,情节严重的,处三年以下有期徒刑或拘役;情节特别严重的,处三年以上七年以下有期徒刑。”

(2)《生产安全事故报告和调查处理条例》(国务院令第 493 号)规定:“事故发生单位主要负责人在事故发生后,不立即组织抢救的,迟报或漏报事故的,或在事故调查处理期间擅离职守的处上一年年收入 40%～80%的罚款。”

事故发生单位及其有关人员谎报或瞒报事故的;伪造或故意破坏事故现场的;转移、隐匿资金、财产,或者销毁有关证据、资料的;拒绝接受调查或者拒绝提供有关情况和资料的;在事故调查中作伪证或指使他人伪证的;或事故发生后逃匿的。对事故发生单位处 100 万处以上 500 万元以下的罚款;对主要负责人、直接负责的主管人员和其他直接责任人员处上一年年收入 60%～100%的罚款。

《安全生产法》规定:事故发生单位对事故发生负有责任的,除要求其依法承担相应的赔偿责任外,由安全生产监督管理部门依照下列规定处以罚款:发生一般事故的,处 20 万元以上 50 万元以下罚款;发生较大事故的,处 50 万元以上 100 万元以下罚款;发生重大事故的,处 100 万元以上 500 万元以下罚款;发生特别重大事故的,处 500 万元以上 1 000万元以下的罚款;情节特别严重的,处 1 000 万元以上 2 000 万元以下的罚款。

(3)《生产安全事故信息报告和处置办法》(安监总局令第 21 号)规定:“生产经营单位对较大涉险事故迟报、漏报、谎报或者瞒报的,给予警告,并处 3 万元以下的罚款。”

第三节　企业生产安全事故统计分析

一、事故统计分析的目的

事故统计分析的目的，是通过合理地搜集与事故有关的资料、数据，并应用科学的统计方法，对大量重复显现的数字特征进行整理、加工、分析和推断，找出事故发生的规律和事故发生的原因，为制定法规、加强工作决策，采取预防措施，防止事故重复发生，起到重要指导作用。

二、事故统计分析的基本任务

1.对事故进行统计调查，弄清事故发生的情况和原因。

2.对一定时间内、一定范围内事故发生的情况进行测定。

3.根据大量统计资料，对一定时间内、一定范围内事故发生的情况、趋势以及事故参数的分布进行分析、归纳和推断。

三、事故统计分析的步骤

事故统计分析工作一般分为 3 个步骤。

(一)资料搜集

资料搜集又称统计调查。伤亡事故统计是一项经常性的统计工作，采用报告法，下级按照国家制定的报表制度，逐级将伤亡事故报表上报。

(二)资料整理

资料整理又称统计汇总，将搜集的事故资料进行审核、汇总，如按事故类别、事故原因等分组，然后按组进行统计计算。

(三)综合分析

综合分析是将汇总资料及有关数据填入统计表或绘制统计图，使大量的零星资料系统化、条理化、科学化，是统计工作的结果。

四、事故统计分析常用技术工具

1.常用图表：条形图、推移图（又称趋势图、折线图）、甘特图、扇形图。

2.排列图（又称柏拉图）。

3.因果图（又称鱼刺图）。

4.分层法。

5.直方图。

6.控制图。

7.检查表。

五、事故统计指标体系

事故统计指标通常分为绝对指标和相对指标。

绝对指标是指反映伤亡事故全面情况的绝对数值，如事故次数、死亡人数、重伤人数、轻伤人数、直接经济损失、损失工作日等。

相对指标，伤亡事故的两个相联系的绝对指标之比，表示事故的比例关系，如千人死亡率、千人重伤率、百万吨死亡率等。

为了综合反映我国生产安全事故情况，国家安全生产监督管理总局对统计指标体系进行了改革，提出了适应我国的生产安全事故统计指标体系。分为四大类：

(一)综合类伤亡事故统计指标体系

包括事故起数、死亡事故起数、受伤人数、直接经济损失、重大事故起数、重大事故死亡人数、特别重大事故起数、特别重大事故死亡人数、重大事故率、特大事故率等。

(二)工矿企业类伤亡事故统计指标体系

包括煤矿企业统计指标、金属和非金属矿企业伤亡事故统计指标、工商企业事故统计指标、建筑业伤亡事故统计指标、危险化学品伤亡事故统计指标、烟花爆竹伤亡事故统计指标。

这 6 类指标均包括上述综合类指标。煤矿企业伤亡事故统计指标还包括百万吨死亡率。

(三)行业类伤亡事故统计指标体系

包括道路交通事故统计指标(含万车死亡率)、火灾事故统计指标、水上交通事故统计指标、铁路交通事故统计指标、民航飞行事故统计指标、农机事故统计指标、渔业船舶事故统计指标。

(四)地区安全评价类统计指标体系

包括事故起数、死亡人数、直接经济损失、重大事故起数、重大事故死亡人数、特大事故起数、特大事故死亡人数、特别重大事故起数、特别重大事故死亡人数、亿元国内生产总值(GDP)死亡率、10 万人死亡率。

六、职业卫生常用统计指标

对职工健康监护资料应及时加以整理、分析、评价并反馈，使之成为开展和搞好职业卫生工作的科学依据。评价方法分为个体评价和群体评价。个体评价主要反映个体接触量及其对健康的影响，群体评价包括作业环境中有害因素的强度范围、接触水平与机体的效应等。在分析和评价时，常需计算一些用于反映职业性危害情况的指标，如发病率、患病率等。

(一)发病率(检出率、受检率)

发病率是指一定时期(年、季、月)内，特定人群中发生某种职业病新病例的频率。

$$发病率(\%)=\frac{某个时期内新发现的病例数}{该时期内平均工人数}\times 100\%$$

$$检出率(\%)=\frac{检查时新发现的病例数}{受检工人数}\times 100\%$$

$$受检率(\%)=\frac{实际受检工人数}{应受检工人数}\times 100\%$$

发病率可以反映该作业的发病情况，还可以说明已采取预防措施后的效果。发病率可以按厂矿计算，也可以按车间、工种或工龄分组计算。

在计算发病率时应注意以下问题：

1.发病率以新发病例来计算，要明确该病例的发病时间，而对于某些慢性病或发病时间难以确定的疾病如尘肺等若要确定哪些人是新发病例比较困难，这时就采用确定诊断的时间来计算。

2.计算发病率(检出率)时该作业工人数不包括该时期以前已确诊为该疾病的人数。

3.计算慢性病如尘肺的检出率时，被检工人数是指从事该作业一年以上的工人数。

4.受检率达到90%以上时，计算发病率或患病率才有意义。

(二)患病率

计算患病率可以一般的了解历年来累积的患者数、发病概况和防治措施的实际效果，但不能具体说明某个时期内疾病发生和疾病严重程度的情况。在应用患病率进行分析对比时，还应考虑到不同人群中性别、年龄和工龄等因素的差异。

$$患病率(\%)=\frac{检查时发现的新旧病例总数}{从事该作业受检的工人数}\times 100\%$$

(三)疾病构成比

这个指标可以说明各种不同疾病或某一种轻重程度不同(轻度、中度、重度)职业病的分布情况。例如要了解矽肺在所有尘肺中所占比例或Ⅰ期矽肺在各期矽肺中所占比例。

$$矽肺例数与尘肺总例数之比=\frac{矽肺病例数}{尘肺总例数}\times 100\%$$

(四)平均发病工龄

是指工人从开始从事某种作业(如矽尘作业)起到确诊为该作业有关的职业病(矽肺)时所经历的时间。

$$矽肺平均发病工龄=\frac{确诊为\text{Ⅰ}期矽肺时矽尘作业工龄总和}{\text{Ⅰ}期矽肺病例数}\times 100\%$$

(五)平均病程期限

为了反映某些职业病(如尘肺)进展的速度和防治措施的效果，就需要计算平均病程期限。

$$平均病程期限=\frac{某时期内某病患者由确诊至死亡的时间(年、月)总和}{该时期内死于该病的例数}$$

(六)其他指标

$$病死率(\%)=\frac{某个时期内死亡于某病的例数}{该时期内患该病的例数}\times 100\%$$

$$病伤缺勤率(\%)=\frac{某个时期内因病伤缺勤日数}{该时期内应出勤工作日数}\times 100\%$$

通过统计分析,可以发现对工人健康和出勤率影响较大的疾病及其所在部门与工种,从而深入探索其原因,采取相应的防护策略。

对于一些作用比较明确的职业性有害因素所致健康损害,可用较为敏感、特异的指标进行动态观察和分析。

七、生产安全事故报表制度

真实完整地收集和记录每起事故数据,是进行事故统计分析的基础。《生产安全事故统计制度》(安监总统计〔2008〕63 号)设计了两张基层报表,用来收集和记录生产经营单位发生的每起事故。

(一)统计内容

基层报表的各项指标归纳起来分为以下 4 个方面:

1.事故发生单位情况:名称、地址、法人代码、从业人员数、企业规模、控股类型、主管部门、管理分类。

2.事故情况:发生地点、日期、时间,所属行业、事故类别、人员伤亡总数、事故原因、受害人损失工作日、直接经济损失、起因物、致害物、不安全行为。

3.事故概况:事故经过、原因分析、事故教训和防范措施、结案情况、其他需要说明的情况。

4.伤亡人员情况:姓名、性别、年龄、工种、工龄、文化程度、职业、伤害程度、死亡日期、损失工作日。

5.煤矿情况:煤矿类型、事故发生地点、统计类别(煤炭生产和基本建设)、事故类别、致害原因。

(二)报表的报送程序

伤亡事故统计实行地区考核为主的制度,采用逐级上报的程序。

八、伤亡事故经济损失计算方法

伤亡事故经济损失计算方法和标准按照《企业职工伤亡事故经济损失统计标准》进行计算。伤亡事故经济损失:企业职工在生产过程中发生伤亡事故所引起的一切经济损失,包括直接经济损失和间接经济损失。参照《企业职工伤亡事故经济损失统计标准》。

(一)直接经济损失

因事故造成人身伤亡及善后处理支出的费用和毁坏财产的价值。包括:

1.人身伤亡后所支出的费用(医疗费、丧葬及抚恤费、补助及救济费、歇工工资)。

2.善后处理费用(处理事故的事务性费用、现场抢救费用、清理现场费用、事故罚款和赔偿费用)。

3.财产损失价值(固定资产损失价值、流动资产损失价值)。

(二)间接经济损失

因事故导致财产减少、资源破坏和受事故影响而造成其他损失的价值。

1.停产、减产损失价值。

2.工作损失价值。

3.资源损失价值。

4.处理环境污染的费用。

5.补充新职工的培训费用。

6.其他损失费用。

(三)经济损失的评价指标

1.千人经济损失率。

2.百万元产值经济损失率。

九、事故伤害损失工作日

事故伤害损失工作日的计算,在《事故伤害损失工作日标准》中作了较为详细的说明,以人体伤害程度计算损失工作日。

该标准共分为以下几个方面计算损失工作日:肢体损伤、眼部损伤、鼻部损伤、耳部损伤、口腔颌面损伤、头皮及颅脑损伤、颈部损伤、胸部损伤、腹部损伤、骨盆部损伤、脊柱损伤等。在每一类中又有许多小的类别,在计算事故伤害损失工作日时,可以从大类到小类分别查表得到。

第二篇 DIERPIAN

第一章　机械电气安全技术

机械是人类进行生产活动的重要工具，是现代生产和生活必不可少的设备。随着科技的进步，机械设备的功能日益增强、使用范围不断扩大、电气自动化控制程度越来越高，机械设备在给人们生产、生活带来高效、快捷的同时，也带来了安全隐患，频频发生的机械伤害事故，给人们的生命和财产安全都带来巨大损失。由此，机械电气设备的安全问题已引起了全社会的广泛重视。

第一节　机械电气安全基础知识

一、机械安全基础知识

机械安全是指从生产过程中人的安全需要出发，在使用机械的全过程的各种状态下，达到使人免受危险、有害因素伤害的安全状态和安全保障条件。机械安全是由组成机械的各部分及整机的安全状态、使用机械的人的安全以及由机器和人的和谐关系来保证的。

(一)机器的组成

1.机械的概念

机械是由若干相互联系的零部件按一定规律装配起来，能够完成一定功能的装置，是机构和机器的通称。一般机械装置由电气元件实现自动控制。

2.机器的组成

机器是执行机械运动的装置，用来变换或传递能量、物料或信息。机器的发展经历了一个由简单到复杂的过程，它是由若干相互联系的零部件按一定规律装配而成，能够完成一定功能的整体。随着科技的发展，有些机器还包含了使其内部各机构正常动作的控制系统和信息处理与传递系统等。因此，一部完整的机器通常由原动机、传动机构、执行机构以及控制系统等组成(如图 2-1-1 所示)。现代机器不仅可以代替人的体力劳动，而且可以代替人的脑力劳动，如智能机器人。

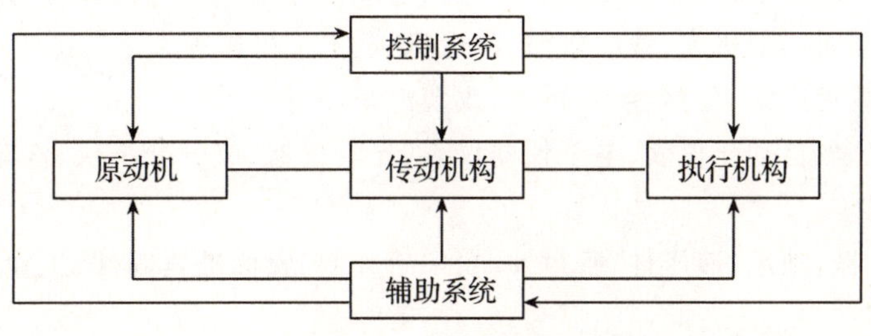

图 2-1-1　机械的组成

(1)原动机:是驱动整部机器以完成预定功能的动力源。通常一部机器只有一个原动机,复杂的机器也可能有几个动力源。现代机器中使用的原动机大都以电动机和热力机为主。

(2)执行机构:是用来完成机器预定功能的组成部分。它是通过利用机械能(如刀具或其他器具与物料的相对运动或直接作用)来改变物料的形状、尺寸、状态或位置的机构。一台机器可以只有一个执行机构,也可以把机器的功能分解成多个执行机构,机器种类不同,其执行部分的结构和工作原理就不同。

(3)传动机构:是用来将原动机和工作机联系起来,传递运动和动力或改变运动形式的机构。例如把旋转运动变为直线运动,高转速变为低转速、小转矩变为大转矩。常见的传动机构有齿轮传动、带传动、链传动、曲柄连杆机构等。

(4)控制系统:是用来操纵机械的启动、制动、换向、调速等运动,控制机械的压力、温度、速度、方向等工作状态的机构系统。它包括各种操纵器和显示器。人通过操纵器来控制机械,显示器可以把机械的运行情况适时反馈给人,以便及时、准确地控制和调整机械的状态,以保证作业任务的顺利进行并防止事故发生。控制系统有时也要控制辅助系统,如冷却系统中的循环水,就可通过控制阀门来控制循环水的流动。

(5)辅助系统:是机器完成预定功能的一个重要组成部分。例如汽车中的后视镜、刮雨器、循环水的流经管道等。

一般情况下,传动机构和执行机构集中了机器上几乎所有的可动零部件。它们种类众多、运动各异、形状复杂、尺寸不一,是机械的危险区。传动机构不与作业对象直接作用,不需要操作者频繁接触,常用各种防护装置隔离或屏蔽起来;执行机构直接与作业对象作用,需要操作人员不断介入,使操作区成为机械伤害事故的高发区,成为安全防护的重点和难点。

(二)机械产品分类

1.机械行业的主要产品包括以下12类:

(1)农业机械:拖拉机、播种机、收割机等。

(2)重型矿山机械:冶金机械、矿山机械、起重机械、装卸机械、工矿车辆、水泥设备等。

(3)工程机械:叉车、铲土运输机械、压实机械、混凝土机械等。

(4)石油化工通用机械:石油钻采机械、炼油机械、化工机械、泵、风机、阀门、气体压缩机、制冷空调机械、造纸机械、印刷机械、塑料加工机械、制药机械等。

(5)电工机械:发电机械、变压器、电动机、高低压开关、电焊机、家用电器等。

(6)机床:金属切削机床、锻压机械、铸造机械、木工机械等。

(7)汽车:载货汽车、公路客车、轿车、改装汽车、摩托车等。

(8)仪器仪表:自动化仪表、电工仪器仪表、光学仪器、成分分析仪、汽车仪器仪表、电教设备、照相机等。

(9)基础机械:轴承、液压件、密封件、粉末冶金制品、标准紧固件、工业链条、齿轮、模具等。

(10)包装机械:包装机、装箱机、输送机等。

(11)环保机械:水污染防治设备、大气污染防治设备、固体废物处理设备等。

(12)其他机械。

2.非机械行业的主要产品

主要包括铁道机械、建筑机械、纺织机械、轻工机械、船舶机械等。

二、电气安全基础知识

(一)电学知识

1.电流

电荷有规则的运动就称电流。在金属导体中,电流是自由电子在电场作用下做有规则的运动形成的。

电流的大小取决于在一定时间内通过导体横截面的电荷量多少,用电流来衡量。电流的单位一般使用安培(A)、千安(kA)、毫安(mA)和微安(μA)。在生产和生活中,一般把电流分为直流电与交流电。

(1)直流电:指方向不随时间变化的电流。而大小和方向都不随时间变化的电流称稳恒直流电。

(2)交流电:指大小和方向都随时间变化的电流,也称交变电流。

2.电压

又称电位差,是衡量电场做功本领大小的物理量。

电场中某点的电位是指在电场中将单位正电荷从该点移至电位参考点时电场力所做的功。

电压是指电场中某两点之间的电位差或电压降。单位一般使用伏特(V)、千伏(kV)、毫伏(mV)和微伏(μV)。

3.电阻

一般来说,导体对电流的阻碍作用就称为电阻,用字母标示。单位一般使用欧姆,简称欧(Ω),还有千欧(kΩ)和兆欧(MΩ)。

(二)电气事故的特点

1.电气事故危害大

电气事故的发生伴随着危害和损失,严重的电气事故不仅带来重大的经济损失,甚至还可能造成人员伤亡。发生事故时,电能直接作用于人体,会造成电击;电能转换为热能作用于人体,会造成烧伤或烫伤;电能脱离正常的通道,会形成漏电、接地或短路,构成火灾、爆炸的起因。一旦发生大规模停电事故,危害波及面广,会给工农业生产、交通运输甚至居民生活等带来严重影响。人员密集场所一旦发生异常停电事故,有时会引发危及公共安全的恶性事件,形成群死群伤事故。

2.电气事故的危险直观识别难

由于电既看不见、听不见,又嗅不着,其本身不具备为人们直观识别的特征。由电所引发的危险不易为人们所察觉、识别。因此,电气事故的发生往往猝不及防。这给电气事故的防护及人员教育带来难度。

3.电气事故类型多

电气事故并不仅仅局限在用电领域的触电、设备和线路故障等，在一些非用电场所，电能的释放也会造成灾害或伤害，如雷电、静电和电磁场危害等，都属于电气事故的范畴。

4.电气事故防护综合性强

一般来说，电气事故的根本原因是安全组织措施不健全和安全技术措施不完善。实践表明，即使有完善的技术措施，如果没有相适应的组织措施，仍然会发生电气事故。因此，必须重视防止电气事故的综合措施。

(三)电流对人体伤害程度的影响因素

当电流通过人体内部时，会令人产生发麻、刺痛、压迫、打击等感觉，还会使人出现痉挛、血压升高、昏迷、心律不齐、窒息、心室颤动等症状，严重时导致死亡。电流对人体伤害的严重程度与电流的大小、电流持续时间、电流种类、电流途径和人体电阻、人体的健康状况等因素有关。

1.伤害程度与电流大小的关系

通过人体的电流越大，人体的生理反应越明显，伤害越严重。对于工频交流电，按通过人体的电流强度的不同以及人体呈现的反应不同，将作用于人体的电流划分为三种，它们通过人体时与人体伤害程度的关系见表 2-1-1。

(1)感知电流和感知阈值

感知电流是指通过人体并引起人体有感觉的最小电流。不同的人，感知电流值是不同的。就平均值而言，成年男性感知电流约为 1.1 mA(有效值，下同)；成年女性约为 0.7 mA。对于群体而言，感知电流的最小值称为感知阈值。感知阈值可按 0.5 mA 考虑，并与时间因素无关。感知电流一般不会对人体造成伤害，但可能因不自主反应而导致由高处跌落等二次事故。

(2)摆脱电流和摆脱阈值

摆脱电流是指人触电后能够自行摆脱带电体的最大电流。超过摆脱电流时，人体受刺激肌肉收缩或中枢神经失去对手的正常指挥作用，导致无法自主摆脱带电体。不同的人，摆脱电流值是有差异的。就平均值而言，成年男性摆脱电流约为 16 mA，成年女性约为 10.5 mA，儿童的摆脱电流较成年人要小。相对于正常群体而言，摆脱电流的最小值称为摆脱阈值。成年男性的摆脱阈值约为 9 mA，成年女子的摆脱阈值为 6 mA。由此可见，摆脱阈值约为 10 mA。

(3)室颤电流和室颤阈值

室颤电流是指通过人体引起心室颤抖的最小电流。不同的人，室颤电流的大小是不同的。对于正常群体而言，最小的室颤电流被定义为室颤阈值。由于心室颤动一般将导致死亡，故室颤电流是致命的。室颤电流与电流持续时间关系密切。当电流持续时间超过心脏周期时，室颤电流约为 50 mA；当电流持续时间小于心脏周期时，室颤电流为数百毫安。当电流持续时间小于 0.1 s，只有电击发生在心脏易损期，500 mA 以上乃至数安的电流才能够引起心室颤动。

表 2-1-1　通过人体电流大小与人体伤害程度的关系　　单位：mA

电流类型	分类		
	交流电（工频）		直流电（平均值）
	成年男性	成年女性	
感知电流	1.1	0.7	5
摆脱电流	1.1～16	0.7～10	5～50
室颤电流	≥16	≥10	≥50

注：表格中电流数值是大量统计结果得出的一个近似值。

2.伤害程度与通电时间的关系

通过人体电流的持续时间越长，越容易引起心室颤动，危险性就越大。这主要是因为：

(1)能量积累。电流持续时间越长，能量积累越多，心室颤动电流减小，使危险性增加。

(2)与心脏易损期重合的可能性增大。电流持续时间越长，与心脏易损期重合的可能性就越大，电击的危险性就越大。

(3)人体电阻下降。电流持续时间越长，人体电阻因皮肤发热、出汗等原因而降低，使通过人体的电流逐渐增加，危险性也随之增加。

3.伤害程度与电流途径的关系

电流通过心脏、中枢神经和脊椎等要害部位时，电击的伤害最为严重。

电流通过心脏会引起心室颤动，电流较大时会使心脏停止跳动，从而导致血液循环中断而死亡。

电流通过中枢神经或有关部位，会引起中枢神经严重失调而导致死亡。

电流通过头部会使人昏迷，或对脑组织产生严重损坏而导致死亡。

电流通过脊髓，会使人瘫痪等。

上述伤害中，以心脏伤害的危险性最大。因此，流经心脏的电流多、电流路线短的途径是危险性最大的途径。

4.伤害程度与人体健康状况的关系

由于人体身体状况不同，不同的人对电流的敏感程度以及不同的人在遭受同样电流的电击时其危险程度都不完全相同。

(1)电流作用于人体时，女性对电流较男性敏感。女性的感知电流和摆脱电流约比男性低三分之一，女性的危险性较男性大。

(2)儿童的危险较成人大。

(3)体弱有病者较健壮者危险大。

(4)一般体重小者较体重大者的危险大。

在皮肤干燥时，人体工频总阻抗一般可按 1 000～3 000 Ω 考虑；潮湿的情况下，可按 500～800 Ω 考虑。

(四)触电事故的分布规律

大量的统计资料表明，触电事故的分布是有规律的。触电事故的分布规律为制定安全措施，最大限度地减少触电事故发生率提供了有效依据。根据国内外的触电事故统计资料分析，触电事故的分布具有如下规律：

1.触电事故的季节性明显

一年中，二、三季度是事故多发期，尤其在6～9月最集中。其原因主要是这段时间正值炎热季节，人体穿着单薄且皮肤多汗，相应增大了触电的危险性。另外，这段时间潮湿多雨，电气设备的绝缘性能有所降低。再者，这段时间许多地区处于农忙季节，用电量增加，农村触电事故也随之增加。

2.低压设备触电事故多

低压触电事故远多于高压触电事故，其主要原因是低压设备远多于高压设备，缺乏电气安全知识的人员多是与低压设备接触。因此，应当将低压电气设备作为防止触电事故的重点。

3.携带式设备和移动式设备触电事故多

主要是因为这些设备经常移动，工作条件较差，容易发生故障。另外，在使用时需用手握持操作。

4.电气连接部位触电事故多

电气连接部位机械牢固性较差，电气可靠性也较低，是电气系统的薄弱环节，较易出现故障。

5.农村触电事故多

主要是因为农村用电条件相对较差，电气安全技术措施和管理制度相对薄弱，人员缺乏电气安全知识等。

6.青年、中年人以及非电工作业人员触电事故多

主要是因为这些人员是设备操作人员的主体，他们直接接触电气设备，部分人员还缺乏电气安全知识。

7.冶金、矿业、建筑、机械行业触电事故多

这些行业存在工作现场环境复杂，潮湿、高温，移动式设备和携带式设备多，现场金属设备多等不利因素，使触电事故相对较多。

8.误操作事故较多

主要是由于防止误操作的技术措施和管理措施不完备。

触电事故的分布规律并不是一成不变的，在一定的条件下，也会发生变化。例如，在低压系统安装剩余电流动作保护装置，使低压触电事故大大降低。上述规律对于电气安全检查、电气安全工作计划、实施电气安全措施以及电气设备的设计、安装和管理等工作提供了重要的依据。

(五)触电急救

触电急救的要点：动作迅速、方法正确。发生触电后，现场急救是十分关键的，如果处理及时、正确，迅速而持久地进行抢救，很多触电人员虽心脏停止跳动、呼吸中断，但仍可以获救。使触电者尽快脱离电源是救助触电者时首先要做的。

1.低压触电时脱离电源的方法

(1)如果电源开关或电源插头在触电地点附近，应立即断开开关或拔出插头，切断电源。

(2)如果电源开关或电源插头距离触电现场较远时，应迅速用绝缘电工钳或断线钳剪断电源线，断开电源。

(3)当电线搭落在触电者身上时，可用干燥的衣服、手套、绳索、木板、木棒等绝缘物作为工具，拉开触电者或挑开电线，使触电者脱离电源。

(4)如果触电者的衣服很干燥，且未曾紧缠在身上，可用手抓住触电者的衣服，拉离电源。但因触电者的身体是带电的，其鞋子的绝缘也可能遭到破坏，救护人员不得接触触电者的皮肤，也不能触摸他的鞋子。

2.高压触电时脱离电源的方法

当发生高压触电时，一般线路上设置的自动切断供电保护装置会迅速切断供电。在没有设置自动切断供电保护装置的高压线路中触电时，可按下列方法进行：

(1)立即通知有关部门停电或采取有效措施使触电者脱离电源。

(2)抛掷裸金属线使线路短路接地，迫使保护装置动作，断开电源。抛掷金属线前，应注意先将金属线一端可靠接地，然后抛掷另一端；往架空线路抛挂软导线，人为造成线路短路，迫使继电保护装置动作，从而使电源开关跳闸。被抛掷的一端切不可触及触电者和其他人。使用此方法对于迅速解救高压触电者意义不大，使用应慎重，应有相应的保护措施，否则易造成抛掷者电击。

3.触电急救的方法

当触电者脱离电源后，应根据触电者的具体情况，迅速对症救护。现场应用的主要救护方法是人工呼吸法和胸外心脏按压法。

(1)对症救护

1)如果触电者伤势不重、神志清醒，但有些心慌、四肢发麻、全身无力，或者触电者在触电过程中曾一度昏迷，但已经清醒过来，应使触电者安静休息，不要走动。严密观察并请医生前来诊治或送往医院。

2)如果触电者伤势较重，已失去知觉，但心脏跳动和呼吸还存在，应使触电者舒适、安静地平卧；周围不围人，使空气流通。解开其衣服以利于呼吸；如天气寒冷，要注意保温；并速请医生诊治或送往医院。如果发现触电者呼吸困难、稀少或发生痉挛，应准备心脏跳动停止或呼吸停止后立即做进一步的抢救。

3)如果触电者伤势严重，呼吸停止或心脏跳动停止，或两者都已停止，应立即施行人工呼吸和胸外心脏按压，并速请医生诊治或送往医院。

应当注意，急救要尽快地进行，不能只等候医生的到来而不救助，在送往医院的途中，也不能中止急救。

(2)人工呼吸法

人工呼吸法是在触电者呼吸停止后应用的急救方法。各种人工呼吸法中，以口对口(鼻)人工呼吸法效果最好，而且简单易学，容易掌握。

施行人工呼吸前，应迅速将触电者身上妨碍呼吸的衣领、上衣、裤带等解开，并迅速取出触电者口腔内妨碍呼吸的食物、脱落的假牙、血块、黏液等，以免堵塞呼吸道。

做口对口(鼻)人工呼吸时，应使触电者仰卧，并使其头部充分后仰(可用一只手托在触电者后颈)，使鼻孔朝上，以利于呼吸道畅通。

口对口(鼻)人工呼吸法操作步骤如下：

1)使触电者鼻(或口)紧闭，救护人深吸一口气后紧贴触电者的口(或鼻)，向内吹气，为时约为 2 s。

2)吹气完毕，立即离开触电者的口(或鼻)，并松开触电者的鼻子(或嘴唇)，让他自行呼吸，为时约为 3 s。

(3)胸外心脏按压法

胸外心脏按压法是触电者心脏跳动停止后的急救方法。做胸外心脏按压法时应使触电者仰卧在比较坚实的地方，姿势与口对口(鼻)人工呼吸法相同。操作方法如下：

1)救护人员跪在触电者一侧或骑跪在其腰部两侧，两手相叠，手掌根部放在心窝上方，胸骨下 1/3～1/2 处。

2)掌根用力垂直向下(脊背方向)按压，压出心脏里面的血液。对成年人压陷 3～4 cm，以每秒钟按压一次，每分钟按压 60 次为宜。

3)按压后掌根迅速全部放松，让触电者胸部自动复原，血液充满心脏，放松时掌根不必完全离开胸部。

触电者如是儿童，可以只用一只手按压，用力要轻一些以免损伤胸骨，而且每分钟宜按压 100 次左右。

当触电者呼吸和心跳都停止了，应当同时进行口对口(鼻)人工呼吸和胸外心脏按压。如果现场仅一个人抢救，两种方法应交替进行：每吹气 2～3 次，再按压 10～15 次。而且吹气和按压的速度都应当平均一些，以不降低抢救效果。

(4)外伤救护

1)一般性外伤创面。先用无菌生理盐水或清洁的温开水冲洗，再用消毒纱布或干净的布包扎，然后将伤员送往医院。

2)伤口大面积出血。立即用清洁手指压迫出血点上方，也可用止血橡皮带使血液中断。同时将出血肢体抬高或高举，以减少出血量，并火速送医院处理。如果伤口出血不严重，可用消毒纱布或干净的布料叠几层，盖在伤口处压紧止血。

3)高压触电造成的电弧灼伤。先用无菌生理盐水或干净冷水冲洗，有条件的再用酒精涂擦，然后用消毒被单或干净布片包好，速送医院处理。

4)因触电摔跌而骨折。应先止血、包扎，然后用木板、竹竿、木棍等物品将骨折肢体临时固定，速送医院处理。若发生腰椎骨折时，应将伤员平卧在硬木板上，并将腰椎躯干及两侧下肢一并固定以防瘫痪，搬动时要数人合作，保持平稳，不能扭曲。

5)出现颅脑外伤。应使伤员平卧并保持气道通畅。若有呕吐，应扶好头部和身体，使之同时侧转，以防止呕吐物造成窒息。当耳鼻有液体流出时，不要用棉花堵塞，只可轻轻拭去，以利降低颅内压力。

第二节 机械电气危险、有害因素分析

一、机械产生的危险、有害因素

(一)机械在各种状态下产生的危险、有害因素

机械在运输、安装、调试、运行、维修、报废的全过程中,都可能对人员造成伤害,这种状况在机械使用的任何阶段和各种状态下都有可能发生。

1.正常工作状态

机械在完成预定功能的正常工作状态下,执行预定功能所必须具备的运动要素有可能造成伤害。如零部件的相对运动、锋利刀具的运转、机械运转的噪声、振动等,使机械在正常工作状态下存在碰撞、切割、环境恶化等对人员安全不利的危险有害因素。

2.非正常工作状态

是指在机械运转过程中,由于各种原因引起的意外状态,包括故障状态和检修保养状态。设备的故障,不仅可能造成局部或整机的停转,还可能对人员构成危险,如电器开关故障,会造成机器不能停机或控制不灵的危险;砂轮破损,会导致砂轮片飞出伤人的危险;速度或压力控制系统出现故障,会导致速度或压力失控的危险等。机械的检修保养一般都是在停机状态下进行,但其作业的特殊性往往迫使检修人员采用一些非常规的做法。如攀高、进入狭小或几乎密闭的空间、将安全装置短路、进入正常操作不允许进入的危险区等,使维护或修理过程容易出现危险。

3.非工作状态

当机械处于停止运转状态或静止状态时,正常情况下,机械基本是安全的,但不排除发生意外事故的情况。如由于环境照明度不够,导致人员发生碰撞事故;室外机械在风力作用下的滑移或倾翻、结构垮塌等。

(二)机械设备的主要危险部位

1.旋转部件和成切线运动部件间的咬合处。如动力传输皮带和皮带轮、链条和链轮、齿条和齿轮等。

2.旋转的轴。包括连接器、心轴、卡盘、丝杆和杆等。

3.旋转的凸块和孔处。含有凸块或空洞的旋转部件是很危险的,如风扇叶、凸轮、飞轮等。

4.对向旋转部件的咬合处。如齿轮、混合辊等。

5.旋转部件和固定部件的咬合处。如辐条手轮或飞轮和机床床身、旋转搅拌机和无防护开口外壳搅拌装置等。

6.接近类型。如锻锤的锤体、动力压力机的滑枕。

7.通过类型。如金属刨床的工作台及其床身、剪切机的刀刃等。

8.单向滑动部件。如带锯边缘的齿、砂带磨光机的研磨颗粒、凸式运动带等。

9.旋转部件与滑动之间。如某些平板印刷机面上的机构、纺织机床等。

(三)存在的主要危险、有害因素

根据企业职工伤亡事故分类(GB 6441—1986),综合考虑起因物、引起事故的诱导性原因、致害物、伤害方式等,将危险有害因素分为:

1.物体打击;2.车辆伤害;3.机械伤害;4.起重伤害;5.触电;6.灼烫;7.火灾;8.高处坠落;9.中毒和窒息;10.火药爆炸;11.锅炉爆炸;12.容器爆炸;13.其他爆炸;14.其他伤害。

(四)通用机械危险、有害因素分析

通用机械是各行业机械加工的基础设备,主要有金属切削机床、锻压机械、冲剪压机械、起重机械、铸造机械、木工机械、焊接设备、机械化(自动化)运输线等。

1.金属切削机床危险、有害因素

金属切削机床是用切削方法将毛坯加工成机器零件的设备。金属切削机床上装卡被加工工件和切削刀具,带动工件和刀具进行相对运动,刀具从工件表面切除多余的金属层,使工件成为符合技术要求的零部件。

(1)静态危险

1)刀具的刀刃、设备的凸出部分,如凸出的螺钉、手柄等。

2)毛坯、工具、设备边缘锋利飞边和粗糙的表面。

3)引起跌落、坠落的工作平台,尤其是平台上有水或油时更危险。

(2)直线运动或旋转运动的危险

1)做直线运动的机构间距不够,如龙门刨床的工作台。

2)人体或身体附着物卷进旋转的机械部分引起的危险,如搅拌机。

(3)打击危险

1)旋转运动加工件打击,如伸出机床的细长加工件。

2)旋转运动部件上凸出物打击,如联轴器上的螺栓等。

3)孔洞部分的危险,如风扇、叶片等。

(4)飞出物打击危险

1)飞出的刀具或机械部件,如未夹紧的刀具、破碎的砂轮等。

2)飞出的铁屑或工件。

(5)异常带电危险

2.锻压和冲剪机械的危险、有害因素

(1)锻压机械危险、有害因素

锻造是金属压力加工的方法之一,根据加工时金属材料所处温度状态的不同,锻造可分为热锻、温锻和冷锻。锻造车间的主要设备有锻锤、压力机、加热炉等。操作人员经常处在振动、噪声、高温灼热、烟尘,以及料头、毛坯堆放等不利的工作环境中,面临的主要危险因素,按其原因可分为:

1)机械伤害:由机器、工具或工件直接造成的压伤、刮伤、碰伤。

2)灼烫:锤击时高温氧化铁屑飞溅,烫伤操作者。

3)触电:由于设备动力部分漏电,使操作者受到伤害。

4)物体打击:锤击时工件被打飞,击伤操作者。

(2)冲压机械危险、有害因素

1)冲压设备安全装置失效。冲压设备中滑块上安装的是凸模,凹模安装在工作台上,滑块上的凸模做上下往复运动。当操作人员或维修人员的身体等进入到上下往复的循环工作中,就会发生伤害事故。

2)冲压设备动作失控。设备在运行中还会受到经常性的强烈冲击和震动,使一些零部件变形、磨损以至碎裂,引起设备动作失控而发生危险的连冲事故。

3)开关失灵。设备的开关控制系统由于人为或外界因素引起的误动作。

4)模具的危险。模具是整个系统能量的集中释放部位。由于模具设计不合理或有缺陷,可增加受伤的可能性。有缺陷的模具则可能因磨损、变形或损坏等原因,在正常运行条件下发生意外而导致事故。

(3)剪切设备危险因素

剪切设备是将金属板料按加工生产需要剪切成不同规格的形状。剪切设备有上下刀刃,一般将下刀刃装在工作台上,上刀刃安装在滑块上做往复运动实现剪切。常用的剪切设备有平剪、滚剪及震动剪 3 种类型,其中平剪床使用最多。剪切厚度小于 10 mm 的剪切设备多为机械传动,大于 10 mm 的为液压传动。一般用脚踏或按钮操纵进行单次或连续剪切金属。操作中,操作人员的手指经常靠近刃口,当操作不当时,就会发生剪切手指等伤害事故。

3.木工机械危险、有害因素

(1)木工机械类型有:跑车带锯机、轻型带锯机、纵锯圆锯机、横截锯机、平刨机、压刨机、木铣床、木磨床等。

(2)木工机械的特点:切削速度高,刀轴转速一般达到 2 500～4 000 r/min,有时甚至更高,因而转动惯性大,难以制动。其中手压平刨上发生的事故占大多数。

(3)木材加工危险有害因素

1)机械伤害。

①刀具损坏蹦甩伤人。这类事故的发生原因可能有:刀具自身缺陷,如裂纹、强度不够等;刀具安装不正确,如锯条张力过紧、刨刀刀刃过高、刀具紧固不牢等;操作不当,如推送木料速度过快、遇夹锯处理不当等;废旧木料重新加工,上面的钉子等杂物未清除干净等。

②一般性的机械伤害。如接触运动零部件、机器上突出部位刮碰引起的伤害等。

2)化学、生物伤害:木材贮存和加工中要进行腐蚀化学处理,而腐蚀剂可引起接触性皮炎;木材中的真菌和有些树种(如雪松、桑科等)含有的刺激作用物可引起变态反应性疾病。

3)木粉尘伤害:木材加工产生大量粉尘,小颗粒木尘沉积鼻腔或肺中,可导致鼻黏膜功能下降。有些资料显示,家具加工行业鼻癌和鼻窦腺癌比例较高,可能与木尘中可溶性有害物有关。

4)噪声和振动伤害:是木工机械较为突出而且较难治理的问题。

5)物体打击。

①接触刀具引起的切割伤害。这类伤害常发生在手工推送木料的机械上。由于木材的天然缺陷(节疤、虫道、腐烂等)、加工缺陷(倒丝纹)会使切削阻力突然增大;由于木

材过于短、窄、薄，没有足够的支撑面或夹持木料时手的位置过低等原因。当木料受到冲击，震动而弹跳、侧跳或意外开裂时，操作者失去对木料的控制，致使推压木料的手触碰刀具。

②木料反弹冲击伤人。这类事故发生在锯切木料时，由于剖锯后的新木料块中心位置改变，使木料向重心稳定的方向运动；由于木材含水量高，或木纹、节疤等缺陷而引夹锯现象，在刀具水平分力作用下，木料向侧面弹开；原来弯曲的木料虽经加压处理变直，但在加工过程中又发生弹性复原等。这些原因都可能导致木料反弹冲击伤人。

4.焊接设备的危险、有害因素

(1)气焊与气割的危险、有害因素

爆炸和火灾，加工过程中产生的高温、金属熔渣飞溅、烟气也会危及操作人员的健康。

(2)电弧焊的危险、有害因素

电击、弧光伤害、灼烫、电焊烟尘、火灾和爆炸。

5.机械化(自动化)运输线的危险、有害因素

机械化(自动化)运输线由于其强大的输送能力和远程输送距离等优越性而广泛应用。常用类型有:悬挂输送机、鳞板输送机、铸型输送机、装配运输机、皮带输送机等。

其危险、有害因素有:机械伤害、物体打击、触电及其他伤害。

二、电气产生的危险、有害因素

主要是电气事故。根据能量转移理论的观点，电气事故是由于电能非正常地作用于人体或系统所造成的。根据电能的不同作用形式，可将电气事故分为触电事故、雷电灾害事故、静电危害事故、电气火灾爆炸事故、电磁场危害和电气系统事故等。

(一)触电事故

1.电击

电流通过人体而造成的内部器官在生理上的反应和病变，如刺痛、灼热感、痉挛、昏迷、心室颤动或停跳、呼吸困难或停止等现象。主要伤害是心脏、中枢神经系统和肺部。电击是全身伤害，是触电事故中最危险的一种，绝大部分触电死亡事故都是电击造成的，但一般不在人体表面留下大面积明显的伤痕。

电击对人体的效应是由通过的电流决定的，而电流对人体的伤害程度与通过人体电流的强度、种类、持续时间、通过途径及人体状况等多种因素有关。

按照人体触及带电体的方式，电击可分为：

(1)单相触电。当人体直接触及带电设备其中一相时，电流通过人体流入大地，这种触电现象称为单相触电。对于高压带电体，人体虽未直接接触，但由于超过了安全距离，高电压对人体放电，造成单相接地而引起的触电，也属于单相触电。

(2)两相触电。人体同时接触带电设备或线路中的两相带电体，或在高压系统中，人体同时接近不同的两相带电导体而发生电弧放电，电流从一相导体通过人体流入另一相导体，构成一个闭合回路，这种触电方式称为两相触电。发生两相触电时，作用于人体上的电压等于线电压，这种触电是最危险的。

(3)跨步电压触电。当电气设备发生接地故障,接地电流通过接地体向大地流散,在地面上形成电压降时,当人在接地短路点周围行走,其两脚之间的电位差,就是跨步电压。由此引起人体触电事故称为跨步电压触电。高压故障接地处或有大电流流过的接地装置附近,都可能出现较高的跨步电压。

2.电伤

指由于电流的热效应、化学效应、机械效应对人体外表造成的局部伤害,常常与电击同时发生,在人体表面留有明显的伤痕。电伤属于局部性伤害,能够形成电伤的电流通常比较大,其危险程度决定于受伤面积、受伤深度、受伤部位等。

电伤包括电弧烧伤、电流灼伤、电烙印、皮肤金属化、机械损伤、电光性眼炎等。

(1)电弧烧伤:发生在误操作或过分接近高压带电体,当其产生电弧放电时,可烧伤人体,甚至击穿人体的某一部位,而使电弧电流直接通过内部组织或器官,造成深部组织烧死,一些部位或四肢烧焦。一般不会引起心脏纤维性颤动,而更为常见的是人体由于呼吸麻痹或人体表面的大范围烧伤而死亡。电弧烧伤既可以发生在高压系统,也可以发生在低压系统。

(2)电流灼伤:是人体与带电体直接接触,电流通过人体时产生的热效应的结果。在人体与带电体的接触处,接触面积一般较小,电流密度可达很大数值,又因皮肤电阻较体内组织电阻大许多倍,故在接触处产生很大的热量,致使皮肤灼伤。电流越大、通电时间越长、电流途径上的电阻越大,则电流灼伤越严重。电流灼伤一般发生在低压电气设备上,因电压较低,形成电流灼伤的电流不太大。但数百毫安的电流即可造成灼伤,数安的电流则会形成严重的灼伤。但高频电流造成的接触灼伤可使内部组织严重损伤,而皮肤却仅有轻度损伤。

(3)电烙印:是由于电流流过人体时,在皮肤表面接触部位留下与接触带电体形状相似的斑痕,如同烙印。斑痕处皮肤呈现硬变,表层坏死,失去知觉。

(4)皮肤金属化:是由于高温电弧使周围金属熔化、蒸发并飞溅渗透到皮肤表层内部造成的。受伤部位呈现粗糙、张紧。

(5)机械性损伤:是指电流通过人体时,使肌肉发生非自主的剧烈抽搐性收缩,致使肌腱、皮肤、血管及神经组织断裂,甚至使关节脱位或骨折。

(6)电光性眼炎:表现为角膜和结膜发炎。弧光放电时辐射的紫外、红外、可见光线的照射都会损伤眼睛。在短暂照射的情况下,引起电光性眼炎的主要是紫外线。

(二)雷电灾害事故

1.雷电的种类

雷电是不同电荷云层互相接近或带电云层接近大地时,感应出相反电荷,当电荷积聚到一定程度,产生云和云间以及云和大地间的放电,同时发出光和声的现象。从危害角度考虑,雷电可分为:

(1)直击雷:是带电积云接近地面至一定程度时,与地面目标之间的强烈放电。直击雷的每次放电包括先导放电、主放电、余光三个阶段。大约 50%的直击雷有重复放电特征。每次雷击有三四个冲击至数十个冲击。一次直击雷的全部放电时间一般不超过500 ms。

(2)感应雷:感应雷也称作雷电感应,分为静电感应雷和电磁感应雷。静电感应雷是由于带电积云在架空线路导线或其他高大导体上感应出大量电荷,在带电积云与其他客体放电后，感应电荷失去束缚，以大电流、高电压冲击波的形式，沿线路导线或导体传播。电磁感应雷是由于雷电放电时，巨大的冲击雷电流在周围空间产生迅速变化的强磁场，从而在邻近的导体上产生的很高的感应电动势。

(3)雷电侵入波：是指雷电在架空线路、金属管道上会产生冲击电压，使雷电波沿线路或管道迅速传播。若侵入建筑物内，可造成配电装置和电气线路绝缘层击穿，产生短路或使建筑物内易燃、易爆物品燃烧和爆炸。据有关资料显示，雷电侵入波造成高电位的侵入而发生雷害事故，在整个雷害事故中占71%。

根据雷电的不同形状，大致可分为片状、线状和球状三种形式，其中最常见的是线形雷。球雷是雷电放电时形成的发红光、橙光、白光或其他颜色光的火球。从电学角度考虑，球雷应当是一团处在特殊状态下的带电气体。

2.雷电产生的危险、有害因素

雷电具有电性质、热性质、机械性质等方面的破坏作用，对人员和设备、设施造成严重的伤害，并能造成大规模的停电。

(1)火灾和爆炸。强大雷电电流通过导体时，在极短的时间内转换为大量热能，产生的高温会造成易燃物燃烧，或金属熔化飞溅，引起火灾、爆炸事故。直击雷放电产生的高温电弧、二次放电、巨大的雷电流、球雷侵入可直接引起火灾和爆炸；冲击电压击穿电气设备的绝缘层，亦可引起间接火灾和爆炸事故。

(2)触电。雷积云直接对人体放电、二次放电、球雷打击、雷电流产生的接触电压和跨步电压可直接造成人体触电；电气设备绝缘层因雷击而破坏也可使人遭到电击。雷击时产生的电火花还可使人遭到不同程度的烧伤。

(3)设备和设施毁坏。雷击产生的高电压、大电流伴随的汽化力、静电力、电磁力能破坏电气装置、建筑物及其他设施。雷电放电产生极高的冲击电压，可击穿电气设备的绝缘层，损坏电气设备和线路，可导致大规模停电。

(三)静电危害事故

1.静电的产生

静电危害事故是由静电电荷或静电场能量引起的。在生产过程中以及操作人员的操作过程中，某些材料的相对运动、接触与分离、介质极化、带电微粒的附着、感应等原因导致了相对静止的正电荷和负电荷的积累，即产生了静电。由此产生的静电其能量不大，不会直接使人致命。但是，其电压可能高达数十千伏乃至数百千伏，发生放电，产生放电火花。

2.静电产生的危险、有害因素

(1)爆炸和火灾。在有爆炸和火灾危险的场所，静电放电火花会成为可燃性物质的点火源，造成爆炸和火灾事故。

(2)电击。人体因受到静电电击的刺激，可能引发二次事故，如坠落、摔倒等。此外，对静电电击的恐惧心理还对工作效率产生不利影响。

(3)影响生产。在某些生产过程中，静电的物理现象会使正常生产受到影响，导致产品质量不良、电子设备损坏，造成生产故障，乃至停工。

(四)电气火灾爆炸事故

电气火灾爆炸是由电气引燃源引起的火灾和爆炸。电气装置在运行中产生的危险温度、电火花和电弧是电气引燃源主要形式。

1.危险温度

电气设备正常运行时发热和温度都限制在一定的范围内,但在异常情况下可能产生危险温度。

(1)产生危险温度的原因

1)短路。发生短路时,电流增大为正常时的数倍乃至数十倍,而产生的热量又与电流的平方成正比,使得温度急剧上升,产生危险温度。雷电放电电流极大,有类似短路电流但比短路电流更为强烈的热效应,也可产生危险温度。

2)接触不良。接点处连接不牢、焊接不良或接头处夹有杂物,可拆卸的接头连接不紧密或由于振动而松动,可开闭的触头没有足够的接触压力或表面粗糙不平等,均可能增大接触电阻,产生危险温度。特别是不同种类金属连接处,由于它们的理化性能不同,连接将逐渐恶化,产生危险温度。

3)严重过载。过载量太大或过载时间太长,可产生危险温度。

4)铁芯过热。电气设备铁芯短路、线圈电压过高、通电后不能吸合,可产生危险温度。

5)散热失效。电气设备通风不良、安装位置不当、环境温度过高或距离外界热源太近,使散热失效,可产生危险温度。

6)接地及漏电。接地电流和集中在某一点的泄漏电流过大,引起局部发热,产生危险温度。

7)机械故障。发动机、接触器被卡死,电流增加数倍,可产生危险温度。

8)电压波动太大。电压过高,除使铁芯发热增加外,对于恒电阻负载,还会使电流增大,增加发热;电压过低,除使电磁铁吸合不牢或吸合不上外,对于恒功率负载,还会使电流增大,增加发热。两种情况都可产生危险温度。

9)用电设备选型不当。使设备负荷状况与导体有效载流量不匹配。

(2)电热器具和照明灯具的危险温度

电炉、电烘箱、电熨斗、电烙铁、电褥子等电热器具和照明器具的工作温度较高。电炉电阻丝的工作温度达800 ℃,电熨斗和电烙铁的工作温度达500～600 ℃,100 W白炽灯泡表面温度达170～220 ℃,1 000 W卤钨灯表面温度达500～800 ℃,上述发热部件紧贴可燃物或离可燃物太近,即可能引燃成灾。

2.电火花和电弧

电火花是电极间的击穿放电,大量电火花汇集起来即构成电弧,电弧温度高达8 000 ℃。电火花和电弧不仅能引起可燃物燃烧,还能使金属熔化、飞溅,构成二次引燃源。电火花分为工作火花和事故火花。

(1)工作火花指电气设备正常工作或正常操作过程中产生的电火花。如刀开关、断路器、接触器、控制器接通和断开线路时会产生电火花;直流电动机的电刷与换向器的滑动接触处、绕线式异步电动机的电刷与滑环的滑动接触处也会产生电火花等。

(2)事故火花是线路或设备发生故障时出现的电火花,包括短路、漏电、松动、接地、断线、分离时形成的电火花及变压器、多油断路器等高压电气设备绝缘表面发生的闪络等。还包括由外部原因产生的雷电火花、静电火花、电磁感应火花等。

(五)电磁辐射危害

电磁辐射危害是指电磁波形式的能量辐射造成的危害,如无线电波的频率或电磁振荡器频率。辐射电磁波指频率100 kHz以上的电磁波。高频电磁波伤害是由电磁场的能量造成的。其危害主要有:

1.在射频电磁场作用下,人体因吸收辐射能量会受到不同程度的伤害。过量的辐射可引起中枢神经系统的机能障碍,出现神经衰弱症候群等临床症状;可造成植物神经紊乱,出现心率或血压异常,如心动过缓、血压下降或心动过速、高血压等;可引起眼睛损伤,造成晶体浑浊,严重时导致白内障;可使睾丸发生功能失常,造成暂时或永久的不育症,并可能使后代产生疾患;可造成皮肤表层灼伤或深度灼伤等。

2.在高强度的射频电磁场作用下,可能产生感应放电,电磁能量成为引爆源,导致爆炸。感应放电对具有爆炸、火灾危险的场所来说是一个不容忽视的危险因素。此外,当受电磁场作用感应出的感应电压较高时,会给人以明显的电击感。

(六)电气设施事故

电气设施事故是由于电能在输送、分配、转换过程中失去控制而产生的。断线、短路、异常接地、漏电、误合闸、误掉闸、电气设备或电气元件损坏、电子设备受电磁干扰而发生误动作等均属于电气设施故障,在一定条件下,电气设施故障会引发电气系统事故。电气设施事故严重时会导致人员伤亡及重大财产损失。电气设施事故主要体现在以下几方面:

1.异常停电。指在正常生产过程中供电突然中断。这种情况会使生产过程陷入混乱,造成损失。

2.异常带电。指在正常情况下不应当带电的生产设施或其中的部分意外带电。

第三节　机械电气安全技术措施

一、机械安全技术措施

(一)机械安全通用技术

实现机械设备安全的最根本途径是设备的本质安全化。设备的本质安全化是指操作失误时,设备能自动保证安全;当设备出现故障时,能自动发现并自动排除,确保人身和设备安全。实现设备安全须从设备的设计、制造、安装、调试、运行、维护、报废等阶段考虑,同时,还应考虑机械的各种状态。决定机械安全性能的关键在于设计阶段采用的安全措施;另外还要通过使用阶段采用安全措施,最大限度地减少危险。

1.机械安全设计的安全措施

机械安全设计是指在机械设计阶段,从零件材料到零部件的合理形状和相对位置,从限制操纵力、运动件的质量和速度到减少噪声和振动,采用本质安全技术与动力源,应用零部件间的强制机械作用原理,结合人机工程学原则等多项措施,通过选用适当的设计结构,尽可能避免或减少危险;也可以通过提高设备的可靠性、操作机械化或自动化以及实行在危险区之外的调整、维修等措施。

(1)选用适当的设计结构,避免或减少危害

1)采用本质安全技术。

本质安全技术是指利用该技术进行机械预定功能的设计和制造,不需要采用其他安全防护措施,就可以在预定条件下执行机械的预定功能时满足机械自身的安全要求。

①避免锐边、尖角和凸出部分。在不影响预定使用功能前提下,机械设备及其零部件应尽量避免设计成会引起损伤的锐边、尖角、粗糙或凹凸不平的表面和较突出的部分。锐边或尖角应倒钝、折边或修圆;可能引起刮伤的开口端应包覆。

②安全距离原则。利用安全距离防止人体触及危险部位或进入危险区,这是减少或消除机械风险的一种方法。在规定安全距离时,必须考虑使用机械设备时可能出现的各种状态、有关人体的测量数据、技术和应用等因素。机械的安全距离包括两类:一是机械组成部分的有形障碍物与危险区的最小距离,用来限制人体或人体的某部位的运动范围;二是避免受挤压或剪切危险的安全距离。当两移动件相对运动或移动件向着固定件运动时,人体或人体的某部分在其中可能受到挤压或剪切。这时,可以通过增大运动件间最小距离,使人体可以安全地进入或通过;也可以减少运动件间的最小距离,使人的身体部位不能进入,从而避免危险。

③限制有关因素的物理量。在不影响使用功能的情况下,根据各类机械的不同特点,限制某些可能引起危险的物理量值来减少危险。如控制噪声、振动等,使其低于安全标准中规定的允许指标。

④使用本质安全工艺过程和动力源。对在有爆炸隐患场所使用的机械设备,如采用气动或液压控制系统和操纵机构或采用相应等级防爆电气装置,限制最大压力不超过允许值,并在机械设备的液压装置中使用阻燃和无毒液体,或采用与环境匹配的"本质安全"动力源。

2)限制零件应力。

机械零件选用的材料性能、设计规范等,都应符合机械设计的标准或规范要求,使零件的计算应力不超过许用值,保证适宜的安全系数,以防止由于零件应力过大而破坏或失效,避免故障或事故的发生。

3)提交材料和物质的安全性。

用以制造机械的材料、燃料和加工材料在使用期间不得危及人员的安全或健康。材料的力学特性,如抗拉强度、抗剪强度、冲击韧性、屈服极限等,应能满足执行预定功能的载荷作用要求;材料应能适应预定的环境条件,如有抗腐蚀、耐老化、耐磨损的能力;材料应具有均匀性,防止由于工艺设计不合理,使材料的金相组织不均匀而产生残余应力;同时,应避免采用有毒的材料或物质,应能避免机械本身或由于使用某种材料而产生的气体、液体、粉尘、蒸汽或其他物质造成的火灾和爆炸危险。

4)履行安全人机工程学原则。

在机械设计中,通过合理分配人机功能、适应人体特性、人机界面设计、作业空间的布置等方面履行安全人机工程学原则,提高机械设备的操作性能和可靠性,使操作者的体力消耗和心理压力降到最低,从而减少操作差错。

5)设计控制系统的安全原则。

机械在使用过程中,典型的危险工况有:意外启动、速度变化失控、运动不能停止、运动机械零件或工件脱落飞出、安全装置的功能受阻等。控制系统的设计应考虑各种作业的操作模式或采用故障显示装置,使操作者可以安全地采取措施,并遵循下列原则和方法:

①重新启动原则:动力中断后重新接通时,如果机械设备自发启动会产生危险,应采取措施,使动力重新接通时机械不会自行启动,只有再次操作启动装置机械才能运转。

②关键件的冗余原则:控制系统的关键零部件,可以通过备份的方法减少机械故障率,即当一个零部件失效时,用备用件接替以实现预定功能。当与自动监控相结合时,自动监控应采用不同的设计工艺,以避免共同失效。

③定向失效模式:指部件或系统主要失效模式是预先已知的,而且,只要失效总是这些部件或系统,这样可以事先针对其失效模式采用相应的预防措施。

6)防止气动和液压系统的危险。

采用气动、液压、热能等装置的机械,必须通过设计来避免由于这些能量意外释放而带来的各种潜在危害。

7)预防电气危害。

用电安全是机械安全的重要组成部分,机械中电气部分应符合有关电气安全标准的要求。预防电危害应注意绝缘、屏蔽、安全距离、接地(零)、剩余电流保护等。

(2)减少或限制操作者进入危险区

1)设备具有良好的可靠性和稳定性。

可靠性是指机械或零部件在规定的使用条件下和规定期限内执行规定的功能而不出现故障的能力。提高设备的可靠性可以降低危险故障率,从而降低操作人员查找故障和检修设备的频率,即减少操作者面临危险的概率。

设备不应在振动、风载或其他可预见的外在作用下倾覆或产生允许范围外的运动,即具有良好的稳定性。

2)采用机械化和自动化技术。

机械化和自动化技术可以使人的操作岗位远离危险或有害现场,从而减少伤亡事故和职业病的危害。

3)保证调试、检查及维修保养的安全。

设备运行安全检查是设备安全管理的重要措施,是防止设备故障和事故发生的有效方法。在设计机械设备时,应尽量考虑到一些易损件拆装和更换的方便性;提供安全接近或站立措施(如扶梯、平台、通道等);连锁装置的使用;将机械的调试、润滑、一般维修等操作点设置在危险区外,从而减少操作者面临危险的概率。

4)环境适应性。

设备的运行要考虑使用环境条件的影响,如温度、湿度、冲击、振动等。

2.机械安全防护措施

安全防护是通过采用安全装置、防护装置或其他手段,对一些机械危险进行预防的安全技术措施,目的是防止机械设备在运行时产生各种对操作人员的接触伤害。防护装置和安全装置统称为安全防护装置。

安全防护的重点是机械的传动部分、操作区、高空作业区、机械的其他运动部分、移动机械的移动区域以及某些机械由于特殊危险形式需要采取的防护等。要确保安全，设备的可动零部件都应有相应的安全防护装置，凡人员易接触的可动零部件，应尽可能封闭或隔离。对于操作人员在设备运行时可能触及的可动零部件，必须配置必要的安全防护装置。对于运动过程中可能超出极限位置的生产设备或零部件，应配置可靠的限位装置。若可动零部件所具有的动载荷或势能可能引起危险时，则必须配置限速、防坠落或防逆转装置。根据GB/T 8196的规定，所有传动带、转轴、传动链、联轴器、带轮、飞轮、链轮、电锯等外露危险零部件及危险部位，都必须设置安全防护装置。

(1)安全防护装置的分类与基本要求

1)安全防护装置的分类。

安全防护常常采用防护装置、安全装置及其他安全措施。

安全装置是指用于消除或减少机械伤害风险的单一装置或与防护装置联用的保护装置。是通过自身的结构功能限制或防止机械的某种危险或限制运动速度、压力等危险因素。

防护装置是指通过设置物体障碍方式将人与危险隔离的专门安全防护的装置。

2)安全防护装置基本要求。

安全防护装置在人与危险之间构成安全保护屏障，在减轻操作者精神压力的同时，也使操作者形成心理依赖。一旦安全防护装置失效，会增加损伤或危害健康的风险。因此，安全防护装置必须满足与其保护功能相适应的安全技术要求。其基本安全要求如下：

①结构简单、布局合理，不得有锐利的边缘和凸缘。不影响机械设备的正常使用功能，且要使用方便。

②具有足够的可靠性，在规定的寿命期限内有足够的强度、刚度、稳定性、耐腐蚀性、抗疲劳性，以确保安全。

③应与设备运转联锁，保证安全防护装置未起作用之前，设备不能运转；安全防护罩、屏、栏的材料及其运转部件的距离，应符合《机械安全防护装置固定式和活动式防护装置设计与制造一般要求》(GB/T 8196)的规定。

④装置不容易被绕过或避开，不应出现漏保护区。

⑤满足安全距离要求，使人体各部位(特别是手和脚)无法接触危险。对人的视线障碍要达到最小限度。

⑥光电式、感应式等安全防护装置应设置自身出现故障的报警装置。

⑦紧急停车开关应保证瞬时动作时，能终止设备的一切运动；对有惯性运动的设备，紧急停车开关应与制动器或离合器联锁，以保证迅速终止运行；紧急停车开关的形状应区别于一般开关，颜色为红色；紧急停车开关的布置应保证操作人员易于触及，不发生危险；设备由紧急停车开关停止运行后，必须按启动顺序重新启动才能重新运转。

⑧便于经常性的检查和维修。

(2)防护装置

工厂中常见的防护装置有防护罩、防护挡板、防护栏杆和防护网等。防护装置按使用方式分为固定式和活动式两种。

1)防护装置的基本要求。

①固定防护装置应该用永久固定方式或借助紧固件固定方式,将其固定在所需的地方,若不用工具就不能使其移动或打开。

②进出料的开口部分尽可能小,应满足安全距离要求,使人不能从开口处接触危险。

③活动式防护装置或防护装置的活动打开时,尽可能与防护的机械借助铰链或导链保持连接,防止挪开的防护装置或活动体丢失或难以复原。

④活动防护装置出现丧失安全功能的故障时,被其控制的危险机械功能应不能执行或停止执行;联锁装置失效不得导致意外启动。

⑤防护装置应是进入危险区的唯一通道。

⑥防护装置应能有效防止飞出物的危险。

2)对机械设备安全防护罩的安全技术要求。

①只要操作人员可能触及的传动部件,在防护罩闭合前,传动部件不可能运转。

②采用固定防护罩时,操作人员触及不到运转中的活动部件。

③防护罩与活动部件有足够的间隙,避免防护罩和活动部件之间的任何接触。

④防护罩应牢固地固定在设备或基础上,拆卸、调节时必须使用工具。

⑤开启式防护罩打开时或一部分失灵时,应使活动部件不能运转或运转中的部件停止运动。

⑥使用的防护罩不允许给生产场所带来新的危险。

⑦不影响操作,在正常操作或维护保养时不需拆卸防护罩。

⑧防护罩必须坚固可靠,以避免与活动部件接触造成损坏和工件飞脱造成的伤害。

⑨防护罩一般不准脚踏和站立,必须做平台或阶梯时,平台或阶梯应能承受1 500 N的垂直力,并采取防滑措施。

3)对机械设备安全防护网的安全技术要求。

防护罩应尽量采用封闭结构;当现场需要采用网状结构时,应满足GB/T 8196对不同网眼开口尺寸的安全距离间的直线距离规定(见表2-1-2)。

表2-1-2　不同网眼开口尺寸的安全距离　　单位:mm

防护人体通过部位	网眼开口宽度	安全距离
手指尖	<6.5	≥35
手指	<12.5	≥92
手掌(不含第一掌指关节)	<20	≥135
上肢	<47	≥460
足尖	<76(罩底部与所站面间隙)	150

(3)常见的安全装置

安全装置通过自身的结构功能限制或防止机械的某种危险或限制运动速度、压力等危险因素。常见的安全装置有:

1)联锁安全装置。联锁安全装置是只有安全装置闭合时,机器才能运转;而只有机器的危险部件停止运动时,安全装置才能开启。在设计该装置时,必须使其在发生任何故障时，都不使人员暴露在危险之中。其装置可采取机械、电气、液压、气动或组合的形式。如冲床中的光电传感器，当人手进入冲压危险区，其冲压动作立即停止。

2)控制安全装置。为使机器能迅速地停止运动，可以使用控制装置。控制装置的原理是，只有控制装置完全闭合时，机器才能开动。当操作人员接通控制装置后，机器的运行程序才开始工作；如果控制装置断开，机器的运动就会迅速停止或者反转。

3)自动安全装置。自动安全装置的机制是把暴露在危险中的人体从危险区域中移开。只能使用在有足够的时间来完成这样的动作而不会导致伤害的环境下，仅限于在低速运动的机器上采用。

4)隔离安全装置。隔离安全装置是一种阻止身体的任何部分靠近危险区域的设施，如固定的栅栏等。

5)可调安全装置。在无法实现对危险区域进行隔离的情况下，可以使用部分可调的安全装置。只要准确使用、正确调节以及合理维护，即能起到保护操作者的作用。

6)自动调节安全装置。自动调节装置由于工件的运动而自动开启，当操作完毕后又回到关闭的状态。

7)双手控制安全装置。这种装置迫使操纵者应用两手同时对操纵器作用时，才能启动并保持机器或机器的一部分运转，能对操作者提供保护。

3.常见机械传动机构安全防护措施

(1)齿轮啮合传动的防护

最危险的部位是在齿轮传动机构中，两轮开始啮合处，可造成卷入事故。其防护要求：

1)齿轮传动机构必须装置于全封闭型的防护装置，没有防护罩不得使用。只要是工人在维护保养机器时有可能接触的部位，不允许机器外部有裸露的啮合齿轮。

2)防护装置的材料可用钢板或铸造箱体，必须坚固牢靠，并保证在机器运行过程中不发生振动。要求防护罩的外壳与传动机构的外形相符，同时应便于开启，便于机器的维护保养。为了引起人们的注意，防护罩内壁应涂成红色，最好装电气联锁，使防护装置在开启的情况下机器停止运转。防护罩壳体本身不应有尖角和锐利部分，既不能影响机器的美观，又要起安全作用。

(2)皮带传动机械的防护

1)皮带传动机构的特点。皮带传动机构传动平稳、噪声小、结构简单、维护方便。当过载时，皮带打滑，但传动精度比齿轮传动差，由于皮带摩擦后易产生静电放电现象，故不适用于容易发生燃烧或爆炸的场所。

2)皮带传动机构中的危险部位。在皮带传动机构中，皮带开始进入皮带轮的部位最危险，易造成卷入事故；其次皮带用铆钉铆接的接头处，易断裂伤人。

3)防护要求：

①皮带的接头必须牢固可靠，安装皮带应松紧适宜。

②皮带传动装置的防护罩可采用金属骨架的防护网，与皮带的距离不应小于50 mm，设计应合理，不应影响机器的运行。

③皮带传动机构的防护可采用将皮带全部遮盖起来的方法，或采用防护栏杆防护。

(3)联轴器的防护

1)联轴器的危险部位。联轴器上裸露的突出部分(螺钉、销、键等)有可能钩住工人衣服等，给工人造成伤害。

2)防护要求：

①采用安全联轴器。即联轴器上没有突出的部分，如螺钉一般应采用沉头螺钉，使其不突出轴面。

②在联轴器上加防护罩，可从根本上解决隐患。最常见的是半球型防护罩。

4.机械制造场所的安全技术措施

(1)采光。生产场所应有足够的光照度，以保证安全生产的正常进行，如果采光不良，长期作业，容易使操作者眼睛疲劳、视力下降，产生误操作或发生意外伤亡事故。同时，合理采光对提高生产效率和保证产品质量有直接的影响。

1)生产场所一般白天依赖自然采光，在阴天及夜间则由人工照明采光作为补充和代替。

2)生产场所的内照明应满足《工业企业照明设计标准》的要求。

3)对厂房一般照明的光窗设置：厂房跨度大于 12 米时，单跨厂房的两边应有采光侧窗，窗户的宽度不应小于开间长度的一半。多跨厂房相连，相连各跨应有天窗，跨与跨之间不得有墙封死。车间通道照明灯应覆盖所有通道，覆盖长度应大于车间安全通道长度的 90%。

(2)通道。通道包括厂区主干道和车间安全通道。厂区主干道是指汽车通行的道路，是保证厂内车辆行驶、人员流动以及消防灭火、救灾的主要通道；车间安全通道是指为了保证职工通行和安全运送材料、工件而设置的通道。

1)厂区干道的路面要求。车辆双向行驶的干道宽度不小于 5 米，有单向行驶标志的主干道宽度不小于 3 米。进入厂区门口，危险地段需设置限速限高牌、指示牌和警示牌。

2)车间安全通道要求。通行汽车的宽度＞3 m，通行电瓶车的宽度＞1.8 m，通行手推车、三轮车的宽度＞1.5 m，一般人行通道的宽度＞1 m。

3)通道的一般要求。通道标记应醒目，画出边沿标记，转弯处不能形成直角。通道路面应平整，无台阶、坑、沟和凸出路面的管线。道路土建施工应有警示牌或护栏，夜间应有红灯警示。

(3)设备布局。车间生产设备设施的摆放、相互之间的距离以及与墙、柱的距离，操作者的空间，高处运输线的防护罩网，均与操作人员的安全有很大关系。如果设备布局不合理或错误，操作者空间窄小，当设备部件移动或工件、材料等飞出时，易造成人员的伤害或意外事故。

车间生产设备分为大、中、小型三类。最大外形尺寸长度＞12 m 者为大型设备，长度在 6～12 m 者为中型设备，长度＜6 m 者为小型设备。大、中、小型设备间距和操作空间的要求如下：

1)设备间距(以活动机件达到的最大范围计算)，大型设备间距≥2 m，中型设备间距≥1 m，小型设备间距≥0.7 m。大、小设备间距按最大的尺寸要求计算。如果在设备之间有操作工位，则计算时应将操作空间与设备间距一并计算。若大、小设备同时存在时，大、小设备间距按大的尺寸要求计算。

2)设备与墙、柱距离(以活动机件的最大范围计算)，大型设备≥0.9 m，中型设备≥0.8 m，小型设备≥0.7 m，在墙、柱与设备间有人操作的应满足设备与墙、柱间和操作空间的最大距离要求。

3)高于 2 m 的运输线应有牢固的防护罩(网),网格大小应能防止所输送物件坠落至地面,对低于 2 m 高的运输线的起落段两侧应加设防护栏,栏高不低于 1.05 m。

(4)物料堆放。生产场所的工位器具、工件、材料摆放不当,不仅妨碍操作,而且容易引起设备损坏和伤害事故。要求:

1)生产场所应划分毛坯区、成品、半成品区、工位器具区、废物垃圾区。原材料、半成品、成品应按操作顺序摆放整齐,有固定措施,平衡可靠。一般摆放方位同墙或机床轴线平行,尽量堆垛成正方形。

2)生产场所的工位器具、工具、模具、夹具应放在指定的部位,安全稳妥,防止坠落和倒塌伤人。

3)产品坯料等应限量存入,白班存放为每班加工量的 1.5 倍,夜班存放为加工量的 2.5倍,但大件不得超过当班定额。

4)工件、物料摆放不得超高,在垛底与垛高之比为 1∶2 的前提下,垛高不超出 2 m(单位超高除外),砂箱堆垛不超过 3.5 m。堆垛的支撑稳妥,堆垛间距合理,便于吊装,流动物件应设垫块且楔牢。

(5)地面状态。生产场所地面平坦、清洁是确保物料流动、人员通行和操作安全的必备条件。要求:

1)人行道、车行道和宽度应符合规定的要求。

2)为生产而设置的坑、壕、池应有可靠的防护栏或盖板,夜间应有照明。

3)生产场所工业垃圾、废油、废水及废物应及时清理干净,以避免人员通行或操作时滑跌造成事故。

4)生产场所地面应平坦,无绊脚物。

5.机械生产动力设施危险点控制的安全技术管理

动力站房是为机械生产过程提供动力的设施,主要有锅炉房、煤气站、制氧站、空压站、乙炔站、变配电站等。

(1)煤气站安全技术管理

煤气站是制取煤气的场所,宜位于主要用户全年最小频率风向的上风侧;煤气站的布置,应避免其灰尘和有害气体对周围环境的影响;其贮煤场和灰渣场,宜布置在煤气站全年最小频率风向的上风侧。由于煤气属于有毒和易燃、易爆气体,易导致中毒、火灾爆炸事故。

1)煤气站及煤气发生炉。

①煤气站房的设计必须符合国家规定要求。

②煤气生产设备应采用专业厂家生产的产品,产品应安全可靠、技术资料齐全。

③煤气发生炉的看火孔盖应严密,看火孔及加煤装置应气密完好。

④带有水套的煤气发生炉用水水质应满足规定要求。

⑤煤气发生炉空气进口管道上必须设控制阀和逆止阀,且灵活可靠;管道末端应设防爆阀和放散阀。

⑥煤气发生炉各级水封(最大放散阀、双联竖管、炉底等水封)均应保持有效水位高度,且溢流正常。

⑦煤气净化设施应保持良好的净化状态，电除尘器入口、出口应设可靠的隔断装置。

⑧水煤气、半水煤气的含氧量达到1%时必须停炉。

⑨蒸气汇集器的安全装置应齐全有效。

⑩蒸气汇集器宜设置自动给水装置。

2)仪表信号及安全装置。

①各种仪表、信号、联锁装置应完好有效。

②发生炉出口处应设置声光报警装置；排送机与鼓风机应联锁。

3)电气装置。

①煤气排送机间、煤斗间的电器应满足防爆要求。

②鼓风机与排风机安装在同一房间内时，电器均应满足防爆要求。

③煤气站应具有双路电源供电，双路电源供电有困难时，应采取防止停电的安全措施，并设置事故照明。

4)放散管。煤气站的生产、输送系统均应按规定设置放散管，且放散管至少应高出厂房顶4米以上并具备防雨和可靠的防倾倒措施。

(2)制氧站安全技术管理

氧气不能燃烧，但能助燃，是构成燃烧、爆炸的基本要素之一。在氧气的制取、储存及罐装过程中存在燃烧、爆炸的危险。下面内容适用于采用空气液化分离法生产、储存及罐装气瓶的制氧站(房)。

1)站(房)建筑的布局。

①氧气站应选择在环境空气清洁的地区，并布置在有害气体和固体尘粒散发源的全年最小频率风向的下风侧。宜远离易产生空气污染的生产车间。空分设备的吸气口应超出制氧(站)屋檐1米以上，其烃类杂质应控制在允许范围内。

②独立站(房)、灌瓶间、实瓶间、储气囊间应有隔热措施和防止阳光直射库内的措施。

③储瓶间应为单层建筑，地面应平整、防滑、耐磨和不产生撞击火花。

2)设备设施。各种工艺设备均应完好；设备冷却系统、润滑系统运行正常；空分系统中应无积灰，并定期检查；安全装置齐全可靠，指示仪器(表)灵敏；空分装置中的乙炔、碳氢化合物以及油含量应定期监测分析，并做好记录；凡与纯氧接触的工具、物质严禁黏附油脂；管道系统应符合有关规定；气体排放管应引到室外安全地点，并有警示标记；氧气排放管应避开热源和采取防雷措施；氮气排放管应有防止人员窒息的措施；压力容器应符合规程要求；立式浮顶罐应无严重腐蚀，升降装置灵活，水封可靠且有极限高、低位置联锁；橡胶储气囊的水封及防止超压装置均应完好可靠。

3)灌氧站房的布置，应符合下列规定：

①氧气实瓶的贮量超过1700瓶时，应分别布置在2个以上的防火分区内，防火分区的设置应符合现行国家标准《建筑设计防火规范》(GB 50016)的规定。

②当氧气实瓶的贮量超过3400瓶时，宜将制氧站房或液氧气化站与灌氧站房分别设置在独立的建筑物内。

③每个灌瓶间、实瓶间、空瓶间均应设至少1个直接通向室外的安全出口。

④灌瓶间、空瓶间和实瓶间的通道净宽度，应根据气瓶运输方式确定，宜不小于

1.5 m，并有可靠的防倾倒措施。

4）氧气输送管道的安全要求。

①氧气输送管道的漆色是淡蓝色，其制造、安装、使用、维护保养及检修等均应符合有关规定要求。按规定由有资格的单位进行定期检查。

②压力管道均应进行使用备案登记。

③地下或半地下敷设管道应符合有关规程要求，严防腐蚀。

④承压管道必须有足够的强度，不允许有深度大于 2 mm 的点状腐蚀和超过 200 mm^2 的面状腐蚀。

⑤管道的支撑、吊架等构件均应牢固可靠。

⑥架空敷设管网下方为交通通道时，应有相应的跨高及悬挂醒目的警示标志。

⑦埋地管道的敷设深度应符合标准要求，敷层完整无破损。

⑧工业管道应能满足工艺设计参数，无泄漏(3 点/100 m)。

5）消防设施。

①消防设施应齐全完备，配备二氧化碳、“干粉”等灭火器材，应符合现行国家标准《灭火器配置设计规范》(GB 50140)的规定。

②防火间距内无易燃物、毒物堆积。

③消防通道畅通无阻。

④合理布置醒目的安全标志。

(3)压缩空气站安全技术管理(适用范围：中小型压缩空气站)

在压缩空气站内，空压机将空气压缩成具有一定压力的气体储存到储气罐中，然后输送到企业各个用气点内，这时储气罐就成了一个具有爆炸危险的容器。如果空气储气罐安全装置失效或检验保养不到位而带病运行，可能发生容器爆炸的危险。

1）压缩空气站在厂(矿)内的布置：

①靠近用气负荷中心；

②供电、供水合理；

③有扩建的可能性；

④避免靠近散发爆炸性、腐蚀性和有毒气体以及粉尘等有害物的场所，并位于上述场所全年风向最小频率的下风侧；

⑤压缩空气站与有噪声、振动防护要求场所的间距，应符合国家现行的有关标准规范的规定。

⑥压缩空气站的朝向，宜使机器间有良好的自然通风，并宜减少西晒。

2）空压机安全要求。

①机身、曲轴箱等主要受力部件无影响强度和刚度的缺陷，所有紧固须牢靠并有防松措施。

②压力表、温度表(计)、安全阀、液位计(油标)等安全装置(附件)应完整、灵敏可靠，且在检测周期内使用。

③外露的联轴器、皮带传动装置等旋转部位必须设置防护罩或护栏，螺杆式空压机保护盖必须关闭。

④配套的压缩空气管道无腐蚀，管内无积存杂物，管道漆色符合要求，标有流向箭

头，支架牢固可靠。

⑤电气设备符合安全要求，机组旁应设紧急停机按钮保护装置(开关)。

⑥空压机布置合理，空压机与墙、柱以及设备之间留有足够的空间距离。

⑦空压机必须放在有足够通风的房间里，其区域内无灰尘、化学品、金属屑、油漆漆雾等。

3)技术资料。

①空压机及储气罐出厂资料包括产品制造许可证、质量合格证、受压元件强度计算书、安全阀排放量计算书、安装使用说明书等，资料应齐全。

②按《压力容器安全监察规程》规定要求，建立压力容器的档案和管理卡，进行定期检验并在检验期内使用。检验报告资料应齐全。

4)安全阀、压力表年检。安全阀、压力表灵敏可靠，并定期校验。储气罐上的安全阀和压力表很容易锈蚀，失去其可靠性。要求每年检验一次并铅封，还应做好记录和签名。

5)储气罐。

①储气罐无严重腐蚀。每年应对储气罐进行一次除锈刷漆的保养，进行测厚并记录。

②储气罐支承平稳、焊接处无裂纹、运行中无剧烈晃动。

(4)乙炔站安全技术管理

乙炔具有爆炸极限范围宽、爆炸下限低、点火能量小等危险特性，易导致火灾爆炸事故。以下内容适用于溶解乙炔气瓶充装站(房)。

1)站址的一般要求。

根据《乙炔站设计规范》(GB 50031)，溶解乙炔气瓶充装站的站址设置应符合下列要求：

①乙炔站严禁布置在易被水淹没的地点。

②不应布置在人员密集区和主要交通要道处。

③气态乙炔站、乙炔汇流排间宜靠近乙炔主要用户处。

④应有良好的自然通风。

⑤应有近期扩建的可能性。

⑥乙炔站应布置在氧气站空分设备吸风口处全年最小频率风向的上风侧。

2)与建筑物、构筑物的防火间距。

生产厂房、仓库与其他建、构筑物之间的防火间距应符合《建筑设计防火规范》《乙炔站设计规范》的要求。

3)建筑结构及装卸平台、地面、卸压面积、通风。

①要明确划分有爆炸危险区和非爆炸危险区。应按《爆炸和火灾危险环境电力装置设计规范》和《乙炔站设计规范》的规定执行。

a.发生器间、乙炔压缩机、灌瓶间、电石渣坑、丙酮库、空瓶间、实瓶间、触罐间、电石库、中间电石库、电石渣泵间、乙炔瓶库、露天设置的储罐、电石渣处理间及净化器间，应为爆炸危险区 1 区；

b.气瓶修理间、干渣堆场，应为爆炸危险区 2 区；

c.机修区、电气设备间、化验室、澄清水泵间及生活间，应为非爆炸危险区。

②乙炔站应设置围墙或栅栏。围墙或栅栏至乙炔站有爆炸危险的建筑物、电石渣坑的边缘和室外乙炔设备的净距，不应小于下列规定：

a.实体围墙(高度不应低于 2.5 m)为 3.5 m；

b.空花围墙或栅栏为 5 m。

③充装站有爆炸危险的生产间(包括乙炔压缩机间、灌瓶间、空瓶间、实瓶间、乙炔瓶库等)火灾危险类别为 GB 50016 规定的甲类，厂房应为一、二级耐火等级的单层建筑。

④乙炔站主要生产间的屋架下弦高度，不宜小于 4 m。

⑤有爆炸危险的生产间，宜采用钢筋混凝土柱、有防火保护层的钢柱承重的框架或排架结构，并宜采用敞开式的建筑。围护结构的门、窗应向外开启。顶棚应尽量平整，避免死角。

⑥有爆炸危险生产间之间的隔离，其耐火极限不应低于 1.5 h。门为丙级防火门。

⑦无爆炸危险的生产间房间、办公室、休息室等，宜独立设置，当贴邻站房布置时，应采用一、二级耐火等级建筑，且在有爆炸危险生产间之间，应采用耐火极限不低于 3 h 的无门、窗、洞的非燃烧体墙隔开，并设有独立的出入口，当需连通时，应设乙级防火门的双门斗，通过走道相通。有爆炸危险的生产间与值班室之间的窥视窗，应采用耐火极限不低于 0.9 h 的密封玻璃窗。有爆炸危险的生产间与无爆炸危险的生产间或房间的隔墙上，有管道穿过时，应在穿墙处用非燃烧材料填塞。

⑧空瓶间、实瓶间应分别设置，灌瓶间可通过门洞与空瓶间和实瓶间相通，各自应设独立的出口。灌瓶间和实瓶间的窗玻璃，宜采取涂白漆等措施。压缩机间、空瓶间、实瓶间、灌瓶间、装卸平台的地面应平整，用不发火花的材料铺设。装卸平台应设置大于平台宽度的雨篷。雨篷和支撑应为非燃烧体。

⑨有爆炸危险的 1 类区，各建筑物内应有自然通风、强制通风设备，自然通风每小时不应小于 3 次，强制通风设备应与可燃气报警仪联锁。

⑩气瓶存放区设置如下：

a.乙炔瓶的数量，按不宜少于用户一昼夜用气瓶数的 5 倍计算；乙炔站的乙炔实瓶储量，不应超过三昼夜的灌瓶量。

b.乙炔实瓶储量不超过 500 个时，灌瓶站房和制气站房可设在同一座建筑物内，但应以防火墙隔开。灌瓶站房的空瓶间和实瓶间的总面积不应超过 200 m^2。灌瓶站房的乙炔实瓶储量超过 500 个时，灌瓶站房和制气站房应为两座独立的建筑物。灌瓶站房中实瓶的最大储量，不应超过 1 000 个，并且空瓶间和实瓶间的总面积，不应超过 400 m^2。

c.灌瓶间、空瓶间和实瓶间，应有防瓶倾倒的措施；其通道净宽度，应根据气瓶的运输方式确定，但不宜小于 1.5 m。

d.电石库应设置气瓶或电石桶的装卸平台。平台的高度应根据气瓶或电石桶的运输工具确定，宜高出室外地坪 0.4～1.1 m；平台的宽度不宜超过 3 m。灌瓶间、空瓶间、实瓶间和装卸平台的地坪，应采取相同的标高。

4)乙炔的输送管道的安全要求。

①乙炔的输送管道的制造、安装、使用、维护保养及检修等均应符合有关规定要求。按规定由有资格的单位进行定期检查。

②输送管道均应使用备案登记。

③地下或半地下敷设管道应符合有关规程要求，严防腐蚀。

④承压管道必须有足够的强度，不允许有深度大于 2 mm 以上的点状腐蚀和超过 200 mm^2 以上的面状腐蚀。

⑤管道的支撑、吊架等构件均应牢固可靠。

⑥架空敷设管网下方为交通通道时，应有相应的跨高及悬挂醒目的警示标志。

⑦埋地管道的敷设深度应符合标准要求，敷层完整无破损。

⑧工业管道应能满足工艺设计参数，无泄漏(3 点/100 米)。

⑨易燃、易爆介质管道应连接可靠，电气不连贯处均应装设电气跨接线和按规定合理布置消除静电的接地装置。

5)消防设施。

①合理配备消防器材，有醒目的指示标志。

②消防通道畅通无阻，最好为环形布置。

③严禁使用水、泡沫灭火器扑救着火电石，严禁四氯化碳等卤族类物质进入站房。

(5)锅炉房安全技术管理

锅炉房是保证单位生产和生活的重要场所，锅炉又是具有爆炸危险性的承压设备。

1)锅炉房的布置规定。

①锅炉房宜为独立建筑物，不宜设置在住宅建筑物内；当锅炉房和其他建筑物相连或设置在其内部时，严禁设置在人员密集场所和重要部门相邻的上下层、贴邻近位置以及主要通道、疏散口的两旁，并应设置在首层或地下室一层靠建筑物外墙部分。

②应有利于减少烟尘、有害气体、噪声和灰渣对居民区和主要环境保护区的影响，全年运行的锅炉房应设置于总体最小频率风向的上风侧，季节性运行的锅炉应设置于该季节最大频率风向的下风侧，并应符合环境影响评价报告的各项要求。

③锅炉房的出入口不应少于 2 个。对独立锅炉房，当炉前走廊道总长度小于 12 m，且总建筑面积小于 200 m^2 时，其出入口可设置一个；非独立锅炉房，其人员出入口必须有一个直通室外；锅炉房为多层布置时，其各层的人员出入口不应少于 2 个；楼层上的人员出入口，应有直接通向地面的安全楼梯。

2)锅炉的安全管理要求。

①使用定点厂家合格产品。国家对锅炉压力容器实行定点生产制度。锅炉压力容器的制造单位，必须具备保证产品质量所必需的加工设备、技术力量、检验手段和管理水平。购置、选用的锅炉压力容器应是定点厂家的合格产品，并有齐全的技术文件、产品质量合格证明书和产品竣工图。

②登记建档。锅炉压力容器在正式使用前，必须到当地特种设备安全监察机构登记，经审查批准入户建档、取得使用证方可使用。使用单位也应建立锅炉压力容器的设备档案，保存设备的设计、制造、安装、使用、修理、改造和检验等过程的技术资料。

(二)通用机械的安全防护措施

1.金属切削机床安全防护措施

(1)设备可靠接地，照明采用安全电压。

(2)楔子、销子不能突出表面。

(3)用专用工具，戴护目镜。

(4)尾部安防弯装置及设料架。

(5)零部件装卡牢固。

(6)及时维修安全防护、保护装置。

(7)选用合格砂轮,装卡合理。

2.砂轮机的安全防护措施

(1)正确安装要求

1)安装位置。砂轮机禁止安装在正对着附近设备及操作人员或经常有人过往的地方。较大的车间应设置专用的砂轮机房。如果因厂房地形的限制不能设置专用的砂轮机房,则应在砂轮机正面装设不低于1.8 m高度的防护挡板,并且挡板要求牢固有效。

2)砂轮的平衡。直径大于或等于200 mm的砂轮装上法兰盘后应先进行平衡调试,砂轮在经过整形修整后或在工作中发现不平衡时,应重复进行调试直到平衡。不平衡造成的危害主要表现在,一方面在砂轮运转时,引起振动;另一方面,不平衡加速了主轴轴承的磨损,严重时会造成砂轮的破裂。

3)砂轮与卡盘的匹配:主要是指卡盘与砂轮的安装配套问题。按标准要求,砂轮法兰盘直径不得小于被安装砂轮直径的1/3,且规定砂轮磨损到直径比法兰盘直径大10 mm时应更换新砂轮。此外,在砂轮与法兰盘之间还应加装直径大于卡盘直径2 mm、厚度为1～2 mm的软垫。

4)砂轮机的防护罩:是砂轮机最主要的防护装置,其作用是当砂轮在工作中因故破裂时,能够有效地罩住砂轮碎片,保证人员的安全。砂轮防护罩的开口角度在主轴水平面以上不允许超过65°,防护罩的安装应牢固可靠,不得随意拆卸或丢弃不用。防护罩在主轴水平面以上开口≥30°时必须设挡屑屏板,以遮挡磨削飞屑,避免伤及操作人员。它安装于防护罩开口正端,宽度应＞砂轮防护罩宽度,并且应牢固地固定在防护罩上。此外,砂轮圆周表面与挡板的间隙应＜6 mm。

5)砂轮机的工件托架:是砂轮机常用的附件之一。砂轮直径在150 mm以上的砂轮机必须设置可调托架。砂轮与托架之间的距离应小于被磨工件最小外形尺寸的1/2,但最大不应超过3 mm。

6)砂轮机的接地保护:砂轮机的外壳必须有良好的接地保护装置。

(2)砂轮机使用安全防护措施

1)禁止侧面磨削。其径向强度较大,轴向强度小。

2)不准正面操作。以免砂轮破碎飞出伤人。

3)不准共同操作。

3.锻压机械安全防护措施

(1)锻压机械的机架和突出部分不得有棱角或毛刺。

(2)外露的传动装置(齿轮传动、摩擦传动、曲柄传动或皮带传动等)必须有防护罩。防护罩需要铰链安装在锻压设备的不动部件上。

(3)锻压机械的起动装置必须能保证对设备进行迅速开关,并保证设备运行和停车状态的连续可靠。

(4)起动装置的结构应能防止锻压设备意外地开动或自动开动。较大型的空气锤或蒸汽-空气自由锤一般是用手柄操纵的,应该设置简易的操作室或屏蔽装置。模锻锤的脚踏板也应置于三面遮挡的挡板之下，操作者需将脚伸入挡板内进行操纵。设备上使用的模具都必须严格按照图样上提出的材料和热处理要求进行制造，紧固模具的斜楔应经退火处理，锻锤端部只允许局部淬火，端部一旦卷曲，则应停止使用或修复后再使用。

(5)电动启动装置的按钮盒，其按钮上需标有“启动”“停车”等字样。停车按钮为红色，其位置比启动按钮高 10～12 mm。

(6)高压蒸汽管道上必须装有安全阀和凝结罐，以消除水击现象，降低突然升高的压力。

(7)蓄力器通往水压机的主管上必须装有当水耗量突然增高时能自动关闭水管的装置。

(8)任何类型的蓄力器都应有安全阀。安全阀必须由技术检查员加铅封，并定期进行检查。

(9)安全阀的重锤必须在带锁的锤盒内。

(10)安设在独立室内的重力式蓄力器必须装有荷重位置指示器，使操作人员能在水压机的工作地点上观察到荷重的位置。

(11)新安装和经过大修理的锻压设备应该根据设备图样和技术说明书进行验收和试验。

(12)操作人员应熟悉锻压设备安全技术操作规程，加强设备的维护、保养，保证设备的正常运行。

4.冲压机械安全防护措施

(1)使用安全工具。用专用工具将单件毛坯放入模内并将冲制后的零件、废料取出，实现模外作业，禁止用手直接伸入上下模口之间，防止伤手事故的发生。

按其不同特点，常见安全工具可分为：弹性夹钳、专用夹钳(卡钳)、磁性吸盘、真空吸盘、气动夹盘。要求采用劳动强度小、使用灵活方便的手工工具。

(2)模具作业区防护措施。包括：在模具周围设置防护板(罩)；通过改进模具减少危险面积，扩大安全空间；设置机械进出料装置，以此代替手工进出料方式，将操作者的双手隔离在冲模危险区之外，实行作业保护。模具安全防护装置不应增大劳动强度。

(3)冲压设备上采用安全装置。按结构分为机械式、按钮式、光电式、感应式等。

1)机械式防护装置：结构简单、制造方便，但对作业干扰影响较大，操作人员不太喜欢使用，有局限性。

①推手式保护装置，是一种与滑块联动的，通过挡板的摆动将手推离开模口的机械式保护装置。

②摆杆护手装置又称拨手保护装置，是运用杠杆原理将手拨开的装置。

③拉手安全装置，是一种用滑轮、杠杆、绳索将操作者的手动作与滑块运动联动的装置。

2)双手按钮式保护装置：是一种用电气开关控制的保护装置，起动滑块时，强制将人手限制在模外，实现隔离保护。只有操作者的双手同时按下两个按钮时，中间继电器才有电，电磁铁动作，滑块启动。凸轮中开关在下死点前处于开路状态，若中途放开任何一个开关时，电磁铁都会失电，使滑块停止运动，直到滑块到达下死点后，凸轮开关才闭合，这时放开按钮，滑块仍能自动回程。

3)光电式保护装置：是由一套光电开关与机械装置组合而成的，是在冲模前设置各种发光源，形成光束并封闭操作者前侧、上下模具处的危险区。当操作者手停留或误入该区域时，使光束受阻，发出电信号，经放大后由控制线路作用使继电器动作，最后使滑块自动停止或不能下行，从而保证操作者人体安全。光电式保护装置按光源不同，可分为红外光电保护装置和白炽光电保护装置。

(4)实现冲压作业的机械化和自动化，从根本上解决机械伤害事故。冲压作业机械化是指各种机械装置的动作来代替人工操作的动作；自动化是指冲压的操作过程全部自动进行，并且能自动调节和保护，发生故障时能自动停机。

5.剪切设备安全防护措施

(1)工作前应认真检查剪切设备各部分是否正常，电气设备是否完好，润滑系统是否畅通，清除台面及周围放置的工具、量具等杂物以及边角废料。

(2)不应独自1人操作剪切设备，应由2～3人协调进行送料、控制尺寸精度及取料等，并确定1个人统一指挥。

(3)应根据规定的剪板厚度，调整剪刀间隙。不准同时剪切两种不同规格、不同材质的板料，不得叠料剪切。剪切的板料要求应表面平整，不准剪切无法压紧的较窄板料。

(4)剪切设备的皮带、飞轮、齿轮以及轴等运动部位必须安装防护罩。

(5)剪切设备操作者送料的手指离剪刀口的距离应最少保持200 mm，并且离开压紧装置。在剪板机上安置的防护栅栏不能让操作者看不到裁切的部位。作业后产生的废料有棱角，操作者应及时清除，防止被刺伤、割伤。

6.木工机械安全防护措施

(1)木工机械应当配置相应的安全防护装置。按照“有轮必有罩、有轴必有套；锯片有套、刨(剪)切有挡”的安全要求，配备安全防护装置。徒手操作必须有安全防护措施。

(2)对产生噪声、木粉尘或挥发性有害气体的机械设备，应配置与其机械运转相连接的消声、吸尘或通风装置，以消除或减轻职业危害，维护职工的安全和健康。

(3)木工机械的刀轴与电器应有安全联控装置，在装卸或更换刀具及维修时，能切断电源并保持断开位置，以防止误触电源开关或突然供电启动机械，造成人身伤害。

(4)针对木材加工作业中的木料反弹危险，应采用安全送料装置或设置分离刀、防反弹安全屏护装置，以保证人身安全。

(5)在装设正常启动和停机操纵装置的同时，还应专门设置遇事故紧急停机的安全控制装置。对缺少安全装置或安全装置失效的木工机械，应禁止使用。

7.焊接与气割安全防护措施

(1)气焊与气割安全防护措施

1)乙炔最高工作压力禁止超过147 kPa表压。

2)禁止使用紫铜、银或含铜量超过70%的铜合金制造与乙炔接触的仪表、管子等零件。

3)乙炔发生器、回火防止器、氧气和液化石油气瓶、减压强等均应采取防止冻结措施，一旦冻结应用热水解冻，禁止采用明火烘烤或用棍棒敲打解冻。

4)气瓶、容器、管道、仪表等连接部位应采用涂抹肥皂水方法检漏，严禁使用明火检漏。

5)气瓶、溶解乙炔瓶等均应稳固竖立,或装在专用胶轮的车上使用。

6)禁止使用电磁吸盘、钢绳、链条等吊运各类焊接与切割用气瓶。

7)气瓶、溶解乙炔瓶等,均应避免放在受阳光曝晒或受热源直接辐射及易受电击的地方。

8)氧气、溶解乙炔气等气瓶,不应放空,气瓶内必须留有不小于 98～196 kPa 表压的余气。

9)气瓶漆色的标志应符合国家颁布的《气瓶安全监察规程》的规定,禁止改动,严禁充装与气瓶漆色标志不符的气体。

10)气瓶应配置手轮或专用扳手启闭瓶阀。

11)工作完毕、工作间隙、工作点转移之前都应关闭瓶阀,戴上瓶帽。

12)禁止使用气瓶作为登高支架和支承重物的衬垫。

13)留有余气需要重新灌装的气瓶,应关闭瓶阀,旋紧瓶帽,标明空瓶字样或记号。

14)氧气、乙炔的管道,均应涂上相应气瓶漆色规定的颜色和标明名称,便于识别。

(2)电弧焊安全防护措施

1)焊机按《电力设备接地设计技术规程》的要求可靠接地。接地装置必须经常保持连接良好,定期检测接地系统的电气性能,防止触电事故。

2)焊机必须装有独立的专用电源开关,其容量应与负荷匹配。当焊接超负荷时,应能自动切断电源。禁止多台焊机共用一个电源开关。

3)焊机的一次电源线,长度一般不宜超过 2～3 m,当有临时任务需要较长的电源线时,应沿墙或立柱用瓷瓶隔离布设,其高度必须距地面 2.5 m 以上,不允许将电源线拖在地面上。

4)焊机外露的带电部分应设有完好的防护(隔离)装置,电焊机裸露接线柱必须设有防护罩。禁止连接建筑物金属构架和设备等作为焊接电源回路。

5)连接焊机与焊钳必须使用软电缆线,长度一般不宜超过 20～30 m。

6)焊接电缆线应使用整根导线,中间不应有连接接头。当工作需要接长导线时,应使用接头连接器牢固连接,连接处应保持绝缘良好。

7)禁止在焊机上放置任何物件和工具,启动焊机前,焊钳与焊件不能短路。禁止将过热的焊钳浸在水中冷却后使用。

8)焊机必须经常保持清洁。清扫尘埃必须断电进行。焊接现场有腐蚀性、导电性气体或飞扬粉尘,必须对焊机进行隔离防护。

9)焊接电缆要横过马路或通道时,必须采取保护套等保护措施,严禁搭在气瓶、乙炔发生器或其他易燃物品的容器和材料上。

10)对绝缘电阻的检测:应每半年一次。

(3)焊割作业防火防爆措施

1)离焊接作业点 5 m 以内及下方不得有易燃物品,10 m 以内不得有乙炔发生器或氧气瓶。

2)一般不得在储存汽油、煤油等易燃物品的容器上进行焊割作业,若需对上述容器实施焊割作业时,按相关规范进行。

3)焊接管子时,管子两端应当打开,并不得有易燃物品。

4)不得带压焊割压力容器。

5)焊接盛过可燃气体或可燃液体的容器前,均应先打开盖反复清洗容器内部残留的危险物质,然后进行防爆检查至合格。

8.机械化(自动化)运输线安全防护技术

(1)机械传动部分防护装置齐全可靠

机械化运输线的传动部分、外露的旋转部位均应有防护罩、屏,其结构、尺寸、安装方式等应符合金属切削机床中关于防护罩、屏的安全规定。

(2)操作岗位和每隔 20 m 左右应设置相应的紧急开关,且灵敏可靠

在机械化运输线上必须安装足够数量的紧急开关,一般应保证 20 m 范围内不少于一个,且在操作工位、升降段路或转弯处都必须设置红色的紧急开关。紧急开关能保证运输线紧急停车,并不得自动恢复,必须采取手动复位。

(3)各种安全保险装置齐全可靠

1)机械化运输线应在不同的部位安装安全保险装置。驱动装置中安装过载保护装置;上坡和下坡处安装防停车及断链时发生掉料撕带、堵塞等事故的止退器和捕捉器;升降段安装上升和下降限位装置及止挡器等。

2)各种安全保险装置应运行可靠。

(4)通道、梯台、护网(栏)符合要求

1)运输线下方的通道净空高度不小于 1.9 m。

2)运输线上坡、下坡段净空高度超过 2 m 以及跨越人员和通道处应设护网(板),运输线穿越楼层而出现孔口时应设护栏,在人员能接近的重锤张紧装置下方应设立护栅(栏)。

3)人员需经常跨越运输线的地方应设过道(桥)。

4)通道、梯台、过道(桥)的安全要求应符合工业梯台中的有关规定要求。

(5)接地(零)线符合要求

(6)所有启动和停止装置应有明显标志并易于接近,并有必要的预警信号

在运输线较长,操作人员互相看不见时应设音响或灯光信号,以便启动设备时,警告操作人员。

二、电气安全技术

(一)预防触电的安全技术措施

1.预防直接接触电击安全技术

(1)绝缘。绝缘就是使用绝缘材料把带电体封闭或隔离起来,使电气设备及线路能正常工作,防止人身触电事故的发生。良好的绝缘是保证设备和线路正常运行的必要条件,也是防止触电事故的重要措施。如导线的绝缘层、线路中使用的绝缘子、绝缘胶带,以及绝缘鞋、绝缘手套等,都是绝缘防护的实例。

绝缘电阻是衡量绝缘性能优劣的最基本的指标。绝缘电阻用兆欧表测量。任何情况下绝缘电阻不得低于每伏工作电压 1 000 Ω,并应符合专业标准的规定。

防止绝缘损坏的措施有:

1)避开有腐蚀性物质和外界高温的场所。

2)正确使用和安装电气设备和线路,保持过流、过热保护装置的完好。

3)严禁乱拉乱扯,防止机械性损伤绝缘物。

4)应采取防止小动物损伤绝缘的措施。

5)不使用质量不合格的电气产品。

6)按照规定的周期和项目对电气设备进行绝缘预防性试验。

(2)屏护。屏护就是采用护盖、遮拦、护罩、箱匣等把危险的带电体同外界隔离开来,以防止人体触及或接近带电体所引起的触电事故。屏护还起到防止电弧伤人、防止弧光短路或便利检修工作的作用。

屏护装置有永久性、临时性屏护装置之分,前者如配电装置的遮拦、开关的罩盖等;后者如检修工作中使用的临时屏护装置和临时设备的屏护装置等。还可分为固定和移动屏护装置,如母线的护网就属于固定屏护装置;而跟随天车移动的天车滑线屏护装置就属于移动屏护装置。

屏护装置主要用于电气设备不便于绝缘或绝缘不足以保证安全的场合。如开关电器的可动部分一般不能包以绝缘,因此需要屏护。对于高压电气设备,无论是否有绝缘,均应采取屏护。室内、室外安装的变压器和变配电装置应装有完善的屏护装置。当作业场所邻近带电体时,在作业人员与带电体之间、过道、入口等处均应装设可移动的临时性屏护装置。为保证其有效性,还应满足以下要求:

1)屏护装置所用材料应有足够的机械强度和良好的耐火性能。用金属材料制成的屏护装置,为了防止屏护装置意外带电造成触电事故,必须将屏护装置接地或接零。

2)屏护装置一般不宜随便打开、拆卸或挪移,有时其上还应装有联锁装置(只有断开电源时才能打开)。

3)屏护装置还应与以下安全措施配合使用。

①屏护装置应有足够的尺寸,并应与带电体之间保持必要的距离:遮拦与低压裸导体的距离不应小于0.8 m;网眼遮拦与裸导体之间的距离,低压设备不宜小于0.15 m,10 kV设备不宜小于0.35 m,20 kV～35 kV设备不宜小于0.6 m。

②被屏护的带电部分应有明显的标志,标明规定的符号或涂上规定的颜色,遮拦、栅栏等屏护装置上应根据被屏护对象挂上"止步!""禁止攀登,高压危险!""当心触电!"等警告牌,配合屏护采用信号装置和联锁装置。前者一般用灯光或仪表指示有电;后者采用专门装置,当人体越过装置可能接近带电体时,所屏护的装置自动断电。

(3)间距。间距是指带电体与地面之间、带电体与其他物体和设施之间、带电体与带电体之间必要的安全距离。间距的作用是防止人体触及或接近带电体造成触电事故;避免车辆或其他器具碰撞或过分接近带电体造成事故;防止火灾、爆炸、过电压及各种短路事故,以及方便操作。在间距的设计选择上,既要考虑安全的要求,同时也要符合人一机工程学的要求。间距的大小取决于电压高低、设备类型、环境条件和安装方式等因素。

间距大致可分为四种:各种线路的间距、变配电设备的间距、各种用电设备的间距、检维修时的间距。

1)在低压操作中,人体或其所携带工具等与带电体的距离不应小于0.1 m;在高压无遮拦操作中,人体或其所携带工具与带电体之间的最小距离不应小于:

10 kV 及以下　　　　0.7 m

20 kV～35 kV　　　　1 m

2)当不足上述距离时，应装设临时遮拦，并应符合相关要求。用绝缘杆操作时，上述距离可减为：

10 kV 及以下　　　　0.4 m

35 kV　　　　0.6 m

3)在线路上工作时，人体或其携带工具等与邻近带电线路的最小距离不应小于：

10 kV 及以下　　　　1 m

35 kV　　　　2.5 m

4)不足上述距离时，邻近的线路应当停电。

5)用水冲洗时，小型喷嘴与带电体之间的最小距离不应小于：

10 kV 及以下　　　　0.4 m

35 kV　　　　0.6 m

6)工作中使用喷灯或气焊时，火焰不得喷向带电体。火焰与带电体的最小距离不得小于：

10 kV 及以下　　　　1.5 m

35 kV　　　　3 m

2.预防间接接触电击安全技术

间接接触电击即电气系统故障或异常状态下的电击。是指人体与正常状态下不带电，而在故障或异常状态下变为带电的物体接触造成的触电事故。

(1)IT 系统

IT 系统是指电源中性点不接地或经足够大阻抗(1 000 Ω 及其以上)接地，电气设备的外露可导电部分(如设备的金属外壳)经各自的保护线 PE 分别直接接地的三相三线制低压配电系统。I 表示配电网不接地或经高阻抗接地，T 表示电气设备外壳接地。

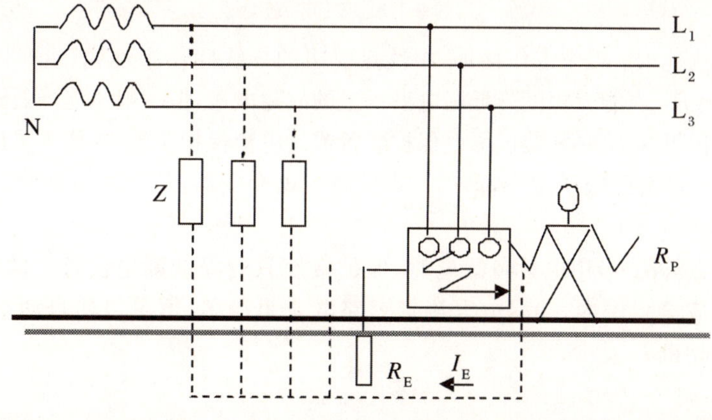

图 2-1-2　IT 系统

1)工作原理：当设备的金属外壳有了保护接地后，在发生单相碰壳故障时，设备外壳带上了相电压，若此时人触摸外壳，就会有相当危险的电流流经人身体与电网和大地之间的分布电容所构成的回路，由于人体电阻远比接地装置的接地电阻大，大部分的接地电流被接地装置分流，流经人体的电流很小，从而对人身安全起到了保护作用。即保护接地是通过限制带电外壳对地电压（控制接地电阻的大小）或减小通过人体的电流来达到保障人身安全的目的。

2)应用范围：适用于环境条件不良，易发生单相接地故障的场所，以及易燃、易爆的场所。

3)注意问题：

①在 380 V 不接地低压系统中，一般要求保护接地电阻 $R_E \leqslant 4\ \Omega$。当配电变压器或发电机的容量不超过 100 kV·A 时，要求接地电阻 $R_E \leqslant 10\ \Omega$。

②定期逐台检测接地装置的电气性能，使接地装置必须保持电气连接良好，此项检测会导致工作量增大。

(2)TT 系统

TT 系统是指电源中性点直接接地，而设备的外露可导电部分经各自的 PE 线分别直接接地的三相四线制低压供电系统。第一个字母 T 表示配电网直接接地，第二个字母 T 表示电气设备外壳接地。

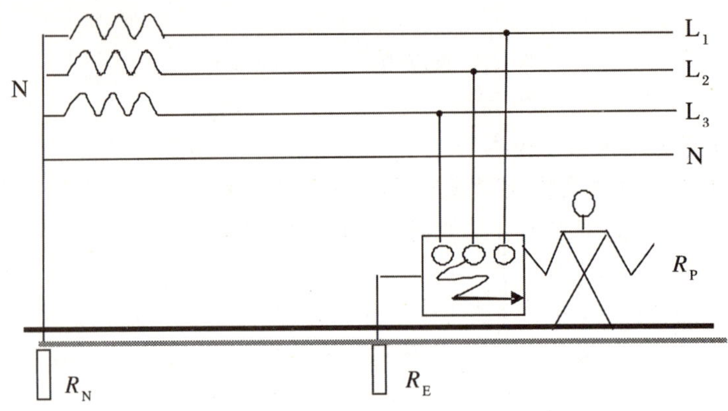

图 2-1-3 TT 系统

中性点的接地 R_N 叫作工作接地，中性点引出的导线叫作中性线（也叫做工作零线）。TT 系统的接地 R_E 也能大幅度降低漏电设备上的故障电压，但一般不能降低到安全范围以内。因此，采用 TT 系统必须装设漏电保护装置或过电流保护装置，并优先采用前者。

TT 系统主要用于低压用户，即用于未装备配电变压器，从外面引进低压电源的小型用户。

TT 系统缺陷：①当用电设备漏电时，保护接地只能降低漏电设备上的电压，而不能将电压限制在安全范围内；②漏电电流较短路电流小得多，不足以使自动空气开关跳闸或熔断器熔体熔断。

(3)TN 系统

TN 系统是三相四（五）线制配电网低压中性点直接接地，电气设备金属外壳通过保护线连接到此点的配电系统。字母 T 表示中性点直接接地；N 表示电气设备金属外壳与配电网中性点之间金属性的连接，亦即与保护零线之间紧密连接。其中工作零线即中性线，用 N 表示；保护线即保护导体，用 PE 表示。如果一根线既是工作零线又是保护线，则用 PEN 表示。

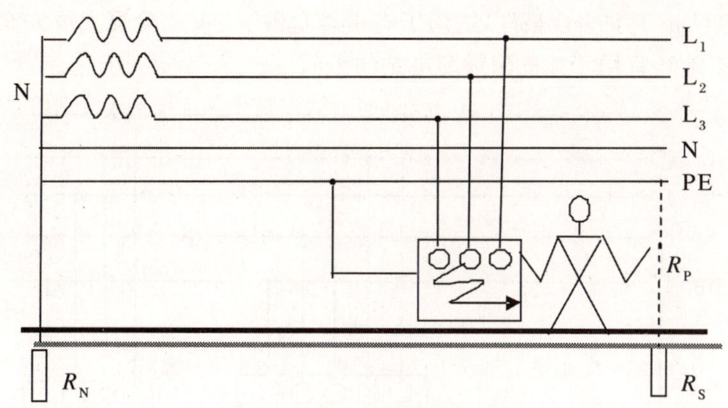

图 2-1-4　TN 系统

1)工作原理:当某一相线直接与设备的外壳连接时,即形成单相短路,短路电流促使线路上的短路保护装置迅速动作,在规定的时间内将故障设备断开电源,从而消除电击的危险。

2)TN 系统的分类

按照中性零线与保护零线的组合情况,TN 系统分为三种:

①TN－C 系统是干线部分保护线和工作零线是一根线,即 PEN 线,是我国广泛采用的系统。其缺点是当单相负载过多,使三相负载运行中出现不平衡时,PEN 线中会有不平衡电流渡过,并在 PEN 线上造成电压降。该电压实际是电气设备外壳上的电压,有时可达 10～40 V。这个电压在正常运行情况下存在,不但会使人感到麻电,而且还可能对附近的金属构件放电,产生电火花,在易燃易爆环境下是很危险的。

TN－C 系统用于无爆炸危险、火灾危险不大、用电设备较少、用电线路简单且安全条件较好的场所。

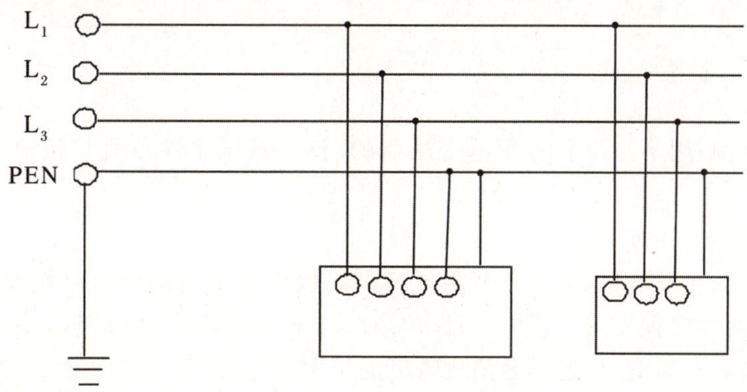

图 2-1-5　TN－C 系统

②TN－S 系统保护线和工作零线是分开的。其优点是专用保护线在正常工作时不通过工作电流,因此,正常情况下的负荷不平衡电流不会在保护线上产生对地电压;一旦工作零线断线,只影响用电设备不能正常工作,而不会导致断线点后的设备外壳上出现危险电压。缺点是当在线路远端漏电时,接地短路保护灵敏度不够,开关不能跳闸,必须使用电流动作型漏电保护器。

TN－S 系统由于安全性最好，适用于有爆炸危险、火灾危险性大或安全要求较高的场所(如建筑工地)，宜用于独立附设变电站的车间。

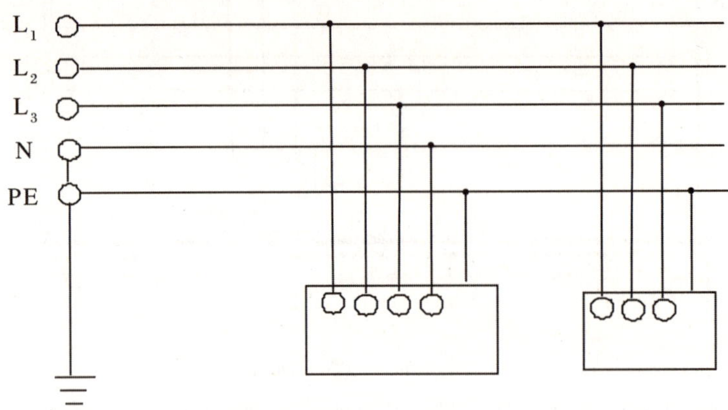

图 2-1-6 TN－S 系统

③TN－C－S 系统是干线部分的前一段保护线和工作零线共用为 PEN 线，后一段 PE 线与 N 线分开，其接线复杂，宜用于厂内设有总变电站，厂内低压配电的场所及民用楼房。

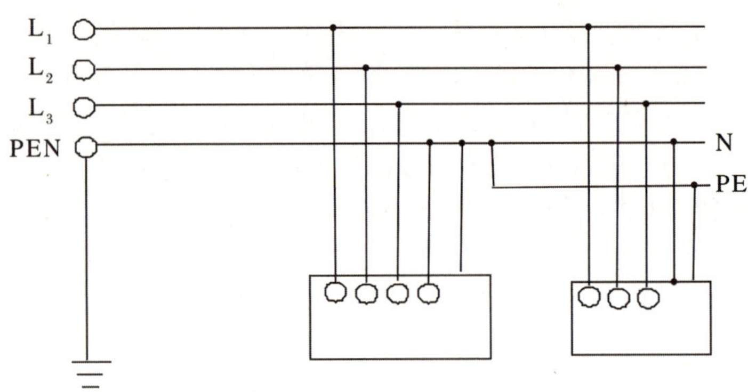

图 2-1-7 TN－C－S 系统

3)应用范围：用于用户装有配电变压器的，且其低压中性点直接接地的 220/380 V 三相配电网。

4)保护接零应注意的安全要求：

①在由同一台发电机、同一台变压器或同一段母线供电的低压电网中，不宜同时采用接地、接零两种保护方式。否则，当保护接地的用电设备碰壳短路时，接零设备的外壳上将产生危险的对地电压，这样会使故障范围扩大。

②保护导体必须重复接地。重复接地指保护导体上除工作接地以外的其他点再次接地。按照国际电工委员会的提法，重复接地是为了保护导体在故障时其电位尽量接近大地电位的在其他附加点的接地。重复接地是提高 TN 系统安全性能的重要措施，保护接零除了系统中性点工作接地外，必须将保护导体在一处或多处重复接地。其主要作用是降低保护导体断线或接触不良的危险性，降低漏电设备对地电压，改善架空线路的防雷性能和缩短漏电故障持续时间。

③发生对 PE 线的单相短路时能迅速切断电源。单相短路电流与保护装置动作电流的匹配是保护接零能否发挥作用的关键条件。单相短路电流取决于配电网相电压和相零线回路阻抗。

④低压电网中性点工作接地必须良好且接地电阻一般不应超过 4 Ω。工作接地的主要作用是减轻各种过电压的危险。

⑤保护导体不能断线。在 TN－C 系统中，中性线既是负载电流的通道，也是设备单相碰壳故障电流的通道。当零线断线，三相负荷不平衡，使三相电压不对称而无法正常工作，甚至烧化设备；单相碰壳故障将无法形成短路故障，设备供电不会被中断，使设备外壳呈现危险的对地电压，使故障范围扩大。因此，TN 系统的中性线上不允许装熔断器或单极隔离开关，避免造成断线。

⑥保护导体截面面积合格。在确保与负荷匹配的前提下，当 PE 线与相线材料相同时，PE 线可以按表 2-1-3 选取，以减小相零回路阻抗，增加零线的机械强度和稳定性，减小断线概率。

表 2-1-3　保护零线截面选择表

相线截面 S_L/mm^2	保护零线最小截面 S_{PE}/mm^2
$S_L \leqslant 16$	S_L
$16 < S_L \leqslant 35$	16
$S_L > 35$	$S_L/2$

⑦等电位连结。等电位连结是一种以降低接触电压为目标的“场所”电击防护措施，是指保护导体与建筑物的金属结构、生产用的金属装备以及允许用作保护线的金属管道等用于其他目的的正常不带电导体之间的连结。有条件的场所应做等电位连结，以提高 TN 系统的可靠性。

3.兼防直接接触电击和间接接触电击的安全技术

(1)双重绝缘和加强绝缘

1)基本概念：

①工作绝缘又称基本绝缘或功能绝缘，是保证电气设备正常工作和防止触电的基本绝缘。位于带电体与不可触及金属件之间。

②保护绝缘又称附加绝缘，是在工作绝缘因机械破损或击穿等而失效的情况下，可防止触电的独立绝缘。位于不可触及金属件与可触及金属件之间。

③双重绝缘是指兼有工作绝缘和附加绝缘的绝缘。

④加强绝缘是基本绝缘经改进，在绝缘强度和机械性能上具备了与双重绝缘同等防触电能力的单一绝缘。在构成上可以包含一层或多层绝缘材料。

2)Ⅱ类设备具有双重绝缘和加强绝缘的电气设备，无须再采取接地、接零等安全措施。一般场所使用的手持电工工具应优先选用Ⅱ类设备。在潮湿场所或金属构架上工作时，除选用特低电压的工具之外，也应尽量选用Ⅱ类工具。

Ⅱ类设备的绝缘电阻在直流电压为 500 V 条件下进行测试，工作绝缘的绝缘电阻不得低于 2 MΩ，保护绝缘的绝缘电阻不得低于 5 MΩ，加强绝缘的绝缘电阻不得低于 7 MΩ。

(2)安全电压

安全电压是在一定条件下、一定时间内不危及生命安全的电压。其保护原理是:通过对系统中可能会作用于人体的电压进行限制,从而使触电时流过人体的电流受到抑制,将触电危险性控制在没有危险的范围内。特低电压限值是指在任何情况下,任意两导体之间都不得超过的最高电压值。可以认为,限值范围内的电压在相应条件下对人是不会有危害的。

我国标准规定工频安全电压有效值的限值为 50 V。我国规定工频有效值的特低电压额定值有 42 V、36 V、24 V、12 V 和 6 V。特别危险环境使用的携带式电动工具应采用 42 V 特低电压;有电击危险环境使用的手持照明灯和局部照明灯应采用 36 V 或 24 V 特低电压;金属容器内、隧道内、水井内以及周围有大面积接地导体等工作地点狭窄、潮湿、行动不便的特别危险环境中使用手持照明灯应采用 12 V 特低电压;水下作业等特殊场所应采用 6 V 安全电压。当电气设备采用 24 V 以上特低电压时,必须采取防护直接接触电击的措施。

(3)电气隔离

电气隔离指工作回路与其他回路实现电气上的隔离。电气隔离是通过采用一次边、二次边电压相等的隔离变压器来实现的。电气隔离的安全实质是阻断二次边工作的人员单相触电时电流的通路。

电气隔离的电源变压器必须是隔离变压器,二次边必须保持独立,应保证电源电压 $U \leqslant 500$ V,线路长度 $L \leqslant 200$ m。

(4)剩余电流动作保护

剩余电流动作保护旧称漏电保护,是利用剩余电流动作保护装置来防止电气事故的一种安全技术措施。

剩余电流动作保护装置是一种低压安全保护电器,主要用于防止人身电击,防止因接地故障引起的火灾。剩余电流动作保护装置主要功能是提供间接接触电击保护,而额定漏电动作电流不大于 30 mA 的剩余电流动作保护装置,在其他保护措施失效时,也可作为直接接触电击的补充保护,但不能作为基本的保护措施。

我国标准规定的额定漏电动作电流值为:6 mA、10 mA、30 mA、50 mA、100 mA、300 mA、500 mA、1 A、3 A、5 A、10 A、20 A、30 A 共 13 个等级。其中,30 mA 及 30 mA 以下的属高灵敏度,主要用于防止各种人身触电事故;30 mA 以上至 1 000 mA 属中灵敏度,用于防止触电事故和漏电火灾;1 000 mA 以上的属低灵敏度,用于防止漏电火灾和监视一相接地故障。

(二)预防雷电灾害事故安全技术

1.防雷安全技术

(1)直击雷防护。主要采用避雷针、避雷线、避雷网、避雷带等来进行。

1)避雷针。避雷针实际上是引雷针,将雷电引向自身,从而保护其他设备免遭雷击。在雷电先导电路向地面延伸过程中,由于受到避雷针畸变电场的影响,会逐渐转向并击中避雷针,从而避免了雷电导向被保护设备、击毁被保护设备和建筑物的可能性。用来保护工业与民用高层建筑以及发电厂、变电所的屋外配电装置、油品燃料贮罐等。避雷针分独立避雷针和附设避雷针。独立避雷针不应设在人经常通行的地方。

2)避雷线。也叫架空地线,是沿线路架设在杆塔顶端并具有良好接地的金属导线。避雷线是输电线路的主要防雷保护措施。

3)避雷带、避雷网。避雷带、避雷网是在建筑物上沿屋角、屋脊、檐角和屋檐等易受雷击部位敷设的金属网格,主要用于保护高大的建筑物。

在三类防雷建筑物的易受雷击部位、遭受雷击后果比较严重的设施或堆料、高压架空电力线路、发电厂和变电站等,应采取防直击雷的措施。

(2)二次放电防护。为防止二次放电,不论是空气或地下,都必须保证接闪节器、引下线、接地装置与邻近导体之间有足够的安全距离。在任何情况下,第一类防雷建筑物防止二次放电的最小距离不得小于 3 m,第二类防雷建筑物防止二次放电的最小距离不得小于 2 m,不能满足间距要求时应予跨接(用金属线跨接)。

(3)感应雷防护。为了防止雷电感应的危险,应将建筑物内不带电的金属装备、金属结构连成整体并予以接地。为了防止电磁感应雷的危险,应将平行管道、相距不到 100 mm的管道用金属线跨接起来。同时注意电气安全距离要求。有爆炸和火灾危险的建筑物、重要的电力设施应考虑感应雷防护。

(4)雷电冲击波防护。为了防止雷电冲击波侵入变配电装置,可在将避雷器并联在被保护设备或设施上,正常时处于不导通的状态;当雷电冲击波到来时,避雷器被击穿放电,将雷电引入大地,发挥保护作用;冲击波过后,避雷器迅速自动恢复不导通状态。按其工作原理的不同,避雷器分为保护间隙、管型避雷器、阀型避雷器和氧化锌避雷器,其中现在广泛使用的是氧化锌避雷器,其他三种已逐步淘汰。

2.人身防雷措施

(1)雷暴时,应尽量减少在户外或野外逗留;在户外或野外最好穿塑料等不浸水的雨衣;如有条件,可进入有宽大金属构架或有防雷设施的建筑物、汽车或船只。

(2)雷暴时,应尽量离开小山、小丘、隆起的小道,尽量离开海滨、河边、池塘旁,尽量避开铁丝网、金属晒衣绳以及旗杆、烟囱、宝塔、孤独的树木附近,还应尽量离开没有防雷保护的小建筑物或其他设施。

(3)雷暴时,在户内应离开照明线、动力线、电话线、广播线、收音机和电视机电源线、收音机和电视机天线,以及与它们相连的各种金属设备。

(4)雷雨天气,应注意关闭门窗。

(三)预防静电危害事故安全技术

1.设备设施防静电安全技术

(1)环境危险程度控制。采取取代易燃介质、降低爆炸性混合物的浓度、减少氧化剂含量等措施,控制所在环境爆炸和火灾危险的程度。

(2)工艺控制。工艺控制就是从工艺流程、设备结构、材料选择和操作管理等方面采取措施,限制静电的产生或控制静电的积累,使之达不到危险的程度。如为了有利于静电的泄漏,可采用导电性工具;为了减轻火花放电和感应带电的危险,可采用阻值为 $10^7\ \Omega \sim 10^9\ \Omega$的导电性工具。为了避免液体在容器内喷射和溅射,应将注油管延伸至容器底部;装油前清除罐底积水和污物,以减少附加静电;还有控制物质流速等。

(3)泄漏导走法。在工艺工程中,采用空气增湿、加抗静电添加剂、接地和规定静止时间的方法,将带电体上的电荷向大地泄漏扩散,以避免静电事故。

(4)采用静电中和器。静电中和器又叫静电消除器。静电中和器是能产生电子和离子的装置。由于产生了电子和离子,物料上的静电电荷得到异性电荷的中和,从而消除静电的危险。静电中和器主要用来消除非导体上的静电。

(5)加强静电安全管理。静电安全管理包括制定相关静电安全操作规程、静电安全指标和开展静电安全教育、静电检测等内容。

2.人体防静电安全措施

人体防静电主要是防止带电体向人体放电或人体带静电所造成的危害,人体静电的防止,既可利用接地、穿防静电鞋、防静电工作服等具体措施,减少静电在人体上积累,又要加强规章制度和安全技术教育,保证静电安全操作要求。具体措施如下:

(1)人体接地。在人体必须接地的场所,应装设金属接地棒——消电装置。工作人员随时用手接触接地棒,以消除人体所带有的静电。

(2)工作地面导电化。采用导电性地面是一种接地措施,不但能导走设备上的静电,而且有利于导除积累在人体上的静电。用洒水的方法使混凝土地面、嵌木胶合板湿润。但泄漏电阻阻值受限。

(3)确保安全操作。在有静电危险的场所,应尽量避免接近或接触带电体,不得携带与工作无关的金属物品,如钥匙、硬币、手表、戒指等,也不允许穿带钉子的鞋等进入现场。

(四)预防电气火灾爆炸事故安全技术

1.防爆电气设备

(1)防爆电气设备类型

1)隔爆型(标志 d):这类设备有坚固的防爆外壳,在电气设备内部发生爆炸时,其外壳能承受 0.78～0.98 MPa 的内部压力而不损坏。即使内部爆炸也不会引起外部空间爆炸性混合物爆炸。

2)防爆安全型(标志 e):这类设备在正常运行时不产生火花、电弧或危险温度,又称为增安型。

3)防爆充油型(标志 o):这类设备是把可能产生火花、电弧或危险温度的带电导体浸在绝缘油中,使其不引起油面上爆炸性混合物爆炸的电气设备。一般要求油面高出发热和产生火花之处 10 mm 以上,油温要求不超出 80 ℃,必要时设置排气孔。

4)本质安全型(标志 i):这类设备是指在正常运行或标准试验条件下,所产生的火花或热效应均不能点燃爆炸性混合物的电气设备。本质安全型又分 ia、ib 两类:ia 类用于 0 级区域内,ib 类用于 1 级及以下区域。

5)防爆通风正压型(标志 p):这类设备可向外壳内通入新鲜空气或充入惰性气体,并能使其保持正压,阻止外部爆炸性混合物进入外壳内部,以防爆炸。防爆通风充气型外壳设有进出气口,利用机械通风造成壳内外压力差。这种设备外壳为全封闭式结构。使用电气设备时应保证先启动通风设备,然后再启动电气设备,而停止时程序相反。

6)充砂型电气设备(标志 q):这类设备外壳内充填细颗粒材料,以便在规定使用条件下,外壳内产生的电弧、火焰传播、壳壁或颗粒材料表面的过热温度均不能点燃周围的爆炸性混合物的电气设备。

7)无火花型(标志 n):在正常运行条件下,不产生电弧或火花,也不产生能够点燃周围爆炸性混合物的高温表面或灼热点，并且一般不会发生有点燃作用的故障。

8)防爆特殊形(标志 s):这类设备是指结构上不属于上述各种类型的防爆电气设备。它采取其他防爆措施，如浇注环氧树脂及充填石英砂等措施。

(2)危险环境的电气设备选型。应根据电气设备安装环境的类型和等级、电气设备的种类选用防爆型电气设备。

2.防爆电气线路

在爆炸危险环境中，电气线路安装位置的选择、敷设方式的选择、导体材质的选择、连接方法的选择等均应根据环境的危险等级进行。

(1)位置选择。应当在爆炸危险性较小或距离释放源较远的位置敷设电气线路。

(2)敷设方式选择。爆炸危险环境中电气线路主要有防爆钢管配线和电缆配线。

(3)隔离密封。敷设电气线路的沟道以及保护管、电缆或钢管在穿过爆炸危险环境等级不同的区域之间的隔墙或楼板时，应采用非燃性材料严密堵塞。

(4)导线材料选择。爆炸危险环境危险等级 1 区的范围内，配电线路应采用铜芯导线或电缆在有剧烈振动处应选用多股铜芯软线或多股铜芯电缆。煤矿井下不得采用铝芯电力电缆(接触不好，易断裂)。

爆炸危险环境危险等级 2 区的范围内，电力线路应采用截面积 4 mm^2 及以上的铝芯导线或电缆，照明线路可采用截面积 2.5 mm^2 及以上的铝芯导线或电缆。

(5)允许载流量。1 区、2 区绝缘导线截面积和电缆截面的选择，导体允许载流量不应小于熔断器熔体额定电流和断路器长延时过电流脱扣器。整定电流的 1.25 倍引向低压笼型感应电动机支线的允许载流量不应小于电动机额定电流的 1.25 倍。

(6)电气线路的连接。1 区和 2 区的电气线路的中间接头必须在与该危险环境相适应的防爆型的接线盒或接头盒内部。1 区宜采用隔爆型接线盒，2 区可采用增安型接线盒。2 区的电气线路若选用铝芯电缆或导线时，必须有可靠的铜铝过渡接头。

3.防火防爆技术

(1)限制形成爆炸性混合物:包括采取密闭作业、防止泄漏、防止可燃物堆积等措施。(密闭和通风)

(2)使用安全装置:包括成分控制装置、温度控制装置、阻火器、水封、安全阀、逆止阀、压力表、紧急停车装置、监测装置、信号装置、报警装置等自动装置。

(3)消除点火源:包括控制各种引燃源的措施。

(4)惰化和稀释:包括用 CO_2、N_2 等代替空气，强化通风等措施。

(5)耐燃结构和抗爆结构:包括建筑的耐燃结构、容器和设备的抗爆结构。

(6)隔离和间距:包括防油堤、防爆墙等设施及保持防火、防爆间距。

(7)泄压:包括容器、厂房的泄压、泄爆设计。

(五)预防电磁辐射安全技术

电磁辐射传播途径有:一是通过空间直接辐射;二是借助电磁耦合由线路传导。

1.屏蔽

在电磁场传播的途径中安设电磁屏蔽装置，使有害的电磁场强度降低到容许范围以内。电磁屏蔽装置一般用铜材、铝材或钢材制成封闭壳体。一般来说，频率越高，壳体越厚，材料导电性能越好，屏蔽效果也越大。

2.高频接地

包括高频接地和屏蔽接地。接地线用多股铜丝线或多层铜皮制成，以减少自感或涡流损耗。

3.其他措施

如改进电气设备，抑制辐射源或采用遥控、遥测方式，减少接触高强度电磁辐射的机会；也可采用吸收装置，来减弱电磁辐射；加强个体防护。

(六)电气系统安全技术要求

1.变配电站安全

变配电站是企业的动力枢纽。变配电站装有变压器、互感器、避雷器、电力电容器、高低压开关、高低压母线、电缆等多种高压设备和低压设备。变配电站发生事故，不仅使整个生产活动不能正常进行，还可能导致火灾和人身伤亡事故。

(1)变配电站位置。变配电站位置应符合供电、建筑、安全的基本原则。从安全角度考虑，变配电站应避开易燃易爆环境；变配电站宜设在企业的上风侧，并不得设在容易沉积粉尘和纤维的环境；变配电站不应设在人员密集的场所。变配电站的选址和建筑应考虑灭火、防蚀、防污、防水、防雨、防振的要求。地势低洼处不宜建变配电站。变配电站应有足够的消防通道并保持畅通。

(2)建筑结构。高压配电室、低压配电室、油浸电力变压器室、电力电容器室、蓄电池室的耐火等级符合要求。蓄电池室应隔离。变配电站各间隔的门应向外开启；门的两面都有配电装置时，应两边开启。门应为非燃烧体或难燃烧体材料制作的实体门。长度超过 7 m 的高压配电室和长度超过 10 m 的低压配电室至少应有两个门。室内油量 600 kg 以上的充油设备必须有事故蓄油设施。储油坑应能容纳 100%的油。

(3)间距、屏护和隔离。变配电站各部间距和屏护应符合专业标准的要求。室外变、配电装置与建筑物应保持规定的防火间距。室内充油设备油量 60 kg 以下者允许安装在两侧有隔板的间隔内，油量 60～600 kg 者须装在有防爆隔墙的间隔内，600 kg 以上者应安装在单独的间隔内。

(4)通道。变配电站室内各通道应符合要求。高压配电装置长度大于 6 m 时，通道应设两个出口；低压配电装置两个出口间的距离超过 15 m 时，应增加出口。

(5)通风。蓄电池室、变压器室、电力电容器室应有良好的通风。

(6)封堵。门窗及孔洞应设置网孔小于 10 mm×10 mm 的金属网，防止小动物钻入。通向站外的孔洞、沟道应予封堵。

(7)标志。变配电站的重要部位应设有相应电力安全警示标志。

(8)联锁装置。断路器与隔离开关操作机构之间、电力电容器的开关与其放电负荷之间应装有可靠的联锁装置。

(9)电气设备正常运行。电流、电压、功率因素、油量、油色、温度指示应正常；连接点应无松动、过热迹象；门窗、围栏等辅助设施应完好；声音应正常，应无异常气味；陶瓷绝缘子不得掉瓷、有裂纹和放电痕迹并保持清洁；充油设备不得漏油、渗油。

(10)安全用具和灭火器材。变配电站应备有绝缘杆、绝缘夹钳、绝缘鞋、绝缘站台、各种标示牌、临时接地线、验电器、脚扣、安全带、梯子等各种安全用具。变配电站应配置可用于带电灭火的灭火器材。

(11)技术资料。变配电站应备有高压系统图、低压系统图、电缆布线图、二次回路接线图、设备使用说明书、试验记录、测量记录、检修记录、运行记录等技术资料。

(12)管理制度。变配电站应建立并执行各项行之有效的规章制度,如工作票制度、操作票制度、工作许可制度、工作监护制度、值班制度、巡视制度、检查制度、检修制度及防火责任制、岗位责任制等规章制度。

2.主要变配电设备安全

(1)电力变压器。电力变压器是变配电站的核心设备,按照绝缘结构分为油浸式变压器和干式变压器。

油浸式变压器所用油的闪点在 130 ℃～170 ℃之间,属于可燃液体。变压器内的固体绝缘衬垫、纸板、棉纱、布、木材等都属于可燃物质,其火灾危险性较大,而且有爆炸的危险。变压器各部件及本体的固定必须牢固,电气连接必须良好,铝导体与变压器的连接应采用铜铝过渡接头,其低压绕组中性点、外壳及其阀型避雷器三者共用的接地必须良好,接地线上应有可断开的连接点。变压器室的门和围栏上应有"止步,高压危险!"的明显标志。

干式变压器的安装场所应有良好的通风,且空气相对湿度不得超过 70%;安装符合封闭性能。

(2)电力电容器。电力电容器是充油设备,安装、运行或操作不当可能着火甚至发生爆炸,电容器的残留电荷还可能对人身安全构成直接威胁。

电容器所在环境温度一般不应超过 40 ℃,周围空气相对湿度不应大于 80%,周围不应有腐蚀性气体或蒸气,不应有大量灰尘或纤维,所安装环境应无易燃、易爆危险或强烈振动,应避免阳光直射,受阳光直射的窗玻璃应涂以白色;应有良好的通风,电容器外壳和钢架均应采取接地(或接零)措施。

电容器外壳不应有明显变形,不应有漏油痕迹。电容器的开关设备、保护电器和放电装置应保持完好。

(3)高压开关。高压开关主要包括高压断路器、高压负荷开关和高压隔离开关。高压开关用以完成电路的转换,有较大的危险性。

1)高压断路器。高压断路器是高压开关设备中最重要、最复杂的开关设备。高压断路器有强力灭弧装置,既能在正常情况下接通和分断负荷电流,又能借助继电保护装置在故障情况下切断过载电流和短路电流。

按照灭弧介质和灭弧方式,高压断路器可分为少油断路器、多油断路器、真空断路器、六氟化硫断路器、压缩空气断路器、固体产气断路器和磁吹断路器。

高压断路器必须与高压隔离开关串联使用,由断路器接通和分断电流,由隔离开关隔断电源。因此,切断电路时必须先拉开断路器,后拉开隔离开关;接通电路时必须先合上隔离开关,后合上断路器。为确保断路器与隔离开关之间的正确操作顺序,除严格执行操作制度外,10 kV 系统中常安装机械式或电磁式联锁装置。

2)高压隔离开关。高压隔离开关简称刀闸。隔离开关没有专门的灭弧装置,不能用来接通和分断负荷电流,更不能用来切断短路电流。隔离开关主要用来隔断电源,以保证检修和倒闸操作的安全。

隔离开关安装应当牢固,电气连接应当紧密、接触良好,与铜、铝导体连接采用铜铝过渡接头。

隔离开关不能带负荷操作。拉闸、合闸前检查与之串联安装的断路器是否在分闸位置。

运行中的高压隔离开关连接部位温度不得超过 75 ℃，机构应保持灵活。

3）高压负荷开关。高压负荷开关有比较简单的灭弧装置，用来接通和断开负荷电流。负荷开关必须与有高分断能力的高压熔断器配合使用，由熔断器切断短路电流。

高压负荷开关分断负荷电流时有强电弧产生，因此，其前方不得有可燃物。

3.电气线路安全

（1）架空线路。凡杆距超过 25 m，利用杆塔敷设的高、低压电力线都属于架空线路。架空线路主要由导线、杆塔、横担、绝缘子、金具、基础及拉线组成。

架空线路的导线与地面、工程设施、建筑物、树木、其他线路之间，以及同一线路的导线与导线之间均应保持足够的安全距离。架空线路绝缘子的瓷件与铁件应结合紧密，铁件镀锌良好，瓷件瓷釉光滑，无裂纹、烧痕、气泡或瓷釉烧坏等缺陷。

（2）电缆线路。电缆线路有电缆沟或电缆隧道敷设、直接埋入地下敷设、桥架敷设、支架敷设、钢索吊挂敷设等敷设方式。电缆线路主要由电力电缆、终端接头、中间接头及支撑件组成。

电缆进入电缆沟、隧道、竖井、建筑物、盘（柜）处应予封堵，电力电缆的终端头和中间接头，应保证密封良好，防止受潮。电缆终端头、中间接头的外壳与电缆金属护套及铠装层均应良好接地。

4.配电柜（箱）

配电柜（箱）分动力配电柜（箱）和照明配电柜（箱），是配电系统的末级设备。配电柜（箱）内各电气元件及线路应接触良好、连接可靠，不得有严重发热、烧损现象。配电柜（箱）的门应完好，门锁应有专人保管。主要要求：

（1）配电柜（箱）应用不可燃材料制作。

（2）触电危险性小的生产场所和办公室，可安装开启式的配电板。

（3）触电危险性大或作业环境较差的加工车间，铸造、锻造、热处理、锅炉房、木工房等场所，应安装与环境相适应且符合相应标准的箱柜。

（4）有导电性粉尘或产生易燃易爆气体的危险作业场所，必须安装相应等级的防爆型电气设施。

（5）配电柜（箱）各电气元件、仪表、开关和线路应排列整齐、安装牢固、操作方便，柜（箱）内应无积尘、积水和杂物。

（6）落地安装的柜（箱）底面应高出地面 50～100 mm，操作手柄中心高度一般为 1.2～1.5 m，柜（箱）前方 0.8～1.2 m 的范围内无障碍物，确保柜门安全打开。

（7）保护线连接可靠。

（8）柜（箱）以外不得有裸带电体外露，装设在柜（箱）外表面或配电板上的电气元件，必须有可靠的绝缘屏护。

5.用电设备和低压电器

（1）电气设备触电防护分类。根据《电工电子设备防触电保护分类》（GB/T 2501），按照触电防护方式不同，电气设备分为以下 4 类。

1)0类。这种设备仅仅依靠基本绝缘来防止触电。0类设备外壳和内部的不带电导体上都没有接地端子。

2)Ⅰ类。这种设备除依靠基本绝缘外,还有一个附加的安全措施。其设备外壳上没有接地端子,但内部有接地端子,自设备内引出带有保护插头的电源线。

3)Ⅱ类。这种设备具有双重绝缘和加强绝缘的安全防护措施。

4)Ⅲ类。这种设备依靠特低安全电压供电,防止触电。

(2)电气设备外壳防护。电动机、低压电器的外壳防护包括两种:一种是对固体异物进入壳内设备以及对人体触及内部带电部分或运动部分的防护;另一种是对水进入内部的防护。

外壳防护等级按如下方法标志:

第一位数字表示第一种防护型式的等级;第二位数字表示第二种防护型式的等级。仅考虑一种防护时,另一位数字用字母“X”代替。如没有特别说明,附加字母可省略。如IP54为防尘、防溅型电气设备;IP65为尘密、防喷水型电气设备。

(3)电动机。电动机是把电能转变为机械能,是工业企业最常用的用电设备,分为直流电动机和交流电动机。交流电动机又分为同步电动机和异步电动机(即感应电动机),而异步电动机又分绕线型电动机和笼型电动机。

1)长期停用或可能受潮的电动机,使用前应测量绝缘电阻,其值不得小于1 MΩ。

2)电动机应装设短路保护和过载保护装置。并应根据需要装设断相和失压保护装置。每台电动机应有单独的操作开关。

3)电动机的熔断器熔体的额定电流应按下列条件选择:

①单台电动机的熔断器熔体的额定电流为异步电动机额定电流的1.5～2.5倍;

②多台电动机合用的总熔断器熔体的额定电流为其中最大一台电动机额定电流的1.5～2.5倍,再加上其余电动机额定电流的总和。

4)采用热继电器作电动机的过载保护时,其容量小于额定电流时,则电动机未过载时即发生作用;大于额定电流时,就失去了保护作用。其容量应取为电动机额定电流的1～1.25倍。

5)电动机的集电环与电刷的接触不良时,会发生火花,集电环与电刷磨损加剧,还会增加电能损耗,甚至影响正常运转。集电环与电刷的接触面不得小于满接触面的75%,电刷高度磨损超过原标准2/3时,应更换新电刷。

6)直流电动机的换向器表面如有损伤,运转时会产生火花,加剧电刷和换向器的损伤,影响正常运转,直流电动机的换向器表面应保持光洁,当有机械损伤或火花灼伤时应修整。

7)当电动机额定电压变动在5%～10%的范围内时,将以额定功率连续运行;超过时则应控制负荷。

8)电动机运行中无异响、无漏电,轴承温度正常且电刷与滑环接触良好。旋转中电动机的允许最高温度应按下列情况取值:滑动轴承为80 ℃,滚动轴承为90 ℃。

9)电动机在正常运行中,不得突然进行反向运转。

10)电动机在工作中遇到停电时,应立即切断电源,将启动开关置于停止位置。

11)电动机停止运行前,应首先将载荷卸去,或将转速降到最低,然后切断电源,启动开关应置于停止位置。

(4)低压控制电器。低压控制电器主要用来接通、断开线路和用来控制电气设备，包括刀开关、低压断路器、减压启动器、电磁启动器等。

1)刀开关。刀开关是手动开关，包括胶盖刀开关、石板刀开关、铁壳开关、转板开关、组合开关等。现在动力设备应经很少用。

刀开关没有或只有极为简单的灭弧装置，不能切断短路电流。因此，刀开关下方应装有熔体或熔断器。对于容量较大的线路，刀开关须与有切断短路电流能力的其他开关串联使用。

用刀开关操作异步电动机及其他有冲击电流的动力负荷时，刀开关的额定电流应大于负荷电流的3倍，并应该在刀开关上方另装一组熔断器。刀开关所配用熔断器和熔体的额定电流不得大于开关的额定电流。

2)低压断路器。低压断路器(自动空气开关)是一种不仅可以接通、分断电路，又能对负荷电路进行自动保护的开关电器。当负荷电路发生短路、过载、电压过低等故障时，能自动切断电路，也可用来不频繁地启动电动机及操作或转换电路。

低压断路器根据不同的需要可以配备电磁脱扣器(起短路保护作用)、热脱扣器(起过载保护作用)、失压脱扣器(起失压或欠压保护作用)和分励脱扣器(起远方分闸作用)。同时具有短路和过载保护两种功能的脱扣器称为复式脱扣器。按保护性能不同，低压断路器分为非选择性和选择性两类。前者多为瞬时动作，只起短路保护作用，也有长延时动作的，只起过载保护作用。后者有两段式保护和三段式保护两种特性。其中三段式的瞬时段和短延时段分别适于电流速断、短时限过流保护，长延时段则用于过载保护。

3)接触器。接触器是用来接通或断开电路，具有低压释放保护作用的电器，适用于频繁和远距离控制电动机。其额定电流应按电动机的额定电流和工作状态来选择，一般应选为电动机额定电流的1.3～2倍，工作繁重者应取较大的倍数。

接触器的灭弧能力有限，它只能切断负荷电流，而不能切断短路电流，使用时电路中应另加熔断器作为短路保护。在运行中应注意工作电流不应超过额定电流，温度不得过高，分合指示应与接触器的实际状态相符，连接和安装应牢固，机构应灵活，接地或接零应良好，接触器运行环境应无有害因素；触头应接触良好、紧密，不得过热；主触头和辅助触头不得有变形和烧伤痕迹；触头应有足够的压力和开距；主触头同时性应良好；灭弧罩不得松动、缺损；声音不得过大，铁芯应吸合良好，短路环不应脱落或损坏，铁芯固定螺栓不得松动，吸引线圈不得过热，绝缘电阻必须合格。

4)低压保护电器。低压保护电器主要用来获取、转换和传递信号，并通过其他电器对电路实现控制。熔断器和热继电器属于最常见的低压保护电器。

①熔断器。熔断器有管式熔断器、插式熔断器、螺塞式熔断器等多种形式。其中管式熔断器和螺塞式熔断器都是封闭式结构，电弧不容易与外界接触，适用范围较广。管式熔断器多用于大容量的线路。螺塞式熔断器和插式熔断器用于中、小容量线路。

熔断器的主要功能是做线路的短路保护，也可作为小容量恒定负载的过载保护。熔断器及熔体应按负荷性质和负荷大小选择，但熔体的额定电流不得大于熔断器的额定电流。其防护型式应满足生产环境的要求，其额定电压符合线路电压，其额定电流满足安全条件和工作条件的要求，其极限分断电流大于线路上可能出现的最大故障电流。安装和维修时，应保证熔断器接触连接部分的良好接触；更换熔体时，要切断电源，不可在带负荷的情况下拔出熔体，以防止电弧烧伤。

②热继电器。热继电器也是利用电流的热效应制成的。它主要由热元件、双金属片、控制触头等组成。热继电器的热容量较大，动作不快，只用于过载保护。

热元件的额定电流原则上按电动机的额定电流选取。对于过载能力较低的电动机，如果启动条件允许，可按其额定电流的60%～80%选取；对于工作繁重的电动机，可按其额定电流的110%～125%选取；对于照明线路，可按负荷电流的0.85～1倍选取。

6.手持电动工具和移动式电气设备

手持电动工具和移动式电气设备是最常用的小型电气设备，也是最容易发生触电事故的用电设备。手持电动工具包括手电钻、手砂轮、冲击电钻、电锤、手电锯等工具。移动式设备包括蛙夯机、振捣器、水磨石磨平机、移动式电加热设施、移动风扇等电气设备。

(1)触电危险性。手持电动工具和移动式电气设备发生触电事故较多的主要原因是：

1)多数工具和设备是以人握持操作运行的，人与工具之间的接触电阻小，一旦工具带电，将有较大的电流通过人体，容易造成严重后果。同时，操作者一旦触电，由于肌肉收缩而难以摆脱带电体，也容易造成严重后果。

2)这些工具和设备有很大的移动性，其电源线容易受拉、磨而损坏，电源线连接处容易脱落而使金属外壳带电，导致触电事故。

3)这些工具和设备没有固定的工位，运行时振动大而且可能在恶劣的条件下运行，本身容易损坏而使金属外壳带电，导致触电事故。

(2)安全使用条件

1)手持电动工具按电气安全保护措施分为Ⅰ类、Ⅱ类、Ⅲ类。Ⅱ类(采用双重绝缘或加强绝缘来防止触电)、Ⅲ类(采用特低电压来防止触电)设备没有保护接地或保护接零的要求；Ⅰ类设备靠基本绝缘外，必须采取保护接地或保护接零措施。设备的保护线应接保护干线。

2)使用Ⅰ类设备应配用绝缘手套、绝缘鞋、绝缘垫等安全用具，现已基本淘汰。

3)在一般场所，为保证使用安全，手持电动工具应采用Ⅱ类，必须装设额定漏电动作电流不大于15 mA、动作时间不大于0.1 s的剩余电流动作保护器和安全隔离变压器等，且隔离变压器、剩余电流动作保护器以及设备控制箱和电源连接器等必须放在外面。

4)在潮湿或金属构架上等导电性能良好的作业场所，必须使用Ⅱ类或Ⅲ类设备。在锅炉内、金属容器内、管道内等狭窄的特别危险场所，应使用Ⅲ类设备。

5)移动式电气设备的保护地(零)线不应单独敷设，而应当与电源线采取同样的防护措施，即采用带有保护芯线的橡皮套软线作为电源线。

6)移动式电气设备的电源插座和插销应有专用的接地(零)插孔和插头。其结构应能保证插入时接地(零)插头在导电插头之前接通，拔出时接地(零)插头在导电插头之后拔出。

7)专用电源线不得有破损或龟裂，中间不得有接头。电源线与设备之间的防止拉脱的紧固装置应保持完好。设备的软电缆及其插头不得任意接长、拆除或调换。

8)设备的电源开关不得失灵、不得破损并应安装牢固，接线不得松动，转动部分应灵活。

(3)使用安全措施

1)辨认铭牌，检查工具或设备的性能是否与使用条件相适应。

2)检查其防护罩、防护盖、手柄防护装置等有无损伤、变形或松动。

3)检查开关是否失灵、破损、牢固,接线有无松动。

4)电源线应采用橡皮绝缘软电缆;单相用三芯电缆、三相用四芯电缆;电缆不得有破损或龟裂,中间不得有接头。

5)Ⅰ类设备应有良好的接地(零)措施,且保护导体应与工作零线分开;保护地(零)线应采用规定的多股软铜线,且保护地(零)线最好与相线、工作零线在同护套内。

第四节 安全技术规程、规范与标准

1.《机械制造企业安全生产标准化规范》(AQ/T 7009—2013)
2.《机械安全·设计通则·风险评估与风险减小》(GB/T 15706—2012)
3.《机械安全机械电气设备·第1部分:通用技术条件》(GB 5226.1—2008)
4.《金属切削机床安全防护通用技术条件》(GB 15760—2004)
5.《机械安全机械电气设备·第32部分:起重机械技术条件》(GB 5226.2—2002)
6.《锻压机械安全技术条件》(GB 17120—2012)
7.《冷冲压安全规程》(GB 13887—2008)
8.《剪切机械安全规程》(GB 6077—1985)
9.《木工机床安全通则》(GB 12557—2010)
10.《低压配电设计规范》(GB 50054—2011)
11.《建筑物电气装置·第4～41部分:安全防护—电击防护》(GB 16895.21—2012)
12.《电击防护装置和设备的通用部分》(GB/T 17045—2008)
13.《电气装置安装工程接地装置施工及验收规范》(GB 50169—2006)
14.《剩余电流动作保护器的一般要求》(GB 6829—2008)
15.《剩余电流动作保护装置安装和运行》(GB 13955—2005)
16.《隔离变压器和安全隔离变压器要求》(JISC 9742—2000)
17.《用电安全导则》(GB/T 13869—2008)
18.《电力变压器·第1部分:总则》(GB 1094.1—2013)
19.《建筑物防雷设计规范》(GB 50057—2010)
20.《石油与石油设施雷电安全规范》(GB 15599—2009)
21.《防止静电事故通用导则》(GB 12158—2006)
22.《机械安全防护装置固定式和活动式防护装置设计与制造一般要求》(GB/T 8196—2003)
23.《机械安全·避免人体各部位挤压的最小间距》(GB 12265.3—1997)
24.《乙炔站设计规范》(GB 50031—1991)
25.《焊接与切割安全》(GB 9448—1990)
26.《电气设备应用场所的安全要求·第1部分:总则》(GB/T 24612.1—2009)
27.《锅炉房设计规范》(GB 50041—2008)
28.《压缩空气站设计规范》(GB 50029—2014)

第二章　防火防爆安全技术

第一节　燃烧与火灾基本知识

一、燃烧

(一)燃烧的定义、条件和分类

1.燃烧的定义

燃烧是可燃物与氧化剂作用发生的放热反应,通常伴有火焰、发光和(或)烟气的现象。例如,氢气与氧气反应生成水并放出热量:

$$2H_2+O_2\xrightarrow{\text{燃烧}}2H_2O+Q$$

氢气与氯气反应生成氯化氢气体,放出热量并出现火焰:

$$H_2+Cl_2\xrightarrow{\text{燃烧}}2HCl+Q$$

放热、发光、生成新物质是燃烧的三个主要特征。根据这三个特征,可以区别燃烧与非燃烧现象。

(1)燃烧是一种氧化反应。灯泡中的钨丝通电后虽然发光、放热,但不是燃烧,因为它没有发生氧化反应,没有产生新物质,而是由电能转变为光能的物理变化。

(2)剧烈的放热是燃烧的特征。铁生锈虽然是一种氧化反应,生成了新物质氧化铁,但该反应过程缓慢,虽然放热,但放出的热量不足以使反应产物发光,所以也不是燃烧。

(3)燃烧是一种氧化反应,氧气是最常见的氧化剂,但氧化剂并非只限于氧气。在化学反应中氧化并不限于同氧气的反应,例如氢气、炽热的铁、金属钠、铜与氯气反应,都是同时伴有发热、发光的剧烈的氧化反应。物质与空气中的氧气之间进行的氧化反应是最普通最常见的燃烧,是火灾和爆炸事故主要的表现形式。

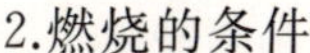

2.燃烧的条件

(1)燃烧三要素

点火源　助燃物　可燃物

燃烧三要素

燃烧必须同时具备可燃物、助燃物和点火源三个条件,称为燃烧三要素。

1)可燃物。《消防词汇·第1部分:通用术语》(GB/T 5907.1—2014)将可燃物定义为可以燃烧的物品。可燃物能与空气、氧气和其他氧化剂发生剧烈氧化反应。可燃物按其物理状态分为气态、液态和固态三类;按组成不同分为无机可燃物和有机可燃物两类。

2)助燃物。凡是具有较强氧化性,能与可燃物发生化学反应并引起燃烧的物质称为助燃物,如空气、氧气、氯气等。

3)点火源。点火源也称为引火源,是指具有一定温度和热量,能使物质开始燃烧的外部热源(能源)。常见的点火源有明火、电火花和高温物体等。

(2)燃烧的必要条件

1)一定数量的可燃物。在一定条件下,若不具备足够数量的可燃物,就不会发生燃烧。例如温度为 20℃时,用明火瞬间接触汽油和煤油,汽油会立发生燃烧,煤油则不会燃烧。这是因为在 20℃时,汽油的蒸气量已经达到了燃烧所需的浓度(数量),而煤油的蒸气量没有达到燃烧所需的浓度。由于煤油的蒸发量不够,虽具有足够的空气(助燃物)和点火源,也不会发生燃烧。

2)足够数量的助燃物。要使可燃物不间断地燃烧,必须供给足够数量的助燃物,否则燃烧不能持续进行。如在天然气输送管道投入使用(通气)前,采用氮气置换管道内的空气,当管道末端放空管排出气体中氧气的含量小于 2%(体积分数)时,即可认为置换合格。此时,通入天然气,即使天然气与管道内剩余的氧气混合,遇点火源,也不会发生燃烧或燃爆。

3)点火源要具备足够的能量。要使可燃物发生燃烧,点火源必须具有足以将可燃物加热到能发生燃烧的温度(燃点或自燃点)。对不同的可燃物来说,这个温度不同,所需的点火能量不同,一根火柴可点燃一张纸而不能点燃一块木头;电焊火花可以将达到一定浓度的可燃气体与空气的混合气体引燃爆炸,但却不能将木块、煤块引燃。

总之,要使可燃物发生燃烧,不仅要同时具有 3 个基本条件,而且每一条件都须具有一定的“量”,并彼此相互作用,否则就不能发生燃烧。

防火、防爆与灭火措施的基本原理是根据物质的特性和所处的环境条件,防止燃烧三要素同时存在,互相结合,互相作用。

3.燃烧的形式和种类

(1)燃烧的形式

1)按发生燃烧的物质的相态,燃烧分为气相燃烧、液相燃烧和固相燃烧。

可燃物和助燃物均为气相的燃烧称为气相燃烧。多数可燃物,包括气体、多数液体和固体的燃烧为气相燃烧。

燃烧时的可燃物为液态,称为液相燃烧。燃烧时的可燃物为固相,称为固相燃烧。固相燃烧的特点是没有火焰,只产生光和热。

2)按燃烧的过程,分为混合燃烧和扩散燃烧。可燃物与空气(或其他氧化剂)已经混合均匀,遇火源产生燃烧,称为混合燃烧。混合燃烧的速度主要取决于燃烧化学反应的速度。混合燃烧的燃烧速度一般较快,可导致爆炸。

可燃物与空气(氧化剂)的混合是在燃烧过程中进行的,即一边混合一边燃烧,这种燃烧称为扩散燃烧。在扩散燃烧中,扩散速度比化学反应速度慢得多,燃烧速度由扩散速度决定。扩散燃烧是比较平稳的燃烧。

(2)燃烧的种类

燃烧按形成的条件和发生的特点,分为着火、自燃、闪燃、阴燃、轰燃和爆燃。

1)着火。可燃物受外部引火源直接作用而发生的燃烧称为着火。着火是最常见的燃烧。

在规定的试验条件下,物质在外部引火源作用下表面起火并持续燃烧一定时间所需的最低温度称为燃点。可燃物燃点越低,越容易着火。

2)自燃。可燃物在没有外部火源的作用时,因受热或自身发热并蓄热所产生的燃烧。

可燃物不需火源的直接作用能发生自行燃烧的最低温度称为自燃点。

自燃分为受热自燃和自热燃烧。受热自燃一般需要外部提供一定的能量,但是提供能量的方式与着火不同。点火源不与可燃物直接接触,而是间接地、整体地加热可燃物,引起可燃物整体瞬间着火。例如,将可燃气体混合物置于容器内加热,或在压缩机汽缸内绝热压缩,容器(或汽缸)内可燃气体混合物的温度会整体升高。当温度上升到一定程度时,容器(或汽缸)内的可燃气体混合物会突然发生燃烧。

自热燃烧不需外界提供能量,由物质内部所产生的物理(辐射、吸附等)、化学(分解、化合等)及生物化学(细菌腐败、发酵等)反应而产生热量,热量积聚,导致其温度升高而发生燃烧,如堆积植物的自燃、煤的自燃、涂油物(油纸、油布)的自燃等。

3)闪燃。可燃性液体挥发的蒸气与空气混合达到一定浓度或者可燃性固体加热到一定温度后,遇明火发生一闪即灭的燃烧。

在规定的试验条件下,可燃性液体或固体表面产生的蒸气在试验火焰作用下发生闪燃的最低温度称为闪点。在闪点温度下,可燃液体表面挥发的蒸气量仅能维持一闪而过的燃烧。此时,挥发速度不快,来不及供应新的蒸气使燃烧继续下去,所以往往闪燃一下就会熄灭。

闪点是可燃液体的主要安全技术指标之一。当可燃液体的温度高于其闪点时,随时都有被点燃的危险。闪点是评定液体火灾危险性的主要依据,闪点越低,火灾危险性越大。可燃液体的闪点可通过其安全技术说明书或安全技术特性表查找。

4)阴燃。物质无可见光的缓慢燃烧,通常产生烟气和温度升高的现象。

5)轰燃。某一空间内,所有可燃物的表面全部卷人燃烧的瞬变过程。

6)爆燃。可燃物(气体、雾滴或粉尘)与空气混合后遇点火源发生的燃烧以不断扩大的同心球形式扩散到混合物存在的全部空间的燃烧。爆燃以亚音速燃烧波的方式进行传播。

爆燃可发生在容器、塔釜、罐槽、地沟和厂房等密闭或半密闭空间内。

(二)不同相态物质燃烧的过程

气态可燃物的燃烧通常为扩散燃烧,即可燃物和氧气边混合边燃烧;液态可燃物(包括受热后先液化再燃烧的固态可燃物)通常先是蒸发为可燃蒸气,可燃蒸气再发生燃烧;固态可燃物先是通过热解等过程产生可燃气体,可燃气体再发生燃烧。

(三)燃烧产物及其危害

1.完全燃烧和不完全燃烧

燃烧过程中产生的物质(如 CO_2、水蒸气等)不能继续燃烧的燃烧称为完全燃烧;燃烧过程产生还能继续燃烧的物质(如 CO、未燃尽的碳等)的燃烧称为不完全燃烧。燃烧是否充分与氧化剂的供给程度等燃烧条件有关。

2.燃烧产物

由燃烧或热解作用而产生的全部物质称为燃烧产物。燃烧产物的种类由可燃物的组成及燃烧条件决定。无机可燃物的燃烧产物主要是它的氧化物。有机可燃物的主要成分为碳(C)、氢(H)、氧(O)、硫(S)、磷(P)和氮(N)等,如发生不完全燃烧,会生成 CO、NO、烟尘等有毒有害物质。

3.燃烧产物的危害

燃烧产物中的二氧化碳是窒息性气体,一氧化碳、五氧化二磷、一氧化氮和二氧化氮等是有毒气体。

烟尘(气)为物质高温分解或燃烧时产生的固体和液体微粒、气体,连同夹带和混入的部分空气形成的气流,是不完全燃烧产物。烟尘(气)会污染环境,对人体有害。

二、火灾

(一)火灾的定义

火灾是指在时间或空间上失去控制的燃烧。在生产过程中,凡是超出有效范围的燃烧都可称为火灾。例如,电焊作业产生的火花将作业场所内的可燃物引燃,形成了超出电焊作业范围的燃烧,就可称为火灾。

(二)火灾的分类

《火灾分类》(GB/T 4968－2008)将火灾分为以下六类:

A 类火灾:固体物质火灾。

B 类火灾:液体或可熔化的固体物质火灾。

C 类火灾:气体火灾。

D 类火灾:金属火灾。

E 类火灾:带电火灾。物体带电燃烧的火灾。

F 类火灾:烹饪器具内的烹饪物(如动植物油脂)火灾。

上述火灾分类的主要目的是指导防火和灭火,适用于选用灭火剂和灭火器材。

第二节　爆炸基本知识

一、爆炸的定义

爆炸是在周围介质中瞬间形成高压的物质的化学反应或物理状态变化,通常伴有强烈放热、发光和声响。爆炸的主要特征是物质的物理状态或成分瞬间发生变化,能量突然释放,温度和压力骤然升高,产生强烈的冲击波并发出巨大的响声。

二、爆炸的分类

(一)物理爆炸

物理爆炸是由物质的物理状态或压力发生快速变化，瞬间释放物理能量引起的爆炸。例如蒸汽锅炉的过热蒸汽压力超过锅炉的设计压力，锅炉破裂，高压蒸汽骤然释放出来，形成爆炸；陨石落地、高速弹丸对目标的撞击等物体高速碰撞时，物体高速运动产生的动能在碰撞点的局部区域内迅速转化为热能，使受碰撞部位的压力和温度急剧升高，并使碰撞部位发生急剧变形，伴随巨大响声。自然界中的雷电属于物理爆炸。带有不同电荷的云团之间发生强烈的放电，使能量在 10^{-6} s～10^{-7} s 内释放出来，放电区达到极大的能量密度和高温，导致放电区空气压力急剧升高并迅速膨胀，对周围空气产生强烈扰动，形成电闪雷鸣般的爆炸现象。高压电流通过细金属丝，温度可达到 2×10^{4} ℃，使金属丝瞬间转化为气态而发生爆炸。总之，物理爆炸是热能、机械能或电能的快速释放和转化过程，参与爆炸的物质只发生物理状态的变化，其化学成分不发生改变。

(二)化学爆炸

化学爆炸是由于物质发生化学反应而引起的爆炸，如炸药爆炸、可燃气体爆炸等。参与化学爆炸的物质在瞬间发生分解反应或化合反应，形成新的物质。悬浮于空气中的粉尘(如煤粉、面粉等)以一定的比例与空气混合，遇点火源所产生的爆炸属于化学爆炸。化学爆炸是通过化学反应，将物质潜在的化学能在极短的时间内释放出来，使其化学反应产物处于高温、高压状态的结果。一般气体爆炸和粉尘爆炸的压力达 2×10^{6} Pa，高能炸药爆炸时的爆轰压力达 2×10^{10} Pa 以上，爆炸产物的温度可达到 3×10^{3} K～5×10^{3} K。

燃烧和化学爆炸都是剧烈的化学反应，都有新物质产生。但化学爆炸与燃烧的不同之处在于爆炸反应的速度非常快，一般在 10^{-5} s～10^{-6} s 完成反应，产生的能量来不及释放而高度集中，具有极大的破坏力。爆炸放出大量的气体，由于在瞬间产生，会产生强大的冲击波，使周围介质受到严重破坏。爆炸伴有巨大的声响。

按爆炸时所发生的化学反应类型，化学爆炸可分为简单分解爆炸、复杂分解爆炸、爆炸性混合物爆炸和遇水爆炸物质爆炸。

1.简单分解爆炸

简单分解爆炸没有燃烧现象，爆炸所需能量由自身分解产生。如叠氮铅、雷汞、雷银、三氯化氮、乙炔铜、乙烯基乙炔等发生的爆炸。这类物质受轻微震动就会爆炸，如叠氮铅的分解爆炸反应。

$$Pb(N_3)_2 \xrightarrow{\text{震动}} Pb + 3N_2 + Q$$

2.复杂分解爆炸

这类爆炸伴有燃烧现象，燃烧所需的氧由爆炸物自身分解供给。三硝基甲苯、三硝基苯酚、硝化甘油、黑火药等炸药的爆炸属于此类爆炸。

硝化甘油的爆炸反应为：

$$C_3H_5(ONO_2)_3 \xrightarrow{\text{引爆}} 3CO_2 + 2.5H_2O + 1.5N_2 + 0.25O_2 + Q$$

1 kg 硝化甘油炸药的分解热为 6 688 kJ,爆炸产生的温度可达 4 697 ℃,爆炸时瞬间体积可增大 1.6 万倍,爆炸速度达 8 625 m/s。

3.爆炸性混合物爆炸

可燃气体(蒸气)或可燃粉尘与空气混合形成爆炸性混合物,遇点火源发生的爆炸。

(1)爆炸性混合物分类

1)可燃气体爆炸混合物,如甲烷、乙炔、一氧化碳等可燃气体与空气形成的混合物。

2)易燃或可燃蒸气爆炸混合物,如汽油、苯、乙醚、甲醇等易燃液体的蒸气与空气形成的混合物。

3)粉尘爆炸混合物,如铝粉尘、硫黄粉尘、煤粉尘等与空气形成的混合物。

(2)可燃气体(蒸气)爆炸混合物爆炸

在工业生产及日常生活中,很多爆炸事故是由可燃气体(蒸气)与空气形成的爆炸性混合气体引起的,如可燃气体从工艺装置、设备管道泄漏到空气中,或空气渗入存有可燃气体的设备中,都会形成爆炸性混合物,遇到点火源会发生爆炸。

可燃气体与空气的混合物,遇点火源是发生燃烧还是发生爆炸主要取决于可燃气体与空气的混合是否需要经过一段扩散时间。燃烧与化学爆炸的区别在于燃烧反应(氧化反应)的速度不同。燃烧反应可以分为三个阶段:

1)扩散阶段:可燃气体通过扩散与氧气互相接触和混合。所需时间称为扩散时间。

2)感应阶段:可燃气体和氧气接受点火源的能量,离解成自由基或活性分子。所需时间称为感应时间。

3)化学反应阶段:自由基与反应物分子相互作用,生成新的分子和新的自由基,反应不断进行,热量迅速放出。所需时间称为化学反应时间。

三个阶段的时间相比,扩散时间远远大于其余两段时间。因此,如遇点火源之前,可燃气体无充分的扩散时间,就不会发生爆炸。

以管道煤气燃烧为例,煤气由管道喷出后在空气中燃烧,是典型的扩散燃烧。火焰的明亮层是扩散区,火焰中心发暗的锥形空间为燃料锥。空气中的氧分子由火焰外围空间向内扩散,煤气分子由燃料锥向外扩散,煤气分子与氧分子在扩散区相遇,完成化学反应。由于化学反应速度比扩散速度快得多,没有多余的氧气分子进入管道内,煤气分子也不能逸出扩散区而到达外部空间,所以能在管道口附近平稳燃烧。

如果煤气和空气以一定比例混合均匀,燃烧反应的扩散阶段在点燃前已经完成,整个空间充满了爆炸性混合气体,一遇火源,整个空间立即燃烧起来,由于反应速度很快,热量来不及散失,温度急剧上升,气体因高热而急剧膨胀,就会形成爆炸。

(3)粉尘爆炸混合物爆炸

1)粉尘的危险特性。

①粒度与分散度。粉尘是指悬浮在空气中的固体微粒。粉尘的粒度是指粉尘的大小,又称粒径。一般用尘粒的平均直径或其投影定向长度来表示。粉尘分散度指粉尘中不同粒径颗粒的数量或质量分布的百分比。

②表面积。粉尘的表面积主要取决于粉尘的粒度。同一体积的物体,粒度越小,表

面积越大。

③吸附性和活性。物质的表面具有的把其他物质吸向自己的能力称为(表面)吸附性。

粉尘的粒度越小,表面积越大,其表面吸附能力越大。如果粉尘本身具有化学活性,被吸附的物质在粉尘表面会发生化学反应。粉尘化学活性越高,粒度越小,化学反应越剧烈。

固体的燃烧是在固体与空气接触的表面进行的。若其他条件相同,燃烧反应速度取决于固体与空气接触表面积的大小。粉尘的表面积较大,燃烧反应速度必然增大。很多金属,如铝、镁、锌,在块状时不易发生燃烧,而呈粉状时,就能燃烧。若悬浮于空气中,则会发生爆炸。

④粉尘的自燃点。粒度越小,自燃点越低。

⑤粉尘的动力稳定性。粒子保持分散状态而不向下沉积的性质称为动力稳定性,这是粒子同时受到重力作用和扩散作用的结果。粒子受到的重力作用和扩散作用都与粒子大小有关,粒子大小是分散体系动力稳定性的决定性因素。分散体系的分散度越高,动力稳定性越高。

2)粉尘爆炸的条件。

①粉尘本身具有可燃性。

②粉尘悬浮在空气中并达到一定浓度。

③有足以引起粉尘爆炸的点火能量。

3)影响粉尘爆炸的主要因素。

粉尘粒度越小,分散度越高,环境中粉尘和氧气的含量越大,点火源强度和初始温度越高,湿度越低,惰性粉尘及灰分含量越少,爆炸浓度范围越大,粉尘的爆炸危险性越大。

4.遇水爆炸物质爆炸

钾、钠、碳化钙、保险粉(连二亚硫酸钠)等与水接触,发生放热化学反应并产生易燃气体,易燃气体与空气混合发生爆炸。

(三)核爆炸

核爆炸是核裂变或核聚变所释放出的巨大核能引起的。核爆炸释放的能量比炸药爆炸放出的化学能大得多。核爆炸中心温度可达数 1×10^{7} K 以上,压力可达 1×10^{15} Pa 以上,产生极强的冲击波、核辐射和光辐射。

三、爆炸极限

(一)爆炸极限的概念

可燃气体、可燃液体蒸气和可燃粉尘与空气形成的混合物,并不是在任何浓度下遇到点火源都会发生爆炸,而必须在一定的浓度范围内遇点火源才能发生爆炸。这个遇点火源发生爆炸的浓度范围称为爆炸极限。可燃气体、可燃液体蒸气和可燃粉尘能够发生爆炸的最低浓度和最高浓度分别称为爆炸下限和爆炸上限。可燃气体、可燃液体蒸气的爆炸极限采用其在空气中的体积百分数(%)来表示,粉尘的爆炸极限用粉尘在空气中的质量体积浓度来表示。

(二)影响可燃气体、可燃液体蒸气爆炸极限的主要因素

可燃气体、可燃液体蒸气的爆炸极限不是一个固定的常数,而是受许多因素的影响。一般资料文献中所列爆炸极限是在标准条件下测得的数据。使用这些数据时应根据实际条件进行修正。

1.初始温度

可燃气体、可燃液体蒸气的初始温度越高,爆炸极限范围增大,爆炸下限降低,爆炸上限增高。

2.初始压力

可燃气体、可燃液体蒸气的初始压力增大,爆炸极限范围扩大;初始压力减小,爆炸极限范围缩小。

3.点火源

增加点火源的能量,增大点火源的表面积和延长点火源与可燃物的接触时间都会使可燃气体、可燃液体蒸气的爆炸极限范围增大。

4.氧含量

可燃气体、可燃液体蒸气的爆炸性混合物中氧含量增加,对爆炸下限影响不大,因为在爆炸下限浓度时氧气是过量的。在爆炸上限浓度时氧气含量相对不足,所以增加氧气含量会使爆炸上限显著增高。

5.惰性气体含量

在可燃气体、可燃液体蒸气的爆炸性混合气体中加入惰性气体,将使爆炸极限范围缩小。当惰性气体含量增大达到一定程度时,爆炸就不会发生。

6.容器的尺寸及材质

若容器材质的传热性能好,尺寸小到一定程度,可燃气体、可燃液体蒸气的爆炸范围缩小。

一些容器的材质对可燃气体爆炸有催化作用或钝化作用。例如,氢气和氟在玻璃容器中混合,在极低的温度下可发生爆炸,在银制的容器中,混合物在常温下才能发生爆炸。

除以上影响因素外,光对爆炸极限也有影响。在黑暗中氢气与氯气反应十分缓慢,但在强光下则会发生爆炸。甲烷和氯气混合,在黑暗中长时间内不发生反应,但在日光照射下会发生剧烈反应。

(三)爆炸极限的用途

1.用于评定可燃气体、可燃液体蒸气和可燃粉尘燃爆危险性的大小。是确定可燃气体火灾危险性类别的标准。一般把爆炸下限<10%的可燃气体的火灾危险性确定为甲类。

2.作为设计依据。确定建筑物的耐火等级、设计厂房通风系统、防爆电气设备选型等都需要知道该场所的可燃气体、可燃液体蒸气和可燃粉尘的爆炸极限。

3.作为采取安全技术措施的依据。在生产、储存和使用可燃气体、可燃液体蒸气和可燃粉尘的场所,应根据其燃爆危险性及其他理化性质,采取通风、惰性气体置换、检测报警等防爆技术措施,以保证生产场所可燃气体、可燃液体蒸气和可燃粉尘的浓度被控制在爆炸极限范围之外。

(四)获取爆炸极限数据的方法

1.查阅手册、资料。

2.测试。爆炸极限的测定可采用《空气中可燃气体爆炸极限测定方法》(GB/T 12474—2008)规定的方法。

3.进行计算。如计算多种可燃气体组成的混合气体的爆炸极限以及可燃气体和惰性气体混合后的爆炸极限。

第三节　防火防爆技术措施

一、火灾爆炸事故的特点与危害

火灾发生的过程包括酝酿期、发展期、全盛期和衰灭期。在酝酿期,可燃物在点火源的作用下产生气体物质,冒烟或阴燃;在发展期,火苗蹿起,火势迅速扩大;在全盛期,火焰包围整个可燃物,可燃物全面着火,燃烧面积达到最大,放出强烈的辐射热,温度大幅升高,气体对流加剧;到了衰灭期,可燃物质减少,火势逐渐衰落,终至熄灭。火灾发生后,随着时间的延续,损失迅速扩大。

可燃物与氧化剂的相互扩散和混合而形成的爆炸性混合物遇点火源发生爆炸的速度很快,在极短的时间内爆炸过程已经结束,设备损坏、厂房倒塌、人员伤亡等在瞬间产生。爆炸通常伴随发热、发光、发声、压力上升,具有很大的破坏作用。其破坏作用的大小与爆炸物的数量和性质、爆炸发生时的环境条件以及爆炸位置等因素有关。

二、生产与储存的火灾爆炸危险性

(一)生产过程和物质储存的火灾危险性分类

为防止火灾和爆炸事故的发生,首先应了解该生产过程和储存物质的火灾危险性属于哪一类型,存在哪些可能发生火灾或爆炸的因素,发生火灾爆炸后火势蔓延扩大的条件等,这是采取有效的防火防爆措施的重要依据。

按照《建筑设计防火规范》(GB 50016—2006)的规定,生产过程与储存物质的火灾危险性分类见表 2-2-1 和表 2-2-2。该分类主要依据生产和储存中物料的理化性质及其火灾爆炸危险程度、反应中所用物质的数量、采用的反应温度、压力以及使用密闭的还是敞开的设备进行生产操作等。

从生产过程与储存物质的火灾危险性分类标准可以看出,爆炸极限是评定气体火灾危险性的主要指标，闪点是评定可燃液体火灾危险性的主要指标，燃点是评定固体物质火灾危险性主要指标。

表 2-2-1 生产过程的火灾危险性分类

生产类别	火灾危险性特征	
	项别	使用或产生下列物质的生产
甲	1	闪点小于 28 ℃的液体；
	2	爆炸下限小于 10%的气体；
	3	常温下能自行分解或在空气中氧化能导致迅速自燃或爆炸的物质；
	4	常温下受到水或空气中水蒸气的作用，能产生可燃气体并引起燃烧或爆炸的物质；
	5	遇酸、受热、撞击、摩擦、催化以及遇有机物或硫黄等易燃的无机物，极易引起燃烧或爆炸的强氧化剂；
	6	受撞击、摩擦或与氧化剂、有机物接触时能引起燃烧或爆炸的物质；
	7	在密闭设备内操作温度大于等于物质本身自燃点的生产。
乙	1	闪点大于等于 28 ℃，但小于 60 ℃的液体；
	2	爆炸下限大于等于 10%的气体；
	3	不属于甲类的氧化剂；
	4	不属于甲类的化学易燃危险固体；
	5	助燃气体；
	6	能与空气形成爆炸性混合物的浮游状态的粉尘、纤维、闪点大于等于 60 ℃的液体雾滴。
丙	1	闪点大于等于 60 ℃的液体；
	2	可燃固体。
丁	1	对不燃烧物质进行加工，并在高温或熔化状态下经常产生强辐射热、火花或火焰的生产；
	2	利用气体、液体、固体作为燃料或将气体、液体进行燃烧作其他用的各种生产；
	3	常温下使用或加工难燃烧物质的生产。
戊		常温下使用或加工不燃烧物质的生产。

表 2-2-2 储存物品的火灾危险性分类

仓库类别	项别	储存物品的火灾危险性特征
甲	1	闪点小于 28 ℃的液体；
	2	爆炸下限小于 10%的气体，以及受到水或空气中水蒸气的作用，能产生爆炸下限小于 10%气体的固体物质；
	3	常温下能自行分解或在空气中氧化能导致迅速自燃或爆炸的物质；
	4	常温下受到水或空气中水蒸气的作用，能产生可燃气体并引起燃烧或爆炸的物质；
	5	遇酸、受热、撞击、摩擦以及遇有机物或硫黄等易燃的无机物，极易引起燃烧或爆炸的强氧化剂；
	6	受撞击、摩擦或与氧化剂、有机物接触时能引起燃烧或爆炸的物质。

（续表）

仓库类别	项别	储存物品的火灾危险性特征
乙	1 2 3 4 5 6	闪点大于等于 28 ℃，但小于 60 ℃的液体； 爆炸下限大于等于 10%的气体； 不属于甲类的氧化剂； 不属于甲类的化学易燃危险固体； 助燃气体； 常温下与空气接触能缓慢氧化，积热不散引起自燃的物品。
丙	1 2	闪点大于等于 60 ℃的液体； 可燃固体。
丁		难燃烧物品。
戊		不燃烧物品。

（二）爆炸危险环境及爆炸危险区域划分

爆炸危险环境分为爆炸性气体环境和爆炸性粉尘环境。爆炸性气体环境是指在大气条件下，气体或蒸气可燃物质与空气的混合物引燃后，能够保持燃烧自行传播的环境。爆炸性粉尘环境是指在大气环境条件下，可燃性粉尘与空气形成的混合物被点燃后，能够保持燃烧自行传播的环境。

爆炸危险区域是指爆炸性混合物出现或预期可能出现的数量达到足以要求对电气设备的结构、安装和使用采取预防措施的区域。

为防止电气设备和线路（电火花和电弧、危险温度等）引起爆炸危险区域爆炸事故，《爆炸危险环境电力装置设计规范》（GB 50058－2014）根据爆炸性气体环境中爆炸性气体混合物出现的频繁程度和持续时间，将爆炸性气体环境危险区域划分为 0 区、1 区和 2 区；根据爆炸性粉尘环境出现的频繁程度和持续时间将粉尘爆炸危险区域划分为 20 区、21 区和 22 区。具体见表 2-2-3。

表 2-2-3　爆炸危险区域划分表

类别	区域	特　征
爆炸性气体危险区域	0 区	连续出现或长期出现爆炸性气体混合物。
	1 区	在正常运行时可能出现爆炸性气体混合物。
	2 区	在正常运行时不太可能出现爆炸性气体混合物，或即使出现，也仅是短时存在。
爆炸性粉尘危险区域	20 区	空气中的可燃性粉尘云持续地或长期地或频繁地出现。
	21 区	在正常运行时，空气中的可燃粉尘云很可能偶尔出现。
	22 区	在正常运行时，空气中的可燃粉尘云一般不可能出现。即使出现，持续时间也是短暂的。

三、防火防爆基本原理与思路

（一）基本原理

根据物质燃烧的三要素，引发火灾的条件是可燃物、助燃物和点火源同时存在、相互作用。引发爆炸的条件是爆炸品或者爆炸性混合物与引爆源同时存在、相互作用。采取措施避免或者消除上述条件,就可以防止火灾、爆炸事故的发生。

(二)制定防火防爆措施的思路

1.预防

这是最理想、最重要的防火防爆措施。其基本要求是使可燃物(爆炸物品)、助燃物(氧化剂)与点火(引爆)源没有结合的机会,从根本上杜绝发生火灾爆炸事故的可能性。

2.控制

发生火灾、爆炸时,限制其蔓延和扩大。如在设备上安装阻火、泄压装置,在建筑物中设置防火墙等。采取控制性措施能够有效减少事故损失。

3.减少与消除

降低事故影响和财产损失,保护人身安全,包括灭火、厂址选址与外部安全距离、厂区总平面布置与防火距离、建(构)筑物耐火等级、逃生避难设施等。

(1)灭火。

按照法律、法规和标准、规范的要求采取灭火措施。一旦火灾初起,就能够将其扑灭,避免发展成大的火灾。

(2)疏散避难。

如预先设置安全出口和安全通道,发生火灾爆炸事故时,迅速将人员或者重要物资撤离危险区域。如在建筑物中或者在飞机、车辆上设置安全门和疏散通道等。

四、防火防爆措施

(一)预防性措施

预防火灾、爆炸事故的措施包括消除导致火灾爆炸事故的物质条件(即可燃物与氧化剂的结合)以及消除导致火灾爆炸事故的能量条件(即点火源或引爆源)两类。

1.消除导致火灾爆炸的物质条件

(1)不使用或少使用易燃物。

通过改进生产工艺技术,以不燃物或者难燃物代替易燃物,以火灾、爆炸危险性小的物质代替危险性大的物质,这是防火防爆的根本性措施,应当首先采纳。

(2)防止易燃、可燃物料泄漏或空气渗入含易燃、可燃物料的生产系统。

防止易燃、可燃物料泄漏或空气渗入含易燃、可燃物料的生产系统的主要方法是生产设备或生产系统的密闭化,已密闭的正压设备或生产系统要防止泄漏,负压设备及系统要防止空气的渗入。生产设施设备及管道发生泄漏的主要原因如下:

1)材料强度不足。如材料老化、材料受到腐蚀或者磨损、介质或者环境温度过高或过低、静负荷或者反复应力使材料发生疲劳破坏或变形、使用劣质材料等。

2)外界负荷造成破坏。如地震或者泥石流导致输油管或者输气管断裂;车辆碰撞造成储罐或管道破裂等。

3)因设备、管道内压力升高引起破坏。如容器内介质受热发生膨胀;系统内发生机械压缩、绝热压缩或发生“水锤”现象;容器内化学反应失控而导致压力升高等。

4)焊缝开裂或者密封不严。

5)误操作,如开错阀门,按错开关等。

(3)采取通风、除尘措施

对于生产系统或设备无法密闭或者无法完全密闭,存在可燃气体、蒸气、粉尘的生产场所,要设置通风、除尘设施以降低空气中可燃物浓度,确保将可燃物浓度控制在爆炸下限以下。

(4)检测报警

在可能发生火灾、爆炸的场所设置可燃气体(蒸气)、可燃粉尘浓度检测报警仪。一旦浓度超标(一般将报警浓度定为爆炸下限的20%～25%)即报警,以便采取紧急防范措施。在可燃气体火灾、爆炸危险场所设置的检测报警仪器一般分为火灾探测器和可燃气体浓度检测报警器二类。

1)火灾探测器。火灾探测器是火灾自动报警系统的重要组成部分。火灾自动报警系统由火灾探测器、信号传输、报警控制器及消防联动控制设施四个部分组成,见图2-2-1。

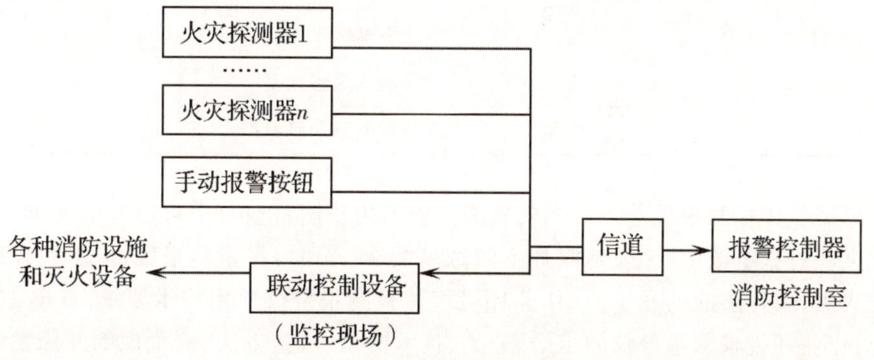

图2-2-1　火灾自动报警系统组成

火灾探测器是能对火灾参数发生响应,自动产生火灾报警信号的器件。其传感器可以检测到火灾初期出现的一些信息,如辐射热、火光、烟等,通过中间继电器将信号输出到报警控制器,发出警报信号,与自动消防设施联锁,以使火灾在初期阶段能够得到最快的扑救。火灾探测器的类型见表2-2-4。

表2-2-4　火灾探测器的类型

<table>
<tr><td rowspan="5">感烟探测器</td><td rowspan="3">点型</td><td colspan="2">离子感烟型</td></tr>
<tr><td rowspan="2">光电感烟型</td><td>遮光型</td></tr>
<tr><td>散光型</td></tr>
<tr><td rowspan="2">线型</td><td rowspan="2">双射遮光感烟型</td><td>红外型</td></tr>
<tr><td>激光型</td></tr>
</table>

（续表）

<table>
<tr><td rowspan="6">感温探测器</td><td rowspan="3">点型</td><td>差温</td><td rowspan="2">双金属型膜盒型</td></tr>
<tr><td>定温</td></tr>
<tr><td>差定温</td><td>易熔金属型半导体型</td></tr>
<tr><td rowspan="2">线型</td><td>差温</td><td rowspan="2">管型
电缆线
半导体型</td></tr>
<tr><td>定温</td></tr>
<tr><td rowspan="2">感光探测器</td><td rowspan="2">点型</td><td>紫外光型</td><td rowspan="2"></td></tr>
<tr><td>红外光型</td></tr>
<tr><td rowspan="2">可燃气体探测器</td><td rowspan="2">点型</td><td>催化型</td><td rowspan="2"></td></tr>
<tr><td>气敏半导体型</td></tr>
<tr><td rowspan="5">复合式探测器</td><td rowspan="4">点型</td><td>感烟感温型</td><td rowspan="5"></td></tr>
<tr><td>感烟感光型</td></tr>
<tr><td>感温感光型</td></tr>
<tr><td>感烟感温感光型</td></tr>
<tr><td>线型</td><td>红外对射感烟感温型</td></tr>
</table>

2)可燃气体检测报警器。可燃气检测报警器用于测量空气中可燃气的浓度，当可燃气体浓度超过报警浓度(一般是爆炸下限浓度的25%)时，报警器报警，应尽快采取措施以防止火灾、爆炸事故的发生。《作业环境气体检测报警仪通用技术要求》(GB 12358—2006)对作业环境检测报警仪的术语、分类、技术要求、试验方法、检验规则及标志等提出了要求。

可燃气体检测报警器按使用方式分为：

①检测器与报警器分开固定安装，前者安装在作业现场，后者安装在仪表监控室内。

②检测元件与报警器为一体的便携式结构，可由检测人员携带至作业现场。

可燃气体检测报警器按采样方式分为：

①扩散式：依靠空气中的可燃气自然扩散进行检测。其特点是无须采样装置，结构简单，体积小，使用方便，但是易受风向与风速的影响，检测效果因检测元件位置和环境条件不同而有所差异。这种检测报警器适用于室内和不容易受风影响的作业场所。

②泵吸式：在检测器内有一个吸气泵，把被测气体抽吸到检测元件里。在吸入口有一个气体捕获罩，并设有气体分离器，对被测气体进行分离过滤。泵吸式检测报警器体积大，结构复杂，但不易受风向及风速的影响。

可燃气体检测报警器按检测原理分为：

①催化燃烧式。利用高熔点金属铂丝受热后的电阻变化测定可燃气体浓度。催化燃烧式检测器一般用于检测液化石油气、煤气、汽油蒸气、瓦斯、甲烷、乙炔、氢气等可燃气体。优点是重复性好，耗电少，不受环境温度影响；主要缺点是铂丝容易中毒，导致仪器失效。为延长检测元件的寿命，可装设过滤器，对进入的气体进行净化。

②半导体式(气敏式)。这类检测器采用灵敏度较高的气敏半导体元件,整机体积小,电路较简单。此类检测器灵敏度高,不存在催化剂中毒问题,仪器使用寿命长,但测量精确度较差。由于半导体元件由常温进入工作温度(稳态)需要几分钟时间,限制了在频繁启动的便携式检测仪器上的应用。

(5)惰性气体保护

惰性气体保护是向可燃物质与空气混合物中送入氮气、二氧化碳、水蒸气、烟道气等惰性气体,以达到减小可燃物质浓度,缩小甚至消除爆炸极限范围的目的。

在惰性气体的覆盖下进行易燃固体的压碎、研磨、筛分、混合以及粉状物料的输送;厂房充满可燃性物质而具有火灾爆炸危险时(如发生事故的车间、库房充满有爆炸危险的气体或蒸气时),向这区域送入大量惰性气体以降低爆炸性气体或蒸气的浓度;用惰性介质充填非防爆电气和仪表;在装置停车检修或开车前,用惰性气体吹扫装置系统内的可燃物质等都属于惰性气体保护。

生产上常用的惰性气体有氮气、二氧化碳和水蒸气。采用烟道气作惰性气体时应经过冷却,并除去氧气和残余的可燃成分。氮气等惰性气体在使用时应经过气体分析,其含氧量不得超过2%。

用于惰性气体保护的惰性气体的需用量取决于混合物中允许的最高含氧量。确定惰性气体的需用量的依据不是惰性气体的浓度达到哪一数值时可以遏止爆炸,而是加入惰性气体后,氧气的浓度降到哪一数值时不会发生爆炸。

2.消除、控制点火源

(1)点火源分类

常见的点火源分为四大类,见表2-2-5。

表2-2-5　常见点火源分类

点火源类型	举　例	点火源类型	举　例
机械火源	撞击、摩擦、绝热压缩	电火源	电火花、静电火源、雷电火花
热火源	高温表面、热射线(日光)	化学火源	明火、化学热、发热自燃

(2)消除、控制点火源的措施

1)防止撞击、摩擦产生火花。

机器设备上转动部件的摩擦,钢铁的相互撞击或钢铁与水泥地面的碰撞,带压管道或容器瞬间破裂时,物料高速喷出与容器壁摩擦等,都可能产生高温或者火花,成为火灾、爆炸的点火源。在火灾、爆炸危险场所应严禁穿铁钉鞋,严禁使用能产生撞击火花的工具,应使用如铜制、木制工具等防爆工具;在机械设备中凡可能发生撞击或摩擦的部位都应采用不产生火花的金属(如铜、铝等)。不能使用有色金属制造的设备,应在采用惰性气体保护的条件下进行操作;火炸药工房应铺设不发火地面。

2)防止高温表面成为点火源。

工业生产中的加热装置、装有高温物料的容器或者管道等的表面温度较高。其他常见的高温表面还有通电的白炽灯泡、因机械摩擦导致发热的转动部分、烟筒烟道、熔融金属等。如可燃物与这些高温表面接触或者接近，就可能被点燃。

为防止发生这类火灾事故，高温表面应当进行保温或隔热，可燃气体排放口应远离高温表面，禁止在高温表面烘烤衣物。应当及时清除高温表面上的污垢和物料，以防止受热分解，发生燃烧。

3)防止热射线(日光)成为点火源。

直射的太阳光通过凸透镜、弧形、有气泡或者不平的玻璃被聚焦形成点火源。夏天的日光照射可导致硝化棉自燃。有火灾、爆炸危险的厂房及库房须采取遮阳隔热措施。

4)防止电气故障引发火灾、爆炸事故。

电气火灾、爆炸事故的预防措施详见本章第四节。

5)消除静电火花。

两种不同物质相互接触、摩擦，可能产生静电并积聚，形成高电压。若静电能量以火花形式放出，可能引起火灾爆炸事故。有关预防静电事故的内容见本书第二篇第一章。

6)预防雷电火花引发火灾、爆炸事故。

雷电是自然界中的静电放电现象。雷电所产生的火花温度很高，是引起火灾爆炸事故的原因之一。有关预防雷电事故的内容见本书第二篇第一章。

7)防止自燃发热。

自燃物质不需外界提供能量，由物质内部所产生的物理、化学及生物化学反应产生热量，导致温度上升，形成点火源。

8)明火。

生产过程中的明火主要指加热用火、维修用火以及其他火源。

①加热用火的控制。加热可燃物应避免采用明火，应使用水蒸气、热水或者其他热载体间接加热。如果必须采用明火加热，加热设备应当严格密闭并定期检修，应注意防止可燃物泄漏。

生产装置明火加热设备，应当与可能发生可燃气体(蒸气、粉尘)泄漏的工艺设备和储罐保持足够的防火距离，并应布置在容易散发可燃物料的设备或生产系统的上风向；两个以上的明火加热装置，应当集中布置在生产装置的边缘，并与其他设备设施保持足够的防火距离。

②维修用火主要指焊接、切割作业等的明火。因维修用火引发的火灾爆炸事故比较常见，必须严格遵守动火安全规程和相关管理规定。

③其他火源

烟囱飞火以及汽车、拖拉机、柴油机等的排气管喷出的火星，都可能成为火灾、爆炸事故的点火源。

在火灾、爆炸危险场所吸烟等人为火源引起的火灾、爆炸事故时有发生。

3.安全标志

防火防爆安全标志主要用于提示操作人员及其他相关人员采取相应的防火防爆措施，具有警示作用。

应按照《安全标志及其使用导则》(GB 2894－2008)、《消防安全标志》(GB 13495－92)、《危险货物包装标志》(GB 190－2009)的要求设置防火防爆安全标志。

(二)控制性措施

1.阻火装置

阻火装置又称为火焰隔断装置，包括安全液(水)封、水封井、阻火器及单向阀等。阻火装置的主要作用是防止外部火焰进入存有易燃易爆物料的系统、设备、容器及管道内，或者阻止火焰在系统、设备、容器及管道之间蔓延。

(1)安全液封

安全液封一般安装在压力(表压)低于 0.02 MPa 的管线与生产设备之间。常用的安全液封有开敞式和封闭式两大类。

安全液封内装有水等不燃液体。环境气温低的场所，为防止液封冻结，可通入蒸汽保温或加入防冻液。

安全液封阻火的基本原理是由于液封中装有不燃液体，无论在液封两侧的哪一侧着火，火焰到达到液封处就会停止传播，从而阻止火灾的蔓延。

(2)水封井

水封井是安全液封的一种，设置在含有可燃气体(蒸气)或者油污的排污管道上，以防止燃烧爆炸沿排污管道蔓延。一般水封高度不应小于 250 mm。

(3)阻火器

阻火器的阻火层由能够通过气体的细小通道或孔隙的固体不燃材料构成。当燃烧开始后，在没有外界能量作用的情况下，火焰在管道中的传播速度随管径减小而降低，当管径小到某个临界值时，火焰就不能传播，直至熄灭。

影响阻火器阻火性能的主要因素是阻火层的材质、厚度及其中的管径或者孔隙的大小。

阻火器有金属网型阻火器、砾石阻火器、波纹金属片阻火器及平行板型阻火器等形式。

阻火器一般安装在输送可燃气体(蒸气)的管线、石油及其产品储罐的呼吸阀、容易引起燃烧爆炸的通风口、排气管，油气回收系统、燃气加热炉的送气系统等。根据设备系统的要求和阻火器的特性选用阻火器。表 2-2-6 可作为选用阻火器时参考。

表 2-2-6　各类阻火器的比较

阻火器类别	优点	缺点	适用范围
金属网阻火器	结构简单，容易制造，造价低廉	阻爆范围小，易损坏，不耐烧	石油储罐、输油、输气管道、油轮等
波纹型阻火器	适用范围大，流体阻力小，能阻止爆炸火焰，易于转换清洗	结构比较复杂，造价较高	石油储罐、油气回收系统、气体管道等
填充型阻火器	孔隙小，结构简单，易于制造	阻止力大，容易堵塞，重量大	煤气、乙炔、化学溶剂火焰等

(4)单向阀

单向阀又称止逆阀、止回阀。单向阀的作用是仅允许流体向一个方向流动,若有逆流时即自动关闭。单向阀可以防止高压窜入低压引起设备、容器、管道的破裂。单向阀通常设置在与可燃气体(蒸气)管道或与设备相连接的辅助管线、压缩机或油泵的出口管道、高压系统与低压系统相连接的管道上。

(5)阻火闸门

阻火闸门可阻止火焰通过通风等管道的蔓延。在正常情况下,阻火闸门受环状或者条状的易熔金属的控制,处于开启状态。一旦着火,温度升高,易熔金属熔化,闸门失去控制,受重力作用自动关闭,将火焰阻断在闸门一边。

2.火星熄灭器

由烟道或车辆尾气排放管飞出的火星是火灾爆炸事故的点火源之一。在可能产生火星的设备的排放系统,如加热炉的烟道、汽车和拖拉机的尾气排放管上须安装火星熄灭器,用以防止飞出的火星引燃可燃物料。

3.防爆泄压装置

防爆泄压装置包括安全阀、爆破片、防爆门和放空管等。生产系统内一旦发生爆炸或压力骤然升高时,可以将压力释放出去,以减少压力对设备设施的破坏,降低事故损失。

(1)安全阀

安全阀是为了防止压力升高超过限度而引起容器、管道爆裂的一种安全装置。当压力超限时,安全阀能够自动开启,排出部分气体,使压力降至安全范围后再自动关闭,从而实现内部压力的自动调控,防止容器、管道的破裂。

安装和使用安全阀应注意以下安全措施:

1)安全阀应有产品合格证。安装前应进行校验后铅封。

2)当安全阀的入口处装有隔断阀时,隔断阀必须保持常开状态。

3)如果容器内装有两相物料,安全阀应安装在气相部分。

4)对存有可燃、有毒有害或高温物料的系统,安全阀的排放管应连接处理设施。

5)安全阀排放口的高度和方向应避免对周边人员造成伤害和对建筑物及设施设备造成损坏。

(2)爆破片

将爆破片(防爆膜、防爆片)用法兰安装在受压设备上。当设备超压时,爆破片即被破坏,使过高的压力泄放出去。

爆破片与安全阀的作用基本相同,但安全阀可根据压力自行开关,因压力过高开启泄放后,压力正常即自行关闭;爆破片的使用是一次性的,如果被破坏,需要重新安装。

如遇下列情况,需使用爆破片。

1)要求全量放空。

2)不允许介质有任何泄漏。

3)设备内部介质容易因沉淀、结晶、聚合等形成黏着物,妨碍安全阀正常开启。

4)系统内存在发生燃烧爆炸或者异常反应而使压力骤然增加的可能性。

爆破片的防爆效率取决于它的质量、厚度和泄压面积。

由于钢片和铁片破裂时可能产生火花,有燃烧爆炸性气体的设备不宜选用其做爆破片。

爆破片爆破压力一般为设备最高工作压力的1.15～1.3倍。压力波动幅度较大的系统,其比值可适当增大。任何情况下,爆破片的爆破压力均应低于系统的设计压力。

要选用有生产许可证的单位制造的合格的爆破片。爆破片安装要可靠,表面不得有油污;运行中应经常检查法兰连接处有无泄漏。爆破片应定期更换。在系统超压后未破裂的爆破片以及正常运行中有明显变形的爆破片应立即更换。

(3)防爆帽

防爆帽(爆破帽)是一种断裂型安全泄压装置。主要元件是一端封闭、中间具有一个薄弱断面的厚壁短管。当容器超压时,从薄弱断面处断裂,过高的压力从此处泄放。防爆帽的结构简单,且爆破压力易于控制,适用于超高压容器的防爆泄压。

(4)防爆门

防爆门(窗)一般设置在使用油、气或煤粉作燃料的加热炉燃烧室外壁上,在燃烧室发生爆燃或爆炸时用于泄压。

(5)放空阀(放空管)

放空阀(放空管)的作用是在事故紧急状态(如出现火灾、爆炸事故征兆)时将事故系统中的易燃易爆物料从系统中泄放或接入放空火炬燃烧后排放。

4.紧急处理设施

(1)紧急备用电源

紧急备用电源一般包括检测控制系统UPS不间断备用电源、应急疏散照明电源和发生事故后进行消防灭火等应急处置的备用电源。应急处置设施的备用电源一般采用应急发电机供电。

(2)紧急截断

在有火灾爆炸事故征兆或事故发生后,将向事故系统输送易燃易爆物料的管道截断,以防止事故扩大。紧急切断阀一般安装在距离预测的火灾爆炸事故发生地点安全距离内,便于人员接近操作的位置。自动控制的紧急截断阀应具有手动截断功能。

(3)反应抑制剂

工业生产中要求将化学反应(如氧化、还原、聚合等)的温度、压力和反应速度等工艺参数控制在一定的范围内。当化学反应工艺参数失控时,加入反应抑制剂,可降低反应速度,将工艺参数调整到安全范围内。

(4)仪表联锁控制系统和紧急停车系统

仪表联锁控制系统和紧急停车系统称为安全仪表系统。仪表联锁控制系统是基于分析仪器在线应用的计算机工业生产安全控制技术。仪表联锁控制系统通过对生产系统温度、流量、压力、浓度等参数的自动检测、控制、调节,将工艺参数控制在安全范围内。典型的仪表联锁控制系统一般由被控对象、测量变送器、执行器和控制器组成。现在运用最广泛的仪表联锁控制系统为集散型计算机控制系统(DCS)。

紧急停车系统属于仪表联锁控制系统的一种功能子系统,危险性较大的生产过程应设置单独的紧急停车系统。紧急停车系统的作用是在生产系统温度、流量、压力、浓度等参数变动超过安全限值时,可自动或手动实施部分或整个生产系统的停运和放空、紧急切断、冷却、置换等紧急处置。

(三)减少与消除事故影响的措施

1.厂区选址与外部安全距离

厂区选址的主要目的是防止在火灾、爆炸事故下工厂与周边环境的相互影响。易燃易爆企业与周边建(构)筑物和敏感点的外部安全距离在防火防爆上主要考虑防火间距和爆炸冲击波的影响距离。《建筑设计防火规范》(GB 50016－2014)、《石油化工企业设计防火规范》(GB 50160－2008)、《石油天然气工程设计防火规范》(GB 50183－2004)等对厂区选址与外部安全距离有相应的具体规定。

2.厂区总平面布置

在防火防爆方面,厂区总平面布置主要考虑厂区内建(构)筑物和设施设备之间的相对位置、防火间距、防火分区和消防通道等。

防火间距是为防止火灾产生的热辐射、热对流和飞火向相邻建(构)筑物和设施设备蔓延,便于消防扑救而保留的间隔距离。防火分区是在建筑物内部采用防火墙、耐火楼板及其他防火分隔设施分隔而成,能在一定时间内防止火灾向同一建筑物的其余部分蔓延的局部空间。消防通道是供消防人员和消防装备(包括消防车)到达建筑物进口或建筑物内的通道。《建筑设计防火规范》(GB 50016－2014)、《工业企业总平面设计规范》(GB 50187－2012)、《化工企业总图运输设计规范》(GB 50489－2009)等对厂区总平面布置在防火防爆方面有相应的具体规定。

3.建筑物

在减少火灾爆炸事故后果方面,建筑物本身应具有标准规定的耐火等级、防火墙、防火门和泄压设施。

耐火等级是根据有关规范或标准的规定,建筑物或建筑构件、配件、材料所应达到的耐火性分级。耐火性分级的主要依据是耐火极限。不同的耐火等级,建筑物或建筑构件、配件、材料所应具有的耐火性能不同。耐火性能是建筑构件、配件或结构在一定时间内满足标准耐火试验的稳定性、完整性和(或)隔热性的能力。

防火墙是为减小或避免建筑物、设备遭受热辐射影响或防止火灾蔓延、设置的竖向分隔体或直接设置在建筑物基础上或钢筋混凝土框架上,具有规定耐火性的墙。

防火门是在一定时间内,连同框架能满足耐火稳定性、完整性和隔热性要求的门。

泄压设施是为减小爆炸对建筑物主体结构和建筑物内重要设施设备的破坏,在建筑物上设置的易于受爆炸冲击波破坏的设施,其作用原理类似于爆破片。泄压设施宜采用轻质屋面板、轻质墙体和易于泄压的门、窗等,不应采用普通玻璃。泄压设施的设置应避开人员密集场所和主要交通道路,并靠近有爆炸危险的部位。泄压设施的泄压面积应达到标准规定的要求。

《建筑设计防火规范》(GB 50016－2014)对建筑物的耐火等级、防火墙、防火门和泄压设施均有具体规定。

4.防火堤

防火堤是为容纳泄漏或溢出的可燃液体，在地面上设置的堤。防火堤可防止可燃液体漫流，减小火灾范围和损失。防火堤的具体要求见《建筑设计防火规范》(GB 50016－2014)、《储罐区防火堤设计规范》(GB 50351－2014)、《石油库设计规范》(GB 50074－2014)等标准。

5.灭火

(1)灭火的基本原理和方法

灭火的基本原理是破坏燃烧的条件。只要失去燃烧的任何一个条件，燃烧就会停止。由于在灭火时，燃烧已经开始，控制火源已经没有意义，灭火主要是消除和控制可燃物和助燃物。

灭火的基本方法有减少空气中氧气含量的窒息灭火法、降低燃烧物质温度的冷却灭火法、隔离与火源临近的可燃物的隔离灭火法和消除燃烧过程中产生的自由基的化学抑制灭火法。

1)窒息灭火法。阻止空气流入燃烧区，或用惰性气体稀释空气，使燃烧物质因得不到足够的氧气而停止燃烧。

2)冷却灭火法。将灭火剂直接喷洒在燃烧物质上，使可燃物质的温度降到燃点以下。将灭火剂喷洒在火场附近未燃的可燃物上起冷却作用，防止其受辐射热影响而发生燃烧。

3)隔离灭火法。将燃烧物质与附近未燃烧的可燃物质隔离或疏散开，或直接切断可燃物质的来源，使燃烧因缺少可燃物质而停止。直接切断可燃物质的来源在扑救初期火灾时非常重要，如储罐中的物料泄漏燃烧，应立即关闭阀门并进行物料转罐。

4)化学抑制灭火法。窒息、冷却、隔离灭火法中的灭火剂不参与燃烧反应，属于物理灭火方法。化学抑制灭火法是使灭火剂参与到燃烧反应中去，起到抑制反应的作用。其灭火机理为使燃烧反应中产生的自由基与灭火剂中的卤素离子相结合，形成稳定分子或低活性的自由基，从而切断氢自由基与氧自由基的连锁反应链，使燃烧停止。

在灭火中，应根据可燃物的性质、燃烧特点、火灾大小、火场的具体条件以及消防技术装备的性能等实际情况，综合选择灭火办法。

应重视初期灭火。初期灭火是指在火灾初起时利用灭火器具进行的灭火。一般情况下，火灾的规模和损失随时间的延迟成指数关系扩大，所以应采取措施，力求在火灾初起时迅速将火扑灭。

(2)灭火剂

灭火剂是指能够有效地破坏燃烧条件，中止燃烧的物质。选择灭火剂的基本要求是灭火效能高，使用方便，来源丰富，成本低廉，对人和物基本无害。

1)水(水蒸气)。水是不燃液体，是常用的灭火剂。水既可以单独使用，也可以与其他的化学物质组成混合液使用。

忌水性物质如轻金属、电石等的火灾不能用水扑救。因为它们能与水起化学反应，生成可燃气体并放热，使火势扩大甚至发生爆炸。

不溶于水且密度小于水的易燃液体(如汽油、煤油等)着火不能用水扑救。原油、重油可用雾状水扑救。

密集水流不能用于扑救带电设备火灾、可燃性粉尘聚集处的火灾、储存有大量浓硫酸和浓硝酸场所的火灾。密集水流可引起酸的飞溅、流散，遇可燃物质后，有引起燃烧的危险。

高温设备着火时，用水扑救会使金属机械强度受到影响。

精密仪器设备、贵重文物档案、图书着火，不宜用水扑救。

2)泡沫灭火剂。凡能与水混溶，并可通过化学反应或机械方法产生泡沫的灭火药剂，称为泡沫灭火剂。

①泡沫灭火剂分类。按照生成泡沫的机理，泡沫灭火剂可以分为化学泡沫灭火剂和空气泡沫灭火剂两大类。空气泡沫又称机械泡沫，是由一定比例的泡沫液、水和空气在泡沫发生器中进行机械混合搅拌而生成的膜状气泡群。空气泡沫灭火剂按泡沫的发泡倍数，可分为低倍数泡沫、中倍数泡沫和高倍数泡沫 3 类，根据发泡剂的类型和用途，低倍数泡沫又分为 5 类，具体见表 2-2-7。

表 2-2-7 泡沫灭火剂分类

<table>
<tr><td rowspan="8">泡沫灭火剂</td><td colspan="3">化学泡沫灭火剂</td></tr>
<tr><td rowspan="7">空气泡沫灭火器</td><td colspan="2">高倍数泡沫(发泡倍数 200～1 000 倍)</td></tr>
<tr><td colspan="2">中倍数泡沫(发泡倍数 20～200 倍)</td></tr>
<tr><td rowspan="5">低倍数泡沫(发泡倍数<20 倍)</td><td>蛋白泡沫</td></tr>
<tr><td>氟蛋白泡沫</td></tr>
<tr><td>水成膜泡沫</td></tr>
<tr><td>合成泡沫</td></tr>
<tr><td>抗溶泡沫</td></tr>
</table>

化学泡沫是由酸性物质和碱性物质及泡沫稳定剂相互作用而成的膜状气泡群，气泡内主要是二氧化碳。

化学泡沫虽然具有良好的灭火性能，但化学泡沫灭火设备复杂、投资大、维护费用高。

②适用范围。泡沫灭火剂主要用于扑救各种不溶于水的可燃、易燃液体火灾，也可用来扑救木材、纤维、橡胶等固体物质火灾。

高倍数泡沫一般用于扑救船舶火灾、矿井火灾，消除放射性污染等。

泡沫灭火剂含水，不能用来扑救带电设备及遇水燃烧物质引起的火灾。

3)二氧化碳及惰性气体灭火剂。二氧化碳灭火剂不导电、不含水，可用于扑救电气设备和部分忌水性物质的火灾；灭火后不留痕迹，可用于扑救精密仪器、机械设备、图书、档案等的火灾。

二氧化碳灭火剂冷却作用较差，灭火后火焰有复燃可能，不能扑救阴燃火灾。二氧化碳与碱金属（钠、钾等）和碱土金属（镁等）等在高温下发生化学反应，可引起爆炸。压缩二氧化碳气体膨胀时产生静电；二氧化碳具有窒息危险性。

除二氧化碳外，其他惰性气体如氮气、水蒸气，也可用作灭火剂。

4)卤代烷灭火剂。卤代烷即碳氢化合物中氢原子完全或部分被卤族元素取代而生成的化合物。卤代烷灭火剂主要用来扑救各种易燃液体火灾。因其绝缘性能好，也用来扑救带电电气设备火灾。灭火后全部气化，不留痕迹，也可用来扑救档案文件、图书资料等贵重物品的火灾。

卤代烷灭火剂毒性较大，不适合在狭窄密闭、通风条件不好的场所，如防空洞、地下室、矿井等处使用。

卤代烷不能用于扑救阴燃火灾会形成有毒的热分解产物。

卤代烷不能扑救轻金属如镁、铝、钠等的火灾，因为它们能与这些轻金属起化学反应且发生爆炸。

由于卤代烷灭火剂会破坏臭氧层，危害地球生态环境。目前，我国已停止生产卤代烷灭火剂。

5)干粉灭火剂。干粉灭火剂是干燥的、易于流动的微细固体粉末，由能灭火的基料和防潮剂、流动促进剂、结块防止剂等添加剂组成。

干粉灭火剂适用于扑救易燃液体、忌水性物质、油类、电器设备火灾。

干粉灭火剂综合了泡沫、二氧化碳、卤代烷等灭火剂的特点，灭火效率高。其物理化学性质稳定，无毒性、不腐蚀、不导电、易于长期储存。

干粉灭火剂适用温度范围广，能在－50 ℃～60 ℃的温度条件下储存与使用；

干粉灭火剂可用管道进行输送。

在密闭房间中使用干粉灭火剂会形成粉雾，且灭火后留有残渣，不适于扑救精密仪器设备、旋转电机等的火灾。

干粉灭火剂的冷却作用较弱，不能扑救阴燃火灾，不能迅速降低燃烧物品表面温度，灭火后易发生复燃。

6)其他。用砂、土覆盖灭火。砂、土覆盖在燃烧物上，主要起到与空气隔绝的作用。砂、土也可从燃烧物吸收热量，起到一定的冷却作用。

7)灭火剂的选用。

根据火灾类别和具体情况，可按表 2-2-8 选用适当的灭火剂。

表 2-2-8 各类灭火剂的适用范围

灭火剂种类			火灾种类				
			木材等一般火灾	可燃液体火灾		带电设备火灾	金属火灾
				非水溶性	水溶性		
液体	水	直流	○	×	×	×	×
		喷雾	○	△	○	○	△
	水溶液	直流(加强化剂)	○	×	×	×	×
		喷雾(加强化剂)	○	○	○	×	×
		水加表面活性剂	○	△	△	×	×
		水加增黏剂	○	×	×	×	×
		水胶	○	×	×	×	×
		酸碱灭火剂	○	×	×	×	×
	泡沫	化学泡沫	○	○	△	×	×
		蛋白泡沫	○	○	×	×	×
		氟蛋白泡沫	○	○	×	×	×
		水成膜泡沫(轻水)	○	○	×	×	×
		合成泡沫	○	○	×	×	×
		抗溶泡沫	○	△	○	×	×
		高、中倍数泡沫	○	○	×	×	×
	特殊液体(7150 灭火剂)		×	×	×	×	○
气体	不燃气体	二氧化碳	△	○	○	○	×
		氮气	△	○	○	○	×
固体	干粉	钠盐、钾盐干粉	△	○	○	○	×
		磷酸盐干粉	△	○	○	○	×
		金属火灾灭火干粉	×	×	×	×	○
	烟雾灭火器		×	○	×	×	×

注:○——适用;△—— 一般不用;×——不适用。

(3)灭火器

灭火器是在压力作用下,将所装填的灭火剂喷出,以扑救初期或小型火灾的灭火器具。

1)灭火器的分类。

①按充装灭火剂的种类分为水型灭火器、泡沫灭火器、干粉灭火器、卤代烷灭火器、二氧化碳灭火器等。

②按灭火器的重量及移动方式可以分为手提式灭火器、推车式灭火器。

③按加压方式可以分为储气瓶式灭火器、储压式灭火器。

2)适用范围。

A类固体物质火灾场所应选择水型灭火器、磷酸铵盐干粉灭火器、泡沫灭火器或卤代烷灭火器。

B类液体或可熔化的固体物质火灾场所应选择泡沫灭火器、碳酸氢钠干粉灭火器、磷酸铵盐干粉灭火器、二氧化碳灭火器。极性溶剂的火灾场所应选择灭抗溶性灭火器。

C类气体火灾场所应选择磷酸铵盐干粉灭火器、碳酸氢钠干粉灭火器、二氧化碳灭火器或卤代烷灭火器。

D类金属火灾场所应选择扑灭金属火灾的专用灭火器。

E类带电火灾场所应选择磷酸铵盐干粉灭火器、碳酸氢钠干粉灭火器、卤代烷灭火器或二氧化碳灭火器,不得选用装有金属喇叭喷筒的二氧化碳灭火器。

3)灭火器的检查、维修和报废期限。

灭火器的外观和配置应按表2-2-9的规定进行检查。

表2-2-9　建筑灭火器检查内容、要求及记录表

检查内容和要求		检查记录	检查结论
配置检查	1.灭火器是否放置在配置图表规定的设置点位置		
	2.灭火器的托架、挂钩等设置方式是否符合配置设计要求。手提式灭火器的挂钩、托架安装后是否能承受一定的静载荷,并不出现松动、脱落、断裂和明显变形		
	3.灭火器的铭牌是否朝外,并且器头宜上		
	4.灭火器的类型、规格、灭火级别和配置数量是否符合配置设计要求		
	5.灭火器配置场所的使用性质,包括可燃物的种类和物态等,是否发生变化		
	6.灭火器是否达到送修条件和维修期限		
	7.灭火器是否达到报废条件和报废期限		
	8.室外灭火器是否有防雨、防晒等保护措施		
	9.灭火器周围是否存在有障碍物、遮挡、拴系等影响取用的现象		
	10.灭火器箱是否上锁,箱内是否干燥、清洁		
	11.特殊场所中灭火器的保护措施是否完好		
外观检查	12.灭火器的铭牌是否无残缺,并清晰明了		
	13.灭火器铭牌上关于灭火剂、驱动气体的种类、充装压力、总质量、灭火级别、制造厂名和生产日期或维修日期等标志及操作说明是否齐全		
	14.灭火器的铅封、销闩等保险装置是否未损坏或遗失		
	15.灭火器的筒体是否有明显的损伤(磕伤、划伤)、缺陷、锈蚀(特别是筒底和焊缝)、泄漏		
	16.灭火器喷射软管是否完好、无明显龟裂,喷嘴不堵塞		
	17.灭火器的驱动气体压力是否在工作压力范围内(储压式灭火器查看压力指示器是否指示在绿区范围内,二氧化碳灭火器和储气瓶式灭火器可用称重法检查)		
	18.灭火器的零部件是否齐全,并且无松动,脱落或损伤现象		
	19.灭火器是否未开启、喷射过		

存在机械损伤、明显锈蚀灭火剂泄漏、被开启使用过或符合其他维修条件的灭火器应及时进行维修。灭火器的维修期限应符合表 2-2-10 的规定。

表 2-2-10　灭火器的维修期限

<table>
<tr><th colspan="2">灭火器类型</th><th>维修期限</th></tr>
<tr><td rowspan="2">水基型灭火器</td><td>手提式水基型灭火器</td><td rowspan="2">出厂期满 3 年；
首次维修以后每满 1 年</td></tr>
<tr><td>推车式水基型灭火器</td></tr>
<tr><td rowspan="4">干粉灭火器</td><td>手提式(贮压式)干粉灭火器</td><td rowspan="8">出厂期满 5 年；
首次维修以后每满 3 年</td></tr>
<tr><td>手提式(储气瓶式)干粉灭火器</td></tr>
<tr><td>推车式(贮压式)干粉灭火器</td></tr>
<tr><td>推车式(储气瓶式)干粉灭火器</td></tr>
<tr><td rowspan="2">洁净气体灭火器</td><td>手提式洁净气体灭火器</td></tr>
<tr><td>推车式洁净气体灭火器</td></tr>
<tr><td rowspan="2">二氧化碳灭火器</td><td>手提式二氧化碳灭火器</td></tr>
<tr><td>推车式二氧化碳灭火器</td></tr>
</table>

灭火器出厂时间达到或超过表 2-2-11 规定的报废期限时应报废。

表 2-2-11　灭火器的报废期限

<table>
<tr><th colspan="2">灭火器类型</th><th>报废期限(年)</th></tr>
<tr><td rowspan="2">水基型灭火器</td><td>手提式水基型灭火器</td><td rowspan="2">6</td></tr>
<tr><td>推车式水基型灭火器</td></tr>
<tr><td rowspan="4">干粉灭火器</td><td>手提式(贮压式)干粉灭火器</td><td rowspan="6">10</td></tr>
<tr><td>手提式(储气瓶式)干粉灭火器</td></tr>
<tr><td>推车式(贮压式)干粉灭火器</td></tr>
<tr><td>推车式(储气瓶式)干粉灭火器</td></tr>
<tr><td rowspan="2">洁净气体灭火器</td><td>手提式洁净气体灭火器</td></tr>
<tr><td>推车式洁净气体灭火器</td></tr>
<tr><td rowspan="2">二氧化碳灭火器</td><td>手提式二氧化碳灭火器</td><td rowspan="2">12</td></tr>
<tr><td>推车式二氧化碳灭火器</td></tr>
</table>

4)灭火器的配置。

按照《建筑灭火器配置设计规范》(GB 50140－2005)的要求，综合考虑灭火器配置场所的火灾种类和危险等级、灭火器的灭火效能和通用性、灭火剂对保护物品的污损程度、灭火器设置点的环境温度以及使用灭火器人员的体能等因素配置灭火器。

(4)消防给水和灭火设施

消防给水和灭火设施包括室内外消防给水管道、消火栓、消防水箱、消防水池、消防水泵房以及自动灭火系统等。

(5)危险化学品火灾的扑救

1)扑救危险化学品火灾的一般要求。

有些危险化学品本身或者其燃烧产物具有较强的毒性和腐蚀性,可导致人员中毒、灼伤。扑救危险化学品火灾的方法不当,不仅不能扑灭火灾,反而可能使火灾扩大,造成人员伤亡事故。从事危险化学品生产、使用、储存、经营、运输的人员和消防急救人员,应该熟悉和掌握危险化学品的危险特性及相应的灭火措施。扑救危险化学品火灾的一般要求如下:

①扑救人员应位于上风或侧风地点。

②火场一线人员应采取有针对性的防护措施,如穿戴防护服、佩戴防护器具等。

③扑救火灾时,首先应迅速查明燃烧物品、范围和周边物品的主要危险特性,以及火势蔓延的主要途径。

④尽快选择最适当的灭火剂和灭火方法。如果该场所内的危险化学品品种较为固定,平时就应有针对性地配备适应的灭火剂和消防设施。

⑤制定灭火和疏散预案并进行演练。

2)压缩气体和液化气体火灾的扑救要点。

压缩气体和液化气体一般储存在储罐或钢瓶中,通过管道输送。储罐或钢瓶受热或受火焰烤时爆裂,大量气体泄出引起燃烧爆炸和中毒事故。如果气体泄出后遇火源已形成稳定燃烧,其危险性比气体泄出未燃烧时的危险性小。

①不能盲目灭火。首先要堵漏或截断气源(如关阀门等)。在此之前,应保持泄出气体稳定燃烧。否则,大量可燃气泄出,与空气混合,形成爆炸性气体混合物,遇点火源会发生爆炸。

②要先抢救受伤及被困人员,切断火势蔓延途径。

③应及时将火场中受到火焰辐射热威胁的压力容器疏散到安全地点,不能疏散的应安排足够的水枪进行冷却保护。

④如果确认无法截断泄漏气源,则需冷却着火容器,对周围的物品和容器进行降温,控制着火范围,直至容器内可燃气体烧尽,让火自行熄灭。

⑤现场指挥应密切注意各种危险征兆,当有容器爆裂危险时,及时做出正确判断,下达撤退命令并组织现场人员尽快撤离。

3)易燃液体火灾的扑救要点。

①首先应抢救受伤及被困人员,切断燃烧物质来源以及火势蔓延的途径,控制燃烧范围。

②及时了解和掌握着火液体的品名、密度、水溶性,以及有无毒害、腐蚀、沸溢、喷溅等危险性;正确判断着火面积,以便采取相应的灭火和防护措施。

比水轻且不溶于水的液体(如汽油、苯等),可用普通蛋白泡沫或轻水泡沫扑救。比水重且不溶于水的液体(如二硫化碳)着火时可用水和泡沫灭火剂扑救。具有水溶性的液体,采用抗溶性泡沫扑救。

③扑救具有毒性、腐蚀性或燃烧产物具有毒性的易燃液体火灾,人员必须佩戴防护面具,采取防护措施。

4)爆炸品火灾的扑救要点。

①爆炸品火灾一般是由爆炸品爆炸所引起,而火灾会导致未发生爆炸的物品发生二次爆炸,应迅速疏散火灾现场周围的易燃易爆物品,使火区周边现场形成一个隔离带。

②忌用砂土盖、压爆炸物品,以免增加爆炸威力。

③灭火人员要利用现场的有利地形或采取卧姿行动,采取自我保护措施,防止伤亡。

④如有发生再次爆炸的危险,灭火人员应及时撤退。

5)遇湿易燃物品火灾的扑救要点。

遇湿易燃物品(如金属钠、钾及液态三乙基铝等)能与水或水蒸气发生化学反应,放出可燃气体及热量,可在没有点火源时发生燃烧爆炸。这类物品在达到一定数量后,禁止用水、泡沫、酸碱等灭火剂扑救。

①首先了解遇湿易燃物品的品名、数量,是否与其他物品混存,燃烧范围及火势蔓延途径等。

②如果只有极少量遇湿易燃物品着火,则无论是否与其他物品混存,可以用大量水或泡沫扑救。水或泡沫刚一接触着火物品时,瞬间可能会使火势增大,但少量遇湿易燃物品燃尽后,火势就会减小或熄灭。

③如果遇湿易燃物品数量较多,禁止用水、泡沫、酸碱等灭火剂扑救,而应该用干粉、二氧化碳扑救(轻金属如钾、钠、铝、镁等除外)。固体遇湿易燃物品应该用水泥(最常用)、干砂、干粉、硅藻土及蛭石等覆盖。对遇湿易燃物品中的粉尘如镁粉、铝粉等,切忌喷射有压力的灭火剂,以防将粉尘吹扬起来,与空气形成爆炸性混合物而导致爆炸。

④如果遇湿易燃物品与其他物品混存,则应先查明是哪类物品着火,遇湿易燃物品的包装是否损坏。如果可以确认遇湿易燃物品未着火,包装也未损坏,应立即用大量水或泡沫扑救,扑灭火势后立即组织力量将遇湿易燃物品疏散到安全地点。如果确认遇湿易燃物品已经着火或包装已经损坏,则应禁止用水或湿性灭火剂扑救,若是液体应该用干粉等灭火剂扑救;若是固体应该用水泥、干沙扑救;如遇钾、钠、铝、镁等轻金属火灾,最好用石墨粉、氯化钠以及专用的轻金属灭火剂扑救。

6)易燃固体、自燃物品火灾的扑救要点。

①2,4-二甲基苯甲醚、二硝基萘、萘等能够升华的易燃固体,受热会放出易燃蒸气,与空气形成爆炸性混合物,尤其在室内容易发生爆燃。因此在扑救此类物品火灾时,不能以为明火扑灭即完成灭火工作,而要在扑救过程中不时向燃烧区域上空及周围喷射雾状水,并用水浇灭燃烧区域及周围的所有火源。

②黄磷的自燃点很低,在空气中极易氧化并自燃。扑救黄磷火灾时,首先应切断火势蔓延途径,控制燃烧范围。对着火的黄磷应该用低压水或雾状水扑救。高压水流冲击能使黄磷飞溅,导致灾害扩大。已熔融的黄磷流淌时,应该用泥土、沙袋等筑堤阻截并用雾状水冷却。对磷块和冷却后已凝固的黄磷,应该用钳子夹到储水容器中。

③少数易燃固体和自燃物品,如三硫化二磷、铝粉、烷基铝等,不能用水和泡沫扑救,应根据具体情况分别处理,一般宜选用干砂和非压力喷射的干粉扑救。

7)氧化剂和有机过氧化物火灾的扑救要点。

①迅速查明着火的氧化剂和有机过氧化物以及其他燃烧物品的品名、数量、主要危险特性、燃烧范围、火势蔓延途径。

②切断火势蔓延途径，孤立火区，限制燃烧范围，抢救受伤、受困人员。

③不能用水、泡沫和二氧化碳扑救时，应该用干粉扑救或用水泥、干沙覆盖。用水泥、干沙覆盖时，应先从着火区域四周特别是下风方向或火势主要蔓延方向覆盖起。形成孤立火势的隔离带，然后逐步向着火点逼近。

8)毒害品、腐蚀品火灾的扑救要点。

①灭火人员必须穿防护服，佩戴防护面具。在扑救毒害品火灾时，应使用空气呼吸器。

②限制燃烧范围，积极抢救受伤、受困人员。

③应尽量使用低压水流或雾状水，避免毒害品和腐蚀品溅出；对于酸类或碱类腐蚀品，应配制相应的中和剂进行中和。

④储存毒害品和腐蚀品的容器或管道泄漏，在应采取堵漏措施。

⑤浓硫酸遇水能放出大量的热，会导致沸腾飞溅。扑救有浓硫酸的火灾时，如果浓硫酸数量不多，可用大量低压水扑救；如果浓硫酸数量大，应先用二氧化碳、干粉等灭火，然后迅速将浓硫酸与着火物品分开。

9)放射性物品火灾的扑救要点。

放射性物品能放射出严重危害人体健康甚至生命的 a、β、γ 射线或中子流。扑救此类火灾必须采取防护射线照射的特殊措施。生产、使用、储存、经营及运输放射性物品的单位和有关消防部门应配备一定数量的防护装备和放射性测试仪器。

①测试火场范围辐射剂量，测试人员应采取防护措施。对辐射剂量超过 0.0387C/kg 的区域，应设置“危及生命、禁止进入”的警告标志牌；对辐射(剂)量低于 0.0387 C/kg 的区域，应设置“辐射危险、请勿接近”的警告标志牌。在扑救过程中，测试人员还应进行不间断的巡回监测。

②辐射剂量超过 0.0387C/kg，灭火人员不能进入辐射区域实施扑救。

③对火灾现场的包装没有被破坏的放射性物品，可在水枪掩护下疏散；无法疏散时，应就地进行冷却保护。

④对已破损的容器切忌搬动或用水流冲击，以防止放射性污染范围扩大。

6.逃生避难设施

逃生避难设施包括疏散通道和安全出口等。疏散通道包括疏散楼梯、走道、门和消防电梯等。安全出口是供人员安全疏散用的楼梯间、室外楼梯的出入口或直通室内外安全区域的出口。《建筑设计防火规范》(GB 50016－2014)对疏散通道和安全出口有具体规定和要求。

第四节　电气防火防爆

由于电气方面的原因引起的火灾、爆炸事故，在火灾、爆炸事故中占相当大的比例。电气防火防爆的重点是防止电气设备和电气线路因各种原因产生导致火灾爆炸事故发生的点火源。

一、电气点火源

（一）危险温度

电气设备正常运行时的温度限制在一定的范围内，但在异常情况下可能产生危险温度。产生危险温度的原因如下：

1.短路

发生短路时，电流异常增大，而产生的热量又与电流的平方成正比。大量热量使得温度急剧上升，产生危险温度。

2.接触不良

不可拆卸的接点连接不牢、焊接不良或接头处夹有杂物，可拆卸的接头连接不紧密或由于振动而松动，可开闭的接头没有足够的接触压力或表面粗糙不平等，均可增大接触电阻，产生危险温度。

3.电流过载

电流过载量可产生危险温度。

4 铁心过热

电气设备铁心短路，线圈电压过高，可产生危险温度。

5.散热失效

电气设备散热油管堵塞、通风管堵塞、安装位置不当、环境温度过高或距离外界热源太近，均可产生危险温度。

6.接地及漏电

接地电流和集中在某一点的漏电电流，可引起局部发热，产生危险温度。

7.机械故障

发动机、接触器被卡死，电流增大，可产生危险温度。

8.电压波动

电压过高，除使铁心发热量增加外，对于恒电阻负载，还会使电流增大，增加发热量；电压过低，除使电磁铁吸合不牢或吸合不上外，对于恒功率负载，会使电流增大，增加发热量。两种情况都可产生危险温度。

9.电热器具和照明灯具的危险温度

电炉、电烘箱、电熨斗、电烙铁等电热器具和照明器具的工作温度较高。电炉电阻丝的工作温度可达 800 ℃，电熨斗和电烙铁的工作温度达 500～600 ℃，100 W 白炽灯泡表面温度达 170～220 ℃，1 000 W 卤钨灯表面温度达 500～800 ℃，上述发热部件紧贴可燃物或离可燃物太近，可点燃可燃物。

白炽灯泡灯丝温度高达 2 000～3 000 ℃，当灯泡爆碎时，炽热的钨丝落到可燃物上，也会引起燃烧。

灯座内接触不良会造成过热，日光灯镇流器散热不良也会造成过热，都可能成为点火源。

（二）电火花和电弧

电火花是电极间的击穿放电，大量电火花汇集起来形成电弧，电弧温度可高达

8 000 ℃。电火花和电弧不仅能引起可燃物燃烧,还能使金属熔化、飞溅,构成二次点火源。

电火花分为工作火花和事故火花。

工作火花指电气设备正常工作或正常操作过程中产生的电火花。如刀开关、断路器、接触器、控制器接通和断开线路时会产生电火花;拔出或插入插销时产生火花;直流电动机的电刷与换向器的滑动接触处、绕线式异步电动机的电刷与滑环的滑动接触处也会产生电火花等。

事故火花是线路或设备发生故障时出现的电火花,包括短路、漏电、松动、接地、断线、分离时形成的电火花和雷电火花、静电火花、电磁感应火花等。

二、爆炸性混合物的分级、分组及爆炸危险环境区域划分

(一)爆炸性气体混合物的分级、分组

爆炸性气体混合物按其最大试验安全间隙(MESG)或最小点燃电流比(MTCR)分级。具体见表 2-2-12。

表 2-2-12 爆炸性气体混合物分级

级别	最大试验安全间隙(MESG)(mm)	最小点燃电流比(MICR)
ⅡA	≥0.9	>0.8
ⅡB	0.5<MESG<0.9	0.45≤MICR≤0.8
ⅡC	≤0.5	<0.45

注:1.分级的级别应符合现行国家标准《爆炸性环境 · 第 12 部分:气体或蒸气混合物按照其最大试验安全间隙和最小点燃电流的分级》GB 3836.12 的有关规定。

2.最小点燃电流比(MICR)为各种可燃物质的最小点燃电流值与实验室甲烷的最小点燃电流值之比。

爆炸性气体混合物按引燃温度分组,具体见表 2-2-13。

表 2-2-13 爆炸性气体混合物分组

组别	引燃温度 t(℃)
T1	450<t
T2	300<t≤450
T3	200<t≤300
T4	135<t≤200
T5	100<t≤135
T6	85<t≤100

(二)爆炸性粉尘环境粉尘分级

爆炸性粉尘环境中粉尘分为以下三级。

ⅢA 级:可燃性飞絮,如棉花纤维、麻纤维、丝纤维、毛纤维、木质纤维、人造纤维等。

ⅢB级：非导电性粉尘，如聚乙烯、苯酚树脂、小麦、玉米、砂糖、染料、可可、木质、米糠、硫黄等。

ⅢC级：导电性粉尘，如石墨、炭黑、焦炭、煤、铁、锌、钛等。

(三)爆炸危险环境区域划分

爆炸危险环境区域划分见本章第三节。

三、电气防火防爆技术

(一)电气防火防爆的基本技术措施

1.限制形成爆炸性混合物。

采取密闭作业、防止泄漏、预防可燃物聚积和加强通风等措施。

2.使用安全装置。

包括温度控制装置、阻火器、水封、安全阀、逆止阀、压力表、紧急停车装置、监测装置、信号装置、报警装置等。

3.消除点火源

采取控制各种点火源的措施。如采用防爆电气线路和防爆电气设备。

4.惰化和稀释。

用 CO_2、N_2 等代替空气，强化通风等。

5.耐燃结构和抗爆结构。

建筑的耐燃结构、容器和设备的抗爆结构。

6.隔离和间距。

防火堤、防爆墙，保持防火防爆安全间距。

7.泄压

厂房的泄压、泄爆设计。

(二)电气防爆

1.防爆电气设备

(1)防爆电气设备的定义

防爆电气设备是指在爆炸危险场所安全运行的所有带电设备。

(2)防爆电气设备分类

Ⅰ类：煤矿用防爆电气设备

Ⅱ类：除煤矿用以外的电气设备

粉尘类：采用防尘或尘密外壳的结构及限制表面温度的方法对可燃性粉尘环境进行保护的电气设备。防粉尘点燃的标志用“DIP”表示。

(3)防爆电气设备的结构型式

防爆电气设备主要有隔爆型、增安型、本质安全型、正压型、浇封型、充油型、充沙型、“n”型结构型式和除这些结构以外的，经检验机构检验确认的防爆特殊型。

1)隔爆型电气设备。

具有隔爆外壳的电气设备，防爆标志为“d”。隔爆外壳是指能承受内部的爆炸压力，并能阻止爆炸火焰向周围环境传播的防爆外壳。

2)增安型电气设备。

对正常条件下不会产生电弧或电火花的电气设备,进一步采取措施,提高其安全程度,防止电气设备产生电弧、电火花及危险高温的电气设备。其防爆标志为“e”。

3)浇封型电气设备。

将产生点燃爆炸性混合物的火花或过热的部分封入复合物中,使它们在运行或安装条件下不能点燃爆炸性混合物。防爆标志为“ma/mb”。

4)正压型电气设备。

具有正压外壳的电气设备。防爆标志为“p”。所谓正压外壳是指保持内部保护气体的压力高于周围爆炸性气体环境的压力,阻止外部混合物进入的外壳。

5)“n”型电气设备。

专门用于2区爆炸性气体环境的设备,过去称无火花型电气设备。这种型式的电气设备,在正常运行时一些规定的异常条件下,不能点燃周围的爆炸型气体环境。

6)充砂型电气设备。

将能点燃爆炸性气体的导电部件固定在适当位置上,且完全埋入填充材料中,以防止点燃外部爆炸性气体环境。防爆标志为“q”。

7)油浸型电气设备。

将电气设备或电气设备的部件整个浸在保护液中,使设备不能够点燃液面上或外壳外面的爆炸性气体。防爆标志为“o”。

8)本质安全型电气设备。

电气设备内部所有的电路都是本安电路的电气设备。防爆标志为“i”。本质安全电路是指在规定的条件下(包括正常工作和规定的故障条件下),产生的任何电火花或任何热效应均不能点燃规定的爆炸性气体环境的电路。

9)特定的爆炸性环境的电气设备(特殊型)。

依据特定应用的爆炸性气体环境,对设备进行特定检验。这种情况,应在设备上做出相应的标志“s”,并在防爆合格证中说明允许应用的危险区域。

(4)爆炸危险环境的电气设备选型

1)爆炸危险环境的电气设备选型应满足危险环境区域划分的要求;如果场所中同时存在爆炸性气体和粉尘,应同时满足爆炸性气体和粉尘的要求。

2)根据危险环境可能存在的易燃易爆气体/蒸气/粉尘的种类来选择防爆电气设备的级别和温度组别。所选用的防爆电气设备的级别和组别不应低于该环境内爆炸性混合物的级别和组别

3)考虑其他环境条件对防爆性能的影响。例如危险化学品作业场所既有易燃易爆的危险,还同时受到化学腐蚀、盐雾、高温、高湿,沙尘、雨水和振动的影响。

2.防爆电气线路

在爆炸危险环境中,电气线路安装位置、敷设方式、导体材质、连接方法等均应根据环境的危险等级进行。

(1)安装位置

应当在爆炸危险性较小或距爆炸性物质释放源较远的位置敷设电气线路。

(2)敷设方式

爆炸危险环境中电气线路的敷设方式主要有防爆钢管配线和电缆配线。

(3)隔离密封

敷设电气线路的沟道以及保护管、电缆或钢管在穿过爆炸危险环境等级不同的区域之间的隔墙或楼板时,应采用非燃性材料严密堵塞。

(4)导线材料

爆炸危险环境危险等级1区的范围内,配电线路应采用铜芯导线;电缆在有剧烈振动处应选用多股铜芯软线或多股铜芯电缆;煤矿井下不得采用铝芯电力电缆。

爆炸危险环境危险等级2区的范围内,电力线路应可用截面积4 mm^2 及以上的铝芯导线或电缆,照明线路可采用截面积2.5 mm^2 及以上的铝芯导线或电缆。

(5)允许载流量

确定1区、2区绝缘导线截面积和电缆截面时,应使导体允许载流量不小于熔断器熔体额定电流和断路器长延时电流脱扣器整定电流的1.25倍。引向低压笼型感应电动机支线的允许载流量不应小于电动机额定电流的1.25倍。

(6)电气线路的连接

1区和2区的电气线路的中间接头必须在与该危险环境相适应的防爆型接线盒内部。1区应采用隔爆型接线盒,2区可采用增安型接线盒。2区的电气线路若选用铝芯电缆或导线时,必须有可靠的用铜铝过渡接头。

第五节 民用爆破器材、烟花爆竹防火防爆技术

一、民用爆破器材、烟花爆竹安全基础知识

民用爆破器材是指用于非军事目的,列入民用爆炸物品品名表的各类火药、炸药及其制品和雷管、导火索等点火、起爆器材。

烟花爆竹是指以烟火药为主要原料制成,引燃后通过燃烧或爆炸,产生光、声、色、型、烟雾等效果,用于观赏、具有易燃、易爆危险的物品。

(一)民用爆破器材的分类

民用爆破器材用于矿山爆破、开山辟路、水利工程、地质探矿和爆炸加工等许多工业领域的重要消耗材料。民用爆破器材包括:

1.工业炸药

如铵油炸药、乳化炸药、水胶炸药等。

2.起爆器材

如电雷管、磁电雷管、导爆管雷管、继爆管等。

3.传爆器材

如导火索、导爆索、导爆管等。

4.专用民爆器材

如油气井用起爆器、射孔弹、复合射孔器、修井爆破器材、点火药盒，地震勘探用震源药柱、震源弹，特种爆破用矿岩破碎器材、中继起爆具、平炉出钢口穿孔弹等。

(二)烟花爆竹产品的分级和分类

1.烟花爆竹产品分级

《烟花爆竹安全与质量》(GB10631－2013)根据药量及危险性，将烟花爆竹产品分为A、B、C、D四级。

A级：由专业燃放人员在特定的室外空旷地点燃放，危险性很大的产品。

B级：由专业燃放人员在特定的室外空旷地点燃放，危险性较大的产品。

C级：适于室外开放空间燃放，危险性较小的产品。

D级：适于近距离燃放，危险性很小的产品。

2.烟花爆竹产品分类

根据烟花爆竹的结构与组成、燃放运动轨迹及燃放效果，《烟花爆竹安全与质量》(GB 10631－2013)将烟花爆竹产品9大类，分别为爆竹类、喷花类、旋转类、升空类、吐珠类、玩具类、礼花类、架子烟花类、组合烟花类。

(三)火药燃烧及炸药爆炸特性

1.火药的燃烧特性

(1)能量特征。

能量特征是标志火药做功能力的大小，一般是指1kg火药燃烧时气体产物所做的功。

(2)燃烧特性。

燃烧特性指火药能量释放的能力，其大小主要取决于火药的燃烧速率和燃烧表面积。燃烧速率与火药的组成和物理结构有关，随初始温和工作压力的升高而增大。加入增速剂、嵌入金属丝或将火药制成多孔状，可提高燃烧速率。加入降速剂，可降低燃烧速率。燃烧表面积主要取决于火药的几何形状、尺寸和对表面积的处理情况。

(3)力学特性。

力学特性是指火药应具有相应的强度，满足在高温下保持不变形、低温下不变脆，能承受在使用时可能出现的各种力的作用。

(4)安定性。

指火药必须在长期储存中保持其物理和化学性质的相对稳定。为改善火药的安定性，一般在火药中加入少量二苯胺等化学安定剂。

(5)安全性。

由于火药在特定的条件下能发生爆轰，所以要求在配方设计时必须考虑火药在生产、使用和运输过程中安全可靠性。

2.炸药爆炸的特性

炸药的爆炸是一种化学过程，但与一般的化学反应过程相比，具有以下特征：

(1)反应过程的放热性。

在炸药的爆炸过程中，炸药的化学能转变成热能。热的释放是爆炸变化过程的发生和自行传播的必要条件。爆炸变化过程所放出的热量称爆炸热(或爆热),一般常用炸药的爆热约在 3 790—7 500 kJ/kg。

(2)反应过程的高速度。

炸药中氧化剂和还原剂事先充分混合,许多炸药的氧化剂和还原剂共存一个分子内,能够发生快速的化学反应,使爆炸过程以极快的速度进行,通常为每秒几百米或几千米。

(3)反应生成物含有大量的气态物质。

(四)民用爆破器材、烟花爆竹危险物质的燃烧爆炸敏感度及其影响因素

1.起爆器材、工业炸药和烟花爆竹药料的燃烧爆炸敏感度

热、电、光、冲击波、机械摩擦和撞击等外界作用可激发火炸药发生爆炸。火炸药在外界作用下引起燃烧和爆炸的难易程度称为火药的敏感程度,简称火炸药的感度。火炸药有各种不同的感度,一般有火焰感度、热感度、机械感度(撞击感度、摩擦感度、针刺感度)、电感度(交直流电感度、静电感度、射频感度)、光感度(可见光感度、激光感度)、冲击波感度、爆轰感度。

起爆药容易受外界微小的能量激发而发生燃烧或爆炸,并能极迅速形成爆轰。

工业炸药属猛炸药,这类炸药在一定的外界激发能量作用下能引起爆轰。

烟花爆竹药料受热、撞击、摩擦等易发生燃烧,一定条件下转化为爆轰。

2.火炸药爆炸影响因素

影响火炸药爆炸的因素很多,主要有炸药的性质、装药的临界尺寸、炸药层的厚度和密度、杂质及含量、周围介质的气体压力和壳体的密封、环境温度和湿度等。

二、民用爆破器材、烟花爆竹生产的主要危险、有害因素

民用爆破器材和烟花爆竹种类繁多,不同类别和品种的爆破器材和烟花爆竹在生产、储存、运输和使用过程中的主要危险、有害因素为火灾、爆炸及中毒事故。

烟花爆竹由烟火药组成,而组成烟火药的各种化学原料具有敏感度高和不稳定的特点,极易发生燃烧或爆炸事故,如自燃自爆事故、违章操作导致的火灾爆炸事故等。民用爆破器材除具有火灾爆炸危险外,其原料中的含铅物、叠氮化合物、硝基酚类和汞盐等具有毒害性,可发生中毒事故。

三、民用爆破器材、烟花爆竹防火防爆技术安全措施

(一)建筑物危险等级划分

1.民用爆破器材企业建筑物危险等级划分

民用爆破器材企业建筑物危险等级根据建筑物内的生产工序的危险性和危险品仓库的危险等级划分为 1.1、1.2、1.4 三级。建筑物的危险性依次按 1.1、1.2、1.4 的顺序减小。

2.烟花爆竹企业危险性建筑物的危险等级划分

根据国家标准《烟花爆竹工程设计安全规范》(GB 50161—2009),烟花爆竹企业危险性建筑物的危险等级分为 1.1 和 1.3 级。

(1)1.1 级建筑物为建筑物内的危险品在制造、储存、运输过程中具有整体爆炸危险或有迸射危险,其破坏效应将波及周围。根据破坏能力又划分为 1.1^{-1}级和 1.1^{-2}级。

1.1^{-1}级建筑物为建筑物内的危险品发生爆炸事故时,其破坏能力相当于 TNT 的厂房和仓库;1.1^{-2}级建筑物为建筑物内的危险品发生爆炸事故时,其破坏能力相当于黑火药的厂房和仓库。

(2)1.3 级建筑物为建筑物内的危险品在制造、储存、运输中具有燃烧危险,偶尔有较小爆炸或较小迸射危险,或两者兼有,但无整体爆炸危险,其破坏效应局限于本建筑物内,对周围建筑物影响较小。

(二)区域规划与选址

民用爆破器材、烟花爆竹的规划和选址必须符合法律法规和标准的要求。生产、储存爆炸物品的工厂、仓库应建在远离城市的独立地带,禁止设立在城市市区和其他居民聚集的地方及风景名胜区。厂房、仓库建筑与周围的水利设施、交通枢纽、桥梁、隧道、高压输电线路、通讯线路、输油管道等重要设施的安全距离,必须符合国家有关安全规定。危险品总仓库区应远离工厂住宅区和城市等目标,有条件时最好布置在单独的山沟或其他有利地形处。废品销毁应选择在有利的自然地形,如山沟、丘陵、河滩等地,在满足安全距离的条件下,确定销毁场地和有关建筑的位置。

危险品生产区、总仓库区、销毁场等与该区域外的居民建筑、工厂住宅、城镇、运输线路、输电线路等敏感目标必须保持足够的安全防护距离

(三)总平面与工艺设备布置

1.民用爆破器材生产企业的总平面布置与工艺设备布置

按照《民用爆破器材工程设计安全规范》(GB 50089－2007)的要求,民用爆破器材生产企业应设生产区、辅助生产区、危险品总仓库、殉爆试验场、销毁场及生活区。各功能区之间的安全距离应符合规范要求。

生产区及总仓库内各建筑物之间的安全距离应根据建筑物的不同危险等级,符合《民用爆破器材工程设计安全规范》(GB 50089－2007)的要求。民用爆破器材生产工艺设备布置的具体要求见《民用爆破器材工程设计安全规范》。

2.烟花爆竹生产企业的总平面布置与工艺设备布置

将烟花爆竹生产企业的建筑物进行分区布置,分别设置危险品生产区、非危险品生产区、危险品总库房、销毁场、燃放试验场和生活办公区,做到危险品生产区与生活区分开,有药工序与无药工序分开,危险工序与普通工序分开。

为保证火灾爆炸事故发生后冲击波对建(构)筑物等的破坏不超过预定的破坏标准,危险品生产区、总仓库区、销毁场等区域内的建筑物应根据其不同的危险等级,保持足够的安全距离。

在厂房内工艺布置时,宜将危险生产工序和危险品暂存间布置在一端且位于行人稀少的偏僻地段。

危险品生产厂房和库房应满足人员的紧急疏散,在平面上宜布置成简单的矩形,不宜设计成形体复杂的凹型、L 型等。

有泄爆要求的厂房和工艺设备,在布置时应使其泄爆方向不直接对着其他建筑物或主要道路。

生产区内应尽量减少药物的储存量。应在生产区与总仓库之间设置药物的中转库，危险等级不同的中转库应独立设置，中转库之间和与其他建筑之间应保持符合标准的安全距离。

(四)抗爆与屏障

民用爆破器材的生产区应按规范要求设置抗爆室和抗爆屏障。抗爆室的墙应采用现浇钢筋混凝土材料，朝向室外的一面应设轻型面，轻型面的外面应设置抗爆屏障。抗爆屏障可采用防护堤、钢筋混凝土挡墙等形式，强度应能满足防护本建筑和周围建筑的要求。

烟花爆竹生产企业的1.1级建筑应设置防护屏障。防护屏障的形式和设置要求见有关标准规范。

(五)防火安全措施

1.民用爆破器材生产的主要防火安全措施

(1)制定能指导正常生产作业的工艺技术规程和安全操作规程。

(2)可能引起燃烧爆炸事故的机械化作业，应根据危险程度设置自动报警、自动停机、自动泄爆等安全设施。

(3)预防火炸药生产中混入杂质。

(4)在生产、储存、运输时，不允许使用明火，不得接触明火或表面高温物。特殊情况需要使用时，在工艺资料中应做出明确说明，并应限制在一定的安全范围内，且严格遵守有关安全规程。

(5)在生产、储存、运输等过程中，要防止摩擦和撞击。

(6)预防机械和设备故障。

(7)生产用设备在停工检修时，要彻底清理残存的火炸药。对于焊接作业，除采用相应的安全措施外，还要采取消除杂散电流的措施。

(8)按照有关标准规范的要求设置消防给水、泡沫灭火、消防雨淋系统、火灾自动报警系统和消火栓，配备灭火器材。

2.烟花爆竹生产的主要防火安全措施

(1)烟火药制造过程

1)烟火药原材料应符合质量标准。

2)粉碎应在单独工房进行，粉碎前后应筛掉机械杂质，筛选时不得使用铁质、塑料等产生火花和静电的工具。

3)铝粉、镁铝合金粉、氯酸盐、赤磷等高感度原料的粉碎，必须在专用工房中，使用专用设备和专用工具，并有专人操作。

4)粉碎和筛选原料时应坚持做到：

①三固定：固定工房、固定设备、固定最大粉碎药量；

②四不准：不准混用工房、不准混用设备和工具、不准超量投料、不准在工房内存放粉碎好的药物；

③所有粉碎和筛选设备应接地，电气设备应防爆，远距离操作，进出料时必须停机停电，工房应注意通风。

5)烟火药的配制和混合时要严把领药、称药、混药三道关口。

6)压药与造粒工房要做到定机定员,药物升温不得超过 20 ℃,机械造粒时应有防爆墙隔离和连锁装置。

7)药物干燥时要控制药量、温度,严禁使用明火。

(2)烟花爆竹生产过程

1)领药时要按照“少量、多次、勤运走”的原则限量领药。

2)装、筑药应在单独工房操作。装、筑不含高感度烟火药时,每间工房定员 2 人;装、筑高感度烟火药时,每间工房定员 1 人。半成品、成品要及时转运,工作台应靠近出口窗口。装、筑药工具应采用木、铜、铝制品或不产生火花的材质制品,严禁使用铁质工具。工作台上等冲击部位必须垫上接地导电橡胶板。

3)钻孔与切割有药半成品时,应在专用工房内进行,每间工房定员 2 人,人均使用工房面积不得少于3.5 m^2,严禁使用不合格工具和长时间使用同一件工具。

4)贴筒标和封口时,操作间主要道宽度不得小于 1.2 m,人均使用面积不得少于 3.5 m^2,半成品停滞量的总药量,人均不得超过装、筑药工序限量的 2 倍。

5)手工生产硝酸盐引火线应在单独工房内进行,每间工房定员 2 人,人均使用工房面积不得少于 3.5 m^2,每人每次限量领药 1 kg;机器生产硝酸盐引火线时,每间工房不得超过 2 台机组,工房内药物停滞量不得超过 2.5 kg;生产氯酸盐引火线时,无论手工或机器生产,都限于单独工房,单机、单人操作,药物限量 0.5 kg。

6)干燥烟花爆竹一般应采用蒸气干燥。严禁采用明火烘烤。

(六)电气安全

1.对于 F0 区场所,包括炸药、起爆药、击发药、火工品的储存以及黑火药、烟火药制造加工、储存场所,不应安装电气设备。烟火药、黑火药危险场所采用的仪表,应选择适应本场所的本质安全型。电气照明采用安装在建筑外墙壁龛灯或装在室外的投光灯。

2.对于 F1 区场所,如起爆药、击发药、火工品制造的场所,电气设备的面温度不得超过允许表面温度,且符合防爆电气设备的有关规定。应优先采用防粉尘型或尘密结构型、Ⅱ类 B 级隔爆型、本质安全型、增安型(仅限于灯类及控制按钮)。当生产设备采用电力传动时,电动机应安装在无危险场所,采取隔墙传动。

3.对于 F2 区场所,如理化分析成品试验站,选用密封型、防水防尘型电气设备。

4.对于危险品的生产和储存的爆炸危险性建筑物,应按相应的防雷类别(第一类、第二类)采取防直击雷、防雷电感应、防雷电波侵入和防雷击电磁脉冲的措施,实施总等电位联结以减少和预防雷电危害。

5.为防止静电火花引起危险品燃烧爆炸事故的发生,应采取直接和间接静电接地等防静电措施。

第六节 常用防火防爆安全技术标准

1.《消防词汇·第 1 部分:通用术语》(GB/T 5907.1－2014)

2.《火灾分类》(GB/T 4968－2008)

3.《消防安全标志》(GB13495－92)

4.《消防安全标志设置要求》(GB 15630－95)
5.《建筑设计防火规范》(GB 50016－2014)
6.《石油化工企业设计防火规范》(GB 50160－2008)
7.《石油天然气工程设计防火规范》(GB 50183－2004)
8.《酒厂设计防火规范》(GB 50694－2011)
9.《钢铁冶金企业设计防火规范》(GB 50414－2007)
10.《汽车库、修车库、停车场设计防火规范》(GB 50067－97)
11.《建筑内部装修设计防火规范》(GB 50222－95[2001 年修订版])
12.《民用爆破器材工程设计安全规范》(GB 50089－2007)
13.《自动喷水灭火系统设计规范》(GB 50084－2005)
14.《泡沫灭火系统设计规范》(GB50151－2010)
15.《火灾自动报警系统设计规范》(GB 50116－2008)
16.《消防给水及消火栓系统技术规范》(GB 50974－2014)
17.《工业企业总平面设计规范》(GB 50187－2012)
18.《化工企业总图运输设计规范》(GB 50489－2009)
19.《爆炸危险环境电力装置设计规范》(GB 50058－2014)
20.《建筑灭火器配置设计规范》(GB 50140－2005)
21.《建筑灭火器配置验收及检查规范》(GB 50444－2008)
22.《手提式灭火器·第 1 部分:性能和结构要求》(GB 4351.1－2005)
23.《手提式灭火器·第 3 部分:检验细则》(GB 4351.3－2005)
24.《建筑物防雷设计规范》(GB 50057－2010)
25.《石油库设计规范》(GB 50074－2014)
26.《储罐区防火堤设计规范》(GB 50351－2014)
27.《石油与石油设施雷电安全规范》(GB 15599－2009)
28.《粉尘防爆安全规程》(GB 15577－2007)
29.《液体石油产品静电安全规程》(GB 13348－2009)
30.《防止静电事故通用导则》(GB 12158－2006)
31.《作业场所环境气体检测报警仪通用技术要求》(GB 12358－2006)
32.《石油化工可燃气体和有毒气体检测报警设计规范》(GB 50493－2009)
33.《烟花爆竹工程设计安全规范》(GB 50161－2009)
34.《危险场所电气防爆安全规范》(AQ 3009－2007)

第三章　特种设备安全技术

第一节　特种设备安全基础知识

一、特种设备的范围

(一)特种设备

根据《中华人民共和国特种设备安全法》,特种设备是指对人身和财产安全有较大危险性的锅炉、压力容器(含气瓶)、压力管道、电梯、起重机械、客运索道、大型游乐设施、场(厂)内专用机动车辆,以及法律、行政法规规定适用本法的其他特种设备。

国家对特种设备实行目录管理。特种设备目录由国务院负责特种设备安全监督管理的部门制定,报国务院批准后执行。

(二)特种设备分类

依据其主要工作特点,分为:

1.承压类特种设备。承压类特种设备是指承载一定压力的密闭设备或管状设备,包括锅炉、压力容器(含气瓶)、压力管道。

2.机电类特种设备。机电类特种设备是指必须由电力牵引或驱动的设备,包括电梯、起重机械、大型游乐设施、客运索道、场(厂)内机动车辆。

二、承压类特种设备

(一)锅炉

锅炉,是指利用各种燃料、电或者其他能源,将所盛装的液体加热到一定的参数,并通过对外输出介质的形式提供热能的设备,其范围规定为设计正常水位容积大于或者等于 30L,且额定蒸汽压力大于或者等于 0.1 MPa(表压)的承压蒸汽锅炉;出口水压大于或者等于 0.1 MPa(表压),且额定功率大于或者等于 0.1MW 的承压热水锅炉;额定功率大于或者等于 0.1MW 的有机热载体锅炉。除此以外的其他锅炉类设备虽然未纳入特种设备安全监督管理的范围,同样存在事故危险性,建议使用单位将其纳入危险设备管理。

1.锅炉的基本结构

锅炉由“锅”“炉”以及相配套的附件、自控装置、附属设备组成。

(1)“锅”是指锅炉本体部分,主要包括锅筒(汽包)、水冷壁、对流管束、烟管、省煤器、过热器及集箱等。由于“锅”要承受压力,所以一般称为“受压部件”。

1)锅筒。锅筒的作用是汇集、贮存、净化蒸汽和补充给水。热水锅炉锅筒全部盛装的是热水，蒸汽锅炉锅筒盛装的是热水和蒸汽。

2)水冷壁。水冷壁是布置在炉膛四周的辐射受热面，是锅炉的主要受热面。能起到提高锅炉产汽量，降低炉膛内壁的温度，保护炉墙，防止炉墙结渣的作用。

3)对流管束。对流管束是锅炉的对流受热面。作用是吸收高温烟气的热量，增加锅炉受热面。

4)烟管。烟管是锅炉的对流受热管，它与对流管束的作用相同，不同的是对流管束烟气流经管外，而烟管是烟气流经管内。

5)省煤器。省煤器是布置在锅炉尾部烟道内，利用排烟的余热来提高给水温度的热交换器，作用是提高给水温度，减少排烟热损失，提高锅炉热效率。

6)过热器。过热器是蒸汽锅炉的辅助受热面，作用是在压力不变的情况下，从锅筒中引出饱和蒸汽，再经加热，使饱和蒸汽中的水分蒸发并使蒸汽温度升高，提高蒸汽品质，成为过热蒸汽。

7)集箱，也称联箱。作用是汇集、分配锅水，保证各受热面管子可靠的供水或汇集各管子的水或汽水混合物，集箱一般不应受辐射热，以免内部水产生气泡冷却不好，过热烧坏。

(2)“炉”是由燃烧设备、炉墙、炉拱、钢架和烟道及排烟除尘设备等部分组成，使燃料进行燃烧产生灼热烟气的部分。产生的高温烟气经过炉膛和烟道向锅炉受热面放热，最后从锅炉尾部进入烟囱排出。

(3)锅炉的附件及自控装置包括安全阀、压力表、水位表及高低水位报警器、排污装置、汽水管道及阀门、燃烧自动调节装置、测温仪等。

(4)锅炉附属设施一般包括给水系统的设备(如水处理装置、给水泵)，燃料供给及制备系统的设备(如给煤、磨粉、供油、供气等装置)，通风系统设备(如鼓风机、引风机)和除灰排渣系统设备(如除尘器、出渣机、出灰机)。

2.锅炉分类

(1)按用途分为电站锅炉、工业锅炉、生活锅炉、机车锅炉、船舶锅炉等。

(2)按锅炉产生的蒸汽压力和蒸发量分为高压锅炉、中压锅炉、低压锅炉及大型、中型、小型锅炉。工业锅炉一般是小型低压锅炉，电站锅炉一般为大中型、中高压锅炉。

(3)按载热介质分为蒸汽锅炉、热水锅炉和有机热载体锅炉。

(4)按热能来源分为燃煤锅炉、燃油锅炉、热气锅炉、废热锅炉。

(5)按锅炉机构分为锅壳式锅炉、水管锅炉。

(6)燃煤锅炉按燃烧方式分为层燃炉、沸腾炉、煤粉炉(室燃炉)。层燃炉又分手烧炉、链条炉、往复炉、抛煤机炉、振动炉、排炉。

(7)按蒸发段工质循环动力分为自然循环锅炉、强制循环锅炉和直流锅炉。

3.锅炉的主要安全附件

(1)安全阀。安全阀是锅炉上的重要安全附件之一，它对锅炉内部压力极限值的控制及对锅炉的安全保护起着重要的作用。安全阀应按规定配置，合理安装，结构完整，灵敏、可靠。应每年对其校验、定压一次并铅封完好，每月自动排放试验一次，每周手动排放试验一次，做好记录并签名。工业锅炉上通常装设的安全阀有两种：弹簧式安全阀和杠杆式安全阀。

(2)压力表。压力表用于准确地测量锅炉上所需测量部分压力的大小,广泛应用的是弹簧式压力表。锅炉必须装有与锅筒(锅壳)蒸汽空间直接相连接的压力表。压力表应根据工作压力选用其量程范围,一般应在工作压力的1.5～3倍。压力表表盘直径不应小于100 mm,表的刻盘上应划有最高工作压力红线标志。压力表应装设在便于观察和冲洗的位置,并应防止受到高温、冰冻和震动的影响。

压力表装置齐全(压力表、存水弯管、三通旋塞)。应每半年对其校验一次,并铅封完好。

(3)水位计。水位计(又叫水位表)用于显示锅炉内水位的高低。水位计应安装合理,便于观察,且灵敏可靠。每台锅炉至少应装两只独立的水位计,额定蒸发量≤0.2 t/h的锅炉可只装一只。水位计应设置放水管并接至安全地点。玻璃管式水位计应有防护装置。

(4)温度测量装置。为了掌握锅炉的运行状况,确保锅炉的安全、经济运行,在锅炉热力系统中,锅炉的给水、蒸汽、烟气等介质均需依靠温度测量装置进行测量监视。锅炉上采用的测温装置多为接触式测温装置。

(5)保护装置。

1)超温报警和连锁保护装置。超温报警装置安装在热水锅炉的出口处,当锅炉的水温超过规定的水温时,自动报警,提醒司炉人员采取措施减弱燃烧。超温报警和连锁保护装置连锁后,还能在超温报警的同时,自动切断燃料的供应和停止鼓、引风,以防止热水锅炉发生超温而导致锅炉损坏或爆炸。

2)高低水位警报和低水位连锁保护装置。当锅炉内的水位高于最高安全水位或低于最低安全水位时,水位警报器就自动发出警报,提醒司炉人员采取措施防止事故发生。

3)锅炉熄火保护装置。当锅炉炉膛熄火时,锅炉熄火保护装置作用,切断燃料供应,并发出相应的信号。

(6)排污阀或放水装置。排污阀或放水装置的作用是排放锅水蒸发而残留下的水垢、泥渣及其他有害物质,将锅水的水质控制在允许的范围内,使受热面保持清洁,以确保锅炉的安全、经济运行。

(7)防爆门。为防止炉膛和尾部烟道再次燃烧造成破坏,常采用在炉膛和烟道易爆处装设防爆门。其作用就是在炉膛或烟道发生轻度爆炸时,能自行开启泄压,从而保护锅炉运行安全。

(8)锅炉自动控制装置。通过工业自动化仪表对温度、压力、流量、物位、成分等参数进行测量和调节,达到监视、控制、调节生产的目的,使锅炉在最安全、经济的条件下运行。

(二)压力容器

压力容器,是指盛装气体或者液体,承载一定压力的密闭设备,其范围规定为最高工作压力大于或者等于0.1 MPa(表压)的气体、液化气体和最高工作温度高于或者等于标准沸点的液体、容积大于或者等于30 L且内直径(非圆形截面指截面内边界最大几何尺寸)大于或者等于150 mm的固定式容器和移动式容器;氧舱。除此以外的其他容器类设备虽然未纳入特种设备安全监督管理的范围,同样存在事故危险性,建议使用单位将其纳入危险设备管理。

1.压力容器的分类

《固定式压力容器安全技术监察规程》对固定式压力容器按类别、压力等级和品种的分类方法如下。

(1)压力容器类别划分

1)介质分组。

压力容器的介质分为两组,包括气体、液化气体以及最高工作温度高于或者等于标准沸点的液体。第一组介质指毒性程度为极度危害、高度危害的化学介质,易燃介质,液化气体;其他介质为第二组介质。

2)介质危害性。

介质危害性是指压力容器在生产过程中因事故致使介质与人体大量接触,发生爆炸或者因经常泄漏引起职业性慢性危害的严重程度,用介质毒性程度和爆炸危害程度表示。

毒性程度:综合考虑急性毒性、最高容许浓度和职业性慢性危害等因素,极度危害最高容许浓度小于 0.1 mg/m^3;高度危害最高容许浓度 0.1 mg/m^3～1.0 mg/m^3;中度危害最高容许浓度 1.0 mg/m^3～10.0 mg/m^3;轻度危害大于或者等于 10.0 mg/m^3。

易爆介质:指气体或者液体的蒸汽、薄雾与空气混合形成的爆炸混合物,并且其爆炸下限小于 10%,或者爆炸上限和爆炸下限的差值大于或者等于 20%的介质。

介质毒性危害程度和爆炸危害程度按照 HG 20660－2000《压力容器中化学介质毒性危害和爆炸危险程度分类》确定。该标准没有规定的,由压力容器设计单位参照 GB 5044－85《职业性接触毒物危害程度分类》的原则决定介质组别。

3)压力容器类别划分方法。

基本划分:压力容器按类别划分为第Ⅰ、Ⅱ、Ⅲ类压力容器,须根据介质特性,按照 TSG R0004－2009《固定式压力容器安全技术监察规程》附件 A 的图 A-1、A-2,根据设计压力和容积大小,确定压力容器类别。

多腔压力容器类别划分:多腔压力容器(如换热器的壳程和管程、夹套容器等)按照类别高的压力腔作为该容器的类别并且该类别进行使用管理。但是应当按照每个压力腔各自的类别分别提出设计、制造技术要求。对各压力腔进行类别划定时,设计压力取本压力腔的设计压力,容积取本压力腔的几何容积。

同腔多种介质压力容器类别划分:一个压力腔内有多种介质时,按照组别高的介质划分类别。

介质含量极小的压力容器类别划分:当某一危害物质在介质中含量极小时,应当根据其危害程度及其含量综合考虑,按照压力容器设计单位决定的介质组别划分类别。

特殊情况的类别划分:当坐标点位于图 A-1、A-2 的分类线上时,按照较高的类别划分其类别;TSG R0004－2009《固定式压力容器安全技术监察规程》1.4 款内的压力容器统一划分为第Ⅰ类压力容器。

(2)压力等级划分

压力容器的设计压力分为低压、中压、高压和超高压四个等级:

1)低压(代号 L),$0.1MPa \leqslant p < 1.6$ MPa;

2)中压(代号 M),$1.6MPa \leqslant p < 10.0$ MPa;

3)高压(代号 H),10.0MPa≤p<100.0 MPa。

4)超高压(代号 U),p≥100.0 MPa。

(3)压力容器品种划分

压力容器按照在生产工艺过程中的作用原理,划分为反应压力容器、换热压力容器、分离压力容器、储存压力容器。具体划分如下:

1)反应压力容器(代号 R),主要是用的于完成介质的物理、化学反应压力容器,例如各种反应器、反应釜、聚合釜、合成塔、变换炉、煤气发生炉等。

2)换热压力容器(代号 H),主要是用于完成介质的热量交换的压力容器,例如各种热交换器、冷却器、冷凝器、蒸发器等。

3)分离压力容器(代号 S),主要是用于完成介质的流体压力平衡缓冲和气体净化分离的压力容器,例如各种分离器、过滤器、集油器、洗涤器、吸收塔、铜洗塔、干燥塔、汽提塔、分汽缸、除氧器等。

4)储存压力容器(代号 C,其中球罐代号 B),主要是用于储存、盛装气体、液体、液化气体等介质的压力容器,例如各种型式的储罐、缓冲罐、消毒锅、印染机、烘缸、蒸锅等。

在一种压力容器中,如同时具备两个以上的工艺作用原理时,应当按照工艺过程中的主要作用来划分品种。

2.压力容器基本结构

主要结构一般由筒体、封头、法兰、密封元件、开孔与接管、安全附件及支座等部分组成。

(1)筒体。筒体是储存或完成化学反应所需的压力空间。常见的筒体外形有圆筒形和球形两种。球形容器的本体是一个球壳,一般由上下两块圆弧形板和多块球面板对接双面焊接而成,薄壁圆筒形容器由一个圆筒体和两端的封头组成的,是使用最为普遍的一种压力容器。圆筒型高压容器也是由圆筒体和两端的封头(或端盖)构成。只是因为壳壁较厚,在结构上有与中、低压容器不同的一些特点。

(2)封头。封头是圆筒形容器的主要承压部件,作为容器的封闭端,与圆筒体组成一个完整的压力容器。通常人们把与圆筒体焊接成一体的容器的端部结构称为封头,而把与筒体由螺栓、法兰等连接的可拆结构称为端盖。

(3)法兰。法兰是容器的封头与筒体及开孔、管口与管道连接的重要部件。它通过螺栓和垫片的连接与密封,保持系统的密封性。法兰连接由一对法兰,若干个螺栓、螺母和一个垫片所组成。

(4)开孔与接管。为了适应各种工艺和安全检查的需要,每台压力容器上都有许多开孔和接管,如手孔、人孔、视镜、进出料管等。这些零部件和容器壳体都要承受压力的作用,故称为受压元件。人孔、手孔及检查孔是为了安装、维修、检查设备内部结构用的装置。三者结构基本近似,只是大小不同而已。

3.压力容器主要安全附件

(1)安全阀。安全阀是一种由进口静压开启的自动泄压阀门,它依靠介质自身的压力排出一定数量的流体介质,以防止容器或系统内的压力超过预定的安全值。当容器内的压力恢复正常后,阀门自行关闭,并阻止介质继续排出。安全阀分全启式安全阀和微启式安全阀。根据安全阀的整体结构和加载方式可以分为静重式、杠杆式、弹簧式和先导式 4 种。

(2)爆破片。爆破片装置是一种不能自动关闭的泄压装置，由进口静压使爆破片受压爆破而泄放出介质，以防止容器或系统内的压力超过预定的安全值。

爆破片又称为爆破膜或防爆膜，是一种断裂型安全泄放装置，只能等压力或介质释放完后重新更换后，才能再次使用。与安全阀相比，具有结构简单，泄压反应快、密封性能好、适应性强等特点。

(3)爆破帽。爆破帽为一端封闭，中间有一薄弱层面的厚壁短管。爆破压力误差较小，泄放面积较小，多用于超高压容器。超压时其断裂的薄弱层面在开槽处。

(4)易熔塞。易熔塞属于"熔化型"(温度型)安全泄放装置，它的动作取决于容器壁的温度，主要用于中、低压的小型压力容器，在盛装液化气体的钢瓶中应用更为广泛。

(5)紧急切断阀。紧急切断阀是一种特殊结构和特殊用途的阀门，通常与截止阀串联安装在紧靠容器的介质出口管道上。其作用是在管道发生大量泄漏时紧急止漏，一般还具有过流闭止及超温闭止的性能，并能在近程和远程独立进行操作。紧急切断阀按操作方式的不同，可分为机械(或手动)牵引式、油压操纵式、气压操纵式和电动操纵式等多种，前两种目前在液化石油气槽车上应用非常广泛。

(6)减压阀。其工作原理是利用膜片、弹簧、活塞等敏感元件改变阀瓣与阀座之间的间隙，在介质通过时产生节流，因而压力下降而使其减压的阀门。

(7)压力表。压力表是指示容器内介质压力的仪表，是压力容器的重要安全装置。压力容器广泛采用的是各种类型的弹性元件式压力计。

(8)液位计。又称液面计，是用来观察和测量容器内液体位置变化情况的仪表。特别是对于盛装液化气体的容器，液位计是一个必不可少的安全装置。

(9)温度计。温度计是用来测量物质冷热程度的仪表，可用来测量压力容器介质的温度。对于需要控制壁温的容器，还必须装设测试壁温的温度计。

(三)气瓶

气瓶，是指盛装公称工作压力大于或者等于 0.2 MPa(表压)，且压力与容积的乘积大于或者等于 1.0 MPa·L 的气体、液化气体和标准沸点等于或者低于 60℃液体的气瓶。除此以外的其他气瓶虽然未纳入特种设备安全监督管理的范围，同样存在事故危险性，建议使用单位将其纳入危险设备管理。

1.气瓶分类(按《气瓶安全技术监察规程》)

(1)按公称工作压力分类。气瓶按工作压力分为高压气瓶和低压气瓶。高压气瓶是指公称工作压力大于或者等于 10 MPa 的气瓶，低压气瓶是指公称工作压力小于 10 MPa 的气瓶。

(2)按公称容积分类。气瓶按公称容积分为小容积、中容积、大容积气瓶，公称容积小于等于 12 L 的气瓶为小容积气瓶，公称容积大于 12 L 并且小于等于 150 L 的气瓶为中容积气瓶，公称容积大于 150 L 的气瓶为大容积气瓶。

(3)瓶装气体介质分为压缩气体(亦称永久气体)、高(低)压液化气体、低温液化气体、溶解气体、吸附气体五类。

(4)按结构分为无缝气瓶、焊接气瓶、缠绕气瓶、绝热气瓶、内装填料气瓶五类。

(5)按制造方法分类。从结构上大致可分为无缝气瓶和焊接气瓶。无缝气瓶以钢坯为材料,经冲压拉伸制造,或以无缝钢管为材料,经热旋压收口收底制造的钢瓶。焊接气瓶以钢板为材料,经冲压卷焊制造的钢瓶。

2.气瓶的结构型式

我国目前使用的钢质气瓶中,绝大部分是 40 L 无缝钢瓶和容积较大的焊接钢质气瓶两种。这些气瓶一般由瓶体、瓶阀、瓶冒、底座、防震圈组成。焊接钢瓶还有护罩。

(1)瓶体。40 L 无缝气瓶的瓶体大多数用钢坯经冲压、拉伸等方法制成。其底部用热套方法加装筒状或四角状底座,使其直立平稳。

(2)瓶阀。瓶阀是气瓶的主要附件,用以控制气体的进出,由阀体、阀杆、阀瓣、密封件、压紧螺母、手轮以及易熔合金塞、爆破膜等组成。

(3)瓶帽。瓶帽是为了防止气瓶瓶阀被撞坏的一种保护装置。气瓶在搬运过程中,如果没有瓶帽保护,气瓶瓶阀遭撞击后阀杆有可能因撞弯曲而打不开,有的甚至会被撞断致使瓶内气体高速喷出,造成伤害事故。为防止由于瓶阀泄漏,或由于安全泄压装置动作,造成瓶帽爆炸,在瓶帽上要开排气孔。瓶帽按其结构可分为拆卸式和固定式两种。

(4)安全泄压装置。气瓶的安全泄压装置主要是防止气瓶在遇到火灾等特殊高温时,瓶内介质受热膨胀而导致气瓶超压爆炸。气瓶安全泄压装置有爆破片、易熔塞、安全阀、爆破片一易熔塞复合装置。

(5)防震圈。防震圈是为了防止气瓶瓶体受撞击的一种保护装置。它是一种弹性物质,裹在瓶体上,用以防止气瓶之间或气瓶与其他硬物的撞击。通常在瓶身上装两个防震圈,用于防止气瓶在充装、使用及搬运过程中,因滚动或震动而相互撞击或与其他物件碰撞。

3.气瓶的颜色标记和钢印标志

(1)气瓶的颜色标记。气瓶的颜色标记是指气瓶外表面的瓶色、字样、字色和色环,其作用:一是为了便于识别气瓶充填气体的种类和气瓶的压力范围,避免在充装、运输、使用和定期检验时混淆而发生事故;二是防止气瓶锈蚀。国家对气瓶的漆色和字样作了明确的规定。

(2)气瓶的钢印标志,打在气瓶肩部的符号和数据钢印,叫气瓶的钢印标志。气瓶的钢印标志是识别气体的依据。气瓶的钢印标志包括制造钢印标志和检验钢印标志。

(四)压力管道

压力管道,是指利用一定的压力,用于输送气体或者液体的管状设备,其范围规定为最高工作压力大于或者等于 0.1 MPa(表压),介质为气体、液化气体、蒸汽或者可燃、易爆、有毒、有腐蚀性、最高工作温度高于或者等于标准沸点的液体,且公称直径大于或者等于 50 mm 的管道。公称直径小于 150 mm,且其最高工作压力小于 1.6 MPa(表压)的输送无毒、不可燃、无腐蚀性气体的管道和设备本体所属管道除外。其中,石油天然气管道的安全监督管理还应按照《安全生产法》《石油天然气管道保护法》等法律法规实施。除此以外的其他管道类设备虽然未纳入特种设备安全监督管理的范围,同样存在事故危险性,建议使用单位将其纳入危险设备管理。

1.压力管道种类

压力管道按其用途划分为长输管道(GA)、公用管道(GB)和工业管道(GC)。

2.压力管道安全装置

(1)安全阀。压力管道上连接的安全阀是通过阀的开启排出气体来降低管道内压力。当管道内的压力降至正常操作压力时,即自动关闭,避免出现超压把管道内的气体全部排出而造成的浪费和生产中断,而装置本身可重复使用,安装调整也比较容易。

(2)压力表。管道上连接的压力表是用来测量压力管道内介质压力的一种计量仪表。可使操作人员根据压力表所指示的压力进行操作,将压力控制在允许范围内,是压力管道重要的安全附件。

(3)爆破片和爆破帽。爆破片用于中低压管道,爆破帽多用于超高压管道。这类安全卸压装置是通过爆破元件(爆破片)在较高压力下发生断裂而排放气体。

(4)紧急切断阀。压力管道上连接的紧急切断阀是指通过人工、机械、过流切断装置或远控操纵系统关闭的阀门,在管道和阀门损坏发生泄漏时,紧急切断物料供应,以防止泄漏。

3.压力管道的安全使用

(1)压力管道的日常维护保养

1)经常检查压力管道的防护措施,保证其完好无损,减少管道表面腐蚀。

2)阀门的操作机构要经常除锈上油,定期进行操作,保证其操纵灵活。

3)安全阀和压力表要经常擦拭,确保其灵敏准确,并按时进行校验。

4)定期检查紧固螺栓的完好状况,做到齐全、不锈蚀、丝扣完整、连接可靠。

5)注意管道的振动情况,发现异常振动应采取隔断振源,加强支撑等减振措施,发现摩擦应及时采取措施。

6)静电跨接、接地装置要保持良好完整,发现损坏及时修复。

7)停用的压力管道应排除内部介质,并进行置换、清洗和干燥,必要时作惰性气体保护。外表面应进行油漆防护,有保温的管道注意保温材料完好。

8)检查管道和支架接触等容易发生腐蚀和磨损的部位,发现问题及时采取措施。

9)及时消除管道系统存在的跑、冒、滴、漏现象。

10)对高温管道,在开工升温过程中需对管道法兰连接螺栓进行热紧;对低温管道,在降温过程中进行冷紧。

11)禁止将管道及支架作为电焊零线和其他工具的锚点、撬抬重物的支撑点。

12)配合压力管道检验人员对管道进行定期检验。

13)对生产流程的重要部位的压力管道、穿越公路、桥梁、铁路、河流、居民点的压力管道、输送易燃、易爆、有毒和腐蚀性介质的压力管道、工作条件苛刻的管道、存在交变载荷的管道应重点进行维护和检查。

14)当操作中遇到下列情况时,应立即采取紧急措施并及时报告有关管理部门和管理人员:

①介质压力、温度超过允许的范围且采取措施后仍不见效;

②管道及组成件发生裂纹、鼓瘪变形、泄漏;

③压力管道发生冻堵；

④压力管道发生异常振动、响声，危及安全运行；

⑤安全保护装置失效；

⑥发生火灾事故且直接威胁正常安全运行；

⑦压力管道的阀门及监控装置失灵，危及安全运行。

(2)压力管道运行检查和监测技术

压力管道运行中的检查和监测包括运行初期检查、在线监测、末期检查及寿命评估3部分。

1)运行初期检查。由于可能存在的设计、制造、施工等问题，当管道初期升温和升压后，这些问题都会暴露出来。此时，操作人员应会同设计、施工等技术人员，有必要对运行的管道进行全面系统的检查，以便及时发现问题，及时解决。在对管道进行全面系统检查的过程中，应着重从管道的位移、振动、支撑情况、阀门及法兰的严密性等方面检查。

2)巡线检查及在线检测。在装置运行过程中，由于操作波动等其他因素的影响，或压力管道及其附件在使用一段时间后因遭受腐蚀、磨损、疲劳、蠕变等损伤，随时都有可能发生压力管道的破坏，故对在役压力管道进行定期或不定期的巡检，及时发现可能产生事故苗头，并采取措施，以免造成较大的危害。

压力管道巡线检查内容除全面进行检查外，还可着重从管道的位移、振动、支撑情况、阀门及法兰的严密性等方面检查。

除了进行巡线检查外，对于重要管道或管道的重点部位还可利用现代检测技术进行在线检测，可利用工业电视系统、声发射捡漏技术、红外线成像技术等对在线管道的运行状态、裂纹扩展动态、泄漏等进行不间断监测，并判断管道的安定性和可靠性，从而保证压力管道的安全运行。

3)末期检查及寿命评估。压力管道经过长期运行，因遭受到介质腐蚀、磨损、疲劳、老化、蠕变等的损伤，一些管道已处于不稳定状态或临近寿命终点。因此更应加强在线监测，并制定好应急措施和救援方案。

在做好在线监测和抢险救灾准备的同时，还应加强在役压力管道的寿命评估，从而变被动安全管理为主动安全管理。

压力管道寿命的评估应根据压力管道的损伤情况和检测数据进行。总体来说，主要是针对管道材料已发生的蠕变、疲劳、相变、均匀腐蚀和裂纹等几方面进行评估。

三、机电类特种设备

(一)电梯

电梯，是指动力驱动，利用沿刚性导轨运行的箱体或者沿固定线路运行的梯级(踏步)，进行升降或者平行运送人、货物的机电设备，包括载人(货)电梯、自动扶梯、自动人行道等。非公共场所安装且仅供单一家庭使用的电梯除外。

1.电梯分类

按用途分为：

(1)乘客电梯。用于运载乘客及乘客随身携带的物品。这种电梯一般速度较快，厅门及轿厢装饰美观，有舒适感，具备完善的安全装置。主要用于宾馆、办公楼等场所。

(2)客货(两用)电梯。用于客货运送。轿厢的装饰和运行的舒适感略逊于乘客电梯，有必备的安全装置。

(3)载货电梯。运送货物、材料及设备，结构上较坚固，可分为有、无操作人员操作运行。

(4)车辆电梯(主体车库)。用于多层停车场及多层工厂车间的货物、车辆运输，由外按钮操纵盘操作控制，具有点动功能。轿厢大时，可以无顶。

(5)病床电梯。医院用来运送医疗器械、其他小车辆及病人。轿厢长而窄，一般速度较慢，起停平稳。

(6)住宅电梯。供民用建筑使用的标准型电梯，具有良好的性能。常采用下集选控制方式，轿厢装饰简单，相应价格比较便宜。

(7)杂物电梯，亦称服务梯。用于运送炊事用具、食品、小件货物和书籍等。适用于宾馆、饭店、图书馆等。轿厢内不能乘人。一般设计规定轿厢底内面积要≤1 m^2，高度低于 1.4 m，载重量≤500 kg。

(8)观光电梯。轿厢壁透明，供乘客观光用，一般速度不宜过快。

(9)船舶电梯。用于船舶上的升降装置，能在船舶摇晃中正常工作。

(10)其他专用电梯。供各种专门用途的电梯，如防爆电梯、矿井电梯、冷库电梯、饲料电梯等。

1)按拖动方式分为曳引式、液压式及齿轮齿条式三类。

2)按提升速度快慢分为低速、快速、高速(超高速)三类。

3)按控制方式分为手柄操纵控制、按钮控制、信号控制、集选控制、下集选控制、并联控制、梯群控制等类型。

2.电梯基本结构

不同规格型号的电梯，其部件组成情况也不同。这里以一般乘客曳引式电梯为例介绍其组成。电梯由曳引系统、悬挂补偿系统、电气系统和安全装置组成，轿厢和对重在建筑物的井道内运行，曳引机和电气系统放置在机房里。

(1)曳引系统。包括曳引电动机、曳引绳轮、减速器、制动器、曳引机底座、盘车手轮等。曳引绳轮安装在承载梁上。电梯曳引机是电梯运行的驱动机构，借助承载梁通过曳引绳轮，承担了所有往复升降运动构件的全部载荷，承载梁多采用工字钢结构。

1)电梯驱动电机。交流梯为专用的双速电机或三速电机。直流梯是电梯专用的直流电动机。国标规定每部电梯至少有一台专用的电梯驱动主机。轿箱和对重允许使用两种驱动方式：

①曳引式：使用曳引轮和曳引绳。

②强制式：当电梯额定速度不大于 0.63 m/s 时采用。即无对重的情况下，使用卷筒和钢丝绳或链轮与链条。

2)制动器。在电梯上通常采用双瓦块闭式电磁制动器。电梯停止或电源断电情况下制动抱闸，以保证电梯不致移动。

3)减速箱。大多数电梯厂选用蜗杆减速箱,也有行星齿轮、斜齿轮减速箱。无齿轮电梯(电梯曳引转速与电机转速相等)不需减速箱。

4)曳引轮。曳引机上的绳轮称为曳引轮。两端借助电梯曳引绳分别连着轿厢和对重,靠曳引绳与曳引轮槽间的摩擦产生的牵引力,实现轿厢和对重的升降运动。

(2)悬挂补偿系统。由曳引绳、轿厢和对重的全部结构件、补偿绳、张紧轮等组成,其中轿厢和对重是电梯垂直运行的主体部件。

1)轿厢。是容纳乘客或货物的箱体装置。

2)对重。是设置在井道中,由曳引钢丝绳经曳引轮与轿箱连接,在运行过程中起平衡作用的装置。

(3)导引系统。导引系统包括导轨和导靴,引导轿厢和对重作垂直升降运动。供轿厢和对重在升降运行中起导向作用的组件。

(4)电气系统。电气系统是电梯的拖动与控制系统,包括各种接触器、继电器、控制器和显示器等。

3.电梯的工作原理

曳引绳两端分别连着轿箱和对重,缠绕在曳引轮和导向轮上,曳引电动机通过减速器减速后带动曳引轮转动,靠曳引绳与曳引轮摩擦产生的牵引力,实现轿箱和对重的升降运动,达到运输目的。

固定在轿箱上的导靴可以沿着安装在建筑物井道墙体上的固定导轨往复升降运动,防止轿箱在运动中偏斜或摆动。常闭块式制动器在电动机工作时松闸,使电梯运转;在失电情况下制动,使轿箱停止升降,并在指定层站上维持其静止状态,以便供人员和货物出入。轿箱是运载乘客或其他载荷的箱体部件,对重用来平衡将轿箱载荷、减小电动机功率。补偿装置用来补偿曳引绳运动中的张力和质量变化,使曳引电动机负载稳定,轿箱得以准确停靠。电气系统实现对电梯运动的控制,同时完成选层、平层、测速、照明工作。指示呼叫系统随时显示轿箱的运动方向和所在楼层位置。安全装置保证电梯运行安全。

4.电梯的安全装置

电梯在运行中,由于机械或电气设备故障而引起失控、平层越位、终端失控、超速、危险运行、非正常停车,关门受阻等不安全状态。为了对运载对象起到保护作用,必须设置专门的安全装置:

(1)超载限制器。防止轿箱超载运行,一般电梯超载时能发出声光信号。当轿箱超载时,能切断电梯控制电路,使电梯停止运行。根据工作原理可分为机械式和电气式两种。

(2)防超越行程的保护装置。是防止电梯由于控制方面的故障,轿厢超越顶层或底层端站继续运行,防止轿厢冲顶或撞底的保护装置。由设在井道内上下端站附近的强迫换速开关、终端限位开关和终端极限开关组成。当电梯轿厢失控时,强迫换速开关首先使其减速,是防止电梯超越上下端站的第一道防护;终端限位开关迫使电梯轿厢停止运动,此时,电梯还可下行,是防止电梯冲顶撞底的第二道防护;终端极限开关是防止电梯在强迫换速、限位开关失灵的情况下防止电梯冲顶撞底的第三道防护,当其动作时,马上切断电源，是电梯电气控制的最后一道防护。这些开关或碰轮都安装在固定于导轨的支架上，由安装在轿厢的打板(撞杆)触动而动作。

(3)限速器和安全钳。防止电梯轿厢下降速度超出允许值和坠落的安全装置。凡是由钢丝绳或链条悬挂的电梯轿厢均应设置安全钳。当地坑下有人能进入的空间时，对重也可设安全钳。安全钳一般都安装在轿架的底梁上，成对地同时作用在导轨上。

限速器是限制电梯运行速度的装置，一般安装在机房。当轿厢上行或下行超速时，限速器动作，切断电梯控制回路，制动器上闸，电梯停止运行。当下行超速，制动器失灵，电气触点动作仍不能使电梯停止，速度达到一定值后，限速器机械动作，拉动安全钳夹住导轨将轿厢制停；当由于断绳造成轿厢(或对重)坠落时，也由限速的机械动作拉动安全钳，使轿厢制停在导轨上。安全钳和限速器动作后，必须将轿厢(或对重)提起，并经专业人员调整后方能恢复使用。

(4)轿厅门保护装置。轿厅门保护装置是指轿门、厅门在开关过程中防止人员夹伤、剪切和坠落的安全保护装置。包括轿门安全保护装置和厅门保护装置。乘客电梯装设轿门安全装置。常用的轿门安全装置由机械式(安全触板)、光电式和电子式三种。厅门上固定有门锁，开门刀固定在轿门上，随轿厢移动，轿厢到达所需楼层时，主动轿门通过开门刀拨动厅门钩子锁，使门厅同步开启和关闭。

(5)缓冲器。缓冲器是当电梯由于控制失灵、曳引力不足或制动失灵等发生轿厢或对重蹲底时，吸收轿厢或对重的动能，提供最后的保护，以保证人员和电梯的安全。缓冲器是位于行程端部的一种弹性停止装置，安装在轿箱或对重行程底部的极限位置，分轿箱缓冲器和对重缓冲器两种。缓冲器按工作原理的不同分为弹簧缓冲器、油压缓冲器和聚氨酯类缓冲器三种，其中油压缓冲器运用最广。

(6)报警和救援装置。当人员被困在轿厢内时，通过电梯内的报警或通信装置应能将情况及时通知管理人员，并通过救援装置将人员安全救出轿厢。低层站的电梯一般是安设警铃，提升高度大于 30 m 的电梯，轿厢内与机房或值班室应有对讲装置。电梯困人的救援主要采用盘车的方法。

(7)停止开关。停止开关一般称急停开关。按要求安装在轿顶、底坑和滑轮间必须装设停止开关。停止开关应符合电气安全触点的要求，应是双稳态非自动复位的，误动作不能使其释放。停止开关要求是红色的，并标有“停止”和“运行”的位置，若是刀闸式或拨杆式开关，应以把手或拨杆朝下为停止位置。

(8)自动门锁和联动装置。使轿门和相应的层门同时动作，而其他楼层的层门关闭。因层门的门锁在关闭状态下，从层门外不能扒开层门，只有门锁锁紧才能接通电梯的控制回路使电梯升降。即门闭合则轿箱运动，只要有一个层门门锁打开，则电梯就停止运动。

(9)消防功能。发生火灾时井道往往是烟气和火焰蔓延的通道，而且一般层门温度在 70 ℃以上时不能正常工作。为了乘员的安全，在火灾发生时电梯必须具有使楼内所有电梯停止应答召唤信号，直接返回撤离层站的功能，即具有火灾自动返基站功能。

(10)安全触板。防止人被夹伤、剪切的重要装置。机械式触板，通过微动开关来检测触板是否动作(被碰撞)。光幕触板是通过在两轿门中间安装红外发射与接收装置来检测两门之间是否有障碍物,一般安装 32 路、64 路或更多的红外发射接受管,其中任何一路红外线被阻断时,都会重新开门。

(11)电梯必须设置的电气安全装置

1)超速保护装置。

2)供电系统断相、错相保护装置。

3)超越上、下极限工作位置时的保护装置。

4)层门锁与轿门电气连锁装置。

5)停电或电气系统发生故障时,应有慢速移动轿厢的措施。

6)在机房中,对应每台电梯应装设一个能切断该电梯总电源的主开关。该开关应具有切断电梯正常使用情况下最大电源的能力。

7)电气设备的一切金属外壳,必须采用保护接地或保护接零的装置。零线与接地线应分开。

8)轿顶应设红色标志的非自动复位开关。

9)轿顶必须设检修开关,并应符合:

①上下只能点动。

②轿厢运行速度不应超过 0.63 m/s。

③检修运行只能在轿厢正常运行的范围内,且安全装置应起作用。

④在检修开关上或其近旁应标出“正常”及“检修”字样,并标出运行的方向。

(12)井道底坑应设停止开关,开关上或其近旁应标出“停止”字样。

(二)起重机械

起重机械,是指用于垂直升降或者垂直升降并水平移动重物的机电设备,其范围规定为额定起重量大于或者等于 0.5 t 的升降机;额定起重量大于或者等于 3 t(或额定起重力矩大于或者等于 40 t·m 的塔式起重机,或生产率大于或者等于 300 t/h 的装卸桥),且提升高度大于或者等于 2 m 的起重机;层数大于或者等于 2 层的机械式停车设备。除此以外的其他起重类设备虽然未纳入特种设备安全监督管理的范围,同样存在事故危险性,建议使用单位将其纳入危险设备管理。

1.起重机械分类

按其功能和构造特点可分为三类:

(1)第一类是轻小型起重设备。包括千斤顶、手拉葫芦、滑车、绞车、电动葫芦、卷扬机等,多为单一的升降运动机构。其特点是轻便、构造紧凑、动作简单。现此类起重设备已不纳入特种设备安全监督管理范围。

(2)第二类是起重机。按取物装置和用途分类,有吊钩起重机、抓头起重机、电磁起重机、冶金起重机、堆垛起重机、集装箱起重机和救援起重机等;按运移方式分类,有固定式起重机、运行式起重机、自行式起重机、拖引式起重机、爬升式起重机、便携式起重机等;按结构形式分类有桥式起重机、门式起重机、半门式起重机、门座式起重机、塔式起重机、流动式起重机,铁路、甲板、浮游式起重机以及桅杆、悬臂起重机等。其特点是可以悬挂在起重吊钩或其他取物装置上的重物在空间实现垂直升降和水平移动。

(3)第三类是升降机。包括电梯、施工升降机和简易升降机等。其特点是重物或其他取物装置只能沿导轨升降，但安全装置与其他附属装置较为完善，可靠性大。此类起重机械有人工和自动控制两种。

2.起重机的基本结构

起重机主要由起重机的金属结构、机构和控制系统三大部分组成。

(1)起重机的金属结构。起重机钢结构是起重机的主要组成部分，是由金属材料轧制的型钢和钢板作为基本构件，采用铆接、焊接等方法，按照一定的结构组成规则连接起来，构成起重机用的桥架、门架、塔架等承载结构。其主要作用是支撑各种载荷，要求具有足够的强度、刚度和稳定性。

(2)起重机的机构。起重机最基本的机构是指起升机构、运行机构、旋转机构和变幅机构。

1)起升机构。起升机构的作用是实现吊物的起升和降落，是所有起重机不可缺少的工作机构。一般由驱动装置、制动装置、传动装置、卷绕系统、取物装置等构成。

2)运行机构。运行机构主要是水平移动物料，调节起重机的位置，可分为轨行式和无轨行式运行机构(轮胎、履带式运行机构)。

3)旋转机构。旋转机构的作用是使起重机的旋转部分相对非旋转部分实现旋转运动。旋转机构由旋转支撑装置和旋转驱动装置构成。

4)变幅机构。变幅机构是臂架起重机用来改变工作幅度，使吊物沿臂架径向水平位移的机构。变幅机构根据工作性质的不同，可分为工作性变幅和非工作性变幅。工作性变幅就是吊重变幅，使吊物作径向运动；非工作变幅就是空载变幅。

变幅机构按照机构运动方式分为运行小车变幅和摇动臂架变幅，如自升式塔式起重机的变幅就是采用小车变幅。一般塔式起重机、汽车式起重机、门座式起重机都采用摇动臂架变幅。

(3)起重机的控制系统。起重机机构动作的启动、运转、换向和停止等均由电气或液压控制系统来完成。起重机的电气控制系统包括：电气传动部分、自动控制部分、电源引入装置、各种电气设备和电气回路。

3.起重机械安全装置

(1)上升极限位置限制器和下降极限位置限制器。上升极限位置限制器是用来限制取物装置的起升高度，当吊具起升到上极限位置时，限位器能自动切断电源，使起升机构停止运转，防止吊钩等取物装置继续上升，继而可防止拉断起升钢丝绳避免发生重物失落事故。下降极限位置限制器是用来限制取物装置下降至最低位置时，能自动切断电源，使起升机构下降运转停止，此时应保证钢丝绳在卷筒上缠绕不少于2圈的安全圈数。

(2)运行极限位置限制器。运行极限位置限制器有限位开关和安全尺式撞块组成。其工作原理是：当起重机运行到极限位置后，安全尺触动限位开关的传动柄或触头，带动限位开关内的闭合触头分开而切断电源，运行机构将停止运转，起重机将在允许的制动距离内停车，即可避免硬性碰撞止挡体对运动的起重机产生过度的冲击碰撞。

(3)缓冲器。当运行极限位置限制器或制动装置发生故障时，由于惯性的原因，运行到终点的起重机或主梁上的起重小车，将在运行终点与设置在该位置的止挡体相撞。设置缓冲器的目的就是吸收起重机或起重小车的运行动能，以减缓冲击。缓冲器设置在起重机或起重小车与止挡体相碰撞的位置。在同一轨道上运行的起重机之间，以及在同一起重机桥架上双小车之间也应设置缓冲器。缓冲器在碰撞之前，机构运行一般应切断运行极限位置限制器的限位开关，使机构在断电且制动状况下发生碰撞，以减小对起重机的冲撞和振动。

(4)夹轨器和锚定装置。露天工作的轨道式起重机，必须安装可靠的防风夹轨器和锚定装置，以防止起重机被大风吹走或吹倒而造成严重事故。夹轨器有手动式、电动式、电动手动两用夹轨器三种。锚定装置是将起重机与轨道基础固定，通常在轨道上每隔一段相应的距离设置一个，用锚柱将起重机与锚定装置固定，起到保护起重机的作用。

(5)超载限制器。对于超载限制器的技术要求主要有：各种超载限制器的综合误差不应大于 8%；当载荷达到额定起重量的 90%时，应能发出提示性报警信号，起重机械设置超载限制器后，应根据其性能和精度情况进行调整或标定，当起重量超过额定起重量时，能自动切断起升动力源，并发出禁止性报警信号。

(6)力矩限制器。臂架式起重机设置力矩限制器，应根据其性能和精度情况进行调整或标定，当载荷力矩达到额定重力矩时，能自动切断起升动力源，并发出禁止性报警信号。防止造成臂架折弯或折断，甚至造成起重机失稳而倾覆或倾翻事故。

(7)防碰装置。为了防止同层多台或多层设置的桥式类型起重机在轨道上运行时碰撞，运行速度超过 120 m/min 时，应在起重机上设置防碰装置。当起重机运行到危险距离范围时，防碰装置便发出警报，进而切断电源，使起重机停止运行，避免起重机之间的相互碰撞。

(8)防偏斜和偏斜指示装置。为了防止大跨度的门式起重机和装卸桥在运行过程中产生过大的偏斜，应设置偏斜限制器、偏斜指示器或偏斜调整装置等，来保证起重机支腿在运行中不出现超偏现象，即通过机械和电器的连锁装置，将超前或滞后的支腿调整到正常位置，以防桥架被扭坏。

(9)危险电压报警器。臂架型起重机在输电线附近作业时，由于操作不当，臂架、钢丝绳等过于接近甚至碰触电线，都会造成感电或触电事故。为防止这类事故，应设置危险电压报警器。

(三)大型游乐设施

大型游乐设施，是指用于经营目的，承载乘客游乐的设施，其范围规定为设计最大运行线速度大于或者等于 2 m/s，或者运行高度距地面高于或者等于 2 m 的载人大型游乐设施。用于体育运动、文艺演出和非经营活动的大型游乐设施除外。

1.大型游乐设施的分类

目前纳入安全监督管理的游乐设施有：观缆车类、滑行车类、架空游览车类、陀螺类、飞行塔类、转马类、自控飞机类、赛车类、小火车类、碰碰车类、滑道类、水上游乐设施、无动力类游乐设施等。

2.大型游乐设施安全装置

根据游乐设施的性能、结构及运行方式的不同，需要设置不同形式的安全装置，主要有：

(1)安全带：必须有足够的破断强度，它与乘载体的固定必须可靠，开启扣必须有效可靠。

(2)安全压杠:必须有足够的锁紧力,其销紧机构不能由乘客开启,当自动开启装置失效时,应能够手动打开,对危险性较大的游乐设施,必须设置两套独立的人身保险装置。

(3)锁紧装置:封闭的座舱舱门必须设有内部不能打开的两道锁紧装置,非封闭座舱舱门也应设锁紧装置;锁紧装置必须灵活、可靠。

(4)制动装置:必须平稳可靠,制动能力(力或力矩)≥1.5 倍额定负荷轴扭矩(或冲击力),当切断电源时,制动装置应处于制动状态(特殊的除外);同一轨道有两辆(或两组)以上车辆运行时必须设有防止碰撞的自控停止制动和缓冲装置,制动装置的制动行程应可调节,滑行车辆的停止,严禁采用碰撞方法。

(5)止逆装置:沿斜坡牵引的提升系统,必须设有防止载人装置逆行的装置,在最大冲击负荷时必须止逆可靠,止逆装置安全系数≥4。

(6)运动限制装置:绕固定轴支点转动的升降臂,或绕固定轴摆动的构件,都应有极限位置限制装置,限制装置必须灵敏可靠。

(7)超速限制装置:采用直流电机驱动或者设有速度可调系统时,必须设有防止超出最大设定速度的限速装置,限速装置必须灵敏可靠。

(8)缓冲装置:可能碰撞的游乐设施,必须设有缓冲装置。

(四)客运索道

客运索道,是指动力驱动,利用柔性绳索牵引箱体等运载工具运送人员的机电设备,包括客运架空索道、客运缆车、客运拖牵索道等。非公用客运索道和专用于单位内部通勤的客运索道除外。

客运索道按其运行方式可以分为往复式和循环式两大类。往复式索道又可分为承重与牵引分开的往复式单客厢索道,承重和牵引分开的车组往复式索道,以及承重和牵引合一的单线车组往复式索道 3 种。循环式索道又可分为连续循环式、间歇循环式(运行一停止一运行)及脉动循环式(快速运行一慢速运行一快速运行)3 种。其中连续循环式应用最广泛,其次是脉动循环式,而间歇循环式较少采用。客运索道还可按照使用的抱索器形式和运载工具的形式进行分类。按使用的抱索器形式分,有固定抱索器客运索道和拖挂式客运索道;按所用的运载工具形式分,有吊厢式、吊椅式、吊篮式和拖牵式等。

(五)场(厂)内机动车辆

场(厂)内专用机动车辆,是指除道路交通、农用车辆以外仅在工厂厂区、旅游景区、游乐场所等特定区域使用的专用机动车辆。

1.制造安全要求

(1)额定能力。指规定的条件下,车辆正常运行或起升的最大载荷。它是根据车辆各个零件的强度和《机动工业车辆安全规范》所规定的稳定性要求及试验确定的。

(2)标牌。每台机动工业车辆在出厂时,必须在车辆的显著位置装有永久固定的标牌,上面必须注明车辆在出厂时的状况并以不易抹掉的字迹标明有关内容。如制造厂名称、产品名称及型号、制造日期或产品编号、作业状态下,无载时自重等。

(3)稳定性要求和试验方法。机动工业车辆必须符合标准中所规定的稳定性试验方法的要求。目的在于确保高起升工业车辆在正常作业条件下正确操纵时,具有足够的稳定性。制造厂必须在投产车型的样机上进行稳定性试验。

(4)制动器性能。在机动工业车辆上安装的制动器必须达到 ISO 6292 中规定的性能要求。

(5)运行方向控制。最佳控制就是使控制动作最接近人的自然反应。即控制动作的方向与车辆或附件所需的运动方向一致。

(6)控制符号。机动工业车辆所使用的控制符号,必须符合 GB/T 7593 的规定。

(7)对动力系统及附件的要求和用于起升、倾斜和其他动作的装置和部件,必须符合《机动工业车辆安全规范》所规定。

2.保护装置

(1)驾驶员位置。其布置与设计必须保证当驾驶员在正常的操作位置时,驾驶员位于车辆的轮廓线之内。步行式车辆除外。

1)驾驶员位置必须方便驾驶员出入。

2)驾驶室的地板和脚蹬必须有防滑表面。

(2)对驾驶员的保护。必须采取适当的措施,使驾驶员在正常的操作位置时,尽可能减少各运动部件可能造成对驾驶员伤害的危险。但这些预防措施不得过分妨碍驾驶员的视野或活动自由。驾驶员在正常操作位置时,必须留有下列间隙以免驾驶员被门架挤压、剪切和夹住:手指 25 mm;手或脚 50 mm;双臂或双腿 100 mm。也可采用保护措施代替这些间隙尺寸。

(3)护顶架。乘驾式高起升车辆必须安装护顶架或设有安装护顶架的接口。护顶架及其接口必须满足 ISO 6055 的要求。

(4)挡货架。高起升车辆在设计上必须保证可以安装挡货架。

(5)驾驶台。

1)在端部控制车辆上的驾驶台必须延伸到驾驶员位置之外。所设计的驾驶台必须能承受与满载车辆的重量相对应的压力,此压力沿着车辆的纵向轴线并作用在驾驶台最外端的垂直投影面上。

2)在车辆上悬着的驾驶台的侧面或前面必须装有保护装置。步行式车辆除外。

3)对于折叠式或摆动式驾驶台,必须装有当驾驶员站在驾驶台上时能防止驾驶台意外折叠或摆动的装置。

4)自身高度或起升高度高于地面 1 m 以上的驾驶台必须装有扶手。

①扶手的上表面到驾驶台地板上表面的高度不得小于 900 mm,也不得大于 1 100 mm,扶手必须能承受在水平面内沿任何方向 900 N 的力。可拆式或铰接式扶手必须容易安装,固定位置容易辨认。

②采用辅助平台(如拣选平台)时,驾驶台的开口(载荷)一侧的扶手可以省略,采用可拆卸式或铰接式扶手或在开口(载荷)侧省去扶手时,必须安装可防止驾驶员跌落的其他保护装置。

③必须安装保护装置,以防驾驶员在其正常作业位置时可能受到车辆上运动部件的伤害。

(6)工作平台(维修用)。用于起升人员的工作平台(如维修用)必须用附属装置把平台牢固地固定到起升装置上。

1)工作平台必须具有防滑表面,在自由侧的扶手必须满足上条规定要求,沿工作平台四周必须装有至少高 100 mm 的踢脚挡板并安装保护架以防车上运动部件伤害作业人员。

2)工作平台的结构必须满足规定的设计和制造要求。

(7)车轮防护罩。车轮超出车体轮廓线时,必须对其采取有效的保护措施,以尽可能避免驾驶员在正常作业时受到车轮所抛出物体的伤害。

(8)警示装置。乘驾式工业车辆必须安装能发出清晰声响的警示装置。

第二节 特种设备危险、有害因素分析

一、特种设备的主要危险、有害因素

主要危险、有害因素:爆炸、火灾、灼烫、中毒和窒息、触电、高处坠落、物体打击、车辆伤害、机械伤害、起重伤害等。

产生的主要原因:设备本身质量问题、违章操作、安全装置失效、定期检验或日常维护不到位、充装环节失控等。

二、特种设备事故特点、发生原因及应急措施

(一)锅炉事故特点、发生原因及应急措施

1.锅炉事故特点

(1)锅炉在运行中受高温、压力和腐蚀等的影响,容易造成事故,且事故种类呈现多种多样的形式。

(2)锅炉一旦发生故障,将造成停电、停产、设备损坏,其损失非常严重。

(3)锅炉是一种密闭的压力容器,在高温和高压下工作,一旦发生爆炸,将摧毁设备和建筑物,造成人身伤亡。

2.锅炉事故发生原因

(1)超压运行。如安全阀、压力表等安全装置失灵,或者在水循环系统发生故障,造成锅炉压力超过许用压力,严重时会发生锅炉爆炸。

(2)超温运行。由于烟气流差或燃烧工况不稳定等原因,使锅炉出口气温过高、受热面温度过高,造成金属烧损或发生爆管事故。

(3)锅炉水位过低会引起严重缺水事故;锅炉水位过高会引起满水事故;长时间高水位运行,还容易使压力表管口结垢而堵塞,使压力表失灵而导致锅炉超压事故。

(4)水质管理不善。锅炉水垢太厚,又未定期排污,会使受热面水侧积存泥垢和水垢,热阻增大,而使受热面金属烧坏;给水中带有油质或给水呈酸性,会使金属壁过热或腐蚀;碱性过高,会使钢板产生苛性脆化。

(5)水循环被破坏。结垢会造成水循环被破坏;锅炉碱度过高,锅筒水面起泡沫、汽水共腾易使水循环遭到破坏。水循环被破坏,锅内的水况紊乱,有的受热面管将发生倒

流或停滞，或者造成“汽塞”，在停滞水流的管内产生泥垢和水垢堵塞，从而烧坏受热面管或发生爆炸事故。

(6)司炉工的误操作。错误的检修方法和不对锅炉进行定期检查等都可能导致事故的发生。

3.锅炉事故应急措施

(1)锅炉一旦发生事故，司炉人员一定要保持清醒的头脑，不要惊慌失措，应立即判断和查明事故原因，并及时按照应急措施进行事故处理。发生重大事故和爆炸事故时应启动应急预案，保护现场，并及时报告有关领导和监察机构。

(2)发生锅炉爆炸事故时，必须设法躲避爆炸物和高温水、汽，在可能的情况下尽快将人员撤离现场；爆炸停止后立即查看是否有伤亡人员，并进行救助。

(3)发生锅炉重大事故时，要停止供给燃料和送风，减弱引风；熄灭和清除炉膛内的燃料(指火床燃烧锅炉)，注意不能用向炉膛浇水的方法灭火，而用黄沙或湿煤灰将红火压灭；打开炉门、灰门、烟风道闸门等，以冷却炉子；切断锅炉同蒸汽总管的联系，打开锅筒上放空排放或安全阀以及过热器出口集箱和疏水阀；向锅炉内进水、放水，以加速锅炉的冷却。

(二)压力容器事故特点、发生原因及应急措施

1.压力容器爆炸事故分类

压力容器爆炸分为物理爆炸现象和化学爆炸现象。物理爆炸现象是容器内高压气体迅速膨胀并以高速释放内在能量。化学爆炸现象是容器内的介质发生化学反应，释放能量生成高压、高温，其爆炸危害程度往往比物理爆炸现象严重。

2.压力容器爆炸产生的危险、有害因素

(1)冲击波及其破坏作用。冲击波超压会造成人员伤亡和建筑物的破坏。冲击波超压＞0.1 MPa 时，在其直接冲击下大部分人员会死亡；0.05～0.1 MPa 的超压可严重损伤人的内脏或引起死亡；0.03～0.05 MPa 的超压会损伤人的听觉器官或产生骨折；超压0.02～0.03 MPa也可使人体受到轻微伤害。

(2)爆破碎片的破坏作用。锅炉压力容器破裂爆炸时，高速喷出的气流可将壳体反向推出，有些壳体破裂成块或片向四周飞散。这些具有较高速度或较大质量的碎片，在飞出过程中具有较大的动能，也会造成较大的危害。

(3)介质伤害。主要是有毒介质的毒害和高温蒸汽的烫伤。在压力容器所盛装的液化气体中有很多是毒性介质，如液氨、液氯、二氧化硫、二氧化氮、氢氟酸等。盛装这些介质的容器破裂时，大量液体瞬间气化并向周围大气扩散，会造成大面积的毒害，不但造成人员中毒，致死致病，也严重破坏生态环境，危及中毒区的动植物。有毒介质由容器泄放气化后，体积增大 100～200 倍。所形成的毒害区的大小及毒害程度，取决于容器内部有毒介质的质量、容器破裂前的介质温度和压力、介质毒性。

锅炉爆炸释放的高温汽水混合物，会使爆炸中心附近的人员烫伤。其他高温介质泄放气化也会灼烫伤害现场人员。

(4)二次爆炸及燃烧危害。当容器所盛装的介质为可燃液化气体时，容器破裂爆炸在现场形成大量可燃蒸气，并迅即与空气混合形成可爆性混合气，在扩散中遇明火、易爆能量即形成二次爆炸。可燃液化气体容器的这种燃烧爆炸，常使现场附近变成一片火海，造成严重的后果。

3.压力容器事故特点

(1)压力容器在运行中由于超压、过热，或腐蚀、磨损，而使受压元件难以承受，发生爆炸、撕裂等事故。

(2)压力容器发生爆炸事故后，不但事故设备被毁，而且还波及周围的设备、建筑和人群。其爆炸所直接产生的碎片能飞出数百米远，并能产生巨大的冲击波，其破坏力与杀伤力极大。

(3)压力容器发生爆炸、撕裂等重大事故后，有毒物质的大量外溢会造成人畜中毒的恶性事故。而可燃性物质的大量泄漏，还会引起重大火灾和二次爆炸事故，后果也十分严重。

4.压力容器事故发生原因

(1)结构不合理、材质不符合要求、焊接质量不好、受压元件强度不够以及其他设计制造方面的原因。

(2)安装不符合技术要求，安全附件规格不对、质量不好，以及其他安装、改造或修理方面的原因。

(3)在运行中超压、超负荷、超温，违反劳动纪律、违章作业、超过检验期限没有进行定期检验、操作人员不懂技术，以及其他运行管理不善方面的原因。

5.压力容器事故应急措施

(1)压力容器发生超压、超温时要马上切断进气阀门；对于反应容器停止进料；对于无毒非易燃介质，要打开放空管排气；对于有毒、易燃、易爆介质要打开放空管，将介质通过接管排至安全地点。

(2)如果属超温引起的超压，除采取上述措施外，还要通过水喷淋冷却以降温。

(3)压力容器发生泄漏时，要马上切断进气阀门及泄漏处前端阀门。

(4)压力容器本体泄漏或第一道阀门泄漏时，要根据容器、介质不同使用专用堵漏技术和堵漏工具进行堵漏。

(5)易燃易爆介质泄漏时，要对周边明火进行控制，切断电源，严禁一切用电设备运行，防止静电产生。

(三)电梯事故特点、原因及应急措施

1.电梯事故特点

(1)电梯事故中人身伤害事故较多，伤亡者中电梯操作人员和维修工占比例大。

(2)电梯门系统的事故发生率较高，因为电梯的每一运行过程都要经过开门动作过程两次，关门动作过程两次，使门锁工作频繁，老化速度快，久而久之，造成门锁机械或电气保护装置动作不可靠。

2.电梯事故种类及原因

(1)轿厢失控、超速运行。由于电磁制动器失灵、电气安全装置失灵，以及曳引绳在曳引轮上严重打滑等情况下，正常的制动手段已无法使电梯停止运动，轿厢失去控制，运行速度超过极限速度，发生轿厢冲顶或蹲底，造成乘梯人员受伤害。当上终端限位装置失灵时，造成电梯冲向井道顶部，称为冲顶。当下终端限位装置失灵或电梯失控，造成电梯轿厢跌落井道底坑，称为蹲底。

(2)坠落事故。电梯层门打开后,乘坐电梯的人员误入井道,造成坠落事故;维修人员在轿厢顶操作不当而坠入井道。

(3)剪切事故。电梯电气控制系统工作不正常,在电梯层门、轿厢门打开的情况下启动或发生溜车,造成在门区内的人员受到轿厢与层门的剪切而受到伤害。

(4)撞击事故。乘坐电梯的人员在门区受到门的撞击,维修人员在井道内或轿厢顶操作受到电梯部件的撞击而受到的伤害。

(5)被困事故。由于控制电路出现故障,安全钳误动作或电梯停电等原因,都会造成运行中的电梯突然停止,使乘梯人被困。

3.电梯事故应急措施

(1)电梯运行中因供电中断、电梯故障等原因而突然停驶,乘客被困轿厢内时,应通过警铃、对讲系统、移动电话或电梯轿厢内的提示方式进行求援,不要擅自行动,以免发生"剪切""坠井"等事故。

(2)为解救被困的乘客,应由维修人员或在专业人员指导下进行盘车放人操作。盘车时应缓慢进行,尤其当轿厢轻载状态下往上盘车时,要防止因对重侧重造成溜车。当对无齿轮曳引机的高速电梯进行盘车时,应采用"渐进式",一步步松动制动器,以防止电梯失控。

(3)电梯运行中因机械和电气故障出现冲顶或蹲底时,轿厢乘客应保持镇定,远离轿门,拨打求救电话或大声呼喊,等待救援。

(4)发生火灾时,应当立即向消防部门报警;按动有消防功能电梯的消防按钮,使消防电梯进入消防运行状态,以供消防人员使用;对于无消防功能的电梯,应当立即将电梯直驶至首层并切断电源或将电梯停于火灾尚未蔓延的楼层。

(5)发生震级和强度较大的地震时,一旦有震感应当立即就近停梯,应当迅速离开电梯轿厢;地震后应当由专业人员对电梯进行专项检查和试运行,检查合格后方可恢复使用。

(四)起重机械事故特点和应急措施

1.起重机械事故特点

(1)事故大型化、群体化,一起事故有时涉及多人,并可能伴随大面积设备设施的损坏。

(2)事故类型集中,一台设备可能发生多起不同性质的事故。

(3)事故后果严重,对人员伤害往往造成恶性事故,一般不是重伤就是死亡。

(4)伤害涉及的人员可能是司机,司索工和作业范围内的其他人员,其中司索工被伤害的比例最高。

(5)在安装、维修和正常起重作业中都可能发生事故。其中,起重作业中发生的事故最多。

(6)事故高发行业中,建筑、冶金、机械制造和交通运输等行业较多,与这些行业起重设备数量多、使用频率高、作业条件复杂有关。

(7)吊物坠落是各种起重机共同的易发事故;汽车起重机易发生倾翻事故;塔式起重机易发生倒塔折臂事故;室外轨道起重机在风栽作用下易发生脱轨翻倒事故;大型起重机易发生安装事故等。

2.起重机械事故种类及原因

(1)吊物坠落。吊具或吊装容器损坏、物件捆绑不牢、挂钩不当、电磁吸盘突然失电、制动器失灵、钢丝绳断裂等都会引发吊物坠落。

(2)起重机失稳倾翻。起重机失稳有两种类型:一是由于操作不当(如超载、臂架变幅或旋转过快等)、支腿未找平或地基沉陷等原因使倾翻力矩增大,导致起重机倾翻;二是由于坡度或风载荷作用,使起重机沿路面或轨道滑动,导致脱轨翻倒。

(3)金属结构的破坏。庞大的金属结构是各类桥架起重机、塔式起重机和门座起重机的重要构成部分,作为整台起重机的骨架,不仅承载起重机的自重和吊重,而且构架了起重作业的立体空间。金属结构的破坏常常会导致严重伤害,甚至群死群伤的恶果。

(4)挤压。起重机轨道两侧缺乏良好的安全通道或与建筑结构之间缺少足够的安全距离,使运行或回转的金属结构机体对人员造成夹挤伤害;运行机构的操作失误或制动器失灵引起溜车,造成碾压伤害等。

(5)高处坠落。人员在离地面>2 m 的高度进行起重机的安装、拆卸、检查、维修或操作等作业时,从高处跌落造成的伤害。

(6)触电。起重机在输电线附近作业时,其组成部分或吊物与高压带电体距离过近,引发起重操作或检修人员触电伤害。起重机械动力部分绝缘劣化,接地(零)保护失效,导致起重机械的金属构件异常带电,极易造成操作人员、检修人员、配合司索人员在特定情况下的触电事故。

(7)其他伤害。其他伤害是指人体与运动零部件接触引起的绞、碾、戳等伤害;液压起重机的液压元件破坏造成高压液体的喷射伤害;飞出物件的打击伤害;装卸高温液体金属、易燃易爆、有毒、腐蚀等危险品,由于坠落或包装捆绑不牢破损引起的伤害等。

3.起重机械事故应急措施

(1)由于台风、超载等非正常载荷造成起重机械倾翻事故时,应及时通知有关部门和起重机械制造、维修单位维保人员到达现场,进行施救。当有人员被压埋在倾倒起重机下面时,应先切断电源,采取千斤顶、起吊设备、切割等措施,将被压人员救出,在实施处置时,必须指定1名有经验的人员进行现场指挥,并采取警戒措施,防止起重机倒塌、挤压事故的再次发生。

(2)发生火灾时,应采取措施施救被困在高处无法逃生的人员,并应立即切断起重机械的电源开关,防止电气火灾的蔓延扩大;灭火时,应防止二氧化碳等中毒窒息事故的发生。

(3)发生触电事故时,应及时切断电源,对触电人员进行现场救护,预防因电气而引发的火灾。

(4)发生从起重机械高处坠落事故时,应采取相应措施,防止再次发生高处坠落事故。

(5)发生载货升降机故障,致使货物被困轿厢内,操作员或安全管理员应立即通知维保单位,由维保单位专业维修人员进行处置。维保单位不能很快到达的,由经过训练,取得特种设备作业人员证书的作业人员,依照规定步骤释放货物。

(五)大型游乐设施事故特点、产生原因及应急措施

1.大型游乐设施事故特点

大型游乐设施由于其速度、高度、人群拥挤、故障等原因,常发生挤压、坠落、碰撞、触电等伤人事故。

2.大型游乐设施事故应急措施

(1)自控飞机类游乐设施

1)当座舱的平衡拉杆出现异常,座舱倾斜或座舱某处出现断裂情况时,应立即停机使座舱下降,同时通过广播告诉乘客一定要紧握扶手。

2)座舱不能自动下降,服务人员应该迅速打开手动阀门泄油,将高空的乘客降到地面。若未停电,换向阀门因故不能换向时,亦采用此办法将乘客降到地面。

3)游乐设施运行中,出现异常振动、冲击和声响时,要立即按紧急事故按钮,切断电源;经过检查排除故障后,再开机。

(2)观览车类游乐设施

1)当乘客上机产生恐惧时,要立即停车并反转,将恐惧的乘客疏散下来;不要等转一圈后再停下来,时间长可能出现意外。

2)当吊箱门未锁好时,要立即停车并反转,服务人员将两道门锁均锁好后再开机。

3)当运转中突然停电时,要及时通过广播或者想办法向乘客说明情况,让乘客放心等待;立即采取备用动力源将乘客疏散下来。

(3)转马类游乐设施

当乘客不慎从马上掉下来的时候,服务人员要立刻提醒乘客不要下转盘,否则会发生危险;当有人将脚掉进转盘与站台的间隙之中时,要立即停车。

(4)陀螺类游乐设施

当升降大臂不能下降时,先停机,然后打开手动放油阀,使大臂徐徐下降;当吊椅悬挂轴断裂时,应有钢丝绳保险装置,椅子不会掉下来,但要立即告诉乘客抓紧双手,同时停车,将吊椅放下。

(5)滑行车类游乐设施

正在向上拖动着的滑行车,若设备或乘客出现异常情况,按紧急停车按钮停止运行,然后将乘客从安全走台上疏散下来;如果滑行车因故停在拖动斜坡的最高点,应将乘客从车头开始,依次向后进行疏散;注意一定不要从车尾开始疏散,否则滑行车重力前倾,有可能自动滑下,造成重大事故。

(6)碰碰车类游乐设施

碰碰车发生激烈碰撞,使乘客的胸部或者头部碰到方向盘而受伤时,操作人员要立即停电,采取救护措施;突然停电时,操作人员要切断电源总开关,并将乘客疏散到场外;乘客万一触电时,要采取急救措施。

(六)客运索道事故特点、产生原因及应急措施

1.客运索道事故特点和应急措施

(1)客运索道事故特点:客运索道容易发生坠落、摔伤、挤压等事故。

1)露天高处作业。客运索道大多建在名川大山野外露天场所,人们乘坐的吊椅、吊篮、客厢往往悬挂在距地面几米、数十米乃至百余米的高空钢丝绳上运行。索道站职工每天沿线路巡检维护，也要攀登几米、十几米乃至数百米高的驱动机台架、支架，在高空检修平台或检修小车上从事露天作业，夏天热、冬天冷，风吹日晒，工作条件差。

2)钢丝绳的安全影响大。每一条架空索道都离不开钢丝绳，钢丝绳是客运索道最重要的关键部件。虽然在设计时按照一定的安全系数来选择钢丝绳的结构和规格，但是在使用过程中，钢丝绳不可避免地会产生疲劳和磨损、变形、锈蚀、断裂等缺陷，从而导致强度降低，甚至突然破坏。钢丝绳在使用过程中发生破坏事故，其后果往往非常严重，轻者导致设备的损坏，重者引起人员的伤亡。

3)自然条件变化大、规则性差。由于自然条件(地质、水文、气候、地形等)多变和千差万别，每一条客运索道的工艺路线、设备选型、布置都有自己的特点；即使同一类型的索道，因地形条件的变化或运行速度和客运量的差异，其不安全因素也不同。

4)安全环节多、关联性差。客运索道是由立体交叉、众多环节组成的系统工程。安全措施贯穿于索道设计、制造、安装、运行、维护和管理的全过程。

5)职工误操作多，乘客和周边人员错误行为多。

6)营救难度大，社会影响大。

(2)客运索道事故应急措施

1)发生客运索道事故时，应立即通知客运架空索道制造、维保单位，并根据需要按紧急处置措施解救人员。

2)若机械设备、站口系统、牵引索等发生重大故障导致索道不能继续运行时，必须采用最简单的方法，在最短的时间内将乘客从客车内撤离到地面。撤离的方法取决于索道的类型、地形特征、气候条件、客车离地高度。

3)当外部供电回路电源停电，或主电机控制系统发生故障时，应开启备用电源，如柴油发电机组来供电，借辅助电机以慢速将客车拉回站内。

4)在采用应急运行方案无效或不能保证不发生重大问题、索道不能应急运行时，要实施线路处置方案来营救线路上的乘客，索道上站的游客可由工作人员带领步行下山或安排在安全地方休息。

(七)场(厂)内机动车辆事故特点、产生原因及应急措施

1.场(厂)内机动车辆事故类型

(1)翻倒：提升重物动作太快，超速驾驶，突然刹车，碰撞障碍物，在载有重物时使用前铲，在车辆前部有重物时下斜坡、横穿斜坡或在斜坡上转弯、卸载，在不合适的路面或支撑条件下运行等，都有可能发生翻车。

(2)超载：超过车辆的最大载荷。

(3)火灾或爆炸：电缆线短路、油管破裂、粉尘堆积或电池充电时产生氢气等情况下，都有可能导致火灾或爆炸。运载车辆在运送可燃气体时，本身也有可能成为引火源。

(4)碰撞：与建筑物、管道、堆积物及其他车辆之间发生碰撞。

(5)载物失落：如果设备不合适，会造成载荷从叉车上滑落的现象。

(6)机械伤害：卷进机械的危险部件或者操纵装置之中。

2.产生原因

(1)人的因素

1)驾驶员。

①驾驶员的信息处理能力。驾驶员驾驶车辆在道路上正常行驶,需要不断地认知情况、确定措施并实施操作。这一过程实质就是驾驶员从环境获取信息和处理信息的过程。驾驶员的情绪、身体条件、疲劳程度、疾病和药物等与安全驾驶都有密切关系,信息处理是否正确对响应特性有很大的影响。驾驶员对信息的处理,是在一定的时间下进行,并在一定时间内完成的。如果不能及时准确地对信息进行处理,必然引发交通事故。

②驾驶员的疲劳驾驶。疲劳会引起人体机能上的一系列变化,如受疲劳影响,注意力、判断能力、操纵能力、视觉敏锐性和对速度感知的准确性下降,视觉变窄,脉搏加快,血压上升,反应时间增加,动作配合失调等。驾驶员的正确操作在很大程度上取决于驾驶员的正确判断能力和操纵能力。

③驾驶员的心理特征。易发事故的驾驶员往往具有一定潜在的、稳定的生理和心理特征,即所谓的事故倾向性。一般把这些稳定的特征分为驾驶技能、驾驶风格、感知运动能力与人格因素四类。其中前两者是直接与驾驶有关的因素,后两者则是相对间接的因素。

a.驾驶技能。驾驶技能是指驾驶员驾车过程中的一系列驾驶操作活动和智力活动。熟练的驾驶技能对安全行车是必不可少的,但驾驶技术只是驾驶安全的一个必要但不充分的条件,其他心理因素也起着重要作用。危险知觉是驾驶技能的重要方面之一,它主要是指对外部环境潜在危险的主观认知和评价,以及相应的准备行为。危险知觉水平高,对潜在危险的感受性更高,事故率低。

b.驾驶风格。驾驶风格实际上是驾驶员长期养成的驾驶习惯,主要包括选择驾驶速度、是否超车和违章等。研究表明危险的驾驶风格甚至掩盖了高级驾驶技能的作用,成为事故的重要原因。这一研究说明,养成安全的驾驶风格比提高驾驶技能对于行车安全更为重要。危险驾驶风格包括超速行车、与前车车距太近(追尾)、车间距离太近等,其中超速行车是与事故率关系最明显的驾驶风格。

④驾驶员制动反应速度。汽车制动过程包括驾驶员反应、开始踏下踏板到汽车上出现制动力、持续制动和制动解除 4 个阶段。由于驾驶员的操作方法以及汽车制动装置结构的差异,上述各段时间的长短也各不相同,但一般来讲,驾驶员反应时间一般为 0.3～1 s。反应时间长短与驾驶经验、熟练程度和疲劳情况有关。

⑤驾驶员行为因素。发生车辆伤害事故还与驾驶员的行为有关。如违章(包括违反交通信号、标志、超车、逆向等)、超速行驶、酒后驾车、纵向间距不够、措施不当、判断错误、疏忽大意等。超速行驶和酒后驾车是驾驶员非常危险的行为,造成的事故后果非常严重。

2)行人。

①行人横穿道路时,自己与驶近的汽车间的距离小。

②行人结伴而行时,互相依赖对方,忽视交通安全而导致事故。

③行人、非机动车使用者不能顾全大局。多数行人横过道路时,只注意右方交通而

忽视左方交通，也会导致交通事故。有时由于缺乏经验，顾此失彼，往往只顾躲第一辆而忽视了后边还有第二辆车，或者不注意双向来往车而使自己处于两车流相会夹缝中，这些都极易导致行人事故。

④行人、非机动车使用者不遵守交通规则。行人在某些心理（如嫌麻烦、走近路、着急等）支配下，不遵守交通规则，随便乱穿道路。

⑤部分行人以“自我为中心”，行人对汽车性能不甚了解，错误地认为汽车是由人掌握的，所以汽车不敢撞人，也不会撞人。不知汽车常常会失控而导致行人事故，听到喇叭声或看到车辆临近也不避让。此外，有的行人心不在焉，注意力分散或思想高度集中在其他事件上，边走边低头沉思，对过往车辆的行驶声、喇叭声和复杂的交通环境听而不闻，视而不见，极易造成行人事故。

(2)车的因素

1)车辆的主动安全性。车辆的主动安全性是车辆驾驶员在正常操纵状况下，汽车能够按照驾驶员的已知运行，有效地避免或减少事故发生的可能性的能力。主动安全性通常取决于车辆的制动性、操纵稳定性、汽车的后备功率、关键总成部件的疲劳强度、汽车的照明效果和驾驶员工作区环境质量等因素。对于高速行驶的车辆来讲，车辆的空气动力稳定性，也是不可忽视的影响因素。

①动力性。在超车过程中，车辆并行阶段是整个超车过程中最危险阶段，最大限度地减少超车并行时间，可以有效地减少发生事故的机会。要减少并行时间，超车车辆必须具有足够的后备功率，使其迅速提高车速。

②操纵稳定性。良好的操纵稳定性可以保证车辆在各种行驶状态下不会出现失稳现象。车速的提高幅度较大时，车辆的操纵稳定性就愈显重要，避免高速行驶时受到来自路面的干扰而方向失控，使高速行驶的汽车能够按照驾驶员的意图调整方向、转弯和躲避障碍物。因此，汽车转向部件的结构型式、零部件的加工精度和抗疲劳强度必须具有高标准要求。

③制动性。汽车的制动性主要有三个方面：制动效能（制动距离和制动减速度）、制动效能的恒定性和制动时车辆的方向稳定性。

④轮胎。爆胎前速度越高，事故越严重。此外，轮胎花纹的排水性的好坏，直接影响到轮胎在雨天湿滑路面的附着力和制动效能的发挥。

⑤空气动力稳定性。在高速行驶时，如果汽车外形设计不正确，空气动力稳定性不好，遇到横向风很大的情况下，就有可能使汽车失去操纵而造成交通事故。

2)车辆的被动安全性。车辆的被动安全性是车辆在发生事故的过程和之后，如何保证人员不受伤害或最大限度减少伤害程度的能力。被动安全性包括车辆的耐撞性能、抗翻滚性能；成员的约束系统、吸能结构；不同车辆碰撞相容性问题和碰撞后紧急撤离等。

(3)路的因素。道路是交通运输活动的承受者，是交通运输活动的基础，道路本身是否符合交通安全的要求，将直接影响交通安全状况。现实中，处理交通事故时，往往把原因归结为人的因素和车的因素，很少分析道路的因素。道路对交通事故影响的主要因素：弯道半径过小、纵坡坡度过大、行车间距不良、路面质量较差、平面交叉过多。

(4)货物因素。运输货物也是交通运输安全的影响因素。货物对运输安全的影响主要是两个方面：

1)所运输的货物为危险货物,如果货物装载不当,或包括破坏,或安全保护装置破坏等,可能会造成火灾爆炸、中毒事故。

2)车辆超载、货物尺寸(高度、宽度、长度)超限,有可能造成翻车事故。

3.事故应急措施

一旦发生事故,例如人员伤害,车辆对建筑物或设备的损坏,首先要组织抢救,尽可能保护事故现场,并立即向本单位负责人报告,启动本场(厂)内机动车辆事故应急预案,将事故损失降到最小。

第三节　特种设备安全技术

一、锅炉安全技术

(一)锅炉使用安全技术

1.锅炉启动步骤

(1)检查准备。对新装、迁装和检修后的锅炉,启动之前要进行全面检查。主要内容有:检查受热面、承压部件的内外部,看其是否处于可投入运行的良好状态;检查燃烧系统各个环节是否处于完好状态;检查各类门孔、挡板是否正常,使之处于启动所要求的位置;检查安全附件和测量仪表是否齐全、完好并使之处于启动所要求的状态;检查锅炉架、楼梯、平台等钢结构部分是否完好;检查各种辅机特别是传动机械是否完好。

(2)上水。为防止产生过大热应力,上水温度最高不超过 90 ℃,水温与筒壁温差不超过 50 ℃。对水管锅炉,全部上水时间在夏季不小于 1 h,在冬季不小于 2 h。冷炉上水至最低安全水位时应停止上水,以防止受热膨胀后水位过高。

(3)烘炉。新装、迁装、大修或长期停用的锅炉,其炉膛和烟道的墙壁非常潮湿,一旦骤然接触高温烟气,将会产生裂纹、变形,甚至发生倒塌事故。此类锅炉在上水后,启动前要进行烘炉。

(4)煮炉。对新装、迁装、大修或长期停用的锅炉,在正式启动前必须煮炉。煮炉的目的是清除蒸发受热面中的铁锈、油污和其他污物,减少受热面腐蚀,提高锅水和蒸汽品质。

(5)点火升压。一般锅炉上水后即可点火升压。层燃炉一般用木材引火,严禁用挥发性强烈的油类或易燃物引火,以免造成爆炸事故。

(6)暖管与并汽。暖管即用蒸汽慢慢加热管道、阀门、法兰等部件,使其温度缓慢上升,避免向冷态或较低温度的管道突然供入蒸汽,以防止热应力过大而损坏管道、阀门等部件;同时将管道中的冷凝水驱出,防止在供汽时发生水击。

并汽也叫并炉、并列,即新投入运行锅炉向共用的蒸汽母管供汽。并汽前应减弱燃烧,打开蒸汽管道上的所有疏水阀,充分疏水以防水击;冲洗水位表,并使水位维持在正常水位线以下;使锅炉的蒸汽压力稍低于蒸汽母管内压力,缓慢打开主汽阀及隔绝阀,使新启动锅炉与蒸汽母管连通。

2.安全注意事项

(1)防止炉膛爆炸。锅炉点火前,锅炉炉膛中可能残存有可燃气体或其他可燃物,也可能预先送入可燃物,如不注意清除,这些可燃物与空气的混合物遇明火即可能爆炸,这就是炉膛爆炸。燃气锅炉、燃油锅炉、煤粉锅炉等点火时必须特别注意防止炉膛爆炸。

防止措施:点火前,开动引风机给锅炉通风 5～10 min,没有风机的可自然通风 5～10 min,以清除炉膛及烟道中的可燃物质。点燃气、油、煤粉炉时,应先送风,之后投入点燃火炬,最后送入燃料。一次点火未成功需重新点燃火炬时,一定要在点火前给炉膛烟道重新通风,待充分清除可燃物之后再进行点火操作。

(2)控制升温升压速度。升压过程也就是锅水饱和温度不断升高的过程。由于锅水温度的升高,锅筒和蒸发受热面的金属壁温也随之升高,金属壁面中存在不稳定的热传导,需要注意热膨胀和热应力问题。

防止措施:锅炉的升压过程一定要缓慢进行,以防止产生过大的热应力。点火过程中,应对各热承压部件的膨胀情况进行监督。发现有卡住现象应停止升压,待排除故障后再继续升压。发现膨胀不均匀时也应采取措施消除。

(3)严密监视和调整仪表。严密监视各种指示仪表的作用是将锅炉压力、温度和水位控制在合理的范围之内。同时,各种指示仪表本身也要经历从冷态到热态、从不承压到承压的过程,也要产生热膨胀,在某些情况下甚至会产生卡住、堵塞、转动或开关不灵等,使得无法投入运行或工作不可靠的故障。如锅炉内已有压力,在一定的时间内压力表上的指针应离开原点,而压力表指针不动,则须将火力减弱或停息,校验压力表并清洗压力表管道,待压力表正常后,方可继续升压。

(4)保证强制流动受热面的可靠冷却。自然循环锅炉的蒸发面在锅炉点火后开始受热,即产生循环流动。由于启动过程加热比较缓慢,蒸发受热面中产生的蒸汽量较少,水循环还不正常,各水冷壁受热不均匀的情况也比较严重,但蒸发受热面一般不至于在启动过程中烧坏。

由于锅炉在启动中不向用户提供蒸汽及不连续经省煤器上水,省煤器、过热器等强制流动受热面中没有连续流动的水汽介质冷却,因而可能被外部连续流过的烟气烧坏。因此,必须采取可靠措施,保证强制流动受热面在启动过程中不致过热损坏。

对过热器的保护措施是:在升压过程中,开启过热器出口集箱疏水阀、对空排气阀,使一部分蒸汽流经过热器后被排除,从而使过热器得到足够的冷却。

对省煤器的保护措施是:对钢管省煤器,在省煤器与锅筒间连接再循环管,在点火升压期间,将再循环管上的阀门打开,使省煤器中水经锅筒、再循环管(不受热)重回省煤器,进行循环流动。但在上水时应将再循环管上的阀门关闭。

3.锅炉正常运行中的监督

(1)锅炉水位的监督。锅炉运行中,运行人员应不间断地通过水位表监督锅内的水位。锅炉水位应经常保持在正常水位线处,并允许在正常水位线上下 50 mm 内波动。

为了使水位保持正常,锅炉在低负荷运行时,水位应稍高于正常水位,以防负荷增加时水位降得过低;锅炉在高负荷运行时,水位应稍低于正常水位,以免负荷降低时水位升得过高。

(2)锅炉气压的监督。在锅炉运行中,蒸汽压力应基本上保持稳定。锅炉气压的变动通常是由负荷变动引起的,当锅炉蒸发量和负荷不相等时,气压就要变动。若负荷小于蒸发量,气压就上升;负荷大于蒸发量,气压就下降。

调节锅炉气压就是调节其蒸发量,而蒸发量的调节是通过燃烧调节和给水调节来实现的。运行人员根据负荷变化,相应增减锅炉的燃料量、风量、给水量来改变锅炉蒸发量,使气压保持相对稳定。

对于间断上水的锅炉,为了保持气压稳定,要注意上水均匀。上水间隔的时间不宜过长,一次上水不宜过多。在燃烧减弱时不宜上水,人工烧炉在投煤、扒渣时也不宜上水。

(3)气温的监督。锅炉负荷、燃料及给水温度的改变,都会造成过热气温的改变。过热器本身的传热特性不同,上述因素改变时气温变化的规律也不相同。

(4)燃烧的监督。使燃料燃烧供热适应负荷的要求,维持气压稳定;使燃烧完好正常,尽量减少未完全燃烧损失,减轻金属腐蚀和大气污染;对负压燃烧锅炉,维持引风和鼓风的均衡,保持炉膛一定的负压,以保证操作安全和减少排烟损失。

(5)排污和吹灰。锅炉运行中,为了保持受热面内部清洁,避免锅水发生汽水共腾及蒸汽品质恶化,除了对给水进行能够必要而有效的处理外,还必须坚持排污。

燃煤锅炉的烟气中含有许多飞灰微粒,在烟气流经蒸发受热面、过热器、省煤器及空气预热器时,一部分烟灰就沉积到受热面上,不及时吹扫清理,往往越积越多。由于烟灰的导热能力很差,受热面上积灰会严重影响锅炉传热,降低锅炉效率,影响锅炉运行工况特别是蒸汽温度,对锅炉安全也造成不利影响。因此,应定期吹灰。

4.停炉及停炉保养

(1)停炉。正常停炉是预先计划内的停炉。停炉中应注意的主要问题是防止降压、降温过快,以避免锅炉部件因降温收缩不均匀而产生过大的热应力。

锅炉正常停炉的次序:先停燃料供应,随之停止送风,减少引风;与此同时,逐渐降低锅炉负荷,相应的减少锅炉上水,但应维持锅炉水位稍高于正常水位。对于燃气、燃油锅炉,炉膛停火后,引风机至少要继续引风 5 min 以上。锅炉停止供汽后,应隔断与蒸汽母管的连接,排气降压。为保护过热器,防止其金属超温,可打开过热器出口集箱疏水阀适当放气。降压过程中,司炉人员应连续监视锅炉,待锅内无气压时,开启空气阀,以免锅内因降温形成真空。

停炉时应打开省煤器旁通烟道,关闭省煤器烟道挡板,但锅炉进水仍需经省煤器。对钢管省煤器,锅炉停止进水后,应开启省煤器再循环管;对无旁通烟道的可分式省煤器,应密切监视其出口水温,并连续经省煤器上水、放水至水箱中,使省煤器出口水温低于锅筒压力下饱和温度 20 ℃。

为防止锅炉降温过快,在正常停炉的 4～6 h 内,应紧闭炉门和烟道挡板。之后打开烟道挡板,缓慢加强通风,适当放水。停炉 18～24 h,在锅水温度降至 70 ℃以下时,方可全部放水。

锅炉遇到有下列情况之一，应紧急停炉：锅炉水位低于水位表的下部可见边缘；不断加大向锅炉进水及采取其他措施，但水位仍继续下降；锅炉水位超过最高可见水位(满水)，经放水仍不能见到水位；给水泵全部失效或给水系统故障，不能向锅炉进水；水位表或安全阀全部失效；设置在蒸汽管路上的压力表全部失效；锅炉元件损坏，危及操作人员安全；燃烧设备损坏、炉墙倒塌或锅炉构件被烧红等，严重威胁锅炉安全运行；其他异常情况危及锅炉安全运行。

紧急停炉的操作次序是：立即停止添加燃料和送风，减弱引风；与此同时，设法熄灭炉膛内的燃料，对于一般层燃炉可以用砂土或湿灰灭火，链条炉可以开快挡使炉排快速运转，把红火送入灰坑；灭火后即把炉门、灰门及烟道挡板打开，以加强通风冷却；锅内可以较快降压并更换锅水，锅水冷却至 70 ℃左右允许排水。因缺水紧急停炉时，严禁给锅炉上水，并不得开启空气阀及安全阀快速降压。

紧急停炉是为防止事故扩大，不得不采用的非常停炉方式，有缺陷的锅炉应尽量避免紧急停炉。

(2)停炉保养。锅炉停炉以后，本来容纳水汽的受热面及整个汽水系统，依旧是潮湿的或者残存有剩水。由于受热面及其他部件置于大气之中，空气中的氧有充分的条件与潮湿的金属接触或者更多地溶解于水，使金属的电化学腐蚀加剧。另外，受热面的烟气侧在运行中常常黏附有灰粒及可燃物质，停炉后在潮湿的环境下，也会加剧对金属的腐蚀。实践表明，停炉期的腐蚀性往往比运行中的腐蚀更为严重。

停炉保养主要指锅内保养，即汽水系统内部为避免或减轻腐蚀而进行的防护保养(实践表明，停炉期的腐蚀往往比运行中的腐蚀更为严重)。常用的保养方式有：压力保养、湿法保养、干法保养和充气保养。

(二)锅炉检修安全技术

1.锅炉检修前的准备工作

(1)锅炉检修前，要让锅炉按正常停炉程序停炉，缓慢冷却，用锅水循环和炉内通风方式，逐步把锅内和炉膛内的温度降低下来。当锅水温度降到 80 ℃以下时，把被检验锅炉上的各种门孔统统打开。打开门孔时注意防止被蒸汽、热水或烟气烫伤。

(2)要把被检验锅炉上蒸汽、给水、排污等管道与其他运行中锅炉相应管道的通路隔断。隔断用的盲板要有足够的强度，以免被运行中的高压介质鼓破。隔断位置要明确指示出来。

(3)被检验锅炉的燃烧室和烟道，要与总烟道或其他运行锅炉相通的烟道隔断。烟道闸门要关严密，并于隔断后进行通风。

2.安全注意事项

(1)注意通风和监护。在进入锅筒前，必须将锅筒的人孔和集箱上的手孔全部打开，使空气对流一定时间，充分通风。进入锅筒检验时，外面必须有人监护。在进入烟道或燃烧室检查前，也必须进行通风。

(2)注意用电安全。在锅筒和潮湿的烟道内检验，需用电灯照明时，照明电压不应超过 24 V；在比较干燥的烟道内，在有妥善的安全措施情况下，可采用不高于 36 V 的照明电压。检验仪器和修理工具的电源电压超过 36 V 时，必须采用绝缘良好的软线和可靠的绝缘隔离保护。锅炉内严禁采用明火照明。

(3)禁止带压拆装连接部件。检验锅炉时,如需要卸下或上紧承压部件的紧固件,必须将压力全部泄放以后方能进行,不能在容器内有压力的情况下卸下或上紧螺栓或其他紧固件,以防发生意外事故。

(4)禁止自行以气密试验代替水压试验。锅炉的耐压试验一般都用水作加压介质,不能用气体作加压介质,否则十分危险。

(三)锅炉定期检验

锅炉定期检验分外部检验、内部检验和水(耐)压试验检验。检验周期为:外部检验一年一次;内部检验一般每 2 年进行一次,成套装备中的锅炉结合成套装备的大修周期进行,电站锅炉结合锅炉检修同期进行,一般每 3～6 年进行一次;首次内部检验在锅炉投入运行后一年进行,成套装备中的锅炉和电站锅炉可结合第一次检修进行。水(耐)压试验,在对设备安全状况有怀疑时,应进行水(耐)压试验。因结构原因无法进行内部检验时,每 3 年进行一次水(耐)压试验。

(四)典型锅炉事故的预防

1.锅炉爆炸事故

(1)锅炉爆炸能量来源

锅炉中容纳水及水蒸气较多的大型部件,如锅筒、水冷壁、集箱等,在正常工作时,处于水汽两相共存的饱和状态,或者是充满了饱和水,容器内的压力则等于或接近锅炉的工作压力,水的温度则是该压力对应的饱和温度。容器一旦破裂,容器内液面上的压力瞬间下降为大气压力,与大气压力相对应的水的饱和温度是 100 ℃。原工作压力下高于 100 ℃的饱和水此时成了极不稳定、在大气压力下难于存在的“过饱和水”,其中的一部分即瞬时汽化,体积骤然膨胀许多倍,在容器周围空间形成爆炸,造成人员伤害。因此,锅炉爆炸的能量主要是由饱和水的瞬间汽化造成的。

(2)锅炉爆炸的原因

1)超压导致爆炸。指由于安全阀、压力表不齐全、损坏或装设错误,操作人员擅离岗位或放弃监视责任,关闭或关小出汽通道,无承压能力的生活锅炉改作承压蒸汽锅炉等原因,致使锅炉主要承压部件筒体、封头、管板、炉胆等承受的压力超过其承载能力而造成的锅炉爆炸。这是小型锅炉最常见的爆炸情况之一。

2)缺陷导致爆炸。指锅炉承受的压力并未超过额定压力,但因锅炉主要承压部件出现裂纹、严重变形、腐蚀、组织变化等情况,导致主要承压部件丧失承载能力,突然大面积破裂爆炸。

3)严重缺水导致爆炸。锅炉的主要承压部件如锅筒、封头、管板、炉胆等,不少是直接受火焰加热的。锅炉一旦严重缺水,上述主要受压部件得不到正常冷却,甚至被烧,金属温度急剧上升甚至被烧红。这样的缺水情况是严禁加水的,应立即停炉。如给严重缺水的锅炉上水,往往酿成爆炸事故。长时间缺水干烧的锅炉也会爆炸。

(3)预防措施。加强锅炉的设计、制造、安装、运行中的质量控制和安全监察;加强锅炉的定期检验和运行管理,发现锅炉缺陷及时处理,避免锅炉主要承压部件带缺陷运行。

2.缺水事故

(1)锅炉缺水的影响

当锅炉水位低于水位表最低安全水位刻度线时,即形成了锅炉缺水事故。锅炉缺水时，水位表内往往看不到水位，表内发白发亮。缺水发生后，低水位警报器动作并发出警报，过热蒸汽温度升高，给水流量不正常地小于蒸汽流量。锅炉缺水是锅炉运行中最常见的事故之一，常造成严重后果。严重缺水会使锅炉蒸发受热面管子过热变形甚至烧塌，胀口渗漏，胀管脱落，受热面钢材过热或过烧，降低或丧失承载能力，管子爆破，炉墙损坏。如锅炉缺水处理不当，甚至会导致锅炉爆炸。

(2)常见锅炉缺水的原因

1)运行人员疏忽大意，对水位监视不严；或者操作人员擅离职守，放弃了对水位及其他仪表的监视。

2)水位表故障造成假水位，而操作人员未及时发现。

3)水位报警器或给水自动调节器失灵而又未及时发现。

4)给水设备或给水管路故障，无法给水或水量不足。

5)操作人员排污后忘记关排污阀，或者排污阀泄漏。

6)水冷壁、对流管束或省煤器管子爆破漏水。

(3)锅炉缺水的处理

发现锅炉缺水时，应首先判断是轻微缺水还是严重缺水，然后酌情予以不同的处理。通常判断缺水程度的方法是“叫水”。

“叫水”的操作方法是：打开水位表的放水旋塞冲洗汽连管及水连管，关闭水位表的汽连接管旋塞，关闭放水旋塞。如果此时水位表中有水位出现，则为轻微缺水。如果通过“叫水”水位表内仍无水位出现，说明水位已降到水连管以下甚至更严重，属于严重缺水。

轻微缺水时，可以立即向锅炉上水，使水位恢复正常。如果上水后水位仍不能恢复正常，应立即停炉检查。严重缺水时，必须紧急停炉。在未判定缺水程度或者已判定属于严重缺水的情况下，严禁给锅炉上水，以免造成锅炉爆炸事故。

“叫水”操作一般只适用于相对容水量较大的小型锅炉，不适用于相对容水量很小的电站锅炉或其他相对容水量小的电站锅炉或其他锅炉，以及最高火界在水连管以上的锅壳锅炉，一旦发现缺水，应立即停炉。

3.满水事故

(1)锅炉满水的影响

锅炉水位高于水位表最高安全水位刻度线的现象，称为锅炉满水。锅炉满水时，水位表内往往看不到水位，但表内发暗，这是满水与缺水的重要区别。满水发生后，高水位报警器动作并发出警报，过热蒸汽温度降低，给水流量不正常地大于蒸汽流量。严重满水时，锅水可进入蒸汽管道和过热器，造成水击及过热器结垢。因而满水的主要危害是降低蒸汽品质，损害以至破坏过热器。

(2)常见的满水原因

1)运行人员疏忽大意，对水位监视不严；或者运行人员擅离职守，放弃了对水位及其他仪表的监视。

2)水位表故障造成假水位，而运行人员未及时发现。

3)水位报警器及给水自动调节器失灵而又未能及时发现。

(3)锅炉满水的处理

发现锅炉满水后,应冲洗水位表,检查水位表有无故障;一旦确认满水,应立即关闭给水阀停止向锅炉上水,启用省煤器再循环管路,减弱燃烧,开启排污阀及过热器、蒸汽管道上的疏水阀;待水位恢复正常后,关闭排污阀及各疏水阀;查清事故原因并予以消除,恢复正常运行。如果满水时出现水击,则在恢复正常水位后,还须检查蒸汽管道附件、支架等,确定无异常情况,才可恢复正常运行。

4.汽水共腾

(1)汽水共腾的影响

锅炉蒸发表面(水面)汽水共同升起,产生大量泡沫并上下波动翻腾的现象,叫汽水共腾。发生汽水共腾时,水位表内也出现泡沫,水位急剧波动,汽水界线难以分清;过热蒸汽温度急剧下降;严重时,蒸汽管道内发生水冲击。汽水共腾与满水一样,会使蒸汽带水,降低蒸汽品质,造成过热器结垢及水击振动,损坏过热器或影响用气设备的安全运行。

(2)形成汽水共腾原因

1)锅水品质太差。由于给水品质差、排污不当等原因,造成锅水中悬浮物或含盐量太高,碱度过高。由于汽水分离,锅水表面层附近含盐浓度更高,锅水黏度很大,气泡上升阻力增大。在负荷增加、汽化加剧时,大量气泡被黏阻在锅水表面层附近来不及分离出去,形成大量泡沫,使锅水表面上下翻腾。

2)负荷增加和压力降低过快。当水位高、负荷增加过快、压力降低过速时,会使水面汽化加剧,造成水面波动及蒸汽带水。

(3)汽水共腾的处理

发现汽水共腾时,应减弱燃烧力度,降低负荷,关小主汽阀;加强蒸汽管道和过热器的疏水;全开连续排污阀,并打开定期排污阀放水,同时上水,以改善锅水品质;待水质改善、水位清晰时,可逐渐恢复正常运行。

5.锅炉爆管

(1)爆管的影响

炉管爆破指锅炉蒸发受热面管子在运行中爆破,包括水冷壁、对流管束管子爆破及烟管爆破。炉管爆破时,往往能听到爆破声,随之水位降低,蒸汽及给水压力下降,炉膛或烟道中有汽水喷出的声响,负压减少,燃烧不稳定,给水流量明显地大于蒸汽流量,有时还有其他比较明显的症状。

(2)爆管原因

1)水质不良、管子结垢并超温爆破。

2)水循环故障。

3)严重缺水。

4)制造、运输、安装中管内落入异物,如钢球、木塞等。

5)烟气磨损导致管壁减薄。

6)运行或停炉的管壁因腐蚀而减薄。

7)管子膨胀受阻碍,由于热应力造成裂纹。

8)吹灰不当造成管壁减薄。

9)管路缺陷或焊接缺陷在运行中发展扩大。

(3)爆管处理

炉管爆破时,通常必须紧急停炉修理。由于导致炉管爆破的原因很多,有时往往是几方面的因素共同影响而造成事故,因而防止炉管爆破必须从搞好锅炉设计、制造、安装、运行管理、检验等各个环节入手。

6.省煤器损坏

(1)省煤器损坏的影响

省煤器损坏指由于省煤器管子破裂或省煤器其他零件损坏所造成的事故。

省煤器损坏时,给水流量不正常地大于蒸汽流量;严重时,锅炉水位下降,过热蒸汽温度上升;省煤器烟道内有异常声响,烟道潮湿或漏水,排烟温度下降,烟气阻力增大,引风机电流增大。省煤器损坏会造成锅炉缺水而被迫停炉。

(2)省煤器损坏原因

1)烟速过高或烟气含灰量过大,飞灰磨损严重。

2)给水品质不符合要求,特别是未进行除氧,管子水侧被严重腐蚀。

3)省煤器出口烟气温度低于其酸露点,在省煤器出口段烟气侧产生酸性腐蚀。

4)材质缺陷或制造安装时的缺陷导致破裂。

5)水击或炉膛、烟道爆炸剧烈振动省煤器并使之损坏等。

(3)省煤器损坏处理。省煤器损坏时,如能经直接上水管给锅炉上水,并使烟气经旁通烟道流出,则可不停炉进行省煤器修理,否则必须停炉进行修理。

7.过热器损坏

(1)过热器损坏的影响

过热器损坏主要指过热器爆管。这种事故发生后,蒸汽流量明显下降,且不正常地小于给水流量;过热蒸汽温度上升,压力下降;过热器附近有明显声响,炉膛负压减少,过热器后的烟气温度降低。

(2)过热器损坏的原因

1)锅炉满水、汽水共腾或汽水分离效果差而造成过热器内进水结垢,导致过热爆管。

2)受热偏差或流量偏差使个别过热器管子超温而爆管。

3)启动、停炉时对过热器保护不善而导致过热爆管。

4)工况变动(负荷变化、给水温度变化、燃料变化等)使过热蒸汽温度上升,造成金属超温爆管。

5)材质缺陷或材质错用(如在需要用合金钢的过热器上错用了碳素钢)。

6)制造或安装时的质量问题,特别是焊接缺陷。

7)管内异物堵塞。

8)被烟气中的飞灰严重磨损。

9)吹灰不当,损坏管壁等。

(3)过热器损坏处理。过热器损坏通常需要停炉修理。

8.水击事故

(1)水击事故的影响

水在管道中流动时，因速度突然变化导致压力突然变化，形成压力波并在管道中传播的现象，叫水击。发生水击时管道承受的压力骤然升高，发生猛烈振动并发出巨大声响，常常造成管道、法兰、阀门等的损坏。

(2)水击事故原因

锅炉中易于产生水击的部位有：

1)给水管道、省煤器、过热器、锅筒等。给水管道的水击常常是由于管道阀门关闭或开启过快造成的。如阀门突然关闭，高速流动的水突然受阻，其动压在瞬间转变为静压，造成对内门、管道的强烈冲击。

2)省煤器管道的水击分两种情况：一种是省煤器内一部分水变成了蒸汽，蒸汽与温度较低的(未饱和)水相遇时，水将蒸汽冷凝，原蒸汽区压力降低，使水速突然发生变化并造成水击；另一种则和给水管道的水击相同，是由阀门的突然开闭造成的。

3)过热器管道的水击常发生在满水或汽水共腾事故中，在暖管时也可能出现。造成水击的原因是蒸汽管道中出现了水，水使部分蒸汽降温甚至冷凝，形成压力降低区，蒸汽携水向压力降低区流动，使水速突然变化而产生水击。

4)锅筒的水击也有两种情况：一是上锅筒内水位低于给水管出口，而给水温度又较低时，大量低温进水造成蒸汽凝结，使压力降低而导致水击；二是下锅筒内采用蒸汽加热时，进汽速度太快，蒸汽迅速冷凝形成低压区，造成水击。

(3)水击事故的预防与处理

为了预防水击事故，给水管道和省煤器管道的阀门起闭不应过于频繁，开闭速度要缓慢；对可分式省煤器的出口水温要严格控制，使之低于同压力下的饱和温度 40 ℃；防止满水和汽水共腾事故，暖管之前应彻底疏水；上锅筒进水速度应缓慢，下锅筒进汽速度也应缓慢。发生水击时，除立即采取措施使之消除外，还应认真检查管道、阀门、法兰、支撑等，如无异常情况，才能使锅炉继续运行。

9.炉膛爆炸事故

(1)炉膛爆炸事故。锅炉炉膛突然发生爆炸的现象叫炉膛爆炸事故。常发生于燃油、燃气、燃煤粉的锅炉中，可损坏受热面、炉墙及构架，致使锅炉停炉，甚至造成人员伤亡。

(2)引起炉膛爆炸的主要原因

1)在设计上缺乏可靠的点火装置、可靠的熄火保护装置及连锁、报警和跳闸系统，炉膛及刚性梁结构抗爆能力差，制粉系统及燃油雾化系统有缺陷。

2)在运行过程中操作人员误判断、误操作；或有时因采用“爆燃法”点火。

(3)预防措施：应根据锅炉的容量和大小，装设可靠的炉膛安全保护装置，如防爆门、炉膛火焰和压力检测装置，连锁、报警、跳闸系统及点火程序，熄火程序控制系统。同时，尽量提高炉膛及刚性梁的抗爆能力。此外应加强使用管理，提高司炉工技术水平。在启动锅炉点火时要认真按操作规程进行点火，严禁采用“爆燃法”，点火失败后先通风吹扫5～10 min后才能重新点火。

10.尾部烟道二次燃烧

(1)尾部烟道二次燃烧事故影响

尾部烟道二次燃烧主要发生在燃油锅炉上。当锅炉运行中燃烧不完好时,部分可燃物随着烟气进入尾部烟道,积存于烟道内或黏附在尾部受热面上,在一定条件下这些可燃物自行着火燃烧。尾部烟道二次燃烧常将空气预热器、省煤器破坏。

引起尾部烟道二次燃烧的条件是:在锅炉尾部烟道上有可燃物堆积下来,并达到一定的温度,有一定量的空气可供燃烧。当这 3 个条件同时满足时,可燃物就有可能自燃或被引燃着火。

(2)尾部烟道二次燃烧事故原因

尾部烟道二次燃烧易在停炉之后不久发生。

1)可燃物在尾部烟道积存。锅炉启动或停炉时燃烧不稳定、不完全,可燃物随烟气进入尾部烟道,积存在尾部烟道;燃油雾化不良,来不及在炉膛完全燃烧而随烟气进入尾部烟道;鼓风机停转后炉膛内负压过大,引风机有可能将尚未燃烧的可燃物吸引到尾部烟道上。

2)可燃物着火的温度条件是:刚停炉时尾部烟道上尚有烟气存在,烟气流速很低甚至不流动,受热面上沉积有可燃物,传热系数差,难以向周围散热;在较高温度的情况下,可燃物自氧化加剧放出一定能量,从而使温度更进一步上升。

3)保持一定空气量。尾部烟道门孔和挡板关闭不严密;空气预热器密封不严,空气泄漏。

(3)预防措施

要提高燃烧效率,尽可能减少不完全燃烧损失,减少锅炉的启停次数;加强尾部受热面的吹灰;保证烟道各种门孔及烟气挡板的密封良好;应在燃油锅炉的尾部烟道上装设灭火装置。

11.锅炉结渣

(1)锅炉结渣的影响

锅炉结渣,指灰渣在高温下黏结于受热面、炉墙、炉排之上并越积越多的现象。燃煤锅炉结渣是个普遍性的问题,层燃炉、沸腾炉、煤粉炉都有可能结渣。由于煤粉炉炉膛温度较高,煤粉燃烧后的细灰呈飞腾状态,因而更易在受热面上结渣。结渣使受热面吸热能力减弱,降低锅炉的出力和效率;局部水冷壁管结渣会影响和破坏水循环,甚至造成水循环故障;结渣会造成过热蒸汽温度的变化,使过热器金属超温;严重的结渣会妨碍燃烧设备的正常运行,甚至造成被迫停炉。结渣对锅炉的经济性、安全性都有不利影响。

(2)锅炉结渣原因

产生结渣的原因主要是:煤的灰渣熔点低、燃烧设备设计不合理、运行操作不当等。

(3)预防措施

1)在设计上要控制炉膛燃烧热负荷,在炉膛中布置足够的受热面,控制炉膛出口温度,使之不超过灰渣变形温度;合理设计炉膛形状,正确设置燃烧器,在燃烧器结构性能设计中充分考虑结渣问题;控制水冷壁间距不要太大,而要把炉膛出口处受热面管间距拉开;炉排两侧装设防焦集箱等。

2)在运行上要避免超负荷运行;控制火焰中心位置,避免火焰偏斜和火焰冲墙;合理控制过量空气系数和减少漏风。

3)对沸腾炉和层燃炉,要控制送煤量,均匀送煤,及时调整燃料层和煤层厚度。

4)发现锅炉结渣及时清除。清渣应在负荷较低、燃烧稳定时进行,操作人员应注意防护和安全。

二、压力容器安全技术

(一)压力容器使用安全技术

1.压力容器安全操作

(1)基本要求

1)平稳操作。加载和卸载应缓慢,并保持运行期间载荷的相对稳定。

压力容器开始加载时,速度不宜过快,尤其要防止压力的突然升高。过高的加载速度会降低材料的断裂韧性,可能使存在微小缺陷的容器在压力的快速冲击下发生脆性断裂。

高温容器或工作壁温在 0 ℃以下的容器,加热和冷却都应缓慢进行,以减少壳壁中的内应力。

操作中压力频繁地和大幅度地波动,对容器的抗疲劳强度是不利的,应尽可能避免,保持操作压力平稳。

2)防止超载。主要是防止超压。压力来自外部(如气体压缩机等)的容器,超压大多是由于操作失误而引起的。为了防止操作失误,除了装设联锁装置外,可实行安全操作挂牌制度。在一些关键性的操作装置上挂牌,牌上用明显标记或文字注明阀门等的开闭方向、开闭状态、注意事项等。对于通过减压阀降低压力后才进气的容器,要密切注意减压装置的工作情况,并装设灵敏可靠的安全泄压装置。

由于内部物料的化学反应而产生压力的容器,往往因加料过量或原料中混入杂质,使反应后生成的气体密度增大或反应过速而造成超压。要预防这类容器超压,必须严格控制每次投料的数量及原料中杂质的含量,并有防止超量投料的严密措施。

储装液化气体的容器,为了防止液体受热膨胀而超压,一定要严格计量。对于液化气体储罐和槽车,除了密切监视液位外,还应防止容器意外受热,造成超压。如果容器内的介质是容易聚合的单体,则应在物料中加入阻聚剂,并防止混入可促进聚合的杂质。物料储存的时间也不宜过长。

除了防止超压以外,压力容器的操作温度也应严格控制在设计规定的范围内,长期的超温运行也可以直接或间接地导致容器的破坏。

(2)压力容器运行期间的检查

压力容器专职操作人员在容器运行期间应经常检查容器的工作状况,以便及时发现设备上的不正常状态,采取相应的措施进行调整或消除,防止异常情况的扩大或延续,保证容器安全运行。

对运行中的容器进行检查。包括检查工艺条件、设备状况以及安全装置等方面。

在工艺条件方面，主要检查操作压力、操作温度、液位和工作介质的化学组成，特别是影响容器安全（如产生应力腐蚀、使压力升高等）的事项是否符合要求。

在设备状况方面，主要检查各连接部位有无泄漏、渗漏现象，容器的部件和附件有无塑性变形、腐蚀以及其他缺陷或可疑迹象，容器及其连接管道有无振动、磨损等现象。

在安全装置方面，主要检查安全装置以及与安全有关的计量器具是否保持完好状态。

(3)压力容器的紧急停止运行

压力容器在运行中出现下列情况时，应立即停止运行：容器的操作压力或壁温超过安全操作规程规定的极限值，而且采取措施仍无法控制，并有继续恶化的趋势；容器的承压部件出现裂纹、鼓包变形、焊缝或可拆连接处泄漏等危及容器安全的迹象；安全装置全部失效，连接管件断裂，紧固件损坏；操作岗位发生火灾威胁到容器的安全操作；高压容器的信号孔或警报孔泄漏。

2.压力容器的维护保养

(1)保持完好的防腐层。如果防腐层损坏，工作介质将直接接触器壁而产生腐蚀。若发现防腐层损坏，即使是局部的，也应该先经修补等妥善处理以后再继续使用。

(2)消除产生腐蚀的因素。

(3)消灭容器的“跑、冒、滴、漏”，经常保持容器的完好状态。

(4)加强容器在停用期间的维护。停用的容器，必须将内部的介质排除干净，腐蚀性介质要经过排放、置换、清洗等技术处理。要经常保持容器的干燥和清洁，防止大气腐蚀。试验证明，在潮湿的情况下，钢材表面有灰尘、污物时，大气对钢材有腐蚀作用。

(5)经常保持容器的完好状态。容器上所有的安全装置和计量仪表，应定期进行调整校正，使其始终保持灵敏、准确；容器的附件、零件必须保持齐全和完好无损，连接紧固件残缺不全的容器，禁止投入运行。

(二)压力容器检修安全技术

1.压力容器检修前准备工作

(1)容器检验前，必须彻底切断容器与其他还有压力或气体的设备的连接管道，特别是与可燃或有毒介质的设备的通路。不但要关闭阀门，还必须用盲板严密封闭，以免阀门漏气，致使可燃或有毒的气体漏入容器内，引起着火爆炸或中毒事故。

(2)容器内部的介质要全部排净。盛装可燃、有毒或窒息性介质的容器还应进行清洗、置换或消毒等技术处理，并经取样分析合格。与容器有关的电源，如容器的搅拌装置、翻转机构等的电源必须切断，并有明显的禁止接通的指示标志。

2.检修中的安全注意事项

(1)注意通风和监护。在进入容器前，必须将容器上的人孔和手孔全部打开，使空气对流一定时间，充分通风。进入容器进行检验时，容器外必须有人监护。

(2)注意用电安全。进入盛装易燃、易爆介质的容器检验时，应使用相应等级的低压防爆灯具、检验仪器和修理工具。锅炉、容器内严禁采用明火照明。

(3)禁止带压拆装连接部件。检验压力容器时，如需要卸下或上紧承压部件的紧固件，必须将压力全部泄放以后方能进行，不能在容器内有压力的情况下装卸或上紧螺栓或其他紧固件，以防发生意外事故。

(4)禁止自行以气密试验代替水压试验。

(三)压力容器爆炸事故的预防

1.在设计上，应采用合理的结构，如采用全焊透结构，能自由膨胀等，避免应力集中、几何突变。针对设备使用工况，选用塑性、韧性较好的材料。强度计算及安全阀排量计算符合标准。

2.制造、修理、安装、改造时，加强焊接管理，提高焊接质量并按规范要求进行热处理和探伤；加强材料管理，避免采用有缺陷的材料或用错钢材、焊接材料。

3.在压力容器的使用过程中，加强管理，避免操作失误、超温、超压、超负荷运行、失检、失修、安全装置失灵等。

4.加强检验工作，及时发现缺陷并采取有效措施。

(四)气瓶的安全使用要求

1.气瓶的安全使用

(1)气瓶的使用与维护

气瓶使用前的检查。发现下列情况之一，不得接收：

①气瓶上没有粘贴气体充装后检验合格证的；

②气瓶的颜色标记与所需的气体不符，或者颜色标记模糊不清，或者表面漆色覆盖在另一种漆色之上的；

③瓶体上有不能保证气瓶安全使用的缺陷，如严重的机械损伤、变形、腐蚀等；

④瓶阀漏气、阀杆受损、侧接嘴螺纹旋向与所需要的气体性质不符或螺纹受损的；

⑤在氧气或氧化性气体气瓶上或瓶阀上有油脂物的；

⑥气瓶不能直立、底座松动、倾斜的；

⑦气瓶上未装瓶帽和防震圈，或瓶帽和防震圈尺寸不符合要求或损坏的。

在进行上述检查时，对发现有缺陷的气瓶，应随时在气瓶上用粉笔简要注明，并向充气单位或储存单位交代清楚，以免被他人领用。

(2)气瓶安全使用要点

气瓶的使用单位和操作人员在使用气瓶时应做到：

1)合理使用、正确操作。

①使用单位应做到专瓶专用，不得擅自更改气瓶的钢印和颜色标记。气瓶投入使用后，不得对瓶体进行挖补、焊接修理。

②气瓶使用时，一般应立放，并应有防止倾倒的措施。

③近距离移动气瓶，应手盘瓶肩转动瓶底，移动距离较远时，可用轻便小车运送，严禁抛、滚、滑、翻。气瓶在工地使用时，应将其放在专用车辆上或将其固定使用。

④使用氧气瓶和氧化性气体气瓶时，操作者应仔细检查自己的双手、手套、工具、减压器、瓶阀等有无沾染油脂，凡有油脂的，必须脱脂干净后，方能操作。氧气瓶和氧化性气体气瓶与减压器或汇流排连接处的密封垫，不得采用可燃性材料。

⑤在安装减压阀器或汇流排导管时，应检查卡箍或连接螺帽的螺纹完好情况，以免工作时脱开引起事故。用于连接气瓶的减压器、接头、导管和压力表，都应涂以标记，专

门用在一类气瓶上，严防混用。

⑥开启或关闭瓶阀时，只能用手或专用扳手，不准使用锤子、管钳、长柄螺纹扳手。以防损坏阀件。开启或关闭瓶阀的速度应缓慢，防止产生摩擦热或静电火花，对盛装可燃气体的气瓶尤应注意。

⑦发现瓶阀漏气，或放不出气来，或存在其他缺陷时，将瓶阀关闭，并将发现的缺陷标在瓶体上，送交气瓶充装单位处理。

⑧瓶内气体不得用尽，必须留有剩余压力，以防混入其他气体或杂质。永久气体气瓶的剩余压力，应不小于0.05 MPa；液化气体气瓶应留有不少于0.5%～1%规定充装量的剩余气体。

⑨在可能造成回流的使用场合，使用设备上必须配置防止倒灌的装置，如单向阀、止回阀、缓冲器等。气瓶使用完毕，要送回瓶库或妥善保管。用过气的空瓶标上“空瓶”字样；已用部分气体的气瓶，应把剩余压力写在瓶身上；向瓶库退回未使用的气瓶，应标上“满瓶”字样。

⑩液化石油气瓶用户，不得将气瓶内的液化石油气向其他气瓶倒装；不得自行处理气瓶内的残液。

2)防止气瓶受热。

①不得将气瓶靠近热源。安放气瓶的地点周围10 m范围内，不应进行有明火或可能产生火花的工作。

②气瓶在夏季使用时，应防止暴晒。

③瓶阀冻结时，应把气瓶移到较温暖的地方，用温水解冻。严禁用温度超过40 ℃的热源对气瓶加热。

④盛装易于自行聚合反应或分解的气体的气瓶，应避开放射性射线源。

3)加强维护。

①经常保持气瓶上油漆完好，防止漆色脱落。

②严禁敲击、碰撞气瓶，严禁在气瓶上进行电焊引弧，不准用气瓶做支架。

3.气瓶的定期技术检验

(1)气瓶定期检验的周期

1)钢制无缝气瓶、钢制焊接气瓶(不含液化石油气钢瓶、液化二甲醚气瓶、溶解乙炔气瓶、车用气瓶及焊接绝热气瓶)、铝合金无缝气瓶：盛装对瓶体材料能产生腐蚀性作用的气体的气瓶、潜水气瓶以及常与海水接触的气瓶每2年检验1次；盛装氮、六氟化硫、惰性气体及纯度大于等于99.999%的无腐蚀性高纯气体的气瓶，每5年检验1次；盛装其他气体的气瓶，每3年检验1次。盛装混合气体的前款气瓶，其检验周期应当按照混合气体中检验周期最短的气体确定。

2)液化石油气瓶、液化二甲醚气瓶：每4年检验1次。

3)车用液化石油气瓶、车用液化二甲醚气瓶：每5年检验1次。

4)溶解乙炔气瓶、呼吸器用复合气瓶：每3年检验1次。

5)车用纤维缠绕气瓶、车用压缩天然气气瓶：按其定期检验标准规定。

6)焊接绝热气瓶(含车用焊接绝热气瓶)：每3年检验1次。

7)其他规定。

气瓶使用期超过其设计年限时一般应当报废。出租车安装的车用压缩天然气气瓶使用期达到8年应报废;车用气瓶应当随出租车一同报废。对焊接绝热气瓶(含车用焊接绝热气瓶),如果绝热性能无法满足使用要求且无法修复的应当报废。对设计使用年限不清的气瓶,《气瓶安全技术监察规程》规定的设计年限作为气瓶报废处理的依据。

对设计使用年限为8年的液化石油气钢瓶,允许在进行安全评定后延长使用期,使用期只能延长一次,且延长周期不得超过气瓶的一个检验周期(也就是4年)。对未规定设计使用年限的液化石油气钢瓶,使用年限达到15年的应当予以报废并且消除使用功能处理。

8)提前检验。

使用过程中,发现气瓶有下列情况之一的,应当提前进行定期检验:

A.有严重腐蚀、损伤或者对其安全可靠性有怀疑的;

B.缠绕气瓶缠绕层有严重损伤的;

C.库存或者停用期超过一个检验周期后使用的;

D.机动车发生可能影响车用气瓶安全使用的交通事故后重新投用的;

E.气瓶检验标准规定需提前进行定期检验的其他情况以及检验人员(或者充装人员)认为有必要提前检验的。

三、电梯安全技术

(一)电梯司机使用安全技术

1.行使前的准备工作

(1)做好交接班工作,认真查看交班日志,了解上一班运行情况,不接带病运行的电梯。

(2)确定轿厢位置;开启厅、轿门,做简单试运行;观察选层、启动、换速、平层、消号、开关门速度及安全触板等有无异常现象和声响;检查各种指示灯、信号灯指示是否正确,各部限位开关,急停按钮等动作是否正确,有无不起作用的现象。

(3)检查门锁是否良好;厅门关闭后不能从外面扒开;轿门和厅门未闭合到位,电梯应不能启动。

(4)试验警铃是否可靠,电话是否灵敏畅通。

(5)检查轿厢内消防器材是否完好适用。对上班司机所做轿厢、厅门及门踏板滑动槽内的清洁卫生工作进行检查。

(6)对连续停用七天以上的电梯,使用前应仔细检查。

2.电梯行驶中的注意事项

(1)司机在服务时间内,不准脱离岗位。如必须离开轿厢时,应将轿厢停在基站,断开轿厢内电源开关,关闭厅门,并发出有关告示。

(2)乘客电梯超载时,司机应劝退一部分乘客,不能超载运行。载货电梯的荷载质量不允许超过额定荷载质量,货物在轿厢内应尽可能摆放均匀、平稳牢固,避免集中载荷、偏载或因货物倾倒伤人、损坏设备。

(3)轿厢内严禁吸烟,乘客电梯不允许载运易燃、易爆的危险物品及各种国家规定搬运的物品。货运电梯在载运危险物品时,必须严格遵守安全操作规程,并采取安全防护措施。

(4)不允许开启轿厢顶部的安全窗、轿厢安全门,载运长物件。

(5)关闭启动前,关照乘客不要倚靠轿厢门。禁止乘客摆弄操纵箱上的开关和按钮。禁止乘客在厅门与轿门中间逗留。

(6)禁止用检修开关作为正常运行开关。在运行中禁止用检修开关、急停按钮作为正常行使中的信号。严禁在厅门和轿门开启情况下,用检修速度作为正常行使。

(7)电梯在行驶时不得突然换向,必要时应先将轿厢停止,再换向启动。手动门电梯禁止用轿门、厅门作为开、停电梯的开关。运行中如发生停电,对于用手柄开关控制的电梯,应将手柄拨回至零位。

(8)电梯轿厢顶部不得放置其他物品,轿厢内不得悬吊物品。

(9)住宅有司机乘客电梯,须由司机操纵。禁止将钥匙搬至无司机操作位置,而由乘客自行操作。

(10)禁止用手以外的其他部位或用笔、棍等物代替手指操纵电梯。不做与驾驶电梯无关的工作。

(11)电梯运行中严禁擦拭、润滑或拆卸修理机件。电梯发生故障时,应通知维修人员修理,司机不得自行修理电梯。

3.当电梯发生如下故障不能正常工作时,应停止使用,并通知维修人员进行检修

(1)选层后关闭厅门、轿厢门,门已闭合而电梯不能正常启动行驶。

(2)厅门或轿门没有闭合而电梯仍能启动行驶。

(3)电梯运行方向与选层方向相反。

(4)电梯运行速度有异常变化。

(5)内选、平层、换速、召唤和指层信号失灵失控。

(6)电梯在正常条件下运行,安全钳突然发生误动作。

(7)运行中发现有异常噪声、较大振动和冲击。

(8)电梯在正常负荷下,如有超越端站位置继续行驶,造成冲顶或蹲底。

(9)电梯在行驶中无故停车,停车不开门,厅门可随意从外面人为扒开。

(10)电梯部件过热而散发出焦热的气味。

(11)人接触到任何金属部分有麻电现象。

(12)电梯机房内有大量漏油并通过绳孔等处滴入轿厢,电梯发生湿水事故。

4.当电梯突然发生故障时,应保持镇静,针对发生的情况采取相应措施

(1)当电梯在运行中,突然发生停驶或失控时,应立即揿按急停、警铃按钮,并严肃劝阻乘客切勿乱动,及时通知维修人员,设法使乘客安全撤出轿厢。

(2)运行中的轿厢突然停在两层楼之间,应首先切断轿厢内控制电源,通知维修人员盘车至就近厅门口,打开轿门、厅门将乘客疏导出轿厢。

(3)限速器、安全钳动作,将轿厢夹持在导轨上时,应切断控制电源,通知维修人员找

出原因，故障排除后，方可再投入运行。

(4)发生火灾或地震时，应保持镇静，尽快将乘客送至安全层站离去。关闭轿门、厅门，切断电源停止使用或交消防人员使用。

(5)电梯的电器设备发生燃烧时，应立即报告有关部门并及时切断电源，使用干粉、二氧化碳等灭火器灭火。

(6)发生人身或设备事故时，应立即停梯并切断电源，报告有关部门，协助抢救受伤人员，保护好现场。

(二)电梯检修安全技术

1.检修前的准备工作

(1)应制定设备检修作业方案，落实人员、组织和安全措施。

(2)设立检修负责人统一指挥检修工作，负责人应由有经验的从事维修工作三年以上者担任。

(3)禁止带无关人员进入机房和井道，检修时无关人员应离开操作现场。

(4)工作时应穿戴好劳动保护用品(工作服、安全帽、绝缘鞋等)、携带验电笔(使用前应验明验电笔完好)。

(5)对手持葫芦、钢丝绳套、滑轮、绳索、支撑木、脚手板等工器具，使用前应认真检查，确无损坏方可使用。使用中注意其承载能力，防止过载。开闸扳手、盘车手轮应齐备好用。

(6)对绝缘工具、手持电动工具进行经常性检查，定期做预防性试验。对绝缘强度不够、绝缘开裂或脱落损坏的工器具应及时更换。

(7)需夜间检修的作业场所，应设有足够亮度的照明装置。

2.现场检修作业中的安全要求

(1)严格执行本单位《电气安全工作规程》和其他电气焊、起重吊装、喷灯使用、登高作业等安全操作规程。

(2)对检修、保养的电梯，应悬挂“检修停用”等相应告示牌。

(3)保养、检修时，应断开相应的电源开关，非必要不得带电作业。如必须带电作业时，应遵守带电作业有关规定，设专人监护，做好安全防护措施。几台电梯共用机房场所，在停电电梯的电源开关手把上，应悬挂“禁止合闸，有人工作”标识牌。

(4)处理故障时，在底坑、轿厢或轿顶操作的维修人员应听从检修负责人的指挥，未经许可，不得随意进出底坑、轿厢或轿顶。

(5)应尽量避免在井道内上下同时作业，必须同时作业时，应戴上安全帽。

(6)需要长时间在井道内进行操作时，机房隔音层、地板孔洞应遮盖好，以免掉下东西造成人身伤害事故。

(7)严禁维修人员在井道外探身到轿厢内或轿厢箱顶操作。

(8)需要在机房操纵电梯时，必须在厅门、轿门关闭，切断门机回路后方可进行。

(9)用手轮盘车升降电梯时，应断开总电源开关。

(10)在轿顶和底坑进行保养或检修时，如需开动电梯，应与司机应答，并选好站立位置，不准依靠护栏，身体任何部位不得探出轿厢顶投影之外。

(11)严格禁止将安全开关如安全窗开关、安全钳开关、门链锁开关等用机械方法和电气短路方法强制闭合后运行。

(12)检修电气设备前,必须用低压验电笔检验确实不带电后,方可进行操作。

(13)用清洗剂清洗机件时,应注意避风。严禁烟火,防止电气火灾。剩油、废油、油棉丝、油揩布严禁乱放、乱倒,必须带回处理,不得留在工作现场。

(14)检修用行灯应使用 36 V 安全电压,应有防止人体直接接触触电的技术措施。

(15)维修时不得擅自改动线路,必要时应先报告有关部门,允许后方可改动。改动部分应有相应的技术资料存档并使全体维修人员详细了解改动情况。

(16)检修未完,检修人员需暂时撤离现场时,应做到:

1)关闭所有门厅,一时关不上的必须设置明显障碍物,并在该厅门口悬挂“危险”“切勿靠近”警告牌,并派人看守。

2)切断总电源开关。

3)排除热源,如喷灯、烙铁、强光灯、电焊、气焊等。

4)通知有关人员,必要时应设专人值班。

(17)检修、保养工作结束后应做到:

1)将所有开关恢复到原来状态,检查工器具、材料有无遗落在设备上。

2)清点工具、材料,打扫工作现场,摘除悬挂的告示牌。

3)送电试运行,观察电梯运行情况,发现异常及时停梯检查。

(18)与司机或有关人员进行交谈,认真填写维修记录,其内容为:

1)检修项目、日期及检修人员。

2)更换机件的名称、数量。

3)对设备进行调整时,写明调整原因和调整前后的参数。

(19)大修后应由有资格的单位进行检查验收,符合国家或当地有关安全技术标准的方可投入运行。

四、起重机械安全技术

(一)起重机械易损部件安全技术

1.吊具

(1)钢丝绳

钢丝绳是起重机械的重要零件之一,用于提升机构、变幅机构、牵引机构,有时也用于旋转机构。起重机械吊挂物品也采用钢丝绳。此外,钢丝绳还用作桅杆起重机的桅杆张紧绳、缆索起重机械与架空索道的承载索和牵引索。具有强度好、挠性好、自重轻、运行平稳、极少突然断裂等优点。

钢丝绳要求很高的强度和韧性,常采用优质碳素钢制造。起重机械主要采用挠性较好的双绕绳。这种钢丝绳是用钢丝捻成绳股,再用数条绳股围绕 1 个芯子捻成绳。

1)钢丝绳的构造与种类

①根据钢丝绳捻绕的方向分

a.顺绕绳(钢丝绳的绳与股的捻向相同)。也叫同向捻钢丝绳,钢丝间为线接触,其挠性与耐磨性好、寿命长。但有强烈扭转的趋势,容易自行松散、打结。常用于小车的牵引绳,不宜用作提升绳。

b.交绕绳(钢丝绳的绳与股的捻向相反)。也叫交互捻钢丝绳,由于绳与股的扭转趋势相反,互相抵消,起吊重物时不易扭转和松散,因而被广泛用作起重绳。但钢丝之间为点接触、易磨损、寿命短、挠性较差等缺点。

c.混绕绳。性能介于顺绕绳与交绕绳之间。由于制造工艺复杂,很少采用。

②根据钢丝绳断面结构分

a.普通型钢丝绳:是由直径相同的钢丝捻绕组成。由于钢丝直径相同,相邻各层钢丝的捻距不同,使钢丝之间形成点接触。点接触虽然寿命短,但是工艺简单、制造方便,用于起重吊装和捆扎。

b.复合型钢丝绳:其钢丝直径不同,股中相邻层钢丝接触为线接触,故称线接触钢丝绳。其使用寿命比普通型提高 1.5～2 倍。现在起重机械的工作机构多用线接触钢丝绳代替普通的点接触钢丝绳。

钢丝绳的绳芯分有机(麻、棉)芯、石棉芯、金属芯。麻芯具有较高的挠性和弹性,并能蓄存一定的润滑油脂,在钢丝绳受力时,润滑油被挤到钢丝间起润滑作用。

2)钢丝绳的安全检查和更新标准

钢丝绳的安全寿命主要取决于良好的维护,定期检验,按规程更换新绳。

①钢丝绳在使用时,每月至少要润滑 2 次。润滑前先用钢丝刷子刷去钢丝绳上的污物并用煤油清洗,然后将加热到 80 ℃以上的润滑油蘸浸钢丝绳,使润滑油浸到绳芯。

②钢丝绳的更新标准由每一捻距内的钢丝折断数决定。捻距就是任一钢丝绳股,环绕一周的轴向距离。对于六股绳,在绳上 1 条直线上数 6 节就是这条绳的捻距。也可以大致考虑为一条钢丝绳的更新标准是在 1 个捻距内断丝数达钢丝绳总丝数的 10%。如绳 6×19＝114 丝,当断数达 12 丝即应报废更新。对于复合型钢丝绳中的钢丝,断丝数的计算是:细线 1 根算 1 丝;粗丝 1 根算 1.7 丝。钢丝绳有锈蚀或磨损时,将报废断丝数折减。

(2)吊链

1)焊接链的特点。

优点是挠性好,可以用较小直径的链轮和卷筒,使载荷产生的力矩较小,从而可以减小机构的尺寸。缺点是链条自重大,不能承受冲击,运动速度较低。同时链条的起吊能力受温度的影响,链条不允许在零下 40 ℃以下温度工作。

2)在用链条的安全技术。

①链环不得有裂纹,如果发现裂纹则应报废。

②链条不应产生严重的塑性变形,如伸长达原尺寸的 3%,应报废。

③链环直径磨损达原直径的 10%时应报废。

2.滑轮

在起重机械的起升机构中,滑轮起着省力和支承钢丝绳并为其导向的作用。滑轮的材料采用灰铸铁、铸钢等。

滑轮直径的大小对于钢丝绳的寿命有重大的影响。增大滑轮直径可以大大延长钢丝绳的寿命，这不仅是由于减少了钢丝的弯曲应力，更重要的是减少了钢丝与滑轮之间的挤压应力。试验证明，挤压疲劳对于钢丝的断裂起决定性的作用。滑轮支承在固定的心轴上，通常采用滚动轴承，要同时控制磨损量。

3.卷筒

卷筒在起升机构或牵引机构中用来卷绕钢丝绳，将旋转运动转换为所需要的直线运行。

卷筒有单层卷绕与多层卷绕之分。一般桥架式起重机械大多采用单层卷绕的卷筒。单层卷绕筒的表面通常切出螺旋槽，以增加钢丝绳的接触面积，并防止相邻钢丝绳互相摩擦，从而提高钢丝绳的使用寿命。

4.吊钩

(1)吊钩种类

中小起重量起重机械的吊钩是锻造的；大起重量的吊钩采用钢板铆合，称为板式吊钩。都广泛采用低碳钢和低合金钢制造，以具有较高的强度、塑性和韧性，避免突然断裂的危险。

吊钩分为单钩和双钩。单钩制造与使用比较方便，用于较小的起重量；当起重量较大时，为了不使吊钩过重，多采用双钩。

吊钩钩身(弯曲部分)的断面形状有圆形、矩形、梯形与T字形等，从受力情况来看，T字形断面最合理，但锻造工艺复杂；目前最常用的吊钩断面是梯形，它的受力比较合理，锻造也较容易；矩形断面只用于片式吊钩，断面的承载能力未能充分利用，因而比较笨重；圆形断面只用于简单的小型吊钩。为了防止脱钩，发生事故，吊钩应装有防止脱钩的安全装置。

(2)吊钩的危险断面

吊钩的危险断面有三个，见图2-3-1，水平断面A-A，垂直断面B-B，钩柄螺纹根部断面C-C。

按曲梁理论对吊钩的受载状况进行受力分析，水平断面A-A受到的弯曲和拉伸组合应力最大，其断面的内侧受拉应力，外侧受压应力，这也就是梯形断面内侧大、外侧小的缘故；B-B断面主要承受剪切应力及抗弯组合应力的作用，虽然受力不是最大，但是磨损严重，随着断面面积减少，承载能力下降，而且磨损后出现裂纹；螺纹根部C-C断面应力集中容易受到腐蚀，在缺陷处断裂。

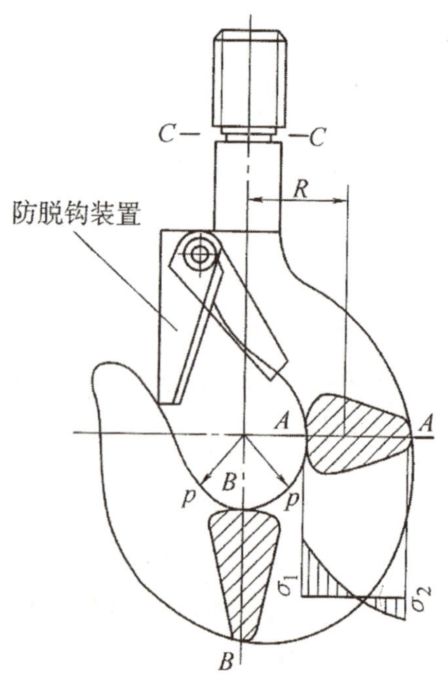

图2-3-1 吊钩的危险断面

(3)吊钩检查

1)锻钩的检查。用煤油洗净钩体，用20倍放大镜检查钩体是否有裂纹，特别应检查危险断面和螺纹根部槽处。如发现裂纹，应停止使用，更换新钩(因强度高的材料通常对裂纹和缺陷很敏感,强度越高,突然断裂的可能性越大)。

在危险断面B-B处,由于钢丝绳的摩擦常常出现沟槽,按照规定:吊钩危险断面的磨损量达到原尺寸的10%时,则应报废;不超过报废标准时,可以继续使用或降低载荷使用,但不允许用焊条补焊后再使用;吊钩装配部分每季至少检修一次,并清洗润滑,装配后,吊钩应能灵活转动,定位螺栓必须锁紧。

2)板钩的检查。用放大镜检查吊钩危险断面,不得有裂纹,铆钉不得松动,检查衬套、销子、小孔、耳孔及其紧固件的磨损情况,表面不得有裂纹或变形。衬套磨损量超过原厚的50%,销子磨损量超过名义直径的3%~5%,需要更新。

3)吊钩负荷试验。对新投入使用的吊钩应做负荷试验,以额定载荷的1.25倍作为试验载荷,试验时间不应少于10 min。当负荷卸去后,吊钩上不得有裂纹、断裂和永久变形,如有则应报废。国际标准还规定,在挂上和撤掉试验载荷后,吊钩的开口度在没有任何显著的缺陷和变形下,不应超过0.25%。

(二)起重机械的定期检查

在用起重机械安全定期监督检验周期为2年(电梯和载人升降机安全定期监督检验周期为1年)。此外,使用单位还应进行起重机的自我检查,包括每日检查、每月检查和年度检查。

1.年度检查

每年对所有在用的起重机械至少进行1次全面检查。停用1年以上、遇4级以上地震或发生重大设备事故、露天作业的起重机械和经受9级以上的风力后的起重机,使用前都应做全面检查。

2.每月检查

检查项目包括:安全装置、制动器、离合器等有无异常,可靠性和精度;重要零部件(如吊具、钢丝绳滑轮组、制动器、吊索及辅具等)的状态,有无损伤,是否应报废等;电气、液压系统及其部件的泄漏情况及工作性能;动力系统和控制器等。停用一个月以上的起重机构,使用前也应做上述检查。

3.每日检查

在每天作业前进行,应检查各类安全装置,制动器、操纵控制装置、紧急报警装置、轨道的安全状况、钢丝绳的安全状况。检查发现有异常情况时,必须及时处理,严禁带病运行。

(三)起重机安全操作技术

1.吊运前的准备

(1)正确佩戴个人防护用品,包括安全帽、工作服、工作鞋和手套,高处作业还必须佩戴安全带和工具包。

(2)检查清理作业场地,确定搬运路线,清除障碍物;室外作业要了解当天的天气预报;流动式起重机要将支撑地面垫实垫平,防止作业中地基沉陷。

(3)对使用的起重机和吊装工具、辅件进行安全检查;不使用报废元件,不留安全隐患;熟悉被吊物品的种类、数量、包装状况以及周围联系。

(4)根据有关技术数据(如质量、几何尺寸、精密程度、变形要求),进行最大受力计算，确定吊点位置和捆绑方式。

(5)编制作业方案(对于大型、重要物件的吊运或多台起重机共同作业的吊装，事先要在专业技术人员参与下，由指挥、起重机司机和司索工共同讨论，编制作业方案，必要时报请安全技术部门审查批准)。

(6)预测可能出现的事故，采取有效的预防措施，选择安全通道，制定应急对策。

2.起重机司机安全操作技术

认真交接班，对吊钩、钢丝绳、制动器、安全防护装置的可靠性进行认真检查，发现异常情况及时报告。

(1)开机作业前，应确认处于安全状态方可开机：检查所有操作控制器是否置于零位；起重机上和作业区内是否有无关人员，作业人员是否撤离到安全区；起重机运行范围内是否有未清除的障碍物；起重机与其他设备或固定建筑物的最小距离是否在0.5 m以上；电源断路装置是否加锁或有警示标牌；流动式起重机是否按要求平整好场地，支脚是否牢固可靠。

(2)开车前，必须鸣铃或示警；操作中接近人时，应给断续铃声或示警。

(3)司机在正常操作过程中，不得利用极限位置限制器停车；不得利用打反车进行制动；不得在起重作业过程中进行检查和维修；不得带载调整起升、变幅机构的制动器，或带载增大作业幅度；严禁吊物从人头顶上通过；禁止吊物和起重臂下站人。

(4)严格按指挥信号操作，对紧急停止信号，无论何人发出，都必须立即执行。

(5)吊载接近或达到额定值，或起吊危险物品(液态金属、有害物、易燃易爆物)时，吊运前认真检查制动器，并用小高度、短行程试吊，确认可行后再吊运。

(6)起重机各部位、吊载及辅助用具与输电线的最小距离应满足安全要求。

(7)在下述情况下，司机不应操作：起重机结构或零部件(如吊钩、钢丝绳、制动器、安全防护装置等)有影响安全工作的缺陷和损伤；吊物超载或有超载可能，吊物质量不清；吊物被埋置或冻结在地下、被其他物体挤压；吊物捆绑不牢，或吊挂不稳；被吊重物棱角与吊索之间未加衬垫；被吊物上有人或浮置物；作业场地昏暗，看不清场地、吊物情况或指挥信号；在操作中不得歪拉斜吊。

(8)工作中突然断电时，应将所有控制器置零，关闭总电源。重新工作前，应先检查起重机工作是否正常，确认安全后方可正常操作。

(9)有主、副两套起升机构的，不允许同时利用主、副钩工作(设计允许的专用起重机除外)。

(10)用两台或多台起重机吊运同一重物时，每台起重机都不得超载。吊运过程应保持钢丝绳垂直，保持运行同步。吊运时，有关负责人和安全技术人员应在场指导。

(11)露天作业的轨道起重机，当风力大于6级时，应停止作业；当工作结束时，应锚定住起重机。

(12)起重机停止使用时，应停在规定位置，吊钩上不准悬挂重物，吊钩应升到一定的高度，小车停在端部(龙门起重机停在支腿部)，所有控制器手把应打在零位上，并切断电源开关。龙门起重机必须将夹轨器锁紧，或挂上地锚，以防发生风吹溜车事故。

3.司索工安全操作技术

司索工主要从事地面工作，如准备吊具、捆绑挂钩、摘钩卸载等，多数情况下还担任指挥任务。司索工的工作质量与整个搬运作业安全关系极大。其操作工序要求如下：

（1）准备吊具。对吊物的重量和重心的估计要准确，如果是目测估算，应增大20%来选择吊具；对所选用吊具进行认真的安全检查，如果是旧吊索应根据情况降级使用，绝不可侥幸超载或使用已报废的吊具。

（2）捆绑吊物。对吊物进行必要的归类、清理和检查，吊物不能被其他物体挤压，被埋或被冻的物体要完全挖出；切断与周围管、线的一切联系，防止造成超载；清除吊物表面或空腔内的杂物，将可移动的零件锁紧或捆牢，形状或尺寸不同的物品不经特殊捆绑不得混吊，防止坠落伤人；吊物捆扎部位的毛刺要打磨平滑，尖棱利角应加垫物，防止起吊吃力后损坏吊索；表面光滑的吊物应采取措施来防止起吊后吊索滑动或吊物滑脱；吊运大而重的物体应加诱导绳，诱导绳长应能使司索工既可握住绳头，同时又能避开吊物正下方，以便发生意外时司索工可利用该绳控制吊物。

（3）挂钩起钩。吊钩要位于被吊物重心的正上方，不准斜拉吊钩硬挂，防止提升后吊物翻转、摆动；吊物高大需要垫物攀高挂钩、摘钩时，脚踏物一定要稳固垫实，禁止使用易滚动物体（如圆木、管子、滚筒等）做脚踏物；攀高必须佩戴安全带，防止人员坠落跌伤。挂钩要坚持“五不挂”：即起重或吊物重量不明不挂；重心位置不清楚不挂；尖棱利角和易滑工件无衬垫物不挂；吊具及配套工具不合格或报废不挂；包装松散捆绑不良不挂等。将安全隐患消除在挂钩前，当多人吊挂同一吊物时，应由一专人负责指挥，在确认吊挂完备，所有人员都离开站在安全位置以后，才可发起钩信号；起钩时，地面人员不应站在吊物倾翻、坠落可波及的地方；如果作业场地为斜面，则应站在斜面上方（不可在死角），防止吊物坠落后继续沿斜面滚移伤人。

（4）摘钩斜载。吊物运输到位前，应选择好安置位置，针对不同吊物种类应采取不同措施加以支撑、垫稳、归类摆放，不得混码、互相挤压、悬空摆放，防止吊物滚落、侧倒、塌垛；摘钩时应等所有吊索完全松弛再进行，确认所有绳索从钩上卸下再起钩，不允许抖绳摘索，更不许利用起重机抽索。

（5）搬运过程的指挥。无论采用何种指挥信号，必须规范、准确、明了；指挥者所处位置应能全面观察作业现场，并使司机、司索工都可清楚看到；在作业进行的整个过程中（特别是重物悬挂在空中时），指挥者和司索工都不得擅离职守，应密切注意观察吊物及周围情况，发现问题，及时发出指挥信号。

4.高处作业的安全防护

起重司机正常操作、高处设备的维护和检修以及安全检查，都需要登高作业。为防止人员从高处坠落，防止高处坠落的物体对下面人员造成打击伤害，在起重机上，凡是高度不低于2 m的一切合理作业点，包括进入作业点的配套设施，如高处的通行走台、休息平台、转向用的中间平台，以及高处作业平台等，都应予以防护；安全防护的结构和尺寸应根据人体参数确定；其强度、刚度要求应根据走道、平台、楼梯和栏杆可能受到的最不利载荷考虑。

（四）典型起重机械事故的预防

1.吊物坠落事故

起重机械重物坠落事故是指起重作业中，吊载、吊具等重物从空中坠落所造成的人身伤亡和设备毁坏的事故，简称坠落事故。常见的坠落事故有：

(1)脱绳事故

脱绳事故是指重物从捆绑的吊装绳索中脱落溃散发生的伤亡毁坏事故。

造成脱绳事故的主要原因有：重物的捆绑方法与要领不当，造成重物滑脱；吊装重心选择不当，造成偏载起吊或吊装中心不稳，使重物脱落；吊载遭到碰撞、冲击而摇摆不定，造成重物失落等。

(2)脱钩事故

脱钩事故是指重物、吊装绳或专用吊具从吊钩口脱出而引起的重物失落事故。

造成脱钩事故的主要原因有：吊钩缺少护钩装置；护钩保护装置机能失效；吊装方法不当，吊钩钩口变形引起开口过大等。

(3)断绳事故

断绳事故是指起升绳和吊装绳因断裂造成的重物失落事故。

造成起升绳断裂的主要原因有：超载起吊拉断钢丝绳；起升限位开关失灵造成过卷拉断钢丝绳；斜吊、斜拉造成乱绳挤伤切断钢丝绳；钢丝绳因长期使用又缺乏维护保养，造成疲劳变形、磨损损伤；达到或超过报废标准仍然使用等。

造成吊装绳断裂的主要原因有：吊钩上吊装绳夹角太大（>120°），使吊装绳上的拉力超过极限值而拉断；吊装钢丝绳品种规格选择不当，或使用已达到报废标准的钢丝绳捆绑吊装重物，造成吊装绳断裂；吊装绳与重物之间接触处无垫片等保护措施，造成棱角割断钢丝绳。

(4)吊钩断裂事故

吊钩断裂事故是指吊钩断裂造成的重物失落事故。

造成吊钩断裂事故的原因有：吊钩材质有缺陷；吊钩因长期磨损，使断面减少，已达到报废极限标准却仍然使用或经常超载使用，造成疲劳断裂。

起重机械失落事故主要是发生在起升机构取物缠绕系统中，如脱绳、脱钩、断绳和断钩。每根起升钢丝绳两端的固定也十分重要，如钢丝绳在卷筒上的极限安全圈是否能保证在2圈以上，是否有下限限位保护，钢丝绳在卷筒装置上的压板固定及楔块固定是否安全可靠。另外钢丝绳脱槽（脱离卷筒绳槽）或脱轮（脱离滑轮），也会造成失落事故。

2.挤伤事故

是指在起重作业中，作业人员被挤压在两个物体之间，造成挤伤、压伤、击伤等人身伤亡事故。

造成此类事故的主要原因是起重作业现场缺少安全监督指挥管理人员，现场从事吊装作业和其他作业人员缺乏安全意识和自我保护措施，野蛮操作等，挤伤事故多发生在吊装作业人员和检修维护人员上。挤伤事故主要有以下几种：

(1)吊具或吊载与地面物体间的挤伤事故

在车间、仓库等室内场所，地面作业人员处于大型吊具或吊载与机器设备、土建墙壁、牛腿立柱等障碍物之间的狭窄地带；在进行吊装、指挥、操作或从事其他作业时，由于指挥失误或误操作，作业人员躲闪不及被挤压在大型吊具（吊载）与各种障碍物之间，造成挤伤事故；或者由于吊装不合理，造成吊载剧烈摆动，冲撞作业人员致伤。

(2)升降设备的挤伤事故

电梯、升降货梯、建筑升降机的维修人员或操作人员,不遵守操作规程,发生被挤压在轿厢、吊笼与井壁、井架之间而造成挤伤的事故也时有发生。

(3)机体与建筑物间的挤伤事故

这类事故多发生在高空从事桥式起重机维护检修人员中,被挤在起重机端梁与支承、承轨梁的立柱或墙壁之间,或在高空承轨梁侧通道通过时被运行的起重机击伤。

(4)机体回转挤伤事故

这类事故多发生在野外作业的汽车、轮胎和履带起重机作业中,往往由于此类作业的起重机回转时配重部分将吊装、指挥和其他作业人员撞伤,或把上述人员挤压在起重机配重与建筑物之间致伤。

(5)翻转作业中的挤伤事故

从事吊装、翻转、倒个作业时,由于吊装方法不合理,装卡不牢,吊具选择不当,重物倾斜下坠,吊装选位不佳,指挥及操作人员站位不好,造成吊载失稳、吊载摆动冲击,造成翻转作业中的砸、撞、碰、压等各种伤亡事故。这类事故在挤压事故中尤为突出。

3.高处坠落事故:主要是指从事起重作业的人员,从起重机机体等高空处坠落至地面的摔伤事故。

(1)从机体上滑落摔伤事故

这类事故多发生于在高空起重机进行维护、检修作业中。一些检修作业人员缺乏安全意识,作业时不戴安全带,由于脚下滑动、障碍物绊倒或起重机突然启动造成晃动,使作业人员失稳从高空坠落于地面而受伤。

(2)机体撞击坠落事故

这类事故多发生在检修作业中,因缺乏严格的现场安全监督制度,检修人员遭到其他作业的起重机端梁或悬臂撞击,从高空坠落受伤。

(3)轿厢坠落摔伤事故

这类事故多发生在载客电梯、货梯或建筑升降机升降运转中,由于起升钢丝绳断裂、钢丝绳固定端脱落,使乘客及操作者随轿厢、货箱一起坠落,造成人员伤亡事故。

4.触电事故

触电事故是指从事起重操作和检修作业人员,因触电遭到电击所发生的伤亡事故。按作业场合分为以下 2 大类型:

(1)室内作业的触电事故

室内起重机的动力电源,起重机械或吊物异常带电是电击事故的根源。

(2)室外作业的触电事故

主要是在作业现场作业时,其组成部分或吊物与高压带电体距离过近,感应带电或触碰带电物体,造成操作人员或吊装作业人员间接电击而受到伤害。

(3)触电安全防护措施

1)保证安全电压。起重机人员操作控制部分使用的安全电压必须在 50 V 以下。目前起重机应采用低压安全操作,常采用的安全低压操作电压为 36 V 或 42 V。

2)保证绝缘的可靠性。起重机电气系统虽有绝缘保护措施,但是环境温度、湿度、化学腐蚀、机械损伤，以及电压变化等都会使绝缘材料减少电阻值，或者出现因绝缘材料老化造成漏电的现象。因此，必须定期检测各种绝缘环节的绝缘性能，确保可靠性。

3)加强屏护保护。对起重机上的某些无法加装绝缘装置的部分，必须加设经可靠接地(零)保护的护栏、护网等屏护设施。

4)严格保证配电最小安全间距。起重机电气的设计与施工必须规定出保证配电安全的合理距离。

5)保证接地(零)的可靠性。电气设备一旦漏电，起重机的金属部分就会带有一定电压，作业人员若触及起重机金属部分就可能发生触电事故。如果接地(零)措施安全可靠，就可以防止这类触电事故。

6)加强漏电保护。除了在起重机电气系统中采用电压型漏电保护装置、零序电流型漏电保护装置和泄漏电流型漏电保护装置来防止漏电之外，还应设有绝缘站台(司机室采用木制或橡胶地板)，规定作业人员穿戴绝缘鞋等进行操作与检修。

5.机体毁坏事故

机体毁坏事故是指起重机因超载失稳等产生结构断裂、倾翻造成结构严重损坏及人身伤亡的事故。常见机体毁坏事故有以下几种类型：

(1)断臂事故

各种类型的悬臂起重机，由于悬臂设计不合理、制造装配有缺陷或者长期使用已有疲劳损坏隐患，一旦超载起吊就易造成断臂或悬臂严重变形等毁机事故。

(2)倾翻事故

倾翻事故是自行式起重机的常见事故，自行式起重机倾翻事故大多是由起重机作业前支承不当引发，如野外作业场地支承地基松软，起重机支腿未能全部伸出等。起重量限制器或起重力矩限制器等安全装置动作失灵、悬臂伸长与规定起重量不符、超载起吊等因素也都会造成自行式起重机倾翻事故。

(3)机体摔伤事故

在室外作业的门式起重机、门座起重机、塔式起重机等，由于无防风夹轨器，无车轮止垫或无固定锚链等，或者上述安全设施机能失效，当遇到强风吹击时，可能会倾倒、移位，甚至从栈桥上翻落，造成严重的机体摔伤事故。

(4)相互撞毁事故

在同一跨中的多台桥式类型起重机由于相互之间无缓冲碰撞保护措施，或缓冲碰撞保护设施毁坏失效，易因起重机相互碰撞致伤。在野外作业的多台悬臂起重机群中，悬臂回转作业中难免相互撞击而出现碰撞事故。

6.其他机械伤害事故

人体与起重机运动零部件接触引起的绞、碾、戳等伤害；液压起重机的液压元件破坏造成高压液体的喷射伤害；飞出物件的打击伤害、起重机碰伤等。

7.起重机械事故的预防措施

(1)加强对起重机械的管理。认真执行起重机械各项管理制度和安全检查制度，做好起重机械的定期检查、维护、保养，及时消除隐患，使起重机械始终处于良好的工作状态，确保本质安全性能。

(2)加强对起重机械操作人员的教育和培训,严格执行安全操作规程,提高操作技术能力和处理紧急情况的能力。

(3)起重机械操作过程中要坚持"十不吊"原则。

五、游乐设施使用安全技术

(一)游乐设施安全装置要求

1.根据游乐设施的性能、结构及运行方式的不同,必须设置相应形式的安全装置。

2.观览车必须能够正反向转动,停车开关应设在便于操作的位置。

3.提升机构应当安全可靠,在运行中不允许出现爬行、窜动及异常振动现象。

4.靠摩擦力提升的,摩擦面之间不允许有明显的相对滑动。

5.载人装置在额定载荷下,停在提升段任意位置,提升机构应能平稳启动。

6.提升段应设疏导乘客的安全通道。

7.在有可能导致人体、物体坠落而造成伤亡的地方,应设置安全网,安全网的连接应可靠,安全网的性能应符合《安全网》(GB 5725)中关于平网的要求。

8.游乐设施的机械部分应有防护罩或其他有效的保护措施防止乘客接触。座席的内部或外部等凡乘客可能接触到的地方,应光滑无棱角、尖片、突出的钉、螺丝或其他有可能引起人员受伤的物体。

9.高度 20 m 以上的游乐设施,在高度 10 m 处应设有风速计。

(二)游乐设施安全检查要求

使用单位应当严格执行游乐设施的年检、月检、回检制度,严禁带故障运行。安全检查的内容包括:

1.对使用的游乐设施,每年要进行 1 次全面检查,必要时要进行载荷试验,并按额定速度进行起升、运行、回转、变速等机构的安全技术性能检查。

2.月检至少应检查下列项目:

(1)各种安全装置。

(2)动力装置、传动和制动系统。

(3)绳索、链条和乘坐物。

(4)控制电路与电气元件。

(5)备用电源。

3.日检至少应检查下列项目:

(1)控制装置、限速装置、制动装置和其他安全装置是否有效及可靠。

(2)运行是否正常,有无异常的振动或者噪声。

(3)各易磨损件状况。

(4)门锁、开关及安全带是否完好。

(5)润滑点的检查和加添润滑油。

(6)重要部位(轨道、车轮等)是否正常。

检查应当做详细记录,并存档备查。

(三)游乐设施安全使用要求

1.游乐设施在每日投入运营前,使用单位必须进行试运行和相应的安全检查,并记录检查情况。

2.每次运行前,作业和服务人员必须向游客讲解安全注意事项,并对安全装置进行检查确认。运行中要注意游客动态,及时制止游客的危险行为。

3.室外游乐设施在暴风雨等危险的天气条件下不得操作和使用;高度超过 20 m 的游乐设施在风速大于 15 m/s 时,必须停止运行。

4.游乐设施在操作和使用时,全部通道和出口都应有充足的照明,以防止发生人身伤害。

5.在醒目之处张贴"乘客须知",其内容应包括该设施的运动特点、适应对象、禁止事宜及注意事项等。

6.游乐设施的运行区域应使用护栏或其他保护措施加以隔离,防止公众受到运行设施的伤害。当有人处于危险位置时,游乐设施禁止操作。

7.使用单位必须制定救援预案,并且每年至少组织 1 次游乐设施出现意外事件或者发生事故的紧急救援演习,演习情况应当记录备查。

8.游乐设施一旦发生伤亡事故,使用单位必须采取紧急救援措施,保护事故现场,防止事故扩大,抢救伤员,并按照《锅炉压力容器压力管道特种设备事故处理规定》(国家质量监督检验检疫总局令第 2 号)报告和处理。

六、客运索道使用安全技术

(一)安全检查

为了预防、减少事故的发生,及时发现和控制各种危险、有害因素,保护乘客和作业人员的安全健康,保证安全运营,应进行各种安全检查。

安全检查的内容应根据索道运营特点,制定检查项目、标准,主要是查思想、制度、机械设备、安全设施、安全培训、操作行为、劳保用品使用、伤亡事故的处理等。对检查出来的隐患进行记录、整改、复查。隐患经复查整改合格后,进行销案。

安全检查有经常性、定期性、突击性、专业性和季节性检查等多种形式。安全检查的组织形式,应根据检查目的、内容而定,参加检查的组成人员也不完全相同。

(二)安全使用要求

1.客运索道的运营使用单位在客运索道每日投入使用前,应当进行试运行和例行安全检查,并对安全装置进行检查确认。

2.客运索道的运营使用单位应当将客运索道的安全注意事项和警示标志置于为乘客注意的显著位置。

3.客运索道的运营使用单位的主要负责人至少应当每月召开一次会议,督促、检查客运索道的安全使用工作。

(三)客运架空索道安全营救

当发生停电、机械设备故障(包括驱动装置、尾部拉紧装置、索轮组和导向轮等)、牵引索跑偏或吊绳、进出站口系统异常等,使索道停止运行,要根据不同的情况采取不同的紧急营救方法。

1.实施救护工作时,索道工作人员通过广播做好宣传解释工作,安定乘客的情绪,讲解到达站房和地面的方法。

2.当外部供电回路电源停电,或主电机控制系统发生故障时,应开启备用电源,如用柴油发电机组来供电,辅助电机以慢速将客车拉回站内。

3.当单索引往复式索道的牵引突然断裂,客车上的安全卡立即自动(也可手动)卡住承载索,使客车安全停住。然后由辅助索引的专用小型救护车,从站内发往出事地点,与原客车对接,分批把乘客运回站内。现代客运索道有些已不采用辅助索系统,而使用更为方便的自行式救护小车。

4.当双牵引差动轮索道的一根牵引索突然断裂,断索一侧的差动驱动轮会随之突然超速,立即引起超速制动,客车依靠另一根牵引索安全停在线路上。此时可利用手摇泵的压力油开启未断牵引索一侧的制动闸,慢速驱动该侧驱动轮,将客车缓慢拉入站内。

5.如果专用救护小车或差动轮的另一根牵引索均无法把乘客救回站内时,可以利用"高楼救生器"(或称缓降机),把乘客一个个地从客车车厢的底部开口处直接下放至地面。

6.当吊椅式索道发生故障停止运行时,由于索道侧几乎与地形坡度一致,客车离地面的高度不大(一般都控制在 8 m 以内),在进行营救时,往往采取将尾部拉紧装置的滑轮组系统的绞车放松,降低吊椅的离地高度,并辅助以地面梯子、救护安全带(袋)的办法来撤离乘客。

七、场(厂)内机动车辆安全技术

1.对驾驶员的一般要求

(1)只有经过培训并通过考核取得特种作业人员操作证的人员,才允许驾驶机动工业车辆。

(2)机动工业车辆不得载客,除非其上专门配备了可供乘客乘坐的设施。

(3)驾驶员必须特别注意作业环境,包括在附近的其他人员以及固定的或移动的物体,且必须随时提防行人。

(4)无论车辆起升部件有无载荷,必须禁止任何人通过或站在车辆起升部件下面。

发生人员、建筑物、结构或设备事故必须立即向有关人员汇报。

(5)驾驶员未经批准不得修改、增加或拆除车辆零件以免影响车辆性能。除了已由车辆制造厂装上的以外,不得在车辆方向盘上附加或安装手把。驾驶员必须在车辆的使用范围内使用车辆。

(6)用乘驾式高起升车辆进行高堆垛作业、搬运高的或多件叠装的单元货物时,必须使用带有护顶架和挡货架的车辆。

(7)用步行式车辆进行高堆垛作业、搬运高的或多件叠装的单元货物时,必须使用挡货架。

2.载荷搬运(起升或堆垛)安全技术

(1)载荷

1)工业车辆或工业车辆与属具的联合体(当装有属具时)只允许搬运不大于其额定起重量的载荷。装有属具的工业车辆的起重量可能小于属具标牌上标出的能力。

2)不得采用任何方式来增大车辆的起重量,例如附加人员或平衡重。

3)在任何时候,特别是在使用属具时,必须注意载荷的操作、定位、固定与运输,装有属具的车辆在无载时,应作为部分承载来使用。

4)只允许搬运排列稳定或安全的载荷,尤其在搬运超长或超高载荷时必须格外小心。

5)在搬运重心不能确定的载荷时,操纵车辆时必须特别小心。

(2)载荷的拣取和放下

采用货叉拣取载荷时:

1)货叉间距必须适合被搬运载荷的宽度。

2)货叉必须尽可能深地插入到载荷的下方。但注意不得使叉尖碰到载荷以外的物件。然后货叉必须起升到足够的高度以拣取载荷。

3)在搬运高的或多件叠装的单元货物时,必须采用最小的后倾(如可后倾)来稳定载荷,并应特别小心。

4)在放下载荷时,必须小心地下降。如有可能可少许(或有限地)前倾门架,以便放妥载荷和抽出货叉。

(3)堆垛

1)堆垛时门架必须尽量后倾以保证载荷稳定,慢慢地接近货堆。

2)车辆靠近和面对货垛时,必须把门架调整到近似于垂直位置,把载荷起升到稍高于堆垛高度,然后车辆向前移动;或者前移式叉车伸出货叉,降下货叉放下载荷。

3)在起升装置已起升时开动车辆,不论车辆空载或满载,都应十分小心、平稳地操纵制动器。

4)必须确保载荷堆垛牢靠。

5)堆垛后抽出货叉,并把货叉降低到运行高度,在确认道路无障碍后开走车辆。

6)具有后倾的车辆运行时必须利用后倾以稳定载荷。

(4)拆垛

1)车辆慢慢靠近货堆,当货叉叉尖离货堆约 0.3 m 时停下。

2)货叉间距必须调整到适合于要搬运载荷的宽度,而且必须检查载荷的重量,以确保载荷在车辆的起重量范围之内。

3)必须垂直起升货叉到可将其插入到载荷下方的位置。

4)在起升装置已起升时开动车辆,不论空载或满载,都必须十分小心、平稳地操纵制动器。

5)货叉必须尽可能深地插入到载荷的下方,但注意不得使叉尖碰到载荷以外的物件。然后货叉必须起升到足够高度以拣取载荷。

6)进一步起升货叉,使载荷正好与货堆脱离。如果门架可后倾,那么货叉必须适当后倾以稳定载荷。若是前移式叉车,则必须缩回货叉。

7)在确认道路通畅后,将载荷从货堆上取下。

8)载荷必须降低到运行高度,门架最大后倾。当确认道路通畅之后,车辆平稳地离开。

3.使用安全技术要求

(1)厂内道路应设置交通标志,其设置位置、形式、尺寸、颜色等应符合国家交通标志的现行规定;跨越道路上空的架空管线或其他构筑物与路面之间的最小净高不得小于5 m。

(2)车辆车容整洁,车身调整。车辆装备的安全防护装置及附件应齐全有效;车辆的整车技术状况、污染物排放、噪声应符合国家有关标准及规定;全车各部位在发动机运转及停车时应无漏油、漏水、漏电、漏气现象。

(3)车辆的液压系统应管路畅通,密封良好;操作杆无变形,无卡阻;车辆发动机应安装牢固可靠、动力性好、运转平稳、无异响,启动和停机性能良好;发动机启动系统、点火系统、燃料系统,润滑系统、冷冻系统应机件齐全、性能良好、安装牢固,线路、管路不磨碰。

(4)车辆气压制动系统技术指标应符合有关标准及规定,必须装有放水装置和限压装置。对于机械式制动器,拉杆拉线等机件应完好无损,在车辆运行过程中不应有自行制动现象。车辆的制动距离、跑偏量、驻车制动性能应符合有关标准与规定。

(5)车辆的离合器应接合平稳、分离彻底,不得有异响、抖动和打滑现象。踏板力和自由行程应符合有关标准、规定及车辆技术条件。变速箱应无裂纹,变速换挡灵活、轻便,自锁、互锁可靠,变速杆无变形。传动轴万向节应无裂纹和变形,锁止齐全、可靠、传动平稳,在运转时不发生震抖和异响。

(6)驾驶室的技术状况应能保证驾驶员有正常的工作条件。车辆驾驶室必须视线良好,挡风玻璃不得使用有机玻璃或普通玻璃,必须装设后视镜、刮水器。

(7)燃油箱及燃油管路应坚固并有防护装置,防止由于振动、冲击而发生损坏及漏油现象。燃油箱与排气管的位置应相距300 mm以上或设置有效的隔热装置,燃油箱应距裸露接头及电气开关200 mm以上。

(8)蓄电池充电和更换的要求:

1)所有蓄电池充电和更换必须由经过培训和指定的人员按蓄电池或车辆制造厂的说明书进行,通常可指定驾驶员担任。

2)在为蓄电池充电或更换蓄电池之前,车辆必须正确定位并制动。充电时,排气帽必须处在正确位置上,以防电解液溅出,并确保通气孔有效。打开蓄电池(或隔间)的盖以放出气体和散去热量。

3)在蓄电池充电区域内必须采取措施以防出现明火、火花或电弧。禁止吸烟。工具或其他金属物品必须远离未加盖的蓄电池顶部。

4)蓄电池上部应保持干燥,接线端子应保持清洁,涂上少许凡士林并正确拧紧。未经批准不得使用不同电压、重量或尺寸的蓄电池代替原电动车辆上的蓄电池。

5)重新安装蓄电池时,蓄电池必须放在车辆的正确位置上。禁止用明火检查蓄电池的电解液液面。

6)取用酸坛中的溶液时,必须使用酸坛倾斜装置或虹吸管。稀释浓硫酸配制电解液时,只允许把浓硫酸加入水中,而不得把水加入浓硫酸中。

4.维护安全技术

(1)维护项目。

1)所有的机动工业车辆必须根据计划日程,按照下列项目,特别是按制造厂提供的维护说明书进行防护性检查、润滑、保养和维修。

2)只有专业维修人员,才允许对工业车辆进行检查、维护、调整和修理。

(2)制动器、转向机构、操纵机构、警示装置、灯光、调节器和起升过载保护装置必须保持在安全作业状态。

(3)起升和倾斜机构的所有部件及构件必须定期检查,并保持安全作业状态。

(4)安全防护架和安全装置必须定期检查,并保持安全作业状态。

(5)所有的液压系统都必须定期检查和维护。必须检查油缸、阀和其他类似部件,以确保内漏和外漏不会发展到危险的程度。

(6)必须检查和维护蓄电池、电动机、控制器和接触器、限位开关、保护装置、导线和接插件,使其处于良好状态,特别要注意电气绝缘状态。

(7)必须检查内燃车辆的排气系统、汽化器的调节器、蒸发器和燃油泵是否有损坏和渗漏。

(8)必须检查充气轮胎的踏面、侧面和轮毂的损坏程度,必须使轮胎保持在制造厂规定的气压,从对开式轮毂上拆卸充气轮胎之前,必须预先释放轮胎内的气体。

(9)必须检查实心轮胎和金属轮箍或轮毂的粘接情况,必要时,应清除轮胎踏面的杂质。

(10)必须确保所有的标牌、指示牌和标签(图案)字迹清晰。

(11)必须检查燃油系统有无渗漏及所有配件是否完好。液化石油气系统必须用肥皂液进行渗漏检查。燃油系统有渗漏时,车辆必须离开作业现场,只有将所有的渗漏处修补完好之后,车辆才能重新投入使用。

(12)未经制造厂批准,不得进行任何设计上的修改,也不得在车上附加任何物体,以免影响车辆的能力和作业安全。

(13)设计用于危险场合和被批准用于危险场合的专用车辆或设备,必须加以特别注意,确保在维护后能保持车辆原有的安全作业性能。

(14)所有更换的零件必须是原型的零件,或至少与原车辆中零件的质量相同,此时标牌和说明书上的内容也必须作相应更改。

(15)工业车辆必须保持清洁以防失火,及时发现松动或有缺陷的零件,保持起升装置和承载装置、踏板、脚蹬和车辆地板清洁,无油脂、油污和污染物等。

(16)检查。

1)如发现车辆存在任何可成为安全隐患的缺陷、磨损或损坏,则必须采取有效的措施,修复后车辆才能重新投入使用。

2)应遵照计划日程对车辆进行防护性维护、润滑和检查。对要求记录的数据必须保存好。

第四节　特种设备安全技术监察规程与标准

1.《中华人民共和国特种设备安全法》(国家主席令第 4 号)

2.《特种设备安全监察条例》(国务院令第 549 号)

3.《特种设备质量监督与安全监察规定》(国家质量技术监督局令第 113 号)

4.《大型游乐设施安全监察规定》(国家质检总局令第 154 号)

5.《特种设备事故报告和调查处理规定》(国家质检总局第 115 号令)

6.《特种设备注册登记与使用管理规则》(质技监局锅发〔2001〕57 号)

7.《锅炉安全技术监察规程》(TSG G0001－2012)

8.《固定式压力容器安全技术监察规程》(TSG R0004－2009)

9.《移动式压力容器安全技术监察规程》(TSG R0005－2011)

10.《气瓶安全技术监察规程》(TSG R0006－2014)

11.《压力容器使用登记管理规则》(TSG R5002－2013)

12.《起重机械安全监察规定》(国家质检总局令第 92 号)

13.《机械安全　机械电气设备第 32 部分:起重机械技术条件》(GB 5226.1－2002)

14.《起重机械吊具与索具安全规程》(LD 48－1993)

15.《游乐设施安全技术监察规程》(国质检锅〔2003〕34 号)

16.《客运架空索道安全规范》(GB 12352－2007)

17.《工业车辆安全要求和验证・第 1 部分:自行式工业车辆(除无人驾驶车辆、伸缩臂式叉车和载运车)》(GB 10827.1－2014)

第四章　建筑工程施工安全技术

第一节　建筑施工安全基础知识

一、建筑施工的特点及伤亡事故类别

(一)建筑施工的特点

(1)产品固定,作业流动性大。建筑业的产品,位置固定,各种施工机械设备、材料、施工人员都围绕这个固定的产品,随着工程建设的进展,上下左右不停地流动,一项产品完成后,又流向新的固定产品,作业流动性大。

(2)产品体量大,露天作业多。建筑产品多为高耸庞大、固定的大体量产品,施工生产露天作业多。

(3)形式多样,规则性差。建筑产品要服从各行各业的需要,外观和使用功能各不相同,形式和结构多变,加工产品所处地点不同,施工过程处于不同的外部条件。即使同类工程、同样工艺、工序,其施工方法和施工情况也会有所差异和变化,规则性差,施工生产很难全部照搬采用以往的施工经验。

(4)施工周期长,人力物力投入量大。建筑产品的施工生产过程往往需要长期、大量地投入人力、物力和财力。在有限的施工现场内集中大量的人力、建筑材料、设备设施、施工机具,协作单位多,立体交叉作业的情况多。施工工期少则几个月,多则几年、十几年,施工工期较长。

(5)施工涉及面广,综合性强。建筑施工生产在企业内部,要有序地在特定的气候环境条件下组织多队伍、多工种作业。从企业外部来说,生产活动需要同专业化单位和材料供应、运输、公用事业、市政、交通等方面的协调和配合,加上施工生产是在“先有用户”的情况下进行的,施工生产的进展在一定程度上依赖于建设计划和用户,对国家、地区、用户的经济状况反应敏感,受建设资金和外部条件影响大,在一定程度上施工生产的自主性、预见性、可控性比一般产业较困难。

(6)手工作业多,劳动条件差,强度大。建筑产品大多是由笨重的材料和构件聚合所成,虽然随着现代施工技术的推广普及,机械化施工比重逐渐增大。但与其他产业相比,手工作业多,劳动条件差、强度仍然很大,用于笨重材料物件加工、施工机械配合作业的劳动强度高于其他一般产业。

(7)设施设备布局分散,管理难度大。在建筑产品的施工现场,大型临时设施多,露天的电气线路、装置多,塔吊、井架、脚手架等危险性较大的设备设施多,手持移动工具多,而且布局分散、使用广泛,管理难度大。

(8)人员及其素质不稳定。施工作业队伍经常处于动态的调整状态,由于作业量的变化和适应工期、工序搭接的需要,施工队伍本身很不稳定。此外,施工作业人员文化程度低,多数未受过专业训练,专业知识技能主要靠工作实践逐步积累。在管理和监督薄弱的情况下,非法转包和招聘一些不能胜任作业的队伍、人员,致使作业人员及其素质更加不稳定。

(9)施工现场安全受地理环境条件影响。现场安全受建筑施工现场所处的地理、地质、水文和现场内外水、电、路等环境条件的影响,施工过程中,若对这些影响因素重视不够,措施不当,就可能引发事故。

(10)施工现场安全受季节气候影响。施工现场安全受不同季节、气候的影响较大。各种较恶劣的气候条件对施工现场的安全都是很大的威胁。如不采取有针对性的劳动保护、安全技术和管理措施,就很容易引发事故。

(二)易发和多发事故的类别

从建筑物的建造过程以及建筑施工的特点可以看出,施工现场的操作人员从基础+主体+屋面等分项工程的施工,要从地面到地下,再回到地面,再上到高空。经常处在露天、高处和交叉作业的环境中。建筑施工的高处坠落、物体打击、触电和机械伤害等 4 个类别的伤亡事故多年来一直居高不下,被称为四大伤害。随着建筑物的高度从高层到超高层,其地下室亦从地下一层到地下二层或地下三层,土方坍塌事故增多,特别是在城市里拆除工程增多,因此,在四大伤害的基础上增加了坍塌事故,据 2004 年全国建筑施工伤亡事故分析,高处坠落占建筑业死亡总数的 53.10%,坍塌占 14.43%,物体打击 10.57%,机械伤害占 9.82%,触电占 7.81%,这 5 类事故占 95%以上。建筑施工也就从四大伤害变成了五大伤害。

二、施工组织设计及安全技术措施

(一)建筑工程施工组织设计

一栋建筑物或者一个建筑群体的施工是在有限的场地和空间集中大量的人、机、物来完成的。施工过程中可以采用不同的方法和不同的机具;而建筑物或建筑群体的施工顺序,也可以有不同的安排;工程开工以前所必须完成的一系列准备工作也可以采用不同的方法。总之,不论在技术方面或在组织方面,通常都有许多可行的方案供施工人员选择。怎样结合工程的性质、规模、工期、机械、材料、构件、运输、地质、气候等各项具体的条件,从经济、技术、质量、安全的全局出发,在众多的方案中选定最合理的方案,是施工人员在开始施工之前就必须解决的问题。在做出合理的决定之后,施工人员就可以对施工的各项活动做出全面的部署,编制出指导施工准备和施工全过程的技术经济文件,这就是施工组织设计。

施工组织设计是在国家和行业的法律、法规、标准的指导下,从施工的全局出发,根据各种具体条件,拟定工程施工方案、施工程序、施工流向、施工顺序、施工方法、劳动组织、技术措施、施工进度、材料供应、运输道路、场地利用、水电能源保证等现场设施的布置和建设作出规划,以便对施工中的各种需要及其变化,做好事前准备,使施工建立在科学合理的基础上,从而做到高速度地取得最好的经济效益和社会效益。

建筑工程施工组织设计是指导全局、统筹规划建筑工程施工活动全过程的组织、技术、经济文件，因此，从工程施工招投标、申报施工许可证和进行施工等活动都必须有工程施工组织设计作为指导。

施工组织设计一般分为施工组织总设计、单位工程施工组织设计和分部分项工程施工组织设计三类。

(1)施工组织总设计是以建设项目或群体工程为对象进行编制，对其进行统筹规划，指导全局的施工组织设计。一般在初步设计、技术设计或扩大设计批准后，即可进行编制施工组织总设计。由于大、中型建设项目施工工期需多年，因此，施工组织总设计又是编制施工企业年度施工计划的依据。

(2)单位工程施工组织设计是以一个单位工程或一个交工的系统工程为对象而编制的，在施工组织总设计的总体规范和控制下，进行较具体、详细的施工安排，也是施工组织总设计的具体化，是指导本工程项目施工生产活动的文件，也是编制本工程项目季、月度施工计划的依据。

单位工程施工组织设计是在全套施工图设计完成并进行会审、交底后，由直接组织施工的单位组织编制。并经本单位的计划、技术、质量、安全、动力、材料、财务、劳资等部门审核，由企业的技术负责人(总工程师)审批，签字后生效的技术文件。

(3)分部(分项)工程施工组织设计也称为专项施工方案，它的编制对象是危险性较大、技术复杂的分部分项工程或新技术项目，用来具体指导分部分项工程的施工。该施工组织设计的主要内容包括:施工方案、进度计划、技术组织措施等。

(二)施工安全技术措施

1.施工安全技术措施的内涵

施工安全技术措施是施工组织设计中的重要组成部分，它是具体安排和指导工程安全施工的安全管理与技术文件。是针对每项工程在施工过程中可能发生的事故隐患和可能发生安全问题的环节进行预测，从而在技术上和管理上采取措施，消除或控制施工过程中的不安全因素，防范发生事故。

建筑施工企业在编制施工组织设计时，应当根据建筑工程的特点制定相应的安全技术措施。因此，施工安全技术措施是工程施工中安全生产的指令性文件，在施工现场管理中具有安全生产法规的作用，必须认真编制和贯彻执行。

2.施工安全技术措施主要内容

建设工程大致分为两种:一种是结构共性较多的，称为一般工程;二是结构比较复杂、施工特点较多的，称为特殊工程。

(1)一般工程安全技术措施

1)桩基、土方、地下室工程防土方塌方、位移。

2)脚手架、吊篮、工具式脚手架等选用及设计搭设方案和安全防护措施。

3)高处作业的上下安全通道;建筑围挡封闭、安全网的架设措施方法。

4)垂直运输设备、位置搭设要求、稳定性、安全装置。

5)洞口及临边的防护方法和立体交叉施工作业区的隔离措施。

6)场内运输道路及人行通道的位置。

7)施工临时用电的组织设计和临时用电图。

8)在建工程(包括脚手架)的外侧边缘与外电架空线路的间距没有达到最小安全距离的,应采取的防护。

9)防火、防毒、防爆、防雷等安全。

10)在建工程与周围人行通道及民房的防护隔离设施。

(2)特殊工程安全技术措施

对于结构复杂、危险性大、特性较多的特殊工程,应编制专项的安全措施。如爆破、起重吊装作业、沉箱、水塔、各种特殊架设作业、施工用电、基坑支护、模板工程、塔吊、物料提升机及其他垂直运输设备和拆除工程等均应编制专项的安全技术措施,要有设计依据,有计算、详图和文字要求。

(3)季节性施工安全技术措施

考虑不同季节的气候对施工生产带来的不安全因素,可能造成各种突发性事故,对季节性施工的工程,应从防护上、技术上、管理上采取措施。一般工程可在施工组织设计或施工方案的安全技术措施中,编制季节性施工安全措施;危险性大、高温期长的建筑工程,应单独编制季节性的施工安全措施。

3.贯彻执行安全技术措施要求

(1)经批准的安全技术措施具有技术法规的作用,必须认真贯彻执行。遇到因条件变化或考虑不周必须变更安全技术措施内容时,应由原编制、审批人员办理变更手续,否则不能擅自变更。

(2)工程开工前,由生产、技术负责人、编制人员将工程概况、施工方案和安全技术措施向参加施工的有关人员进行安全技术交底。每个分部分项工程开始前,应进行分部分项工程的安全措施交底,使执行者了解掌握交底内容,安全交底应有书面材料,以及双方的签字、交底日期和执行情况。

(3)安全技术措施中的各种安全防护设施、装置的实施应列入施工任务单,责任落实到班组或个人,并进行验收制度。

(4)技术负责人、安全技术措施编制者和专兼职安全技术人员要经常深入工地,检查安全技术措施的实施情况,及时纠正违反安全技术措施的行为、问题,必要时要对其及时补充和修改,使之更加完善、有效。安全部门要以此措施为依据,以安全法规和各项安全规章制度为准则,经常性地对工地实施情况进行检查,并监督各项安全措施的落实。

三、施工现场安全知识

(一)施工现场的安全规定

施工现场是建筑行业生产产品的场所,为了保证施工过程中施工人员的安全和健康,应建立施工现场安全规定。

(1)悬挂标牌与安全标志。施工现场主要入口处必须设置“六牌二图”。即:工程概况牌,现场出入制度牌,管理人员及监督电话牌,安全生产牌,消防保卫牌,文明施工牌和现场平面布置图及建筑物效果图。施工作业危险部位应悬挂安全警示标志,并绘制安全标志布置图,不得将安全标志集中悬挂。安全标志应符合《安全标志》(GB 2894—1996)的要求。

(2)施工现场四周用硬质材料围挡封闭，在市区主要路段其高度不得低于 2.5 m，在一般路段其高度不得低于 1.8 m。场内的地坪应当做硬化处理，道路应当坚实畅通，施工现场应当保持排水系统畅通，不得随意排放。各种设施和材料的存放应当符合安全规定和施工总平面图的要求。

(3)施工现场的孔、洞、口、沟、坎、井以及建筑物临边，应当设置围挡、盖板和警示标志，夜间应当设置警示灯。

(4)施工现场的各类脚手架(包括操作平台及模板支撑)应当按照标准进行设计，采取符合规定的工具和器具，按专项安全施工组织设计搭设，并用绿色密目式安全网全封闭。

(5)施工现场的用电线路、用电设施的安装和使用应当符合临时用电规范和安全操作规程，并按照施工组织设计进行架设，严禁任意拉线接电。

(6)施工单位应当采取措施控制污染，做好施工现场的环境保护工作。

(7)施工现场应当设置必要的生活设施，并符合国家卫生有关规定要求。应当做到生活区与施工区、加工区的分离。

(8)进入施工现场必须佩戴安全帽；攀登与独立悬空作业配挂安全带。

(二)施工过程中的安全操作知识

施工现场的施工队伍中有两类人员参加施工，一类是管理人员，包括项目经理、施工员、技术员、质监员、安全员等；另一类是操作人员，包括瓦工、木工、钢筋工等各工种。施工管理人员是指挥、指导、管理施工的人员，在任何情况下，不应为了抢进度，而忽视安全规定，指挥工人冒险作业。操作人员应通过三级教育、安全技术交底和每日的班前活动，掌握保护自己生命安全和健康的知识和技能，杜绝冒险蛮干，做到不伤害自己、不伤害别人，不被别人伤害。各类人员除了做到不“三违”(即违章指挥、违章作业、违反劳动纪律)以外，还应熟悉以下建筑施工安全的特点。

(1)安全防护措施和设施要不断地补充和完善。随着建筑物从基础到主体结构的施工，不安全因素和安全隐患也在不断地变化和增加，这就需要及时地针对变化了的情况和新出现的隐患采取措施进行防护，确保安全生产。

(2)在有限的空间交叉作业，危险因素多。在施工现场的有限空间里集中了大量的机械、设施、材料和人。随着在建工程形象进度的不断变化，机械与人、人与人之间的交叉作业就会越来越频繁，因此，受到伤害的机会是很多的，这就需要建筑工人增强安全意识，掌握安全生产方面的法律、法规、规范、标准知识，杜绝违章施工、冒险作业。

(三)施工现场安全措施

1.安全目标管理

安全目标管理的主要内容如下：

(1)控制伤亡事故指标。

(2)施工现场安全达标。在施工期间内都必须达到《建筑施工安全检查标准》的合格以上要求。

(3)文明施工。要制定施工现场全工期内总体和分阶段的目标，并要进行责任分解落实到人，制定考评办法，奖优罚劣。

2.文明施工

文明施工应符合现行国家标准《建设工程施工现场消防安全技术规范》(GB 50720－2011)和现行行业标准《建筑施工现场环境与卫生标准》(JGJ 146－2004)、《施工现场临时建筑物技术规范》(JGJ/T 188－2009)等标准和规范的规定。

根据《建筑施工安全检查标准》(JGJ 59－2011)的规定，在工程施工期间内，施工现场都能做到地坪硬化、场区绿化、五小设施(办公室、宿舍、食堂、厕所、浴室)卫生化、材料堆放标准化等文明施工的标准。

3.安全技术交底

任何一项分部分项工程在施工前，工程技术人员都应根据施工组织设计的要求，编写有针对性的安全技术交底书，由施工员对班组工人进行交底。接受交底的工人听过交底后，应在交底书上签字。

4.安全标志

在起重机械、临时用电设施、脚手架、出入通道口、楼梯口、电梯井口、孔洞口、桥梁口、隧道口、基坑边沿、爆破物及有害危险气体和液体存放处等设备设施或作业场所，都必须按《安全色》(GB 2893－2008)、《安全标志》(GB 2894－2008)和《工作场所职业病危害警示标志》(GBZ 158－2003)的规定悬挂安全标志牌。

5.季节性施工

建筑施工是露天作业，受到天气变化的影响很大，因此，在施工中要针对季节的变化制定相应施工措施，主要包括雨季施工和冬季施工。高温天气应采取防暑降温措施。

6.尘毒防治

建筑施工中主要有水泥粉尘、电焊锰尘及油漆涂料等有毒气体的危害，随着工艺的改革，有些尘毒危害已经消除。如实施商品混凝土以后，水泥污染正在消除。其他的尘毒应采取措施治理。施工单位应向作业人员提供安全防护用具、安全防护服装等劳保防护用品，并书面告知危险岗位的操作规程和违章操作的危害。作业人员应当遵守安全施工的强制性标准、规章制度和操作规程。

第二节　建设工程施工危险、有害因素分析

一、建设工程施工危险、有害因素辨识活动的范围与内容

施工现场危险、有害因素辨识活动的范围包括施工作业区、加工区、办公区和生活区；企业机关和基层单位所在的办公场所和生活场所。危险、有害因素辨识活动的内容包括五个方面：

1.对工作场所设施的辨识。包括：①企业机关、基层单位、各部(科)室在辨识小组领导下，负责管辖区域内的办公设施(包括办公室、厂院、楼道等)进行辨识；②行政管理部门和各基层单位相关科室负责对所管辖的生活区域(包括食堂、浴室、俱乐部、宿舍、厕所

等)的设施进行辨识,并监督项目部对办公区、生活区的辨识;③项目部辨识小组负责对施工现场的办公区、生活区(包括分包队伍的食堂、宿舍等)、加工区(包括钢筋、木工、混凝土搅拌棚等)、施工作业区(包括四口防护、安全通道、作业面的材料码放、架子搭设、临时用电架设等)设施的辨识;④工作场所的设施无论是企业自有的、企业租赁的、分包方自带的、业主提供的等均在辨识的范围内。

2.对工作场所使用的设备、材料、物资进行辨识。

3.对常规作业活动进行辨识。按照正常作业计划,项目部按分项、分部工程,对施工作业和加工作业进行辨识和评价。

4.对非常规作业活动进行辨识。基层单位、项目部未能按照正常作业计划(如抢工期、交叉作业)或冬雨期、夜间施工可能发生的危险、有害因素。

5.对进入施工现场的相关方(分包队伍、合同人员、来访者、供方等)可能发生的危险、有害因素进行辨识。

二、建设工程施工现场危险、有害因素辨识

(一)按引发事故的起因物类型辨识

根据《企业职工伤亡事故分类标准》(GB 6441—1986),综合考虑事故的起因物、致害物、伤害方式等特点,将危险、有害因素及危险、有害因素造成的事故分为20类,参见本书第一篇第四章第一节。建筑施工现场危险、有害因素辨识时对危险、有害因素或其造成的伤害的分类多采用这种分类方法,其中高处坠落、物体打击、触电事故、机械伤害、坍塌事故是建设工程施工中最主要的事故类型。

1.高处坠落。人员从临边、洞口,包括屋里边、楼板边、阳台边、预留洞口、电梯井口、楼梯口等处坠落;从脚手架上坠落;龙门架(井字架)物料提升机和塔吊在安装、拆除过程坠落;安装、拆除模板时坠落;结构和设备吊装时坠落。

2.物体打击。人员受到同一垂直作业面的交叉作业中和通道口处坠落物体的打击。

3.触电。对经过或靠近施工现场的外电线路没有或缺少防护,在搭设钢管架、绑扎钢筋或起重吊装过程中,碰撞这些线路造成触电;使用各类电器设备触电;因电线破皮、老化,又无开关箱等触电。

4.机械伤害。主要是垂直运输机械设备、吊装设备、各类桩机等对人的伤害。

5.坍塌。施工中发生坍塌事故主要是:现浇混凝土梁、板的模板支撑失稳倒塌、基坑边坡失稳引起土石方坍塌、拆除工程中的坍塌、施工现场的围墙及在建工程屋面板质量低劣坍落。

(二)按导致事故和职业危害的直接原因辨识

根据《生产过程危险和有害因素分类与代码》(GB/T 13861—2009)的规定,将生产过程中的危险因素与有害因素分为“人的因素”“物的因素”“环境因素”和“管理因素”4大类,见本书第一篇第四章第一节。

(三)按职业病分类辨识

经诊断,凡因从事接触有毒有害物质或不良环境的工作而造成的急慢性疾病属职业病。

2013 年 12 月 23 日,国家卫生计生委、人力资源社会保障部、安全监管总局、全国总工会 4 部门联合印发《职业病分类和目录》。该《分类和目录》将职业病分为职业性尘肺病及其他呼吸系统疾病、职业性皮肤病、职业性眼病、职业性耳鼻喉口腔疾病、职业性化学中毒、物理因素所致职业病、职业性放射性疾病、职业性传染病、职业性肿瘤、其他职业病 10 类 132 种。该目录中所列的 10 大类职业病包括:职业性尘肺病及其他呼吸系统疾病 19 项;职业性皮肤病 9 项;职业性眼病 3 项;职业性耳鼻喉口腔疾病 4 项;职业性化学中毒 60 项;物理因素所致职业病 7 项;职业性放射性疾病 11 项;职业性传染病 5 项;职业性肿瘤 11 项;其他职业病 3 项。

施工现场职业病的主要危害及种类主要有以下几种。

1.粉尘

粉尘是指在生产过程中发生并能较长时间浮游在空气中的固体微粒。施工现场主要是含游离的二氧化硅粉尘、水泥尘(硅酸盐)、石棉尘、木屑尘、电焊烟尘、金属粉尘引起的粉尘,其中含游离的二氧化硅粉尘直接决定粉尘对人体的危害程度。粉尘对人身的危害主要表现为:当吸入肺部的生产性粉尘达到一定数量时,就会引起肺组织逐渐硬化,失去正常的呼吸功能,即尘肺病、肺部疾病、粉尘致癌、粉尘的中毒、粉尘的其他局部作用。

2.生产性毒物

生产性毒物是指在生产中产生或使用的有毒物质,它可使大气、水、土层等环境因子受到污染,被人体接触或吸收,可引起急性或慢性中毒,如铅、苯、二甲苯、聚氯乙烯、锰、二氧化碳、一氧化碳、亚硝酸盐等。

生产性毒物对人身的危害主要表现为:职业中毒,致突变、致畸胎,致癌作用,其他作用。施工现场职业中毒主要包括苯中毒,锰中毒,二氧化碳中毒,以及汞中毒,铅中毒,汽油中毒,高分子化合物中毒,刺激性气体中毒等。

(1)苯中毒。苯施工现场中用于油漆、喷漆、环氧树脂、粘结、塑料及机件的清洗等。苯对人身的危害主要表现为:急性苯中毒,造成中枢神经系统麻醉,神志丧失,血压降低,以至呼吸循环衰竭而死亡:慢性苯中毒,造成神经衰弱症,损害造血机能,出现再生障碍性贫血,严重呈苯白血病。

(2)锰中毒。施工现场中焊接时会产生锰烟尘。锰对人身的危害主要表现为:中毒后损害人体的神经系统,导致神经衰弱症,植物神经紊乱,震撼麻痹综合症,精神失常,肌张力改变等。

(3)一氧化碳中毒。一氧化碳中毒使氧在人体内的输运或组织利用氧的功能发生障碍,造成组织缺氧。一氧化碳对人身的危害主要表现为:急性中毒,中枢神经系统受到损害,意识模糊或安全丧失,严重时会因呼吸麻痹而死亡;慢性中毒,会出现头痛、头晕、四肢无力、体重下降、全身不适等神经衰弱症候群。

3.噪声

噪声是建筑施工过程及构件加工过程中,存在的多种无规则的音调及杂乱声音。施工现场噪声主要来源于打桩机、搅拌机、电动机、混凝土振动棒、钢筋加工机械、模板安装与拆除等。噪声对人体的危害主要表现在:长期在强烈噪声环境中劳动,内耳器官会发生器质性病变,造成永久性听阈偏移,即慢性噪声性耳聋。

4.振动

振动就是物体在力的作用下,沿直线或弧线经过某一个中心位置(或平衡位置)的来回重复运动。振动病是长期接触强烈振动而引起的以肢端血管痉挛、上肢骨及关节骨质改变和周围神经末梢感觉障碍的职业病。振动对人体的危害主要表现为:长期在振动环境中作业可造成手指麻木、胀痛、无力、双手震颤、手腕关节骨质变形,指端白指和坏死等。

(四)按环境影响因素辨识

1.按影响环境的污染物辨识

(1)噪声。包括施工机械、运输设备、电动工具、模板与脚手架等周转材料的装卸、安装、拆除、清理和修复等造成的噪声。

(2)粉尘。包括场地平整作业、土堆、砂堆、石灰、现场路面、水泥搬运、混凝土搅拌、木工房锯末、现场清扫、车辆进出等引起的粉尘。

(3)废水。包括施工过程搅拌站、洗车处等产生的生产废水,生活区域的食堂、厕所等产生的生活废水。

(4)废气。包括油漆、油库、化学材料泄漏或挥发等引起的有毒有害气体排放。

(5)固体废弃物。包括建筑渣土、建筑垃圾、生活垃圾、废包装物含油抹布等的处置与排放。

(6)振动。包括打桩、爆破等施工对周边建筑物和构筑物、道路桥梁等市政公用设施的影响。

(7)光。包括施工现场夜间照明灯光产生的光污染。

2.按环境影响因素的影响对象辨识

(1)向大气排放,包括粉尘、有毒有害气体排放。

(2)向水体排放,包括生产废水、生活废水排放。

(3)废弃物管理,包括建筑渣土、建筑垃圾、生活垃圾、废包装物、含油抹布等废弃物的处置管理。

(4)土地污染,包括油品、化学品的泄漏。

(5)原材料与自然资源的使用。

(6)当地环境和社区性问题,包括噪声、振动、光污染等。

三、危险、有害因素与环境影响因素辨识应注意事项

(1)应充分了解危险、有害因素与环境影响因素的分布。

1)从范围上讲,应包括施工现场内受到影响的全部人员、活动与场所,以及受到影响的社区、排水系统等,也包括分包商、供应商等相关方的人员、活动与场所可施加的影响。

2)从状态上,应考虑以下三种状态:①正常状态,指固定、例行性且是列入计划中的作业与程序;②异常状态,是指虽列入计划中,但不是例行性的作业;③紧急状态,是指可能或已发生的紧急事件。

3)从时态上,应考虑到以下三种时态:①过去,以往发生或遗留的问题;②现在,现在正在发生的,并持续到未来的问题;③将来,不可预见什么时候发生且对安全和环境造成较大的影响。

4)从内容上,应包括涉及所有可能的伤害与影响,包括人为失误,物料与设备过期、老化、性能下降造成的问题。

(2)弄清危险、有害因素或环境影响因素伤害与影响的方式或途径。

(3)确认危险、有害因素、环境影响因素伤害与影响的范围。

(4)要特别关注重大危险、有害因素与重大环境影响因素,防止遗漏。

(5)对危险、有害因素与环境影响因素保持高度警觉,持续进行动态辨识。

(6)充分发挥全体员工对危险、有害因素与环境影响因素辨识的作用,广泛听取每一个员工,包括分包商、供应商的员工的意见和建议,必要时还可征求上级单位、设计单位、监理单位、专家、社会和政府主管部门的意见。

第三节 建设工程施工安全技术措施

一、土石方作业安全要求

建筑工程施工中土方工程量很大,特别是山区和城市大型高层建筑深基础的施工。土方工程施工的对象和条件又比较复杂,如土质、地下水、气候、开挖深度、施工场地与设备,对于不同的工程都不相同。

建筑施工安全问题在土方工程施工中是一个很突出的问题,历年来发生的工伤事故不少,而其中大部分是土方塌方造成的,当然其中还有爆破、机械、电器的伤害等事故。

(一)一般安全要求

(1)土石方作业基坑工程的勘察、设计、施工和监理应实行统一管理。应加强施工队伍的培训管理,并建立专业化施工队伍。

(2)基坑工程的设计和施工任务,应由具有相应资质的单位承接。基坑工程监理单位应对基坑工程的设计和施工进行全面监理。

(3)基坑工程应贯彻先设计后施工;先支撑后开挖;边施工边监测;边施工边治理的原则。严禁坑边超载,相邻基坑施工应有防止相互干扰的技术措施。

(4)基坑工程的设计和施工必须遵守相关规范,结合当地成熟经验,因地制宜地进行。深基坑工程施工方案应经建设主管部门审批,并经专家论证审查。

(5)应加强基坑工程的监测和预报工作,包括对支护结构、周围环境及对岩土变化的监测,应通过监测分析及时预报并提出建议,做到信息化施工,防止隐患扩大和随时检验设计施工的正确性。

(6)应建立、健全基坑工程档案,内容应包括勘察、设计、施工、监理及监测等单位的有关资料。

(二)施工准备

(1)土石方作业和基坑支护的设计、施工应根据现场的环境、地质与水文情况，针对基坑开挖深度、范围大小，综合考虑支护方案、土方开挖、降排水方法以及对周边环境采取的措施。

(2)勘察范围应根据开挖深度及场地条件确定，应大于开挖边界外按开挖深度1倍以上范围布置勘探点。应根据土的性质、含水情况以及基坑环境合理选定土的压力参数。

(3)应查明作业范围周边环境及荷载情况，包括各种地下管线分布及现状，道路距离及车辆载重情况，影响范围内的建筑类型以及地表水排泄情况等。

(三)土方挖掘

(1)土方挖掘方法、挖掘顺序应根据支护方案和降排水要求进行，当采用局部或全部放坡开挖时，放坡坡度应满足其稳定性要求。

(2)挖掘应自上而下进行，严禁先挖坡脚。软土基坑无可靠措施时应分层均衡开挖，层高不宜超过1 m。土方每次开挖深度和挖掘顺序必须按设计要求。坑(槽)沟边1 m以内不得堆土、堆料，不得停放机械。

(3)当基坑开挖深度大于相邻建筑的基础深度时，应保持一定距离或采取边坡支撑加固措施，并进行沉降和移位观测。

(4)施工中如发现不能辨认的物品时，应停止施工，保护现场，并立即报告工程所在地有关部门处理，严禁随意敲击或玩弄。

(5)挖土机作业的边坡应验算其稳定性，当不能满足时，应采取加固措施。在停机作业面以下挖土应选用反铲或拉铲作业，当使用正铲作业时，挖掘深度应严格按其说明书规定进行。有支撑的基坑使用机械挖掘时，应防止作业中碰撞支撑。

(6)配合挖土机作业人员，应在其作业半径以外工作，当挖土机停止回转并制动后，方可进入作业半径内工作。

(7)开挖至坑底标高后，应及时进行下道工序基础工程施工，减少暴露时间。如不能立即进行下道工序施工，应预留3 mm厚的覆盖层。

(8)当基坑施工深度超过2 m时，坑边应按照高处作业的要求设置临边防护，作业人员上下应有专用梯道。当深基坑施工中形成立体交叉作业时，应合理布局基位、人员、运输通道，并设置防止落物伤害的防护层。

(9)从事爆破工程设计、施工的企业必须取得相关资质证书，按照批准的允许经营范围并严格遵照爆破作业的相关规定进行。

(四)基坑支护

(1)支护结构的选型应考虑结构的空间效应和基坑特点，选择有利于支护的结构形式或采用几种形式相结合。

(2)当采用悬臂结构支护时，基坑深度不宜大于6 m。基坑深度超过6 m时，可选用单支点和多支点的支护结构。地下水位低的地区能保证降水施工时，也可采用土钉支护。

(3)寒冷地区基坑设计应考虑土体冻胀力的影响。

(4)支撑安装必须按设计位置进行，施工过程严禁随意变更，并应切实使围檩与挡土桩墙结合紧密。挡土板或板桩与坑壁间的回填土应分层回填夯实。

(5)支撑的安装和拆除顺序必须与施工组织设计工况相符合，并与土方开挖和主体工程的施工顺序相配合。分层开挖时，应先支撑后开挖；同层开挖时，应边开挖边支撑。

支撑拆除前，应采取换撑措施，防止边坡卸载过快。

(6)钢筋混凝土支撑其强度必须达到设计要求(或达到 75%)后，方可开挖支撑面以下土方；钢结构支撑必须严格检验材料和保证节点的施工质量，严禁在负荷状态下进行焊接。

(7)应合理布置锚杆的间距与倾角，锚杆上下间距不宜小于 2.0 m，水平间距不宜小于 1.5 m；锚杆倾角宜为 15°～25°，且不应大于 45°。最上一道锚杆覆土厚度不得小于 4 m。

(8)锚杆的实际抗拔力除经计算外，还应按规定方法进行现场试验后确定。可采取提高锚杆抗力的二次压力灌浆工艺。

(9)采用逆作法施工时，要求其外围结构必须有自防水功能。基坑上部机械挖土的深度，应按地下墙悬臂结构的应力值确定；基坑下部封闭施工，应采取通风措施；当采用电梯间作为垂直运输的井道时，对洞口楼板的加固方法应由工程设计确定。

(10)逆作法施工时，应合理地解决支撑上部结构的单柱单桩与工程结构的梁柱交叉及节点构造，并在方案中预先设计，当采用坑内排水时必须保证封井质量。

(五)桩基施工

(1)桩基施工应按施工方案要求进行。打桩作业区应有明显标志或围栏，作业区上方应无架空线路。

(2)预制桩施工桩机作业时，严禁吊装、吊锤、回转、行走动作同时进行；桩机移动时，必须将桩锤落至最低位置；施打过程中，操作人员必须距桩锤 5m 以外监视。

(3)沉管灌注桩施工，在未灌注混凝土和未沉管以前，应将预钻的孔口盖严。

(六)人工挖孔桩施工

人工挖孔桩施工应遵守下列规定：

(1)各种大直径桩的成孔，应首先采用机械成孔。当采用人工挖孔或人工扩孔时须经上级主管部门批准后方可施工。

(2)应由熟悉人工挖孔桩施工工艺、遵守操作规定和具有应急监测自防护能力的专业施工队伍施工。

(3)开挖桩孔应从上自下逐层进行，挖一层土及时浇筑一节混凝土护壁。第一节护壁应高出地面 300 mm。

(4)距孔口顶周边 l m 位置搭设围栏。孔口应设安全盖板，当盛土吊桶自孔内提出地面时，必须用盖板关闭孔口后，再进行卸土。孔口周边 l m 范围内不得有堆土和其他堆积物。

(5)提升吊桶的机构，其传动部分及地面扒杆必须牢靠，制作、安装应符合施工设计要求。人员不得乘盛土吊桶上下，必须另配钢丝绳及滑轮并有断绳保护装置，或使用安全爬梯上下。

(6)应避免落物伤人，孔内应设半圆形防护板，随挖掘深度逐层下移。吊运物料时，作业人员应在防护板下面工作。

(7)每次下井作业前应检查井壁和抽样检测井内空气，当有害气体超过规定时，应进行处理和用鼓风机送风。严禁用纯氧进行通风换气。

(8)井内照明应采用安全矿灯或 12 V 防爆灯具。桩孔较深时，上下联系可通过对讲机等方式，地面不得少于 2 名监护人员。井下人员应轮换作业，连续工作时间不应超过 2 h。

(9)挖孔完成后，应当天验收，并及时将桩身钢筋笼就位和浇筑混凝土。正在浇筑混凝土的桩孔周围 10 m 半径内，其他桩不得有人作业。

(七)地下水控制

(1)基坑工程的设计、施工必须充分考虑对地下水进行治理，采取排水、降水措施，防止地下水渗入基坑。

(2)基坑施工除降低地下水水位外,基坑内尚应设置明沟和集水井,以排除暴雨和其他突然而来的明水倒灌,基坑边坡视需要可覆盖塑料布,应防止大雨对土坡的侵蚀。

(3)膨胀土场地应在基坑边缘采取抹水泥地面等防水措施,封闭坡顶及坡面,防止各种水流(渗)入坑壁。不得向基坑边缘倾倒各种废水并应防止水管泄漏冲走桩间土。

(4)软土基坑、高水位地区应做截水帷幕,应防止单纯降水造成基土流失。

(5)截水结构的设计,必须根据地质、水文资料及开挖深度等条件进行,截水结构必须满足隔渗质量,且支护结构必须满足变形要求。

(6)在降水井点与重要建筑物之间宜设置回灌井(或回灌沟),在基坑降水的同时,应沿建筑物地下回灌,保持原地下水位,或采取减缓降水速度,控制地面沉降。

二、脚手架安全技术要求

(一)概述

脚手架是建筑施工中必不可少的临时设施。例如墙的砌筑,墙面的抹灰、装饰和粉刷,结构构件的安装等,都需要在其近旁搭设脚手架,以便在其上进行施工操作、堆放施工用料和必要时的短距离水平运输。脚手架既要满足施工需要,且又要为保证工程质量和提高工效创造条件,同时还应为组织快速施工提供工作面。

脚手架上的施工荷载一般情况下是通过脚手板传递给小横杆,由小横杆传递给大横杆,再由大横杆通过绑扎(或扣结)点传递给立杆,最后通过立杆底部传递至地基,如图2-4-1所示。各种脚手架应根据建筑施工的要求选择合理的构架形式,并制定搭设、拆除作业的程序和安全措施,当搭设高度超过免计算仅构造要求的搭设高度时,必须按规定进行设计计算。

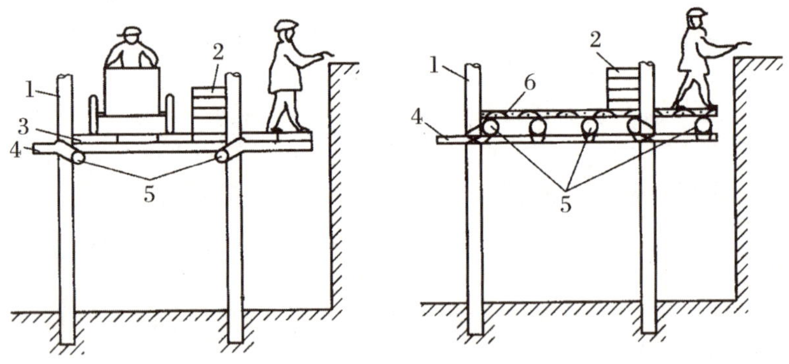

图 2-4-1　脚手架上的施工荷载传递示意图

1-立杆　2-四层侧立砖　3-脚手架　4-小横杆　5-大横杆　6-竹笆脚手板

脚手架虽然是随着工程进度而搭设,工程完毕就拆除,但它对建筑施工速度、工作效率、工程质量以及工人的人身安全有着直接的影响。如果脚手架搭设不及时、势必会拖延工程进度;脚手架搭设不符合施工需要,工人操作就不方便,施工质量得不到保证,工效得不到提高;脚手架搭设不牢固、不稳定,就容易造成施工中的伤亡事故。

随着我国基本建设的规模日益扩大,脚手架的种类也越来越多。从搭设材质上说,不仅有传统的竹、木脚手架,还有金属钢管脚手架,而金属钢管脚手架中又分扣件式、碗扣式、门式，品种繁多；从搭设的立杆排数来看，又可分单排架、双排架和满堂架。图 2-4-2 为多立杆式脚手架构造示意图，图 2-4-3 为钢管扣件式支承架桥式脚手架示意图。从搭设的用途来说，又可分为砌筑架、装修架。但是，不论搭设材料也好，搭设立杆排数也好，按其用途也好，总体来说，脚手架一般可分为外脚手架、内脚手架和工具式脚手架三大类。

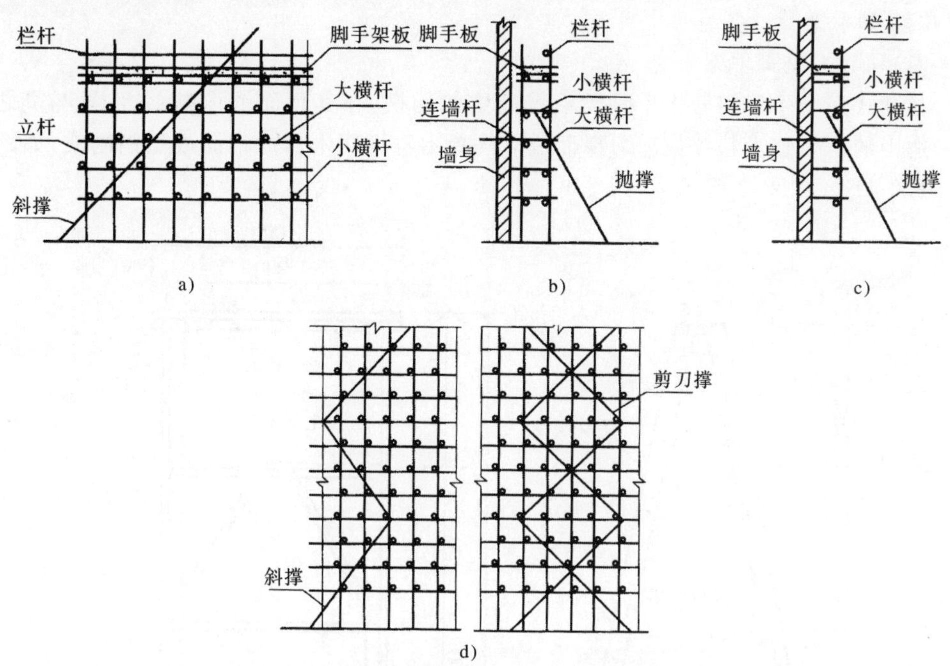

图 2-4-2　多立杆式脚手架构造示意图

a)立面　b)双排侧面　c)单排侧面　d)多立杆式脚手架基本构造

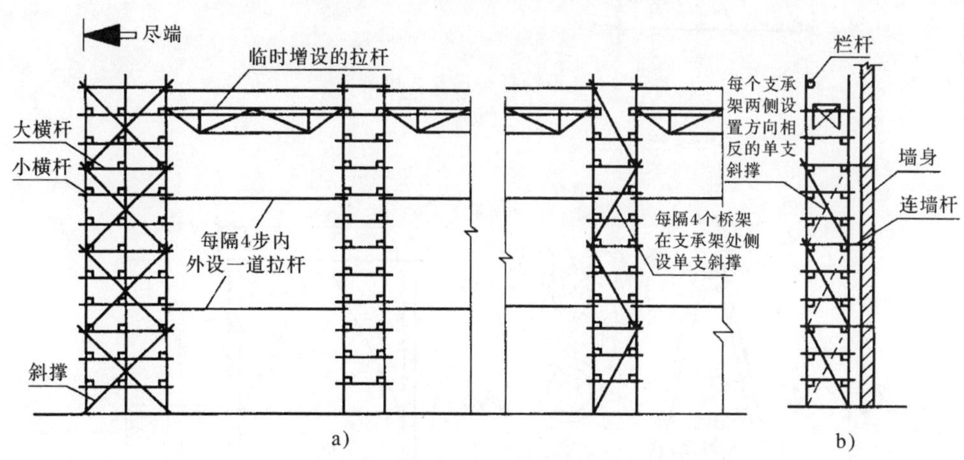

图 2-4-3　钢管扣件式支承架桥式脚手架示意图

a)立面示意图　　b)侧面示意图

1.外脚手架

(1)单排脚手架

单排脚手架由落地的许多单排立杆与大、小横杆绑扎或扣接而成，并搭设在建筑物成构筑物的外围；主要杆件有立杆、大横杆、小横杆、斜撑、剪刀撑、抛撑等，并按规定与墙体拉结。

(2)双排脚手架

双排脚手架由落地的许多里、外两排立杆与大、小横杆绑扎或扣接而成，并格设在建筑物或构筑物的外围；主要杆件由立杆、大横杆、小横杆、剪刀撑、斜撑、抛撑底座等组成。若用扣件连接有回转式、十字式和一字式三种，都应按规定与墙体拉结。

2.内脚手架

(1)马凳式里脚手架

马凳式里脚手架用若干个马凳沿墙的内侧均摆，在其顶面铺设脚手板，凳与凳之间间隔适当的距离加设料撑或剪刀撑而成。马凳本身可用木、竹、钢筋或型钢制成，如图 2-4-4、图 2-4-5、图 2-4-6 所示。

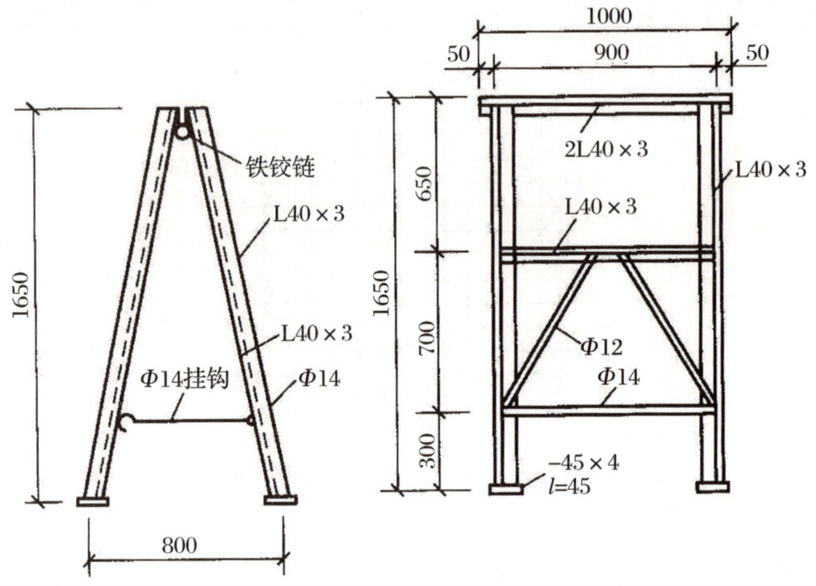

图 2-4-4 角钢折叠马凳式里脚手架

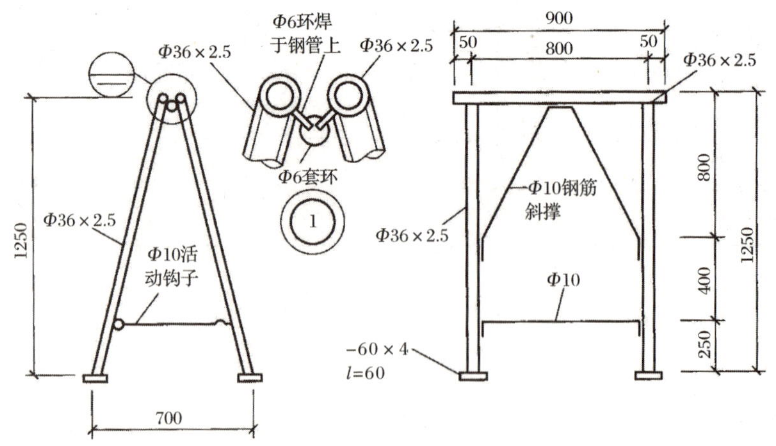

图 2-4-5 钢管折叠马凳式里脚手架

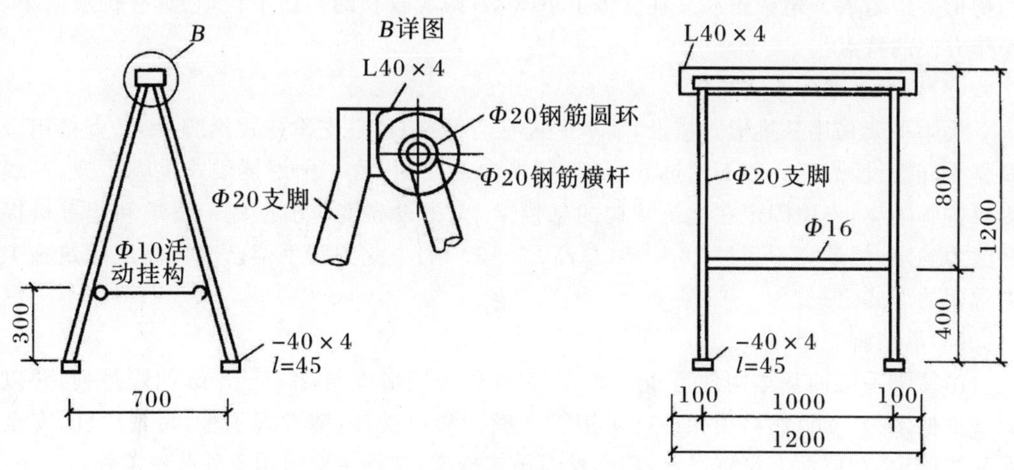

图 2-4-6 钢筋折叠马凳式里脚手架

(2)支柱式里脚手架

支柱式里脚手架用钢支柱配合横杆组成台架,上铺脚手板,按适当的距离加设一定的斜撑或剪刀撑而成,并搭设于外墙的内面,图 2-4-7 是单立杆和双立杆联结方式的示意图。

概括而言,内脚手架不受层高的限制,可随楼层的砌高而上移,操作人员在室内操作也比较安全,这种脚手架不论在低层或高层建筑施工中,都可广泛应用。

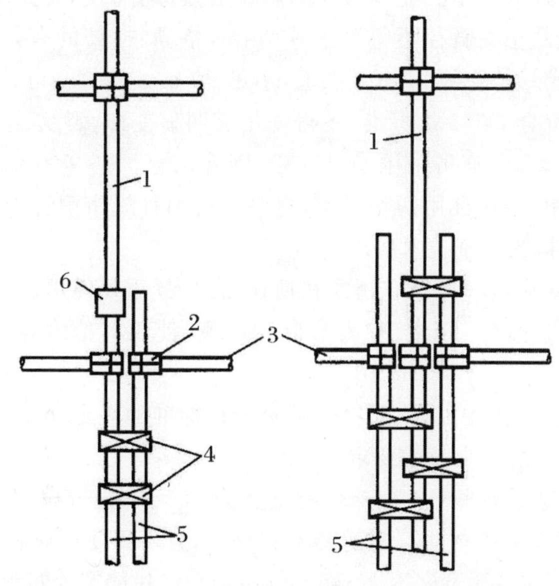

图 2-4-7 单立杆和双立杆的联结方式

1-上单立杆 2-直角扣 3-大横杆 4-回转杆 5-下双立杆 6-接长扣

3.工具式脚手架

(1)桥式升降脚手架

桥式升降脚手架以金属构架立柱为基础,在两立柱间加设不大于 12 m 长、0.8 m 宽的钢桁架桥组成。桁架桥靠立柱支撑上下滑动，构成较长的操作平台，它具有构造简单、操作方便的特点。

(2)挑脚手架

挑脚手架采用悬挑形式搭设，基本形式有两种：一种是支撑杆式挑脚手架，直接用金属脚手杆搭设，高度一般不超过 6 步架，倒换向上使用；另一种是挑梁式挑脚手架，一般为双排脚手架，支座固定在建筑结构的悬挑梁上，搭设高度应根据施工要求和起重机提升能力确定，但最高不超过 20 步架(总高 20～30 m)。此类脚手架已成为高层建筑施工中常用的形式之一。

(3)吊篮脚手架

吊篮脚手架的基本构件是 Φ50×3.5 钢管焊成矩形框架，按 1～3 m 间距排列，并以 3～4榀框架为一组，然后用扣件连以钢管大横杆和小横杆，铺设脚手板，装置栏杆、安全网和护墙轮，在屋面上设置吊点，用钢丝绳吊挂框架，这种主要适用于外装修工程。

(二)一般脚手架的安全技术要求

1.脚手架杆件的安全技术要求

(1)木脚手架立杆、纵向水平杆、斜撑、剪刀撑、连墙件应选用剥皮杉、落叶松木杆，横向水平杆应选用杉木、落叶松、柞木、水曲柳。不得使用折裂、扭裂、虫蛀、纵向严重裂缝以及腐朽等木杆。立杆有效部分的小头直径不得小于 70 mm，纵向水平杆有效部分的小头直径不得小于 80 mm。

(2)竹竿应选用生长期三年以上毛竹或楠竹，不得使用弯曲、青嫩、枯脆、腐烂、裂纹连通两节以上以及虫蛀的竹竿。立杆、顶撑、斜杆有效部分的小头直径不得小于 75 mm，横向水平杆有效部分的小头直径不得小于 90 mm，格栅、栏杆的有效部分小头直径不得小于 60 mm。对于小头直径在 60 mm 以上，不足 90 mm 的竹竿可采用双杆。

(3)钢管材质应符合 Q235 级标准，不得使用有明显变形、裂纹、严重锈蚀的材料。钢管规格宜采用 Φ48.3×3.6，亦可采用 Φ51×3.0 钢管。

(4)同一脚手架中，不得混用两种材质，也不得将两种规格钢管用于同一脚手架中。

2.脚手架绑扎材料的安全技术要求

(1)镀锌钢丝或回火钢丝严禁有锈蚀和损伤，且严禁重复使用。

(2)竹篾严禁发霉、虫蛀、断腰、有大节疤和折痕，使用其他绑扎材料时，应符合其他规定。

(3)扣件应与钢管管径相配合，并符合国家现行标准的规定。

3.脚手架上脚手板的安全技术要求

(1)木脚手板厚度不得小于 50 mm，板宽宜为 200～300 mm，两端应用镀锌钢丝扎紧。材质为不低于国家Ⅱ等材质标准的杉木和松木，且不得使用腐朽、劈裂的木板。

(2)竹串片脚手板应使用宽度不小于 50 mm 的竹片，拼接螺栓间距宜为 500～600 mm，螺栓孔径与螺栓应紧密配合。

(3)各种形式金属脚手板，单块自重不宜超过 0.3 kN，性能应符合设计使用要求，表面应有防滑构造。

4.脚手架搭设高度的安全技术要求

(1)钢管脚手架中，扣件式单排架不宜超过 24 m，扣件式双排架不宜超过 50 m，门式架不宜超过 60 m。

(2)木脚手架中,单排架不宜超过 20 m,双排架不宜超过 30 m。

(3)竹脚手架不得搭设单排架,双排架不宜超过 24 m,满堂架搭设高度不得超过 15 m。

5.脚手架构造的安全技术要求

(1)单、双排脚手架的立杆纵距及水平杆步距不应大于 2.1 m,立杆横距不应大于1.6 m。

(2)应按规定的间隔采用连墙件(或连墙杆)与建筑结构进行连接,在脚手架使用期间不得拆除。

(3)沿脚手架外侧应设置剪刀撑,并随脚手架同步搭设和拆除。

(4)高度在 24 m 以下的封闭性双排脚手架可不设横向斜撑,高度在 24 m 以上的封闭性脚手架,除拐角应设置横向斜撑外,中间应每隔 6 跨距设置一道。

(5)门式钢管脚手架的顶层门架上部、连墙件设置层、防护棚设置处必须设置水平架。

(6)竹脚手架应设置顶撑杆,并与立杆绑扎在一起顶紧横向水平杆。

(7)架高超过 40 m 且有风涡流作用时,应设置抗上升翻流作用的连墙措施。

(8)脚手板必须按脚手架宽度铺满、铺稳,脚手板与墙面的间隙不应大于 200 mm,作业层脚手板的下方必须设置防护层。

(9)作业层外侧,应按规定设置防护栏杆和挡脚板。

(10)脚手架应按规定采用密目式安全立网封闭。

6.脚手架荷载标准值

(1)恒荷载

恒荷载包括构架、防护设施、脚手板等自重,应按《建筑结构荷载规范》(GB 50009－2012)选用,对木脚手板、竹串片脚手板可取自重标准值为 0.35 kN/m^2(按厚度 50 mm 计)。

(2)施工荷载

施工荷载应包括作业层人员、器具、材料的自重:结构作业架应取 3 kN/m^2;装修作业架应取 2 kN/m^2;定型工具式脚手架按标准值取用,但不得低于 1 kN/m^2。

(三)特殊脚手架的安全技术要求

1.落地式脚手架的安全技术要求

(1)落地式脚手架基础

落地式脚手架的基础应坚实、平整,并应定期检查。立杆不埋设时,每根立杆底部应设置垫板或底座,并应设置纵、横向扫地杆。

(2)落地式脚手架连墙件

1)扣件式钢管脚手架双排架高在 50 m 以下或单排架在 24 m 以下,按不大于 40 m^2 设置一处;双排架高在 50 m 以上,按不大于 27 m^2 设置一处。

门式钢管脚手架高在 45 m 以下,基本风压≤0.55 kN/m^2,按不大于 48 m^2 设置一处;架高在 45 m 以下,基本风压>0.55 kN/m^2,或架高在 45 m 以上,按不大于 24 m^2 设置一处。

木脚手架按垂直不大于双排3倍立杆步距、单排2倍立杆步距，水平不大于3倍立杆纵距设置。

竹脚手架按垂直不大于4 m，水平不大于4倍立杆纵距设置。

2)一字形、开口形脚手架的两端，必须设置连墙件。

3)连墙件必须采用可承受拉力和压力的构造，并与建筑结构连接。

(3)落地式脚手架剪刀撑及横向斜撑

1)扣件式钢管脚手架高度在24 m及以上的双排脚手架应在外侧全立面连续设置剪刀撑；高度在24 m以下的单、双排脚手架，均必须在外侧两端、转角及中间间隔不超过15 m的立面上，各设置一道剪刀撑，并应由低至顶连续设置。高度在24 m以上的封闭性脚手架，除拐角应设置横向斜撑外，中间应每隔6跨距设置一道。

2)碗扣式钢管脚手架，高度在20 m以下时，每隔5跨设置一组竖向通高斜杆；脚手架高度大于20 m时，每隔3跨设置一组竖向通高斜杆；斜杆必须对称设置。

3)门式钢管脚手架搭设高度在24 m及以下时，在脚手架的转角处、两端及中间间隔不超过15 m的外侧里面必须各设置一道剪刀撑，并应由低至顶连续设置；高度超过24 m时，在脚手架全外侧立面上必须设置连续剪刀撑；对于悬挑脚手架，在脚手架全外侧立面上必须设置连续剪刀撑。

4)满堂扣件式钢管脚手架应在架体外侧四周及内部纵、横向每6 m至8 m由低至顶设置连续竖向剪刀撑。当架体搭设高度在8 m以下时，应在架顶部设置连续水平剪刀撑；当架体搭设高度在8 m及以上时，应在架体底部、顶部及竖向间隔不超过8 m分别设置连续水平剪刀撑。水平剪刀撑宜在竖向剪刀撑斜杆相交平面设置。剪刀撑宽度应为6～8 m。

(4)扣件式钢管脚手架的连接

1)扣件式钢管脚手架的主节点处必须设置一根横向水平杆，用直角扣件扣接且严禁拆除。使用冲压钢脚手板、木脚手板、竹串片脚手板、竹笆脚手板时，单排脚手架的横向水平杆的一端应用直角扣件固定在立杆上，另一端插入墙内，墙内长度不应小于180 mm。

2)扣件式钢管脚手架除顶层外立杆杆件接长时，相临杆件的对接接头不应设在同步内。相临纵向水平杆对接接头不宜设置在同步或同跨内。

3)扣件式钢管脚手架立杆接长除顶层顶步外，其余各层各步接头必须采用对接扣件连接。木脚手架立杆接头搭接长度应跨相邻两根纵向水平杆，且不得小于1.5 m。竹脚手架立杆接头的搭接长度从有效直径起算不得小于1.5 m，绑扎不得少于5道，两端绑扎点离杆端不得小于0.1 m，中间绑扎点应均匀设置；相邻立杆的搭接接头应上下错开一个步距。

2.悬挑式脚手架的安全技术要求

(1)悬挑一层的脚手架

1)架斜立杆的底部必须搁置在楼板、梁或墙体等建筑结构部位，并有固定措施。立杆与墙面的夹角不得大于30°，挑出墙外宽度不得大于1.2 m。

2)斜立杆必须与建筑结构进行连接固定，不得与模板支架进行连接。

3)斜立杆纵距不得大于1.5 m，底部应设置扫地杆并按不大于1.5 m的步距设置纵向水平杆。

4)作业层除应按规定满铺脚手板和设置临边防护外,还应在脚手板下部挂一层平网,在斜立杆里侧用密目网封严。

(2)悬挑多层的脚手架

1)结构必须专门设计计算,应保证有足够的强度、稳定性和刚度,并将脚手架的荷载传递给建筑结构。悬挑式脚手架每悬挑段搭设高度不得大于 24 m。

2)悬挑支承结构可采用悬挑梁或悬挑架等不同结构形式。悬挑梁应采用型钢制作,悬挑架应采用型钢或钢管制作成三角形桁架,其节点必须是螺栓或焊接的刚性节点,不得采用扣件(或碗扣)组装。

3)支撑结构以上的脚手架应符合落地式脚手架搭设规定,并按要求设置连墙件。脚手架立杆纵距不得大于 1.5 m,底部与悬挑结构必须进行可靠连接。

3.吊篮式脚手架的安全技术要求

(1)吊篮式脚手架吊篮平台

1)吊篮平台应经设计计算并应采用型钢、钢管制作,其节点应采用焊接或螺栓连接,不得使用钢管和扣件(或碗扣)组装。

2)吊篮悬挂高度在 60m 及其以下的,宜选用长边不大于 7.5 m 的吊篮平台;悬挂高度在 100 m 及其以下的,宜选用长边不大于 5.5 m 的吊篮平台;悬挂高度在 100 m 以上的,宜选用不大于 2.5 m 的吊篮平台。

3)吊篮平台四周应设防护栏杆,除靠建筑物一侧的栏杆高度不应低于 0.8 m 外,其余侧面栏杆高度均不得低于 1.2 m。栏杆底部应设 180 mm 高挡脚板,上部应用钢丝网封严。

4)吊篮应设固定吊环,其位置距底部不应小于 800 mm。吊篮平台应在明显处标明最大使用荷载(人数)及注意事项。

(2)吊篮式脚手架悬挂结构

1)悬挂结构应经设计计算,可制作成悬挑梁或悬挑架,尾端与建筑结构锚固连接;当采用压重方法平衡挑梁的倾覆力矩时,应确认压重的质量,并应有防止压重移位的锁紧装置。悬挂结构抗倾覆应专门计算。

2)悬挂结构外伸长度应保证悬挂平台的钢丝绳与地面呈垂直。挑梁与挑梁之间应采用纵向水平杆连成稳定的结构整体。

(3)吊篮式脚手架提升机构

1)吊篮动力钢丝绳强度应按容许应力法进行核算,计算荷载应采用标准值,安全系数应选取 9。

2)提升机可采用手动导链或电动导链,应采用钢芯钢丝绳。手动导链可用于单跨(两个吊点)的升降,当吊篮平台多跨同时升降时,必须使用电动导链且应有同步控制装置。

(4)吊篮式脚手架安全装置

1)使用手动导链应装设防止吊篮平台发生自动下滑的闭锁装置。

2)吊篮平台必须装设安全锁,并应在各吊篮平台悬挂处增设一根与提升钢丝绳相同型号的安全绳,每根安全绳上应安装安全锁。

3)当使用电动提升机时，应在吊篮平台上、下两个方向装设对其上、下运行位置、距离进行限定的行程限位器。

4)电动提升机构宜配两套独立的制动器，每套制动器均可使带有额定荷载125%的吊篮平台停住。

(5)吊篮式脚手架吊篮的试压检验

吊篮式脚手架吊篮安装完毕后，应以2倍的均布额定荷载进行检验平台和悬挂结构的强度及稳定性的试压试验。提升机构应进行运行试验，其内容应包括空载、额定荷载、偏载及超载试验，并应同时检验各安全装置并进行坠落试验。

(6)其他注意事项

吊篮式脚手架必须经设计计算，吊篮升降应采用钢丝绳传动、装设安全锁等防护装置并经检验确认。严禁使用悬空吊椅进行高层建筑外装修清洗等高处作业。

4.附着升降脚手架的安全技术要求

(1)附着升降脚手架设计计算

附着升降脚手架的架体结构、附着支撑结构、防倾装置、防坠装置的承载能力应按概率极限状态设计法的要求采用分项系数设计表达式进行设计；锁具、吊具应按有关机械设计规定，按容许应力法进行设计。施工活荷载应包括施工人员、材料及施工机具，应根据施工具体情况，按使用、升降及坠落三种工况确定控制荷载标准值。

(2)附着升降脚手架架体构造

1)架体尺寸应符合下列规定：架体高度不应大于5倍楼层高，宽度不应大于1.2 m；架体构架的全高与支承跨度的乘积不应大于110 m^2；升降和使用情况下，架体悬臂高度均不应大于6m和2/5架体高度。

2)架体结构应符合下列规定：水平梁架应满足承载和架体整体作用的要求，采用焊接或螺栓连接的定型桁架梁式结构，不得采用钢管扣件、碗扣等脚手架连接方式；架体必须在附着支承结构部位设置与架体高度相等的与墙面垂直定型的竖向主框架，竖向主框架应是桁架或钢架结构，其杆件的连接点应采用焊接或螺栓连接，并与水平支撑桁架和架体构架构成有足够强度和支承刚度的空间几何不变体系的稳定结构；架体外立面必须沿全高设置剪刀撑；悬挑端应与主框架设置对称斜拉杆；架体与附墙支座的连接处、提升机构的设置处、防坠防倾装置的设置处、吊拉点设置处、平面转角处或因碰到吊塔、施工升降机、物料平台等设施而需要断开或开洞处应采取加强构造措施。

(3)附着升降脚手架的附着支撑结构

附着升降脚手架的附着支撑结构必须满足附着升降脚手架在各种情况下的支承、防倾和防坠落的承载力要求。在升降和使用工况下，确保每一竖向主框架的附着支撑不得少于2套，且每一套均应能独立承受该跨全部设计荷载和倾覆作用。

(4)附着升降脚手架的安全防护装置

附着升降脚手架必须设置防倾装置、防坠落装置及整体(或多跨)同时升降作业的同步控制装置，并应符合下列规定：

1)防倾装置应符合下列规定：防倾覆装置中必须包括导轨和两个以上与导轨连接的可滑动导向件；导轨长度不应小于竖向主框架，且必须与竖向主框架可靠连接；在升降和使用两种工况下，最上和最下两个导向件之间的最小间距不得小于2.8 m或架体高度的

1/4;应具有防止竖向主框架倾斜的功能;应采用螺栓与附墙支座连接,其装置与导向杆之间的间隙不应小于 5 mm。

2)防坠装置应符合下列规定:防坠落装置应设置在竖向主框架处并附着在建筑结构上,每一升降点不得少于一个防坠落装置,防坠落装置在使用和升降工况下都必须起作用;必须采用机械式的全自动装置,严禁使用每次升降都需重组的手动装置;应具有防尘防污染的措施,并应灵敏可靠和运转自如;防坠落装置与升降设备必须分别独立固定在建筑结构上;钢吊杆式防坠落装置,钢吊杆规格应由计算确定,且不应小于 Φ25 mm。

3)同步装置应符合下列规定:附着式升降脚手架升降时,必须配备有限制荷载或水平高差的同步控制系统。连续式水平支承桁架,应采用限制荷载自控系统;简支静定水平支承桁架,应采用水平高差同步自控系统,当设备受限时,可选择限制荷载自控系统。

(5)附着升降脚手架的封闭要求

附着升降脚手架必须按要求用密目式安全立网封闭严密,脚手板底部应用平网及密目网双层网兜底,脚手板与建筑的间隙不得大于 200 mm,单跨或多跨提升的脚手架,其两端断开处必须加设栏杆并用密目网封严。

(6)附着升降脚手架的检查验收

附着升降脚手架组装完毕后应经检查、验收确认合格后方可进行升降作业,且每次升降到位架体固定后,必须进行交接验收,确认符合要求时,方可继续作业。

三、模板安全要求

(一)模板安装一般安全要求

1.模板及其支架在安装过程中,必须采取有效的防倾覆临时固定措施。

2.安装 2 m 以上的模板,应搭脚手架,并设防护栏杆,防止上下在同一垂直面操作。当模板安装高度超过 3 m 时,必须搭设脚手架,除操作人员外,脚手架下不得站其他人。如柱模在 6 m 以上,应将几个柱模连成整体。若中途停歇,应将已就位的模板固定牢固。

3.当层间高度大于 5 m 时,应选用桁架支模或钢管立柱支模。当层间高度小于或等于 5 m 时,可采用木立柱支模。当采用多层支架支模时,支架的横垫板应平整,支柱应垂直,上下层支柱应在同一竖向中心线上,其支柱不得超过二层,并必须待下层形成空间整体后,才能支安上层支架。

4.操作人员登高必须走人行梯道,严禁利用模板支撑攀登上下,不得在墙顶、独立梁及其他高处狭窄而无防护的模板面上行走。

5.模板安装时,上下应有人接应,随装随运,严禁抛掷。不得将模板支搭在门窗框上,也不得将脚手架支搭在模板上,不能将模板与井字架、脚手架或操作平台连成一体。

6.支撑、牵杠等不得搭在门窗框和脚手架上。模板安装过程中,不得间歇,柱头、搭头、立柱顶撑、拉杆等必须安装牢固成整体后,作业人员才允许离开。

7.不得在脚手架上堆放大批模板等材料。

8.模板上有预留洞者,应在安装后将洞口盖好。

9.垂直吊运模板时,必须符合要求:吊运大块或整体模板时,竖向吊运应不少于两个吊点,水平吊运应不少于四个吊点。必须使用卡环连接,并应稳起稳落,待模板就位连接牢固后，方可摘除卡环。

10.当承重焊接钢筋骨架和模板一起安装时，应符合下列要求：梁的侧模、底模必须固定在承重焊接钢筋骨架的节点上；安装钢筋模板组合体时，吊索应按模板设计的吊点位置绑扎。

11.对梁和板安装二次支撑时，在梁、板上不得有施工荷载，支撑的位置必须准确。安装后所传给支撑或连接件的荷载不应超过其允许值。支架柱或桁架必须有保持稳定的可靠措施。

12.已安装好的模板上的实际荷载不得超过设计值。已承受荷载的支架和附件，不得随意拆除或移动。

13.高空、复杂结构模板的安装，事先应有切实的安全措施。

14.风速达 5 级及其以上应停止一切吊运作业。

15.作业员必须戴好安全帽，高空作业人员必须佩戴安全带，并做到高挂低用及系牢固。

(二)模板拆除一般安全要求

1.模板支架拆除必须有工程技术负责人的批准手续及混凝土的强度报告。

2.模板拆除顺序方法应按设计方案的规定进行。当无规定时，应按照“先支的后拆，后支的先拆”的顺序，先拆非承重模板、后拆承重模板，并应从上而下进行拆除。拆下的模板不得抛扔，应按指定地点堆放。

3.拆模作业时，必须设警戒区，严禁下方有人进入。作业人员必须站在平稳牢固可靠的地方，保持自身平衡，不得猛撬，以防失稳坠落。

4.拆除有洞口模板时，应采取防止操作人员坠落的措施。洞口模板拆除后，应按现行行业标准《建筑施工高处作业安全技术规范》(JGJ 80－1991)的有关规定及时进行防护。

5.高处拆除模板时，应遵守有关高处作业的规定。严禁使用大锤和撬棍，操作层上临时拆下的模板堆放不能超过 3 层。

6.拆下的模板不准随意向下抛掷，应及时整理。临时堆放处离楼层边沿不应小于 1 m，堆放高度不得超过 1 m，楼层边口、通道口、脚手架边缘严禁堆放任何拆下物件。

7.拆模如遇中途停歇，应将已拆松动、悬空、浮吊的模板或支架进行临时支撑牢固或相互连接稳固。对活动部件必须一次拆除。

8.拆模必须一次拆清，不得留下无撑模板。拆下的模板要及时清理，堆放整齐。混凝土板上的预留孔，应在制订施工方案时就做好技术交底(预设钢筋网架)以免操作人员从空中坠落。

9.拆模板时，作业人员要站立在安全地点进行操作，防止上下同时操作，操作人员要主动避让吊物。

10.安全梯不得缺档，不得垫高。安全梯上端应绑牢，下端应有防滑措施，人字梯底脚必须拉牢，严禁两名以上作业人员在同一梯上作业。

11.拆除大模板必须设专人指挥，模板工与起重机驾驶员应协调配合，做到稳起、稳落、稳就位。在起重机机臂回转范围内不得有无关人员。

12.严禁使用吊车直接吊除没有撬松动的模板，吊运大型整体模板时必须拴结牢固，且吊点平衡，吊装、运大钢模板时必须用卡环连接，就位后必须拉结牢固方可卸除吊钩。

13.使用吊装机械拆模时，必须服从信号工统一指挥，必须待吊具挂牢后方可拆支撑。模板、支架落地放稳后方可摘钩。

(三)大模板和预制构件的存放

1.大模板和预制构件，应按施工组织设计的规定分区堆放，各区之间保持一定距离。存放场地必须平整夯实，不得存放在松土和坑洼不平的地方。

2.各种类型大模板，应按设计制造。每块大模板应设有操作平台、上下梯道、防护栏杆以及存放小型工具和螺栓的工具箱。

3.大模板存放，必须将地脚螺栓提上去，使自稳角成为70°～80°，下部应垫同长木方。长期存放的大模板，应用拉杆连接绑牢。存放在楼层时，须在大模板横梁上挂钢丝绳或花篮螺栓，钩在楼板钓钩或墙体钢筋上。

4.没有支撑或自稳角不足的大模板，要存放在专用的堆放架内或卧倒平放，不要靠在其他模板或构件上。

5.外墙壁板、内墙墙板应放置在金属插放架内，下端垫通长方木，两侧用木楔楔紧。插放架的高度应为构建高度的2/3以上，上面要搭设300 mm宽的走道和上下梯道，便于挂钩。

6.外墙壁板、内墙墙板应放置在金属插放架内，下端垫通长方木，两侧用木楔楔紧。插放架的高度应为构建高度的2/3以上，上面要搭设300 mm宽的走道和上下梯道，便于挂钩。

7.靠放架一般宜采用金属材料制作，使用前要认真检查和验收。内外墙板靠放时，下端必须压在与靠放架相连的垫木上，只允许靠放同一规格型号的墙板，两面靠放应平衡，吊装时严禁从中间抽吊，防止倾倒。

(四)内外墙板、大楼板预制构件安装

1.各种预制构件安装必须按施工顺序对号就位，保持垂直稳起就位后立即将构件的拉杆和支撑焊牢或锚固方可摘钩。禁止站在外墙板边沿探身推拉挂钩。

2.从插放架起吊墙板应用卡环卡牢，垂直稳起，墙板必须超过障碍物允许高度后方可回转臂杆。

3.上下层壁板就位后，应将预留钢筋立即焊牢，禁止下层壁板未焊牢前安装上层壁板。

4.墙板就位固定后不得撬动，需要撬动调整时，应重新挂钩。墙板安装过程中禁止拆移支撑和拉杆。

5.分流水段施工，流水段端头的外墙板，一侧与横墙连接，另一侧必须用铁管和带有花篮螺栓的钢丝绳把外墙板与楼板临时拉牢，直到与下一流水段钢筋套环串好加固后方可拆掉。

6.外墙为砖砌体，内墙浇筑混凝土前，必须将外墙加固，防止墙体外涨。在拆除时，禁止把加固材料悬挂在墙体上和直接下扔。

7.阳台板安装就位必须逐层支设临时支柱，连续支顶不得少于三层，并应与墙体连接牢固。阳台板预留的拉接筋与圈梁钢筋应及时焊接。

8.阳台栏板和楼梯栏杆应随楼层安装。如不能及时安装，必须按规定在外侧搭设防护栏杆。

9.预制构件就位焊接牢固后，应立即将吊环割掉，防止绊脚。

四、高处作业安全要求

(一)一般安全要求

1.高处作业的安全技术措施及所需料具必须列入工程的施工组织设计。

2.单位工程施工负责人应对工程的高处作业安全技术措施负责并建立相应的责任制。施工前应逐级进行安全技术教育及交底，落实所有安全技术措施，备好人身防护用品。

3.高处作业中的安全标志、工具、仪表、电气设施和各种设备必须检查，确认完好，方能投入使用。

4.施工中发现安全技术措施有缺陷和隐患时，必须及时解决。危及人身安全的必须停止作业。

5.施工作业场所内所有可能坠落的物件，均应先行撤除或加以固定。高处作业中所用的物料均应堆放平稳，不得妨碍通行和装卸；工具应随手放入工具袋；作业中的走道、通道板和登高用具应随时清扫干净；拆卸下的物件及余料和废料应及时清理运走，不得随意放置或丢弃。传递物件时禁止抛掷。

6.雨天和雪天作业时必须采取可靠的防滑、防寒和防冻措施，水、冰、霜应及时清除。进行高处作业的高耸建筑物应事先设置避雷设施。遇有 6 级以上大风、浓雾等恶劣天气，不得进行露天攀登与悬空高处作业。

7.因作业需要，临时拆除或变动安全防护设施时，必须经施工负责人同意并采取相应的可靠措施，作业后应立即恢复。

8.防护棚搭设与拆除时应设警戒区，并派专人监护。严禁上下同时拆除。

9.高处作业安全设施的主要受力杆件，力学计算按一般结构力学公式，强度及挠度计算按现行有关规范进行，但钢受弯构件的强度计算不考虑塑性影响，构造上应符合现行相应规范的要求。

(二)悬空作业

1.悬空作业安全要求

(1)悬空作业应有牢靠的立足处，并必须视具体情况配置防护网、栏杆或其他安全设施。

(2)悬空作业所用的索具、脚手架、吊篮、吊笼、平台等设备，均需经过技术鉴定或检验方可使用。

2.构件吊装和管道安装悬空作业

构件吊装和管道安装悬空作业，必须遵守以下安全规定：

(1)钢构件的吊装，构件应尽可能在地面组装，并应搭设进行临时固定、电焊、高强螺栓连接等工序的高空安全设施,随构件同时上吊就位。拆卸时的安全措施,也应一并考虑和落实。高空吊装预应力钢筋混凝土屋架、桁架等大型构件前,也应搭设悬空作业中所需的安全设施。

(2)悬空安装大模板、吊装第一块预制构件、吊装单独的大中型预制构件时,必须站在操作平台上操作。吊装中的预制构件、大模板以及石棉水泥板等屋面板上,严禁站人和行走。

(3)安装管道,必须有已完结构或操作平台作为立足点。严禁在安装中的管道上站立和行走。

3.模板支撑和拆卸悬空作业

模板支撑和拆卸时的悬空作业,必须遵守以下安全规定:

(1)支模应按规定的作业程序进行,模板未固定前不得进行下一道工序。严禁在连接件和支撑件上攀登上下,并严禁在上下同一垂直面上装卸模板。结构复杂的模板,其装、拆应严格按照施工组织设计的措施进行。

(2)支设高度在 3 m 以上的柱模板,四周应设斜撑,并应设立操作平台。低于 3 m 的可使用马凳操作。

(3)支设处于悬挑状态的模板,应有稳固的立足点。支设临空构筑物模板,应搭设支架或脚手架。模板面上有预留洞,应在安装后将洞口盖没。混凝土板上拆模后形成的临边或洞口,应按《建筑施工高处作业安全技术规范》(JGJ 80－1991)有关章节进行防护。拆模高处作业,应配置登高用具或搭设支架。

4.混凝土浇筑悬空作业

混凝土浇筑时的悬空作业,必须遵守以下安全规定:

(1)浇筑离地 2 m 以上的框架、过梁、雨篷和小平台时,应设操作平台,不得直接站在模板或支撑件上操作。

(2)浇筑拱形结构,应自两边拱脚,对称地相向进行。浇筑储仓,下口应先行封闭,并搭设脚手架以防人员坠落。

(3)特殊情况下进行浇筑,如无可靠的安全设施,必须挂好安全带,并扣好保险钩,或架设安全网。

5.预应力张拉悬空作业

预应力张拉悬空作业,必须遵守以下安全规定:

(1)进行预应力张拉时,应搭设站立操作人员和设置张拉设备用的牢固可靠的脚手架或操作平台。雨天张拉时,还应架设防雨棚。

(2)预应力张拉区域应有明显的安全标志,禁止非操作人员进入。张拉钢筋的两端必须设置挡板,挡板一般应距所张拉钢筋的端部 1.5～2 m,且应高出最上一组张拉钢筋 0.5 m,其宽度应距张拉钢筋左右两外侧各不小于 1 m。

(3)孔道灌浆应按预应力张拉安全设施的有关规定进行。

6.门窗工程中的悬空作业

门窗工程中的悬空作业,必须遵守以下安全规定:

(1)安装门、窗,油漆及安装玻璃时,严禁操作人员站在樘子或阳台栏板上操作。门、窗临时固定,封填材料未达到强度,以及电焊时,严禁手拉门、窗或进行攀登。

(2)在高处外墙安装门、窗,无外脚手架,应张挂安全网。无安全网时,操作人员应系好安全带,其保险钩应挂在操作人员上方的可靠物件上。

(3)进行各项窗口作业时,操作人员的重心应位于室内,不该在窗台上站立,必要时应挂安全带进行操作。

7.绑扎钢筋时的悬空作业

绑扎钢筋时的悬空作业,必须遵守以下安全规定:

(1)绑扎钢筋和安装钢筋骨架,必须搭设必要的脚手架和马道。

(2)绑扎圈梁、挑梁、挑檐、外墙和边柱等钢筋,应搭设操作台架并张挂安全网。绑扎悬空大梁钢筋,必须在满铺脚手板的支架、脚手架或操作平台上操作。

(3)绑扎支柱和墙体钢筋,不得站在钢筋骨架上或攀登骨架上下。3 m 以内的柱钢筋,可在地面或楼面上预先绑扎,然后整体竖立。绑扎 3 m 以上的柱钢筋,必须搭设操作平台。

(三)临边作业

1.临边作业基本安全要求

对临边高处作业,必须设置防护措施,并符合下列规定:

(1)基坑周边尚未安装栏杆或栏板的阳台、料台与挑平台周边,雨篷与挑檐边,无外脚手架的屋面与楼层周边及水箱与水塔周边等处,都必须设置防护栏杆。

(2)首层墙高度超过 3.2 m 的二层楼面周边以及无外脚手架的高度超过 3.2 m 的楼层周边,必须在外围架设安全平网一道。

(3)分层施工的楼梯口和梯段边必须安装临时护栏,顶层楼梯口应随工程结构进度安装正式的防护栏杆。

(4)井架与施工用电梯和脚手架等与建筑通道的两侧边,必须设防护栏杆,地面通道上部应装设安全防护棚。双笼井架通道中间应予以分隔封闭。

(5)各种垂直运输接料平台除两侧设防护栏杆外,平台上还应设置安全门或活动防护栏杆。

2.临边防护栏杆杆件的规格及连接要求

(1)毛竹横杆小头有效直径不应小于 72 mm,栏杆柱小头直径不应小于 80 mm,并需用不小于 16 号的镀锌钢丝绑扎,不应少于 3 圈并无斜滑。

(2)原木横杆上杆梢径不应小于 70 mm,下杆梢径不应小于 60 mm,栏杆柱梢径不应小于 75 mm,并需用相应长度的圆钉钉紧,或用不应小于 12 号的镀锌钢丝绑扎,要求表面平顺和稳固无动摇。

(3)钢筋横杆上杆直径不应小于 16 mm,下杆直径不应小于 14 mm,栏杆柱直径不应小于 18 mm,采用电焊或镀锌钢丝绑扎固定。

(4)钢管横杆及栏杆柱均采用 $\Phi 48\times(2.75\sim3.5)$mm 的管材,以扣件或电焊固定。

(5)以其他钢材如角钢等作防护栏杆杆件时,应选有强度相当的规格,以电焊固定。

3.搭设临边防护栏杆的要求

(1)防护栏杆应由上、下两道横杆及栏杆柱组成,上杆离地高度为 1.0～1.2 m,下杆离地高度为 0.5～0.6 m。坡面大于 1∶22 的屋面,防护栏杆应高 1.5 m,并张挂安全立网。除经设计计算外,横杆长度大于 2 m 时,必须加设栏杆柱。

(2)栏杆柱固定的要求:

1)当在基坑四周固定时,可采用钢管并打入地面 50～70 cm 深。钢管离边口的距离,不应小于 50 cm。当基坑周边采用板桩时,钢管可打在板柱外侧。

2)当在混凝土楼面、屋面或墙面上固定时,可用预埋件与钢管或钢筋焊牢。采用竹、木栏杆时,可在预埋件上焊接 30 cm 长的∟ 50×5 角钢,其上下各钻一孔,然后用 10 mm 螺栓与竹、木杆件拴牢。

3)当在砖或砌块等砌体上固定时,可预先砌入规格相适应的 80 mm×6 mm 弯转扁钢作预埋铁的混凝土块,然后用上项方法固定。

(3)栏杆柱的固定及其与横杆的连接,其整体构造应使防护栏杆在上杆任何处,能经受任何方向的 1 000 N 外力。当栏杆所处位置发生人群拥挤、车辆冲击或物件碰撞等可能时,应加大横杆截面或加密柱距。

(4)防护栏杆必须自上而下用安全立网封闭,或在栏杆下边设置严密固定的高度不低于 18 cm 的挡脚板或 40 cm 的挡脚笆。挡脚板与挡脚笆上如有孔眼,不应大于 25 mm。板与笆下边距离底面的空隙不应大于 10 mm。卸料平台两侧的栏杆,必须自上而下张挂安全立网或满扎竹笆。

(5)当临边的外侧面临街道时除防护栏杆外,敞口立面必须采取满挂安全网或其他可靠措施作全封闭处理。

(四)洞口作业

1.洞口作业安全基本要求

进行洞口作业以及因工程和工序需要而产生的,使人与物有坠落危险或危及人身安全的其他洞口进行高处作业时,必须按下列规定设置防护设施:

(1)板与墙的洞口,必须设置牢固的盖板、防护栏杆、安全网或其他防坠落的防护设施。

(2)电梯井口必须设防护栏杆或固定栅门,电梯井内应每隔两层并最多隔 10 m 设一道安全网。

(3)钢管桩、钻孔桩等桩孔上口,杯形、条形基础上口,未填土的坑槽以及人孔、天窗、地板门等处,均应安装洞口防护设置稳固的盖件。

(4)施工现场通道附近的各类洞口与坑槽等处除设置防护设施与安全标志外,夜间还应设红灯示警。

2.施工洞口防护

洞口根据具体情况采取设置防护栏杆、加盖件、张挂安全网与装栅门等措施时,必须符合下列要求:

(1)楼板、屋面和平台等面上短边尺寸小于 25 cm 但大于 2.5 cm 的孔口,必须用坚实盖板盖没，盖板应能防止挪动移位。

(2)楼板面等处边长为25～50 cm的洞口、安装预制构件时的洞口以及缺件临时形成的洞口，可用竹、木等做盖板，盖住洞口。盖板须能保持四周搁置均衡，并有固定其位置的措施。

(3)边长为50～150 cm的洞口必须设置以扣件扣接钢管而成的网格，并在其上满铺竹笆或脚手板。也可采用贯穿于混凝土板内的钢筋构成防护网，钢筋网格间距不得大于20 cm。

(4)边长在150 cm以上的洞口四周设防护栏杆，洞口下张挂安全平网。

(5)垃圾井道和烟道，应随楼层的砌筑或安装而消除洞口或参照预留洞口作防护。管道井施工时除按上款办理外，还应加设明显的标志。如有临时性拆移，须经施工负责人核准，工作完毕后必须恢复防护设施。

(6)位于车辆行驶道旁的洞口、深沟与管道坑、槽，所加盖板应能承受不小于当地额定卡车后轮有效承载力2倍的荷载。

(7)墙面等处的竖向洞口，凡落地的洞口应加装开关式、工具式或固定的防护门，门栅网格的间距不应大于15 cm，也可采用防护栏杆，下设挡脚板(笆)。

(8)下边沿至楼板或底面低于80 cm的窗台等竖向洞口，如测边落差大于2 m时，应加设1.2 m高的临时护栏。

(9)对邻近的人与物有坠落危险性的其他竖向的孔、洞口，均应予以盖没或加以防护，并予以固定。

(五)攀登作业

攀登作业安全要求如下：

1.在施工组织设计中明确用于现场施工的登高和攀登措施。现场登高应借助建筑结构或脚手架上的登高设施，也可采用载人的垂直运输设备，进行攀登作业时可使用梯子或采用其他攀登措施。

2.吊装柱、梁、行车梁等构件所需的直爬梯及其他登高用拉攀件，应在构件施工图或说明中作出规定。

3.攀登用具的结构构造必须牢固可靠。供作业人员上下的踏板其使用荷载不应大于1 100 N。当梯面上有特殊作业、重量超过上述荷载时，应按实际情况加以验算。

4.移动式梯子应按现行的国家标准验收其质量。

5.梯脚底部应坚实并不得垫高使用。梯子的上端应有固定措施。立梯工作角度以75°±5°为宜，踏板上下间距以30 cm为宜且不得有缺挡。

6.梯子如需接长使用，必须有可靠的连接措施，且接头不得超过1处。连接后梯梁的强度不应低于单梯梯梁的强度。

7.折梯使用时上部夹角以35°～45°为宜，铰链必须牢固，并应有可靠的拉撑措施。

8.固定式直爬梯应采用金属材料制成。梯宽不应大于50 cm，支撑应采用不小于∟70×6的角钢，埋设与焊接必须牢固。梯子顶端的踏级应与攀登的顶面齐平，并加设1～1.5 m高的扶手。使用直爬梯进行攀登作业时，攀登高度以5 m为宜。超过6 m时宜加设护笼，超过8 m必须设置梯间平台。

9.作业人员应从规定的通道上下，不得攀登阳台之间等非规定通道，也不得随意利用吊车臂架等施工设备进行攀登。上下梯子时，必须面向梯子，且不得手持器物。

10.登高安装钢柱时应使用钢挂梯或设置在钢柱上的爬梯。钢柱的接柱应使用梯子和操作台。操作台横杆在无电焊防风要求时，其高度不宜小于 1 m；有电焊防风要求时，其高度不宜小于 1.8 m。

11.登高安装钢梁时，应视钢梁高度在两端设置挂梯或搭设钢管脚手架。需在梁面上行走时，其一侧的临时护栏横杆可采用钢索。采用扶手绳时，绳的自然下垂度不应大于 $l/20$（l 为绳的长度），并应控制在 10 cm 以内。

12.钢屋架的安装应遵守下列规定：

(1)在屋架上下弦登高操作时，三角形屋架应在屋脊处、梯形屋架应在两端设置攀登用的梯架。材料可选用毛竹或原木，踏步间距不应大于 40 cm，毛竹梢径不应小于 70 mm。

(2)屋架吊装以前应在上弦设置防护栏杆，在下弦挂设安全网。吊装完毕后，随即将安全网铺设固定。

五、施工用电安全要求

(一)一般安全要求

1.施工用电设备数量在 5 台及以上，或用电设备容量在 50 kW 及以上时，应编制临时用电施工组织设计，并经企业技术负责人审核。

2.施工用电应建立用电安全技术档案，定期经项目经理检验签字。

3.施工现场应定期对电工和用电人员进行安全用电教育培训和技术交底。

4.施工用电应定期检测。

5.临时用电工程图纸应单独绘制，临时用电工程应按图施工。

6.临时用电组织设计及变更时，必须履行“编制、审核、批准”程序，由电气工程技术人员组织编制，经相关部门审核及具有法人资格企业的技术负责人批准后实施。变更用电组织设计时应补充有关图纸资料。

7.临时用电工程必须经编制、审核、批准部门和使用单位共同验收，合格后方可投入使用。

8.施工现场临时用电设备在 5 台以下和设备总容量在 50 kW 以下者，应制定安全用电和电气防火措施，并应符合以上 6、7 条规定。

(二)用电环境

1.与外电架空线路的安全距离

与外电架空线路的安全距离应符合下列规定：

(1)在建工程不得在外电架空线路下方施工，不得搭设作业棚、建造生活设施和堆放构件、架具、材料及其他杂物等。

(2)在建工程(含脚手架)的周边与外电架空线路的边线之间的最小安全操作距离应符合表 2-4-1。

表 2-4-1 在建工程(含脚手架)的周边与架空线路边线之间的最小安全操作距离

外电线路电压等级(kV)	<1	1～10	35～110	220	330～500
最小安全操作距离(m)	4	6	8	10	15

(3)施工现场的机动车道与外电架空线路交叉时,架空线路的最低点与路面的最小垂直距离应符合表 2-4-2 规定。

表 2-4-2 施工现场的机动车道与架空线路交叉时的最小垂直距离

外电线路电压等级(kV)	<1	1～10	35
最小垂直距离(m)	6.0	7.0	7.0

(4)起重机严禁越过无防护设施的外电架空线路作业。在外电架空线路附近吊装时,起重机的任何部位或被吊物边缘在最大偏斜时与架空线路边线的最小安全距离应符合表 2-4-3。

表 2-4-3 起重机与架空线路边线的最小安全距离

电压(kV)	<1	10	35	110	220	330	500
沿垂直方向安全距离(m)	1.5	3.0	4.0	5.0	6.0	7.0	8.5
沿水平方向安全距离(m)	1.5	2.0	3.5	4.0	6.0	7.0	8.5

2.对外电架空线路的防护

对外电架空线路的防护应符合下列规定:

(1)当达不到表 2-4-1、2-4-2、2-4-3 中规定的最小距离时,必须采取绝缘隔离防护措施,并应悬挂醒目的警告标志。

(2)架设防护设施时,必须经有关部门批准,采用线路暂时停电或其他可靠的安全技术措施,并应有电气工程技术人员和专职安全人员监护。

3.电气设备防护

(1)电气设备现场周围不得存放易燃易爆物、污源和腐蚀介质,否则应予清除或做防护处置,其防护等级必须与环境条件相适应。

(2)电气设备设置场所应能避免物体打击和机械损伤,否则应做防护处置。

4.雷电防护

雷电防护应符合下列规定:

(1)施工现场内的起重机、井字架、龙门架等机械设备,以及钢脚手架和正在施工的在建工程等的金属结构,当在相邻建筑物、构筑物等设施的防雷装置接闪器的保护范围以外时,应按表 2-4-4 规定安装防雷装置。当最高机械设备上的避雷针(接闪器)的保护范围能覆盖其他设备,且又最后退出现场,则其他设备可不设防雷装置。

(2)防雷装置的避雷针(接闪器)可用 $\Phi 20$ 的钢筋,长度应为 1～2 m;当利用金属构架做引下线时,应保证构架之间的电气连接;防雷装置的冲击接地电阻值不得大于 30 Ω。

表 2-4-4　施工现场内机械设备及高架设施需安装防雷装置的规定

地区年平均雷暴日 D/d	机械设备高度 H/m	地区年平均雷暴日 D/d	机械设备高度 H/m
$D\leqslant15$	$H\geqslant50$	$40\leqslant D<90$	$H\geqslant20$
$15<D<40$	$H\geqslant32$	$D\geqslant90$ 及雷害特别严格地区	$H\geqslant12$

注:地区平均雷暴日可查阅《建筑施工用电安全技术规范》。

(三)接地、接零

1.施工用电基本保护系统

施工用电基本保护系统应符合以下规定:

施工用电应采用中性点直接接地的 380 V/220 V 三相四线制低压电力系统,其保护方式应符合下列规定:

(1)施工现场由专用变压器供电时,应将变压器低压侧中性点直接接地,并采用TN-S接零保护系统。

(2)施工现场由专用发电机供电时,必须将发电机的中性点直接接地,并采用 TN-S 接零保护系统,且应独立设置。

(3)当施工现场直接由市电(电力部门变压器)等非专用变压器供电时,其基本接地、接零方式应与原有市电供电系统保持一致。在同一供电系统中,不得一部分设备做保护接零,另一部分设备做保护接地。

(4)在供电端为三相四线供电的接零保护(TN)系统中,应将进户处的中性线(N 线)重复接地;并同时由接地点另引出保护零线(PE 线),形成局部 TN-S 接零保护系统。

2.施工用电保护接零与重复接地

施工用电保护接零与重复接地应符合下列规定:

(1)在接零保护系统中电气设备的金属外壳必须与保护零线(PE 线)连接。

(2)保护零线应符合下列规定:保护零线应自专用变压器、发电机中性点处,或配电室、总配电箱进线处的中性线(N 线)上引出;保护零线的统一标志为绿/黄双色绝缘导线,在任何情况下不得使用绿/黄双色线做负荷线;保护零线(PE 线)必须与工作零线(N 线)相隔离,严禁保护零线与工作零线混接、混用;保护零线上不得装设控制开关或熔断器;保护零线的截面不应小于对应工作零线截面。与电气设备相连接的保护零线应为截面不小于 2.5 mm^2 的多股绝缘铜线。

(3)保护零线的重复接地点不得少于 3 处,应分别设置在配电室或总配电箱处,以及配电线路的中间处和末端处。

3.施工用电接地电阻

施工用电接地电阻应符合下列规定:

(1)单台容量超过 100 kVA 或使用同一接地装置并联运行且总容量超过 100 kVA 的电力变压器或发电机的工作接地电阻值不得大于 4 Ω。

单台容量不超过 100 kVA 或使用同一接地装置并联运行且总容量不超过 100 kVA 的电力变压器或发电机的工作接地电阻值不得大于 10 Ω。

在土壤电阻率大于 1 000 Ω·m 的地区，当达到上述接地电阻值有困难时，工作接地电阻值可提高到 30 Ω。

(2)在 TN 系统中的保护零线除必须在配电室或总配电箱处做重复接地外，还必须在配电系统中间处和末端处做重复接地。

在 TN 系统中，保护零线每一处重复接地装置的接地电阻值不应大于 10 Ω。在工作接地电阻值运行达到 10 Ω 的电力系统中，所有重复接地的等效电阻值不应大于 10 Ω。

4.施工用电配电室

施工用电配电室应符合下列规定：

(1)配电室应靠近电源，接近负荷中心，应便于线路的引入和引出，并有防止雨雪和小动物出入的措施。

(2)配电柜应符合下列要求：柜两端应做接地(接零)；柜应做名称、用途、分路标记；柜不得直接挂接其他临时用电设备；柜或线路维修时应挂停电标志牌。停、送电必须由专人负责，停止作业时断电上锁。

5.施工用电自备电源

施工用电自备电源应符合下列规定：

(1)发电机组电源应与外电线路联锁，严禁并列运行。

(2)发电机组应采用三相四线制中性点直接接地系统，并应独立设置，与外电源隔离。

(四)配电线路

1.施工用电架空线路敷设

施工用电架空线路敷设应符合下列规定：

(1)架空线路应采用绝缘导线，并经横担和绝缘子架设在专用电杆上。严禁架设在树木、脚手架及其他设施上。

(2)架空导线截面应满足计算负荷、线路末端电压偏移(不大于额定电压 5%)和机械强度要求。

(3)架空线路档距不应大于 35 m，线间距离不应小于 0.3 m，靠近电杆的两导线的间距不得小于 0.5 m。

(4)架空线敷设高度应满足下列要求：距施工现场地面不小于 4 m；距机动车道不小于 6 m；距铁路轨道不小于 7.5 m；距架空线最大弧垂与暂设工程顶端不小于 2.5 m；距架空线与邻近电力线路交叉：1 kV 以下线路不小于 1.2 m，1～10 kV 线路不小于 2.5 m。

(5)架空线路相序排列应符合下列规定：动力、照明线在同一横担上架设时，导线相序排列是：面向负荷从左侧起依次为 L1、N、L2、L3、PE；动力、照明线在二层横担上分别架设时，导线相序排列是：上层横担面向负荷从左侧起依次为 L1、L2、L3，下层横担面向负荷从左侧起依次为 Ll、(L2、L3)、N、PE。

2.施工用电电缆线路

施工用电电缆线路应符合下列规定：

(1)电缆线路应采用埋地或架空敷设，不得沿地面明设。

(2)埋地敷设深度不应小于 0.7 m，并应在电缆紧邻上、下、左、右侧均匀敷设不小于

50 mm 厚的细砂，然后覆盖砖或混凝土板等硬质保护层。

(3)埋地电缆与其附近外电电缆和管沟的平行间距不得小于 2 m，交叉间距不得小于 1 m。

(4)在建工程内的电缆线路必须采用电缆埋地引入，严禁穿越脚手架引入。电缆垂直敷设应充分利用在建工程的竖井、垂直孔洞等，并宜靠近用电负荷中心，固定点每楼层不得少于一处。电缆水平敷设宜沿墙或门口刚性固定，最大弧垂距地不得小于 2.0 m。

(5)埋地电缆在穿越建筑物、构筑物、道路、易受机械损伤、介质腐蚀场所及引出地面从 2.0 m 高到地下 0.2 m 处，必须加设防护套管，防护套管内径不应小于电缆外径的 1.5倍。

(五)配电箱及开关箱

1.施工用电应实行三级配电，即设置总配电箱或室内总配电柜、分配电箱、开关箱三级配电装置。开关箱以下应为用电设备。

2.施工用电动力配电与照明配电宜分箱设置，当合置在同一箱内时，动力与照明配电应分路设置。

3.配电箱、开关箱应采用冷轧钢板或阻燃绝缘材料制作，钢板厚度应为 1.2～2.0 mm，其中开关箱箱体钢板厚度不得小于 1.2 mm，配电箱箱体钢板厚度不得小于 1.5 mm，箱体表面应做防腐处理。

4.配电箱、开关箱应装设在干燥、通风、无外来物体撞击的地方，其周围应有足够 2 人同时工作的空间和通道。

5.移动式配电箱、开关箱应装设端正、牢固。固定式配电箱、开关箱的中心点与地面的垂直距离应为 1.4～1.6 m。移动式配电箱、开关箱应装设在坚固、稳定的支架上。其中心点与地面的垂直距离宜为 0.8～1.6 m。

6.开关箱应实行“一机一闸”制，不得设置分路开关。

7.配电箱、开关箱中应装设电源隔离开关、短路保护器、过载保护器、其额定值和动作整定值应与其负荷相适应。总配电箱、开关柜中还应装设漏电保护器。

8.施工用电漏电保护器的额定漏电动作参数选择应符合下列规定：

(1)在开关箱(末级)内的漏电保护器，其额定漏电动作电流不应大于 30 mA，额定漏电动作时间应小于 0.1 s；使用于潮湿或腐蚀介质场所的漏电保护器应采用防溅型产品，其额定漏电动作电流应不大于 15 mA，额定漏电动作时间应小于 0.1 s。

(2)总配电箱内的漏电保护器，其额定漏电动作电流应大于 30 mA，额定漏电动作时间应大于 0.1 s。但其额定漏电动作电流(I)与额定漏电动作时间(T)的乘积不应大于 30 mA · s(IT/30 mA · s)。

(六)照明

1.施工照明供电电压应符合下列规定：

(1)一般场所，照明电压应为 220 V。

(2)隧道、人防工程、高温、有导电粉尘和比较潮湿或灯具离地面高度低于 2.5 m 等，照明电压不应大于 36 V。

(3)潮湿和易触及带电体场所的场所，照明电压不应大于 24 V。

(4)特潮湿、导电良好的地面、锅炉或金属容器内,照明电压不应大于 12 V。

(5)行灯电源电压不应大于 36 V。

2.施工用电照明变压器必须为隔离双绕组型,严禁使用自耦变压器。

3.施工照明室外 220 V 灯具距地面不得低于 3 m,室内 220 V 灯具距地面不得低于 2.5 m。

4.施工照明普通灯具与易燃物距离不宜小于 300 mm;聚光灯、碘钨灯等高热灯具与易燃物距离不宜小于 500 mm,且不得直接照射易燃物。达不到规定安全距离时,应采取隔热措施。

5.施工用电照明器具的形式和防护等级应与环境条件相适应。

6.需要夜间或暗处施工的场所,必须配置应急照明电源。

7.对夜间影响飞机或车辆通行的在建工程及机械设备,必须设置醒目的红色信号灯,其电源应设在施工现场总电源开关的前侧,并应设置外电线路停止供电时的应急自备电源。

(七)电动建筑机械和手持电动工具

进入建筑施工现场的电动建筑机械和手持电动工具及其附属电气装置应符合下述要求:

1.产品设计和制造应符合产品的国家标准、专业标准和安全技术规程。

2.产品必须通过主管部门鉴定。

3.产品必须经当地产品质量监督部门及其以上部门检测认可。

4.必须提供产品合格证、说明书(包括主要技术参数、工作原理、电气原理图和安装使用方法等)。

从触电危险程度的角度考虑,电动建筑机械和手持电动工具的施工场所环境可分为:

(1)一般场所

相对湿度≤75%的干燥场所;无导电粉尘的场所;气温不高于 30 ℃的场所;有不导电地板(干燥木地板、塑料地板、沥青地板)的场所等。

(2)危险场所

相对湿度长期处于 75%以上的潮湿场所;露天并且能遭受雨、雪侵袭的场所;有导电粉尘的场所;气温高于 30 ℃炎热的场所;有导电的泥、混凝土或金属结构地板的场所;施工中常处于水湿润的场所。

(3)高度危险场所

相对湿度接近 100%;蒸气潮湿环境,有活性化学媒质放出腐蚀性气体或液体的场所;具有两个以上危险场所特征(如导电地板和高温,或导电地板和有导电粉尘)的场所。

手持电动工具按防触电保护的要求可分为Ⅰ、Ⅱ、Ⅲ类工具。

(1)Ⅰ类工具

Ⅰ类工具在防止触电的保护方面不仅依靠其基本绝缘,而且包含一个附加的安全预防措施。其方法是将可触及的可导电零件与已安装的固定线路中的保护(接地或接零)导线连接起来,即当基本绝缘损坏时会成为带电体的可触及的可导电零件永久地、可靠地和工具内的接线端子作金属联接。

I类工具在无其他附加触电保护措施的情况下，只能依靠保护接地或保护接零来保证其安全使用。但单纯接地是不能保证在触电时操作者人身安全的。因此I类工具在使用时必须另有附加保护措施。

(2)Ⅱ类工具

Ⅱ类工具在防止触电的保护方面不仅依靠其基本绝缘，而且它还提供双重绝缘或加强绝缘的附加安全预防措施。设有保护接地或依赖安装条件的安全措施，即所有可触及的金属零件与带电部分之间必须用双重绝缘或加强绝缘隔离，不得仅有用基本绝缘隔离的部分。

(3)Ⅲ类工具

Ⅲ类工具在防止触电的保护方面依靠安全特低电压供电，使用时，必须用安全隔离变压器供电。带电体勿采用基本绝缘或外壳防护，防止人体直接接触带电体。

六、焊接安全技术

(一)电焊安全技术

电焊作业应符合下列安全规定：

1.在下雨、下雪时，不得进行露天施焊。

2.在高处作业时，不准将焊接电缆放在电焊机上；横跨道路的焊接电缆必须装在铁管内，防止被压破漏电；施焊前，应先检查周围不得有易燃易爆物品，并系好安全带。

3.严禁将焊接电缆与气焊的胶管混在一起。

4.电缆不宜过长，一般应根据工作时的具体情况而定。

5.在施焊过程中，当电焊机发生故障而需要检查电焊机时，必须切断电源后方才能进行。禁止在通电情况下用手触动焊机的任何部分，以免发生事故。

6.在船舱内焊接时，应设法通风或两个人轮换操作。

7.在容器内焊接时，应使用胶皮绝缘防护用具，并在附近安设一个电源开关，由助手专门负责看管和监护，同时要听从焊接操作人员指示，随时通断电源。

8.在焊接时，不可将工件拿在手中或用手扶着焊接。

9.连续焊接超过一小时后，检查焊机电缆，如温度达到80℃时，必须切断电源。

(二)气焊与气割安全技术

气焊与气割设备和器具比较简单，便于移动，在建筑施工中得到广泛应用。应用气焊与气割的设备有氧气瓶、乙炔发生器(或乙炔瓶)，器具有焊炬、减压器、氧气表、回火防止器、氧气胶管、乙炔胶管等。

气焊与气割作业应符合下列安全规定：

1.氧气瓶安装减压器时，应先检查阀门接头，并略开氧气瓶阀门吹除污垢，然后安装减压器。

2.氧气瓶、压力表及其焊割机具上不得沾染油脂。

3.乙炔发生器(乙炔瓶)和氧气瓶均应距明火10 m以上；乙炔发生器与氧气瓶之间的

距离也应在 7 m 以上。

4.乙炔发生器与焊炬之间均应有可靠的回火防止器。

5.乙炔发生器和氧气瓶均应放置在空气流通的地方，不得在烈日下暴晒，不得靠近火源与其他热源。乙炔发生器不可放在室内，不得安置在空气压缩机、鼓风机和通风机的吸风口附近，也不得安置在高压线和起重机滑线下。

6.开启电石桶时，不得猛力敲打，以防止发生火花而引起爆炸。乙炔发生器启动后，应先排除器内空气，然后才能使用乙炔气。高处焊接时，应特别注意不使火花掉进发生器内。

7.使用焊割炬前，必须检查喷射情况是否正确。先开启焊割炬的氧气阀，氧气喷出后，再开启乙炔阀，检验乙炔阀，检验乙炔接口是否有吸力，如有吸力，方可接乙炔胶管。

8.在通风不良的地点或在容器内作业时，焊接炬应先在外面点好火。

9.点火时应开乙炔少许，点燃后迅速调节氧气和乙炔气，按工作需要选取火焰。停火时应先关闭乙炔气，然后再关闭氧气，防止引起回火和产生烟灰。氢氧并用时，应先开乙炔气，再开氢气，最后开氧气，再点燃。灭火时，应先关氧气，再关氢气，最后关乙炔气。

10.在易燃易爆生产区域内动火，应按规定办理动火审批手续。

11.气焊与电焊在同一点作业时，氧气瓶应垫有绝缘物，以防止气瓶带电。

12.工作结束后，应将乙炔发生器内的电石蓝取出，并将容器冲洗干净。

七、垂直运输机械安全要求

(一)一般安全要求

1.各类垂直运输机械的安装及拆卸，应由具备相应承包资质的专业人员进行，其工作程序应严格按照原机械图及说明书规定，并根据现场环境条件制定安全作业方案。

2.转移工地重新安装的垂直运输机械，在交付使用前，应按有关标准进行试验、检验并对各安全装置的可靠度及灵敏度进行测试，确认符合要求后方可投入运行。试验资料应纳入该设备安全技术档案。

3.起重机的基础必须能承受工作状态和非工作状态下的最大载荷，并应满足起重机稳定性的要求。

4.除按规定允许载人的施工升降机外，其他起重机严禁在提升和降落过程中载人。

5.起重机司机及信号指挥人员应经专业培训、考核合格并取得有关部门颁发的操作证后，方可上岗操作。

6.每班作业前，起重机司机应对制动器、钢丝绳、钢丝绳的连接部位及安全装置进行检查，各机构进行空载运转，发现不正常时，应予排除。

7.起重机司机开机前，必须鸣铃示警。

8.必须按照垂直运输机械出厂说明书规定的技术性能、使用条件正确操作，严禁超载作业或扩大使用范围。

9.起重机处于工作状态时，严禁进行保养、维修及人工润滑作业。当需进行维修作业时，必须在醒目位置挂警示牌。

10.作业中起重机司机不得擅自离开岗位或交给非本机的司机操作。工作结束后应将所有控制手柄扳至零位，断开主电源、锁好电箱。

11.维修更换零部件应与原垂直运输机械零部件的材料、性能相同；外购件应有材质、性能说明；材料代用不得降低原设计规定的要求；维修后，应按相关标准要求试验合格；机械维修资料应纳入该机设备档案。

（二）塔式起重机

1.塔式起重机必须是取得生产许可证的专业生产厂生产的合格产品。使用塔式起重机除需进行日常检查、保养外，还应按规定进行正常使用时的常规检验。

2.塔式起重机安装与拆卸应符合下列规定：

(1)塔式起重机的基础及轨道铺设，必须严格按照安装设计图和说明书进行。塔式起重机安装前，应对路基及轨道进行检验，符合要求后，方可进行塔式起重机的安装。

(2)用旋转塔身方法进行整体安装及拆卸时，应保证自身的稳定性。详细规定架设程序与安全措施，对主、副地锚的埋设位置、受力性能以及钢丝绳穿绕、起升机构制动等应进行检查，并排除塔式起重机旋转过程中的障碍，确保塔式起重机旋转中途不停机。

(3)塔式起重机附墙杆件的布置和间隔，应符合说明书的规定。当塔身与建筑物水平距离大于说明书规定时，应验算附着杆的稳定性，或重新设计、制作，并经技术部门确认，主管部门验收。在塔式起重机未拆卸至允许悬臂高度前，严禁拆卸附墙杆件。

(4)顶升作业时应遵守下列规定：液压系统应空载运转，排净系统内的空气；应按说明书规定调整顶升套架滚轮与塔身标准节的间隙，使起重臂力矩与平衡臂力矩保持平衡，符合说明书要求，并将回转机构制动住；顶升作业应随时监视液压系统压力及套架与标准节间的滚轮间隙。顶升过程中严禁起重机回转和其他作业。顶升作业应在白天进行，风力在4级及以上时必须立即停止，并应紧固上、下塔身连接螺栓。

3.塔式起重机必须按照现行国家标准《塔式起重机安全规程》(GB 5144－2006)及说明书规定，安装起重力矩限制器、起重量限制器、幅度限制器、起升高度限制器、回转限制器、行走限位开关及夹轨器等安全装置。

4.塔式起重机操作使用应符合下列规定：

(1)塔式起重机作业前，应检查轨道及清理障碍物；检查金属结构、连接螺栓及钢丝绳磨损情况；送电前，各控制器手柄应在零位，空载运转，试验各机构及安全装置并确认正常。

(2)塔式起重机作业时严禁超载、斜拉和起吊埋在地下等不明重量的物件。

(3)吊运散装物件时，应制作专用吊笼或容器，并应保障在吊运过程中物料不会脱落。吊笼或容器在使用前应按允许承载能力的2倍荷载进行试验，使用中应定期进行检查。

(4)吊运多根钢管、钢筋等细长材料时，必须确认吊索绑扎牢靠，防止吊运中吊索滑移，物料散落。

(5)当同一施工地点有两台以上塔式起重机并可能互相干涉时，应制定群塔作业方案：两台塔式起重机之间的最小架设距离应保证处于低位塔式起重机的起重臂端部与另一台塔式起重机的塔身之间至少有2m的距离；处于高位塔式起重机的最低位置的部件

(吊钩升至最高点或平衡重的最低部位)与低位塔式起重机中处于最高位置部件之间的垂直距离不应小于2m。当不能满足要求时,应采取调整相邻塔式起重机的工作高度、加设行程限位、回转限位装置等措施,并制定交叉作业的操作规程。

(6)塔式起重机在弯道上不得进行吊装作业或吊物行走。

(7)轨道式塔式起重机的供电电缆不得拖地行走;沿塔身垂直悬挂的电缆,应使用不被电缆自重拉伤和磨损的可靠装置悬挂。

(8)作业完毕,塔式起重机应停放在轨道中间位置,起重臂应转到顺风方向,并应松开回转制动器,起重小车及平衡重应置于非工作状态。

(三)施工升降机

1.施工升降机安装与拆卸应符合下列规定:

(1)升降机处于安装工况,应按照现行国家标准《施工升降机检验规则》(GB 10053—1996)及说明书的规定,依次进行不少于两节导轨架标准节的接高试验。

(2)施工升降机导轨架在接高标准节时,必须同时按说明书规定进行附墙连接,导轨架顶部悬臂部分不得超过说明书规定的高度。

(3)施工升降机吊笼与吊杆不得同时使用,吊笼顶部应装设安全开关,当人员在吊笼顶部作业时,安全开关应处于吊笼不能启动的断路状态。

(4)有载重的施工升降机在安装或拆卸过程吊笼处于无载重运行时,应严格控制吊笼内载荷及避免超速制动。

(5)施工升降机安装或拆卸导轨架作业不得与铺设或拆除各层通道作业上下同时进行。当搭设或拆除楼层通道时,吊笼严禁运行。

(6)施工升降机拆卸前,应对各机构、制动器及附墙进行检查,确认正常时,方可进行拆卸工作。

2.按照现行国家标准《施工升降机安全规则》(GB 10055—2007)及说明书规定,施工升降机应安装限速器、安全钩、制动器、限位开关、笼门联锁装置、停层门(或停层栏杆)、底层防护栏杆、缓冲装置、地面出入口防护棚等安全防护装置。

3.凡新安装的施工升降机,应进行额定荷载下的坠落试验,正在使用的施工升降机,按说明书规定的时间(至少每3个月)进行一次额定荷载的坠落试验。

4.施工升降机操作使用应符合下列规定:

(1)每班使用前应对施工升降机金属结构、导轨接头、吊笼、电源、控制开关在零位、联锁装置等进行检查,并进行空载运行试验及制动器可靠度试验。

(2)施工升降机额定荷载试验在每班首次载重运行时,应从最低层开始上升,不得自上而下运行,当吊笼升高离地面1～2m时,停机试验制动器的可靠性。

(3)施工升降机吊笼进门明显处必须标明限载重量和允许乘人数量,司机必须经核定后,方可运行。严禁超载运行。

(4)施工升降机司机应按指挥信号操作,作业运行前应鸣笛示意。司机离机前,必须将吊笼降到底层,并切断电源,锁好电箱。

(5)施工升降机的防坠安全器,不得任意拆检调整,应按规定的期限,由生产厂或指定的认可单位进行鉴定或检修。

(四)物料提升机

1.物料提升机应有安装设计图、计算书及说明书，并按相关标准进行试验，确认符合要求后，方可投入运行。

2.物料提升机设计、制作应符合下列规定：

物料提升机的结构设计计算应符合现行的行业标准《龙门架及井架物料提升机安全技术规范》(JGJ 88－2010)、现行国家标准《钢结构设计规范》(GB 50017－2014)的有关规定；物料提升机应有标牌，标明额定起重量、最大提升高度及制造单位、制造日期；物料提升机设计提升结构的同时，应对其安全防护装置进行设计和选型，不得留给使用单位解决，物料提升机应包括以下安全防护装置：①全停靠装置、断绳保护装置；②楼层口停靠栏杆(门)；③吊篮安全门；④上料口防护门；⑤极限限位器；信号、音响装置；⑥对于高架(30m 以上)物料提升机，还应具备下列安全装置：下极限限位器、缓冲器、超载限制器、通信装置。

3.物料提升机安装与拆卸应符合下列规定：

(1)提升机的安装和拆卸工作必须按照施工方案进行，并设专人统一指挥。

(2)物料提升机安装前，应对基础、金属结构配套及节点情况进行检查，并对缆风绳锚固及墙体附着连接处进行检查。

(3)物料提升机架体应随安装随固定，节点采用设计图规定的螺栓联接，不得任意扩孔。

(4)物料提升机稳固架体的缆风绳必须采用钢丝绳，附墙杆必须与物料提升机架体的材质相同，严禁将附墙杆连接在脚手架上，必须可靠地与建筑结构相连接。架体顶端自由高度与附墙间距应符合设计要求。

(5)物料提升机采用旋转法整体安装或拆卸时，必须对架体采取加固措施，拆卸时必须待起重机吊点索具垂直拉紧后，方可松开缆风绳或拆除附墙杆件；安装时，必须将缆风绳与地锚拉紧或附墙杆与墙体连接牢靠后，起重机方可摘钩。

(6)物料提升机卷扬机应安装在视线良好，远离危险作业的区域；钢丝绳应能在卷筒上整齐排列，其吊笼处于最低工作位置时，卷筒上应留有不少于 3 圈的钢丝绳。

4.凡安装断绳保护装置的物料提升机，除在物料提升机重新安装时进行额定荷载下的坠落试验外，对正在使用的物料提升机，应定期(至少 1 个月)进行一次额定荷载的坠落试验。

5.物料提升机操作使用应符合下列规定：

(1)每班作业前，应对物料提升机架体、缆风绳、附墙架及各安全防护装置进行检查，并经空载运行试验，确认符合要求后，方可投入使用。

(2)物料提升机运行时，物料在吊篮内应均匀分配，不得超载运行和物料超出吊篮外运行。

(3)物料提升机作业时，应设置统一信号指挥。当无可靠联系措施时，司机不得开机，高架提升机应使用通信装置联系或设置摄像显示装置。

(4)设有起重扒杆的物料提升机，作业时，其吊篮与起重扒杆不得同时使用。

(5)不得随意拆除物料提升机安全装置，发现安全装置失灵时，应立即停机修复。

(6)严禁人员攀登物料提升机或乘其吊篮上下。

(7)物料提升机司机下班或司机暂时离机，必须将吊篮降至地面，并切断电源，锁好电箱。

八、起重吊装安全要求

(一)一般安全要求

1.参加起重吊装的作业人员，包括司机、起重工、信号指挥、电焊工等均应属特种作业人员，必须是经专业培训、考核取得合格证并经体检确认方可进行高处作业的人员。

2.起重吊装作业前应详细勘查现场，按照工程特点及作业环境编制专项施工方案，并经企业技术负责人审批，其内容应包括：工程概况、现场环境及措施、施工工艺、起重机械的选型依据、起重扒杆的设计计算、地锚设计、钢丝绳及索具的设计选用、地耐力及道路的要求、构件堆放就位图以及吊装过程中的各种防护措施等。

3.起重机械进入现场后应经检查验收，重新组装的起重机械应按规定进行试运转，包括静载、动载试验，并对各种安全装置进行灵敏度、可靠度的测试。扒杆按方案组装后应经试吊检验，确认符合要求后方可使用。

4.汽车式起重机除应按规定进行定期的维修保养外，还应每年定期进行运转试验，包括额定荷载、超载试验，检验其机械性能、结构变形及负荷能力，达不到规定时，应减载使用。

5.起重吊装索具使用前应按施工方案设计要求进行逐件检查验收。

6.起重机运行道路应进行检查，达不到地耐力要求时应采用路基箱等铺垫措施。

7.起重吊装各种防护措施用料、脚手架的搭设以及危险作业区的围圈等准备工作应符合方案要求。

8.起重吊装作业前应进行安全技术交底，内容包括吊装工艺、构件重量及注意事项。

9.当进行高处吊装作业或司机不能清楚地看到作业地点或信号时。应设置信号传递人员。

10.起重吊装高处作业人员应佩戴工具袋，工具及零配件应装入工具袋内，不得抛掷物品。

(二)索具设备

1.起重吊装钢丝绳应符合下列规定：

(1)计算钢丝绳允许拉力时，应根据不同的用途按钢丝绳安全系数表选用安全系数，见表 2-4-5。

表 2-4-5 钢丝绳安全系数表

用途	安全系数	用途	安全系数
缆风绳	3.5	卷扬机起重	5～6
手动起重设备	4.5	吊索	6～7

(2)钢丝绳的连接强度不得小于其破断拉力的 80%；当采用绳卡连接时，应按照钢丝绳直径选用绳卡规格及数量，绳卡压板应在钢丝绳长头一边，当采用编结连接时，编结长

度不应小于钢丝绳直径的15倍，且不应小于300 mm。

(3)钢丝绳出现磨损断丝时，应减载使用，当磨损断丝达到报废标准时，应及时更换合格钢丝绳。

2.应根据构件的重量、长度及吊点合理制作吊索，工作中吊索的水平夹角宜在45°～60°之间，不得小于30°。

3.吊具(铁扁担)的设计制作应有足够的强度及刚度，根据构件重量、形状吊点和吊装方法确定，吊具应使构件吊点合理，吊索受力均匀。

4.应正确使用吊钩，严禁使用焊接钩、钢筋钩；当吊钩挂绳断面处磨损超过高度10%时应报废。

5.应按照钢丝绳直径及工作类型选用滑车，滑车直径与钢丝绳直径比值不得小于15。

6.千斤顶使用应符合下列规定：

(1)千斤顶底部应放平，并应在底部及顶部加垫木板。

(2)不得超负荷使用，顶升高度不得超过活塞的标志线，或活塞总高度的3/4。

(3)顶升过程中应随构件的升高及时用枕木垫牢，应防止千斤顶顶斜或回油引起活塞突然下降。

(4)多台千斤顶联合使用时，应采用同一型号千斤顶并应保持各千斤顶的同步性，每台千斤顶的起升能力不得小于计算承载力的1.2倍。

7.导链(手拉葫芦)使用应符合下列规定：

(1)用前应空载检查，挂上重物后应慢慢拉动进行负荷检查，确认符合要求后方可继续使用。

(2)拉链方向应与链轮一致，拉动速度应均匀，拉不动时应查明原因，不得采取增加人数强拉的方法。

(3)起重中途停止时间较长时，应将手拉小链拴在链轮的大链上。

8.手动导链使用应符合下列规定：

(1)手动导链钢丝绳应选用钢芯钢丝绳，不得有扭结、接头。

(2)不得采用加长扳把手柄的方法操作。

(3)当使用牵拉重物的手动导链用于载人的吊篮时，其载重能力必须降为额定载荷的1/3，且应加装自锁夹钳装置。

9.绞磨使用应符合下列规定：

(1)绞磨应与地锚连接牢固，受力后不得倾斜和悬空，起重钢丝绳在卷筒上缠绕不得少于4圈，工作时，应设专人拉紧卷筒后面绳头。

(2)绞磨必须装设制动器，当绞磨暂时停止转动时应用制动器锁住，且推杠人员不得离开。

(3)松弛起重绳时，必须采用推杠反方向旋转控制，严禁采用松后尾拉绳的方法。

10.地锚埋设应符合下列规定：

(1)地锚可按经验做法，亦可经设计确定，埋设的地面不得被水浸泡。

(2)木质地锚应选用落叶松、杉木等坚实木料，严禁使用质脆或腐朽木料。埋设前应涂刷防腐油并在钢丝绳捆绑处加钢管和角钢保护。

(3)重要地锚或旧有地锚使用前必须以试拉确认,可采用地面压铁的方法增加安全系数。

(三)起重机吊装作业

1.构件吊点的选择应符合下列规定:

(1)当采用一个吊点起吊时,吊点必须选择在构件重心以上,使吊点与构件重心的连线和构件的横截面呈垂直。

(2)当采用多个吊点起吊时,应使各吊点吊索拉力的合力作用点置于构件的重心以上,使各吊索的汇交点(起重机的吊钩位置)与构件重心的连线和构件的支座面相垂直。

2.应根据建筑工程结构的跨度、吊装高度、构件重量以及作业条件和现有起重机类型、起重机的起重量、起升高度、工作半径、起重臂长度等工作参数选择起重机。

3.履带式起重机应符合下列规定:

(1)起重机应在平坦坚实的地面上作业、行走和停放。在正常作业时,坡度不得大于3°,并应与沟渠、基坑保持安全距离。

(2)作业时,起重臂的最大仰角不得超过出厂规定。当无资料可查时,不得超过78°。

(3)起重机变幅应缓慢平稳,严禁在起重臂未停稳前交换挡位;起重机荷载达到额定起重量的90%及以上时,应慢速升降重物,严禁超过两种动作的复合操作和下降起重臂。

(4)在起吊荷载达到额定起重量的90%及以上时,升降动作应慢速进行,并严禁同时进行两种及两种以上动作。

(5)起吊重物时应先稍离地面试吊,当确认重物已挂牢,起重机的稳定性和制动器的可靠性均较好,再继续起吊。在重物升起过程中,操作人员应把脚放在制动踏板上,密切注意起吊重物,防止吊钩冒顶。当起重机停止运转而重物仍悬在空中时,即使制动踏板被固定,脚仍应踩在制动踏板上。

(6)采用双机抬吊作业时,应选用起重性能相似的起重机进行。抬吊时应统一指挥,动作应配合协调,载荷应分配合理,起吊重量不得超过两台起重机在该工况下允许起重量总和的75%,单机的起吊荷载不得超过允许荷载的80%。在吊装过程中,两台起重机的吊钩滑轮组应保持垂直状态。

(7)当起重机需带载行走时,荷载不得超过允许起重量的70%,行走道路应坚实平整,重物应在起重机正前方向,重物离地面不得大于500 mm,并应拴好拉绳,缓慢行驶,严禁长距离带载行驶。

(8)作业后,起重臂应转至顺风方向,并降至40°~60°之间,吊钩应提升到接近顶端的位置,应关停内燃机,将各操纵杆放在空挡位置,各制动器加保险固定,操纵室和机棚应关门加锁。

4.汽车、轮胎式起重机应符合下列规定:

(1)起重机行驶和工作的场地应保持平坦坚实,并应与沟渠、基坑保持安全距离。

(2)作业前,应全部伸出支腿,并在撑脚板下垫方木,调整机体使回转支承面的倾斜度在无荷载时不大于1/1000(水准泡居中)。支腿有定位销的必须插上,底盘为弹性悬挂的起重机,放支腿前应先收紧稳定器。

(3)作业中严禁扳动支腿操纵阀。调整支腿必须在无载荷时进行,并将起重臂转至正前或正后,方可再行调整。

(4)应根据所吊重物的重量和提升高度，调整起重臂长度和仰角，并应估计吊索和重物本身的高度，留出适当空间。

(5)起重臂伸缩时，应按规定程序进行，在伸臂的同时应相应下降吊钩。当限制器发出警报时，应立即停止伸臂。起重机缩回时，仰角不宜太小。

(6)起重臂伸出后，出现前节臂杆的长度大于后节伸出长度时，必须进行调整，消除不正常情况后，方可作业。

(7)起重臂伸出后，或主副臂全部伸出后，变幅时不得小于各长度所规定的仰角。

(8)汽车式起重机起吊作业时，汽车驾驶室内不得有人，重物不得超越驾驶室上方，且不得在车的前方起吊。

(9)采用自由(重力)下降时，荷载不得超过该工况下额定起重量的20%，并应使重物有控制地下降，下降停止前应逐渐减速，不得使用紧急制动。

(10)起吊重物达到额定起重量的50%及以上时，应使用低速挡。

(11)作业中发现起重机倾斜、支腿不稳等异常现象时，应在保证作业人员安全的情况下，将重物下降落在安全的地方，下降中严禁制动。

(12)重物在空中需要较长时间停留时，应将起升卷筒制动锁住，操作人员不得离开操纵室。

(13)起吊重物达到额定起重量的90%以上时，严禁向下变幅，同时禁止进行两种及两种以上的操作动作。

(14)当轮胎式起重机带载行走时，道路必须平坦坚实，载荷必须符合规定，重物离地面不得超过500 mm，并应拴好拉绳，缓慢行驶。

(15)作业后，应将起重臂全部缩回放在支架上，再收回支腿。吊钩应用专用钢丝绳挂牢；应将车架尾部两撑杆分别撑在尾部下方的支座内，并用螺母固定；应将阻止机身旋转的销式制动器插入销孔，并将取力器操纵手柄放在脱开位置，最后应锁住起重操纵室门。

(四)扒杆吊装、滚杠平移作业

1.扒杆吊装前应使重物离地200～300 mm，检查起重钢丝绳、各导向滑车、扒杆受力以及缆风绳、地锚等情况，确认符合要求后方可使用。

2.扒杆作业时，应设专人指挥，合理布置各缆风绳角度，每根缆风绳必须设专人操作。缆风绳根数应按扒杆的形式和作业条件确定，人字扒杆不得少于5根，独脚扒杆不得少于6根。

3.扒杆吊物时，向前倾角不得大于10°，必须保持吊索垂直。扒杆的后方应至少有2根固定缆风绳和一根活动缆风绳；扒杆移动时应统一指挥各缆风绳的收放与配合，应保持扒杆的角度。

4.扒杆作业中和暂停作业时，必须确认拴牢缆风绳，严禁松解缆风绳或甚至拆除缆风绳。

5.用滚动法移动设备或构件时，运输木排应制作坚固，设备的重心较高时，应用绳索与木排拴牢，滚杠的直径应一致，其长度比木排宽度长500mm，地面应坚实平整，操作人员严禁戴手套填滚杠。

(五)混凝土构件吊装

1.混凝土构件运输、吊装时，一般混凝土构件的强度不得低于设计强度的75%，桁架、薄壁等大型构件应达到100%。

2.混凝土构件运输、堆放的支承方式应与设计安装位置一致。楼板叠放各层垫木应在同一垂直线上；屋架、梁的放置，除沿长度方向的两侧设置不少于3道撑木外，可将几榀屋架用方木、钢丝绑扎连接成一稳定整条；墙板应放置在堆放架上，堆放架的稳定应经计算确定。

3.当预制柱吊点的位置设计无规定时，应经计算确定。柱子吊装入基础杯口必须将柱脚落底。吊装后及时校正，柱子每侧面不得少于2个楔子固定，且应2人在柱子两侧面同时对打。当采用缆风绳校正时，必须待缆风绳固定后，起重机方可脱钩。

4.采用双机抬吊装时，应统一指挥相互配合，两台起重机吊索都应保持与地面呈垂直状态。除应合理分配荷载外，还应指挥使两机同步将柱子吊离地面和同步落下就位。

5.混凝土屋架平卧制作翻身扶直时，应根据屋架跨度确定吊索绑扎形式及加固措施，吊索与水平线夹角不应小于60°，起重机扶直过程中宜一次扶直不应有紧急制动。

6.混凝土起重机梁、屋架的安装应在柱子杯口二次灌浆固定和柱间支撑安装后进行。

7.混凝土屋盖安装应按节间进行，首先应将第一节间包括屋面板、屋架支撑全部安装好形成稳定间。屋面板的安装顺序应自两边向跨中对称进行；屋架支撑应先安装垂直支撑，再安装水平支撑，先安装中部水平支撑，再安装两端水平支撑。

8.混凝土屋架安装前应在作业节间范围挂好安全平网。作业人员可沿屋架上绑扎的临时木杆上挂牢安全带行走操作，不得无任何防护措施在屋架上弦行走。

9.混凝土屋盖吊装作业人员上下应有专用走道或梯子，严禁人员随起重机吊装构件上下。屋架支座的垫铁及焊接工作，应站在脚手架或吊篮内进行，严禁站在柱顶或牛腿等处操作。

(六)钢构件吊装

1.进入施工现场的钢构件，应按照钢结构安装图的要求进行检查，包括截面规格、连接板、高强螺栓、垫板等均应符合设计要求。

2.钢构件应按吊装顺序分类堆放。

3.钢柱的吊装应选择绑扎点在重心以上，并对吊索与钢柱绑扎处采取防护措施。当柱脚与基础采用螺栓固定时，应对地脚螺栓采取防护措施，采用垂直吊装法应将钢柱柱脚套入地脚螺栓后，方可拆除地脚螺栓防护。钢柱的校正，必须在起重机不脱钩的条件下进行。

4.钢结构吊装，必须按照专项施工方案的要求搭设高处作业的安全防护设施。严禁作业人员攀爬构件上下和无防护措施的情况下人员在钢构件上作业、行走。

5.钢柱吊装时，起重人员应站在作业平台或脚手架上作业，临边应有防护措施。人员上下应设专用梯道。

6.安装钢梁时可在梁的两端采用挂脚手架，或搭设落地脚手架。当需在梁上行走时，应设置临边防护或沿梁一侧设置钢丝绳并拴挂在钢柱上做扶手绳，人员行走时应将安全带扣挂在钢丝绳上。

7.钢屋架吊装，应采取在地面组装并进行临时加固。高处作业的防护设施，按吊装工艺不同,可采用临边防护与挂节间安全平网相结合的方法。在第一和第二节间的三榀屋架随吊装随将全部钢支撑安装紧固后,方可继续其余节间屋架的安装。

九、拆除工程

(一)拆除工程施工方法及其适用范围

1.人工拆除方法

人工拆除方法是指依靠手工加上一些简单工具,如钢钎、锤子、风镐、手动导链、钢丝绳等,对建(构)筑物实施解体和破碎的方法。人工拆除方法的特点是:

(1)施工人员必须亲临拆除点操作,进行高空作业,危险性大。

(2)劳动强度大,拆除速度慢,工期长。

(3)受气候影响大。

(4)易于保留部分建筑物。

人工拆除方法的适用范围是:用来拆除砖木结构、混合结构以及上述结构的分离和部分保留拆除项目。

2.机械拆除方法

机械拆除方法是指使用大型机械如挖掘机、镐头机、重锤机等对建(构)筑物实施解体和破碎的方法。机械拆除方法的特点是:

(1)施工人员无须直接接触拆除点,无须高空作业,危险性小。

(2)劳动强度低,拆除速度快,工期短。

(3)作业时扬尘较大,必须采取湿作业法。

(4)对需要部分保留的建筑物必须先用人工分离后方可拆除。

机械拆除方法的适用范围是:用于拆除混合结构、框架结构、板式结构等高度不超过30 m的建筑物、构筑物及各类基础和地下构筑物。

3.爆破拆除方法

爆破拆除方法是利用炸药在爆炸瞬间产生高温高压气体对外做解体和破碎建(构)筑物的方法。爆破拆除方法的特点是:

(1)施工人员无须进行有损建筑物整体结构和稳定性的操作,人身安全最有保障。

(2)一次性解体,其扬尘、扰民较少。

(3)拆除效率最高,特别是高耸坚固建筑物和构筑物的拆除。

(4)对周边环境要求较高,对临近交通要道、保护性建筑、公共场所、过路管线的建(构)筑物必须作特殊防护后方可实施爆破。

爆破拆除方法的适用范围是:用于拆除砖木结构以外的任何建筑物、构筑物、各类地下、水下构筑物。

(二)拆除工程安全技术措施

1.一般安全技术要求

(1)施工前,必须对施工作业人员进行书面安全技术交底。

(2)进入施工现场的人员,必须佩戴安全帽。凡在2 m及2 m以上高处作业无可靠防护设施时,必须正确使用安全带。

(3)在恶劣的气候条件下,严禁进行拆除作业。

(4)施工现场临时用电必须按照《施工现场临时用电安全技术规范》(JGJ 46—2005)的有关规定执行。

(5)严禁立体交叉作业。水平作业时,各工位间应有一定的安全距离,作业人员必须配备相应的劳动防护用品,并应正确使用。

(6)作业人员使用手持机具时,严禁超负荷或带故障运转。

(7)楼层内的施工垃圾,应采用封闭的垃圾道或垃圾袋运下,不得向下抛掷。

(8)根据拆除工程施工现场作业环境,应制定相应的消防安全措施,施工现场应设置消防车道,保证充足的消防水源,配备足够的灭火器材。

2.拆除工程安全防护措施

拆除工程使用的脚手架、安全网,必须由专门人员按设计方案搭设,由有关人员验收合格后方可使用。水平作业时,操作人员应保持安全距离,安全防护设施验收时,应按类逐项查验,并有验收记录。

作业人员必须配备相应的安全帽、安全带、防护眼镜、防护手套、防护工作服等,并正确使用。施工单位必须依据拆除工程安全施工组织设计或安全专项施工方案,在拆除施工现场划定危险区域,并设置警戒线和相关的安全标志,并应派专人监管。施工单位必须落实防火安全责任制,建立义务消防组织,明确责任人,负责施工现场的日常防火安全管理工作。

3.拆除工程施工现场的文明施工管理

拆除工程施工时,应有防止扬尘和降低噪声的措施。可以向被拆除部位洒水,对设备进行封闭。清运渣土的车辆应封闭或覆盖,出入现场时应有专人指挥。清运渣土的作业时间应遵守工程所在地的有关规定,拆除完工后,应及时将渣土清运出场。

施工单位对地下的各类管线应在地面上设置明显标识,对水、电、气的检查井、污水井应采取相应的保护措施。

施工现场应建立、健全动火管理制度。施工作业需要动火时,必须履行动火审批手续,领取动火证后,方可在指定时间、地点作业。作业时应配备专人监护,作业后必须确认无火源危险后方可离开作业地点。拆除建筑时,当遇有易燃、可燃物及保温材料时,严禁明火作业。

十、建筑施工防火安全

(一)建筑材料燃烧性能基础知识

建筑构件和建筑材料的防火性能是建筑构件的耐火极限和建筑材料的燃烧性能的综合表述。

建筑构件是指用于组成建筑物的梁、板、柱、墙、楼梯、屋顶承重构件、吊顶等。建筑构件的燃烧性能,是由构成建筑构件的材料的燃烧性能来决定的。我国将建筑构件按其燃烧性能划分为三类:不燃烧体、难燃烧体、燃烧体。建筑物的耐火能力取决于建筑构件的耐火性能,它是以耐火极限来衡量的。在建筑施工中这部分内容应是由监理工程师和工程质量监督人员掌握的。

建筑材料按其使用功能，有建筑装修装饰材料、保温隔声材料、管道材料以及施工材料等。建筑材料的防火性能一般用建筑材料的燃烧性能来表述。建筑材料的燃烧性能是指其燃烧或遇火时所发生的一切物理和化学变化。我国国家标准《建筑材料燃烧性能分级方法》(GB 8624－1997)将建筑材料按其燃烧性能划分为四级：A 级表示是不燃性建筑材料；B1 级表示是难燃性建筑材料；B2 级表示是可燃性建筑材料；B3 级表示是易燃性建筑材料。

(二)建筑施工引起火灾和爆炸的原因

建筑施工中发生火灾和爆炸事故，主要发生在储存、运输及施工(加工)过程中。有间接原因也有直接原因。

1.间接原因

间接原因可认为是由基础原因诱发出来的原因，可归纳为两种：

(1)技术的原因。储存材料的仓库等的设计及布置不符合防火规范要求；在制定施工方案时对易燃材料、易燃化学品认识不足，编制的防火防爆安全措施不够全面。

(2)管理的原因。安全生产责任制不落实，施工管理人员疏于管理；消防安全制度执行不力，动火作业督促检查不到位，不能及时发现或消除火灾隐患；施工人员缺乏防火安全思想和技术教育，对消防安全知识欠缺；未编制防火防爆应急救援预案或应急救援预案未进行演练。

2.直接原因

建筑施工中引发火灾和爆炸事故的直接原因可归纳为四个方面：

(1)现场的设施不符合消防安全的要求，如仓库防火性能低，库内照明不足，通风不良，易燃易爆材料混放；现场内在高压线下设置临时设施和堆放易燃材料；在易燃易爆材料堆放处实施动火作业。

(2)缺少防火、防爆安全装置和设施，如消防、疏散、急救设施不全，或设置不当等。

(3)在高处实施电焊、气割作业时，对作业的周围和下方缺少防护遮挡。

(4)雷击、地震、大风、洪水等天灾；雷暴区季节性施工避雷设施失效。

3.灾害扩大的原因

基础原因、间接原因和直接原因引起的初期火灾和爆炸事故，如果控制不及时，扑救不得力，便会发展扩大成为灾害。灾害扩大的主要原因是：

(1)作业人员对异常情况不能正确判断、及时报告处理。

(2)现场消防制度不落实，措施不落实，无灭火器材或灭火剂失效。

(3)延误报警，消防人员未能及时到达火场灭火。

(4)因防火间距不足，可燃物质数量多，大风天气等而无法短时间灭火。

在生产加工和储存运输过程中，应全面地系统地分析造成火灾爆炸事故的各种原因，有效地采取相应的防火技术措施和管理措施，达到预防事故的目的。

(三)施工现场防火一般要求

1.施工现场的平面布置、施工方法和施工技术，均应符合消防安全要求。

2.施工现场应明确划分用火作业，易燃可燃材料堆放、仓库、废品集中站和生活等的区域。

3.施工现场出入口的设置应满足消防车通行的要求，并宜布置在不同方向，其数量不宜少于2个。当确有困难只能设置1个出入口时，应在施工现场内设置满足消防车通行的环形道路。

4.施工现场的道路应畅通无阻；夜间应设照明，并加强值班巡逻。

5.固定动火作业场应布置在可燃材料堆场及其加工场、易燃易爆危险品库房等全年最小频率风向上风侧，并宜布置在临时办公用房、宿舍、可燃材料库房、在建工程等全年最小频率风向的上风侧。

6.不准在高压架空线下面搭设临时性建筑物或堆放可燃物品。

7.易燃易爆危险品库房与在建工程的防火间距不应小于15 m，可燃材料堆场及其加工场、固定动火作业场与在建工程的防火间距不应小于10 m，其他临时用房、临时设施与在建工程的防火间距不应小于6 m。

8.土建开工前应将消防器材和设施配备好，应敷设好室外消防水管、消火栓、沙箱、铁锹等。

9.临时消防设施的设置应与在建工程的施工保持同步。对于房屋建筑工程，临时消防设施的设置与在建工程主体结构施工进度的差距不应超过3层。

10.临时消防给水系统的贮水池、消火栓泵、室内消防竖管及水泵接合器等应设置醒目标识。

11.施工现场的消火栓泵应采用专用消防配电线路。专用配电线路应自施工现场总配电箱的总断路器上端接入，并应保持连续不间断供电。

12.施工现场临时消防给水系统可与施工现场生产、生活给水系统合并设置，但应设置将生产、生活用水转为消防用水的应急阀门。应急阀门不应超过2个，阀门应设置在易于操作的场所，并应有明显标识。

13.乙炔发生器和氧气瓶存放之间的距离不得小于2 m，使用时两者的距离不得小于5 m，气瓶与明火作业点的距离不应小于10 m。

14.氧气瓶、乙炔发生器等焊割设备的安全附件应完整而有效，否则严禁使用。

15.施工现场的焊、割作业，必须符合防火要求，严格执行“十不烧”规定：

(1)焊工必须持证上岗，无证者不准进行焊、割。

(2)属一、二、三级动火范围的焊、割作业，未经办理动火审批手续，不准进行焊割。

(3)焊工不了解焊、割现场周围情况，不得进行焊、割。

(4)焊工不了解焊件内部是否有易燃、易爆物时，不得进行焊、割。

(5)各种装过可燃气体、易燃液体和有毒物质的容器，未经彻底清洗，或未排出危险之前，不准进行焊、割。

(6)用可燃材料作保温层、冷却层、隔音、隔热设备的部位，或火星能飞溅到的地方，在未采取切实可靠的安全措施之前，不准焊、割；有压力或密闭的管道、容器，不准焊、割。

(7)有压力或密闭的管道、容器，不准焊、割作业。

(8)焊割部位附近有易燃易爆物品，在未作清理或未采取有效的安全防护措施前，不准焊、割。

(9)附近有与明火作业相抵触的工种在作业时，不准焊、割。

(10)与外单位相连的部位，在没有弄清有无险情，或明知存在危险而未采取有效的措施前，不准焊、割。

16.施工现场用电，应严格按照用电安全管理规定，加强电源管理，以便防止发生电气火灾。

17.冬季施工采用煤炭取暖，应符合防火要求和指定专人负责管理。

18.施工作业前，施工现场的施工管理人员应向作业人员进行防火安全技术交底。防火安全技术交底应包括以下主要内容：

(1)施工过程中可能发生火灾的部位或环节。

(2)施工过程应采取的防火措施及应配备的临时消防设施。

(3)初起火灾的扑灭方法及注意事项。

(4)逃生方法及路线。

19.施工单位应做好施工现场临时消防设施的日常维护工作，对已失效、损坏或丢失的消防设施，应及时更换、修复或补充。

(四)特殊建筑施工现场防火

1.4 m 以上的高层建筑施工现场，应设置具有足够扬程的高压水泵或其他防火设备及设施。

2.增设临时消防水箱，必须保证有足够的消防水源。

3.进入内装饰阶段，要明确规定吸烟点；严禁在屋顶用明火熔化柏油。

4.高层建筑和地下工程施工现场应具有通讯报警装置，以便于及时报告险情。

第四节　建筑施工安全法规与标准

1.《建设工程安全生产管理条例》(国务院令第 393 号)

2.《建筑施工高处作业安全技术规范》(JGJ 80－1991)

3.《龙门架及井架物料提升机安全技术规范》(JGJ 88－2010)

4.《建筑施工门式钢管脚手架安全技术规范》(JGJ l28－2010)

5.《建筑施工扣件式钢管脚手架安全技术规范》(JGJ 130－2011)

6.《建筑拆除工程安全技术规范》(JGJ 147－2004)

7.《施工现场临时用电安全技术规范》(JGJ 46－2005)

8.《建筑施工安全检查标准》(JGJ 59－2011)

9.《建筑机械使用安全技术规程》(JGJ 33－2012)

10.《施工企业安全生产评价标准》(JGJ/T 77－2010)

11.《高处作业分级》(GB/T 3608－2008)

12.《建筑施工现场环境与卫生标准》(JGJ 146－2013)

13.《用电安全导则》(GB/T 13869－2008)

14.《建筑施工碗扣式脚手架安全技术规范》(JGJ 166－2008)

15.《建筑施工工具式脚手架安全技术规范》(JGJ 202－2010)

16.《液压升降整体脚手架安全技术规程》(JGJ 183－2009)

17.《钢管脚手架扣件》(GB 15831－2006)

18.《建筑施工模板安全技术规范》(JGJ 162－2008)

19.《钢管满堂支架预压技术规程》(JGJ/T 194—2009)
20.《塔式起重机安全规程》(GB 5144—2006)
21.《塔式起重机》(GB/T 5031—2008)
22.《塔式起重机混凝土基础工程技术规程》(JGJ/T 187—2009)
23.《建筑施工塔式起重机安装、使用、拆卸安全技术规程》(JGJ 196—2010)
24.《施工升降机安全规程》(GB 10055—2007)
25.《起重机钢丝绳保养、维护、安装、检验和报废》(GB/T 5972—2009)
26.《高处作业吊篮》(GB 19155—2003)
27.《施工现场机械设备检查技术规程》(JGJ 160—2008)
28.《起重机械超载保护装置》(GB 12602—2009)
29.《缺氧危险作业安全规程》(GB 8958—2006)
30.《爆破安全规程》(GB 6722—2011)
31.《安全网》(GB 5725—2009)
32.《安全带》(GB 6095—2009)
33.《安全帽》(GB 2811—2007)
34.《建筑施工作业劳动防护用品配备及使用标准》(JGJ 184—2009)
35.《坠落防护装备安全使用规范》(GB/T 23468—2009)
36.《个体防护装备选用规范》(GB/T 11651—2008)
37.《安全标志及其使用导则》(GB 2894—2008)
38.《安全色》(GB 2893—2008)
39.《施工现场临时建筑物技术规范》(JGJ/T 188—2009)
40.《建设工程施工现场消防安全技术规范》(GB 50720—2011)
41.《建筑施工土石方工程安全技术规范》(JGJ 180—2009)
42.《建筑施工木脚手架安全技术规范》(JGJ 164—2008)
43.《建设工程施工现场供用电安全规范》(GB 50194—2014)
44.《建筑工程大模板技术规程》(JGJ 74—2003)
45.《大型塔式起重机混凝土基础工程技术规程》(JGJ/T301—2013)
46.《建筑结构荷载规范》(GB 50009—2012)
47.《混凝土结构工程施工质量验收规范》(GB 50204—2011)
48.《施工企业安全生产管理规范》(GB 50656—2011)
49.《建筑基坑工程监测技术规范》(GB 50497—2009)
50.《建筑基坑支护技术规程》(JGJ 120—2012)
51.《土方与爆破工程施工及验收规范》(GB 50201—2012)
52.《建筑施工竹脚手架安全技术规范》(JGJ 254—2011)
53.《工作场所职业病危害警示标识》(GBZ 158—2003)
54.《建筑施工安全技术统一规范》(GB 50870—2013)
55.《建筑施工作业劳动保护用品配备及使用标准》(JGJ 184—2009)
56.《建筑施工起重吊装安全技术规范》(JGJ 276—2012)

第五章　矿山安全技术

第一节　矿山安全基础知识

一、矿床开拓

(一)露天矿山开拓

露天矿山有两种:一是山坡露天矿山;二是凹陷露天矿山,见图 2-5-1。其开拓方式按采用的运输方式可分为公路运输开拓、铁路运输开拓、斜坡卷扬开拓和平硐溜井开拓。

(a)山坡露天矿山

(b)凹陷露天矿山

图 2-5-1

1.公路运输开拓

公路运输开拓是现代露天矿山,尤其是山坡露天矿山主要采用的一种开采方式。根据采场运输干线的布置方式可以分为回返干线和螺旋干线,以汽车为主要运输设备。

(1)回返干线开拓:运输设备由一个水平至另一个水平需经过具有一定曲线半径的回返平台改变行车方向,汽车运输的曲线半径为 15～20 m,布线容易。

该方式适用于开采地形复杂的山坡露天矿和采场长度不大的凹陷露天矿,可减少基建投资、缩短基建时间,有利于加速新水平准备。

(2)螺旋干线开拓:运输设备以螺旋形式驶入、驶出露天矿场。当露天采矿场的长度和宽度相差不大,为了克服汽车因回返减速而影响运输效率可采用螺旋干线开拓。当凹陷露天矿采用螺旋干线开拓时,沟道可沿采场四周边帮布置干线,汽车可在干线上直进运行。

用螺旋干线开拓时,由于上、下水平之间相互影响较大,使同时开采的台阶数较少,新水平的准备时间较长,矿山生产能力较低。

2.铁路运输开拓

铁路运输开拓是大型露天矿开采采用的一种方式。采场运输干线多采用折返式干线，并分为固定干线和移动干线两种布置方式，以铁路机车为主要运输设备。

3.斜坡卷扬开拓

在深凹露天矿和高山露天矿采用铁路运输和公路运输困难，或线路的展线很长时，采用斜坡卷扬开拓是一种有效的方法。其常用的运输设备是箕斗和串车。

4.平硐溜井开拓

平硐溜井开拓是用溜井和平硐建立采场与地面间的运输通路，专门用于开采山坡露天矿。与其他运输方式配合使用，在采场一般采用汽车运输。

大多数地区的露天矿山基本上都是山坡露天矿山，主要采用公路运输开拓方式。

(二)地下矿山开拓

1.平硐开拓法

用平硐作为主要开拓巷道开拓矿床，称为平硐开拓法。当矿体或其大部分赋存在地平面以上时，采用平硐开拓法。

主平硐可以垂直矿体走向(位于下盘或上盘)或沿矿体走向布置，视可以选择的工业场地而定。条件允许时，一般应优先考虑将主平硐布置在矿体下盘，以减少基建工程量和矿柱损失。主平硐开拓的各种典型方法，除主平硐与矿体的相对位置不同外，系统构成都大同小异。图 2-5-2 所示为垂直矿体走向(下盘)平硐开拓法的典型示例，矿体赋存于山岭，主平硐 1 从下盘通达矿体。由于主平硐水平以上矿体高度过大，划分为若干个阶段开采。人员、材料和设备自地面经主平硐 1、辅助竖井 3 到各阶段；各阶段采下的矿石经矿石溜井 2 溜放到主平硐 1 装车外运。设阶段平硐 4 的目的是为了方便行人、改善通风条件和简化废石运输系统。

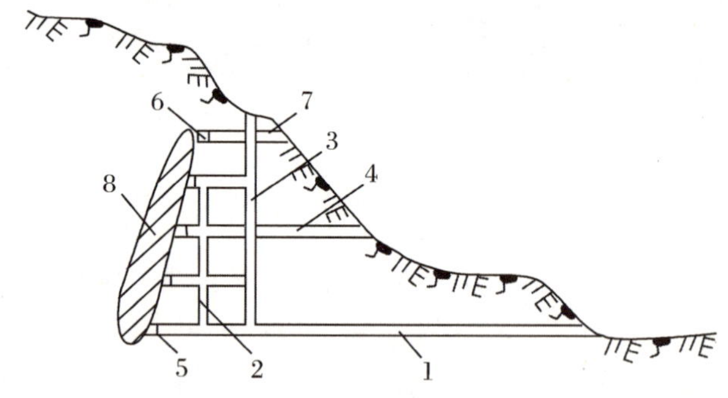

图 2-5-2 平硐开拓法

1-主平硐；2-矿石溜井；3-辅助竖井；4-阶段平硐；5-阶段运输巷；6-阶段回风巷；7-回风平硐；8-矿体

主平硐的运输方式，一般采用电机车或蓄电池机车运输，也有采用汽车或胶带输送机运输的。

从图 2-5-2 可以看到，由于非煤矿床地下开采的矿体分布高度较大，主平硐以上的矿体常常需要划分成若干个阶段才能开采。因此，各阶段与主平硐之间增设了辅助竖井和矿石溜井。

2.竖井开拓法

用竖井作为主要开拓巷道开拓矿床，称为竖井开拓法。当矿体赋存在地平面以下且埋藏较深，矿体倾角大于45°或小于15°时，适合采用竖井开拓法。

根据主竖井与矿体的相对位置——位于矿体下盘、上盘、侧翼或穿过矿体，有四种典型的竖井开拓法，即下盘竖井开拓法、上盘竖井开拓法、侧翼竖井开拓法和穿脉竖井开拓法。

图2-5-3为下盘竖井开拓法典型方案示意图：开采急倾斜矿体，主竖井位于下盘岩层移动范围以外，不留保安矿柱；各阶段通过井底车场、石门通达矿体。

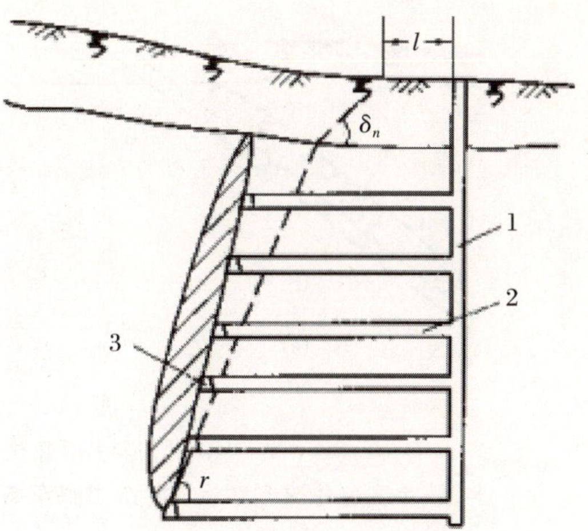

图2-5-3　下盘竖井开拓法图
1-主竖井；2-井底车场与石门；
3-阶段运输巷；γ-下盘岩层移动角；
δ_n-表土层移动角；l-安全距离

上盘竖井、侧翼竖井开拓法分别见图2-5-4和图2-5-5所示。其与下盘竖井开拓法的差别仅在于主竖井与矿体的相对位置不同，但井筒也都位于岩层移动范围以外，不留保安矿柱。

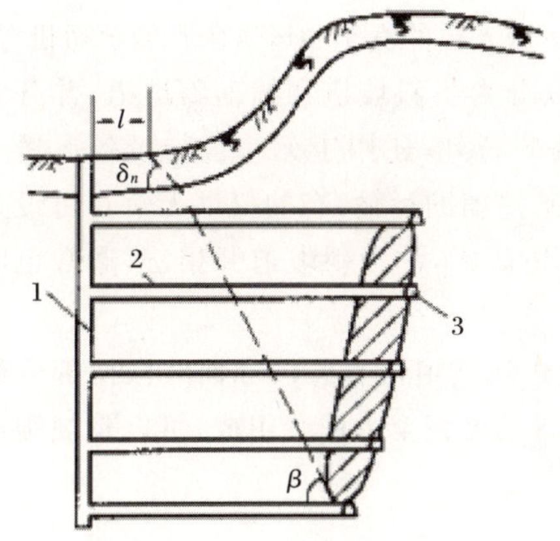

图2-5-4　上盘竖井开拓法
1-主竖井；2-井底车场与石门；
3-阶段运输巷；β-上盘岩层移动角

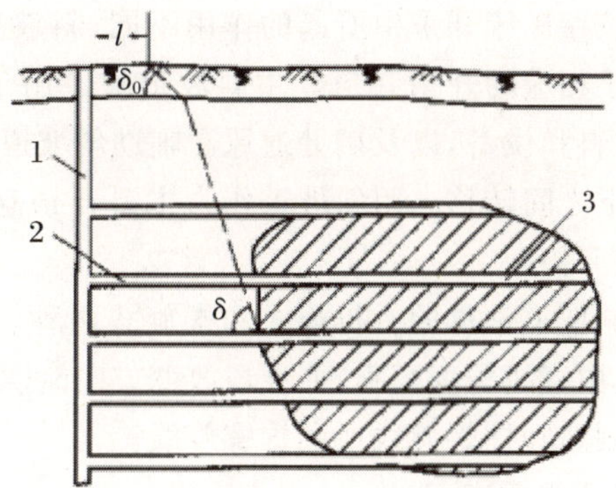

图2-5-5　侧翼竖井开拓法（立面图）
1-主竖井；2-井底车场；
3-阶段运输巷；δ-矿体走向端部岩层移动角；

穿脉竖井开拓法的主竖井穿过矿体，留保安矿柱。可见，这一方案与煤矿常见的穿过煤层的井筒布置方式相同。

非煤矿山的竖井提升方式有单绳缠绕和多绳摩擦提升，提升容器也有箕斗和罐笼两种。竖井的井筒断面，除了圆形以外，矩形也比较常见，这是由非煤矿床的围岩稳固性决定的。

3.斜井开拓法

用斜井作为主要开拓巷道开拓矿床，称为斜井开拓法。通常，赋存在地平面以下、表土层不厚、埋藏不深且倾角为15°～45°的缓倾斜矿体，适合采用斜井开拓法。

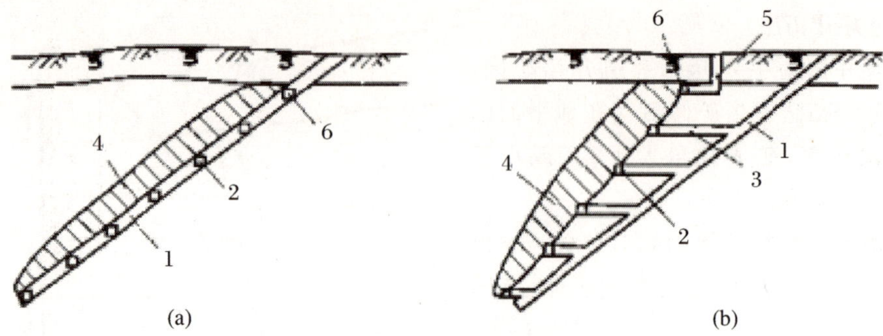

图 2-5-6　斜井开拓法

(a)脉内斜井开拓法；(b)下盘斜井开拓法

1-主斜井；2-阶段运输巷；3-井底车场与石门；4-矿体；5-风井；6-阶段回风巷

按主斜井与矿体的相对位置不同，斜井开拓法又有脉内斜井开拓和下盘斜井开拓两种典型方案，见图 2-5-6。脉内斜井开拓要求矿体赋存稳定，并且要在井筒两侧各留 10～15 m 保安矿柱，矿石损失较大。因此，当条件适合采用斜井开拓法时，一般都采用下盘斜井开拓。仅当矿石价值不高、矿体厚度不大、倾角沿倾斜变化小且其他条件也适合时，才采用脉内斜井开拓。

4.斜坡道开拓法

供无轨自行设备运行的倾斜巷道，称为(无轨)斜坡道。无轨自行设备是指具有轮胎或履带，无须在轨道上行走的设备，如凿岩用的台车、运送人员的汽车和运送矿石的铲运机等。

按在矿床开采中所起的作用不同，斜坡道可以分为主斜坡道和辅助斜坡道，并分别归属于相应的开拓巷道。主斜坡道除了用于运输矿石外，还用于无轨自行设备运送人员、材料和设备，以及矿井通风。辅助斜坡道用于矿井辅助运输，有的仅供无轨自行设备在井下之间转移。用斜坡道作为主要开拓巷道开拓矿床，称为斜坡道开拓法，通常也叫"无轨开拓"。

斜坡道常见的有折返式和螺旋式两种。折返式斜坡道由直线段和曲线段两部分组成，其中直线段变高程，曲线段改变方向。螺旋式斜坡道完全由曲线组成，可以是规则或不规则的圆柱螺旋线或圆锥螺旋线。

5.联合开拓法

联合开拓法常见的是矿床浅部和深部分别采用不同的主要开拓巷道。主要开拓巷道可以有多种可能的组合形式，如浅部用竖井、平硐或斜井开拓，深部用盲竖井或盲斜井开拓，取决于矿区地形、矿体埋藏深度以及浅部与深部矿体的赋存特征(倾角)等因素。

二、矿山开采方法

(一)露天矿山开采主要工艺

1.钻孔爆破

(1)浅孔爆破。炮孔炮眼直径一般小于 50 mm，深度在 5 m 左右的爆破方式。由于孔径、炮眼深度较小，凿岩设备的劳动生产率低，这种方式主要用于开采规模较小的露天矿山。钻孔布置方式主要采用垂直钻孔和倾斜钻孔。

(2)深孔爆破。炮孔直径一般大于 50 mm,深度在 5～15 m 左右的爆破方式。由于孔径、炮眼深度都较大,钻孔设备机械化程度高,一次可完成较大规模爆量,爆破成本低,劳动生产率高。这种方式适合于开采规模较大的露天矿山。钻孔布置方式仍以采用垂直钻孔和倾斜钻孔为主。

2.采装

利用采掘设备将工作面矿石铲挖出来,并装入运输设备(汽车、铁道、车辆、输送机)的过程。

3.运输

采掘设备将矿石装入运输设备后,矿石被运至卸矿站或选矿厂,剥离的表土及废石运往指定的排土场。

4.排土

剥离的表土及废石按一定程序有计划地排弃在规定的排土场内。

(二)地下矿山开采方法

根据矿石回采过程中采场管理方法的不同,非煤矿山地下采矿方法可分为空场采矿法、充填采矿法和崩落采矿法等。

1.空场采矿法

空场采矿法在回采过程中,采空区主要依靠暂留或永久残留的矿柱进行支撑,采空区始终是空着的,一般在矿石和围岩很稳固时采用。根据回采时矿块结构的不同与回采作业特点,空场采矿法又可分为全面采矿法、房柱采矿法、留矿采矿法、分阶段矿房法和阶段矿房法等。

(1)全面采矿法:在薄、中、厚的矿石和围岩均稳固的缓倾斜(倾角一般小于 30°)矿体中采用全面采矿法。该方法的特点是:工作面沿矿体走向或倾向全面推进,在回采过程中将矿体中的夹石或贫矿留下,呈不规则的矿柱以维护采空区,此矿柱一般不进行回采。图 2-5-7 为全面采矿法示意图。

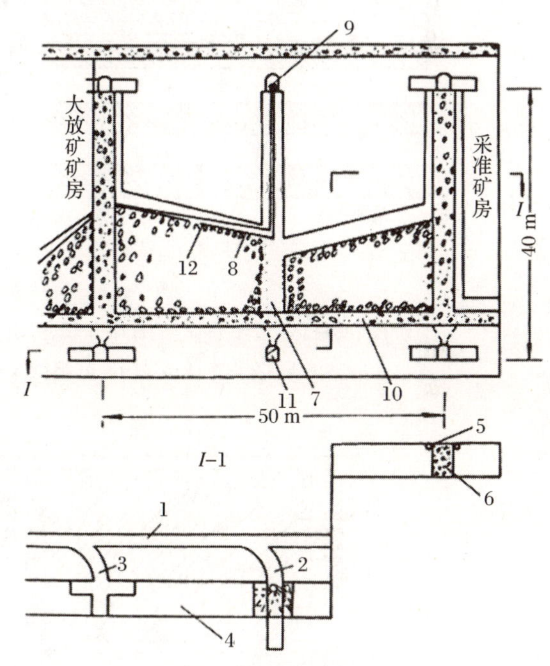

图 2-5-7　全面采矿法

1-脉外运输巷道;2、3-穿脉运输巷道;4-矿体;5-预留回风井;6-人工间柱;7-铁溜槽;8-中央天井;9-电耙绞车;10-人工底柱;11-振动放矿漏斗;12-耙斗

(2)房柱采矿法:用于开采水平和倾斜的矿体,在矿块或采空区矿房和矿柱交替布置,回采矿房时,留连续的或间断的规则矿柱,以维护顶板岩石。它比全面采矿法适用范围广,不仅能回采薄矿体,而且还可以回采厚和极厚矿体。矿石和围岩均稳固的水平和缓倾斜矿体,是这种采矿方法应用的基本条件。图 2-5-8 为房柱采矿法示意图。

(3)留矿采矿法:工人直接在矿房暴露面下的留矿堆上作业,自下而上分层回采,每次采下的矿石靠自重放出1/3左右,其余暂留在矿房中作为继续上采的工作台。矿房全部回采后,暂留在矿房中的矿石再进行大量放出,即大量放矿。这种采矿方法适用于开采矿石和围岩稳固、矿石无自燃性、破碎后不结块的急倾斜矿床。图2-5-9为普通留矿采矿法示意图。

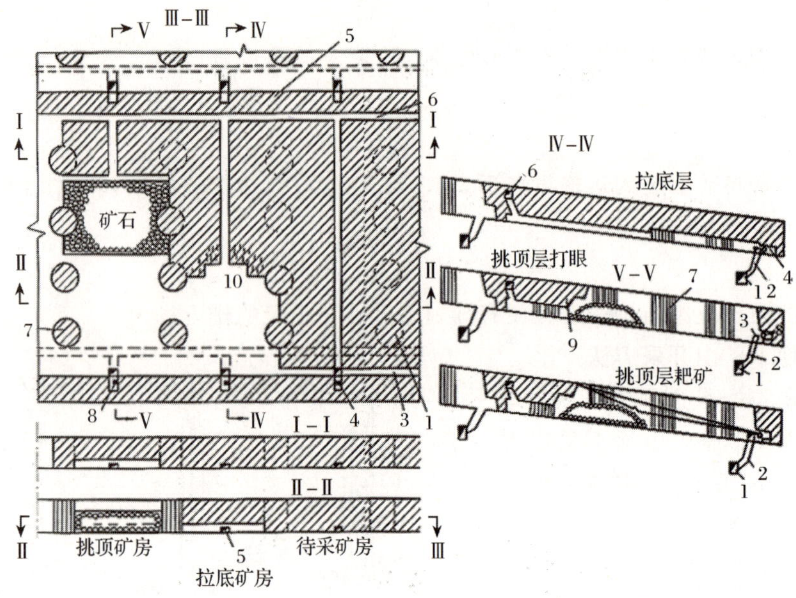

图 2-5-8 房柱采矿法

1-阶段(或盘区)运输巷;2-矿石溜井;3-切割平巷;4-电耙硐室;5-切割上山;6-联络平巷;7-矿柱;8-电耙绞车;9-凿岩机;10-炮孔

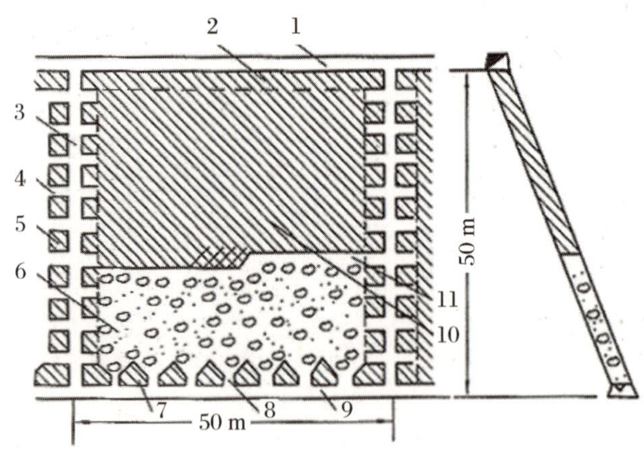

图 2-5-9 留矿采矿法

1-阶段回风巷;2-顶柱;3-天井;4-联络道;5-间柱;6-存留矿石;7-底柱;8-漏斗;9-阶段运输巷;10-未采矿石;11-回采空间

(4)分阶段矿房法:分阶段矿房法是按矿块的垂直方向,再划分为若干分段;在每个分段水平布置矿房和将矿柱中分段采下的矿石分别从各分段的出矿巷道运出。分段矿房回采结束后，可立即回采本分段的矿柱并同时处理采空区。图 2-5-10 为分阶段矿房法示意图。

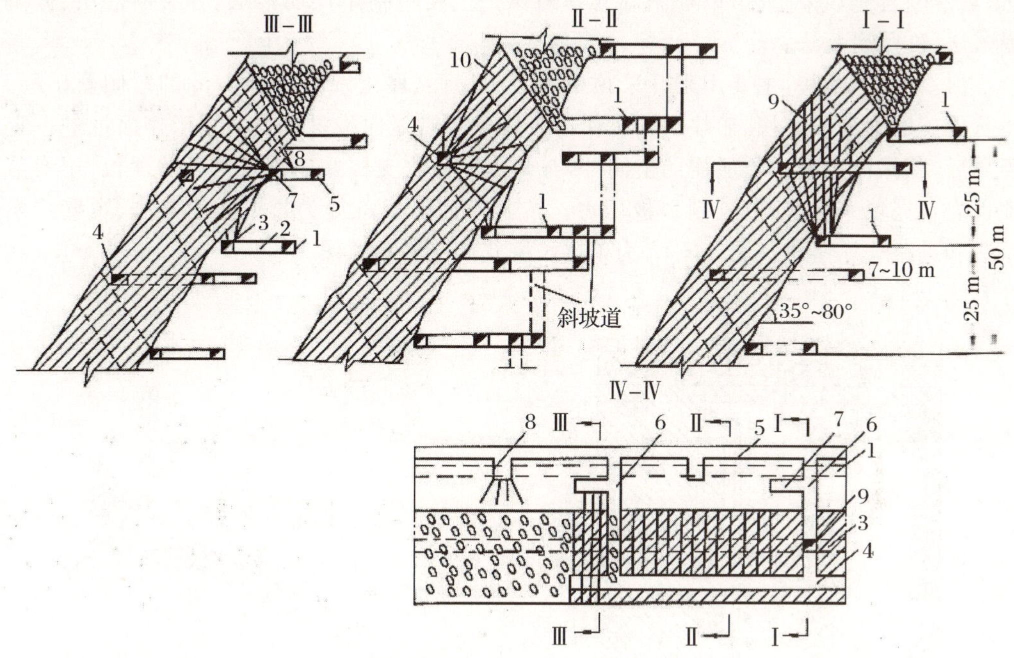

图 2-5-10　分阶段矿房法

1-分段运输平巷；2-装运横巷；3-堑沟平巷；4-凿岩平巷；5-矿柱回采平巷；6-切割横巷；7-间柱凿岩硐室；8-斜顶柱凿岩硐室；9-切割天井；10-斜顶柱

(5)阶段矿房法：阶段矿房法就是用深孔回采矿房的空场采矿法。根据落矿方式的不同又可分为水平深孔阶段矿房法和垂直深孔阶段矿房法。前者要求在矿房底部进行拉底，后者除拉底外，有的还需在矿房的全高开出垂直切割槽，图 2-5-11 为阶段凿岩阶段矿房法示意图。

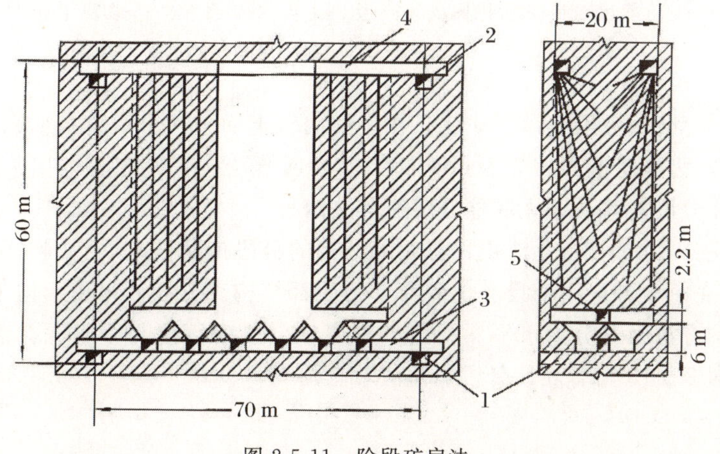

图 2-5-11　阶段矿房法

1-穿脉巷道；2-回风巷道；3-电耙巷道；4-凿岩巷道；5-拉底巷道

2.崩落采矿法

崩落采矿法是以崩落围岩来实现地压管理的采矿方法，即随着崩落矿石，强制(或自然)崩落围岩充填采空区，以控制和管理地压。主要包括单层崩落法、分层崩落法、分段崩落法、阶段崩落法。

(1)单层崩落法：主要用来开采顶板岩石不稳固、厚度一般小于 3 m 的缓倾斜矿层。将阶段矿层划分成矿块，矿块回采工作按矿体全厚沿走向推进。当回采工作面推进一定距离后，除保留回采工作所需的空间外，有计划地回收支柱并崩落采空区的顶板，用崩落顶板岩石充填采空区，以控制顶板压力。按工作面形式可分为长壁式崩落法、短壁式崩落法和进路式崩落法。图 2-5-12 为单层长壁式崩落法示意图。

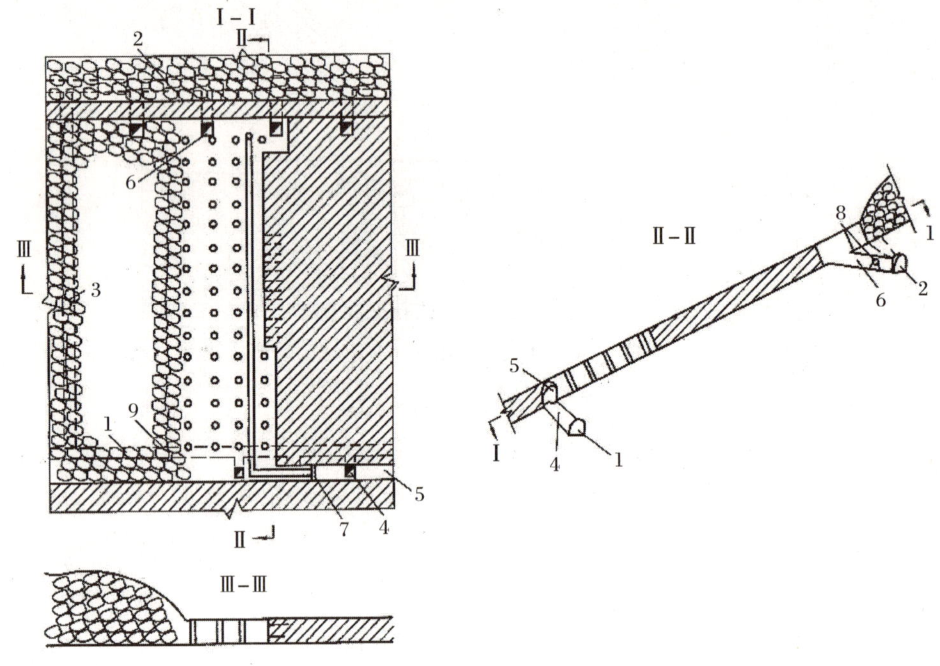

图 2-5-12 单层长壁式崩落法

1-阶段运输巷；2-阶段回风巷；3-切割上山；4-矿石溜井；5-切割平巷

6-安全通道；7-电耙绞车；8-回柱绞车；9-已封闭的矿石溜井

(2)分段崩落法：分段崩落采矿法是在矿块内自上而下逐分段进行回采，随着矿石的放出，采空区即为崩落的覆盖岩石所充满。分段崩落法按采准布置与回采方式的不同，可分为有底柱分段崩落法和无底柱分段崩落法两种。

1)有底柱分段崩落法：此法也称有底部结构的分段崩落法，其主要特征是：按分段逐个进行回采；在每个分段下部设有出矿专用的底部结构。分段回采由上向下逐分段依次进行。该采矿方法又可分为水平深孔落矿有底柱分段崩落法与垂直深孔落矿有底柱分段崩落法。图 2-5-13 为有底柱分段崩落法示意图。

2)无底柱分段崩落法:将矿块划分为分段,分段不设底部结构(无底柱),凿岩、落矿和出矿等回采工作都在巷道中进行,崩落围岩控制地压。图 2-5-14 为无底柱分段崩落法示意图。

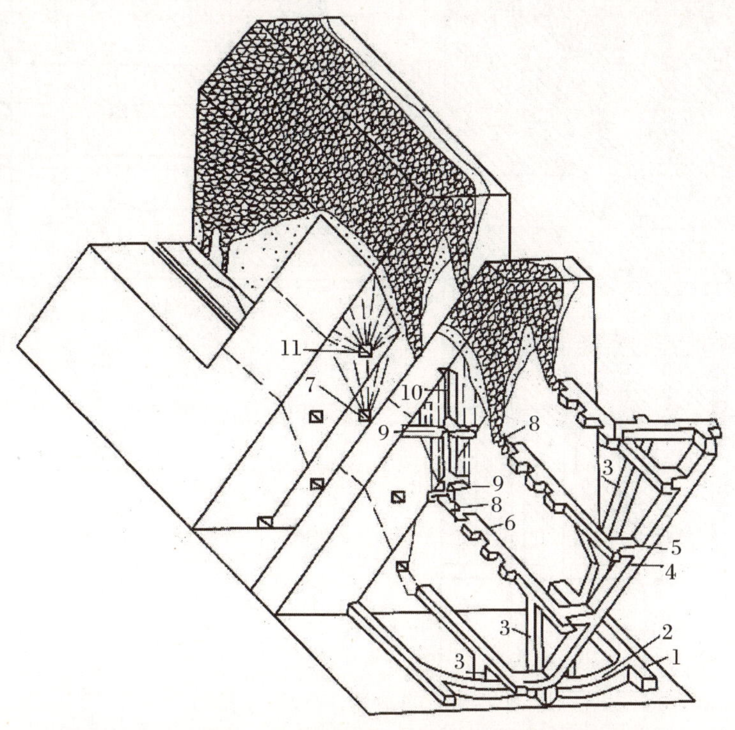

图 2-5-13 垂直深孔落矿有底柱分段崩落法

1-阶段沿脉运输巷;2-阶段穿脉运输巷;3-矿石溜井;4-行人通风天井;5-分段联络道
6-电耙道;7-堑沟巷道;8-斗颈;9-切割横巷;10-切割天井;11-分段凿岩巷道;12-回风联络道

(3)阶段崩落法:其基本特征是回采高度等于阶段全高。可分为阶段强制崩落法与阶段自然崩落法。

1)阶段强制崩落法:阶段强制崩落法又可分为设有补偿空间的阶段强制崩落法和连续回采的阶段强制崩落法。在矿块下部设底部结构和补偿空间,在凿岩硐室中钻凿水平深孔,采用自由空间爆破落矿,采下矿石自覆盖废石层下放出。图 2-5-15 为水平深孔落矿阶段强制崩落法示意图。

2)阶段自然崩落法:以矿块为单元回采,矿石经大面积拉底后在自重或地压作用下(或开掘少量削弱工程)后自然崩落,一般无需用爆破法落矿。图 2-5-16 为阶段自然崩落法示意图。

3.充填采矿法

随着回采工作面的推进,使用充填料充填采空区的采矿方法叫充填采矿法。有时还用支架与充填料相配合,以维护采空区。充填采空区的目的,主要是利用所形成的充填体进行地压管理,以控制围岩崩落和地表下沉,并为回采创造安全和便利的条件。有时还用来预防有自燃矿石的内因火灾。按矿块结构和回采工作面推进方向充填采矿法又

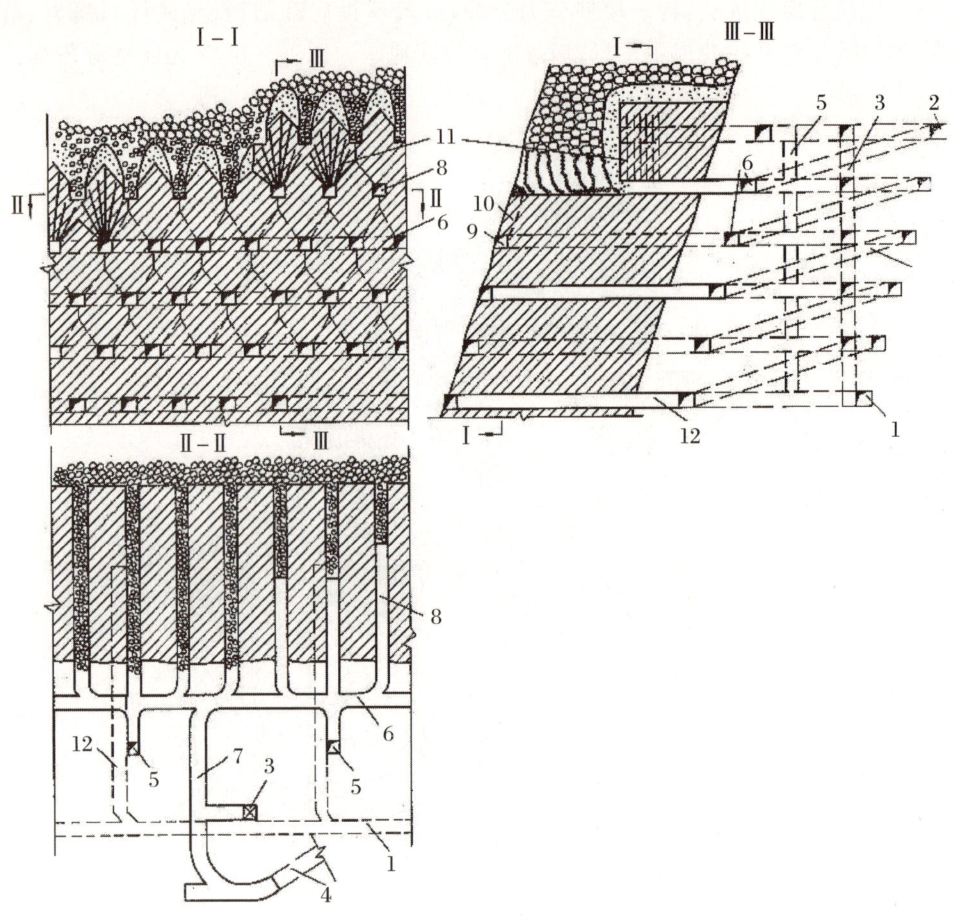

图 2-5-14　无底柱分段崩落法

1-阶段运输巷；2-阶段回风巷；3-回风天井；4-行人通风斜坡道；5-矿石溜井；6-分段运输巷；7-分联络道；8-回采巷道；9-切割巷道；10-切割天井；11-炮孔；12-穿脉运输巷

可分为单层充填采矿法、上向分层充填采矿法、下向分层充填采矿法和分采充填采矿法。按采用的充填料和输出方式不同，又可分为干式充填采矿法、水力充填采矿法、胶结充填采矿法。

(1)单层充填采矿法：此法适用于缓倾斜薄矿体，在矿块倾斜全长的壁式回采面沿走向方向、一次按矿体全厚回采，随工作面的推进、有计划地用水力或胶结充填采空区，以控制顶板崩落。

(2)上向水平分层充填采矿法：此法一般将矿块划分为矿房和矿柱，第一步回采矿房，第二步回采矿柱。回采矿房时，自下向上水平分层进行，随着工作面向上推进，逐层充填采空区，并留出继续上采的工作空间。充填体维护两帮围岩，并作为上采的工作平台。崩落的矿石落在充填体的表面上，用机械方法将矿石运至溜井中。矿房采到最上面分层时，进行接顶充填。矿柱则在采完若干矿房或全阶段采空后，再进行回采。矿房的充填方法，可用干式充填、水力充填或胶结充填。图 2-5-17 为上向水平分层水力充填采矿法示意图。

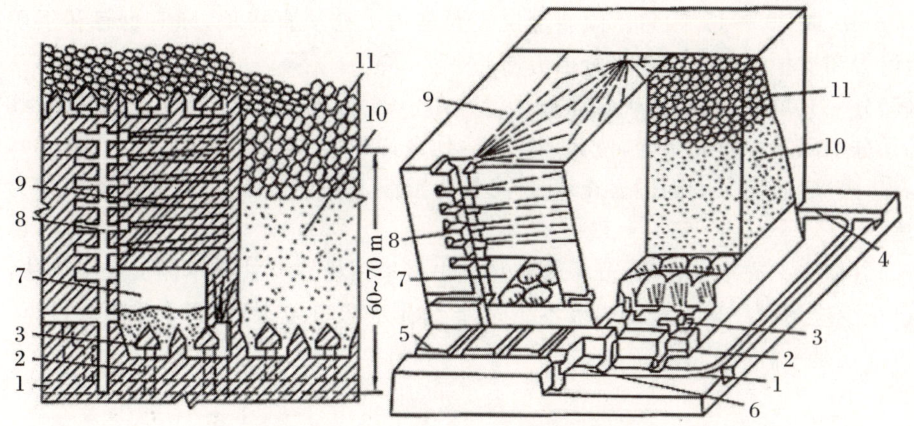

图 2-5-15 水平深孔落矿阶段强制崩落法

1-阶段运输巷；2-矿石溜井；3-电耙道；4-回风巷道；5-联络道；

6-行人行风小井；7-补偿空间；8-天井与凿岩硐室；9-深孔；10-矿石；11-废石

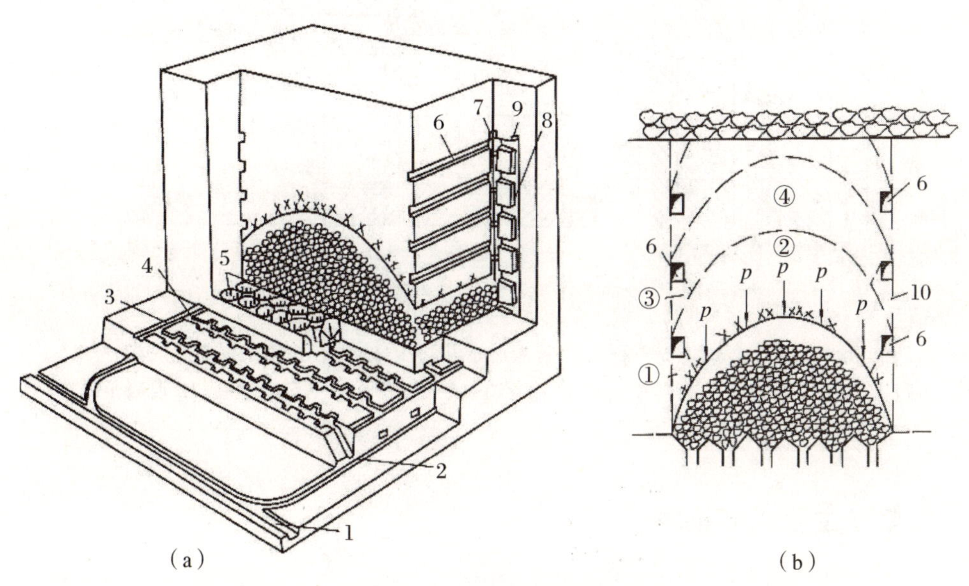

图 2-5-16 阶段自然崩落法

(a)结构示意图；(b)崩落进程示意图

1-阶段运输巷；2-穿脉运输巷；3-联络道；4-电耙道；5-漏斗；6-削弱巷道

7-边角天井；8-观察天井；9-观察人道；10-控制崩落边界；①～④崩落顺序

(3)上向倾斜分层充填采矿法：这种方法与上向水平分层充填法的区别是，用倾斜分层回采，在采场内矿石和充填料的搬动主要靠重力。这种方法只能用干式充填。

(4)下向分层充填采矿法：适用于开采矿石很不稳固或矿石和围岩均很不稳固，矿石品位很高或价值很高的有色金属或稀有金属矿体。其实质是从上往下分层回采和逐层充填,每一分层的回采工作是在上一分层人工假顶的保护下进行。回采分层水平或与水平成4°～10°或10°～15°倾角。倾斜分层主要是为了充填直接顶,同时也有利于矿石搬运,但凿岩和支护作业不如水平分层方便。

(5)分采充填采矿法:当矿脉厚度小于0.3～0.4 m时,仅采矿石工人无法在其中工作,必须分别回采矿石和围岩,使其采空区达到允许工作的最小厚度(0.8～0.9 m),采下的矿石运出采场,而采掘的围岩充填采空区,为继续上采创造条件,这种采矿法即为分采充填法。

(6)方框支架充填采矿法:开采薄矿脉过去多采用横撑支柱或木棚支架采矿法,目前我国已很少应用。在矿石和围岩极不稳固,矿体形态极其复杂,矿石贵重等条件下,这种采矿方法还是一种有效的采矿方法。

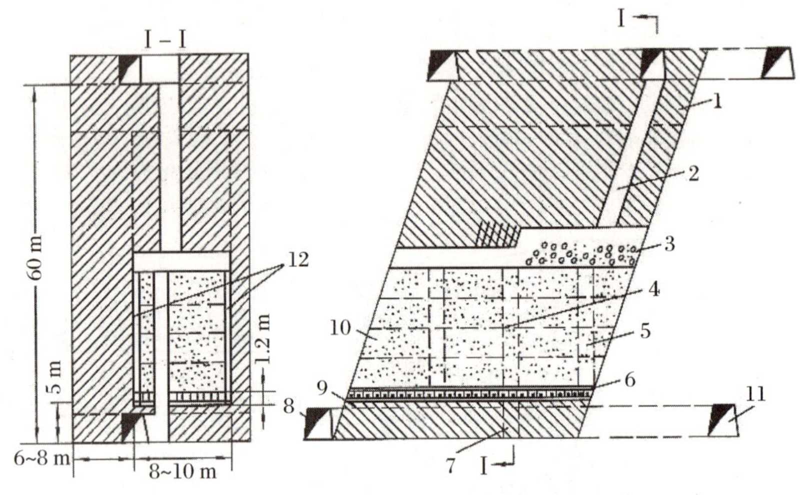

图 2-5-17 上向水平分层水力充填采矿法

1-顶柱;2-充填天井;3-矿石堆;4-行人滤水井;5-矿石溜井;6-钢筋混凝土底板;7-行人滤水井通道;8-上盘运输巷;9-穿脉巷道;10-充填体;11-下盘运输巷;12-混凝土隔墙

三、煤矿主要生产技术

煤矿开采有露天开采及井工开采两大类。在大多数地区由于待开采的煤层都赋存于地表几十米以下,以井工开采为主。井工开采的采煤方法较多,按工作面布置方式分,分为壁式采煤法、台阶采煤法和柱式体系采煤法;按落煤工艺分,分为放炮采煤法、普通机械采煤法、综合机械化采煤法及综合机械化放顶煤采煤法。

(一)壁式采煤法

根据煤层厚度不同采用不同的采煤方法:对于薄及中厚煤层,一般采用一次采全厚的单一长壁采煤法;对于厚煤层,一般是将其分成若干中等厚度的分层,采用分层长壁采煤法。按照回采工作面的推进方向与煤层走向的关系,壁式采煤法又可分为走向长壁采煤法和倾斜长壁采煤法两种类型,如图 2-5-18 所示。

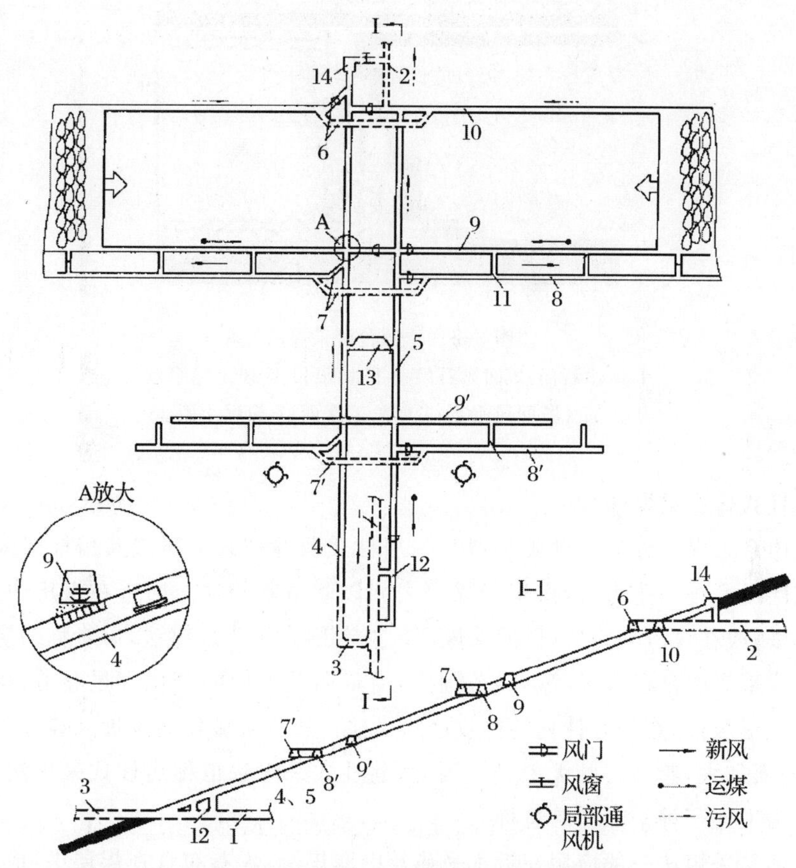

图 2-5-18 单一走向长壁采煤法

1-采区运输石门；2-采区回风石门；3-采区下部车场；4-轨道上山；5-运煤上山；6-上部车场；7、7′-中部车场；8、8′、10-区段回风平巷；9、9′-区段运输平巷；11-联络眼；12-采区煤仓；13-采区变电所；14-绞车房

缓倾斜及倾斜煤层单一长壁采煤法。缓倾斜及倾斜煤层采用单一长壁采煤法所采用的回采工艺主要有炮采、普通机械化采煤(高档普采)和综合机械化采煤3种类型。在选择回采工艺方式时，应结合矿山地质条件、设备供应状况、技术条件以及技术管理水平和采煤系统统一考虑。

综合机械化放顶煤开采技术。我国放顶煤开采主要是指长壁综合机械化放顶煤开采(以下简称综放开采)。综放开采的实质是沿煤层底部布置一个长壁工作面，用综合机械化方式进行回采，同时充分利用矿山压力作用(特殊情况下辅以人工松动方法)，使工作面上方的顶煤破碎，并在支架后方(或上方)放落、运出工作面的一种井工开采方式。

(二)台阶采煤法

台阶采煤法就是将工作面布置成台阶形式，主要用于急倾斜煤层中。如图2-5-19为倒台阶采煤法。工作面采用倒台阶形状，每一个台阶的工人都在上一个台阶的伞檐掩护下工作。

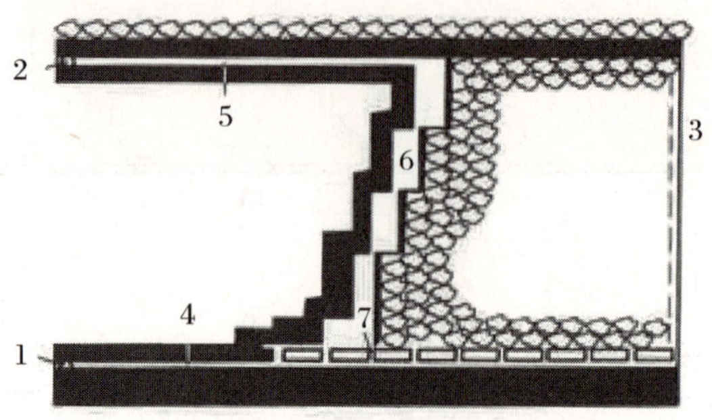

图 2-5-19 倒台阶采煤法

1-运输石门;2-回风石门;3-开切眼;4-区段运输平巷;
5-区段回风平巷;6-台阶工作面;7-溜煤小眼

(三)柱式体系采煤法

柱式体系采煤法分为3种类型:房式、房柱式及巷柱式。房式及房柱式采煤法的实质是在煤层内开掘一些煤房,煤房与煤房之间以联络巷相通。回采在煤房中进行,煤柱可留下不采;或在煤房采完后,再回采煤柱。前者称为房式采煤法,后者称为房柱式采煤法。巷柱式采煤法是在采区(盘区)范围内,沿走向及沿倾向开掘大量巷道,将煤层切割成方形或矩形煤柱,然后有计划的回收这些煤柱。随着机械化的发展和连续采煤机的应用,巷道断面加大,巷与房已无差别。因此,巷柱式采煤法也称房柱式采煤法,柱式体系采煤法成为上述三种采煤法的总称。

柱式体系采煤法一般应用在近水平薄及中厚煤层,大巷布置在煤层中,成组掘进,一般为5～9条,多条进、回风巷并列布置形成大风量、低风速、低负压通风。通风巷道也可兼作运输道、行人道。

该采煤方法由于矿井通风困难,煤炭资源回收率低,目前已列为淘汰的采煤方法,在煤矿开采中不再采用。

(四)放炮采煤法

炮采工艺方式是指在长壁工作面用爆破方法落煤、爆破及人工装煤、输送机运煤和单体支柱支护的采煤工艺系统。

1.爆破落煤。打眼用煤电钻,炮眼深度依顶板状况、顶梁长度和布置方式而定,一般有0.8 m、1.0 m、1.2 m等;炮眼布置依煤层厚度、煤质软硬、节理方位及发育程度而定,选用煤矿硝铵炸药,串联法联线,电雷管引爆;每次起爆的炮眼数目,根据工作面直接顶的稳定性、输送机能力、安全情况而定。近年来推广毫秒爆破技术,一次多发引爆,缩短了爆破时间;顶板震动次数少,爆破产生的地震波相互干扰和抵消,可减少对顶板的震动,有利于顶板管理,大幅度提高了工作面产量。

2.可弯曲刮板输送机运煤:爆破装煤、人工装煤和机械装煤三者相互结合。爆破装煤的装煤率可达30%～40%;人工装煤劳动强度较大;机械装煤种类很多,使用最多的是在输送机煤壁侧装铲煤板,推移工作面输送机时将余煤铲装入输送机。

3.炮采工作面大多采用单体液压支柱和铰接顶梁支护，地方煤矿也采用金属摩擦支柱和木支柱支护。根据顶板状况、爆破进度及相应顶梁长度不同，可分别选用正悬臂齐梁直线柱、正悬臂错梁三角柱等布置方式，三四排或三五排控顶。

(五)普通机械采煤法

普采工艺方式是用机械方法破煤和装煤、输送机运煤、单体支柱和铰接顶梁支护的采煤工艺系统。普采工作面的采煤工艺方式有以下三种。

1.单向割煤工艺方式：在单滚筒采煤机滚筒直径小于采高时，多采用往返一次进一刀的工艺方式，即采煤棚上(下)而下(上)割顶煤，随机挂梁，到工作面一端后，翻转弧形挡煤板，下放滚筒下(上)割底煤、清理浮煤，机后 10～15 m 推移输送机，支设单体支柱，直至下(上)切口；采煤机往返一次，煤壁推进一个截深，挂一根顶梁打一排支柱。这种割煤方式适应性强，在煤层粘顶、厚度变化较大的工作面均可采用，无须人工清理浮煤。

2.双向割煤工艺方式：在使用双滚筒采煤机的普采工作面或煤层较薄、并且煤层厚度和滚筒直径相近的滚筒采煤机时，可采用双向割煤、往返一次进两刀的工艺方式。采煤机由下而上割煤，随机挂梁，机后 10～15 m 推移输送机，同时铲装浮煤，接着支设单体支柱，直到上切口。翻转挡煤板，并完成进刀后，采煤机下行重复同样工艺过程。

3.“∞”字形割煤往返一次进一刀工艺方式：即将工作面分为两段，中部斜切进刀，采煤机在上半段割煤时，下半段推移输送机；采煤机在下半段割煤时，上半段推移输送机。采煤机在割完一刀煤后，必须进刀，才能割下一刀煤，一般采用斜切进刀方式。

(六)综合机械化采煤法

综采工艺方式是用机械破煤、装煤、运煤、液压支架支护的采煤工艺系统。工作面主要设备有：双滚筒采煤机、可弯曲刮板输送机、液压支架。平巷内的主要设备有：桥式转载机、可伸缩胶带输送机、可移动变电站、泵站及电气设备等。

综采工作面有单向割煤和双向割煤两种方式。

1.单向割煤往返一次进一刀，即采煤机上行(或下行)割煤，机后 2～3 架支架位置处移架直至端头。采煤机下行(或上行)清理浮煤，滞后 10～15 m 推移刮板输送机。采煤机往返一次工作面推进一个截深。单向割煤有工作面端部进刀和中部进刀即倒“∞”字形割煤两种。

2.双向割煤往返一次进两刀，即采煤机上行(下行)割煤，机后 2～3 架支架处移架，滞后 10～15 m 推移刮板输送机，到工作面上(下)端头，采煤机在端头完成进刀后，下行(上行)重复上述过程。采煤机沿工作面往返一次推进两个截深。

四、尾矿库安全技术

(一)尾矿排放方式

尾矿排放主要包括地表排放、地下排放和深水排放等三种方式。另外，目前部分矿区积极利用尾矿，变害为利，将尾矿作为散状填料或原材料，实际上也是一种最积极的尾矿处理方式。

地表排放是目前最普遍使用的排放方式，仍在尾矿管理中占有重要地位。然而，随着技术条件、经济条件和管理条件的发展，必将产生更实用的、更有创新性的排放方法。

1.地表排放

是采用某种类型堤坝形成拦挡、容纳尾矿和选矿废水的尾矿库，使尾矿从悬浮状态沉淀下来形成稳定的沉积层，使废水澄清再返回选矿厂使用。地表排放方式有挡水坝、上升坝、环形坝和干处置。

(1)挡水坝。是在开始向尾矿库排放之前一次性地按全高构筑的坝。筑坝材料通常取用各种天然土。挡水坝包括不透水心墙、排水带、渗滤层和上游式堆石等。

挡水坝适宜于蓄水要求高的尾矿库，例如暴雨径流流入量大的尾矿库，或者因选矿工艺的制约限制尾矿废水再循环的场合，或者尾矿沉淀需要大的贮水容积和蒸发面积的场合，或者为控制尾矿废水污染当地水系的场合。

挡水坝因建库地势不同可分山谷坝和环形坝。

从工程角度看，挡水坝适用于任意类型和级配的尾矿，适用于任意排放方式，抗震性能较好，坝体一次筑就，无升高速度的限制，防渗性能要求较高，因此，筑坝成本较高。

(2)上升坝。地表尾矿库使用最普遍的是上升坝，它与挡水坝不同，是在尾矿库整个服务期间分期构筑的坝。首先构筑初期坝，初期坝坝高设计一般考虑尾矿库使用头2～3年的尾矿产量以及适当的洪水流入量。继后按照预定的尾矿上升高程、库中允许洪水蓄积量齐步并升。建筑材料包括天然土、露天和地下开采的废石、水力沉积或旋流尾矿砂。

上升坝的优点：①由于在尾矿库整个服务期间分配建设费用，初期工程费用低。②在筑坝初期不必一次性备齐筑坝材料，在筑坝材料的选择上具有很大的灵活性。采矿废石或尾矿砂都是理想的筑坝材料。除压密费用外，材料是“免费”提供的。

上升坝可分为上游坝、下游坝和中心线坝三类。

(3)环形坝。它是在平地上四面筑坝形成的，因此成本较高。

(4)干处置。在尾矿沉淀之前尾矿以固体形式干处理，通过带式过滤机把水从中排出，形成干尾矿，从而减少尾矿废水的渗漏，但成本高。

带式过滤工作原理简单，随着尾矿在合成橡胶支托的过滤编织带上移动，采用真空装置从尾矿中汲取液体，使尾矿含水量从约50%降低到20%～30%，处理成“干饼”状堆放。

由于尾矿基本上呈固体形式处置，所以土地恢复可与尾矿处置同时进行有很大优点。但这种处置方法的基建费用和作业费用都很高。

2.地下排放

虽然地表尾矿库是最广泛应用的尾矿排放方法，但长期以来，地下采矿已采用尾矿砂充填空区以支护岩层，客观上也起到第二作用，即减少尾矿的地表处理量。近年来，由于地表排放的成本和环境管理规程压力的增大，日趋把地下排放视作正规的排放方案。特别是所排放尾矿属惰性、无潜在危险的场合，地下排放更有突出优点。地下排放包括地下矿山充填、露天矿坑排放和专门掘坑排放。

3.深水排放

是把尾矿泵入深湖或近海，但因环境生态问题的争议而一直未普及应用。深湖和近海排放的主要特点是：尾矿上面的水位形成一个理想的输氧屏障，从而能抑制硫化物生成酸的反应；减少了细菌生成，有助于防止氧化；节省了昂贵的尾矿库建设费用；如果这种排放在环境上允许，那么该方法具有不污染土地的特点。

(二)尾矿库的类型

1.山谷型尾矿库

是在山谷谷口处筑坝形成的尾矿库，见图2-5-20。它的特点是初期坝相对较短，坝体工程量较小；后期尾矿堆坝相对较易管理和维护，当堆坝较高时，可获得较大的库容；库区纵深较长，澄清距离及干滩长度易于满足设计要求；但汇水面积较大，排水设施工程量大。我国大中型尾矿库大多属于这类尾矿库。

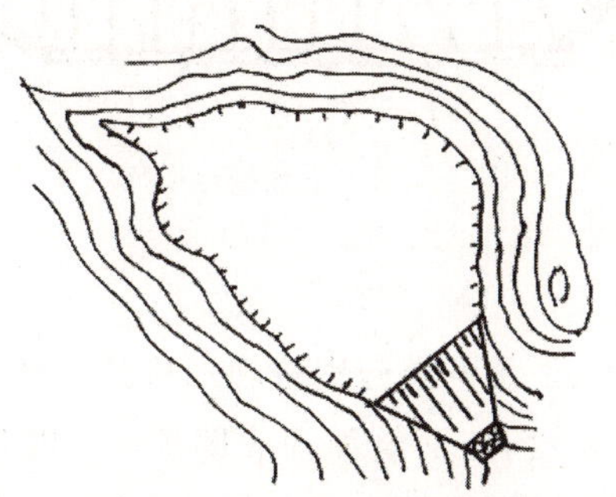

图2-5-20 山谷型尾矿库

2.傍山型尾矿库

是在山坡脚下依山筑坝所围成的尾矿库，见图2-5-21。它的特点是初期坝相对较长，初期坝和后期尾矿堆坝工程量较大；由于库区纵深较短，澄清距离及干滩长度受到限制，后期堆坝高度一般不太高，库容较小；汇水面积虽小，但调洪能力较小，排洪设施的进水构筑物较大；由于尾矿水的澄清条件和防洪控制条件较差，管理、维护相对比较复杂。国内低山丘陵地区的尾矿库大多属于这种类型。

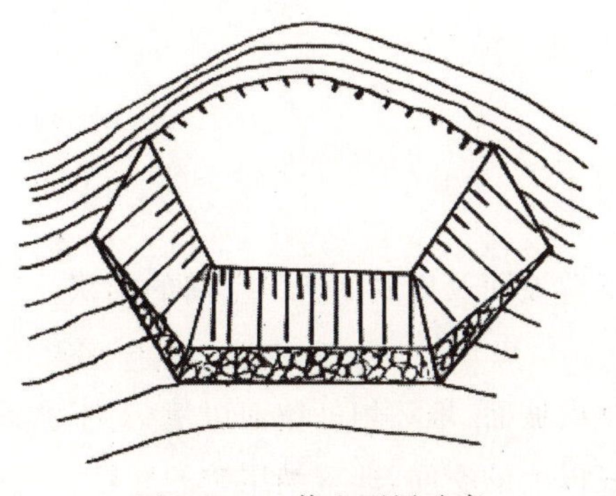

图2-5-21 傍山型尾矿库

3.平地型尾矿库

是在平地四面筑坝围成的尾矿库，见图 2-5-22。其特点是初期坝和后期尾矿堆坝工程量最大，维护管理比较麻烦；由于周边堆坝，库区面积越来越小，尾矿沉积滩坡度越来越缓，因而澄清距离、干滩长度以及调洪能力都随之减少；堆坝高度受到限制，一般不高；但汇水面积小，排水构筑物相对较小。国内平原或沙漠地区多采用这类尾矿库。

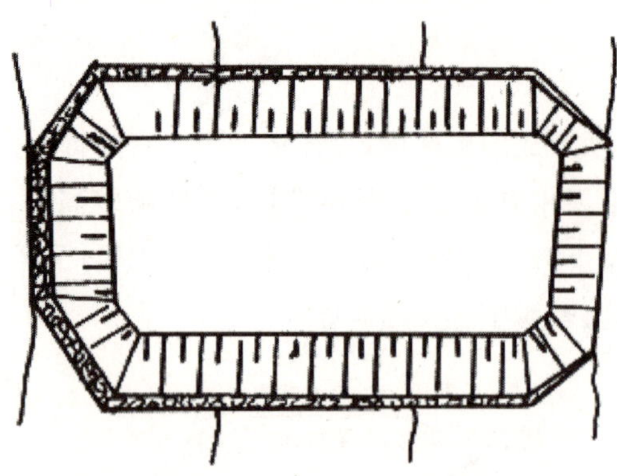

图 2-5-22　平地型尾矿库

4.截河型尾矿库

是截取一段河床，在其上、下游两端分别筑坝形成的尾矿库，见图 2-5-23。有的在宽浅式河床上留出一定的流水宽度，三面筑坝围成尾矿库。其特点是不占农田；库区汇水面积不太大，但库外上游的汇水面积通常很大，库内和库上游都要设置排水系统，配置较复杂，规模庞大。这种类型的尾矿库维护管理比较复杂。国内采用者不多。

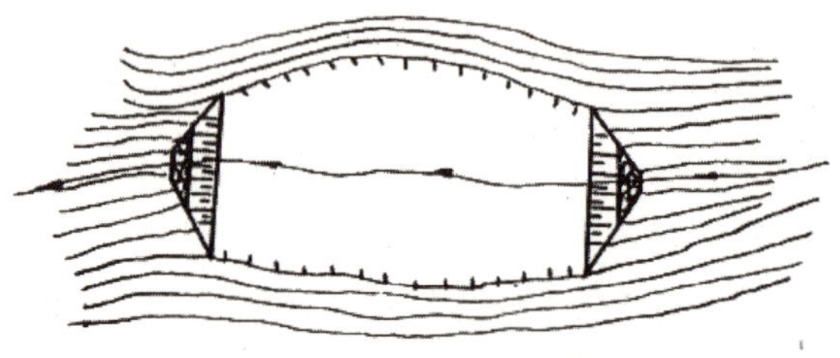

图 2-5-23　截河型尾矿库

(三)尾矿库基本概念

1.库容

(1)全库容

尾矿坝某标高顶面、下游坡面及库底面所围空间的容积。

(2)有效库容

某坝顶标高时，初期坝内坡面、堆积坝外坡面以里(对下游式尾矿筑坝则为坝内坡面以里)，沉积滩面以下，库底以上的空间，即容纳尾矿的库容。

(3)调洪库容

某坝顶标高时，沉积滩面、正常水位以上的库底、正常水位三者以上，最高洪水位以下的空间。

(4)总库容

设计最终堆积标高时的全库容。

2.坝高

(1)坝高

对初期坝和中线式、下游式筑坝为坝顶与坝轴线处坝底的高差；对上游式筑坝则为堆积坝坝顶与初期坝坝轴线处坝底的高差。

(2)总坝高

与总库容相对应的最终堆积标高时的坝高。

(3)堆坝高度(堆积高度)

尾矿堆积坝坝顶与初期坝坝顶的高差。

3.沉积滩

水力冲积尾矿形成的沉积体表层，常指露出水面部分。

4.滩顶

沉积滩面与堆积坝外坡的交线，为沉积滩的最高点。

5.滩长

由滩顶至库内水边线的水平距离。

6.最小干滩长度

设计洪水位时的干滩长度。

7.最小安全超高

规定的安全超高最小允许值。

8.尾矿库等别、构筑级别

尾矿库的等别从高到低分为五等。规程对等别不同的尾矿库采用的防洪标准和坝体安全系数也是不同的。一等最高，五等最低。

尾矿库各使用期的设计等别应根据该期的全库容和坝高分别按表 2-5-1 确定。当两者的等差为一等时，以高者为准；当等差大于一等时，按高者降低一等。尾矿库失事将使下游重要城镇、工矿企业或铁路干线遭受严重灾害者，其设计等别可提高一等。

表 2-5-1　尾矿库等别

等别	全库容 V($10^4\ m^3$)	坝高 H(m)
一	二等库具备提高等别条件者	
二	V≥10000	H≥100
三	1 000≤V<10 000	60≤H<100
四	100≤V<1 000	30≤H<60
五	V<100	H<30

尾矿库构筑物的级别根据尾矿库等别及其重要性按表 2-5-2 确定。

表 2-5-2　构筑物级别

尾矿库等别	构筑物的级别		
	主要构筑物	次要构筑物	临时构筑物
一	1	3	4
二	2	3	4
三	3	5	5
四	4	5	5
五	5	5	5

注：主要构筑物指尾矿坝、库内排水构筑物等失事后难以修复的构筑物；次要构筑物指失事后不致造成下游灾害或对尾矿库安全影响不大并易于修复的构筑物；临时构筑物指尾矿库施工期临时使用的构筑物。

(四)尾矿坝

尾矿坝：挡尾矿和水的尾矿库外围构筑物，常泛指尾矿库初期坝和堆积坝的总体。

初期坝：基建中用作支撑后期尾矿堆存体的坝。

堆积坝：生产过程中在初期坝坝顶以上用尾矿充填堆筑而成的坝。

1.初期坝的类型

不透水初期坝：用透水性较小的材料筑成的初期坝。因其透水性远小于库内尾矿的透水性，不利于库内沉积尾矿的排水固结。当尾矿堆高后，浸润线往往从初期坝坝顶以上的尾矿堆积坝坝坡逸出，造成坝面沼泽化，不利于后期坝坝体的稳定。这种坝型适用于挡水式尾矿坝或尾矿堆坝不高的尾矿坝。

透水初期坝：用透水性较好的材料筑成的初期坝。因其透水性大于库内沉积尾矿，有利于后期坝的排水固结，并可降低坝体浸润线，提高坝体的稳定性。它是比较合理的初期坝坝型。

2.初期坝的坝型及其特点

(1)均质土坝

均质土坝是用黏土、粉质黏土或风化土料筑成的坝，见图 2-5-24。它像水坝一样，属典型的不透水坝型。在坝的外坡脚往往设有毛石堆成的排水棱体，以降低坝体浸润线。

该坝型对坝基工程地质条件要求不高，施工简单，造价较低。在早期或缺少石材地区应用较多。

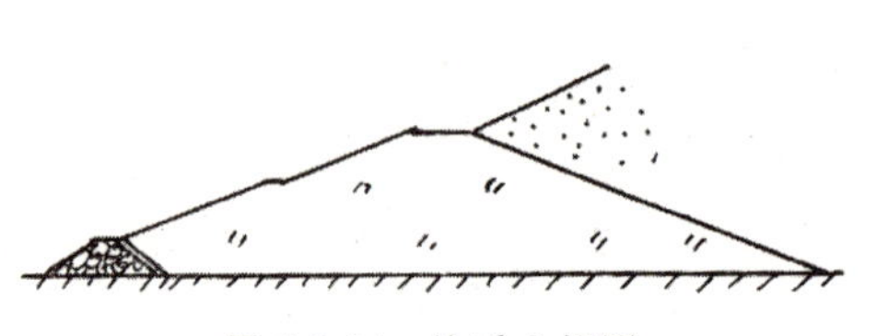

图 2-5-24　均质土坝图

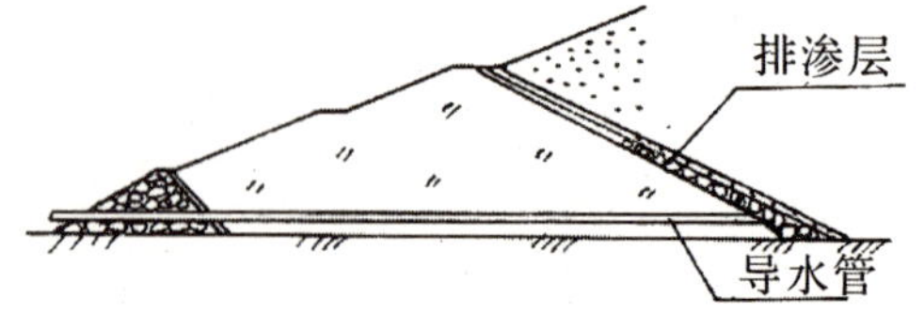

2-5-25 透水坝

若在均质土坝内坡面和坝底面铺筑可靠的排渗层，见图 2-5-25。使尾矿堆积坝内的渗水通过此排渗层排到坝外。这样，便成了适用于后期尾矿堆坝要求的透水土坝。

(2)透水堆石坝

用堆石料堆筑成的坝，见图 2-5-26。在坝的上游坡面用天然反滤料或土工布铺设反滤层，防止尾砂流失。该坝型能有效地降低后期坝的浸润线。由于它对后期坝的稳定有利，且施工简便，成为 20 世纪 60 年代以后广泛采用的初期坝型。

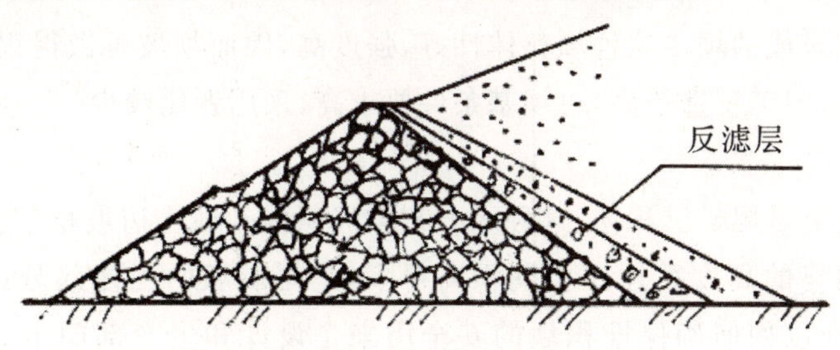

图 2-5-26 透水堆石坝

(3)砂、石透水堆石坝

该坝型对坝基工程地质条件要求也不高。当质量较好的石料数量不足时，也可采用一部分较差的砂石料来筑坝。即将质量较好石料铺筑在坝体底部及上游坡一侧(浸水饱和部位)，而将质量较差的砂石料铺筑在坝体的次要部位，见图 2-5-27。

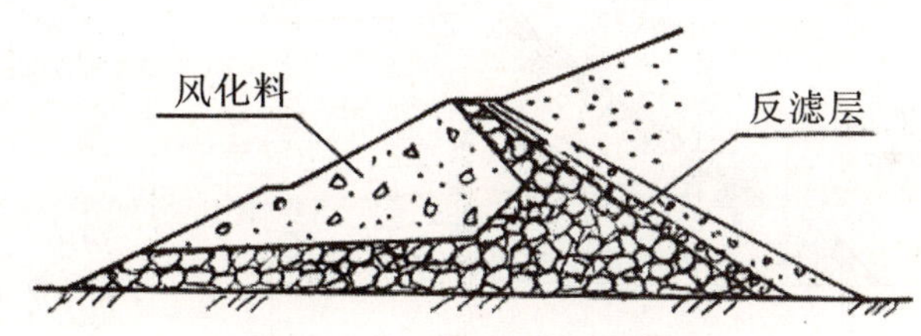

图 2-5-27 砂石透水堆石坝

(4)废石坝

用采矿场剥离的废石筑坝，有两种情况：当废石质量符合强度和块度要求时，可按正常堆石坝要求筑坝；另一种是结合采矿场废石排放筑坝，废石不经挑选，用汽车或轻便轨道直接上坝卸料，下游坝坡为废石的自然安息角，为安全计，坝顶宽度较大，见图 2-5-28。在上游坡面应设置砂砾料或土工布做成的反滤层，以防止坝体土颗粒透过堆石而流失。

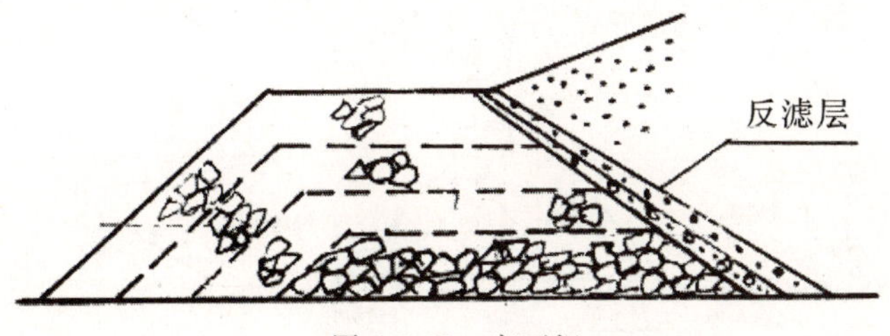

图 2-5-28 废石坝

(5)砌石坝

用块石或条石砌成的坝，分干砌石坝和浆砌石坝两种。这种坝型的坝体强度较高，坝坡可做得比较陡，能节省筑坝材料，但造价较高。可用于高度不大的尾矿坝，但对坝基的工程地质条件要求较高，坝基最好是基岩，以免坝体产生不均匀沉降，导致坝体产生裂缝。

(6)混凝土坝

用混凝土浇筑成的坝。这种坝整体性好，强度高，因而坝坡可做得很陡，筑坝工程量比其他坝型都小，但工程造价高，对坝基条件要求高，采用者比较少。

3.堆积坝型式

堆积坝实质上是尾矿沉积体，这种水力充填沉积的砂性土边坡稳定性能较差；大、中型尾矿堆积坝最终的高度往往比初期坝高得多，是尾矿坝的主体部分。堆积坝一旦失稳，灾害惨重。所以如何确保堆积坝的安全历来是设计和生产部门十分重视的一项工作，也是安全生产管理和安全监督管理工作的重点之一。

(1)上游式

上游式尾矿坝见图 2-5-29。

优点：筑坝工艺简单、管理方便、运营费用、国内外均普遍采用。

缺点：细粒夹层多、渗透性能差、浸润线高、坝体稳定性差。

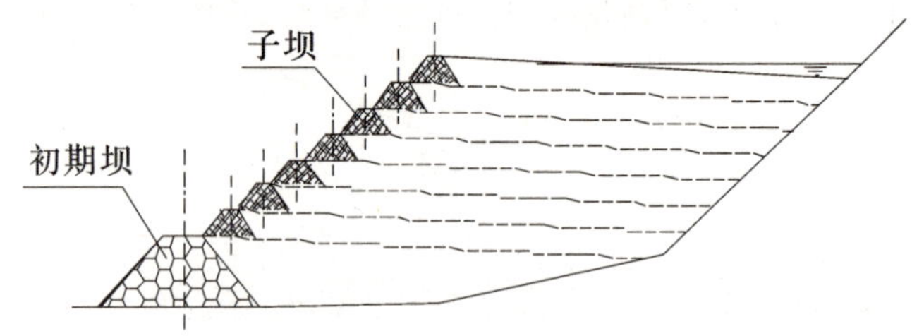

图 2-5-29　上游式尾矿坝

(2)下游式

下游式尾矿坝见图 2-5-30。

优点：坝体质量可控、渗透性强、浸润线低、坝体稳定性好。

缺点：筑坝工艺复杂、管理复杂、受地形限制、运营费用高、国内采用少。

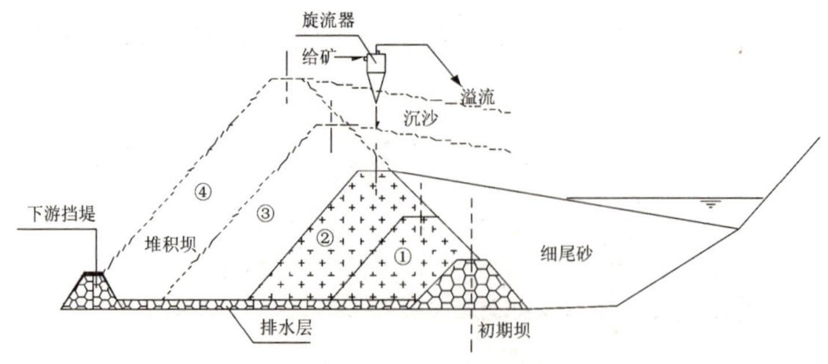

图 2-5-30　下游式尾矿坝

(3)中线式

中线式尾矿坝见图 2-5-31。

优点:坝体质量可控、渗透性较强、浸润线低、坝体稳定性较好。

缺点:筑坝工艺较复杂、管理较复杂、受地形限制、运营费用高、国内采用少。

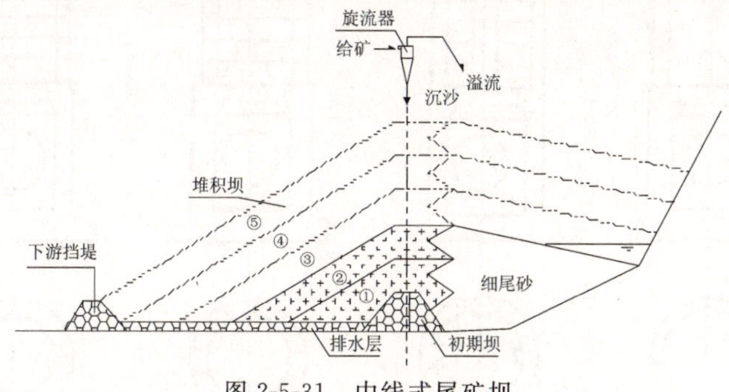

图 2-5-31　中线式尾矿坝

(五)尾矿库排洪设施

排洪设施是尾矿库必须设置的安全设施,其功能在于将汇水面积内洪水安全地排至库外,保证尾矿库在洪水运行期的安全运行。它的安全性和可靠性直接关系到尾矿库防洪安全。

尾矿库库内排洪构筑物通常由进水构筑物和输水构筑物两部分组成。尾矿坝下游坡面的雨水用排水沟排除。排洪构筑物型式的选择,应根据尾矿库排水量的大小、尾矿库地形、地质条件、使用要求以及施工条件等因素并经技术经济比较确定。

1.进水构筑物

排水井结构型式有窗口式、框架式、砌块式和叠圈式,见图 2-5-32。

(1)排水井(塔)

窗口式:整体性好,堵孔简单,但进水量小,早期应用较多。

框架式:结构合理,进水量大,操作也较简便,广泛采用。

井圈叠装式和砌块式一用预制井圈和预制砌块逐层加高,进水量大,操作要求高,整体性差,应用不多。

(2)排水斜槽:既是进水构筑物,又是输水构筑物。随着库水位的升高,进水口的位置不断向上移动。它没有复杂的排水井,但毕竟进水量小,一般在排洪量较小时经常采用。

(3)溢洪道:常用于一次性建库的排洪进水构筑物。为减少过水深度,常采用宽浅式溢洪道。

(4)截洪沟:也是进水构筑物兼作输水构筑物。沿全部沟长均可进水。在较陡山坡处的截洪沟易遭暴雨冲毁,可靠性差,管理维护工作量大。

2.输水构筑物

(1)排水管:埋设在库底部,承受荷载较大,一般采用钢筋混凝土结构。

(2)斜槽:钢筋混凝土或浆砌石结构。

(3)隧洞:结构稳定性好,是大、中型尾矿库常用的输水构筑物。当排洪量较大,且地质条件较好时,隧洞方案往往比较经济。

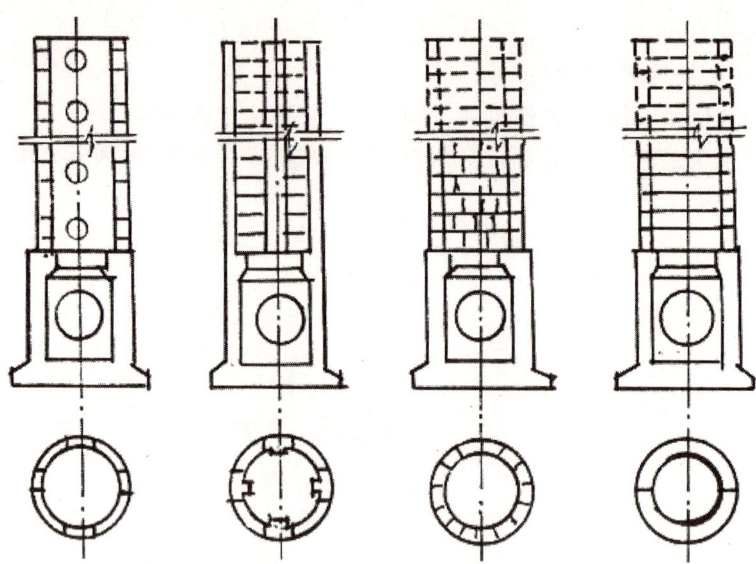

图 2-5-32 排水井结构型式

1-窗口式框架式砌块式叠圈式

(4)截洪沟:钢筋混凝土或浆砌石结构。

3.坝坡排水沟

(1)截水沟:沿山坡与坝坡结合部设置浆砌块石,以防止山坡暴雨汇流冲刷坝肩。

(2)排水沟:在坝体下游坡面设置纵横,将坝面的雨水导流排出坝外,以免雨水滞留在坝面造成坝面拉沟,影响坝体的安全。

(六)尾矿库观测设施

尾矿库观测设施包括:库水位观测、坝体位移观测、浸润线观测、构筑物变形观测、渗流水观测、孔隙水、坝体固结观测、排水水量及水质监测。

(七)尾矿库安全度

尾矿库安全度主要根据尾矿库防洪能力和尾矿坝坝体稳定性确定,分为危库、险库、病库、正常库四级。尾矿库安全度划分的主要原则是依据尾矿库防洪能力和尾矿坝体稳定性的安全程度。

1)尾矿库防洪能力的安全程度或可靠程度主要指防洪标准、调洪排洪能力及排洪设施安全可靠性是否符合安全规定及符合程度;

2)尾矿坝稳定性安全程度主要指坝体在规定的工况条件下静力、动力和渗流稳定性是否符合安全规定及符合程度。尾矿库安全度是通过安全现状评价对影响尾矿库安全的各种危险有害因素进行定性、定量分析而确定的。评价报告应对尾矿库安全度做出明确结论。

五、矿山生产常见事故

(一)露天矿山

1.物体打击

指物体在重力或其他外力的作用下产生运动,打击人体造成人身伤亡事故,不包括因机械设备、车辆、起重机械、坍塌等引起的物体打击。

2.坍塌事故

坍塌事故是指物体在外力和重力的作用下,超过自身极限强度的破坏成因,结构稳定失衡塌落而造成物体高处坠落、物体打击、挤压伤害及窒息的事故。这类事故因塌落物自重大,作用范围大,往往伤害人员多,后果严重,为重大或特大人身伤亡事故。

坍塌事故主要分为:土方坍塌、模板坍塌、脚手架坍塌、拆除工程的坍塌、建筑物及构筑物的坍塌事故等五种类型。在非煤矿山中主要为土方坍塌。

3.放炮

指在爆破作业中发生的伤亡事故。放炮所用的炸药、雷管、导火索属火工产品,它本身属于相对稳定的化学体系。露天采矿过程中,如果爆破工不熟悉爆破材料性能,或不按操作规程作业,或由未经过培训取得资格证书的非爆破工进行爆破作业,就极易造成爆破事故,甚至引发滑坡、坍塌等重大伤亡事故。

4.高处坠落事故

指在距基准面 2 m 以上(含 2 m)有可能坠落的高处进行作业。在此作业过程中因坠落而造成的伤亡事故,称之为高处坠落事故。这类事故各行业中均有发生,在矿山中,主要以露天矿山作业较多。

高处坠落事故规律,是指人们在从事高处作业中,人与相关物体结合时违背客观事物规律而产生的异常运动失去了控制,经过量变积累发生灾变的普遍性表现形式。

发生事故的基本原因,是高处作业的安全基础不牢。其表现是:人不符合高处作业的安全要求,物未达到使用安全标准。如从事高处作业人员缺乏安全意识和安全技能,身体条件较差或有病;与高处作业相关未采取防护的各种物体和安全防护设施有缺陷等。

5.触电事故

电气设备外露可导电部分接地不良,或绝缘老化失效,电气路线未设漏电保护以及人的误操作等,都会造成触电事故。

(二)地下矿山

1.瓦斯事故

(1)瓦斯煤尘爆炸事故:井巷施工的瓦斯煤尘事故一般可能在井巷揭开岩层、煤层时或掘进采区巷道时发生。井巷施工期间的瓦斯煤尘爆炸事故主要发生在矿井的采掘工作面。

(2)煤(岩)与瓦斯(二氧化碳)突出事故:煤(岩)与瓦斯(二氧化碳)突出是指在地应力和瓦斯的共同作用下,破碎的煤(岩)和瓦斯(二氧化碳)由煤体或岩体内突然向采掘空间抛出的异常动力现象。煤(岩)与瓦斯(二氧化碳)突出具有突发性、极大破坏性和瞬间携带大量瓦斯(二氧化碳)和煤(岩)冲出等特点,能摧毁井巷设施、破坏通风系统、造成人员窒息,甚至引起瓦斯爆炸和火灾事故,是煤矿最严重的灾害之一。

2.粉尘事故

(1)煤尘爆炸:当粒径小于 1 mm 具有爆炸性的煤尘悬浮于空气中,且浓度在 40～2 500 g/m^3,氧气浓度大于 13%,遇到火源(最低点火温度 600～1 000 ℃)或火花(最低点火能 30 mJ),就会发生爆炸。

煤尘爆炸会产生高温火焰(温度可达 2 500 ℃)、爆炸冲击波(最高达 2 MPa),并生成大量的 CO 和其他有毒有害气体。高温火焰造成人员皮肤、呼吸器官和消化器官黏膜烧伤，并造成电气设备毁坏，形成二次火源，引起火灾。爆炸冲击波可造成人员创伤、死亡，造成设备毁坏、支架破坏、顶板冒落、通风系统破坏。煤尘爆炸使氧浓度降低，造成人员窒息；产生的CO和其他有毒有害气体使人中毒死亡；爆炸可使沉积煤尘扬起参与爆炸，从而引起二次、三次煤尘爆炸，甚至连续爆炸，可能造成全矿井毁坏。

(2)呼吸性粉尘(煤尘及岩尘)：煤矿生产过程中(如掘进、采煤、放炮、运输和破碎等)会产生大量的煤尘或岩尘。粉尘危害性大小与粉尘的分散度、游离二氧化硅含量、粉尘物质组成及粉尘浓度有关，一般随着游离二氧化硅和有害物质含量的增加而增大。10 μm以下的呼吸性粉尘对人的危害最大，可以进入肺泡，使肺组织发生病理学改变，丧失正常通气和换气功能，长期吸入粉尘后，严重损害身体健康。由煤尘引起的叫尘肺病，由岩尘引起的叫矽肺病。

非煤矿山在生产过程中(如凿岩、爆破、铲装、放矿、运输和破碎等)会产生大量的粉尘，尾矿库也存在一定的粉尘。生产过程中，如果在粉尘作业环境中长时间工作吸入粉尘，就会引起肺部组织纤维化、硬化，丧失呼吸功能，导致尘肺病。粉尘还会引起刺激性疾病、急性中毒或癌症。

爆炸性粉尘在空气中达到一定的浓度(爆炸下限浓度)时，遇火源会发生爆炸。

3.水灾事故

井巷施工时，岩层中的地下水和与井下相通的地表水突然大量涌入井下空间，涌入井巷的水量超过其正常的排水能力，井巷就会被淹而酿成水灾事故。

4.火灾事故

施工期间的火灾事故根据火源不同可以分为外因火灾和内因火灾。如违章使用明火、电气设备火灾或机械摩擦产生摩擦热或摩擦火花，瓦斯和煤尘爆炸均可能引发外因火灾。煤炭或含硫矿体因氧化而产生热量，可能导致煤炭自然发火，形成内因火灾。

5.冒顶片帮事故

井巷掘进引起应力的重新分布，造成顶板和周帮的岩石发生变形破坏而冒落的事故即为冒顶片帮事故。冒落的部位在巷道的顶部为冒顶，冒落部位在巷道的两帮就叫片帮。

顶板冒落事故在采矿中主要发生在掘进工作面、巷道开岔或贯通处、大断面硐室和破碎带，有时也发生在顶板采矿工作面。

6.窒息事故

窒息事故是指在矿山作业场所，作业人员因外界氧气不足或其他气体(如瓦斯、一氧化碳)，造成作业人员呼吸困难甚至停止呼吸的事故。

7.运输事故

矿山运输设备(机车、刮板输送机、胶带输送机、人车等)因人的不安全行为和物的不安全状态引起的事故。

(三)尾矿库

1.坍塌、溃坝

尾矿库坍塌危害主要是指尾矿坝溃坝事故和库区内山体滑坡，引起溃坝事故。

2.尾矿泄漏

尾矿泄漏是尾矿库的主要危害之一，可造成环境污染，严重时可导致溃坝事故的发生。

3.淹溺

作业人员在库区从事封堵进水孔、巡视检查、设施维护等作业或外人误入库区时，存在淹溺的危险。

4.高处坠落

由于尾矿库设施和环境条件的特殊性，尾矿工和库坝安全巡查、检测人员在坝顶、马道等处进行作业、巡查和检测工作时易于发生高处坠落伤害事故。

第二节　矿山开采危险、有害因素分析

一、矿山设备或装置的危险、有害因素识别

(一)露天矿山主要设备

1.铲装机械

露天矿山用到的铲装机械有：电铲、液压反铲、挖掘机、推土机等，参照《企业职工伤亡事故分类》(GB 6441－1986)，其危险有害因素如下：

(1)火灾

1)液体火灾：铲装设备用的润滑油、洁净零部件用的柴油、汽油引发的火灾。

2)固体火灾：干抹布或带油抹布、纸屑、烟头等引发的火灾。

3)电气火灾：电气线路、电缆、电动机、变压器等引发的火灾。

(2)车辆伤害

1)铲装设备给矿车装过大的大块或矿车装料时由于停放处坑洼不平等造成矿车翻倒事故。

2)人员从行驶中的车辆上坠落。

(3)起重伤害

使用千斤顶和倒链，在拆卸铲装机械及机械部件过程造成人员伤害。

(4)物体打击

1)铲装设备装料时矿石由于惯性作用从铲牙上飞出伤人。

2)铲装设备检查、保养、修理时，工具或配件等不慎坠落伤人或乱扔废物、杂物击中他人。

3)爆堆上的大块滚下来打坏电铲和伤害司机。

4)满载矿石的矿车行使到采场与上山公路连接拐弯处时，由于速度较快，矿石在惯性作用下甩出击中路过的行人或车辆。

5)人员站在采场台阶坡顶边缘或边坡边缘或坡底下，观望或逗留或休息时由于发生滑坡或塌方造成人员伤亡。

(5)机械伤害

1)铲装设备装车时由于钢丝绳断开或操作不当等造成电铲铲斗容易压坏矿车或伤害矿车驾驶员。

2)更换回转小齿轮时,手易被卷入或压伤。

3)更换提升钢丝绳时,钢丝绳易脱落砸伤人。

4)更换钢丝绳时,钢丝绳毛刺易扎伤人手。

5)作业时钢丝绳与滚筒的咬合处易造成人手挤伤、压伤。

6)更换提升钢丝绳的过程中、滑轮及滑轮壳易砸伤人。

7)在生产过程中,提升抱闸、回转抱闸、推压抱闸松动打滑易砸车、撞车。

8)铲装设备上下坡移动时,行走抱闸松动打滑易撞车或撞人,甚至翻倒等。

9)铲装设备回转过程中碰坏车辆和碰伤人员。

(6)触电

1)各种开关、电气设备及其线路短路、漏电和操作不当等造成触电。

2)电缆破损、接头裸露等造成触电。

3)设备移动过程中压到采场上的电缆或拉断自配电缆造成触电。

4)雷电引起的触电。

(7)高处坠落

1)铲装设备大臂上检查、保养、修理等发生人员坠落。

2)铲装设备顶壳上有易滑物,致使人员滑坠。

2.钻孔机械

露天矿山用到的钻孔机械有:潜孔钻机、液压钻机、凿岩机等,参照《企业职工伤亡事故分类》(GB 6441—1986),其危险有害因素如下:

(1)火灾

1)液体火灾:钻孔机械用的润滑油、洁净零部件用的柴油、汽油引发的火灾。

2)固体火灾:干抹布或带油抹布、纸屑、烟头等引发的火灾。

3)电气火灾:电气线路、电缆、电动机、变压器等引发的火灾。

(2)车辆伤害

1)运送备品备件的车辆或其他出入采场的车辆撞击或挤压到人员。

2)人员从行驶中的车辆上坠落。

(3)起重伤害

使用千斤顶和倒链在拆卸钻机及机械部件过程造成人员伤害。

(4)物体打击

1)使用钻机过程中飞转的砂轮片突然破裂飞出伤人。

2)拆卸钻机设备部件时敲打工具失准意外伤人。

3)使用水锤或大锤时锤头碰伤人。

4)钻机滑架上检查、保养、修理时工具或配件等不慎坠落伤人或乱扔废物、杂物击中他人。

5)人员站在采场台阶坡顶边缘或边坡边缘或坡底下,观望或逗留或休息时由于发生滑坡或塌方造成人员伤亡。

(5)机械伤害

1)接卸钻杆时钻杆脱落或卸杆扳手弹出伤人。

2)高压风管接头不牢固造成高压风管接头突然断裂伤人。

3)在穿孔过程中大驾或回转部件螺栓断裂，造成部件掉下砸伤人。

4)整机支撑轴出现窜位或断裂造成整机或滑架倾倒砸伤人。

5)钻孔机械由于钢丝绳断开造成回转机构下坠砸伤人。

6)在起放大架时起架钢丝绳断开造成大架倒下砸伤人。

7)移动式螺杆空压机风扇冷却系统的扇叶和主动轮、从动轮与皮带咬合处易造成人手被割伤或被卷入、挤压等。

8)检查、维修空压机和气路系统时，高压气体喷射造成人身伤害。

9)钻孔机械上下坡时，行走抱闸打滑，行走制动失灵或在线路坡度超过技术规定所允许的坡度上行走时造成对人员碰伤或整机翻倒。

(6)触电

1)各种开关、电气设备及其线路短路、漏电和操作不当等造成触电。

2)电缆破损、接头裸露等造成触电。

3)钻机移动过程中履带板压到采场上的电缆或拉断自配 380 V 电缆造成触电。

4)雷电引起的触电。

(7)高处坠落

1)钻机滑架上检查、保养、修理等发生人员坠落。

2)上下钻机机壳有易滑物，致使人员滑坠。

(8)灼烫

1)排放移动式螺杆空压机热的润滑油时由于操作不当造成灼伤。

2)潜孔钻机和空压机作业过程中因故停机检查时，人接触到发动机等发烫部件造成烫伤等。

3)在机载砂轮机上的砂轮片上磨削过的金属物件由于摩擦部分余温较高人体触摸时易造成烫伤。

3.运输机械

露天矿山用到的运输机械有：矿车、装载机等，参照《企业职工伤亡事故分类》(GB 6441—1986)，其危险有害因素如下：

(1)火灾

1)液体火灾：运输设备用的润滑油、洁净零部件用的柴油、汽油引发的火灾。

2)固体火灾：干抹布或带油抹布、纸屑、烟头等引发的火灾。

3)电气火灾：电气线路等引发的火灾。

(2)车辆伤害

1)车辆行驶中撞击或挤压到人员。

2)车辆行驶中由于操作不当或发生滑坡、塌方时造成车辆坠下山。

3)交叉路口超车或会车时发生车辆相撞事故。

4)矿车倒车排废时由于车上的大块卡住车斗或操作不当或发生滑坡、塌方造成矿车翻下山。

5)夜间作业时由于矿车照明设备损坏或采场和路上的照明度不够，造成矿车相撞或坠毁。

6)矿车装料时由于停放不当或电铲给矿车装过大的大块造成矿车翻车事故。

7)矿车行驶中轮胎“突爆”造成翻车等事故。

8)人员从行驶中的车辆上坠落。

(3)起重伤害

使用千斤顶和倒链在拆卸矿车及机械部件过程中造成人员伤害。

(4)物体打击

1)雨季时上山公路边坡上的浮石在雨水的冲刷下滚下打到过往车辆。

2)运输车辆装料时,车辆停放的位置离电铲、液压铲太近造成电铲、液压铲回转时矿车被碰坏,司机受伤。

3)矿车司机装料时从驾驶室把头伸出被从铲斗上下掉的石头打到。

4)满载矿石的矿车行使到采场与上山公路连接拐弯处时,由于速度较快,矿石在惯性的作用下甩出击中路过的行人或车辆。

5)人员站在采场台阶坡顶边缘或边坡边缘或坡底下,观望或逗留或休息时由于发生滑坡或塌方造成人员伤亡。

6)拆卸设备部件时敲打工具造成工具强出伤人。

(5)机械伤害

1)运输的散热扇叶和皮带可能对人手造成伤害。

2)拆卸或装配设备部件时碰伤、压伤等。

(6)触电

1)人员误碰或接触采场上高压电缆的破损处或接头包扎漏电处造成触电。

2)雷电引起的触电。

(7)灼烫

1)检查或泄放矿车高温液压油、机油和冷却水时造成烫伤。

2)蓄电池由于使用不当引起爆炸致使含有硫酸的电解液溅出造成对人的皮肤的腐蚀和灼伤。

3)矿车作业过程因故停机检查时,人接触到发动机、排气管等发烫部件造成烫伤。

(二)地下矿山主要设备

1.采掘机械

井巷采掘的主要设备有井架、铲运机、凿岩设备以及采场局扇等。采掘过程中的主要危险因素有:

(1)在用凿岩机打眼时,容易发生风、水管飞出打伤人。向上凿岩时,钢钎断落伤人。由于断钎,凿岩机下落夹伤人的手。凿岩前不注意敲帮问顶,凿岩时震落松动岩石击伤操作人员。钢钎打入哑炮孔内,引起爆炸伤人。大孔凿岩时,除可能发生的设备伤人事故外,主要的不安全因素是凿岩硐室的稳定性。

(2)出矿铲运机的主要不安全因素有:柴油机燃烧不彻底造成局部尾气浓度过高、出矿巷道照明设施不完善、设备制动系统故障及无轨设备在行驶过程中的刮、蹭等。在装载过程中,常会发生铲运机伤人,行走压人、撞人、矿车挤伤人等。竖井施工抓岩机撞、压、碰、挤伤人,吊桶装载过满甩石伤人等。

(3)冒顶片帮事故是井巷施工和交付使用后经常发生的事故。

(4)在天井、竖井、大断面硐室施工时,容易发生高处坠落事故。

(5)在天井、竖井、大断面硐室作业时，往往出现上面作业人员将物体掉落或滚落，击伤下面的作业人员。

(6)采场局扇存在的不安全因素：接地保护装置不到位，设备绝缘不良，安全不符合规程要求，发生短路、超负荷、接触电阻过大等。

2.提升运输设备

提升、运输系统包括主井、副井的矿石和人员提升、井下运输子系统、地面运输。所用设备包括箕斗、罐笼、提升机、电动机、矿车、载重汽车、货运火车等。

另外，小型矿山常用的提升方式是斜井串车提升。斜井提升是指用安装在地面的提升机，通过斜井对矿物、材料和人员进行的运输工作。斜井运输的容器主要是矿车和箕斗，乘坐人员时则称为人车。

(1)竖井提升中主要危险、有害因素

竖井提升中的主要危险、有害因素为：

1)钢丝绳未及时检验或更换，钢丝绳发生断裂，箕斗或罐笼坠落；

2)防坠器失灵，箕斗或罐笼坠落；

3)提升系统安全保护装置(特别是天轮、防过卷装置)失灵、通信设施存在隐患，或提升机司机精力不集中，造成过卷或墩罐；

4)竖井防护栏缺失或损坏，造成人员或物体坠井；

5)罐笼未设活动顶盖，断电时人员被困罐笼中。

6)提升竖井作为安全出口时，如果没有提升设备和梯子间、梯子构件和梯子间平台等构件，没有足够的强度且未考虑防锈蚀措施，一旦发生事故时，地表抢救人员和井下工作人员无法从梯子间出入或撤离，从而导致重大安全事故。

(2)斜井提升中主要危险、有害因素

由于斜井提升中频繁摘挂钩，再加上钢丝绳容易磨损和断裂，因此容易发生跑车事故。其后果较为严重，不仅造成设备损毁，而且导致人员伤亡，生产停顿。造成跑车事故的原因一般有：

1)作业人员没有经过安全培训、没有严格按操作规程作业、失误造成跑车。如挂钩工疏忽，将未挂钩的空车下推造成跑车；挂钩工操作不当，如在车辆未全部提上来就提前摘钩，造成未上来的车辆跑车；

2)钢丝绳断裂或连接装置断裂造成跑车；

3)提升机制动失灵造成跑车；

4)车辆运行中挂钩插销跳出造成跑车；

5)斜井上部和中间车场，阻车器或挡车栏没有装设或失效，下部及中间车场没有设躲避硐造成跑车；

6)管理不当引起跑车伤人事故，如斜井行车时行人或人员在运输道上行走；斜井用矿车组提升时，人货混合串车提升；斜井运输时蹬钩等；

7)通信设施存在隐患，发出错误信号造成跑车；

8)轨道不符合质量标准，或没有及时清理，造成矿车掉道或运行时跳动。

另外，斜井运送人员时，要严格按照有关规程操作或执行，阻防意外事故的发生。如斜井距离较长，垂高较大时，应采用专用人车运送人员；各车辆之间除连接装置外，必须附有保险链；连接装置和保险链要有足够的安全系数；人车应有顶棚，还应装有断绳保险器，当发生断绳、脱钩事故时，能自动（也能手动）地平稳停车；人员在上下斜井时，其上下车地点的斜井应有足够宽的人行道，一般应不小于 1.5 m，具有良好的照明和台阶踏步等。

(3)运输系统中主要危险、有害因素

1)道路不符合设计要求或没有经常养护，不能保证车辆运行顺利；

2)道路通过生活区，路况复杂，发生交通事故伤人、毁物；

3)铁路道口无人把守或看守人员擅离职守，发生人或车与列车相撞；

4)汽车驾驶员未经培训或驾驶技能差或违章驾驶（如酒后驾车），发生交通事故伤人、毁物；

5)自卸汽车运载易燃、易爆物品，卸载时发生爆炸事故；

6)车辆没有按有关规定进行维修保养，不能保持其安全性能；

7)卸矿平台没有足够的调车宽度，挡车设施没有或不合格，导致伤人、毁物、翻车等事故（卸矿点必须有可靠的挡车设施，其高度应不小于轮胎直径的 2/5。挡车设施须经技术检验合格，方准使用）。

(4)井下电机车矿石运输中主要危险、有害因素

用电机车牵引矿车运输过程中，可能因设计、施工、维护管理及操作上的缺陷出现车辆伤害事故，主要表现为：

1)巷道断面设计宽度不够或未设置躲避硐室，电机车挤伤、撞伤人；

2)电机车司机未经培训或技能差或违章驾驶，电机车挤伤、撞伤人；

3)轨道铺设质量差或损坏，电机车发生掉道、毁物、伤人；

4)电机车架线高度不够或局部下坠，造成人员触电；

5)行人不按规定行走运输巷道行人侧，发生电机车挤伤、撞伤人；

6)运输巷道照明不够，发生行人与电机车相撞事故；

7)车辆在主斜坡道上运输时由于刹车失灵、信号系统故障可能发生跑车和撞车事故。

3.供水系统

供水系统可能存在的危险、有害因素主要有：

(1)运转部件缺少防护或防护不好，机械伤人。

(2)供水管路年久失修，发生爆裂毁物、伤人。

(3)未按要求设置减压阀而发生伤人事件。

4.辅助生产设备

(1)空压机

空压机发生爆炸的主要因素是排气温度与润滑油质量。

1)空压机站地基不好，地面因震动发生沉降，破坏设备。

2)空压机站风包未定期检验或使用检验不合格的风包，发生爆炸。

3)运转部件缺少防护或防护不好，机械伤人。

4)空压机润滑油在高温高压下加剧氧化形成积炭附在金属表面和风阀上。积炭本身是易燃物，温度升高到一定程度就可能引起燃烧。

5)空压机在运转过程中,机械的撞击或压缩空气中的固体微粒通过汽缸、风包、风阀和管道等处时,会因摩擦放电而产生火花,引起沉积在这些部位的积炭的燃烧爆炸。

6)空压机接地不良或电源接头不良,产生静电或火花,造成积碳的燃烧爆炸。

7)空压机在汽缸中的温度高于润滑油闪点的情况下,遇有火花,将润滑油引燃。

8)供气管路年久失修,发生爆裂毁物、伤人。

9)空压机噪声和震动未控制或控制不好,造成职业病危害。

(2)液压锤

液压锤是依靠封闭在汽缸上腔的氮气膨胀并推动锤头加速下降,同时借助于电一液系统的控制使下锤头上升以实现对击进行模锻的锻锤。主要有以下危险、有害因素:

1)液压锤的高低压油管漏油或松动,工作时振动造成油管脱落,从而发生故障。

2)液压锤作业时钎杆未与石块表面保持垂直状态,若持续漫无目的的冲击会造成破碎锤的前体受损及主体螺栓松动,严重时可伤及主机本身。

3)进行破碎作业时摇晃钎杆使用,造成螺栓与钎杆断裂。

5)当工程机械油缸全伸或全缩进行打击作业时将会使打击震动回震至油缸体身导致工程机械的损坏。

6)工作时以侧板作为推动重物的面时将会造成侧板螺栓、钎杆损坏,并会损伤破碎锤,甚至会使吊臂断裂。

二、矿山作业环境及生产过程的危险、有害因素识别

大多数矿山作业环境中的危险、有害因素主要有有毒有害气体、生产性粉尘、噪声与振动、温度与湿度;部分矿山还存在危险物品和放射性物质等。

(一)有毒有害气体的危险有害因素识别

1.一氧化碳(CO)

工人进行爆破作业时会产生炮烟,炮烟的主要成分就含有一氧化碳。它是化学性窒息性气体,无色、无味、无臭,是含碳物质不完全燃烧的产物,比空气轻,人体内血色素对CO的亲和力比对O_2的亲和力大250～300倍。一氧化碳主要经呼吸道进入肺泡内,迅速弥散于血中,所以当吸入一氧化碳后,将使人体组织和细胞因严重缺氧而急性中毒。

2.氮氧化物

炮烟另外一个主要成分就是氮氧化物,主要是指一氧化氮(NO)和二氧化氮(NO_2)。二氧化氮是一种褐红色、比重为1.57、有窒息性、极易溶于水的气体,具有强烈的刺激作用,主要经呼吸道,也可经皮肤接触进入人体,其毒性比一氧化碳大得多。吸入的氮氧化物中以二氧化氮为主要成分时,表现为对肺部的危害;以一氧化氮为主要成分时,表现为对中枢神经系统的损害。

3.二氧化硫(SO_2)和硫化氢(H_2S)

开采含硫矿床,放炮作业将产生二氧化硫和硫化氢。

二氧化硫是一种无色、具有强烈的硫磺燃烧气味的气体,比重2.2,易溶于水。二氧化硫进入人体的主要途径是吸入,经皮肤接触也可进入人体。二氧化硫对上呼吸道及眼结膜有刺激作用,浓度较高时对深呼吸道也有刺激作用,可引起支气管炎和肺部病变。

硫化氢是一种无色、有臭鸡蛋气味的气体，比重1.19，易溶于水。硫化氢几乎全部经呼吸道吸入，也可以皮肤吸收。该气体易燃，与空气混合能形成爆炸性混合物，遇明火、高热能引起燃烧爆炸。

4.瓦斯

瓦斯是煤形成过程中伴生的气体，由于其易燃、易爆性，瓦斯灾害是煤矿生产过程中的一大安全隐患，如果预防不当，管理措施不到位，将会造成事故。煤体、采掘工作面、采空区、盲巷和回风巷道等容易形成瓦斯积聚的地方，都可能引发瓦斯灾害。

(1)瓦斯灾害事故类型及危害

1)瓦斯爆炸。当瓦斯浓度达到5%～16%，氧气浓度在12%以上，当遇到火源(瓦斯最低点火温度650～750 ℃)或火花(瓦斯最低点火能0.28 mJ)，就会发生爆炸。

瓦斯爆炸会产生高温火焰(温度可达2 000 ℃)、爆炸冲击波(最高达1.2 MPa)，并造成矿井空气成分改变。高温火焰造成人员皮肤、呼吸器官和消化器官黏膜烧伤，并造成电气设备毁坏，形成二次火源，引起火灾。爆炸冲击波可造成人员创伤、死亡，造成设备毁坏、支架破坏、顶板冒落、通风系统破坏。瓦斯爆炸使氧浓度降低，造成人员窒息；产生的有毒有害气体使人中毒死亡；并产生新的爆炸性气体，造成二次爆炸可能。

2)煤与瓦斯突出。赋存于煤体中的大量瓦斯，由于采动影响，瓦斯与煤体瞬间突然涌向采掘工作面。它是地应力、瓦斯和煤的物理力学性质三者综合作用的结果。

煤与瓦斯突出会造成大量煤体和瓦斯的涌出，造成巷道堵塞，人员和设备淹埋，通风系统破坏，瓦斯大量涌出易引起爆炸或造成人员窒息死亡。

3)瓦斯窒息。由于瓦斯的大量存在，使空气中的氧气浓度大大降低，当氧气浓度低于一定浓度时，人就感觉呼吸困难、窒息，直至死亡。

(2)导致瓦斯事故的主要原因

1)配风不足。

2)工作面超产。

3)局扇供风不足。

4)瓦斯异常涌出。

5)上隅角措施不当。

6)电器失爆。

7)漏电保护、接地保护、过流保护失效。

8)静电火花。

9)机械摩擦火花，冲击产生火花。

10)放炮未填炮泥或炮泥长度不够。

11)未使用煤矿安全炸药或毫秒雷管。

12)高瓦斯煤层未抽放或抽放效果不好。

13)抽放管路泄漏。

14)突出煤层未采取“四位一体”防突措施或措施不当。

15)对有自然发火倾向煤层未采取措施或措施不当。

16)采空区漏风严重，引起采空区自然发火。

17)瓦斯监控系统故障或传感器故障。

18)盲巷未通风或没有挡栏、标志。

(3)易发生瓦斯事故的场所

在煤矿生产过程中,可能发生瓦斯事故的场所主要有:

1)采煤工作面。

2)掘进工作面。

3)回风巷道。

4)采煤工作面上隅角。

5)采空区。

6)盲巷。

7)石门。

(二)生产性粉尘的危险、有害因素识别

1.非煤矿山生产性粉尘

非煤矿山在生产过程中(如凿岩、爆破、铲装、放矿、运输和破碎等)会产生大量的粉尘,尾矿库也存在一定的粉尘。生产过程中,如果在粉尘作业环境中长时间工作吸入粉尘,就会引起肺部组织纤维化、硬化,丧失呼吸功能,导致尘肺病。尘肺病是无法治愈的职业病;粉尘还会引起刺激性疾病、急性中毒或癌症;爆炸性粉尘在空气中达到一定的浓度(爆炸下限浓度)时,遇火源会发生爆炸。

粉尘危害性大小与粉尘的分散度、游离二氧化硅含量、粉尘物质组成及粉尘浓度有关,一般随着游离二氧化硅和有害物质含量的增加而增大。10 μm 以下的呼吸性粉尘对人的危害最大,呼吸性粉尘可以进入肺泡,使肺组织发生病理学改变,丧失正常通气和换气功能,长期吸入粉尘后,严重损害身体健康。

(1)识别内容

生产性粉尘主要产生在开采、破碎、粉碎、筛分、包装、配料、混合、搅拌、散粉装卸及输送除尘等生产过程。对其识别应该包括以下内容:

1)根据工艺、设备、物料、操作条件,分析可能产生的粉尘种类和部位。

2)用已经投产的同类生产厂、作业岗位的检测数据或模拟实验测试数据进行类比识别。

3)分析粉尘产生的原因,粉尘扩散传播的途径,作业时间,粉尘特性来确定其危害方式和危害范围。

(2)爆炸性粉尘的危险性主要表现

1)与气体爆炸相比,其燃烧速度和爆炸压力均较低,但因其燃烧时间长、产生能量大,所以破坏力和损害程度大。

2)爆炸时粒子一边燃烧一边飞散,可使可燃物局部严重炭化,造成人员严重烧伤。

3)最初的局部爆炸发生之后,会扬起周围的粉尘,继而引起二次爆炸、三次爆炸,扩大伤害。

4)与气体爆炸相比,易于造成不完全燃烧,产生一氧化碳,从而使人发生一氧化碳中毒。

(3)爆炸性粉尘的识别

1)形成爆炸性粉尘的四个必要条件:粉尘的化学组成和性质;粉尘的粒度和粒度分

布;粉尘的形状与表面状态;粉尘中的水分。可以依此来辨识是否为爆炸性粉尘。

2)爆炸性粉尘爆炸的条件为:可燃性和微粉状态;在空气中(或助燃气体)搅拌,悬浮式流动;达到爆炸极限;存在点火源。

2.煤尘

煤尘是煤矿生产过程中,由于机械或放炮作用使煤炭破碎而产生的固体颗粒。挥发分含量大于10%的煤尘具有爆炸性,煤尘爆炸是煤矿生产过程中的一大灾害,如果预防不当,管理措施不到位,将会造成事故。

(1)煤尘灾害类型及危害

1)爆炸性煤尘。当粒径小于1 mm具有爆炸性的煤尘悬浮于空气中,且浓度在40～2 500 g/m^3,氧气浓度大于13%,遇到火源(最低点火温度600～1 000 ℃)或火花(最低点火能30 mJ),就会发生爆炸。

煤尘爆炸会产生高温火焰(温度可达2 500 ℃)、爆炸冲击波(最高达2 MPa),并生成大量的CO和其他有毒有害气体。高温火焰造成人员皮肤、呼吸器官和消化器官黏膜烧伤,并造成电气设备毁坏,形成二次火源,引起火灾。爆炸冲击波可造成人员创伤、死亡,造成设备毁坏、支架破坏、顶板冒落、通风系统破坏。煤尘爆炸使氧浓度降低,造成人员窒息;产生的CO和其他有毒有害气体使人中毒死亡;爆炸可使沉积煤尘扬起参与爆炸,从而引起二次、三次煤尘爆炸,甚至连续爆炸,可能造成全矿井毁坏。

2)呼吸性粉尘(煤尘及岩尘)

煤矿生产过程中(如掘进、采煤、放炮、运输和破碎等)会产生大量的煤尘或岩尘。粉尘危害性大小与粉尘的分散度、游离二氧化硅含量、粉尘物质组成及粉尘浓度有关,一般随着游离二氧化硅和有害物质含量的增加而增大。10 μm以下的呼吸性粉尘对人的危害最大,可以进入肺泡,使肺组织发生病理学改变,丧失正常通气和换气功能,长期吸入粉尘后,严重损害身体健康。由煤尘引起的叫尘肺病,由岩尘引起的叫矽肺病。

(2)导致煤尘灾害的主要原因

1)无降尘措施或措施未发挥作用。

2)风速过大,使沉积的煤尘重新飞扬到空气中。

3)未进行煤层注水。

4)沉积煤尘清理不及时。

5)采掘机械无喷雾降尘装置。

6)瓦斯爆炸,冲击波造成二次扬尘。

7)干式打钻。

8)放炮未填炮泥或炮泥长度不够,爆破火焰可能引起瓦斯爆炸或煤尘爆炸。

9)未使用煤矿安全炸药或毫秒雷管。

10)回风巷无雾化降尘措施。

11)人员未带防尘面罩。

12)转载点无喷雾洒水装置或不起作用。

(3)易产生煤尘灾害的场所

在煤矿生产过程中,可能发生煤尘灾害的场所主要有:

1)采煤工作面。

2)掘进工作面。

3)回风巷道。

4)有沉积煤尘的巷道。

(三)噪声与振动的危险、有害因素识别

噪声就是使人感到不愉快的声音,不仅对人的听力、心理、生理产生影响,还可引起职业性耳聋,引起职业性噪声耳聋或引起神经衰弱、心血管疾病及消化系统等疾病的高发,会使操作人员的失误率上升,严重的会导致事故发生。而且对生产活动也产生不利影响。在高噪声环境中作业,人的心情易烦躁,容易疲劳,反应迟钝,工作效率低,可诱发事故。噪声产生于物体的振动,振动是生产中常见的危险因素,它与噪声相结合作用于人体。振动可直接或通过地板或其他物体间接作用于人体,按其作用部位可分为局部振动和全身振动。产生振动多见于使用风动工具、电动工具及其他有较强机械摩擦作用的地方。

工业噪声可以分为机械噪声、空气动力性噪声和电磁噪声三类。

噪声危害的识别主要根据已掌握的机械设备或作业场所的噪声确定噪声源、声级和频率。

振动危害有全身振动和局部振动,可导致中枢神经、植物神经功能紊乱、血压升高,也会导致设备、部件的损坏。

振动危害的识别则应先找出产生振动的设备,然后根据国家标准,参照类比资料确定振动的危害程度。

在煤矿及非煤矿山生产过程中,噪声与振动主要来源于气动凿岩工具的空气动力噪声,设备在运转中的振动、摩擦、碰撞产生的机械噪声和电动机等电气设备所产生的电磁辐射噪声。

产生噪声和振动的设备和场所主要有:

(1)空压机和空压机泵房。

(2)通风机和通风机房。

(3)水泵和水泵房。

(4)绞车和绞车房。

(5)放炮作业场所。

(6)破碎设备和破碎作业场所。

(7)凿岩设备和凿岩工作面。

(8)运输设备和设备通过的巷道。

(9)装岩机和装岩作业场所。

(10)机修设备(如锻钎机)及机修车间等。

(四)温度与湿度的危险、有害因素识别

1.温度、湿度的危险、危害

(1)高温除能造成灼伤外,高温、高湿环境还影响劳动者的体温调节,水盐代谢及循环系统、消化系统、泌尿系统等。当热调节发生障碍时,轻者影响劳动能力,重者可引起别的病变,如中暑。水盐代谢的失衡可导致血液浓缩、尿液浓缩、尿量减少,这样就增加了心脏和肾脏的负担,严重时引起循环衰竭和热痉挛。在比较分析中发现,高温作业工人的高血压发病率较高，而且随着工龄的增加而增加。高温还可以抑制中枢神经系统，使工人在操作过程中注意力分散，肌肉工作能力降低，有导致工伤事故的危险。低温可引起冻伤。

(2)温度急剧变化时，因热胀冷缩，造成材料变形或热应力过大，会导致材料破坏，在低温下金属会发生晶型转变，甚至引起破裂而引发事故。

(3)高温、高湿环境会加速材料的腐蚀。

(4)高温环境可使火灾危险性增大。

2.生产性热源

(1)矿井深部开采。

(2)矿山锅炉等。

(3)电热设备，如电阻炉、工频炉等。

(4)高温工件(如铸锻件)、高温液体(如导热油、热水)等。

(5)高温气体，如蒸气、热风、热烟气等。

3.温度与湿度的危险、有害识别

(1)了解生产过程的热源、发热量、环境高温场所与作业者的接触距离等情况。

(2)是否采取了防暑降温措施。

(3)是否采取了通风(包括全面通风和局部通风)换气措施，是否有作业环境温度与湿度的自动调节、控制。

(五)放炮作业的危险、有害因素识别

放炮作业是煤矿及非煤矿山生产过程中的重要工序，其作用是利用炸药在放炮瞬间放出的能量对周围介质做功，以破碎岩体或煤体，达到掘进和采煤的目的。

矿山开采过程中使用大量的炸药。炸药从地面炸药库向井下运输的途中，装药和放炮的过程中，未爆炸或未爆炸完全的炸药在装卸岩石或煤的过程中，都有发生爆炸的可能。爆炸产生的震动、冲击波和飞石对人员、设备设施、构筑物等有较大的损害。常见的放炮危害有震动、冲击波、飞石、拒爆、早爆、迟爆等。

1.放炮作业中的几种意外事故

(1)拒爆。放炮作业中，由于各种原因造成起爆药包(雷管或导爆索)瞎火和炸药的部分或全部未爆的现象称为拒爆。拒爆包括残药和盲炮。拒爆的原因是多方面的，制造质量、储存条件、使用方法上的缺陷都可能导致拒爆。放炮中产生拒爆不仅影响放炮效果，而且处理时有较大的危险性，如果未能及时发现或处理不当，将会造成人员伤亡。

(2)早爆。早爆是指在放炮作业中未按规定的时间提前引爆的现象。其原因有人的过失、环境干扰、起爆材料质量不良等。如电气放炮时杂散电流或静电干扰而引起的早爆，如果不能及时发现和预防早爆，将对人员和设备造成极大的危害，酿成事故。

(3)自爆。自爆是放炮器材成分不相容或放炮器材与环境不相容而发生的意外爆炸。如在高温环境下，火雷管的自爆温度为 100～110 ℃，2＃岩石炸药的爆燃温度为 125～130 ℃，如剧烈碰撞就可能引起炸药爆炸。

(4)迟爆。迟爆是在实施放炮后发生的意外爆炸。迟爆现象主要发生在用导火索－火雷管起爆的起爆系统中，初看很像拒爆，但几十分钟至几十小时后会突然爆炸。导致迟爆的主要原因是导火索药心局部过细或不连续等起爆器材缺陷。

2.放炮产生的有害影响

(1)地震效应:炸药在岩土体中爆炸后,在距爆源的一定范围内,岩土体中产生弹性震动波,即放炮地震。硐室放炮,因一次装药量较大,放炮地震也比较强烈,对附近的构筑物、设备设施和岩体等会产生较大影响,很可能引起大范围的冒顶片帮事故。

(2)飞石:飞石是放炮时从岩体表面射出且飞越很远的个别碎块。放炮时,由于药包最小抵抗线掌握不准,装药过多,造成放炮飞石超过安全允许范围,或因对安全距离估计不足,造成人身伤亡和设备损坏。

(3)冲击波:放炮时部分爆炸气体产物随崩落的岩土冲出,在空气中形成冲击波,可能危害附近的构筑物、设备设施和岩体等。

(4)有毒气体:放炮时会产生大量的有毒有害气体,如果没有及时稀释和排出,过早进入工作面将会对作业人员的身体造成极大伤害,甚至中毒死亡。

3.导致放炮事故的主要原因

(1)放炮后过早进入工作面。

(2)盲炮处理不当或打残眼。

(3)装药或起爆工艺不合理或违章作业。

(4)警戒不到位,信号不完善,安全距离不够。

(5)放炮器材质量不良,点火迟缓,拖延点炮时间。

(6)非放炮专业人员作业,放炮作业人员违章。

(7)使用放炮性能不明的材料。

(8)其他火源。

4.易发生放炮事故的场所

在非煤矿山及煤矿开采过程中,可能发生放炮事故的作业场所主要有:

(1)放炮作业的采场或采煤工作面。

(2)放炮作业的掘进工作面。

(3)露天采场。

三、尾矿库危险、有害因素识别

(一)尾矿坝主要危险、有害因素识别

尾矿坝常见隐患险情有裂隙与沉陷、渗漏、坝体滑坡、管渗、洪水漫顶、坝体溃决、人员和牲畜溺水、触电等。

1.裂隙与沉陷

主要是由于坝基承载能力不均衡、坝体施工质量差、坝体结构及断面尺寸设计不当、坝基不稳定或其他因素等所引起。裂隙是由于单一因素或多种因素共同造成的。

2.渗漏

渗漏是尾矿库常见的危险因素,会导致溢流出口处坝体冲刷及管涌等多种形式的破坏,严重的会导致垮坝事故。按渗漏的部位可分为:坝体渗漏、坝基渗漏、接触渗漏和绕坝渗漏。

3.坝体滑坡

滑坡是尾矿坝最危险的因素之一。较大规模的滑坡，往往是垮坝事故的先兆，即使是较小的滑坡也不能掉以轻心。有些滑坡是突然发生的；有的是先由裂缝开始，如不及时处理，逐步扩大和蔓延，则可能造成垮坝重大事故。

4.管渗

凡有渗流就有渗透力或称水动压力。此压力达到一定值时，土中的某些颗粒就会被渗透水流携带走，这种地下水的侵蚀作用称为潜蚀。严格来说，潜蚀应包括化学潜蚀和机械潜蚀。前者是土石中某些可溶组分被渗透水流带走，这在含有可溶组分的土石中极为常见；后者为不溶颗粒被渗水流带走，也是经常发生的。潜蚀使土石结构变松，强度降低，这样一种变化可以称之土石的渗透变形或渗透破坏。强烈的渗透变形会在渗流出口处侵蚀成空洞，空洞又会使渗透途径已经减短、水力梯度有所增大的渗流向它集中，而在空洞末端集中的渗流水流就具有更大的侵蚀能力，所以空洞就不断向最大水力梯度线溯源发展，终至形成一条水流集中的管道，由管道中涌出的水携带较大量的土颗粒，这就是管涌。尾矿坝基石为沙质土，具备产生强烈潜蚀的土石成分及结构条件，而防渗措施又不当，往往会产生管涌甚至造成溃坝。

5.洪水漫顶

造成洪水漫顶的原因有：入库洪水陡然增加，排洪设施不完善或未达到设计要求，排洪系统的排洪能力不足，调洪库容不足，尾矿坝安全超高不符合要求等。

6.坝体溃决

尾矿库最严重的事故(灾害)类型是坝体溃决，造成坝体溃决的原因是多方面的，上述的各种有害因素和地震等自然因素均能造成坝体溃决。一旦发生坝体溃决，将造成尾矿坝影响范围内的建筑物毁灭破坏和重大人员伤亡，并造成重大环境污染，破坏下游生态环境。

7.人员和牲畜溺水

库区未设立安全标志，未对库区周边或附近村民进行安全宣传教育，违规放牧、违章开垦、操作人员在进行添加井盖板、封井、库内回水等作业时，不慎坠入水中，将造成人员淹溺事故。

8.触电

变配电设备、电气线路、用电设备如果产品质量不佳、绝缘性能不良或因运行不当、机械损伤、维修不善导致绝缘老化破损或设计安装不规范，安全净距不足，或违章操作，均可能引起触电危险。如出现短路、过载、接触不良等，也可引发电器火灾危险。

(二)尾矿库坝址危险、有害因素识别

所选坝址地质条件不适合，坝基基岩承载力及变形要求不能满足坝基要求，造成坝身失稳，甚至引起溃坝、垮坝；尾矿库坝址周边山体物理条件差，崩塌、滑坡或碎石掉落对设备、人员造成伤害事故；水文地质条件不符合建设要求，大量存在松散层孔隙潜水、基岩裂隙水、岩溶水，这些水的存在影响坝址稳定性；选址未能避开大的断裂带，断裂带不稳定，影响尾矿坝安全运行。

库区内地层岩性种类较少，且变化小；中部有区域性断裂通过，无褶皱构造，地质环境复杂程度为中等，不良地质现象不发育，工程建设过程中遭受地质灾害的可能性小，工程建设及使用过程中可能会发生的地质灾害为不稳定斜坡的失稳、弃渣堆放不当可能产生的滑塌、施工后处理不及时可能会出现小型崩塌、新形成的人工边坡（规模小）在使用过程中可能出现的崩塌。

（三）排洪、排水系统的主要危险、有害因素识别

排洪构造物包括排洪管道、隧洞等，如果有变形、位移、损毁、淤堵，将导致排洪系统失效，坝内地下水位抬高，将造成坝前沼泽化、管涌、尾矿坝溃坝等严重事故。

（四）尾矿堆积坝主要危险、有害因素识别

1.上游法排放尾矿浆未在坝前均匀分散分矿，造成尾矿沉积滩面范围出现大面积尾矿泥沉积，影响上游法尾矿堆积坝的稳定。尾矿沉积滩顶不平整，矿浆冲刷子坝坝坡。

2.尾矿库正常生产干滩长度不足，小于规定的干滩长度时，将造成尾矿坝下游坝坡浸润线位置太高，进而影响整个尾矿坝坝体抗滑稳定。

3.尾矿库沉积滩出现侧坡、扇形坡等现象；尾矿子坝填筑质量差，造成子坝下游坡面发生局部垮塌现象；尾矿堆积子坝填筑要求的粗粒尾矿砂不够。

4.尾矿堆积坝若设置不合理，坝体出现渗漏、裂缝，将造成人员伤亡和财产损失。

（五）尾矿输送及回水系统危险、有害因素识别

1.管道破裂

如发生管道破裂将发生小型泥石流。并造成财产损失和人员伤亡事故。

2.触电危险

主要是输回水泵等的用电可能引起的事故，设备可能被触及的裸露带点部分伤人，输电线路、配电柜、电源开关、照明电器由于绝缘层老化、开裂引发的触电事故。供电、照明、高低压电器设备的接地不良、尾矿库库区照明故障都可能造成事故。

四、矿山生产安全事故应急预案的编制

按《生产经营单位生产安全事故应急预案编制导则》（GB/T 29639－2013）要求，矿山生产安全事故应急预案包括综合应急预案、专项应急预案、现场处置方案以及附件。

（一）综合应急预案

1.总则

包括编制目的、编制依据、适用范围、应急预案体系、应急工作原则。

简述应急预案编制的目的；编制所依据的法律、法规、规章、标准和规范性文件以及相关应急预案等；说明应急预案适用的工作范围和事故类型、级别；说明生产经营单位应急预案体系的构成情况；应急工作原则。

2.事故风险描述

简述生产经营单位存在或可能发生的事故风险种类、发生的可能性以及严重程度及影响范围等。

3.应急组织机构及职责

明确生产经营单位的应急组织形式及组成单位或人员，可用结构图的形式表示，明

确构成部门的职责。应急组织机构根据事故类型和应急工作需要，可设置相应的应急工作小组，并明确各小组的工作任务及职责。

4.预警及信息报告

(1)预警

根据生产经营单位监测监控系统数据变化状况、事故险情紧急程度和发展势态或有关部门提供的预警信息进行预警，明确预警的条件、方式、方法和信息发布的程序。

(2)信息报告

信息报告程序主要包括信息接收与通报、明确 24 小时应急值守电话、事故信息接受、通报程序和责任人；信息上报明确事故发生后向上级主管部门、上级单位报告事故信息的流程、内容、时限和责任人；信息传递明确事故发生后向本单位以外的有关部门或单位通报事故信息的方法、程序和责任人。

5.应急响应

(1)响应分级

针对事故危害程度、影响范围和生产经营单位控制事态的能力，对事故应急响应进行分级，明确分级响应的基本原则。

(2)响应程序

根据事故级别的发展态势，描述应急指挥机构启动、应急资源调配、应急救援、扩大应急等响应程序。

(3)处置措施

针对可能发生的事故风险、事故危害程度和影响范围，制定相应的应急处置措施，明确处置原则和具体要求。

(4)应急结束

明确现场应急响应结束的基本条件和要求。

6.信息公开

明确向有关新闻媒体、社会公众通报事故信息的部门、负责人和程序以及通报原则。

7.后期处置

主要明确污染物处理、生产秩序恢复、医疗救治、人员安置、善后赔偿、应急救援评估等内容。

8.保障措施

(1)通信与信息保障

明确可为生产经营单位提供应急保障的相关单位及人员通信联系方式和方法，并提供备用方案。同时，建立信息通信系统及维护方案，确保应急期间信息通畅。

(2)应急队伍保障

明确应急响应的人力资源，包括应急专家、专业应急队伍、兼职应急队伍等。

(3)物资装备保障

明确生产经营单位的应急物资和装备的类型、数量、性能、存放位置、运输及使用条件、管理责任人及其联系方式等内容。

(4)其他保障

根据应急工作需求而确定的其他相关保障措施(如:经费保障、交通运输保障、治安保障、技术保障、医疗保障、后勤保障等)。

9.应急预案管理

(1)应急预案培训

明确对生产经营单位人员开展的应急预案培训计划、方式和要求,使有关人员了解相关应急预案内容,熟悉应急职责、应急程序和现场处置方案。如果应急预案涉及社区和居民,要做好宣传教育和告知等工作。

(2)应急预案演练

明确生产经营单位不同类型应急预案演练的形式、范围、频次、内容以及演练评估、总结等要求。

(3)应急预案修订

明确应急预案修订的基本要求,并定期进行评审,实现可持续改进。

(4)应急预案备案

明确应急预案的报备部门,并进行备案。

(5)应急预案实施

明确应急预案实施的具体时间、负责制定与解释的部门。

(二)专项应急预案

1.事故风险分析

针对可能发生的事故风险,分析事故发生的可能性以及严重程度、影响范围等。

2.应急指挥机构及职责

根据事故类型,明确应急指挥机构总指挥、副总指挥以及各成员单位或人员的具体职责。应急指挥机构可以设置相应的应急救援工作小组,明确各小组的工作任务及主要负责人职责。

3.处置程序

明确事故及事故险情信息报告程序和内容、报告方式和责任等内容。根据事故响应级别,具体描述事故接警报告和记录、应急指挥机构启动、应急指挥、资源调配、应急救援、扩大应急等应急响应程序。

4.处置措施

针对可能发生的事故风险、事故危害程度和影响范围,制定相应的应急处置措施,明确处置原则和具体要求。

(三)现场处置方案

1.事故风险分析

主要包括:

a)事故类型。

b)事故发生的区域、地点或装置的名称。

c)事故发生的可能时间、事故的危害严重程度及其影响范围。

d)事故前可能出现的征兆。

e)事故可能引发的次生、衍生事故。

2.应急工作职责

根据现场工作岗位、组织形式及人员构成,明确各岗位人员的应急工作分工和职责。

3.应急处置

主要包括以下内容:

a)事故应急处置程序。分析可能发生的事故及现场情况,明确事故报警、各项应急措施启动、应急救护人员的引导、事故扩大及同生产经营单位应急预案的衔接的程序。

b)现场应急处置措施。针对可能发生的火灾、爆炸、危险化学品泄漏、坍塌、水患、机动车辆伤害等,从人员救护、工艺操作、事故控制、消防、现场恢复等方面制定明确的应急处置措施。

c)明确报警负责人和报警电话及上级管理部门、相关应急救援单位联络方式和联系人员、事故报告基本要求和内容。

4.注意事项

主要包括:

a)佩戴个人防护器具方面的注意事项。

b)使用抢险救援器材方面的注意事项。

c)采取救援对策或措施方面的注意事项。

d)现场自救和互救注意事项。

e)现场应急处置能力确认和人员安全防护等事项。

f)应急救援结束后的注意事项。

g)其他需要特别警示的事项。

(四)附件

1.有关应急部门、机构或人员的联系方式

列出应急工作中需要联系的部门、机构或人员的多种联系方式,当发生变化时及时进行更新。

2.应急物资装备的名录或清单

列出应急预案涉及的主要物资和装备名称、型号、性能、数量、存放地点、运输和使用条件、管理责任人和联系电话等。

3.规范化格式文本

应急信息接报、处理、上报等规范化格式文本。

4.关键的路线、标识和图纸

主要包括:

a)警报系统分布及覆盖范围。

b)重要防护目标、危险源一览表、分布图。

c)应急指挥部位置及救援队伍行动路线。

d)疏散路线、警戒范围、重要地点等的标识。

e)相关平面布置图纸、救援力量的分布图纸等。

5.有关协议或备忘录

列出与相关应急救援部门签订的应急救援协议或备忘录。

五、重大危险源的识别

矿山企业有无重大危险源应参照《危险化学品重大危险源辨识》(GB 18218－2009)及《关于开展重大危险源监督管理工作的指导意见》(安监管协调字〔2004〕56 号)进行识别。

六、辨识危险、有害因素的方法及所需资料

(一)辨识危险、有害因素的方法

常见的方法有现场调查法、类比推断法、专家评议法和事故树分析法等。根据被评价单位的实际情况,对该单位在生产过程中可能存在的危险、有害因素的种类、特点进行辨识和分析。

(二)危险、有害因素分析所需资料

1.地质构造资料。

2.工程地质及对开采不利的岩石力学条件。

3.水文地质及水文资料。

4.内因火灾倾向性资料。

5.冲击地压资料。

6.矿井热害资料。

7.有毒有害物质组分,放射性物质含量、辐射类型及强度等。

8.地震资料。

9.气象条件。

10.生产过程有害因素资料(主要生产环节或者生产工艺的危害因素分析)。

11.附属生产单位或附属设施危险、有害因素资料。

12.矿体周边和废弃巷道情况。

13.矿体开采的特殊危险、有害因素说明。

第三节　矿山开采安全技术措施

一、巷道支护技术

井巷掘进出空间后,一般都要进行临时支护或永久支护,以防止围岩的破坏。井巷支护的方式主要有以下几种:

(一)锚杆支护与锚喷支护

1.锚杆支护

锚杆支护是单独采用锚杆的支护。掘进后即向巷道围岩钻孔,然后向孔中装填树脂锚固剂,安装锚杆,必要时也可安装锚索,目的是使锚杆和锚索与围岩共同作用进行巷道支护。锚杆支护的作用机理有多种:悬吊作用、组合梁作用及挤压连接、加固拱作用和松动圈支护理论等。

2.锚喷支护

锚喷支护又称喷锚支护,是联合使用锚杆和喷射混凝土或喷浆的支护。从广义上讲可以将除锚杆支护以外的其他与锚杆联合的支护形式都纳入此范围。如喷浆支护、喷混凝土支护、锚网支护、锚喷网支护、锚梁网(喷)支护以及锚索支护等。

(二)混凝土及钢筋混凝土支护

混凝土支护是用预制混凝土块或浇筑混凝土砌筑的支架所进行的支护。

钢筋混凝土支护是用预制的钢筋混凝土构件或整体浇筑的钢筋混凝土进行的支护。这两种支护是立井井筒、运输大巷及井底车场所采用的主要支护方式。

(三)棚状支架支护

棚状支架根据材质不同可以分为木支架和金属支架。

二、矿山设备安全技术

(一)井下供电

1.电压等级

一般矿山使用电压的等级主要为380 V和220 V,而对煤矿井下电压等级有特殊的规定,《煤矿安全规程》规定,煤矿井下各级配电电压和各种电气设备的额定电压等级,应符合下列要求:

(1)高压:不超过10 000 V。

(2)低压:不超过1 140 V。

(3)照明、信号、电话和手持式电气设备的供电电压:不超过127 V。

(4)远距离控制线路的额定电压:不超过36 V。

(5)采区电气设备使用3 300 V供电时,必须制定专门的安全措施。

2.井下供电系统的基本要求

(1)煤矿井下属于一类用户,停电会造成人员伤亡和重大损失,因此规定年产6万吨及以上的矿井应有两回路独立的、不得分接任何负荷的电源线路。

(2)煤矿井下供(配)电网不允许采用中性点接地工作方式,不允许井下配电变压器中性点直接接地,严禁由地面中性点直接接地的变压器或发电机直接向井下供电。

(3)矿井电网短路容量,老矿井一般限制为50 mVA;新建矿井不再作此限制(一般为100 mVA或200 mVA)。

(4)矿井高压电网,必须采取措施限制单相接地电容电流,使之不超过20 A。

(二)井下电气设备的类型及选用规定

为了在煤矿井下安全使用电能，不论是瓦斯矿井、高瓦斯矿井或有煤(岩)与瓦斯(二氧化碳)突出的矿井，均须采用矿用电气设备。矿用电气设备分为矿用一般型和矿用防爆型两类。

1.矿用一般型电气设备

矿用一般型电气设备应符合《矿用一般型电气设备》的规定，适用煤矿井下无瓦斯、煤尘爆炸危险场所或其他类似的地下工业生产部门。

2.矿用防爆型电气设备

(1)适用于爆炸危险场所电气设备的分类：I类：煤矿用电气设备；Ⅱ类：除煤矿外的其他爆炸性气体环境用电气设备。这些设备外壳的明显处都有在这种场所使用的电气设备的特别标志"Ex"。矿用防爆电气设备应符合《爆炸性气体环境用电气设备》(GB 3836)系列标准。

(2)矿用防爆型电气设备防爆型式及代号：隔爆型电气设备"d"、增安型电气设备"e"、本质安全型电气设备"i"、正压型电气设备"p"、充油型电气设备"o"、充砂型电气设备"q"、浇封型电气设备"m"、无火花型电气设备"n"、气密型电气设备"h"、特殊型电气设备"s"。

(3)煤矿常用防爆电气设备的防爆标志：矿用隔爆型电气设备的防爆标志为ExdI；矿用本质安全型电气设备的防爆标志为ExibI(或ExiaI)；矿用隔爆兼本质安全型电气设备的防爆标志为Exd[ib]I(或Exd[ia]I)；矿用增安型电气设备的防爆标志为ExeI；矿用增安兼本质安全型电气设备的防爆标志为Exe[ib]I。

(三)矿用电缆

1.电缆与电气设备的连接

必须用与电气设备性能相符的接线盒。电缆芯线必须使用齿形压线板(卡爪)或线鼻子与电气设备进行连接。

2.不同型电缆之间严禁直接

连接时必须经过符合要求的接线盒、连接器或母线盒进行连接。

3.同型电缆之间直接的规定

橡套电缆的修补连接(包括绝缘、护套已损坏的橡套电缆的修补)必须采用阻燃材料进行硫化热补或与热补有同等效能的冷补。在地面热补或冷补后的橡套电缆，必须经浸水耐压试验，合格后方可下井使用。在井下进行冷补的电缆必须定期升井试验。塑料电缆连接处的机械强度以及电气、防潮密封、老化性能，应符合矿用电缆的技术标准。

4.设置标志牌

井下巷道内的电缆，沿线每隔一定距离、拐弯或分支点以及连接不同直径电缆的接线盒两端、穿墙电缆的墙的两边都应设置注有编号、用途、电压和截面的标志牌。

5.立井井筒中电缆接头的处理

原则上立井井筒中所用的电缆不得有接头；因井筒太深需设接头时，应将接头设在中间水平巷道内。运行中因故需要增设接头而又无中间水平巷道时，可在井筒中设置接线盒，接线盒应放置在托架上，不应使接头承力。电缆穿过墙壁部分应用套管保护，并严密封堵管口。

（四）煤矿井下保护接地、漏电保护和过流保护

保护接地、漏电保护、过流保护，通常称为煤矿井下电气网络的三大保护。

1.保护接地

保护接地就是用导体把电气设备中所有正常不带电部分的外露金属部分和埋在地下的接地电极连接起来，是预防人身触电的一项极其重要的措施。其作用是当设备外壳带电后，电流从接地装置导入地下。如果电气设备接地良好，则接地电阻会比人体电阻小得多，当人体接触带电外壳时，通过人体的电流就会大大减小，从而减少触电危险性。

电压在 36 V 以上和由于绝缘损坏可能带有危险电压的电气设备的金属外壳、构架，铠装电缆的钢带（或钢丝）、铅皮或屏蔽护套等必须有保护接地。保护接地主要有：保护接地网、主接地极、局部接地极、接地母线、连接导线与接地导线。

2.漏电保护

为了防止电网短路、触电及由此造成的危害，以及人触及带电体时造成的触电事故，应装设漏电动作保护器。它可以在设备或线路漏电时，通过保护装置的检测机构获得异常信号，经中间机构转换和传递，然后促使执行机构动作，自动切断电源而起到保护作用。

漏电保护的主要作用是：防止人身触电；不间断地监视井下采区低压电网的绝缘状态，以便及时采取措施，防止其绝缘进一步恶化；减少漏电电流引起瓦斯、煤尘爆炸的危险，防止因漏电电流引爆电雷管；防止短路电流所产生的电弧烧穿隔爆型电气设备的外壳，或使其外壳的温度升高超过危险值，引起瓦斯、煤尘爆炸；预防电缆和电气设备因漏电引起的相间短路故障；选择性漏电保护装置的使用，将会缩短漏电的停电范围，并便于寻找漏电故障，及时排除，从而缩短了漏电停电时间。

3.过流保护

过流是指电气设备或线路的电流超过规定值。要使过电流保护装置起到应有的保护作用，应合理选择熔丝的额定电流，选择并调整继电器的动作值。

所有的电气设备和供电线路都必须有可靠的过流保护。过流保护包括短路保护、过负荷保护（过载保护）和断相保护等。

三、爆破作业安全技术

矿用爆破器材主要包括炸药和起爆器材。

（一）炸药

炸药是在一定的条件下，能够发生快速化学反应，释放大量热量，产生大量气体而对周围介质产生强烈的机械作用，呈现所谓爆炸效应的化合物或混合物。

矿用炸药一般有硝酸铵类炸药、水胶炸药、硝化甘油炸药和乳胶炸药。其中硝酸铵类炸药是我国矿山广泛使用的工业炸药。硝酸铵类炸药曾称“硝安炸药”或“硝铵炸药”，是以硝酸铵为主加有可燃剂或再加敏化剂(硝化甘油除外),可用雷管起爆的混合炸药。该炸药的特点是氧平衡接近于零,有毒气体产生量受到严格限制。硝酸铵炸药均为粉状,用纸包装加工成圆柱形药卷,外涂一层石蜡防水。硝酸铵炸药的储存期为 4～6 个月。

水胶炸药是 20 世纪 70 年代研制成功的新型炸药,是硝酸甲胺的微小液滴分散在以硝酸盐为主的氧化剂水溶液中,经稠化、交联而制成的凝胶状含水炸药。水胶炸药具有抗水性能强、密度大、威力大、安全性好、生产工艺简单、使用方便等特点,无硝酸铵类炸药的主要缺点。

硝化甘油炸药是硝化甘油被可燃剂和(或)氧化剂等吸收后组成的混合炸药。其优点是威力大、耐水(可在水下爆破)、密度大、具有可塑性、爆炸稳定性高。缺点是会"老化""渗油",机械灵敏度高,生产和使用安全度较差,价格昂贵,已经很少使用。

乳化炸药是通过乳化剂的作用,使以硝酸盐为主的氧化剂水溶液微滴均匀地分散在含有气泡或多孔性物质的油相连续介质中而形成的油包水型膏状含水炸药。

在有瓦斯或煤尘爆炸危险的煤矿井下工作面或工作地点应使用经主管部门批准的国家安全规程规定的煤矿许用炸药。

(二)起爆器材

起爆器材可分为起爆材料和传爆材料两大类。雷管是爆破工程的主要起爆材料,导火线、导爆管属于传爆材料,继爆管、导爆线既可起起爆作用,又可起传爆作用,是两者的结合。

1.雷管

雷管由外界能激发,是能可靠地引起其后的起爆材料或各种工业炸药爆轰的起爆材料。雷管有火雷管与电雷管两种,使用导火索引爆的雷管称火雷管,用通电点火引爆的雷管称为电雷管。由于煤矿井下存在瓦斯和煤尘,因此,煤矿井下禁止使用明火起爆,只能采用电能激发的电雷管。

电雷管可以分成如下几种:激发后瞬时爆炸的称"瞬发电雷管",隔一定时间爆炸的称"延期电雷管"。按延期间隔时间不同,延期电雷管又可以分为"秒延期电雷管"和"毫秒延期电雷管"。延期电雷管是为了提高爆破效果,加大自由面,使工作面各种炮眼的爆炸有一定的先后顺序。此外,还有抗静电性能的雷管,称"抗静电电雷管"。

2.导火索

导火索又叫导火线,用于引爆火雷管。由于导火索点燃后,自身是一发火体,因此不能在有瓦斯或煤尘爆炸的场所使用,常用于非煤矿山。

3.导爆索

导爆索又叫传爆线,是以副爆药为索心,以棉、麻、纤维等为被覆材料,能够传递爆轰波的索状起爆材料。导爆索可用来传递爆轰波并直接引爆炸药或与之相连的另一根导爆索。

4.继爆管

继爆管是专门与导爆索配合使用的延期起爆器材,借助于继爆管的微差延期继爆作用与导爆索一起实现微差爆破。

5.导爆管

导爆管是一种非电起爆器材，不能直接起爆炸药，只能传递爆轰波起爆雷管，由雷管引爆炸药。导爆管也不能用于有瓦斯或矿尘爆炸危险的作业场所。

(三)爆破材料的安全管理

1.爆破材料的储存

为防止爆破器材变质、自燃、爆炸、被盗以及有利于收发和管理，《爆破安全规程》规定，爆破器材必须存放在爆破器材库。爆破器材库由专门存放爆破器材的主要建筑物和爆破器材的发放、管理、防护和办公等辅助设施组成。爆破器材库按其作用及性质分总库、分库和发放站；按其服务年限分为永久性库和临时性库两大类；按其所处位置分为地面库、永久性硐室库和井下爆破器材库等。

2.爆破材料的运输

爆破器材运输过程中的主要安全要求是防火、防震、防潮、防冻和防殉爆。爆破材料的运输包括地面运输到用户单位或爆破材料库，以及把爆破材料运输到爆破现场(包括井下运输)。地面运输爆破器材时，必须遵守《中华人民共和国民用爆炸物品管理条例》中有关规定。在井下运输要符合《爆破安全规程》的有关规定。

3.井下爆破作业的安全要求

井下爆破作业必须使用符合国家标准或行业标准的爆破器材。凡从事爆破工作的人员，都必须经过培训，考试合格并持有合格证。爆破作业必须按爆破设计说明书或爆破说明书进行。禁止进行爆破器材加工和爆破作业的人员穿化纤衣服。

煤矿井下进行爆破作业必须严格遵守《煤矿安全规程》的相关规定。

四、矿井通风安全技术

(一)通风系统

矿井必须具备完整的独立通风系统，矿井、采区和采掘工作面的供风能力满足安全生产要求。使用安装在地面的矿用主要通风机对矿井进行通风，并备用同等能力的主要通风机。生产水平和采区实行分区通风。掘进面使用专用局部通风机进行通风。

(二)通风方式及附属设施

矿井必须采用机械通风，安装有 2 套能满足生产能力需要风量的主要通风机，其中 1 套作备用；轴流式通风机通风应有反风风门；装有主要通风机的出风井口应安装防爆门；地面按正规设计通风机房，通风机房内应安设防火、防雷装置和水柱计、电流、电压表、轴承温度计等仪表及直通矿调度室的电话；主要通风机因检修、停电或其他原因停止运转时，必须制订停风处理措施。

矿井总进、回风巷、采区回风巷必须畅通，生产水平和采区必须实行分区通风，采掘工作面应实行独立通风；高瓦斯矿井采掘工作面严禁采用串联通风。

井下控制风流的风门、风桥、风墙等设施齐全、牢固、可靠；对废弃的老巷、采空区及时封闭，防止漏风；搞好矿井风量调节。

(三)通风安全要求

掘进巷道安装、使用局部通风机和风筒应遵守《金属非金属矿山安全规程》或《煤矿安全规程》的规定。

(1)金属非金属矿山

井下采掘工作面进风流中的空气成分(按体积计算)，氧气应不低于20%，二氧化碳应不高于0.5%。

矿井主要进风风流，不得通过采空区和塌陷区，需要通过时，应砌筑严密的通风假巷引流。主要进风巷和回风巷，应经常维护，保持清洁和风流畅通，不应堆放材料和设备。

进入矿井的空气，不应受到有害物质的污染。放射性矿山出风井与入风井的间距，应大于300 m。从矿井排出的污风，不应对矿区环境造成危害。

采空区应及时密闭。采场开采结束后，应封闭所有与采空区相通的影响正常通风的巷道。

通风构筑物(风门、风桥、风窗、挡风墙等)应由专人负责检查、维修，保持完好严密状态。主要运输巷道应设两道风门，其间距应大于一列车的长度。手动风门应与风流方向成80°～85°的夹角，并逆风开启。

(2)煤矿

瓦斯喷出和煤(岩)与瓦斯(二氧化碳)突出煤层的掘进通风方式必须采用压入式；且压入式局部通风机和启动装置，必须安装在进风巷道中，距掘进巷道回风口不得小于10 m。

瓦斯喷出区域、高瓦斯矿井、煤(岩)与瓦斯(二氧化碳)突出矿井中，掘进工作面的局部通风机应采用三专(专用变压器、专用开关、专用线路)供电。

严禁使用3台以上(含3台)的局部通风机同时向1个掘进工作面供风。不得使用1台局部通风机同时向2个掘进工作面供风。

恢复通风前，必须检查瓦斯。只有在局部通风机及其开关附近10 m以内风流中的瓦斯浓度都不超过0.5%时，方可人工开启局部通风机。

五、主要矿山灾害防治技术

(一)矿山瓦斯防突技术措施

瓦斯是指矿井中主要由煤层气构成的以甲烷为主的有害气体，有时单独指甲烷。瓦斯是一种无色、无味、无臭在一定浓度范围内可以燃烧或爆炸的气体，难溶于水，扩散性较空气高。瓦斯无毒，但浓度很高时，会引起窒息。

1.瓦斯喷出的预防

矿井瓦斯喷出是指从煤体或岩体裂隙、孔洞或炮眼中大量瓦斯异常涌出的现象。在20 m巷道范围内，涌出瓦斯量大于或等于1.0 m^3，且持续时间在8 h以上时，该采掘区域即定为瓦斯喷出危险区域。其安全技术措施为：

(1)加强矿井地质工作，摸清采掘地区的地质构造情况。

(2)在可能发生喷出的地区掘进巷道时，打前探钻孔或抽排钻孔。

(3)加大喷出危险区域的风量。

(4)将喷出的瓦斯直接引入回风巷或抽放瓦斯管路。

(5)掌握喷出的预兆，及时撤离工作人员，并配备自救器，安设压气自救系统。

(6)掌握矿压规律，避免矿压集中，及时处理顶板，以防大面积突然卸压造成瓦斯喷出。

2.煤(岩)与瓦斯(二氧化碳)突出及预防

煤(岩)与瓦斯(二氧化碳)突出是指在地应力和瓦斯的共同作用下，破碎的煤(岩)和瓦斯(二氧化碳)由煤体或岩体内突然向采掘空间抛出的异常动力现象。煤(岩)与瓦斯(二氧化碳)突出具有突发性、破坏性极大和瞬间携带大量瓦斯(二氧化碳)和煤(岩)冲出等特点，能摧毁井巷设施、破坏通风系统、造成人员窒息，甚至引起瓦斯爆炸和火灾事故，是煤矿最严重的灾害之一。

防治煤(岩)与瓦斯(二氧化碳)突出的措施有：

(1)区域性措施

区域性措施是针对大面积范围消除突出危险性的措施，目前区域性措施主要有2种，即开采保护层、大面积瓦斯预抽放。

(2)局部性措施

局部性措施主要是在采掘工作面执行，针对采掘工作面前方煤岩体一定范围消除突出危险性的措施。局部性措施有许多种，如卸压排放钻孔、深孔或浅孔松动爆破、卸压槽、固化剂、水力冲孔等。

(3)“四位一体”综合防治突出措施

“四位一体”综合防治突出措施指的是“预测预报、防突措施、效果检验、安全防护”。首先应对开采煤层及其对开采煤层构成影响的邻近煤层进行突出危险性预测。对确认的突出危险性区域，应采取区域性防治突出技术措施，对确认的突出危险工作面，必须采取防治突出技术措施。在采取防治突出技术措施后，必须对防治突出技术措施和消除突出危险性的效果进行检验，如果检验有效，在采取安全防护措施的前提下进行采掘作业；如果检验无效，必须补充防治突出技术措施，直至再次检验为有效时方可在采取安全防护措施前提下进行采掘作业。否则，必须继续补充技术措施。

(4)安全防护措施

安全防护措施是控制突出危害程度的措施，也就是说即使发生突出，也要使突出强度降低，对现场人员进行保护不致危及人身安全。如震动性放炮、远距离放炮、反向防突风门、压风自救器、个体自救器等。

(二)矿山粉尘防治技术措施

矿山粉尘是矿井在建设和生产过程中所产生的各种岩矿微粒的总称。矿山生产的主要环节如采矿、掘进、运输、提升等所有作业工序都不同程度地产生粉尘。采掘机械化和开采强度、采矿方法、作业地点的通风状况、地质构造及煤层赋存条件都是影响粉尘产生的因素。

矿山防尘技术包括风、水、密、净和护等5个方面，并以风、水为主。风就是通风除尘；水是指湿式作业；密是指密闭抽尘；净是净化风流；护是采取个体防护措施。下面分别叙述矿山生产过程中的主要防尘技术。

1.采煤工作面防尘

(1)煤层注水

1)煤层注水防尘机理。煤层注水防尘，就是通过钻孔并利用水的压力将水注入尚未回采的煤层之中，水沿着煤的裂隙包围被裂隙切割的煤块，然后再通过孔隙向煤块内部渗透，增加煤的水分，使煤体得到预先湿润，以减少采煤时浮游煤尘的产生量。

水在煤层中的运动包括水在沟通裂隙中的渗透运动、死端孔隙和微孔隙中水的毛细运动、水在微孔隙中的扩散运动。因此煤层注水湿润煤体，使水分增加，就由裂隙中渗透、压差、毛细和分子扩散运动几部分水分增加量组成。

煤层注水润湿过程是典型的非饱和到饱和的渗透过程。以非饱和状态为主，是压力渗流、毛细和扩散三种运动共同作用的结果，但起的作用不同，其作用结果都有利于渗透。在细微孔裂隙中毛细扩散速度一般较慢，主要表现在横向运动上。注水压力对注水运动及润湿状态起决定性作用。

2)煤层注水分类

①按煤层钻孔长度分类主要有四类：长钻孔注水、短钻孔注水、深孔注水、浅孔注水。

②按煤层注水压力方式可分为：静压煤层注水和动压煤层注水。

③按钻孔布置方式分：扇形钻孔注水、顺层钻孔注水和垂直钻孔注水。

④按煤层注水压力大小可分为：高压煤层注水、中压煤层注水和低压煤层注水。

⑤按煤层注水的难易程度可分为：难注水煤层注水和易注水煤层注水。

⑥按煤层注水的煤层厚度可分为：薄煤层注水、普通煤层注水和厚煤层注水。

3)煤层注水技术

①静压煤层注水技术：将敷设在运输巷道或回风巷的输水胶管的一端与静压管网水管连接起来并安装一个压力表，另一端送至注水孔处；再将串联有水表、截止阀的封孔器与输水胶管连接起来进行煤层注水的方式。

②动压煤层注水技术：动压煤层注水技术就是利用注水泵的压力，将水注入煤层中。动压煤层注水系统比较复杂，但注水效果较好。目前在煤矿实施的煤层注水中主要是动压煤层注水。在注水系统中，接入压力表和高压水表，可随时测定煤层注水的压力。注水压力超过1 MPa时，在没有高压水表的情况下，为了记录钻孔的注水量，应在水泵的吸水端和排水支管上各安装一个普通水量表。以吸水端的水量减去排水支管的回水量算出钻孔的注水量。利用支管上的高压阀门控制注水流量和压力。

4)煤层注水设备。煤层注水设备主要有钻机，封孔设备，注水设备及测量仪器。

(2)喷雾降尘

喷雾降尘是向浮游于空气中的粉尘喷射水雾，通过增加尘粒的重量，达到降尘的目的。这一技术的关键是喷嘴要能形成具有良好降尘效果的雾流。为此，我国已研制出系列降尘用喷嘴，为了更有效地提高喷雾降尘效果，我国又先后研究并实施了高压喷雾、风水喷雾、声波雾化、介电喷雾等有效技术，并对确定雾流参数方面进行了大量研究，极大地提高了喷雾降尘的使用效果。

1)喷雾降尘原理。喷雾降尘的机理主要是惯性碰撞、截留、扩散、凝聚、重力、静电力、风速等多种作用的综合。当含尘气流经过水滴时，尘粒与雾滴之间便产生相对运动，雾滴周围的气流会改变方向出现绕流。

2)喷雾产品。有 PZ 系列降尘喷嘴，PA 系列降尘喷嘴，PSA、PGA 系列喷嘴。

3)喷雾控制装置。利用声、光、电、重力、接触等自动手段控制喷雾降尘系统的开和停，实现喷雾降尘系统的自动使用，提高劳动效率，使喷雾降尘在各种复杂的情况下都能保证正常使用。

(3)采用除尘设备

1)除尘器分类。矿山常用除尘器通常可分为四大类:机械除尘器、过滤除尘器、湿式除尘器和电除尘器。

①机械除尘器:包括重力沉降室、惯性除尘器、旋风除尘器等，是利用重力、惯性力的作用分离捕集矿尘的。这类除尘器结构简单、造价低、维护方便，但除尘效率低，占用空间较大，多作前级预除尘用。

②过滤除尘器:包括袋式除尘器、纤维层除尘器等。袋式除尘器应用广泛，属于高效除尘器。过滤除尘是矿山采用的一项重要除尘措施。但如果工作环境有淋水或矿尘含湿量大时，容易在过滤层上黏结，影响过滤性能。

③湿式除尘器:包括水浴除尘器、泡沫除尘器、湿式旋流除尘器、湿式过滤除尘器、文氏里除尘器等，主要以水作为除尘介质，是利用矿尘与水滴或水膜的拦截、惯性碰撞和扩散等作用分离捕集矿尘，一般来说结构比较简单、体积比较紧凑、除尘效率较高。矿井的供水与排水系统比较方便，湿式除尘器选用比较广泛。

④电除尘器:是利用静电力分离捕集矿尘，其除尘效率高，阻力较低，但设备比较复杂，费用较高。有些矿山在试验应用，不适于在有爆炸性气体或过于潮湿的工作环境中使用。

2)除尘技术的应用。在选择矿用除尘器时，除考虑上述一般技术经济性能外，还应特别注意矿山的特点和要求。矿用除尘器的体积要小而紧凑，便于迁移，结构要简单，设备要耐用，防潮性能好。

2.掘进工作面防尘

(1)炮掘工作面防尘

风动凿岩机或电煤钻打眼是炮掘工作面持续时间长，产尘量高的工序。一般干式打眼工序的产尘量占炮掘工作面总产尘量的 80%～90%，湿式打眼时占 40%～60%。所以，打眼防尘是炮掘工作面防尘的重点。

1)打眼防尘:打眼防尘的主要技术有湿式凿岩、干式凿岩捕尘等。

①风钻湿式凿岩:是国内外岩巷掘进行之有效的基本防尘方法。

②干式凿岩捕尘:在无法实施湿式凿岩时，如岩石遇水会膨胀，采用干式打眼;在煤巷、半煤巷炮掘中，采用煤电钻干式打眼能获得良好的降尘效果。

2)放炮防尘:放炮后是炮掘工作面产尘最大的工序,采取的防尘措施主要有以下几种:

①水炮泥:是降低放炮时产尘量最有效的措施。

②放炮喷雾:是简单有效的降尘措施,在放炮时进行喷雾可以降低粉尘浓度和炮烟。

(2)机掘工作面通风除尘

掘进工作面虽然采取了相应的防尘措施,但一些细微的粉尘仍然悬浮于空气中,尤其是随着掘进机械化程度的不断提高,产尘强度剧增,机掘工作面的产尘强度就大大高于炮掘工作面,用一般的防尘措施难于控制粉尘,因此国内外研究了通风除尘技术,以便有效控制高浓度尘源。

1)通风除尘系统:合理的通风除尘系统是控制工作面悬浮粉尘运动和扩散的必要条件,主要有三种通风系统在国内外使用:长压短抽通风除尘系统、长抽通风除尘系统和长抽短压通风除尘系统。

2)通风除尘设备:主要设备有湿式除尘风机、湿式除尘器、袋式除尘器以及配套的抽出式伸缩风筒、附壁风筒等。

3)通风要求:压、抽风筒口相互位置的关系;压抽风量的匹配;局部通风机安装位置;抽出式局部通风机与除尘局部通风机的串联要求。

(3)锚喷支护防尘

锚喷支护技术发展很快,也是煤矿的主要产尘源之一。锚喷支护的粉尘主要来自打锚杆眼、混合料转运、拌料和上料、喷射混凝土以及喷射机自身等生产工序和设备。

针对这些产尘源,锚喷支护主要采取配制潮料向喷射机上料、双水环加水、加接异径葫芦管、低压近喷、水幕净化和通风除尘等。

3.运输、转载防尘

(1)机械控制自动喷雾防尘装置

该装置的特点是结构简单、容易制造、使用和维护方便而且降尘效果较好。

(2)电器控制自动喷雾降尘装置

该装置适用于煤矿转载运输系统中不同的尘源,是靠电器控制实现自动喷雾,有光控、声控、触控、磁控等多种形式。

4.综合防尘措施

综合防尘措施包括湿式钻眼、冲刷井壁巷帮、使用水炮泥、放炮喷雾、装岩(煤)洒水和净化风流等措施。

5.露天矿山防尘

在采装运工艺环节中,应采用喷雾洒水的防尘措施,在穿孔作业中,应采用湿式打眼,对矿山接触粉尘的作业人员,应定期进行健康检查,并建立健康档案。

6.防、隔煤尘爆炸措施

煤尘爆炸必须在4个条件同时具备时才可能发生,如果不让这些条件同时存在,或者破坏已经形成的这些条件,就可以防止煤尘爆炸的发生和发展。这是制定各种防止煤尘爆炸措施的出发点和基本原则。

(1)防尘措施

一般情况下,生产场所的浮游煤尘浓度是远低于爆炸下限浓度的。但是,因空气震荡(放炮的冲击波)等原因使沉积煤尘重新飞扬起来,这时的煤尘浓度大大超过爆炸下限浓度。据估算 4 m^2 断面小巷道的周边上,只要沉积 0.04 mm 厚的一层煤尘,当它全部飞扬起来,就达到了爆炸下限。实际上,井下的沉积煤尘都超过了这个厚度,所以,减少巷道内的沉积煤尘量并清除出井,是最简单有效的防爆措施。

各生产环节采用有效的防尘、降尘措施,减少煤尘的产生,降低空气中的煤尘浓度,也就降低了沉积煤尘量。因此,综合防尘措施既是减少粉尘危害工人健康的措施,也是防止煤尘爆炸的治本措施。

(2)杜绝着火源

井下能引起煤尘爆炸的着火源有电气火花、摩擦火花、摩擦热、煤自燃而形成的高温点、爆破作业出现的爆燃以及瓦斯爆炸所产生的高温产物等。消除这类着火源的主要技术措施有:保持矿用电气设备完好的防爆性能,加强管理,防止出现电器设备失爆现象;选用非着火性轻合金材料避免产生危险的摩擦火花;胶带、风筒、电缆等常用的非金属材料必须具有阻燃,抗静电性能;采用阻化剂、凝胶或氮气防止煤柱、采空区残留煤发生自燃,同时,加强瓦斯管理防止瓦斯爆炸事故的发生。

(3)撒布岩粉法

由于煤矿自然条件十分复杂,发生煤尘爆炸的随机性很大,除了上述一般性的安全技术措施外,针对煤尘爆炸的特点,各国还研究了防止煤尘爆炸的专门技术,其中使用历史最长、应用面广、简单易行的防止煤尘爆炸技术措施是撒布岩粉法。

这种方法是定期向巷道周边撒布惰性岩粉,用它覆盖沉积在巷道周边上的沉积煤尘。岩粉层在巷道风速很低时,其黏滞性起到了阻碍沉积煤尘重新飞扬的作用。

当发生瓦斯爆炸等异常情况时,巨大的空气震荡风流把岩粉和沉积煤尘都吹扬起来形成岩粉一煤尘混合尘云。当爆炸火场进入混合尘云区域时,岩粉吸收火焰的热量使系统冷却,同时岩粉粒子还会起到屏蔽作用,阻止火焰或燃烧的煤粒向未着火的煤尘粒子传递热量,最终达到阻止煤尘着火的目的。这一措施在英、美、俄等主要产煤国家大量应用,而且效果显著。

(4)防止煤尘爆炸传播技术

防止煤尘爆炸传播技术也称为隔绝煤尘爆炸传播技术(以下简称隔爆技术),是指把已经发生的爆炸控制在一定范围内并扑灭,防止爆炸向外传播的技术措施。该技术不仅适用于对煤尘爆炸的控制,也适用于对瓦斯爆炸、瓦斯煤尘爆炸的控制。该技术分为两大类,被动式隔爆技术和自动式隔爆技术。

1)被动式隔爆技术(也称隔爆措施)。发生爆炸的初期,爆炸火焰峰面超前于爆炸压力波向前传播,随着爆炸反应的继续和加强,压力波逐渐赶上并超前于火焰峰面传播,两者之间有一时间差。被动式隔爆技术就是利用这一规律,利用压力波的能量使隔爆措施动作,在巷道内形成扑灭火焰的消焰抑制剂尘云,后续到达的火焰进入抑制剂尘云时被扑灭,阻止了爆炸继续向前传播。被动式隔爆技术主要有:岩粉棚、水槽棚和水袋棚,统称为被动式隔爆棚。

被动式隔爆棚的设置方式有3种形式：集中式布置、分散式布置和集中分散式混合布置。根据隔爆棚在井巷系统中限制煤尘爆炸的作用和保护范围，可分为主要隔爆棚（重型棚）和辅助隔爆棚（轻型棚）。重型棚的作用是保护全矿性的安全，设置在矿井两翼与井筒相通的主要运输大巷和回风大巷；相邻煤层之间的运输巷和回风石门；相邻采区之间的集中运输巷和回风巷。轻型棚的作用是保护一个采区的安全，在采煤工作面的进风、回风巷；采区内的煤及半煤岩掘进巷道；采用独立通风并有煤尘爆炸危险的其他巷道内设置。

被动式隔爆技术的作用原理决定了该技术措施只能在距爆源60～200 m（岩粉棚300 m）内发挥抑制爆炸的作用。因此，在爆炸发生的初期该技术是无效的。此外，在低矮、狭窄和拐弯多的巷道中使用也极其不利，不能发挥抑爆效果。针对这些缺点各国研究并使用了自动隔爆技术。

2）自动隔爆技术。传感器、控制器和喷洒装置是自动隔爆装置三大组成部分，由若干台自动隔爆装置组成的隔爆系统即为自动式隔爆措施，采用的传感器主要有3类：接受瓦斯煤尘爆炸动力效应的压力传感器，利用爆炸热效应的热电传感器和利用爆炸火焰发出的光效应的光电传感器。控制器是向喷洒抑制剂的执行机构发出动作指令的仪器；喷洒机构一般由执行机构、喷洒器和抑制剂储存容器组成。其作用是将抑制剂（岩粉、干粉或水）扩散于巷道空间形成粉尘云或水雾带。其动作应迅速、可靠、能适应爆炸的快速发展。

抑制剂的选择原则是抑制火焰用量少、效果好、价格便宜。虽然岩粉在煤矿应用最广，但是在弱的瓦斯煤尘爆炸条件下以及在剧烈的强爆炸时，它的抑制效果不理想。适用于自动隔爆装置的抑制剂主要有液体抑制剂水、粉末无机盐类抑制剂。粉末无机盐类有$NH_4H_2PO_4$、NaCl、KCl、$KHCO_3$、$NaHCO_3$、$CaCO_3$等粉剂。

（3）瓦斯爆炸及预防

矿井瓦斯不助燃，但它与空气混合达一定浓度后，遇火能燃烧、爆炸。瓦斯爆炸时会产生3个致命的因素：爆炸火焰、爆炸冲击波和有毒有害气体。瓦斯爆炸不仅造成大量的人员伤亡，而且还会严重摧毁矿井设施、中断生产。矿井瓦斯爆炸往往引起煤尘爆炸、矿井火灾、井巷坍塌和顶板冒落等二次灾害。

预防瓦斯爆炸技术措施包括四个方面：

1）防止瓦斯积聚和超限。

2）严格执行瓦斯检查制度。

3）防止瓦斯引燃引爆的措施。

4）防止瓦斯爆炸灾害扩大的措施。

（三）矿山火灾防治技术

凡是发生在矿山地下或地面而威胁到井下安全生产，造成损失的非控制燃烧均称为矿山火灾。矿山火灾的发生具有严重的危害性，可能造成人员伤亡、矿山生产接续紧张、巨大的经济损失、严重的环境污染等。

1.矿井内因火灾防治技术

煤炭自燃倾向性是煤的一种自然属性,它取决于煤在常温下的氧化能力,是煤层发生自燃的基本条件。煤的自燃倾向性分为容易自燃、自燃、不易自燃 3 类。

《煤矿安全规程》规定,新建矿井的所有煤层必须由国家授权单位进行自燃倾向性鉴定;生产矿井延深新水平时,必须对所有煤层的自燃倾向性进行鉴定。

煤炭自燃的预防技术包括:惰化、堵漏、降温等,以及它们的组合。

(1)惰化技术

惰化技术就是将惰性气体或其他惰性物质送入拟处理区拟制煤炭自燃的技术。主要包括黄泥灌浆、粉煤灰、阻化剂及阻化泥浆和惰气等。抑制煤炭自燃。

(2)堵漏技术

堵漏就是采用某些技术措施减少或杜绝向煤柱或采空区的漏风,使煤缺氧而不至于自燃。堵漏技术和材料主要有:抗压水泥泡沫、凝胶堵漏技术、尾矿砂堵漏和均压通风等。

2.火区封闭

当防治火灾的措施失败或因火势迅猛来不及采取直接灭火措施时,就需要及时封闭火区,防止火灾势态扩大。火区封闭的范围越小,维持燃烧的氧气越少,火区熄灭也就越快,因此火区封闭要尽可能地缩小范围,并尽可能地减少防火墙的数量。

为了便于隔离火区,应首先封闭或关闭进风侧的防火墙,然后再封闭回风侧,同时,还应优先封闭向火区供风的主要通道(或主干风流),然后再封闭那些向火区供风的旁侧风道(或旁侧风流)。

3.火区管理

火区封闭以后,在火区没有彻底熄灭之前,应加强火区的管理。火区管理技术工作包括对火区的资料进行分析、整理以及对火区的观测检查等工作。

绘制火区位置关系图,标明所有火区和曾经发火的地点,并注明火区编号、发火时间、地点、主要监测气体成分、浓度等。必须针对每一个火区,都建立火区管理卡片,包括火区登记表、火区灌注灭火材料记录表和防火墙观测记录表等。

4.煤炭自燃火区启封

只有经取样化验分析证实,同时具备下列条件时,方可认为火区已经熄灭,才准许启封:

(1)火区内温度下降到 30 ℃以下,或与火灾发生前该区的空气日常温度相同。

(2)火区内的氧气浓度降到 5%以下。

(3)区内空气中不含有乙烯、乙炔,一氧化碳在封闭期间内逐渐下降,并稳定在 0.001%以下。

(4)在火区的出水温度低于 25 ℃,或与火灾发生前该区的日常出水温度相同。

以上 4 项指标持续稳定的时间在 1 个月以上。

5.火灾时期应变与救灾技术

(1)风流控制技术

选择合理的通风系统,加强通风管理,减少漏风。

(2)矿井反风技术

根据井下火灾具体情况，在保证作业人员和重大设备设施安全的条件下，可采用局部反风或全矿反风方法。

(3)防止火灾扩大技术

防止火灾扩大技术的方法主要有：

1)隔离法：将火灾区封闭隔离后与其他非火灾区隔开。

2)窒息法：火灾区完全封闭，阻断助燃物(空气、氧气等)使火灾停止。

3)采用灌浆灭火：将泥浆灌入发火区，使发火物被泥浆包裹，隔绝空气，防止火灾进一步蔓延。

4)阻化剂灭火：将阻化剂喷洒于发火物上或注入发火体内，以抑制或延缓发火物的氧化，达到防止火灾扩大的目的。

6.外因火灾防治技术

(1)矿井必须设有地面消防水池和井下消防管路系统。井下消防管路系统每隔 50 m 设置支管和阀门。地面消防水池经常保持不少于 200 m^3 的水量。

(2)井下硐室应装有向外开的防火铁门，铁门上装设有便于关严的通风孔。

(3)硐室内应设置足够数量的扑灭电气火灾的灭火器材。

(4)井口房和通风机房附近 20 m 内，不得有烟火或用火炉取暖。

(四)矿山水灾防治技术

在矿山开采过程中，矿井突水水源主要有地表水、溶洞一溶蚀裂隙水、含水层水、断层水、封闭不良的钻孔水、采空区形成的“人工水体”等。

1.地表水治理措施

(1)合理确定井口位置

井口标高必须高于当地历史最高洪水位，或修筑坚实的高台，或在井口附近修筑可靠的排水沟和拦洪坝，防止地表水经井筒灌入井下。

(2)填堵通道

为防雨雪水渗入井下，在矿区内采取填坑、补凹、整平地表或建不透水层等措施。

(3)整治河流

1)整铺河床：河流的某一段经过矿区，而河床渗透性强，可导致大量河水渗入井下，在漏失地段用黏土、料石或水泥修筑不透水的人工河床，以制止或减少河水渗入井下。

2)河流改道：如河流流入矿区附近，可选择合适地点修筑水坝，将原河道截断，用人工河道将河水引出矿区以外。

(4)修筑排(截)水沟

山区降水后以地表水或潜水的形式流入矿区，地表有塌陷裂缝时，会使矿区涌水量大大增加。在这种情况下，可在井田外缘或漏水区的上方迎水流方向修筑排水沟，将水排至影响范围之外。

2.地下水的排水疏干

在调查和探测到水源后，最安全的方法是预先将地下水源全部或部分疏放出来。疏干方法有 3 种：地表疏干、井下疏干和井上下相结合疏干。

(1)地表疏干

在地表向含水层内打钻,并用深井泵或潜水泵从相互沟通的孔中把水抽到地表,使开采地段处于疏干降落漏斗水面之上,达到安全生产的目的。

(2)井下疏干

当地下水源较深或水量较大时用井下疏干的方法可取得较好的效果。根据不同类型的地下水,有疏放老孔积水和疏放含水层水等方法。

3.地下水探放

(1)水文地质观测

水文地质工作是井下水害防治的基础,应查明地下水源及其水力联系。

(2)超前探放水

在矿井生产过程中,必须坚持预测预报、有疑必探、先探后掘、先治后采的原则,探明水源后制定措施放水。

4.矿井水的隔离与堵截

在探查到水源后,由于条件所限无法放水,或者能放水但不合理,需采取隔离水源和堵截水流的防水措施。

(1)隔离水源

隔离水源的措施可分为留设隔离煤(岩)柱防水和建立隔水帷幕带防水两类方法。

1)隔离煤(岩)柱防水:为防止煤(矿)层开采时各种水流进入井下,在受水威胁的地段留一定宽度或厚度的煤(矿)柱。防水煤(矿)柱尺寸的确定应考虑到含水层的水压、水量、所开采煤(矿)的机械强度、厚度等因素及有关规定,并通过实践综合确定。

2)隔水帷幕带:隔水帷幕带就是将预先配制好的浆液通过由井巷向前方所打的具有角度的钻孔,压入岩层的裂缝中,浆液在孔隙中渗透和扩散,再经凝固硬化后形成隔水的帷幕带,起到隔离水源的作用。由于注浆工艺过程及使用的设备都较简单,效果也好,因此国内外均认为它是矿井防治水害的有效方法之一。

(2)矿井突水堵截

为预防采掘过程中突然涌水而造成波及全矿的淹井事故,通常在巷道一定的位置设置防水闸门和防水墙。

5.矿山排水

矿山的排水能力要达到以下要求。

(1)排水设备及设施

金属非金属矿山。井下主要排水设备,至少应由同类型的 3 台泵组成。工作泵应能在 20 h 内排出一昼夜的正常涌水量;除检修泵外,其他水泵在 20 h 内排出一昼夜的最大涌水量。井筒内应装备 2 条相同的排水管,其中 1 条工作,1 条备用。

水仓应由两个独立的巷道系统组成。涌水量大的矿井,每个水仓的容积,应能容纳 2～4 h井下正常涌水量。一般矿井主要水仓总容积,应能容纳 6～8 h 的正常涌水量。

(2)排水要求

煤矿必须有工作、备用和检修的水泵。工作水泵的能力,应能在 20 h 内排出矿中 24 h的正常涌水量(包括充填水和其他用水)。备用水泵的能力应不小于工作水泵能力的70%。工作水泵和备用水泵的总能力，应能在20 h内排出矿井 24 h 的最大涌水量。检修水泵的能力应不小于工作水泵能力的 25%。水文地质条件复杂的矿井，可在主泵房内预留一定数量的水泵位置。

必须有工作、备用的水管。工作水管的能力应能配合工作水泵在20 h内排出矿井24 h的正常涌水量。工作水管和备用水管的总能力，应能配合工作水泵和备用水泵在20 h内排出矿井 24 h 的最大涌水量。

主要水仓必须有主仓和副仓，当一个水仓清理时，另一个水仓能正常使用。新建、改扩建或生产矿井的新水平，正常涌水量在 1 000 m^3 以下时，主要水仓的有效容量应能容纳 3 h 的正常涌水量。正常涌水量大于 1 000 m^3 的矿井，主要水仓有效容量可按下式计算：

$$V=2(Q+3\,000)$$

式中　V——主要水仓的有效容积(m^3)

Q——矿井每小时正常涌水量(m^3)

但主要水仓的总有效容量不得低于 4 h 的矿井正常涌水量。

采区水仓的有效容量应能容纳 4 h 的采区正常涌水量。

(五)顶板治理技术

在采矿生产活动中，冒顶片帮事故是最常见的事故，引发冒顶片帮事故的原因有：采矿方法不合理和顶板管理不善；缺乏有效支护；检查不周和疏忽大意；地质条件不好；地压活动及其他原因。

防治冒顶片帮事故的发生，必须严格遵守安全技术规程，从多方面采取综合预防措施。

1.选用合理的采矿方法

选择合理的采矿方法，制订具体的安全技术操作规程，建立正常的生产和作业制度，是防治冒顶片帮事故的重要措施。

2.搞好地质调查工作

对于采掘工作面经过区域的地质构造必须调查清楚，通过地质构造带时要采取可靠的安全技术措施。

3.加强工作面顶板的支护与维护

为防止冒顶片帮事故的发生，永久支护与掘进工作面的距离不得超过规程规定要求，不准在空顶下作业。在掘进工作面与永久支护之间，还应进行临时支护。发现弯曲、斜歪、折断和变形的支架，必须进行及时更换或维修。

4.坚持正规循环作业

在作业过程中，按照作业规程规定的控顶距、柱距、排距进行作业。

5.严格顶板监测制度

在采煤工作面或掘进工作面，作业人员中应有专门的安全检查员，对顶板的压力情况进行监测。

6.及时处理采空区

对采煤工作面开采煤层较好的顶板，当顶板完整性较好，在采空区一侧有一定悬空的范围时,应主动采取安全技术措施,及时处理采空区顶板可能造成的危险、有害因素。

六、尾矿库主要灾害防治技术

由于引起尾矿库灾害的原因较多,所以其治理方案的选择也多种多样。目前国内、外尾矿库灾害治理方法主要为改善坝体渗流条件、提高坝体的密实度以及改善坝体受力条件三大类。除此之外,尾矿库安全监测也是灾害防治工作的重要组成部分。

(一)改善坝体的渗流条件

尾矿坝的渗流决定其稳定性。由于国内尾矿坝的初期坝多为不透水土坝,所以经常发生浸润线自初期坝顶溢出现象。轻者在浸润线出逸处流失尾矿砂,形成冲沟,重者造成尾矿坝的滑动。随着尾矿坝堆筑高度不断加大,尾矿坝坝体内浸润线也相应抬升,可能会出现坝基、坝坡及地下水位升高等稳定性问题。其中,地下水浸润线的抬高是造成坝体稳定性下降甚至丧失的主要原因。对于渗流和侵蚀引起的灾害问题,应首先采用防渗材料充填加固渗漏区,隔断渗流;重整坡角,调整或设置排水系统,以最大幅度地降低浸润线或在渗流溢出面上加盖压重以及设置反滤层等措施,防止渗流破坏发生。

根据尾矿库灾害调查资料,改善坝体的排水条件是主要的防止地震液化措施。为此应加强尾矿堆积坝的排水系统,以降低坝坡浸润线高度,增大坝体的干燥部分或适当增加尾矿池内的干滩长度。通过修筑降排水设施,达到控制坝坡内水位线的方法很多,如井式排渗、管沟式排渗、褥垫排渗及墙式排渗等。其中,井式和墙式排渗方法均采用水泵抽水,应用的不多,管沟式排渗和褥垫排渗方法采用自流原理,节省能源,但投入的工作量相对较大。比较起来,按虹吸原理设计的虹吸排渗设施同时具有上述各种处理方法的优点,而且施工方便、经济,运营成本最低,也便于管理。

对于由于渗漏造成的尾矿坝隐患,一般采用较成熟的注浆封堵技术。也有采用粉喷搅拌方法,同时治理强度不足和坝肩渗漏问题的施工经验。

(二)提高坝体的密实度

尾矿材料的室内试验表明,提高坝体密实度对增加抗剪强度有明显的作用。在这方面利用分级箱、分级管、旋流池和水力旋流器等设备对尾矿砂进行分级,分选粗颗粒尾矿砂填筑下游坝坡的技术已经成熟,实践证明其效果显著。在各类分级设备中,尤以水力旋流器分级效率高。

对于地震引起的尾矿材料液化问题,理论上应采取措施尽量降低坝体内浸润线的高度,使其上部覆盖的干砂厚度足够大。上游法尾矿坝抗震也可采取增加坝体密实度、增强坝体材料抗液化强度或调整坝坡形状及受力状态等措施,防止液化的发生。

(三)改善坝体受力条件

从改善坝体的抗震效能角度,以往的工程措施大多建立在不改变、有时甚至减缓坝体坡角的基础上,这与坝坡加固的最终目的不符。既能保证坝体必要的抗震性能又能增大尾矿库堆存库容的方法是对地震稳定性较差的坝坡进行加筋补强或做成加筋土。这种方法比放缓坝坡更经济。国外已有通过分层设置钢筋混凝土梁来加强土石坝坝坡整体性,改善梁间土的受力状态和变形状态,提高坝坡稳定性的施工先例。

(四)尾矿坝的安全监测

尾矿坝监测系统的设置是预防尾矿库灾害、确定治理方案的组成部分。目前,世界上一些发达国家如美国、日本、意大利等已经建成现场数据采集、传输、资料分析和安全警报的控制系统。国内在尾矿库灾害监测方面起步较晚,但已取得了一些经验。大型国有重点矿山布置了坝体浸润线、孔隙水压力、坝体位移等监测系统,并积累了相关的数据资料。由于对尾矿库不良地质灾害监测目的的认识不清、资金等原因,目前国内多数尾矿库还没有建立由微机控制的监测系统,已经取得的监测资料还很不完整,在对尾矿库监测资料的分析利用上国内的系统研究几乎是空白。因此,有条件的企业应逐步建立上述监测系统,加强对监测数据数学模型的研究、整理,以实现尾矿库安全监测的自动化、科学化,最大程度限度地减少尾矿库灾害。

第四节　矿山安全相关法律、法规、规章及主要技术标准

一、非煤矿山类

(一)法律法规

1.《非煤矿矿山企业安全生产许可证实施办法》(安监总局令第 20 号)。

2.《金属非金属地下矿山企业领导带班下井及监督检查暂行规定》(国家安监总局令第 34 号)。

3.《建设项目安全设施"三同时"监督管理暂行办法》(安监总局令第 36 号)。

4.《尾矿库安全监督管理规定》(安监总局令第 38 号)。

5.《小型露天采石场安全管理与监督检查规定》(安监总局令第 39 号)。

6.《非煤矿山外包工程安全管理暂行办法》(国家安监总局令第 62 号)。

7.《非煤矿山企业安全生产十条规定》(国家安监总局令第 67 号)。

8.国家安全监管总局关于进一步加强非煤矿山排土场安全生产工作的通知(安监总管一〔2008〕199 号)。

9.国务院安委会办公室关于贯彻落实《国务院关于进一步加强企业安全生产工作的通知》精神进一步加强非煤矿山安全生产工作的实施意见(安委办〔2010〕17 号)。

10.国家安全监管总局《关于切实加强金属、非金属地下矿山安全避险"六大系统"建设的通知》(安监总管一〔2011〕108 号)。

11.国家安全监管总局关于印发《金属非金属矿山建设项目安全专篇编写提纲等文书格式》的通知(安监总管一〔2012〕45 号)。

12.国家安全生产监督管理总局《关于开展金属非金属地下矿山防中毒窒息专项整治的通知》(安监总局管一〔2013〕32 号)。

13.国家安全监管总局关于发布《金属非金属矿山禁止使用的设备及工艺目录(第一批)》的通知(安监总管一〔2013〕101 号)。

14.国家安全监管总局关于严防十类非煤矿山生产安全事故的通知(安监总管一〔2014〕48号)。

15.国家安全监管总局关于印发企业安全生产标准化评审工作管理办法(安监总办〔2014〕49号。)

(二)主要技术标准

1.金属非金属矿山安全规程(GB 16423—2006)

2.金属非金属矿山排土场安全生产规则(AQ 2005—2005)

3.金属非金属矿山安全标准化规范导则(AQ 2007.1—2006)

4.金属非金属矿山安全标准化规范地下矿山实施指南(AQ 2007.2—2006)

5.金属非金属矿山安全标准化规范露天矿山实施指南(AQ 2007.3—2006)

6.金属非金属矿山安全标准化规范小型露天采石场实施指南(AQ 2007.5—2006)

7.金属非金属矿山主要负责人安全生产培训大纲(AQ 2008—2006)

8.非金属矿山主要负责人安全生产考核标准(AQ 2009—2006)

9.金属非金属矿山安全生产管理人员安全生产培训大纲(AQ 2010—2006)

10.金属非金属矿山安全生产管理人员安全生产考核标准(AQ 2011—2006)

11.金属非金属地下矿山通风安全技术规范(AQ 2013—2008)

12.金属非金属矿山在用提升绞车安全检测检验规范(AQ 2022—2008)

13.《金属非金属地下矿山监测监控系统建设规范》(AQ 2031—2011)

14.《金属非金属地下矿山人员定位系统建设规范》(AQ 2032—2011)

15.《金属非金属地下矿山紧急避险系统建设规范》(AQ 2033—2011)

16.《金属非金属地下矿山矿山压风自救系统建设规范》(AQ 2034—2011)

17.《金属非金属地下矿山供水施救系统建设规范》(AQ 2035—2011)

18.《金属非金属地下矿山通信联络系统建设规范》(AQ 2036—2011)

19.《金属非金属矿山提升钢丝绳检验规范》(AQ 2026—2011)

20.《金属非金属露天矿山在用矿用自卸汽车安全检验规范》(AQ 2027—2011)

21.《矿山在用斜井人车安全性能检验规范》(AQ 2028—2011)

22.《金属非金属地下矿山主排水系统安全检验规范》(AQ 2029—2011)

23.《矿山救援防护服装》(AQ/T 1105—2014)

24.《矿山救护队队旗》(AQ/T 1106—2014)

25.《矿山救护队队徽》(AQ/T 1107—2014)

二、煤矿类

(一)法律法规

1.《国家安全监管总局国家煤矿安监局关于进一步加强煤矿安全基础管理的通知》(安监总煤行〔2008〕215号)。

2.《国家安全监管总局国家煤矿安监局关于加强煤矿顶板管理工作的通知》(安监总煤行〔2008〕176号)。

3.《国家安全监管总局国家煤矿安监局关于加强煤尘防治工作的通知》(安监总煤行〔2008〕159 号)。

4.《国家安全监管总局国家煤矿安监局关于加强煤矿建设项目瓦斯抽采工作的通知》(安监总煤监〔2008〕167 号)。

5.《国家安全监管总局国家煤矿安监局关于进一步加强煤矿水害防治工作的通知》(安监总煤调〔2008〕160 号)。

6.《国家安全监管总局国家煤矿安监局关于建设完善煤矿井下安全避险“六大系统”的通知》(安监总煤装〔2010〕146 号)。

7.《防治煤与瓦斯突出规定》(国家安监总局令第 19 号)

8.《煤矿防治水规定》(国家安监总局令第 28 号)

(二)主要技术标准

1.《煤矿安全规程》(2011 年修订版)

2.《煤矿安全监控系统及检测仪器使用管理规范》(AQ 1029－2007)

3.《煤矿井下作业人员管理系统使用与管理规范》(AQ 1048－2007)

4.《煤矿建设项目安全核准基本要求》(AQ 1049－2008)

5.《保护层开采技术规范》(AQ 1050－2008)

6.《煤矿职业安全卫生个体防护用品配备标准》(AQ 1051－2008)

7.《煤矿建设项目安全设施设计审查和竣工验收规范》(AQ 1055－2008)

8.《煤矿通风能力核定标准》(AQ 1056－2008)

9.《煤矿用非金属瓦斯输送管材安全技术条件》(AQ 1071－2009)

10.《瓦斯管道输送水封阻火泄爆装置技术条件》(AQ 1072－2009)

11.《瓦斯管道输送自动阻爆装置技术条件》(AQ 1073－2009)

12.《煤矿瓦斯输送管道干式阻火器通用技术条件》(AQ 1074－2009)

13.《煤矿低浓度瓦斯往复式内燃机驱动的交流发电机组通用技术条件》(AQ 1075－2009)

14.《煤矿低浓度瓦斯管道输送安全保障系统设计规范》(AQ 1076－2009)

15.《煤矿瓦斯往复式内燃机发电站安全要求》(AQ 1077－2009)

16.《煤矿低浓度瓦斯与细水雾混合安全输送装置技术规范》(AQ 1078－2009)

17.《瓦斯管道输送自动喷粉抑爆装置通用技术条件》(AQ 1079－2009)

18.《煤的瓦斯放散初速度指标(△P)测定方法》(AQ 1080－2009)

19.《煤层气地面开采防火防爆安全规程》(AQ 1081－2010)

20.《煤层气集输安全规程》(AQ 1082－2010)

21.《煤炭工业矿井监测监控系统装备配置标准》(GB 50581－2010)

22.《煤矿建设安全规范》(AQ 1083－2011)

23.《煤矿灾变环境混合气体测试方法与爆炸危险性判定规则》(AQ/T 1084－2011)

24.《煤矿进风井地面用燃煤热风炉安全技术条件》(AQ 1085－2011)

25.《煤矿矿井瓦斯地质图编制方法》(AQ/T 1086－2011)

26.《煤矿堵水用高分子材料技术条件》(AQ 1087－2011)

27.《煤矿喷涂堵漏风用高分子材料技术条件》(AQ 1088－2011)
28.《煤矿加固煤岩体用高分子材料》(AQ 1089－2011)
29.《煤矿充填密闭用高分子发泡材料》(AQ 1090－2011)
30.《煤矿瓦斯抽采工安全技术培训大纲及考核要求》(AQ 1091－2011)
31.《煤矿防突工安全技术培训大纲及考核要求》(AQ 1092－2011)
32.《煤矿安全风险预控管理体系规范》(AQ/T 1093－2011)
33.《煤矿通风安全监测工安全技术培训大纲及考核要求》(AQ 1094－2011)
34.《煤矿建设项目安全预评价实施细则》(AQ 1095－2014)
35.《煤矿建设项目安全验收评价实施细则》(AQ 1096－2014)
36.《井工煤矿安全设施设计编制导则》(AQ 1097－2014)
37.《露天煤矿安全设施设计编制导则》(AQ 1098－2014)
38.《煤矿安全文化建设导则》(AQ/T 1099－2014)
39.《煤矿许用炸药井下可燃气安全度试验方法和判定规则》(AQ 1100－2014)
40.《煤矿用炸药抗爆燃性测定方法和判定规则》(AQ 1101－2014)
41.《煤矿用炸药爆炸后有毒气体量测定方法和判定规则》(AQ 1102－2014)
42.《煤矿许用电雷管井下可燃气安全度试验方法和判定规则》(AQ 1103－2014)
43.《煤矿低浓度瓦斯气水二相流安全输送装置技术规范》(AQ/T 1104－2014)
44.《煤矿井下静态破碎技术规范》(AQ 1108－2014)
45.《煤矿带式输送机用电力液压鼓式制动器安全检验规范》(AQ 1109－2014)
46.《煤矿带式输送机用盘式制动装置安全检验规范》(AQ 1110－2014)
47.《矿灯使用管理规范》(AQ 1111－2014)
48.《煤矿在用窄轨车辆连接链检验规范》(AQ 1112－2014)
49.《煤矿在用窄轨车辆连接插销检验规范》(AQ 1113－2014)
50.《煤矿用自吸过滤式防尘口罩》(AQ 1114－2014)

三、尾矿库类

(一)法律法规

1.国家安全监管总局等七部门关于印发《深入开展尾矿库综合治理行动方案》的通知(安监总管一〔2013〕58 号)。

2.尾矿库安全监督管理规定(国家安监总局令第 38 号)。

(二)主要技术标准

1.尾矿库安全技术规程(AQ 2006－2005)。

2.金属非金属矿山安全标准化规范尾矿库实施指南(AQ 2007.4－2006)。

3.尾矿库安全监测技术规范(AQ 2030－2010)。

第六章 危险化学品安全技术

第一节 危险化学品安全基础知识

一、危险化学品的概念和分类

(一)危险化学品的概念

《危险化学品安全管理条例》(国务院令第 591 号)将危险化学品定义为具有毒害、腐蚀、爆炸、燃烧、助燃等性质,对人体、设施、环境具有危害的剧毒化学品和其他化学品。危险化学品目录由国务院安全生产监督管理部门会同国务院工业和信息化、公安、环境保护、卫生、质量监督检验检疫、交通运输、铁路、民用航空、农业主管部门,根据化学品危险特性的鉴别和分类标准确定、公布,并适时调整。

(二)危险化学品的分类

《危险化学品名录》将纳入名录管理的危险化学品划分为 7 大类,即爆炸品、压缩气体和液化气体、易燃液体、易燃固体和自燃物品及遇湿易燃物品、氧化剂和有机过氧化物、有毒品和感染性物品、腐蚀品。

放射性物品作为特殊类别的危险化学品,未纳入《危险化学品安全管理条例》的管理范围。

二、危险化学品的主要危险、有害因素

从危险化学品的概念和分类可以看出,危险化学品的主要危险、有害因素为火灾、爆炸、中毒、灼伤等。危险化学品的危害特性可以在其安全技术说明书和安全特性表以及《工作场所有害因素职业接触限值·第 1 部分:化学有毒因素》(GBZ 2.1)等标准中获取。表 2-6-1 为甲烷的安全技术特性表。

表 2-6-1 甲烷安全技术特性表

<table>
<tr><td rowspan="3">标识</td><td>中文名</td><td>甲烷;沼气</td><td>英文名</td><td colspan="3">Methane;Marsh Gas</td></tr>
<tr><td>分子式</td><td>CH_4</td><td>分子量</td><td>16.04</td><td rowspan="2">UN 编号</td><td rowspan="2">1971</td></tr>
<tr><td>危规号</td><td>21007</td><td>CAS 号</td><td>74—82—8</td></tr>
</table>

（续表）

<table>
<tr><td rowspan="7">理化性质</td><td>性状</td><td colspan="3">无色无臭气体</td></tr>
<tr><td>熔点/℃</td><td>−182.5</td><td>溶解性</td><td>微溶于水，熔于醇、乙醚。</td></tr>
<tr><td>沸点/℃</td><td>−161.5</td><td>相对密度(水=1)</td><td>0.42(−164 ℃)</td></tr>
<tr><td>饱和蒸气压/kPa</td><td>53.32(−168.8℃)</td><td>相对密度(空气=1)</td><td>0.55</td></tr>
<tr><td>临界温度/℃</td><td>−82.6</td><td>燃烧热(kJ/mol)</td><td>889.5</td></tr>
<tr><td>临界压力/Mpa</td><td>4.59</td><td>最小引燃能量/mJ</td><td>0.28</td></tr>
<tr><td rowspan="6">燃烧爆炸危险性</td><td>燃烧性</td><td>易燃</td><td>燃烧(分解)产物</td><td>一氧化碳、二氧化碳</td></tr>
<tr><td>闪点/℃</td><td>−188</td><td>聚合危害</td><td>不聚合</td></tr>
<tr><td>爆炸极限(体积分数)/%</td><td>5.3～15</td><td>稳定性</td><td>稳定</td></tr>
<tr><td>自燃温度/℃</td><td>538</td><td>禁忌物</td><td>强氧化剂、氟、氯。</td></tr>
<tr><td colspan="4">危险特性 易燃，与空气混合能形成爆炸性混合物，遇热源和明火有燃烧爆炸的危险。与五氧化溴、氯气、次氯酸、三氟化氮、液氧、二氟化氧及其他强氧化剂接触剧烈反应。</td></tr>
<tr><td colspan="4">灭火方法 切断气源。若不能立即切断气源，则不允许熄灭正在燃烧的气体。喷水冷却容器，可能的话将容器从火场移至空旷处。
灭 火 剂：雾状水、泡沫、二氧化碳、干粉。</td></tr>
<tr><td>毒性</td><td colspan="4">接触限值 中　国 MAC(mg/m³) 未制定标准
苏　联 MAC(mg/m³) 300
美　国 TVL-TWA
ACGIH 窒息性气体
美　国 TLV-STEL 未制定标准</td></tr>
<tr><td>对人体的危害</td><td colspan="4">甲烷对人基本无毒，但浓度过高时，使空气中氧含量明显降低，使人窒息。当空气中甲烷达25%～30%时，可引起头痛、头晕、乏力、注意力不集中、呼吸和心跳加速、共济失调。若不及时脱离，可致窒息死亡。皮肤接触液化本品，可致冻伤。</td></tr>
<tr><td>急救</td><td colspan="4">皮肤接触 若有冻伤，就医治疗。
吸　　入 迅速脱离现场至空气新鲜处。保持呼吸道通畅。如呼吸困难，给输氧。如呼吸停止，立即进行人工呼吸。就医。</td></tr>
<tr><td>防护</td><td colspan="4">工程控制 生产过程密闭，全面通风。
呼吸系统防护 一般不需要特殊防护，但建议特殊情况下，佩戴自吸过滤式防毒面具(半面罩)。
眼睛防护 一般不需要特殊防护，高浓度接触时可戴安全防护眼镜。
身体防护 穿防静电工作服。
手防护 戴一般作业防护手套。
其他 工作现场严禁吸烟。避免长期反复接触。进入罐、限制性空间或其他高浓度区作业，须有人监护。</td></tr>
</table>

(续表)

泄漏应急处理	迅速撤离泄漏污染区人员至上风处,并进行隔离,严格限制出入。切断火源。建议应急处理人员戴自给正压式呼吸器,穿消防防护服。尽可能切断泄漏源。合理通风,加速扩散。喷雾状水稀释、溶解。构筑围堤或挖坑收产生的大量废水。如有可能,将漏出气用排风机送至空旷地方或装设适当喷头烧掉。也可以将漏气的容器移至空旷处,注意通风。漏气容器要妥善处理,修复、检验后再用。
储运	易燃压缩气体。储存于阴凉、通风仓间内。仓温不宜超过 30℃。远离火种、热源。防止阳光直射。应与氧气、压缩空气、卤素(氟、氯、溴)等分开存放。切忌混储混运。储存间内的照明、通风等设施应采用防爆型,开关设在仓外。配备相应品种和数量的消防器材。罐储时要有防火防爆技术措施。露天贮罐夏季要有降温措施。禁止使用易产生火花的机械设备和工具。验收时要注意品名,注意验瓶日期,先进仓的先发用。搬运时要轻装轻卸,防止钢瓶及附件破损。

(一)火灾、爆炸

危险化学品中的爆炸品、压缩气体和液化气体、易燃液体、易燃固体、自燃物品和遇湿易燃物品、氧化剂和有机过氧化物的主要危险有害因素为火灾、爆炸。火灾与爆炸造成生产设施的破坏和人员伤亡,但两者的发展过程显著不同。火灾发生后,火势在火场逐渐蔓延扩大,随着时间延续,损失程度迅速增长。整个爆炸过程在瞬间完成,造成设备损坏、厂房倒塌、人员伤亡等损失。

爆炸通常伴随发热、发光、压力上升等现象,具有很强的破坏作用。爆炸的危害后果与爆炸物的数量和性质、爆炸时的条件以及爆炸位置等因素有关。爆炸的主要破坏形式有以下四种:

1.直接的破坏作用

机械设备、装置、容器等爆炸后产生的碎片导致的直接伤害。

2.冲击波的破坏作用

物质爆炸产生的高温、高压气体以极高的速度膨胀,像活塞一样挤压周围空气,使空气密度产生突变,这种扰动在空气传播称为冲击波。冲击波的传播速度极快,在传播过程中,对周围环境中的机械设备和建筑物产生破坏。冲击波的破坏作用主要是由其波阵面上的超压引起的。在爆炸中心附近,空气冲击波波阵面上的超压可达几个甚至十几个大气压。当冲击波大面积作用于建筑物时,波阵面超压在 20～30 kPa 内,就足以使大部分砖木结构建筑物受到破坏。

3.引发火灾

爆炸发生后,爆炸气体产物的扩散只发生在极其短促的瞬间内,对一般可燃物来说,不足以造成起火燃烧,而且冲击波造成的爆炸风还有灭火作用。但是爆炸时产生的高温、高压,建筑物内遗留大量的热或残余火苗,会把从破坏的设备内部不断喷出的可燃气体、易燃或可燃液体的蒸气点燃。当盛装易燃物的容器、管道发生爆炸时,爆炸抛出的易燃物有可能引起大面积火灾,这种情况在油罐、液化气瓶爆炸后最易发生。在运行中的燃烧设备或高温的化工设备被破坏时,其灼热的碎片可能飞出,点燃附近储存的燃料或其他可燃物,引起火灾。

4.造成中毒和环境污染

危险化学品发生火灾爆炸事故时，会使大量有毒物质外泄，造成人员中毒和环境污染。

(二)毒性危险化学品的危险、有害因素

毒性危险化学品的主要危险、有害因素为急、慢性中毒。

毒性危险化学品进入人体，在体内积蓄到一定剂量后，会表现出慢性中毒症状。慢性中毒就是毒性危险化学品长时期、小剂量进入人体所引起的中毒。在较短时间有较大剂量毒性危险化学品进入体内所引起的中毒称为亚急性中毒；毒性危险化学品一次或短时间内大量进入体内所引起的中毒称为急性中毒。

毒性危险化学品在体内的毒性与毒性危险化学品的化学结构、理化性质、生产环境、劳动强度、个体因素以及几种毒性危险化学品的联合作用有关。

1.毒性危险化学品进入人体的途径

在工业生产中，毒性危险化学品主要经呼吸道和皮肤进入体内，有时也可经消化道进入。

(1)呼吸道

毒性危险化学品进入人体的主要的途径是呼吸道。凡是以气体、蒸气、烟雾、粉尘形式存在的毒性危险化学品，均可经呼吸道侵入体内。呼吸道吸收程度与毒性危险化学品在空气中的浓度相关，浓度越高，吸收越快。

(2)皮肤

毒性危险化学品接触皮肤，出现皮疹或水疱等症状。这种症状不一定在接触的部位出现，而可能在身体的其他部位出现，引起这种症状的化学品有环氧树脂、胶类硬化剂、偶氮染料、煤焦油衍生物和铬酸等。

(3)消化道

毒性危险化学品经消化道吸收的原因主要是由于个人卫生习惯不良，手沾染的毒性危险化学品随进食、饮水或吸烟等途径进入消化道。

2.毒性危险化学品对人体的危害

(1)刺激

刺激性气体、尘雾可引起支气管炎，甚至严重损害气管和肺组织，如二氧化硫、氯气、煤尘等。

(2)过敏

呼吸系统过敏可引起职业性哮喘，引起职业性哮喘的化学品有甲苯、聚氨酯、福尔马林等。

(3)窒息

窒息可为以下三种类型：

1)单纯窒息。

在有限空间作业场所，氧气被氮气、二氧化碳、甲烷、氢气、氦气等气体所代替，空气中氧气浓度下降，致使机体组织的供气不足，引起头晕、恶心、调节功能紊乱等症状。缺氧严重时可导致昏迷，甚至死亡。

2)血液窒息。

毒性危险化学品影响机体传送氧的能力。典型的血液窒息性物质为一氧化碳。空气中一氧化碳的体积浓度含量达到0.05%时就会导致血液携氧能力严重下降。

3)细胞内窒息。

毒性危险化学品影响机体与氧结合的能力。如氰化氢、硫化氢等物质影响细胞和氧的结合能力。

(4)麻醉和昏迷

乙醇、丙醇、丙酮、丁酮、乙炔、烃类、乙醚、异丙醚会导致中枢神经抑制。大量接触可导致昏迷甚至死亡。

(5)中毒

乙醇、氯仿、四氯化碳、三氯乙烯等可导肝脏的功能异常和病变。一些毒性危险化学品对肾有毒性，如汞、铅、铊、镉、四氯化碳、氯仿、六氟丙烯、二氯乙烷、溴甲烷、溴乙烷、碘乙烷等。长期接触一些毒性危险化学品会引起疲劳、失眠、头痛、恶心、运动神经障碍、瘫痪、感觉神经障碍，如神经末梢失能与接触己烷、锰和铜有关，接触有机磷酸盐化合物可能导致神经系统功能异常，接触二硫化碳，可引起精神紊乱。

(6)致癌

长期接触一些危险化学品可引起恶性肿瘤。恶性肿瘤可能在接触这些物质的许多年以后才表现出来，潜伏期可达4～40年。砷、石棉、铬、镍等物质可能导致肺癌；鼻腔癌与接触联苯胺、萘胺、皮革粉尘等有关；皮肤癌与接触砷、煤焦油和石油产品等有关；接触氯乙烯单体可引起肝癌；接触苯可引起再生障碍性贫血。

(7)致畸

某些危险化学品可干扰胎儿的正常发育，对胎儿造成危害。在怀孕的前三个月，胎儿的脑、心脏、胳膊和腿等重要器官正在发育，一些化学品可能干扰正常的细胞分裂过程，导致畸形，如麻醉性气体、汞和有机溶剂等。

(8)致突变

某些化学品对人的遗传基因的影响可能导致后代发生异常，实验结果表明80%～85%的致癌化学物质对后代有影响。

(9)尘肺

尘肺是由于在肺的换气区域发生了尘粒的沉积，沉积物使肺的换气功能下降，导致呼吸困难，这种症状是不可逆的。能引起尘肺病的物质有石英、石棉、滑石粉、煤粉和铍等。

毒性危险化学品引起的中毒往往是多器官、多系统的损害。如铜可引起神经系统、消化系统、造血系统及肾脏损害；三硝基甲苯中毒可出现白内障、中毒性肝病、贫血、高失血红蛋白血症等。同一种毒性危险化学品引起的急性和慢性中毒损害的器官及表现也有很大差别。例如，苯急性中毒主要表现为对中枢神经系统的麻醉作用，而慢性中毒主要为造血系统的损害。

(三)腐蚀性危险化学品的危险、有害因素

1.腐蚀性

人的皮肤、眼睛、肺部、食道等接触腐蚀性物品,会引起表皮细胞组织灼伤。被腐蚀性物品灼伤的伤口不易愈合,内部器官被灼伤会引起严重的炎症,甚至造成死亡。

2.毒性

一些腐蚀性危险化学品能挥发出具有强烈腐蚀性和毒害性的气体。如硝酸挥发出的二氧化氮气体、发烟硫酸挥发的三氧化硫气体等,对人体有很大的毒害作用。

3.火灾危险性

大部分腐蚀性危险化学品具有火灾危险性,有的还是易燃液体和固体。其火灾危险性主要表现为氧化性、易燃或遇湿易燃性。

(1)氧化性

无机腐蚀性危险化学品大部分是不燃物质,但具有较强的氧化性。当与可燃物接触时,有着火或爆炸的危险。如浓硫酸、发烟硫酸、硝酸、发烟硝酸、浓度为40%左右的氯酸等酸性腐蚀性物品的氧化性都很强,与可燃物如甘油、乙醇、木屑、纸张、稻草、棉布等接触,会发生燃烧。

(2)易燃性

有机腐蚀性危险化学品大部分可燃,而且有的非常易燃。如有机酸性腐蚀性危险化学品中的溴乙酰闪点为1℃,硫代乙酸闪点小于1℃。甲酸、冰醋酸、甲基丙烯酸、苯甲酰氯、乙酰氯等遇火易燃烧,其蒸气可形成爆炸性混合物;有机碱性腐蚀性危险化学品甲基肼在空气中可自燃;丙二胺遇热分解出有毒的氧化氮气体;一些有机腐蚀性物品如苯酚、甲酚、苯硫酚、甲醛、松焦油、焦油酸、蒽等,不仅本身可燃,且能挥发出刺激性或毒性气体。

(3)遇湿易燃性

有些腐蚀性危险化学品,如五氯化磷、五氯化锑、五溴化磷、四氯化硅、三溴化硼等卤素化合物,遇水分解、放热,放出具有腐蚀性的气体。这些气体遇空气中的水蒸气可形成酸雾;氯磺酸遇水迅速分解,放出大量的热和浓烟,甚至发生爆炸;无水溴化铝、氧化钙等腐蚀性物品遇水放热,接触可燃物时会引起着火;烷基醇钠类物质本身可燃,遇水可引起燃烧;无水硫化钠本身有可燃性,遇高热、撞击还有爆炸危险性。

(四)放射性危险化学品的危险、有害因素

1.放射性

放射性危险化学品从原子核内部放出射线(α射线、β射线、γ射线)。放射性危险化学品的主要危险特性在于它的放射性。人体组织在受到射线照射时会发生电离。如果人体受到过量射线的照射,会产生不同程度的损伤。

(1)对中枢神经和大脑系统的伤害。主要表现为倦怠、嗜睡、昏迷、震颤、痉挛。

(2)对肠胃的伤害。主要表现为恶心、呕吐、腹泻。

(3)对造血系统的伤害。主要表现为恶心、呕吐、腹泻、脱发、流鼻血。

2.易燃性

放射性危险化学品除具有放射性外,大多数具有易燃性。如粉状金属铀在200~400 ℃

时有火灾危险性；硝酸铀、硝酸钍等遇高温分解，遇易燃物能引起燃烧，燃烧后都能形成放射性灰尘；硝酸铀的醚溶液在阳光的照射下能发生爆炸。

3.氧化性

某些放射性危险化学品具有氧化性。如硝酸铀、硝酸钍、硝酸铀酰（固体）、硝酸铀酰六水合物溶液等具有强氧化性，遇可燃物可导致火灾、爆炸事故。

第二节　预防危险化学品事故的安全措施

一、预防危险化学品火灾、爆炸事故的基本安全措施

（一）防止和限制形成火灾、爆炸系统

1.根据物质的危险特性进行控制。

2.防止可燃物外溢泄漏。

3.惰性气体保护。

4.通风置换。

5.安全监测及联锁控制。

（二）消除点火源

能引发火灾爆炸事故的点火源有明火、高温表面、撞击、摩擦、自燃、电气火花、静电火花、化学反应热、光线照射等。

（三）阻止和限制火灾爆炸的蔓延扩展

限制火灾爆炸蔓延扩散的措施有阻火装置、阻火设施、防爆泄压装置及隔离等。

（四）控制工艺参数

化工生产过程中涉及的工艺参数主要有温度、压力、流量、物料配比等。按工艺要求将工艺参数严格控制在安全范围内，防止超温、超压，防止物料泄漏是化工生产过程防火、防爆的重要措施。

预防危险化学品火灾、爆炸事故的基本安全措施的具体内容见本书第二篇第二章第三节“防火防爆技术措施”。

二、预防危险化学品中毒事故的基本安全措施

（一）替代

预防化学品中毒事故的根本方法是不使用有毒有害的危险化学品，选用无毒或低毒的化学品替代有毒有害化学品。

（二）变更工艺

由于技术和经济方面的原因，不可避免地要生产、使用有毒危险化学品。可通过变更工艺，以消除或降低危险化学品危害。如原来乙炔制乙醛须采用汞做催化剂，现在发展为用乙烯为原料，通过氧化制乙醛，不需用汞做催化剂，通过变更工艺，消除了汞的危害。

(三)隔离

通过密闭、封闭、设置屏障等措施,避免作业人员直接暴露于有毒有害环境中。最常用的隔离方法是将生产或使用的设备完全封闭起来,使工人在操作中不接触危险化学品。

隔离操作是把生产设备与操作室隔离开。把生产设备的控制系统设置在与生产地点完全隔离的操作室内。

(四)通风

通风是控制作业场所中有毒有害气体、蒸气或粉尘的有效措施。通过有效的通风,使作业场所空气中有毒有害气体、蒸气或粉尘的浓度低于规定浓度,保证作业人员的身体健康。

通风分为局部通风和全面通风。局部通风包括局部抽风和局部排风。局部抽风采用集气罩,抽出被污染的空气,所需风量小,便于净化回收。全面通风是用新鲜空气将作业场所空气中的有毒有害物质稀释到规定浓度以下,所需风量大,不利于净化回收。

对于点式扩散源,可使用局部抽风。使用局部抽风应使污染源处于抽风罩控制范围内。为了确保通风系统的高效率,通风系统设计的合理性十分重要。对于已安装的通风系统,要经常维护和保养,使其有效发挥作用。实验室、焊接室或喷漆室的通风柜属于局部排风设备。

对于面式扩散源,应采取全面通风。其原理是向作业场所提供新鲜空气,抽出被污染的空气,稀释有害气体、蒸气或粉尘,降低其浓度。采用全面通风时,在厂房设计阶段就要考虑空气流向等因素。因为全面通风的目的不是消除污染物,而是将污染物分散稀释,所以全面通风仅适合于低毒性作业场所,不适合于污染物量大的作业场所。

(五)个体防护

如作业场所空气中有毒有害化学品的浓度超过卫生标准,作业人员应使用合适的个体防护用品。个体防护用品是阻止有害物质进入人体的屏障,不能降低作业场所中有毒有害化学品的浓度。防护用品本身的失效就意味着保护屏障的消失,因此个体防护不能作为控制危害的主要手段,而只能作为一种辅助性措施。在事故救援和抢修过程中,个体防护用品是保障人身安全的重要手段。

根据危险化学品对人体的侵入途径,个体防护用品应防止有毒有害物质进入人体的呼吸道、消化道或与皮肤接触。个体防护用品主要有头部防护用品、呼吸防护用品、眼防护用品、躯干防护用品、手足防护用品等。呼吸防护用品的种类见下表。

表 2-6-2 呼吸防护用品分类

过滤式			隔绝式			
自吸过滤式		透风过滤式	供气式		携气式	
半面罩	全面罩		正压式	负压式	正压式	负压式

应按照《呼吸防护用品的选择、使用与维护》(GB/T18664—2002)的规定,根据作业场所有毒物质的危害程度、污染物种类、作业状况和作业人员的身体特征选用呼吸防护用品。

(六)卫生

包括保持作业场所清洁和作业人员的个人卫生两个方面。应定期清扫作业场所,及时处置废弃物、溢出物,保持作业场所清洁。作业人员应养成良好的卫生习惯,防止有毒有害物质附着在皮肤上,通过皮肤渗入体内。

(七)危险化学品急性中毒的现场抢救

1.现场准备。毒性危险化学品大多是由呼吸系统或皮肤进入体内。因此,救护人员在开展救护之前应做好自身呼吸系统和皮肤的防护,如穿好防护服、佩戴相应的呼吸防护用品。

2.切断毒性危险化学品来源。救护人员应迅速将中毒者移至空气新鲜、通风良好的地方。在抢救抬运过程中,不能强拖硬拉以防造成外伤,应松开中毒人员的衣服、腰带,保持呼吸道通畅,同时注意保暖。救护人员进入现场后,除对中毒者进行抢救外,还应查找泄漏源,采取措施切断毒性危险化学品来源,如关闭泄漏管道阀门、堵漏、停止送物料等。对于已经泄漏出来的有毒气体或蒸气,应迅速启动通风排毒设施,进行中和处理,降低毒性危险化学品在空气中的浓度。

3.迅速脱去被毒性危险化学品污染的衣服、鞋袜、手套等,并用大量清水或解毒液彻底清洗被毒性危险化学品污染的皮肤。对于黏稠性毒性危险化学品,可以用大量肥皂水冲洗,尤其要注意清洗皮肤褶皱、毛发和指甲内的污染物。对于水溶性毒性危险化学品,应先用棉絮、干布擦掉毒性危险化学品,再用清水冲洗。

4.若毒性危险化学品经口引起急性中毒,对于非腐蚀性毒性危险化学品,应迅速用1∶5 000的高锰酸钾溶液或1%～2%的碳酸氢钠溶液洗胃,然后用硫酸镁溶液导泻。对于腐蚀性毒性危险化学品,可用蛋清、牛奶或氢氧化铝凝胶灌服,以保护胃黏膜。

(八)毒性危险化学品泄漏物的处理和清理

清除有毒化学品的泄漏物可采用水喷射冲洗、热水冲洗、蒸气熏蒸、化学中和、氧化还原等方法。对黏稠状的污染物如油漆等不易冲洗时,可用沙搓和铲除。对渗透性污染物,如联苯胺、煤焦油等,经刷洗后可用水蒸气熏蒸。

1.泄漏或撒漏的氰化钠、氰化钾及其他氰化物可用硫代硫酸钠水溶液清除。硫代硫酸钠与氰化物反应,生成毒性低的硫氰酸盐。

2.清除对硫磷及其他有机磷剧毒农药,如苯硫磷、敌死通等的污染,应首先用生石灰将泄漏的药液吸干,然后用碱水浇在污染处,再用水冲洗干净。因为有机磷农药属于磷酸酶类、硫代磷酸酶类、氟代磷酸酯类毒性危险化学品,在碱性溶液中会迅速分解破坏而失去毒性。

3.清除泄漏的硫酸二甲酯,应先将氨水洒在泄漏物上进行中和,再用水冲洗。

4.清除甲醛污染,可用漂白粉液浸湿污染处,再用水冲洗干净。

5.清除苯胺污染,可用稀盐酸或稀硫酸溶液浸湿污染处,再用水冲洗。苯胺呈碱性,能与盐酸反应生成盐酸盐,与硫酸反应生成硫酸盐。

6.汞发生泄漏,应先行收集,然后在污染处用硫磺粉覆盖。汞与硫磺发生化学反应,生成硫化汞。

7.磷容器破裂失去水对空气的隔绝,可发生燃烧。应先用工具将黄磷移放到完好的有水容器中,切勿用手接触。受污染处用石灰乳浸湿,再用水冲洗。

三、危险化学品储存和运输的基本安全措施

(一)危险化学品储存的基本安全措施

1.基本安全要求

根据《常用危险化学品储存通则》(GB 15603—1995)的规定,储存危险化学品的基本安全要求如下。

(1)危险化学品必须储存在专门的仓库中,未经批准不得设置危险化学品储存仓库。

(2)危险化学品露天堆放,应符合防火、防爆的安全要求。爆炸物品、一级易燃物品、遇湿燃烧物品、剧毒物品不得露天堆放。

(3)储存危险化学品的仓库必须配备有专业知识的技术人员,其库房及场所应设专人管理,管理人员必须配备可靠的个人防护用品。

(4)储存的危险化学品应有明显的标志,标志应符合《危险货物包装标志》(GB 190—2009)的规定。同一区域储存两种或两种以上不同危险等级的危险化学品,应按最高危险等级危险化学品设置标志。

(5)根据危险化学品的危险特性进行分区、分类、分库储存。不同种类的危险化学品应根据其危险特性,采取隔离储存、隔开储存、分离储存的方式进行储存。

隔离贮存是指在同一房间或同一区域内,不同的物料之间分开一定的距离,非禁忌物料间用通道保持空间的储存方式;隔开储存是指在同一建筑或同一区域内,用隔板或墙,将危险化学品与禁忌物料分离开的储存方式;分离储存是指在不同的建筑物或远离所有建筑的外部区域内的储存方式。

(6)危险化学品不得与其禁忌物料混合储存。禁忌物料是指化学性质相抵触或灭火方法不同的化学物料。常用危险化学品储存禁忌见表 2-6-3。

(7)储存危险化学品的区域内严禁吸烟和违反规定使用明火。

2.储存场所的要求

(1)储存危险化学品的建筑物不得有地下室或其他地下建筑,其耐火等级、层数、占地面积、安全疏散和防火间距,应符合国家有关规定。

(2)储存地点及建筑结构的设置,除了应符合国家的有关规定外,还应考虑对周围环境和居民的影响。

(3)储存场所消防用电设备应能充分满足消防用电的需要并符合《建筑设计防火规范》(GB 50016—2014)有关规定。

(4)危险化学品储存区域或建筑物内的输配电线路、灯具、火灾事故照明和疏散指示标志应符合安全要求。

(5)储存易燃、易爆危险化学品的建筑,必须安装避雷设备。

表 2-6-3　常用危险化学品储存禁忌物配存表

危险化学品的种类和名称																												
危险化学品	爆炸品		点火器材	1	1																							
			起爆器材	2	×	2																						
			炸药及爆炸性药品(不同品名的不得在同一库内配存)	3	×	×	3																					
			其他爆炸品	4	△	×	×	4																				
	氧化剂		有机氧化剂	5	×	×	×	×	5																			
			亚硝酸盐、亚氯酸盐、次亚氯酸盐[1]	6	△	△	△	△	×	6																		
			其他无机氧化剂[2]	7	△	△	△	△	×	×	7																	
	压缩气体和液化气体		剧毒(液氯与液氨不能在一库内配存)	8		×	×	×	×	×	×	8																
			易燃	9	△	×	×	△	×	△	△		9															
			助燃(氧及氧空钢瓶不得与油脂在同一库内配存)	10	△	×	×	△					△	10														
			不燃	11		×	×								11													
	自燃物品		一级	12	△	×	×	×	×	△	△	×	×	×		12												
			二级	13		×	×	△				×	△	△			13											
	遇水燃烧物品(不得与含水液体货物在同一库内配存)			14		×	×	×	△	△	△	△	△	△		×		14										
	易燃液体			15	△	×	×	×	×	△	×	×		×		×	△		15									
	易燃固体(H发孔剂不可与酸性腐蚀物品及有毒和易燃酯类危险货物配存)			16		×	×	△	×	△	△	×		×		×				16								
	毒害品		氰化物	17		△	△														17							
			其他毒害品	18		△	△															18						
	腐蚀物品	酸性腐蚀物品	溴	19	△	×	×	×	×				△			×	△	△	△		×	△	19					
			过氧化氢	20	△	×	×	△	△							△	△	×	△		×	△		20				
			硝酸、发烟硝酸、硫酸、发烟硫酸、氯磺酸	21	△	×	×	×	×	×	1)	×	×	△	△	×	×	△	△	△	×	△	△	△	21			
			其他酸性腐蚀物品	22	△	×	×	△	△	△	△	△	△			△		△			×	△		△	△	22		
		碱性及其他腐蚀物品	生石灰、漂白粉	23		△	△	△		△	△								△					△	×	△	23	
			其他(无水肼、水合肼、氨水不得与氧化剂配存)	24														△							×			24

注：

1. 无配存符号表示可以配存。
2. △表示可以配存，堆放时至少隔离 2m。
3. ×表示不可以配存。
4. 有注释时按注释规定办理。

1)除硝酸盐(如硝酸钠、硝酸钾、硝酸铵等)与硝酸、发烟硝酸可以配存外，其他情况均不得配存。

2)无机氧化剂不得与松软的粉状可燃物(如煤粉、焦粉、炭墨、糖、淀粉、锯末等)配存。

(6)储存危险化学品的建筑须安装通风设备,并注意设备的防护措施。

(7)储存危险化学品的建筑通排风系统应设有导除静电的接地装置。通风管应采用非燃烧材料制作。通风管道不宜穿过防火墙等防火分隔物,如必须穿过时应用非燃烧材料分隔。

(8)储存危险化学品建筑采暖的热媒温度不应过高,热水采暖不应超过 80℃。采暖管道和设备的保温材料,必须采用非燃烧材料。

3.储存过程中的安全措施

(1)危险化学品应分类、分堆储存,堆垛不得过高、过密,堆垛之间以及堆垛与墙壁之间,应该留有一定间距和通道。

(2)互相接触容易引起燃烧、爆炸的物品及灭火方法不同的物品应该隔开储存或分离储存。

(3)遇水易发生燃烧、爆炸的危险化学品,不得存放在潮湿或容易积水的地点。受阳光照射易发生燃烧、爆炸的危险化学品,不得存放在露天或者高温的地方,必要时还应采取降温及隔热措施。

(4)容器、包装要完整无损,如发现破损、渗漏,必须立即进行安全处理。

(5)性质不稳定、容易分解和变质以及混有杂质而容易引起燃烧爆炸的危险化学品,应该经常进行检查、测温、检验。

(6)不得在储存危险化学品的库房内或露天堆垛附近进行试验、分装、打包、焊接和其他可能引起火灾爆炸的操作。

(二)危险化学品运输

《道路危险货物运输管理规定》(交通运输部令 2013 年第 2 号)、《水路危险货物运输规则》(交通部令 1996 年第 10 号)、《铁路危险货物运输管理规则》(铁运〔2008〕174 号)、《港口危险货物安全管理规定》(交通运输部令 2012 年第 9 号)、《危险货物运输包装通用技术条件》(GB 12463－2009)、《危险化学品汽车运输安全监控系统通用规范》(AQ3003－2005)等规章和标准规范对危险化学品的运输规定了相应要求。

《道路危险货物运输管理规定》(交通运输部令 2013 年第 2 号)规定了危险化学品道路运输的基本安全措施。

1.国家对道路危险货物运输实行许可制度。

2.道路危险货物运输企业或者单位应当严格按照道路运输管理机构决定的许可事项从事道路危险货物运输活动。严禁非经营性道路危险货物运输单位从事道路危险货物运输经营活动。

3.危险货物托运人应当委托具有道路危险货物运输资质的企业承运。危险货物托运人应当对托运的危险货物种类、数量和承运人等相关信息予以记录,记录的保存期限不得少于 1 年。

4.危险货物托运人应当严格按照国家有关规定妥善包装并在外包装设置标志,并向承运人说明危险货物的品名、数量、危害、应急措施等情况。需要添加抑制剂或者稳定剂的,托运人应当按照规定添加,并告知承运人相关注意事项。危险货物托运人托运危险化学品的,还应当提交与托运的危险化学品完全一致的安全技术说明书和安全标签。

5.不得使用罐式专用车辆或者运输有毒、感染性、腐蚀性危险货物的专用车辆运输普通货物。其他专用车辆可以从事食品、生活用品、药品、医疗器具以外的普通货物运输，但应当由运输企业对专用车辆进行消除危害处理，确保不对普通货物造成污染、损害。不得将危险货物与普通货物混装运输。

6.专用车辆应当按照《道路运输危险货物车辆标志》(GB13392)的要求悬挂标志。专用车辆应当配备符合有关国家标准以及与所载运的危险货物相适应的应急处理器材和安全防护设备。

7.道路危险货物运输企业或者单位应当采取必要措施，防止危险货物脱落、扬散、丢失以及燃烧、爆炸、泄漏等。

8.驾驶人员应当随车携带《道路运输证》。驾驶人员或者押运人员应当按照《汽车运输危险货物规则》(JT617)的要求，随车携带《道路运输危险货物安全卡》。在道路危险货物运输过程中，除驾驶人员外，还应当在专用车辆上配备押运人员，确保危险货物处于押运人员监管之下。

9.道路危险货物运输途中，驾驶人员不得随意停车。因住宿或者发生影响正常运输的情况需要较长时间停车的，驾驶人员、押运人员应当设置警戒带，并采取相应的安全防范措施。运输剧毒化学品或者易制爆危险化学品需要较长时间停车的，驾驶人员或者押运人员应当向当地公安机关报告。

10.危险货物的装卸作业应当遵守安全作业标准、规程和制度，并在装卸管理人员的现场指挥或者监控下进行。驾驶人员、装卸管理人员和押运人员上岗时应当随身携带从业资格证。

11.严禁专用车辆违反国家有关规定超载、超限运输。

12.路危险货物运输企业或者单位应当通过卫星定位监控平台或者监控终端及时纠正和处理超速行驶、疲劳驾驶、不按规定线路行驶等违法违规驾驶行为。监控数据应当至少保存 3 个月，违法驾驶信息及处理情况应当至少保存 3 年。

13.在危险货物装卸过程中，应当根据危险货物的性质，轻装轻卸，堆码整齐，防止混杂、撒漏、破损，不得与普通货物混合堆放。

14.在危险货物运输过程中发生燃烧、爆炸、污染、中毒或者被盗、丢失、流散、泄漏等事故，驾驶人员、押运人员应当立即根据应急预案和《道路运输危险货物安全卡》的要求采取应急处置措施，并向事故发生地公安部门、交通运输主管部门和本运输企业或者单位报告。运输企业或者单位接到事故报告后，应当按照本单位危险货物应急预案组织救援，并向事故发生地安全生产监督管理部门和环境保护、卫生主管部门报告。

四、危险化学品包装的基本安全要求

危险化学品的包装必须符合国家有关标准的要求。有关危险化学品包装的主要标准有《危险货物包装标志》(GB 190－2009)、《危险货物运输包装通用技术条件》(GB 12463－2009)、《危险货物包装类别划分原则》(GB 15098－2008)等。

如果危险化学品的包装不能满足运输、储存的要求，在运输、储存及使用过程中发生泄漏或撒漏，有可能引起火灾、爆炸和中毒事故。

危险化学品包装的类别、材质、型式、规格、方法和单件质量（重量）应当与所包装的危险化学品用途相适应，便于装卸、运输和储存。包装内应当附有与该危险化学品完全一致的安全技术说明书；在包装外层加贴或者拴挂与包装内的危险化学品完全一致的安全标签。

除盛装放射性物质的运输包装、盛装压缩气体和液化气体的压力容器的包装、净质量超过400kg的运输包装、容积超过450L的运输包装外，危险化学品的运输包装根据内装物的危险程度分为三个类别：

Ⅰ类包装：适用内装危险性较大的货物。

Ⅱ类包装：适用内装危险性中等的货物。

Ⅲ类包装：适用内装危险性较小的货物。

按照危险化学品的不同类、项及有关的规定确定其包装类别。

重复使用的危险化学品包装物、容器在使用前，要进行检查，做好记录。检查记录至少保存两年。

六、危险化学品经营的基本安全要求

（一）危险化学品经营企业的条件和要求

《危险化学品安全管理条例》（国务院令第591号）规定，国家对危险化学品经营销售实行许可制度，未经许可，任何单位和个人都不得经营销售危险化学品。《危险化学品经营许可证管理办法》（安监总局令第55号），对经营许可证的种类、申请与审批、监督管理等做了详细规定。

（二）剧毒化学品的经营

《危险化学品经营企业开业条件和技术要求》（GB 18265－2000）规定，经营剧毒物品企业的人员，除要达到经国家授权部门的专业培训，取得合格证书方能上岗的条件外，还应经过县级以上（含县级）公安部门专门培训，取得合格证书后方可上岗。

1.剧毒化学品销售

剧毒化学品经营企业销售剧毒化学品，应当记录购买单位的名称、地址、购买人员姓名、身份证号码及所购剧毒化学品的品名、数量、用途。记录应当至少保存一年。

剧毒化学品经营企业应当每天核对剧毒化学品的销售情况。发现被盗、丢失、误售等情况时，必须立即向当地公安部门报告。

剧毒化学品的发运应委托有资质的运输企业。通过公路运输剧毒化学品的托运人应当向目的地的县级人民政府公安部门申请办理剧毒化学品公路运输通行证。

办理剧毒化学品公路运输通行证，托运人应当向公安部门提交有关剧毒化学品的品名、数量、运输始发地和目的地、运输路线、运输单位、驾驶人员、押运人员、经营单位和购买单位资质情况等材料。

2.购买剧毒化学品

（1）经常使用剧毒化学品的生产、科研、医疗等单位应当向设区的市级人民政府公安部门申请领取购买凭证，凭购买凭证购买剧毒化学品。

(2)单位临时需要购买剧毒化学品的，应当凭本单位出具的证明(注明品名、数量、用途)向设区的市级人民政府公安部门申请领取准购证，凭准购证购买。

(3)个人不得购买农药、灭鼠药、灭虫药以外的剧毒化学品。

剧毒化学品生产企业、经营企业不得向个人或者无购买凭证、准购证的单位销售剧毒化学品。剧毒化学品的购买凭证、准购证不得伪造、变造、买卖、出借或者以其他方式转让，不得使用作废的剧毒化学品购买凭证、准购证。

七、危险化学品泄漏处理与废弃物处置

(一)泄漏处理

1.装运危险化学品的槽罐或者容器应有足够的耐压性，能够承受正常运输条件下产生的内压和外压。装卸运输时应特别注意外包装封口处的严密性，以保证危险化学品在运输过程中不因温度、湿度或者压力变化而泄漏。

2.危险化学品入库时应严格检验物品质量、数量、包装情况，查明有无泄漏。

3.泄漏或渗漏危险化学品的包装容器应迅速移至安全区域进行处理。

4.设置可燃和有毒气体检测报警器，及时发现易燃、易爆和有毒危险化学品的泄漏。

5.危险化学品发生泄漏时应迅速切断气(物料)源，停止物料输送，采取通风措施。

6.对泄漏物及时地进行中和、覆盖、收容、稀释。

(二)废弃物处置

1.固体废弃物的处置

(1)危险废弃物处置。可采用固化(稳定化)的方法使危险废弃物无害化。

目前常用的固化(稳定化)方法有水泥固化、石灰固化、塑性材料固化、有机聚合物固化、自凝胶固化、熔融固化和陶瓷固化。

(2)工业固体废弃物处置。

一般工业废弃物可以直接进入填埋场进行填埋。对于粒度很小的固体废弃物，为了防止填埋过程中引起粉尘污染，可装入编织袋后填埋。

2.爆炸性物品的销毁

凡确认不能使用的爆炸性物品，必须予以销毁。在销毁以前应报告当地公安部门，选择适当的地点、时间及销毁方法。一般可采用爆炸法、烧毁法、熔解法、化学分解法进行销毁。

3.有机过氧化物废弃物处理

应根据有机过氧化物的物化性质决定其废弃物的处理方法。常用的处理方法有分解、烧毁、填埋等。

八、危险化学品的安全检测

作业环境中，对于泄漏或挥发的可燃气体(蒸气)、有毒气体(蒸气)的浓度检测是预

防火灾爆炸和中毒事故的重要措施。

生产装置检维中的动火作业、有限空间作业等应对作业环境的可燃气体(蒸气)、有毒气体(蒸汽)的浓度进行检测。

(一)可燃气体(蒸气)检测

可燃气体环境爆炸危险度为其空气中含量占其爆炸下限的百分数。

可燃气体(蒸气)环境爆炸危险度(%)LEL=(空气中可燃气体浓度)÷(该可燃气爆炸下限值)×100%LEL

如空气中可燃气体(蒸气)浓度达到其爆炸下限的场所的可燃气环境爆炸危险度,为100%LEL,可燃气体(蒸气)浓度达到其爆炸下限的10%的场所的可燃气环境爆炸危险度为10%LEL。

对环境空气中可燃气(蒸气)的检测,常常直接给出可燃气体环境爆炸危险度,即该可燃气在空气中的含量与其爆炸下限的百分比来表示(%LEL)。这种检测被称作"测爆",所用的监测仪器称为测爆仪。

(二)有毒气体检测

对作业环境空气中有毒气体浓度进行检测,以判断该作业场所环境的有毒气体浓度是否符合职业卫生标准。毒性危险较大的作业环境要进行有毒气体自动连续监测,在达到致人中毒的浓度前可发出警报,以便采取相应措施。进入设备检修,或进入容器、地沟、地下室、储存室等有毒气体容易聚集的有限空间,对有毒气体浓度的检测是必不可少的安全措施。

(三)氧气含量检测

缺氧会对人体造成伤害,甚至导致窒息死亡。氧气进入可燃气或易燃液体的密闭系统可导致火灾、爆炸事故。

1.空气中氧含量检测。在可能产生缺氧窒息的场所,特别是有限空间作业时,必须进行氧含量的监测。严禁进入氧气含量低于18%的场所进行作业,以免造成缺氧窒息事故。

2.可燃气体中氧含量的监测。由于密闭失效或控制失误,会使空气进入含可燃气体的密闭系统,形成爆炸气体混合物,可能发生火灾爆炸事故。对密闭系统可燃气体中的氧含量进行检测报警是预防火灾爆炸事故的重要安全措施。

第三节　重点监管的危险化学品

一、重点监管的危险化学品的种类

根据《关于公布首批重点监管的危险化学品名录的通知》(安监总管三〔2011〕95号)的规定,重点监管的危险化学品是指列入《重点监管的危险化学品名录》的危险化学品以及在温度20℃和标准大气压101.3kPa条件下属于以下类别的危险化学品:

1.易燃气体类别1(爆炸下限≤13%或爆炸极限范围≥12%);

2.易燃液体类别1(闭杯闪点<23℃并初沸点≤35℃);

3.自燃液体类别1(与空气接触不到5分钟便燃烧);

4.自燃固体类别1(与空气接触不到5分钟便燃烧);

5.遇水放出易燃气体的物质类别1(在环境温度下与水剧烈反应所产生的气体通常显示自燃的倾向,或释放易燃气体的速度等于或大于每公斤物质在任何1分钟内释放10升的任何物质或混合物);

6.光气类化学品。

二、重点监管的危险化学品安全措施和应急处置原则

涉及重点监管的危险化学品的生产、储存装置,原则上须由具有甲级资质的化工行业设计单位进行设计。

生产、储存重点监管的危险化学品的企业,应根据本企业工艺特点,装备功能完善的自动化控制系统,严格工艺、设备管理。对使用重点监管的危险化学品数量构成重大危险源的企业的生产储存装置,应装备自动化控制系统,实现对温度、压力、液位等重要参数的实时监测。

生产重点监管的危险化学品的企业,应针对产品特性,按照有关规定编制完善的、可操作性强的危险化学品事故应急预案,配备必要的应急救援器材、设备,加强应急演练,提高应急处置能力。

国家安全生产监督管理总局从特别警示、理化特性、危害信息、安全措施、应急处置原则等五个方面,对重点监管的危险化学品提出了安全措施和应急处置原则。甲烷(天然气)的安全措施和应急处置原则见表2-6-4。

表2-6-4 甲烷(天然气)的安全措施和应急处置原则

特别警示	极易燃气体。
理化特性	无色、无臭、无味气体。微溶于水,溶于醇、乙醚等有机溶剂。分子量16.04,熔点−182.5 ℃,沸点−161.5 ℃,气体密度0.7163 g/L,相对蒸气密度(空气=1)0.6,相对密度(水=1)0.42(−164 ℃),临界压力4.59 MPa,临界温度−82.6 ℃,饱和蒸气压53.32 kPa(−168.8 ℃),爆炸极限5.0%~16%(体积比),自燃温度537 ℃,最小点火能0.28 mJ,最大爆炸压力0.717 MPa。 主要用途:主要用作燃料和用于炭黑、氢、乙炔、甲醛等的制造。
危害信息	【燃烧和爆炸危险性】 极易燃,与空气混合能形成爆炸性混合物,遇热源和明火有燃烧爆炸危险。 【活性反应】 与五氧化溴、氯气、次氯酸、三氟化氮、液氧、二氟化氧及其他强氧化剂剧烈反应。 【健康危害】 纯甲烷对人基本无毒,只有在极高浓度时成为单纯性窒息剂。皮肤接触液化气体可致冻伤。天然气主要组分为甲烷,其毒性因其他化学组成的不同而异。

（续表）

安全措施	【一般要求】 操作人员必须经过专门培训，严格遵守操作规程，熟练掌握操作技能，具备应急处置知识。 密闭操作，严防泄漏，工作场所全面通风，远离火种、热源，工作场所严禁吸烟。 在生产、使用、贮存场所设置可燃气体监测报警仪，使用防爆型的通风系统和设备，配备两套以上重型防护服。穿防静电工作服，必要时戴防护手套，接触高浓度时应戴化学安全防护眼镜，佩带供气式呼吸器。进入罐或其他高浓度区作业，须有人监护。储罐等压力容器和设备应设置安全阀、压力表、液位计、温度计，并应装有带压力、液位、温度远传记录和报警功能的安全装置，重点储罐需设置紧急切断装置。 避免与氧化剂接触。 生产、储存区域应设置安全警示标志。在传送过程中，钢瓶和容器必须接地和跨接，防止产生静电。搬运时轻装轻卸，防止钢瓶及附件破损。禁止使用电磁起重机和用链绳捆扎，或将瓶阀作为吊运着力点。配备相应品种和数量的消防器材及泄漏应急处理设备。 【特殊要求】 【操作安全】 (1)天然气系统运行时，不准敲击，不准带压修理和紧固，不得超压，严禁负压。 (2)生产区域内，严禁明火和可能产生明火、火花的作业(固定动火区必须距离生产区 30 m以上)。生产需要或检修期间需动火时，必须办理动火审批手续。配气站严禁烟火，严禁堆放易燃物，站内应有良好的自然通风并应有事故排风装置。 (3)天然气配气站中，不准独立进行操作。非操作人员未经许可，不准进入配气站。 (4)含硫化氢的天然气生产作业现场应安装硫化氢监测系统。进行硫化氢监测，应符合以下要求： ——含硫化氢作业环境应配备固定式和携带式硫化氢监测仪； ——重点监测区应设置醒目的标志； ——硫化氢监测仪报警值设定：阈限值为 1 级报警值；安全临界浓度为 2 级报警值；危险临界浓度为 3 级报警值； ——硫化氢监测仪应定期校验，并进行检定。 (5)充装时，使用万向节管道充装系统，严防超装。 【储存安全】 (1)储存于阴凉、通风的易燃气体专用库房。远离火种、热源。库房温度不宜超过 30 ℃。 (2)应与氧化剂等分开存放，切忌混储。采用防爆型照明、通风设施。禁止使用易产生火花的机械设备和工具。储存区应备有泄漏应急处理设备。 (3)天然气储气站中： ——与相邻居民点、工矿企业和其他公用设施安全距离及站场内的平面布置，应符合国家现行标准； ——天然气储气站内建(构)筑物应配置灭火器，其配置类型和数量应符合建筑灭火器配置的相关规定； ——注意防雷、防静电，应按《建筑物防雷设计规范》(GB 50057)的规定设置防雷设施，工艺管网、设备、自动控制仪表系统应按标准安装防雷、防静电接地设施，并定期进行检查和检测。 【运输安全】 (1)运输车辆应有危险货物运输标志、安装具有行驶记录功能的卫星定位装置。未经公安机关批准，运输车辆不得进入危险化学品运输车辆限制通行的区域。 (2)槽车和运输卡车要有导静电拖线；槽车上要备有 2 只以上干粉或二氧化碳灭火器和防爆工具。

（续表）

安全措施	（3）车辆运输钢瓶时，瓶口一律朝向车辆行驶方向的右方，堆放高度不得超过车辆的防护栏板，并用三角木垫卡牢，防止滚动。不准同车混装有抵触性质的物品和让无关人员搭车。运输途中远离火种，不准在有明火地点或人多地段停车，停车时要有人看管。发生泄漏或火灾时要把车开到安全地方进行灭火或堵漏。 （4）采用管道输送时： ——输气管道不应通过城市水源地、飞机场、军事设施、车站、码头。因条件限制无法避开时，应采取保护措施并经国家有关部门批准； ——输气管道沿线应设置里程桩、转角桩、标志桩和测试桩； ——输气管道采用地上敷设时，应在人员活动较多和易遭车辆、外来物撞击的地段，采取保护措施并设置明显的警示标志； ——输气管道管理单位应设专人定期对管道进行巡线检查，及时处理输气管道沿线的异常情况，并依据天然气管道保护的有关法律法规保护管道。
应急处置原则	【急救措施】 吸入：迅速脱离现场至空气新鲜处。保持呼吸道通畅。如呼吸困难，给氧。如呼吸停止，立即进行人工呼吸。就医。 皮肤接触：如果发生冻伤：将患部浸泡于保持在 38 ℃～42 ℃的温水中复温。不要涂擦。不要使用热水或辐射热。使用清洁、干燥的敷料包扎。如有不适感，就医。 【灭火方法】 切断气源。若不能切断气源，则不允许熄灭泄漏处的火焰。喷水冷却容器，尽可能将容器从火场移至空旷处。 灭火剂：雾状水、泡沫、二氧化碳、干粉。 【泄漏应急处置】 消除所有点火源。根据气体的影响区域划定警戒区，无关人员从侧风、上风向撤离至安全区。应急处理人员戴正压自给式空气呼吸器，穿防静电服。作业时使用的所有设备应接地。禁止接触或跨越泄漏物。尽可能切断泄漏源。若可能翻转容器，使之逸出气体而非液体。喷雾状水抑制蒸气或改变蒸气云流向，避免水流接触泄漏物。禁止用水直接冲击泄漏物或泄漏源。防止气体通过下水道、通风系统和密闭性空间扩散。隔离泄漏区直至气体散尽。 作为一项紧急预防措施，泄漏隔离距离至少为 100 m。如果为大量泄漏，下风向的初始疏散距离应至少为 800 m。

第四节 危险化学品重大危险源安全管理

《危险化学品重大危险源监督管理暂行规定》（安监总局令第 40 号）对危险化学品重大危险源的辨识与评估、安全管理规章制度和安全操作规程、安全监测监控体系和控制措施、安全设施的检测检验和维护保养、事故隐患排查整改、安全警示标志、应急管理、登记备案等做出了具体规定。

有关危险化学品重大危险源辨识的内容见本书第一篇第五章。

第五节　典型危险化工工艺的工艺危险特点与安全控制基本要求

一、危险化工工艺的概念

化工工艺是指把原材料经过化学反应，转变成产品的方法和过程。化工工艺过程一般可分为以下三个步骤。

1.原材料的处理

为了使原料符合进行化学反应所要求的状态和规格，对原料进行净化、提浓、混合、乳化或粉碎的预处理过程。

2.化学反应

经过预处理的原料在一定的温度、压力等条件下进行化学反应。包括氧化、还原、分解（裂解）、磺化、烷基化、聚合等反应类型。通过化学反应，获得产物或其混合物。工业化的化学反应必须达到所要求的反应转化率和收率。

3.产品精制

将化学反应得到的混合物进行分离，除去副产物或杂质，以获得符合产品标准的产品。

危险化工工艺是指在整个化工工艺过程中，存在反应失控，工艺参数突然变化，温度、压力突然升高，易导致火灾、中毒、爆炸事故的化工工艺。

二、危险化工工艺的种类

危险化工工艺的种类由国家安全生产监督管理总局公布。目前，共公布了18种危险化工工艺，分别为光气及光气化工艺、电解工艺（氯碱）、氯化工艺、硝化工艺、合成氨工艺、裂解（裂化）工艺、氟化工艺、加氢工艺、重氮化工艺、氧化工艺、过氧化工艺、胺基化工艺、磺化工艺、聚合工艺、烷基化工艺、新型煤化工工艺、电石生产工艺、偶氮化工艺。

三、危险化工工艺的工艺危险特点及安全控制基本要求

化工企业应对照本企业采用的危险化工工艺及其特点，确定重点监控的工艺参数，装备和完善自动控制系统，大型和高度危险的化工装置要装备紧急停车系统。采用危险化工工艺的新建生产装置原则上要由甲级资质化工设计单位进行设计。

国家安全生产监督管理总局公布了危险化工工艺重点监控参数、安全控制基本要求及推荐的控制方案，可在相关文件中查阅。

氧化反应的重点监控参数、安全控制基本要求及推荐的控制方案见表2-6-5。

表 2-6-5　氧化工艺重点监控参数、安全控制基本要求及推荐的控制方案

反应类型	放热反应	重点监控单元	氧化反应釜

工艺简介

氧化为有电子转移的化学反应中失电子的过程，即氧化数升高的过程。多数有机化合物的氧化反应表现为反应原料得到氧或失去氢。涉及氧化反应的工艺过程为氧化工艺。常用的氧化剂有：空气、氧气、双氧水、氯酸钾、高锰酸钾、硝酸盐等。

工艺危险特点

(1)反应原料及产品具有燃爆危险性；

(2)反应气相组成容易达到爆炸极限，具有闪爆危险；

(3)部分氧化剂具有燃爆危险性，如氯酸钾，高锰酸钾、铬酸酐等都属于氧化剂，如遇高温或受撞击、摩擦以及与有机物、酸类接触，皆能引起火灾爆炸；

(4)产物中易生成过氧化物，化学稳定性差，受高温、摩擦或撞击作用易分解、燃烧或爆炸。

典型工艺

乙烯氧化制环氧乙烷；
甲醇氧化制备甲醛；
对二甲苯氧化制备对苯二甲酸；
克劳斯法气体脱硫；
一氧化氮、氧气和甲(乙)醇制备亚硝酸甲(乙)酯；
双氧水或有机过氧化物为氧化剂生产环氧丙烷、环氧氯丙烷；
异丙苯经氧化一酸解联产苯酚和丙酮；
环已烷氧化制环己酮；
天然气氧化制乙炔；
丁烯、丁烷、C4 馏分或苯的氧化制顺丁烯二酸酐；
邻二甲苯或萘的氧化制备邻苯二甲酸酐；
均四甲苯的氧化制备均苯四甲酸二酐；
苊的氧化制 1,8-萘二甲酸酐；
3-甲基吡啶氧化制 3-吡啶甲酸(烟酸)；
4-甲基吡啶氧化制 4-吡啶甲酸(异烟酸)；
2-乙基己醇(异辛醇)氧化制备 2-乙基己酸(异辛酸)；
对氯甲苯氧化制备对氯苯甲醛和对氯苯甲酸；
甲苯氧化制备苯甲醛、苯甲酸；
对硝基甲苯氧化制备对硝基苯甲酸；
环十二醇/酮混合物的开环氧化制备十二碳二酸；
环已酮/醇混合物的氧化制己二酸；
乙二醛硝酸氧化法合成乙醛酸；
丁醛氧化制丁酸；
氨氧化制硝酸等。

重点监控工艺参数

氧化反应釜内温度和压力；氧化反应釜内搅拌速率；氧化剂流量；反应物料的配比；气相氧含量；过氧化物含量等。

（续表）

反应类型	放热反应	重点监控单元	氧化反应釜
安全控制的基本要求			
反应釜温度和压力的报警和联锁；反应物料的比例控制和联锁及紧急切断动力系统；紧急断料系统；紧急冷却系统；紧急送入惰性气体的系统；气相氧含量监测、报警和联锁；安全泄放系统；可燃和有毒气体检测报警装置等。			
宜采用的控制方式			
将氧化反应釜内温度和压力与反应物的配比和流量、氧化反应釜夹套冷却水进水阀、紧急冷却系统形成联锁关系，在氧化反应釜处设立紧急停车系统，当氧化反应釜内温度超标或搅拌系统发生故障时自动停止加料并紧急停车。配备安全阀、爆破片等安全设施。			

第六节　检修作业的危险、有害因素及基本安全措施

一、检修作业的危险、有害因素

化工生产检修涉及动火、进入密闭空间（受限空间作业）、高处作业、动土、吊装、抽堵盲板、断路等特殊作业。在作业过程中有可能发生火灾、爆炸、中毒、窒息、灼烫、高处坠落、物体打击、触电等事故，应严格执行相关标准规范的规定，实行作业安全许可制度。

二、检修作业基本安全措施

（一）检修前的准备

检修前的准备工作主要包括：

1.编制检修计划，落实责任分工；

2.进行检修风险分析，制定检修方案（包括安全措施方案）；

3.检修前的安全教育；

4.检修前检查。

（二）化工生产装置停车及停车后的安全处理

1.生产装置停车

严格按停车方案确定的停车时间、停车程序以及各项安全措施进行停车。

（1）卸压

生产装置卸压要缓慢由高压降至低压，但压力不得降至零，更不能造成负压，一般要求系统内保持微正压。在卸压未完成前，不得拆动设备。

（2）降温

按规定的降温速率进行降温。高温设备不能急骤降温，避免造成设备损伤。

(3)排净物料

排净生产系统(设备、管道)内储存的气、液、固体物料。如物料不能完全排净,应在“安全检修交接书”中详细记录,并进一步采取安全措施。排放残留物必须严格按规定地点和方法进行,不得随意放空或排入下水道,以免污染环境或发生事故。

停车操作期间,装置周围应杜绝一切点火源。

停车过程中,对发生的异常情况和采取的处理措施,要随时做好记录;对关键装置和要害部位的关键性操作,要采取监护措施。

2.停车后的安全处理

停车后的安全处理的主要内容有隔绝、置换、吹扫与清洗,以及办理检修交接手续等。

(1)隔绝

由于隔绝不可靠,有毒、易燃、易爆、腐蚀、窒息或高温介质进入检修设备,是检修过程中生产安全事故发生的重要原因,因此,检修设备必须进行可靠隔绝。

安全可靠的隔绝办法是拆除管线或插入盲板。拆除管线是将与被检修设备相连接的管道、阀门、伸缩接头等拆卸。如拆卸困难,则应关严阀门,并且在与检修设备相连的管道法兰连接处插入盲板。抽插盲板属于特殊作业,应办理“抽插盲板作业许可证”,落实各项安全措施。

1)绘制抽插盲板作业图,按图进行抽插作业,并做好记录和检查。加入盲板的部位要有明显的标志,严防漏插漏抽。拆除法兰螺栓时要逐步缓慢松开,防止管道内余压或残余物料喷出。加盲板的位置一般在来料阀后部法兰处,盲板两侧均应加垫片并用螺栓紧固,做到无泄漏。

2)盲板必须符合安全要求并进行编号。根据现场实际情况制作合适的盲板。盲板的尺寸应符合阀门或管道的口径;盲板的厚度需通过计算确定,原则上盲板厚度不得低于管壁厚度;盲板及垫片的材质,要根据介质特性、温度、压力选定;盲板应有大的突耳并涂上特别颜色,用于挂牌编号和识别。

3)抽插盲板现场安全措施。

确认系统物料排尽,压力、温度降至规定要求;在禁火区或抽插易燃、易爆介质管道盲板,应使用防爆工具和防爆灯具,在规定范围内严禁用火,作业中应有专人巡回检查及监护;在室内抽插盲板,必须打开窗户或采用符合安全要求的通风设备强制通风;抽插有毒介质管路盲板,作业人员应按规定佩戴个体防护用品,防止中毒;在高处抽插盲板,应同时满足高处作业安全要求,并佩戴安全帽、安全带;危险性特别大的作业,应有抢救后备措施,医务人员、救护车应在现场;抽插盲板连续作业时间不宜过长,应轮换休息。

(2)置换、吹扫与清洗

1)置换。为保证检修动火和进入设备内作业(受限空间作业)安全,检修范围内的所有设备和管线中的易燃、易爆、有毒有害气体应进行置换。对易燃、有毒气体的置换,大多采用蒸汽、氮气等惰性气体作为置换介质,也可采用注水排气法,将易燃、有毒气体排出。设备经置换后,若需要进入其内部工作还,必须再用空气置换惰性气体,以防发生窒息。置换作业应采取以下安全措施:

①被置换的设备、管道等必须与系统进行可靠隔绝。

②置换前应制定置换方案，绘制置换流程图，根据置换和被置换介质比重不同，合理选择置换介质入口、被置换介质排出口及取样部位，防止出现死角。若置换介质的比重大于被置换介质的比重时，应由设备或管道最低点送入置换介质，由最高点排出被置换介质，取样点宜在顶部位置及宜产生死角的部位；置换介质的比重比被置换介质小时，从设备最高点送入置换介质，由最低点排出被置换介质，取样点宜设在设备的底部位置和可能成为死角的位置。

③用水作为置换介质时，一定要保证设备内注满水，且在设备顶部最高处溢流口有水溢出，并持续一段时间，严禁注水未满。用惰性气体作置换介质时，必须保证惰性气体用量（一般为被置换介质容积的 3 倍以上）。但是，置换是否彻底，置换作业是否已符合安全要求，不能只根据置换时间的长短或置换介质的用量，而应根据取样分析是否合格为准。置换作业排出的气体须进行回收或进行安全处理（如引入火炬系统进行燃烧处理）。如需检修动火，置换用惰性气体中氧含量一般应小于 1%～2%（体积百分浓度）。

④按置换流程图规定的取样点取样分析达到合格。

2）吹扫。对设备和管道内没有排净的易燃、有毒液体，一般采用水蒸气或惰性气体进行吹扫的方法清除。吹扫作业安全注意事项如下：

①应该根据停车方案中规定的吹扫流程图，按管段号和设备位号逐一进行，并填写登记表。在登记表上注明管段号、设备位号、吹扫压力、进气点、排气点、负责人等。

②吹扫结束时应先关闭物料管道阀门再停气，以防管路系统介质倒流。

③吹扫结束应及时取样分析，合格后及时与运行系统隔绝。

3）清洗。对置换和吹扫都无法清除的黏结在设备内壁的易燃、有毒物质的沉积物及结垢等，必须采用清洗和铲除的办法进行处理，以避免因为动火时沉积物或结垢遇高温迅速分解或挥发，使空气中可燃物质或有毒有害物质浓度增大而发生燃烧、爆炸或中毒事故。

清洗可分为蒸煮和化学清洗：

①蒸煮。较大的设备和容器在清除物料后，应使用蒸汽、高压热水喷扫或用碱液进行蒸煮，采用的蒸汽宜为低压饱和蒸汽；被喷扫设备应有防静电接地，防止产生静电火花引起燃烧、爆炸事故，防止烫伤及碱液灼伤。

②化学清洗。常用碱洗法、酸洗法、碱洗与酸洗交替使用等方法。碱洗和酸洗交替使用法适于单纯对设备内氧化铁沉积物的清洗，若设备内有油垢，应先用碱洗去油垢，然后清水洗涤，接着进行酸洗。若沉积物中除氧化铁外还有铜、氧化铜等物质，仅用酸洗法不能清除，应先用氨溶液除去沉积物中的铜，然后进行酸洗。如果铜及铜的氧化物污垢附着较多，在酸洗时要添加铜离子封闭剂，以防因铜离子的电极沉积引起腐蚀。

化学清洗后的废液处理后排放。废液的处理方法有沉淀、过滤、中和、氧化、还原、凝聚、吸附、离子交换等。

4）铲除。设备内的沉积物可用人工铲刮的方法予以清除。进行此项作业时，应符合进入设备作业安全规定，对于可燃物的沉积物的铲刮应使用铜质、木质等不产生火花的工具。对铲刮下来的沉积物应妥善处理。

(3)其他安全措施

1)清理检修现场和通道。检修现场应根据《安全标志及其使用导则》(GB 2894－2008)的规定,设立相应的安全标志。检修现场应有专人负责监护;与检修无关人员禁止入内;影响检修安全的坑、井、洼、沟、陡坡等均应填平或铺设与地面平齐的盖板,设置围栏和危险标志,夜间应设危险信号灯;检修现场须保持排水通畅,不得有积水。检修现场应保持道路通畅,路面平整,路基牢固及良好的照明措施;检修现场道路应设置交通安全标志,其设置地点、形状、尺寸和颜色应符合《道路交通标志和标线》(GB 5768－2009)的规定;检修或施工需要占用道路,影响消防通道时,必须办理审批手续。

2)切断待检设备的电源,并经复查确认无电后,在电源开关处挂上"禁止启动"的安全标志并加锁。

3)及时与公用工程系统(水、电、气、汽)联系并妥善处理。

4)安全交接。生产部门与检修实施部门应严格办理安全检修交接手续,交接双方按上述要求进行认真检查和确认,符合安全检修交接条件后,办理交接手续。

(三)特殊作业安全措施

1.特殊作业的概念

根据《化学品生产单位特殊作业安全规程》(GB 30871－2014),特殊作业是指化学品生产单位设备检修过程中可能涉及的动火、进入受限空间、盲板抽堵、高处作业、吊装、临时用电、动土、断路等,对操作者本人、他人及周围建(构)筑物、设备、设施的安全可能造成危害的作业。

(1)动火作业

直接或间接产生明火的工艺设备以外的禁火区内可能产生火焰、火花或炽热表面的非常规作业,如电焊、气焊(割)作业,使用电钻、砂轮等进行的作业。

固定动火区以外的动火作业一般分为二级动火、一级动火、特殊动火三个级别,遇节假日或其他特殊情况,动火作业应升级管理。企业应划定固定动火区及禁火区。

二级动火作业是指除特殊动火作业和一级动火作业以外的动火作业。凡生产装置或系统全部停车,装置清洗、置换、分析合格并采取安全隔离措施后,可根据其火灾、爆炸危险性大小,经所在单位安全管理部门批准,动火作业可按二级动火作业管理。

一级动火作业是指在易燃易爆场所进行的除特殊动火作业以外的动火作业。厂区管廊上的动火作业按一级动火作业管理。

特殊动火作业是指在生产运行状态下的易燃易爆生产装置、输送管道、储罐、容器等部位上及其他特殊危险场进行的动火作业。带压不置换动火作业按特殊动火作业管理。

(2)受限空间作业

进入或探入受限空间进行的作业为受限空间作业。

受限空间是指进出口受限,通风不良,可能存在易燃易爆、有毒有害物质或缺氧,对进人员的身体健康和生命安全构成威胁的封闭、半封闭设施及场所,如反应器、塔、釜、槽、罐、炉膛、锅筒、管道及地下室、坑(池)、下水道或其他封闭、半封闭场所。

(3)高处作业

在距坠落基准面 2 m 及 2 m 以上有可能坠落的高处进行的作业。坠落基准面是指坠落处最低点的水平面。

(4)盲板抽堵作业

在设备、管道上安装和拆卸盲板的作业。

(5)吊装作业

利用各种吊装机具将设备、工件、器具、材料等吊起,使其发生位置变化的作业过程。

(6)临时用电作业

搭接临时用电电源的作业为临时用电作业。临时用电是指正式运行的电源上所接的非永久性用电。

(7)动土作业

挖土、打桩、钻孔,坑探、地锚入土深度在 0.5 m 以上,使用推土机、压路机等施工机械进行填平或平整场地等可能对地下隐蔽设施产生影响的作业。

(8)断路作业

在化学品生产单位内交通主、支路以及车间引道上进行的工程施工、吊装、吊运等各种影响正常交通的作业。

2.特殊作业安全要求

(1)特殊作业基本安全要求

1)作业前,应对参加作业的人员进行安全教育,主要内容应包括有关作业的安全规章制度、作业现场和作业过程中可能存在的危险、有害因素及应采取的具体安全措施、作业过程中所使用的个体防护器具的使用方法及使用注意事项、事故的预防、避险、逃生、自救、互救等知识、相关事故案例和经验、教训。

2)作业前应办理相应的《安全作业证》。同一作业涉及动火、受限空间、盲板抽堵、高处作业、吊装、临时用电、动土、断路中的两种或两种以上时应同时办理相应的《安全作业证》。

3)作业前,作业单位和生产单位应对作业现场和作业过程中可能存在的危险、有害因素进行辨识,制定相应的安全措施。

4)作业前,生产单位应进行如下工作。

①对设备、管线进行隔绝、清洗、置换,并确认满足动火、进入受限空间等作业安全要求。

②对放射源采取相应的安全处置措施。

③对作业现场的地下隐蔽工程进行交底。

④腐蚀性介质的作业场所配备人员应急用冲洗水源。

⑤夜间作业场所设置满足要求的照明装置。

⑥会同作业单位组织作业人员到作业现场,了解和熟悉现场环境,进一步核实安全措施的可靠性,熟悉应急救援器材的位置及分布。

5)作业前,作业单位对作业现场及作业涉及的设备、设施、工器具等进行检查,并使之符合如下要求:

①作业现场消防通道、行车通道和疏散通道应保持畅通；影响作业安全的杂物应消理干净。

②作业现场的梯子、栏杆、平台、盖板等设施应完整、牢固。采用的临时设施应确保安全。

③作业现场可能危及安全的坑、井、沟、孔洞等应采取有效防护措施，设置警示标志，夜间应设警示红灯；需要检修的设备上的电器电源应可靠断电，在电源开关处加锁并加挂安全警示牌。

④作业使用的个体防护器具、消防器材、通信设备、照明设备等应完好。

⑤作业使用的脚手架、起重机械、电气焊用具、手持电动工具等各种工器具应符合作业安全要求。非安全电压的手持式、移动式电动工器具应逐个配置漏电保护器和电源开关。

6)进入作业现场的人员应正确佩戴符合标准要求的安全帽。作业人员应遵守本工种安全技术操作规程并按规定着装及正确佩戴相应的个体防护用品。多工种、多层次交叉作业应统一协调。特种作业和特种设备作业人员应持证上岗。职业禁忌症患者不应参与相应作业。作业监护人员应坚守岗位，如确需离开，应有专人替代监护。

7)作业前，作业单位应办理作业审批手续，并有相关责任人签名确认。

同一作业涉及动火、进入受限空间、盲板抽堵、高处作业、吊装、临时用电、动土、断路中的两种或两种以时，除应同时执行相应的作业要求外，还应同时办理相应的作业审批手续。

作业时审批手续应齐全，安全措施应全部落实，作业环境应符合安全要求。

8)当生产装置出现异常，可能危及作业人员安全时，生产单位应立即通知作业人员停止作业，迅速撤离。

当作业现场出现异常，可能危及作业人员安全时，作业人员应停止作业，迅速撤离，作业单位应立即通知生产单位。

9)作业完毕，应恢复作业时拆移的盖板、扶手、栏杆，防护罩等安全设施的安全使用功能；将作业用的工器具、脚手架、临时电源、临时照明设备等及时撤离现场；将废料杂物、垃圾、油污等清理干净。

(2)动火作业安全要求

1)动火作业应有专人监火。作业前应清除动火现场及周围的易燃物品，或采取其他有效安全防火措施，配备消防器材。

2)动火点周围或其下方的地面如有可燃物、孔洞、窨井、地沟、水封等，应检查分析并采取清理或封盖等措施；动火点周围有可能泄漏易燃、可燃物料的设备，应采取隔离措施。

3)凡在盛有或盛装过危险化学品的设备、管道等生产、储存设施及处于《建筑设计防火规范》(GB 50016)、《石油化工企业设计防火规范》(GB 50160)、《石油库设计规范》(GB 50074)规定的甲、乙类区域的生产设备上动火作业，应将其与生产系统彻底隔离，并进行清洗、置换，分析合格后方可作业；因条件限制无法进行清洗、置换而确需动火作业时，应按特殊动火作业的规定执行。

4)拆除管线进行动火作业时,应先查明内部介质及其走向,并根据所要拆除管线的情况制定安全防火措施。

5)在有可燃物构件和使用可燃物做防腐内衬的设备内部进行动火作业时,应采取防火隔绝措施。

6)在生产、使用、储存氧气的设备上进行动火作业时。设备内氧含量不应超过23.5%。

7)动火期间距离动火点30 m以内不应排放可燃气体;距动火点15 m内不应排放可燃液体;在动火点10 m范围内及动火点下方不应同时进行可燃溶剂清洗或喷漆等作业。

8)铁路沿线25 m以内的动火作业,如遇装有危险化学品的火车通过或停留,应立即停止。

9)使用气焊、气割动火作业,乙炔瓶应直立放置,氧气瓶与乙炔瓶之间的间距不应小5 m,二者与作业地点的间距不应小于10 m,并应设置防晒措施。

10)作业完毕应清理现场,确认无残留火种后方可离开作业现场。

11)五级(含五级)风以上天气,原则上禁止露天动火作业。因生产确需动火,动火作业应升级管理。

12)作业前应进行动火分析。动火分析的要求如下:

①动火分析的监测点要有代表性。在较大的设备内动火,应对上、中、下各部位进行监测分析;在较长的物料管线上动火,应在彻底隔绝区域内分段分析。

②在设备外部动火,应在不小于动火点10 m范围内进行动火分析。

③动火分析与动火作业间隔一般不超过30 min。如现场条件不允许,间隔时间可适当放宽,但不应超过60 min。

④作业中断时间超过60 min,应重新分析。每日动火前均应进行动火分析;特殊动火作业期间应随时进行监测。

⑤使用便携式可燃气体检测仪或其他类似手段进行分析时,检测设备应经标准气体样品标定合格。

⑥动火分析合格标准

a.当被测气体或蒸气的爆炸下限大于或等于4%时,浓度应不大于0.5%(体积分数)。

b.当被测气体或蒸气的爆炸下限小于4%时,浓度应不大于0.2%(体积分数)。

(3)受限空间作业安全要求

1)作业前,应对受限空间进行安全隔绝,要求如下:

①与受限空间连通的可能危及作业安全的管道应采用插入盲板或拆除一段管道进行隔绝。

②与受限空间连通的可能危及作业安全的孔、洞应进行严密封堵。

③受限空间内用电设备的电源有效切断后应在电源开关处上锁并加挂警示牌。

2)作业前,应根据受限空间盛装(过)的物料特性,对受限空间进行清洗或置换,并达到如下要求:

①氧含量为18%～21%,在富氧环境不应大于23.5%。

②有毒气体(物质)浓度应符合《工作场所有害因素职业接触限值 化学有害因素》(GBZ2.1－2007)的规定。

③可燃气体浓度应符合动火分析合格标准。

3)应保持受限空间空气流通良好,可采取如下措施:

①打开人孔、手孔、料孔、风门等与大气相通的设施进行自然通风。

②必要时,应采用风机强制通风或管道送风,管道送风前应对管道内介质和风源进行分析确认。

4)对受限空间内的气体浓度进行严格监测,监测要求如下:

①作业前 30 min 内,应对受限空间进行气体采样分析,分析合格后方可进入。

②采样点应有代表性,容积较大的受限空间,应采取上、中、下各部位取样。

③分析仪器应在校验有效期内,应保证其处于正常工作状态。

④采样人员深入或探入受限空间采样时应采取与进入受限空间作业相同的个体防护措施。

⑤作业中应定时监测,至少每 2 h 监测一次。如监测分析结果有明显变化,应立即停止作业,撤离人员,对现场进行处理,取样分析合格后方可恢复作业。

⑥对可能释放有害物质的受限空间,应连续监测,情况异常时应立即停止作业,撤离人员,对现场进行处理,取样分析合格后方可恢复作业。

⑦涂刷具有挥发性溶剂的涂料时,应做连续分析,并采取强制通风措施。

⑧作业中断时间超过 30 min,应重新进行取样分析。

5)进入下列受限空间作业应采取如下防护措施:

①缺氧或有毒的受限空间经清洗或置换达不到要求的,应佩戴隔离式防护面具,必要时应拴救生绳。

②易燃易爆的受限空间经清洗或置换达不到要求的,应穿防静电工作服及防静电工作鞋,使用防爆型低压灯具及防爆工具。

③进入具有酸碱等腐蚀性介质的受限空间,应穿戴防酸碱工作服、工作鞋、手套等防腐蚀防护用品。

④有噪声产生的受限空间,应佩戴耳塞或耳罩等防噪声防护器具。

⑤有粉尘产生的受限空间,应佩戴防尘口罩、眼罩等防尘护具。

⑥进入高温受限空间应穿戴高温防护用品,必要时采取通风、隔热、佩戴通信设备等防护措施。

⑦进入低温受限空间应穿戴低温防护用品,必要时采取供暖、佩戴通信设备等措施。

6)受限空间作业照明及用电安全要求:

①受限空间照明电压应小于等于 36 V。在潮湿容器、狭小容器内,电压应小于等于 12V。

②在潮湿容器中,作业人员应站在绝缘板上,同时保证金属容器接地可靠。

7)受限空间作业监护要求:

①在受限空间外应设有专人监护。

②在风险较大的受限空间作业时,应增设监护人员,并随时与受限空间内作业人员保持联络。

8)其他安全要求：

①受限空间外应设置安全警示标志，备有空气呼吸器、消防器材和清水等相应的应急用品。

②受限空间出入口应保持畅通。

③作业前后应清点作业人员和作业工器具。

④作业人员不应携带与作业无关的物品进入受限空间；作业中不应抛掷材料、工器具等物品；在有毒、缺氧环境下不应摘下防护面具；不应向受限空间充氧气或富氧空气；离开受限空间时应将作业工器具 带出。

⑤难度大、劳动强度大、时间长的受限空间作业应采取轮换作业方式。

⑥作业结束后，受限空间所在单位和作业单位共同检查受限空间内外，确认无问题后方可封闭受限空间。

⑦受限空间作业的最长作业时限不应超过 24h，特殊情况超过作业时限的应办理作业延期手续。

⑧受限空间涉及动火、高处作业、临时用电等其他特殊作业时，还应执行其他特殊作业的安全规定。

(4)其他特殊作业安全要求：

盲板抽堵、高处作业、吊装、临时用电、动土、断路作业应按照《化学品生产单位特殊作业安全规程》(GB 30871－2014)、《生产区域盲板抽堵作业安全规范》(HG 30012－2013)、《生产区域高处作业安全规范》(HG 30013－2013)、《生产区域吊装作业安全规范》(HG 30014－2013)、《生产区域断路作业安全规范》(HG 30015－2013)和《生产区域动土作业安全规范》(HG 30015－2013)的要求进行。

(四)检修结束后的安全措施

检修完工后应认真进行检查，确认无误后进行试压、试漏、调校安全阀、调试仪表和联锁装置，对检修的设备进行单体和联动试车，开展验收交接。

(五)装置开车的安全措施

1.开车前的准备

(1)检修作业结束后，检修负责人应会同生产人员和安全管理员进行安全检查，编制《装置开车方案》并进行风险分析，落实风险控制措施。

(2)要确认检查检修的项目是否全部按计划完成，是否有漏项；要求进行测厚、探伤等检查的项目，是否已按规定完成；检修的质量是否符合规定。

(3)核实设备及管道内是否有人员、工具、手套等杂物遗留，在确认无误后，才能封盖设备，恢复设备上的防护装置。

(4)检查检修现场是否达到，“工完、料净、场地清”和通道畅通的要求。

(5)检修换下来的存有有毒有害物质的旧设备、管线等物品，要有专人负责进行安全处理。

(6)会造成环境污染的废弃物，要在指定的地点销毁或堆放。

2.试车验收

在检修项目全部完成和设备及管线复位后，要组织生产人员和检修人员共同参加试车和验收工作。根据规定分别进行耐压试验、气密试验、试运转、调试、负荷试车和验收工作。

(1)盲板要按要求进行抽堵,并做好核实工作。

(2)各种阀门要正确就位,开关动作灵活好用,并核实是否处在正确的开关状态。

(3)检查各种管件、仪表、孔板等是否齐全,是否正确复位。

(4)检查电机及传动机械是否正确接线,冷却及润滑系统是否恢复正常,安全装置是否齐全,报警系统是否完好。

(5)各项检查无误后方可试车。试车合格后,按规定办理验收手续。

(6)试车合格、验收完毕后,在正式投产前,应拆除临时电源及检修用的各种临时设施,撤除排水沟、井的封盖物。

3.检修后生产装置开车

装置的开车必须严格执行开车方案和操作规程。在接受易燃、易爆物料之前,设备和管道必须进行气体置换。接受物料应缓慢进行,防止管线及设备的冲击、震动。蒸汽加热时,要先预热、放水,逐步升温升压。各种加热炉必须按程序点火,严格按升温曲线升温。

开车正常后检修人员才能撤离。有关部门要组织生产和检修人员全面验收,整理资料,归档备查。

第七节 常用危险化学品安全技术标准

1.《化学品分类和危险性公示通则》(GB 13690－2009)

2.《常用危险化学品储存通则》(GB 15603－1995)

3.《危险货物分类和品名编号》(GB 6944－2012)

4.《危险货物品名表》(GB 12268－2012)

5.《腐蚀性商品储藏养护技术条件》(GB 17915－2013)

6.《毒害性商品储藏养护技术条件》(GB 17916－2013)

7.《安全标志及其使用导则》(GB 2894－2008)

8.《个体防护装备选用规范》(GB/T 11651－2008)

9.《呼吸防护用品的选择、使用与维护》(GB/T 18664－2002)

10.《呼吸防护 自吸过滤式防毒面具》(GB 2890－2009)

11.《呼吸防护用品 自吸过滤式防颗粒呼吸器》(GB 2626－2006)

12.《呼吸防护 长管呼吸器》(GB 6220－2009)

13.《自给开路式压缩空气呼吸器》(GB/T 16556－2007)

14.《危险货物运输包装通用技术条件》(GB 12463－2009)

15.《工业企业厂内铁路、道路运输安全规程》(GB 4387－2008)

16.《液体石油产品静电安全规程》(GB 13348－2009)

17.《防止静电事故通用导则》(GB 12158－2006)

18.《化学品安全标签编写规定》(GB 15258－2009)

19.《石油与石油设施雷电安全规范》(GB 15599－2009)

20.《危险化学品经营企业开业条件和技术要求》(GB 18265－2000)

21.《化学品安全技术说明书内容和项目顺序》(GB/T 16483－2008)
22.《工业企业设计卫生标准》(GBZ 1－2010)
23.《工作场所有害因素职业接触限值第1部分:化学有害因素》(GBZ 2.1－2007)
24.《工作场所有害因素职业接触限值 第二部分:物理因素》(GBZ 2.2－2007)
25.《危险化学品重大危险源辨识》(GB 18218－2009)
26.《化学品生产单位特殊作业安全规程》(GB 30871－2014)
27.《化工企业安全卫生设计规范》(HG 20571－2014)
28.《化工电气安全工作规程》(HG/T 30018－2013)
29.《生产区域动火作业安全规范》(HG 30010－2013)
30.《生产区域受限空间作业安全规范》(HG 30011－2013)
31.《生产区域盲板抽堵作业安全规范》(HG 30012－2013)
32.《生产区域高处作业安全规范》(HG 30013－2013)
33.《生产区域吊装作业安全规范》(HG 30014－2013)
34.《生产区域断路作业安全规范》(HG 30015－2013)
35.《生产区域动土作业安全规范》(HG 30015－2013)
36.《生产区域设备检修作业安全规范》(HG 30017－2013)

第三篇 DISANPIAN

案例1　某机械企业危险有害因素辨识

情景描述：

某企业为小型货车生产厂，现有职工1 100余人。厂区主要建筑物有冲压车间、装焊车间、涂装车间、钣金车间、装配车间、外协配套库、半成品库和办公楼。

冲压车间有三条冲压生产线。库房和车间使用6台5吨桥梁式起重机吊装原材料，装配生产线上设置多台地面操作的单梁电动葫芦和多台小吨位起重机，在汽车板材冲压生产线上设置4台大吨位桥式起重机。车身涂装采用三涂层三烘干的涂装工艺，涂装运输采用自动化运输方式。漆前表面处理和电泳采用悬挂运输方式，中层涂层和面漆涂装线采用地面运输方式。生产线设中央控制室监控设备运行状况。喷漆室采用上送风、下排风的通风方式。喷气室外附设有调漆室。整车总装配采用强制性流水线。车身装焊线焊机选用悬挂电焊机、固定焊机、二氧化碳气体保护焊机等。车身装焊工艺主要设备包括各类焊机、夹具、检具、车身总成调整线和输送设备。车架装焊车间采用胎具集中装配原则，组合件和小型部件预先装焊好与其他零件一起进入总装胎具焊接线。焊接方法采用二氧化碳气体保护焊。装焊设备主要包括焊机、总成焊接胎具、部件焊接胎具、小件焊接胎具以及输送系统设备等，装焊车间通风良好。

该厂原材料、配套件、成品和燃料均采用汽车运输，厂内半成品运输以叉车为主。全厂现有小客车8辆，货车16辆，叉车15辆。厂区道路采用环形布局，主干道宽度8 m、转弯半径大于9 m。次干道宽度5 m、转弯半径大于6 m。厂区内主要道路两侧进行了绿化，种植有草坪、灌木、松树和杨树。

该企业主要公用和辅助设施有变电站、锅炉房、空压站。变配电站电压等级为35 kV，内设5台变压器，总安装容量为3 900 kVA。厂区高、低压供电系统均采用电缆放射式直埋或电缆沟敷设。厂区道路设路灯照明。锅炉房内设3台4 t/h燃煤锅炉，为厂区生产和生活提供蒸汽。空压站有4台供气量为20 m^3/min的空气压缩机，为全厂生产提供压缩空气。

问题：

根据上述场景，按照《企业职工伤亡事故分类标准》(GB 6441－86)，辨识出该企业在生产过程中有哪些主要危险因素，并指出这些危险因素存在于哪些场所？

参考答案：

一、冲压车间危险因素有物体打击、机械伤害、起重伤害、触电、高处坠落。

二、涂装车间危险因素有触电、火灾、化学性爆炸(其他爆炸)、中毒和窒息。

三、装配车间危险因素有物体打击、车辆伤害、触电。

四、装焊车间危险因素有物体打击、车辆伤害、触电、火灾、化学性爆炸(其他爆炸)、中毒和窒息、灼烫。

五、配电站危险因素有触电。

六、锅炉房和空压站危险因素有触电、锅炉爆炸、容器爆炸。

案例 2　某煤炭开采企业安全生产条件分析

企业概况：

某煤炭开采企业地面辅助生产系统有维修车间、锅炉房、配电室、油库、办公大楼和车库等。在维修车间，除机械加工设备外，还有 1 台额定起重量 1.5 t、提升高度 2 m 的起重机，气焊用氧气、乙炔气瓶各 5 个。燃煤锅炉房有出口水压（表压）0.12 MPa、额定出水温度 130 ℃、额定功率 28 MW 的锅炉 2 台。油库有 1 个储量为 7 吨的汽油储罐及配套加油设备。办公大楼内安装载人电梯 2 部。该企业有员工通勤大客车 1 辆。

问题：

一、根据《特种设备安全监察条例》（国务院令第 549 号），指出该企业地面辅助生产系统现有设备中哪些属于特种设备？

二、该企业地面辅助生产系统哪些属于重大危险源申报登记范围？

三、该企业是否应申领安全生产许可证？如是，请根据《安全生产许可证条例》（国务院令第 397 号），指出该企业申领安全生产许可证应具备的安全生产条件；如否，说明理由？

参考答案：

一、该企业地面辅助生产系统的特种设备有锅炉、电梯、起重机、氧气、乙炔气瓶。

二、属重大危险源申报登记范围的是出口水压（表压）0.12 MPa、额定出水温度 130 ℃、额定功率 28 MW 的锅炉。

三、该企业应申领安全生产许可证。申领安全生产许可证应具备的安全生产条件如下：

1.建立、健全安全生产责任制，制定完备的安全生产规章制度和操作规程；

2.安全投入符合安全生产要求；

3.设置安全生产管理机构，配备专职安全生产管理人员；

4.主要负责人和安全生产管理人员经考核合格；

5.特种作业人员经有关业务主管部门考核合格，取得特种作业操作资格证书；

6.从业人员经安全生产教育和培训合格；

7.依法参加工伤保险，为从业人员缴纳保险费；

8.厂房、作业场所和安全设施、设备、工艺符合安全生产法律、法规、标准和规程的要求；

9.有职业危害防治措施，并为从业人员配备符合国家标准或者行业标准的劳动防护用品；

10.依法进行安全评价；

11.有重大危险源检测、评估、监控措施和应急预案；

12.有安全生产事故应急救援预案、应急救援组织或者应急救援人员，配备必要的应急救援器材、设备；

13.法律、法规规定的其他条件。

案例3　建筑施工安全事故案例

事故概况：

＊＊年＊＊月＊＊日，在某建设集团下属公司承接的某高层5号房工地上，项目部安排瓦工薛某、唐某拆除西单元楼内电梯井隔离防护。由于木工在支设12层电梯井时少预留西北角一个销轴洞，因而在设置十二层防护隔离时，西北角的搁置点采用一根φ48钢管从11层支撑至12层作为补救措施。由于薛某、唐某在作业时，均未按要求使用安全带操作，而且颠倒拆除程序，先拆除11层隔离（薛某将用于补救措施的钢管亦一起拆掉），后拆除12层隔离。上午10时30分，薛某在进入电梯井西北角拆除防护隔离板时，三个搁置点的钢管框架发生倾翻，人随防护隔离一起从12层（32米处）高空坠落至电梯井底。事故发生后，工地负责人立即派人将薛某急送至医院，但因薛某伤势严重，经抢救无效，于当日12时30分死亡。

问题：

一、确定事故性质。

二、按照《生产安全事故报告和调查处理条例》划分事故等级。

三、分析事故直接原因和间接原因。

四、提出整改措施。

参考答案：

一、确定事故性质。

该事故属于责任事故。

二、按照《生产安全事故报告和调查处理条例》划分事故等级。

该事故为一般事故。

三、分析事故直接原因和间接原因。

（一）直接原因

1.安全防护隔离设施在设置时有缺陷，规定四根固定销轴只设三根，而补救钢管已先予拆除。

2.项目负责人违章指挥，操作人员违章作业，违反先上后下的拆除作业程序，自我保护意识差，高空作业未系安全带。

（二）间接原因

1.施工现场监督、检查不力，未能及时发现存在的隐患。

2.劳动组织不合理，安排瓦工拆除电梯井防护隔离设施。

3.安全教育不力，造成职工安全意识和自我防范能力差。

四、提出整改措施

1.预留洞口安排木工，加盖并固定。

2.组织架子工对施工现场脚手架、电梯井隔离设施、临边防护栏杆、通道防护棚等安全防护设施进行全面检查，对查出的问题立即进行整改。

3.组织全体职工进行各工种岗位责任制、操作规程学习，确定专职监督人员。从思想上、管理上提高安全生产意识和水平，确保安全施工。

4.加强施工人员安全培训教育工作，如组织全体施工人员召开事故现场会，举一反三进行系统的安全生产教育，增强安全意识及自我保护的基本能力，杜绝违章作业。

5.加强对现场管理人员的安全教育，提高管理人员的法制意识，严格遵守各项安全生产的法律法规，杜绝违章指挥。

案例4 某啤酒厂机械伤害事故

事故概况：

某啤酒厂灌装车间，有传送带、洗瓶机、烘干机、灌铍机、装箱机、封箱机等设备。为减轻职业危害的影响，企业为职工配备了防水胶靴、耳塞等劳动保护用品。**年7月8日，维修工甲对洗瓶机进行维修时，将洗瓶机长轴上的一颗内六角螺栓丢失，为了图省事，甲用8号铅丝插入孔中，缠绕固定。

7月22日，新到岗的洗瓶机操作女工乙在没有接受岗前安全培训的情况下就开始操作。乙没有扣好工作服纽扣，致使工作服内的棉衣角翘出，被随长轴旋转的8号铅丝卷绕在长轴上，情急之下乙用双手推长轴，致使乙整个人都随着旋转的长轴而倒立。由于乙未按规定佩戴工作帽，所以倒立时头发自然下垂，被旋转的长轴紧紧缠绕，导致乙头部严重受伤而当场死亡。

事故处理完毕后，企业领导决定建立职业健康安全管理体系，引入现代化的管理理念和科学的管理方法，以提升企业的整体安全管理水平。

问题：

一、指出该起事故的直接原因和间接原因。

二、列出该起事故调查组的人员组成。

三、该企业职业健康安全管理体系文件应包括哪些内容？

四、结合本起事故，分析在此类人机系统作业场所中，常见的机械伤害有哪些形式？

参考答案：

一、事故的直接原因和间接原因。

(一)直接原因

乙没有系好工作服；乙未戴工作帽；甲违反操作规程用铅丝替代螺栓。

(二)间接原因

乙未经培训上岗；检查不到位；没有实行维修验收制度。

二、事故调查组的人员组成。

事故调查组由属地的下列县级部门人员和专家组成：

安全生产监督管理部门；负有安全生产监督管理职责的有关部门；监察机关；公安机

关；工会；人民检察院；有关专家(技术人员)。

三、该企业职业健康安全管理体系文件的内容？

职业健康安全方针和目标；职业健康安全管理的关键岗位与职责；职业健康安全风险及其预防和控制措施；职业健康安全管理体系框架内的管理方案、程序、作业指导书和其他内部文件。

四、此类人机系统作业场所中，常见的机械伤害形式。

卷入；挤压；碰撞；撞击；打击；接触伤害；刺伤。

案例 5 某家具厂火灾事故

事故概况：

某家具厂厂房是一座四层楼的钢筋混凝土建筑物。第一层楼的一端是车间，另一端为原材料库房，库房内存放了木材、海绵和油漆等物品。车间与原材料库房用铁栅栏和木板隔离。搭在铁栅栏上的电线没有采用绝缘管穿管绝缘，原材料库房电闸的保险丝用两根铁丝替代。第二层楼是包装、检验车间及办公室。第三层楼为成品库。第四层为职工宿舍。由于原材料库房电线短路产生火花引燃库房内的易燃物，发生了火灾、爆炸事故，导致了 17 人死亡，20 人受伤，直接经济损失 80 多万元。

问题：

一、该家具厂的生产车间、库房、职工宿舍设置违反了什么法律规定？

二、该厂负责人接到事故报告后，应当做什么、不得做什么？

三、事故调查组应有哪些部门组成？调查组的主要职责是什么？

四、事故调查的基本程序是什么？

参考答案：

一、《中华人民共和国安全生产法》第三十九条规定，生产、经营、储存、使用危险物品的车间、商店、仓库不得与员工宿舍在同一座建筑物内，并应当与员工宿舍保持安全距离。

二、按照《中华人民共和国安全生产法》的要求，该厂负责人接到事故报告后，应当立即采取有效措施，防止事态进一步扩大，立即组织抢救，尽量减少人员和财产损失，立即上报安全主管部门；不得隐瞒不报、谎报或者迟报，不得故意破坏事故现场和证据。

三、事故调查组的组成应包括安全生产监督管理部门、公安消防部门、监察部门、工会、人民检察院等。

事故调查组的主要职责是查明事故发生的经过、财产损失、人员伤亡情况、事故发生的原因，查明事故的责任，确定事故的性质，提出整改措施，提出处理意见，编写事故调查报告。

四、事故调查的基本程序

组成事故调查组，事故现场勘察或处理，事故人证材料的收集，事故物证材料的收集，事故现场图的绘制，事故现场拍照(或摄像)，事实材料的收集，分析事故发生的原因，编写事故调查报告。

案例6 触电事故

事故概况：

2003年8月9日上午，某机械厂动力外线班班长与徒弟一起执行拆除动力线任务。班长未系安全带就骑跨在天窗端墙沿上操作，由上班才三个月的徒弟在下方监护。班长在解横担第二根动力线时，随着身体移动，其头部进入上方10千伏高压线间，发生电击。班长被击倒并从11.5米高窗沿上坠落地面，因颅内出血抢救无效死亡。该动力线距10千伏高压线仅0.7米。

问题：

一、确定事故性质。

二、根据《生产安全事故报告和调查处理条例》，确定事故类型。

三、分析事故原因。

参考答案：

一、事故性质

因违章作业、现场监管不力而造成责任事故。

二、事故类型

一般事故。

三、事故原因分析

（一）直接原因

操作者未系安全带，且在距10千伏高压线远小于1.2m安全距离的场所作业。

（二）事故的间接原因

1.作业前未断开上方10千伏的高压电。

2.现场监护人不具备监护资格。带电作业或在带电设备附近工作时，应设监护人，监护人的安全技术等级应高于操作人。工作人员应服从监护人的指挥。监护人在执行监护时，不应兼作其他工作等。

3.该厂安全操作规程、安全保护措施不落实，安全教育和培训不够，工人的安全意识不强。

案例7 石板镇“6·22”放炮事故

事故概况：

2006年6月22日18:10分左右，石板镇天池村某石灰岩矿发生一起放炮事故，5人被垮塌岩石掩埋当场死亡。

该矿当日下午14:00上班，矿山宕口共有12名工作人员。根据往常工作惯例的安排，现场负责人兼安全员王某巡视作业现场；放炮工周某等3人在宕口上方打炮眼；何某等5人在宕口作业面下方清理宕口内混于石料内的泥土；杨某开铲车装运石料和泥土；李某、魏某在机台上粉碎石料。

16:00分左右，周某等3人在打好的炮眼内装好炸药。周某在连接好炸药的辅导线之后，到工棚内维修坏了的风钻，并叫在工棚内休息的何某等5人赶快到宕口去清理剩下石料内的泥土。

17:30分左右，王某在宕口督促何某等5人清理石料中混有的泥土，见杨某开铲车装运最后一车时，就走出宕口，告诉对面相邻宕口的工人："你们要注意，我们等会要放炮了"。周某修好风钻后，也到对面的相邻的宕口告诉要放炮了，请他们撤出作业人员。周某见宕口下面的工人在铲最后一铲车的泥土了，就到宕口上方连接导线与起爆器，准备放炮。魏某、李某一左一右到采石场两边警戒，二人边走边喊"放炮了"(由于警戒人员的哨子坏了，没有更换，靠嘴喊)。此时，王某得到放炮的警戒信息后，就开始朝30米外的机房撤离，却没有招呼宕口内的工人撤离。约18:10分，周某见相邻宕口的人都走完了，又见魏、李已到警戒的位置，在还没有得到魏、李发出警戒完毕的信息时，就主观认为宕口的作业人员都撤出完了，即按动起爆器。起爆了共计25眼炮(约40公斤炸药)，造成宕口内何某等5人被掩埋，当场死亡。

问题：

一、分析事故发生的原因。

二、请确定该事故的性质。

三、有关部门应采取何种防范措施？

参考答案：

一、事故原因。

(一)直接原因

该石灰岩矿现场负责人兼安全员王某没有严格巡视检查矿山现场放炮安全警戒，放炮工周某在没有确认宕口内作业人员是否全部撤离，也没有得到警戒完毕的信息，凭主观认为自己宕口的工人都撤离完毕，就启动爆破按钮进行爆破作业，是造成此次事故的直接原因。

(二)间接原因

该石灰岩矿安全管理混乱，安全管理督促检查不力；未确保操作规程的遵守和安全措施的落实；未保障必需的安全资金投入，就连放炮警戒使用的哨子也没有及时购买。

二、该事故的性质。

该事故是因该矿安全管理制度不健全，安全管理混乱，安全管理措施不力，违规放炮造成的安全生产责任事故。

三、有关部门应采取何种防范措施？

(一)有关部门要进一步把安全生产责任落到实处，督促相关部门及工作人员认真履行职责，提高基层安全监管人员素质，把安全管理工作做实做细。

(二)要加强非煤矿山的监督管理，对非煤矿山日常监督管理要定人员、定职责，对不具备安全条件的矿山企业，要严格依法予以查处。

（三）公安部门要采取有效措施，严格爆破作业人员的培训，加强矿山爆破物品的现场监督检查；对违反爆破规程行为，及时依法查处；对不具备条件的矿山企业，要停止爆破物品供给。

（四）安监部门要严格把关非煤矿山安全生产许可证发放及管理，对不具备安全生产条件的矿山企业要提请政府予以关闭。

案例8 “1·3”重大道路交通事故

事故概况：

某年1月3日14时40分，驾驶人刘某驾驶某公司一辆客车（核载25人，实载44人）从某区开往江中镇，行至牟家村枣子桥附近时侧翻于5米高坎下，造成9人死亡、35人受伤的道路交通事故。

当日13时20分许，刘某驾驶该车从某区汽车站载客23人（含驾驶员和售票员）向目的地驶去，沿途先后上客21人，致使车上载人达到44人。当车行驶至某收费站前约100m处，驾驶人刘某发现汽车仪表盘制动气压表指针处于红线报警位置，并听到右前门处有漏气声，就停车叫随车乘客李某下车检查是否漏气。李下车检查后，没发现有漏气现象。驾驶人刘某就将气压打到900 kPa，并连续三次起步并踏下制动踏板，发现制动起作用，就继续向前行驶。当车通过收费站进入长下坡连续弯道行驶过程中，驾驶人刘某一直未观察制动气压表指针，行驶至距事发地590米时，在其踏下制动踏板发现无制动后，才观察到制动气压表指针已指在红线上。慌忙中刘某处置失误，导致车辆冲出路面右侧护坡。

问题：

一、确定事故性质。

二、按照《生产安全事故报告和调查处理条例》划分事故等级。

三、分析事故原因。

四、提出整改措施。

参考答案：

一、事故性质：“1·3”道路交通事故是一起责任事故。

二、属较大事故。

三、事故原因

（一）直接原因：驾驶人刘某在驾车过程中曾因使用制动时出现过险情，在收费站前发现制动气压指针处于红线报警位置时，没有下车查明无制动气压的原因并卸客排除故障，而是打足气压后侥幸冒险继续行驶。加之车辆严重超载，导致车辆在坡道的速度越来越快，是造成此事故的直接原因。

（二）间接原因：该公司安全管理不力；车辆维护保养管理不严；从业人员安全意识不强。

四、整改措施：

（一）政府部门应加强对辖区道路交通安全的组织领导，督促交警、交通等部门加强道路交通行业的安全监管，严厉打击超速、超载等严重违法行为，确保各项事故预防措施落到实处。

（二）该公司应认真吸取事故教训，将安全管理制度的落实情况作为日常安全管理的主要内容，层层落实安全管理责任，强化驾驶人的管理，对车辆维护保养实行定点统一，确保质量，完善客车运行过程中突发事件的应急处置制度，加强隐患排查治理。

（三）加强安全培训教育，提高从业人员的安全意识。

案例 9　某煤矿瓦斯爆炸事故

事故概况：

某日，某煤矿近百人分 4 个组下井作业。8 时左右，发生了瓦斯爆炸，调度室接到报告后立即启动应急预案，通知救护队、医院、矿领导及有关人员，组成抢险救灾领导小组，派救护队进入采煤工作面进行抢救。救护队连续工作 20 多个小时，先后发现 28 名遇难人员尸体。抢险救灾领导小组考虑救护队已非常疲劳，且遇难的 29 人中有 28 人已找到，因此决定次日上午让救护队员休息半天，下午再继续寻找另一名遇难者。次日中午 12 时，安排救护队到工作面寻找另一名遇难者的同时，又安排 26 人到采煤工作面外采区进风巷清理维修。当救护队和维修作业人员还未到达作业地点时灾区发生了第二次爆炸，走在前面的 21 人当场死亡，5 人受伤。

问题：

这起事故是由两次事故组成的，第一次是在生产作业时发生的事故，第二次是在抢险救灾过程中发生的事故，两次事故的性质不同。是否应该按两次事故进行调查和处理？主要教训是什么？

参考答案：

按照《生产安全事故报告和调查处理条例》进行调查和处理，这是一起特别重大事故，而不能按两起重大事故进行调查处理。主要教训是救援人员的安全没有得到保障发生次生事故，应在矿井救灾计划中拟定保障救援人员安全的措施。

案例 10　某采石场物体打击事故

事故概况：

2003 年某日，某采石场发生一起物体打击事故，造成 1 人死亡。

此采石场为露天开采矿山，采场断面高约 60 余米。由于接连下了两天雨，矿长决定断面排险后，在地面打底板时便开始生产。

次日上午 8 点左右，根据矿长的安排。一人负责矿山安全监管；3 人在采场外侧打底板；2 人在采场内侧打解眼（靠高山一侧有两块较大的石头，需要放解炮）；铲车在采场内侧装车。上午 10 点 30 分左右，在采场内侧打解眼的石工突然听到断面上部有响动，忙仰头向上察看，只见一块重约 0.5kg 的石头从断面顶部（顶部未排表土，有泥石）掉下，滚落到断面中部（离地约 30 余米高）分成三四小块向地面飞落下来。在石工抬头仰视的时候，他头上戴的安全帽随即朝后掉落到地，也就在这一瞬间，一块重约 0.1kg 的石头刚好击中他的头部，他当即倒地。其他工友见状，急忙进行抢救，并拨打"120"急救电话。约上午 10 点 45 分左右，医院急救车赶到事故现场，经医师检查，发现工人已当场死亡。

问题：

一、分析事故原因。

二、划分事故责任。

三、提出事故处理建议。

四、提出整改措施。

参考答案：

一、事故原因分析

（一）直接原因：

采石场严重违反《金属非金属矿山安全规程》和《开采设计方案》要求，采场断面高约 60 余米，未形成台阶；断面上部未清表土，头两天又下了雨，泥石比较松动，排险未采取监控、撤离等安全措施。

（二）间接原因：

1.在没有清除断面浮石，彻底排除险情的情况下安排生产。

2.企业内部管理混乱，操作规程和制度执行不严。

二、事故责任划分

（一）矿长是采石场安全生产的主要责任人，没有严格按照《金属非金属露天矿山安全规程》和《开采设计方案》组织生产，采场未及时排表土、按阶梯式开采；在没有排险、彻底清除浮石的情况下组织生产，应负此次事故的主要管理责任。

（二）采石场法定代表人，对矿山的各项制度执行情况没有进行严格的监督，职工安全教育缺乏强有力的措施，企业内部管理混乱，疏于管理，对此次事故的发生负领导责任。

三、事故处理建议

(一)根据《生产安全事故报告和调查处理条例》,对矿长处以罚款,同时建议采石场撤销其矿长职务。

(二)根据《生产安全事故报告和调查处理条例》,对法定代表人处以罚款。

(三)根据《中华人民共和国安全生产法》第九十一条、第九十四条等有关规定,对采石场处以罚款。

四、整改措施

(一)对采石场进行停产整顿,并经检查验收后方可恢复生产。

(二)采石场内部应加强安全生产管理和培训,提高职工安全素质。

(三)该采石场对各项制度的执行情况要加强检查与监督。

(四)政府有关部门对非煤矿山进行一次彻底的安全生产大检查。

案例 11 某化肥厂煤气中毒事故

事故概况:

某化肥厂在利用停电和来电升温期间补焊造气烟筒底座和洗气塔进口管漏处时,煤气造气炉的煤气倒入洗气塔,造成 2 人中毒死亡,1 人从塔上坠落死亡的事故。

该化肥厂召开生产干部临时碰头会,安排各车间利用供电部门 14 时至 20 时的停电和来电后升温时间消除漏点,明确要求处理老合成氨冷高压法兰及冷排漏处、锅炉分气缸垫及碳化清洗塔液位计不灵敏问题。特别强调电仪车间利用停电机会清理高压瓷瓶等。同时,责成机动科长、生产副科长协助合成车间代理主任处理老合成的外漏问题。会上造气车间主任杨某提出想利用此机会补焊造气工段烟囱底座和洗气塔进气管漏处,主管生产领导同意,并责成该车间全权负责。

杨某安排副主任赵某来电后组织检修工作,随后离厂回家,19 时许来电后,赵某安排操作工制惰性气,置换 3# 洗气塔,1#、2# 造气炉开车供气。置换结束后,车间办理了对 3# 造气炉烟囱底座及洗气塔进口管动火许可证,交焊工施焊。21 时 30 分,3# 洗气塔进口管漏处焊结完毕,烟囱底座补焊继续进行。维修班长张某、维修工翟某请示赵某装洗气塔人孔盖,赵表示同意。约 10 分钟后,塔下施工人员及造气三楼正在给 2# 造气炉加煤的操作工同时听到洗气塔上有人求救,赵某与机修车间钳工等人迅速赶到塔下准备营救。赵某根据现场判断塔上 2 名维修工可能煤气中毒,当即安排人去拿大绳和防毒面具,并派人通知值班主管领导蔺某。蔺与安全科长到现场后,赵急于救人带上大绳匆匆上到爬梯的中间,蔺与在场人员告诫不能再上,赵退下。同时,蔺派安全科长上三楼通知操作工停 1#、2# 造气炉。赵某戴上防毒面具二次登高,到洗气塔平台后,解下系在腰里的大绳,在营救张、翟过程中,失手坠落。在将赵送往医院的同时,现场继续在组织营救,平台上的 2 名维修工救下后,迅速送往医院抢救。经全力抢救无效,3 人均死亡。

问题：

一、请分析该事故的原因。

二、提出整改措施。

参考答案：

一、该事故的原因

（一）造气车间在补焊烟囱底座和洗气塔进口管漏处时，对气源没有采取有效隔离措施（插盲板），致使煤气造气炉的煤气由洗气塔出口闸板阀（内漏）倒入洗气塔，致使张、翟2人中毒。

（二）作业人员违章指挥，违章作业。

1.造气车间副主任赵某，受主任委托，是现场检修工作的总负责。在组织对洗气塔检修时，一是施工前未办理抽堵盲板和登高作业票。二是不按操作规程指挥，在煤气炉开车供气过程中，在其允许操作工上洗气塔作业前，本应让操作工戴上防毒面具，赵只字未提。三是监护不严，既无专人监护，赵本人又疏忽监护。四是缺乏作业前进行事故预想，存在侥幸心理，违章指挥。五是遇事故缺乏冷静，发现有人中毒后，未采取有效的安全措施，仅戴过滤式防毒面具上去救人，顾此失彼，自己违章造成高空坠落。

2.造气车间维修工张某和翟某，安全意识淡薄，在煤气外泄场所作业，不戴防毒面具，违犯安全操作规程，违章作业造成中毒死亡。

（三）安全防护装置有缺陷。

现场洗气塔平台狭小，栏杆高度不够，操作时作业人员无回旋余地。

（四）抢救措施不力。

在抢救过程中，面对高浓度的煤气，应使用长管式防毒面具，不应使用过滤式防毒面具；登高作业应系安全带。

（五）管理人员安全责任不到位。

1.造气车间主任杨某，在安排副主任赵某对3#洗气塔检修前，安全组织措施和技术措施安排不合理，并在检修期间离厂回家。

2.主管领导蔺某在布置安排全厂生产检修任务的同时，未对造气车间检修项目提出相应的安全技术措施，安技部门也未有人参加会议，违背了“五同时”的要求；在赵某救人时，未对赵某的违章行为及时制止。

二、整改措施

（一）落实安全生产责任制，推行全员、全面、全过程安全管理。

（二）加强职工安全培训，实现规范化作业；严禁违章指挥，违章作业。

（三）加强安全管理制度和票证制度的贯彻落实。任何一项检修，都必须制定检修计划，落实安全措施，明确责任人。检修前要严格按票证管理规定办理好各类票证，做到一项检修一张票；检修过程必须有专人监护，检修完毕要组织生产、工艺、安全、设备人员搞好验收，验收合格才可交付生产使用。

（四）加强监督检查、隐患整治，特别要加强对危险岗位、重点设备、尘毒危害、安全装置的检查，对存在的隐患，必须限期改进，并建档建卡，落实管理部门。

案例12 某化工助剂厂火灾爆炸事故

事故概况：

某年5月18日，某化工助剂厂发生火灾爆炸事故，造成4人死亡，2人轻伤，炸毁车间4间，损坏生产设备一套。

5月18日8时左右，该厂副厂长杨某带领三名工人清除减压蒸馏釜中的沾釜残渣(未反应的2,4-二硝基氯苯及氟化反应的副产物)。清除沾釜残渣采用的方法是3人在上面通过手孔用铁棒往下捅，一人在下面通过釜底放料阀孔向上捅。办理了临时用电许可证，但接一盏220 V普通白炽灯作临时照明。在清釜过程中，下面一人突然听到“蓬”一声，就见一闪燃火从放料阀孔喷出将面部烧伤，随即离开现场。这时釜盖也被冲开，车间屋顶被打开一个洞，随后，全车间顿时起火燃烧，上面的三人当场死亡。在三层平台上的氟化釜操作工，因无法经过二层平台逃生，也被大火烧死。到10时许，车间大火被消防队员基本扑灭，但车间内一只装有约200 kg 2,4—二硝基氯苯的氟化釜，因受高温发生爆炸，氟化釜碎片飞离现场100多米，将车间炸毁。

问题：

一、按照《生产安全事故报告和调查处理条例》规定，划分该事故等级。

二、分析该事故的原因。

参考答案：

一、按照《生产安全事故报告和调查处理条例》，此事故属较大事故。较大事故是指造成3人以上10人以下死亡，或者10人以上50人以下重伤，或者1 000万元以上5 000万元以下直接经济损失的事故。

二、事故原因

(一)直接原因

用铁棒消除减压蒸馏釜残渣时，铁棒撞击釜底放料阀产生明火致使残渣闪燃。燃爆所产生的冲击导致非防爆的220V普通白炽灯泡破裂，形成新的点火源，进而形成进一步的火灾爆炸事故。

(二)间接原因

1.违反防火防爆安全管理制度，在易燃、易爆场所使用非防爆照明灯。

2.企业领导和操作人员安全意识淡薄，安全管理不到位。

案例 13 某化工厂的应急预案

情景描述：

某化工厂，原料和中间产品有易燃、有毒的特性，最终产品是氯气，上级单位要求化工厂制定事故应急预案，厂长甲将任务交给厂调度室主任丙，主任丙为了不影响自己和他人的工作，自己利用业余时间独自编制事故应急预案。编好后交给厂长甲，厂长甲看后做了如下批示：

1.发生事故后先保护重要设备再抢救人员体现爱厂精神。

2.事故应急领导组组长由分管安全生产的副厂长担任符合“谁主管谁负责的原则”。

3.发生事故后由公安消防部门通知附近居民。

厂长甲要求主任丙组织一次演练。主任丙编制了演练步骤：

演练指挥部设在氯气库房的下风向的空地上。

第一步：打开氯气库房大门，并打开氯气罐的阀门。

第二步：参演人员 A、B 在氯气库房门外假装晕倒。

第三步：宣布应急预案启动，全部人员各就其位。

第四步：拨打 110、119、120。

第五步：救援队伍到场后进行抢救。

问题：

一、事故应急预案的编制过程有哪些不正确？

二、事故应急预案存在哪些问题？

三、应急预案演练存在哪些问题？

参考答案：

一、事故应急预案编制存在以下问题

（一）未成立应急预案编制小组，而且小组成员应包括工艺、电气、仪表、安全、设备等相关人员，而是交由丙一个人编写。

（二）未进行编制前的评估分析。一是要进行法律法规分析，二是要进行危险有害因素分析，三是要进行应急能力分析。这些工作需要很多人员的参与，丙在没有充分进行分析的基础上闭门造车编制应急预案，自然会出现很多问题。

（三）未组织相关人员进行评审就发布了应急预案。

二、事故应急预案存在的主要问题

（一）“发生事故后，先保护重要设备再抢救人员，体现爱厂精神”不正确，应该为：“发生事故后立即抢救事故伤害者，并采取防止事故蔓延扩大的措施”。

（二）事故应急领导组组长应该由单位主要负责人担任。

（三）发生事故应该将事故情况立即通知附近居民，组织附近居民疏散，防止事故影响的扩大。

三、应急预案演练存在的问题

(一)演练中不应该真的打开氯气瓶阀门。

(二)演练指挥机构不应设置在下风向的空地上。

案例 14 承包商安全管理

事故概况:

秋雨公司在进行春风化工厂澄清池防腐工程施工过程中发生中毒事故,造成 1 人轻伤,1 人因抢救无效死亡,直接经济损失 60 万元。

春风化工厂在将自己生产区域内深约 4 米的澄清池防腐工程外包过程中,选择了报价最低的施工单位秋雨公司,与之签订了工程施工合同和安全协议。安全协议规定,秋雨公司如在澄清池防腐工程施工中发生事故,其事故后果由秋雨公司自行负责。

事发当天,气候闷热,室外气温在 25 ℃~27 ℃,气压低。施工前,秋雨公司没有将施工方案、应采取的安全技术措施和施工人员资质报春风化工厂审查,也没有办理相关危险作业许可。

此防腐工程使用的防腐涂料树脂为环氧树脂,其稀释剂应为丙酮,但施工人员没有买到丙酮,就用苯作为替代品调配进行施工。

施工过程中,春风化工厂没有安排人员进行现场监护,秋雨公司作业人员违规操作,没按《化学品生产单位受限空间作业安全规范》(AQ 3028—2008)规定,穿戴防毒口罩等劳动防护用品,设置排风通风设备,致使池内有毒气体含量超过极限浓度,发生中毒事故。

问题:

请分析此次事故反映出春风化工厂在承包商安全管理上存在的缺陷和不足。

参考答案:

春风化工厂没有对秋雨公司现场作业进行安全培训和安全确认;没有要求秋雨公司办理相关危险作业证;对其擅自施工的行为,没有及时制止;虽然与秋雨公司签订了安全协议,但协议中没有约定安全教育、工作许可、现场监护等内容,存在“以包代管”的现象。

案例 15 蓄意瞒报事故案例

事故概况:

2009 年 9 月 23 日,某煤矿发生一起顶板事故,造成 1 人死亡,1 人受伤,直接经济损失 30 多万元。事故发生后,矿主及主要管理人员隐瞒事故未向有关部门报告。据调查,

2009 年 9 月 23 日上午 8 点半，该煤矿的生产矿长刘某带领安全员、瓦检员及 13 名工人入井作业。9 点过，攉煤工张某和马某没有进行“敲帮问顶”，也没有进行临时支护就进入工作面迎头攉煤，顶上掉下一块长矸石砸在张某头部和马某的脚上，导致张某死亡，马某受伤。

事故发生后，煤矿法定代表人、矿主姜某安排将伤者马某送到煤矿所在地的县医院进行治疗，将死者张某的家属接来协商赔偿事宜。经协商，由矿方赔付死者家属 25 万元，并派人将死者尸体送回外省老家。姜某对该矿人员打招呼说：“事故已经私了，如有人问起只说有人受伤，没有发生死亡事故。”

10 月 11 日，煤矿安全监察部门事故调查组对这一事故进行调查时，矿主姜某、煤矿技术负责人毛某和生产矿长刘某 3 人对事故矢口否认。12 日，当调查组到达该矿时，姜某、毛某和刘某全部离矿不知去向，抗拒调查。13 日，经当地政府及有关部门反复做思想工作，姜某才交代了事故情况。

问题：

一、判定事故性质。

二、矿主姜某有哪些违法行为？

三、煤矿安全监察部门可以对姜某、毛某和刘某采取哪些处理措施？

四、对该煤矿可依据哪些法规进行罚款处罚？

参考答案：

一、该事故为一起安全生产责任事故。

二、矿主姜某的违法行为有，事故发生后，转移尸体，提供伪证，蓄意瞒报，甚至抗拒事故调查。

三、可以对法定代表人、矿主姜某处以罚款，建议移送司法机关追究刑事责任；对煤矿技术负责人毛某，建议移送司法机关追究刑事责任；对生产矿长刘某，建议移送司法机关追究刑事责任。

四、对该煤矿可以依据《国务院关于预防煤矿安全生产事故的特别规定》第十条的规定和《煤矿安全监察条例》第四十六条的规定，给予罚款。

案例 16　职业健康安全管理体系案例

情景描述：

某公司为了提高企业管理水平，计划用 6 个月时间建立、健全基于《职业健康安全管理体系　要求》(GB/T 28001-2011)的职业健康安全管理体系并通过认证。

公司为了确保实现上述目标，成立了以公司总经理为组长的贯标认证领导小组，任命分管生产的副总经理为管理者代表，全面负责公司职业健康安全管理体系建立、实施、保持与改进的具体事宜。管理者代表从公司各职能部门和生产车间抽调一批业务骨干组成贯标认证工作小组，按照建立职业健康安全管理体系的各阶段开展职业健康安全管理体系建设工作。

公司按计划进行了职业健康安全职责分配，制定了职业健康安全方针、目标并在不同职能和层次进行了目标分解，按《职业健康安全管理体系　要求》编制了职业健康安全管理手册、程序文件和相关作业文件，进行了危险源辨识、风险评价和风险控制策划以及法律法规的识别和评价，形成了职业健康安全管理方案并按步骤执行，开展了各种培训、内部审核、管理评审、符合性审核。但是在整个体系建设过程中，公司各级人员都以自己日常工作比较忙为由，将体系建设的事情交由贯标认证工作小组中安全处的同志代为完成。

认证机构现场审核时，在作业现场发现有两位车间工作人员正在做反应槽清槽作业，但槽外无任何人监护。经审核员询问得知，监护人员正在外出购买盒饭。但该公司《入槽作业管理程序》规定，“清槽作业时必须有监护人员在场”。

问题：

一、建立职业健康安全管理体系一般包括哪几个主要阶段？

二、作业现场发现有两位车间工作人员正在做反应槽清槽作业，但槽外无任何人监护，审核员应开具什么报告？

三、该公司在职业健康安全管理体系建设过程中存在什么问题？

参考答案：

一、建立职业健康安全管理体系一般包括现场诊断、人员培训、初始评审、体系设计、文件编写、体系试运行和认证审核等主要阶段。

二、应开具不符合报告，不符合《职业健康安全管理体系　要求》(GB/T 28001-2011) 4.4.6运行控制条款。

三、职业健康安全管理体系建设强调全员参与，该公司在体系建立和保持过程中，各级人员将本应由各自完成的事情交由贯标认证工作小组中安全处的同志代为完成是不对的。

案例 17　安全评价案例

情景描述：

某石油公司投资建设的加油站已整体完工。该加油站有93＃汽油储罐、0＃柴油储罐各1个，卧式直埋。储罐配套有液位仪、通气管、阻火器、密闭泄油装置、潜油泵以及防渗漏检测井。设加油机2台，配有拉断阀。

加油站站内设施与周边建构筑物以及站内设施之间的防火间距符合《汽车加油加气站设计与施工规范》(GB 50156－2012)要求。

加油站防雷等级为二类。站内房屋采用布置于屋面的热镀锌圆钢作避雷带，利用墙体内主筋作为防雷引下线，与接地网连接。利用金属屋面作为罩棚接闪器，利用罩棚柱内 Φ16 主筋作为防雷引下线，与接地网连接。每个油罐防雷接地点为两处。埋地油罐与露出地面的工艺管道相互做电气连接并接地。供配电系统采用 TN-S 系统，防雷接地、防静电接地、电气设备的工作接地、保护接地及信息系统的接地等，共用接地装置。

汽油罐车卸车场地设置能检测跨接线及监视接地装置状态的静电接地仪。地上敷设的油品管道的始、末端和分支处设防静电和防感应雷的联合接地装置。油品管道上的法兰两端采用用金属线跨接。

加油站装有视频监控一套，对站区实现多方位监控。

加油站建成后，石油公司对加油站的安全设施进行检查，对发现的问题及时进行了整改。整改完成后，石油公司委托了安全评价机构进行安全评价。

问题：

一、安全评价分为哪几种类型，本次加油站安全评价属于哪类安全评价？

二、提出实施本次安全评价的法律和法规依据？

三、加油站在委托进行安全评价过程中的主要工作内容有哪些？

参考答案：

一、安全评价分为安全预评价、安全验收评价和安全现状评价。本次加油站安全评价属于安全验收评价。

二、《安全生产法》（国家主席令第 13 号）、《危险化学品安全管理条例》（国务院令第 591 号）、《建设项目安全设施"三同时"监督管理暂行办法》（国家安监总局令第 36 号）。

三、自主选择安全评价机构、签订评价合同、出具委托书、提供项目有关资料、对安全评价机构提出的整改意见中涉及的事故隐患和存在的问题进行整改并向安全评价机构提供整改回复等。

案例 18　某单位安全教育培训案例

情景描述：

某市安全生产监督管理部门为摸清企业落实安全生产主体责任的情况，组织对辖区某家重点企业进行了安全监督检查。

在企业生产现场，检查人员发现一名工人在离地面 3 m 多高的平台上作业，未采取任何防止高处坠落的措施。经询问，该工人并不知道超过地面 2 m 以上作业就属于高处作业。

检查人员还发现该企业最近发生一起工人手被绞伤的事故。该企业新上一台碎灰机，从其他车间抽调相关人员负责运行和维护。某日该碎灰机卡塞，一检修人员未停电源，在碎灰机运行中，直接伸手掏杂物，右手被绞伤。检查人员发现该检修人员为新进厂员工，之前在动力车间有半年工作经历。该员工只有入厂安全教育培训记录，没有车间、班组安全培训记录,也没有转岗培训记录。

检查人员进一步到该企业安全培训归口管理部门人力资源部检查,发现在年度培训工作计划中只有特种作业人员培训考核安排。该企业安全管理制度规定,各班组每天要开班前会,对当天的安全工作进行布置;每周五下午利用一小时进行安全日活动,集中进行安全教育培训。查阅相关记录,班前会、安全日活动等经常性的安全教育培训工作均流于形式。

目前,该企业有正式员工570人,其中注册安全工程师3人,特种作业人员50人,专职安全管理人员8人,新进厂人员20人,转岗人员16人,临时用工人员和外包工程作业人员120人。

鉴于该企业在多方面违反国家安全生产法律法规关于安全培训的要求,检查人员下达了《安全监察整改指令书》。

问题:

按照国家相关安全生产法律法规,该企业应该针对不同人员开展哪些安全培训工作?并请列明主要依据。

参考答案:

一、企业主要负责人、安全生产管理人员、从业人员安全培训。《安全生产法》《生产经营单位安全培训规定》(国家安监总局令第3号)。

二、特种作业及特种设备作业人员安全培训。《特种设备安全监察条例》(国务院令第549号)、《特种作业人员安全技术培训考核管理规定》(国家安监总局令第30号)。

三、企业班组长安全培训。《国务院关于进一步加强企业安全生产工作的通知》(国发〔2010〕23号)。

四、注册安全工程师继续教育。《注册安全工程师管理规定》(国家安监总局令第11号)。

五、国家各有关部门对安全培训工作的其他要求。如《关于加强安全生产应急管理培训工作的实施意见》(安监总应急〔2007〕34号)、《关于加强农民工安全生产培训工作的意见》(安监总培训〔2006〕228号)等。

案例19 天然气长输管道泄漏事故

事故概况:

*年*月*日15时23分,某研究院技术员宋某组织勘察施工钻机在为某房地产开发公司位于某小区建设工地进行勘察钻孔时,将埋经工地地下约1.2米深的,为当地多个区县提供工业及民用天然气的Φ400天然气长输管道钻穿,造成天然气泄漏事故。事故导致周边作业人员和居民进行紧急疏散,停气21小时,直接经济损失54万元,社会影响较大。

经调查，该起事故的直接原因是钻工吴某在进行勘察钻孔时，在未弄清该处地下是否有天然气管道及未经重新放孔、未报经有关负责人同意的情况下，擅自移动钻孔位下钻，盲目和野蛮施工，钻漏天然气管道。该事故间接原因是：

1.某研究院技术员宋某利用其过去代表研究院同房地产公司进行业务往来所建立的信任关系，以职务之便，借单位之名承揽个人业务，采用欺瞒手段，擅自组织队伍进行勘察施工，以致该勘察施工活动脱离了研究院的统一规范管理和监督。宋某未通过具有法定资质的单位组织钻孔作业队伍，钻机操作人员未经过专业和安全知识培训，未就作业区域的天然气管道情况向钻机操作人员进行安全交底。

2.房地产公司在建设工程勘察管理制度上存在漏洞，在未就其勘察项目同勘察承包方签订勘察委托合同的情况下，轻信宋某的原单位身份并通知和同意宋某组织钻机进场进行勘察施工，且未认真落实对现场作业单位的安全生产工作进行统一协调、管理的职责。

3.研究院在管理制度上存在缺陷，疏于对院内从业人员的管理和监督，以致对宋某自行组织队伍进行勘察施工活动失察，使该勘察施工活动缺失规范的组织管理和监督保证。

问题：

一、判定事故性质。

二、防范同类事故发生的措施？

参考答案：

一、该事故是一起因违反建设工程勘察程序，违规组织勘察施工作业，作业人员盲目和野蛮施工，建设及勘察单位安全管理不到位导致的安全生产责任事故。

二、防范同类事故发生应该考虑以下几个方面的工作内容：

1.涉及天然气管道安全的建设工程项目的建设单位应严格执行国家关于建设工程勘察程序和安全生产的规定，不得将生产经营项目发包给不具备安全生产条件或者相应资质的单位或者个人；对具备安全生产条件或者相应资质的单位或者个人，要在签订建设工程勘察合同和安全生产管理协议的前提下再组织勘察施工；对施工区域地下的管线分布和走向情况要向施工单位进行全面清楚的安全交底；对现场作业单位的安全生产工作要进行统一协调和管理。

2.涉及天然气管道安全的建设工程项目的施工单位应建立和完善单位业务和人员管理制度，注重加强对业务人员的职业道德教育和管理监督，杜绝工作人员以职务之便，借单位之名承揽个人业务。按照《石油天然气管道保护法》的规定，在管道线路中心线两侧各二百米进行地域范围内，进行工程挖掘、工程钻探、采矿时，应当向管道所在地县级人民政府主管管道保护工作的部门提出申请。县级人民政府主管管道保护工作的部门接到申请后，应当组织施工单位与管道企业协商确定施工作业方案，并签订安全防护协议。

3.天然气管道单位要加强与当地政府的沟通，及时将新建、改（扩）建管道设施规划或计划报送当地建设规划部门审批，将已建管道设施的有关资料报送当地建设规划部门备案；加强天然气管道标志、警示标识的设置，尤其是在人口密集区和施工作业区要增加天然气管道标志、警示标识的密度和明显度；加强和完善管道巡查制度，对危及天然气管道安全的施工作业行为要及时发现、及时予以纠正。

案例20 粉尘燃爆事故案例

事故概况：

某自行车配件生产企业，在多层厂房内设置打磨车间抛光房，进行铝制配件的打磨抛光作业。抛光房共设2个集尘槽，集尘槽A对应4个打磨工位，集尘槽B对应3个打磨工位。2个集尘槽分别装设抽风管道和抽风机，将打磨过程产生的铝粉尘直接抽出排放。

抛光房粉尘抽风系统效果不良，打磨时有粉尘逸出集尘槽。抛光房内抽风机等电气设备为非防爆型。抛光房、抽风管道无泄爆设施。打磨车间未定期及时清理现场积存的粉尘，抛光房地面、墙壁和抽风管道内以及集尘槽内沉积了大量铝粉尘。整个粉尘抽风系统无防静电接地设施。

该企业未制定粉尘防爆安全规程，未组织操作人员学习粉尘防爆安全知识。

2013年8月12日上午10时30分，集尘槽A抽风机故障停运，但操作人员未停止打磨作业。10时40分，集尘槽A抽风管道内突然发生小型爆燃。小型燃爆引燃抽风管道底部积尘，发生二次爆炸。二次爆炸的冲击波冲击集尘槽内和抛光房内沉积的铝粉尘，形成扬尘(粉尘云)，并迅速发生破坏性较大的第三次爆炸。事故共导致4人重伤、3人轻伤，现场设施设备严重损坏。

问题：

一、该企业在安全生产管理上存在什么问题？

二、按照《严防企业粉尘爆炸五条规定》(安监总局令第68号)，给该企业提出整改措施。

参考答案：

一、该企业在安全生产上存在的问题

1.企业安全生产主体责任落实不到位，安全生产管理制度不健全，安全管理工作存在疏漏。

2.未能充分识别铝粉尘危险性并采取有效防范措施，未能及时排查并消除抛光房作业场所粉尘抽排设施存在的隐患。

3.未对从业人员进行相应的安全教育和培训，未告知从业人员作业场所存在的危险因素、防范措施以及应急措施。

二、整改措施

1.必须确保作业场所符合标准规范要求，非常爆炸危险场所严禁设置在违规多层房、安全间距不达标厂房和居民区内。

2.必须按标准规范设计、安装、使用和维护通风除尘系统，每班按规定检测和规范清理粉尘，在除尘系统停运期间和粉尘超标时严禁作业，并停产撤人。

3.必须按规范使用防爆电气设备，落实防雷、防静电等措施，保证设备设施接地，严禁作业场所存在各类明火和违规使用作业工具。

4.必须配备铝镁等金属粉尘生产、收集、贮存的防水防潮设施，预防粉尘遇湿自燃。

5.必须严格执行安全操作规程，严禁员工培训不合格和不按规定佩戴使用防尘、防静电等防护用品上岗。

参考文献

[1]全国注册安全工程师执业资格考试辅导教材编审委员会组织编写.安全生产技术(2006 版).北京:中国大百科全书出版社,2006.

[2]徐永圻.采矿学.北京:中国矿业大学出版社,2006.

[3]国家安全生产监督管理总局.安全评价(第 3 版).北京:煤炭工业出版社,2005.

[4]中国就业培训技术指导中心组织编写组.国家职业资格培训教程——安全评价师.北京:中国劳动和社会保障出版社,2006.

[5]范维唐,卢鉴章,申宝宏等.煤矿灾害防治的技术与对策.北京:中国矿业大学出版社,2007.

[6]劳动和社会保障部教材办公室组织编写.采煤概论.北京:中国劳动和社会保障出版社,2007.

[7]隆泗,刘飞.矿山生产技术与安全管理.成都:西南交通大学出版社,2002.

[8]李志宪.非煤矿山职工安全培训教材.北京:中国石化出版社,2002.

[9]柴建设,别凤喜,刘志敏.安全评价技术・方法・实例.北京:化学工业出版社,2008.

[10]陈宝智.安全管理.天津:天津大学出版社,1999.

[11]隆泗,刘飞.矿山生产技术与安全管理.成都:西南交通大学出版社,2002.

[12]李志宪.非煤矿山职工安全培训教材.北京:中国石化出版社 2002.

[13]刘铁民.注册安全工程师教程.北京:中国矿业大学出版社, 2003.

[14]刘铁民.注册安全工程师教程——专业技术知识.江苏:中国矿业大学出版社,2003.

[15]中国安全生产科学研究院组织编写.危险化学品生产单位安全培训教材.北京:化学工业出版社,2004.

[16]建设部工程质量安全监督与行业发展司.建筑工程安全生产技术.北京:中国建筑工业出版社, 2004.

[17]国家安全生产监督管理总局.安全评价(第 3 版).北京:煤炭工业出版社,2005.

[18]2005 年全国注册安全工程师执业资格考试辅导教材编审委员会组织编写.安全生产技术.北京:煤炭工业出版社, 2005.

[19]中国安全生产科学研究院组织编写.2005 年度注册安全工程师继续教育教程.北京:中国劳动社会保障出版社, 2005.

[20]刘衍胜.生产经营单位安全管理人员安全培训教材.北京:气象出版社,2006.

[21]全国注册安全工程师执业资格考试辅导教材编审委员会组织编写.安全生产技术.北

京:中国大百科全书出版社,2006.

[22]秦春芳.安全生产技术与管理. 北京:中国环境科学工业出版社,2006.

[23]李世蓉,兰定筠.建设工程施工安全技术. 北京:中国建筑工业出版社,2006.

[24]张立新.建设工程施工现场安全与技术管理实务. 北京:中国建材工业出版社,2006.

[25]全国注册安全工程师执业资格考试辅导教材编审委员会.安全生产技术.北京:中国大百科全书出版社,2006.

[26]徐永圻.采矿学.北京:中国矿业大学出版社,2006.

[27]中国就业培训技术指导中心组织编写组.国家职业资格培训教程——安全评价师.北京:中国劳动社会保障出版社,2006.

[28]冀和平,崔慧峰.防火防爆技术.北京:化学工业工业出版社,2006.

[29]武明霞.建筑安全技术与管理.北京:机械工业出版社, 2007.

[30]冯小川.建筑施工企业专职安全员安全生产管理手册.北京:中国建材工业出版社,2007.

[31]范维唐,卢鉴章,申宝宏等.煤矿灾害防治的技术与对策.北京:中国矿业大学出版社,2007.

[32]劳动和社会保障部教材办公室.采煤概论.北京:中国劳动社会保障出版社,2007.

[33]中国安全生产协会注册安全工程师工作委员会组织编写.安全生产管理知识.北京:中国大百科全书出版社,2008.

[34]中国安全生产协会注册安全工程师工作委员会组织编写.安全生产技术.北京:中国大百科全书出版社,2008.

[35]陈连进,吴方靖,郭定国等.建筑施工安全技术与管理. 北京:气象出版社,2008.

[36]马学东,李立新.建筑施工安全技术与管理.北京:化学工业出版社,2008.